战略性新兴领域“十四五”高等教育系列教材

# 机器人智能控制

主　编　王耀南
副主编　江一鸣　谭浩然
参　编　缪志强　冯　运
王旭东　曾丹平

机械工业出版社

本书以讲授机器人智能控制基础知识为目标，为相关专业提供最新的机器人智能控制理论、方法、算法及其应用的介绍。全书共分为9章，系统地介绍了机器人智能控制的核心内容。首先，详细阐述了智能控制的定义、机器人系统的组成、机器人控制的发展历程与趋势，为后续内容奠定了基础。其次，深入探讨了机器人轨迹规划和路径规划的基本原理，包括运动学建模、关节空间和笛卡儿空间的轨迹规划方法，以及基于采样和基于搜索的路径规划及其在多机器人系统中的应用。然后，分析了机器人基础运动控制的方法，涵盖了单关节和多关节的控制技术，并介绍了操作空间控制。柔顺控制部分详细介绍了阻抗控制和力位混合控制的原理及其仿真与应用实例，强调了机器人与外界环境的柔顺交互能力。在智能自适应控制方面，涵盖了模型参考自适应控制、自适应神经网络控制和自适应模糊控制等内容，并配有实际仿真实例。机器人学习控制章节探讨了强化学习、模仿学习和深度学习在机器人控制中的应用，展示了如何通过学习机器人能够适应新的环境和任务。机器人视觉控制技术部分覆盖了手眼标定、视觉伺服控制和视觉-阻抗控制等内容，深入探讨了如何利用视觉信息进行精确的机器人控制。最后，对多机器人协同控制的理论与实践进行了深入分析，包括一致性算法、编队控制等关键技术。

本书可作为普通高等院校机器人工程、自动化、人工智能、计算机等相关专业的教材，也可作为从事机器人、人工智能等行业开发和应用人员的参考书。

**图书在版编目（CIP）数据**

机器人智能控制 / 王耀南主编 . -- 北京 ：机械工业出版社，2024. 12. --（战略性新兴领域“十四五”高等教育系列教材）. -- ISBN 978-7-111-77647-5

Ⅰ. TP242.6

中国国家版本馆 CIP 数据核字第 2024440T5R 号

机械工业出版社（北京市百万庄大街22号　邮政编码100037）

策划编辑：吉　玲　　责任编辑：吉　玲　赵晓峰

责任校对：韩佳欣　李小宝　　封面设计：张　静

责任印制：邓　博

河北鑫兆源印刷有限公司印刷

2024年12月第1版第1次印刷

184mm×260mm・20印张・482千字

标准书号：ISBN 978-7-111-77647-5

定价：69.00元

电话服务　　网络服务

客服电话：010-88361066　　机　工　官　网：www.cmpbook.com

010-88379833　　机　工　官　博：weibo.com/cmp1952

010-68326294　　金　书　网：www.golden-book.com



机工教育服务网：www.cmpedu.com

# 序

人工智能和机器人等新一代信息技术正在推动着多个行业的变革和创新，促进了多个学科的交叉融合，已成为国际竞争的新焦点。《中国制造 2025》《“十四五”机器人产业发展规划》《新一代人工智能发展规划》等国家重大发展战略规划都强调人工智能与机器人两者需深度结合，需加快发展机器人技术与智能系统，推动机器人产业的不断转型和升级。开展人工智能与机器人的教材建设及推动相关人才培养符合国家重大需求，具有重要的理论意义和应用价值。

为全面贯彻党的二十大精神，深入贯彻落实习近平总书记关于教育的重要论述，深化新工科建设，加强高等学校战略性新兴领域卓越工程师培养，根据《普通高等学校教材管理办法》（教材〔2019〕3 号）有关要求，经教育部决定组织开展战略性新兴领域“十四五”高等教育教材体系建设工作。

湖南大学、浙江大学、国防科技大学、北京理工大学、机械工业出版社组建的团队成功获批建设“十四五”战略性新兴领域——新一代信息技术（人工智能与机器人）系列教材。针对战略性新兴领域高等教育教材整体规划性不强、部分内容陈旧、更新迭代速度慢等问题，团队以核心教材建设牵引带动核心课程、实践项目、高水平教学团队建设工作，建成核心教材、知识图谱等优质教学资源库。本系列教材聚焦人工智能与机器人领域，凝练出反映机器人基本机构、原理、方法的核心课程体系，建设具有高阶性、创新性、挑战性的《人工智能之模式识别》《机器学习》《机器人导论》《机器人建模与控制》《机器人环境感知》等 20 种专业前沿技术核心教材，同步进行人工智能、计算机视觉与模式识别、机器人环境感知与控制、无人自主系统等系列核心课程和高水平教学团队的建设。依托机器人视觉感知与控制技术国家工程研究中心、工业控制技术国家重点实验室、工业自动化国家工程研究中心、工业智能与系统优化国家级前沿科学中心等国家级科技创新平台，设计开发具有综合型、创新型的工业机器人虚拟仿真实验项目，着力培养服务国家新一代信息技术人工智能重大战略的经世致用领军人才。

这套系列教材体现以下几个特点：

（1）教材体系交叉融合多学科的发展和技术前沿，涵盖人工智能、机器人、自动化、智能制造等领域，包括环境感知、机器学习、规划与决策、协同控制等内容。教材内容紧跟人工智能与机器人领域最新技术发展，结合知识图谱和融媒体新形态，建成知识单元 711 个、知识点 1803 个，关系数量 2625 个，确保了教材内容的全面性、时效性和准确性。

（2）教材内容注重丰富的实验案例与设计示例，每种核心教材配套建设了不少于5节的核心范例课，不少于10项的重点校内实验和校外综合实践项目，提供了虚拟仿真和实操项目相结合的虚实融合实验场景，强调加强和培养学生的动手实践能力和专业知识综合应用能力。

（3）系列教材建设团队由院士领衔，多位资深专家和教育部教指委成员参与策划组织工作，多位杰青、优青等国家级人才和中青年骨干承担了具体的教材编写工作，具有较高的编写质量，同时还编制了新兴领域核心课程知识体系白皮书，为开展新兴领域核心课程教学及教材编写提供了有效参考。

期望本系列教材的出版对加快推进自主知识体系、学科专业体系、教材教学体系建设具有积极的意义，有效促进我国人工智能与机器人技术的人才培养质量，加快推动人工智能技术应用于智能制造、智慧能源等领域，提高产品的自动化、数字化、网络化和智能化水平，从而多方位提升中国新一代信息技术的核心竞争力。

中国工程院院士

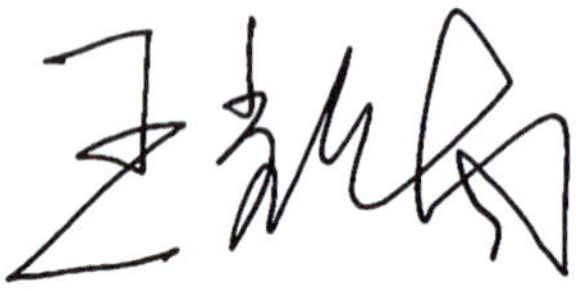

2024年12月

# 前言

PREFACE

随着机器人技术的迅猛发展，机器人已在工业、医疗、农业、服务等多个领域发挥着重要作用，成为智能制造和高端装备的核心工具。同时，机器人在重大基础设施建设和运维方面也发挥着不可替代的重要作用。随着制造业的转型升级和人类社会老龄化趋势的加深，劳动力短缺的问题日益突出，进一步加速了机器人技术的发展。中国、美国、德国和日本是推动机器人技术发展最迅速的国家，发布了多个智能机器人相关的产业规划。例如我国的《“十四五”机器人产业发展规划》。美国注重多机器人协作和人机协同；德国作为工业制造大国，着力发展工业制造和智能工厂、智能车间；日本在服务机器人和医疗机器人方面表现出色；欧盟则特别重视农业发展，通过机器人技术推动农业的进步；我国也出台了一系列政策，推动机器人技术的转型和发展，使其成为推动数字经济发展的重要引擎。

机器人技术的发展，使得机器人成为一种集成了感知、规划、决策和控制等功能的一体化机械装置。通过感知、规划、决策和控制等功能的结合，机器人能够在复杂的环境中实现智能化操作。这种智能化操作不仅提高了生产效率和产品质量，还大大降低了人力成本，提升了企业的市场竞争力。例如，工业机器人在汽车制造、电子产品生产及航空航天等领域中，已成为不可或缺的重要设备。高精度的控制和灵活的操作能力，使得机器人能够胜任各种高难度、高精度的任务，推动了高端装备制造业的不断进步。随着技术的不断进步，机器人正逐步从工业领域向日常生活扩展，例如服务机器人已经进入家庭，为人们提供清洁、陪护等服务。

在这种背景下，高等院校自动化、电子、电气、计算机、机械等相关专业纷纷开设机器人智能控制课程。然而，作为新兴领域，市场上缺乏系统化介绍机器人智能控制专业知识的书籍，读者需求迫切。本书旨在为相关专业的学生和科技人员提供系统的机器人智能控制理论、方法、算法及其应用的介绍。本书内容源于作者多年来为博士、硕士研究生讲授智能感知与控制系统等课程的讲稿，并参考了国内外最新文献。

全书共分为 9 章。第 1 章介绍了智能控制的定义、机器人系统的组成以及机器人控制的发展历程与趋势。第 2 章详细阐述了机器人轨迹规划的基本概念、关节空间和笛卡儿空间轨迹规划的方法及其仿真实现。第 3 章探讨了机器人路径规划的基本原理，重点介绍了基于采样和基于搜索的路径规划及其在多机器人系统中的应用。第 4 章深入分析了机器人基础运动控制，包括单关节和多关节控制方法以及操作空间控制。第 5 章探讨了机器人柔顺控制，介绍了阻抗控制和力位混合控制的原理及其仿真实现。第 6 章介绍了机器人智能自适应控制，涵盖了模型参考自适应控制、自适应神经网络控制和自适应模糊控制等内容。第 7 章讲解了机器人学习控制系统，包括强化学习、模仿学习和深度学习在机器人控制中的应用。第 8 章详细讲解了机器人视觉控制技术，涵盖了手眼标定、视觉伺服控制和视觉 – 阻抗控制等方面的内容。第 9 章对多机器人协同控制进行了深入探讨，介绍了代数图论基础、一阶和二阶一致性算法、多机械臂姿态同步控制，以及非完整移动机器人领航 – 跟随编队分布式控制。

由于机器人智能控制是一门正在发展中的学科，尚未形成完善的理论体系，很多理论方法与工程应用问题仍需进一步研究和发展，加之编者学识水平和写作时间有限，书中难免存在不足之处，敬请广大读者批评指正。

编　者

# 目录

CONTENTS

# 第 1 章　绪论

## 1.1　智能控制的定义

机器人的诞生和机器人学的建立和发展是 20 世纪自动控制最具说服力的成就，是 20 世纪人类科学技术进步的重大成果。机器人从爬行到两腿直立行走，仅仅用了 20 年，而这一过程人类则经历了上百万年。以工业机器人为例，2022 年全球工业机器人的运营存量近 400 万台，我国的运营存量突破 150 万台大关；全球工业机器人的装机量约 50 万台，我国的工业机器人装机量约 30 万台。机器人技术和工业得到了前所未有的飞速发展。机器人已经能够使用工具，能看、能听、能说，并且开始能进行一些决策和思考等智能行为，其应用也从传统的加工制造业逐渐扩展到军事、海洋探测、宇宙探索等领域，并开始进入家庭和服务行业。作为一种先进的机电一体化产品，机器人技术的发展与自动控制技术的发展息息相关。自动控制系统是机器人的中枢神经，它控制着机器人的思维、决策和行为，几乎所有自动控制技术都在机器人的控制中得到了应用。近年来，智能控制的发展十分迅速，这必将促使机器人的智能化水平达到新的高度。

控制理论经历了从经典控制理论到智能控制理论的演变。经典控制理论主要基于数学模型，包括 PID（比例积分微分）控制、线性系统理论、根轨迹设计、频率响应设计等。这些理论在 20 世纪初期开始形成，特别是在第二次世界大战期间和战后，随着自动控制技术需求的增长和电子计算机的发展，经典控制理论得到了迅速发展。现代控制理论主要处理的是多变量、时间变化、非线性和不确定性问题。这一理论从 20 世纪 60 年代开始兴起，主要包括自适应控制、鲁棒控制、最优控制、状态反馈控制等。现代控制理论在航空航天、化工和电力系统等领域得到了广泛应用。随着计算机技术和人工智能的发展，智能控制理论在 20 世纪 80 年代开始兴起，常见算法包括模糊控制、神经网络控制、遗传算法优化控制、强化学习等。智能控制系统可以在不完全了解系统动态特性的情况下，通过学习和适应来优化控制性能，适用于处理高度复杂和不确定的系统。智能控制技术已经被广泛应用于工业自动化、机器人技术、航空航天、智能交通系统和能源管理等多个领域。例如，在机器人技术中，智能控制可以实现机器人的自主导航和复杂任务的执行；在智能交通系统中，智能控制可以优化交通流和提高交通安全。智能控制代表了控制理论和技术的未来发展方向，随着计算能力的增强和算法的进步，智能控制将在更多领域展现出更大的潜力。通过继续研究和开发更高效、更智能的控制算法，我们可以期待在未来实现更加智能化的控制系统，以应对更加复杂和更具挑战性的任务。

越来越多的学者和专家致力于机器人智能控制领域的研究，并取得了丰硕的成果，本书也将在此方面进行一些探讨和研究。下面给出了控制理论与机器人控制的关系，如图 1-1 所示。

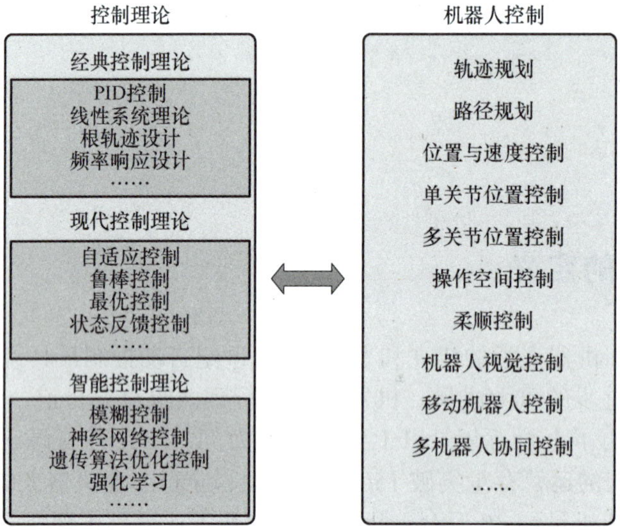


图 1-1　控制理论与机器人控制的关系



### 1. 智能控制

传统的控制理论很长一段时间都是以经典控制理论和现代控制理论为主导。随着科技的进步，出现了复杂的、高度非线性的、不确定的研究对象，如复杂机器人系统，其控制问题难以用传统的控制方法解决。因此，广泛研究新的概念、原理和方法才能顺应社会高速发展的需求。正是在这种背景下，智能控制应运而生。

智能控制是控制界新兴的研究领域，是一门交叉学科。自 1985 年在纽约召开第一届智能控制学术会议至今，智能控制已经被广泛应用于工业、农业、服务业、军事航空等众多领域。智能控制是自动控制发展的高级阶段产物，为解决那些用传统方法难以解决的复杂系统的控制问题提供了有效的理论和方法。它处于控制科学的前沿领域，代表着自动控制科学发展的最新进程。智能控制是现代控制工程的一个重要分支，它结合了人工智能、计算机科学和控制理论的方法和技术，用以设计能够模拟人类行为的控制系统。智能控制系统通常能在没有明确数学模型的情况下工作，能自适应复杂、不确定和非线性的环境，具有自适应、自组织、自学习、自协调的特点。智能控制能够在无人干预的情况下自主完成系统预设控制任务，它的产生使系统的控制方式从普通的自动控制发展为更加高级的智能控制。智能控制使得控制对象模型从确定发展到不确定，使控制系统的输入、输出设备与外界环境有了更加便利的信息交换途径，使控制系统的控制任务从单一任务变为更加复杂的控制任务，使普通自动控制系统难以解决的非线性系统的控制问题有了更加理想的解决方式。智能控制代表了控制理论的发展趋势，能有效地处理复杂的控制问题。

### 2. 机器人技术与智能控制

机器人技术的迅速发展，已对许多国家的工业生产、太空和海洋探索、国防以及国民经济和人民生活产生了重大影响。对机器人的需求和机器人工业的迅速发展，使机器人技术成为一门综合性学科。一般来说，机器人学的研究目标是以智能计算机为基础的机器人的基本组织和操作，它包括基础研究和应用研究两方面的内容，涵盖的研究领域有：机械本体设计，机器人运动学、动力学和控制，轨迹设计和路径规划，传感器，机器人视觉，机器人控制语言，装置与系统结构，机器智能等。关于智能机器人的研究得到了越来越多的重视。智能机器人具有学习、推理和决策的能力，为了提高智能机器人的这些能力，许多最新的智能技术应用于智能机器人中，例如临场感应技术、虚拟现实技术、多智能体技术、人工神经网络技术、多传感器融合技术等。

具体到机器人领域，智能控制通常包括以下四个核心要素。

（1）感知能力

感知能力是机器人智能控制的基础。机器人通过配备的各类传感器及相关设备，如相机、激光雷达、红外传感器、触觉传感器等，能够实时地获取环境信息，包括物体的位置、形状、颜色和环境的温度、湿度等，这些信息为机器人后续决策和规划提供了必要的数据支持。

（2）决策能力

决策能力是机器人智能控制的核心。机器人需要基于感知到的信息，利用内置的算法和模型，进行实时分析和处理，从而作出合理的决策，选择合适的行动方案，这些决策可能包括选择运动方向、执行特定操作、调整参数等。决策能力的强弱直接影响机器人完成任务的效果和效率。

（3）学习能力

学习能力是机器人智能控制的重要特征。机器人通过不断与环境进行交互，积累经验，学习新的知识和技能，提高自身的适应能力。这种学习能力使得机器人面对新的环境和任务时，能够快速地适应并找到有效的解决方案。学习能力可以通过机器学习、深度学习等技术实现。

（4）规划能力

规划能力是机器人智能控制的关键。在复杂环境中，机器人需要规划出合理的运动轨迹或操作序列，以实现设计目标。规划能力涉及多个方面，如路径规划、轨迹规划、任务规划等。通过规划，机器人可以优化自己的行动方案，提高完成任务的效率和准确性。规划能力可以通过搜索算法、优化算法、机器学习等方法实现。

### 3. 智能控制在机器人技术中的重要性

随着机器人技术的快速发展，机器人已经广泛应用于各个领域，而在这些应用中，机器人面临着各种复杂和不确定的环境和任务，这对机器人的控制系统提出了更高的要求。智能控制作为控制理论的一个重要分支，能够解决传统控制方法难以处理的复杂性和不确定性问题。在机器人技术中，智能控制不仅涉及机器人硬件的设计与实现，而且深入地与机器人的感知、决策、学习、规划等高级功能相结合，使得机器人能够在不确定和动态变化的环境中自主、高效地完成任务。智能控制的出现为机器人提供了强大的技术支持，使得机器人能够更好地适应复杂环境，更高效地完成任务，智能控制极大地提升了机器人的自主性、适应性和任务完成能力。智能控制在机器人技术中的重要性主要体现在以下五个方面。

（1）提高机器人的自主性

智能控制使得机器人能够自主感知环境、理解任务需求，并基于这些信息自主作出决策和规划行动。这种自主性使得机器人能够在没有人为干预的情况下独立工作，大大扩展了机器人的应用范围。

（2）增强机器人的适应性

智能控制方法能够处理各种不确定性和干扰问题，使得机器人在面对复杂环境时，仍然能够保持稳定和可靠的性能。智能控制赋予了机器人学习和适应新环境、新任务的能力。通过不断学习和积累经验，机器人能够逐渐优化自身的性能，提高适应复杂环境和处理复杂任务的能力。这种适应性使得机器人能够更好地适应不断变化的现实世界。

（3）优化机器人的性能

通过智能控制，机器人可以根据实际情况调整自身的参数和策略，以优化自身的性能，例如提高运动精度等。智能控制使机器人能够规划出最优或接近最优的运动轨迹和操作序列，从而高效完成任务，减少能源消耗和机械磨损，延长机器人的使用寿命。

（4）提升机器人的安全性

智能控制可以帮助机器人预测和避免潜在的危险情况，确保机器人和周围环境的安全。例如，通过感知障碍物并规划避障路径，机器人可以避免碰撞，安全地执行任务。



（5）扩展机器人的应用领域

智能控制使得机器人能够胜任更多复杂和多样化的任务，从而拓展其在工业、医疗、农业、服务等领域的应用。例如，在工业领域，智能机器人已经取代了部分人力劳动，提高了生产效率；在医疗领域，智能机器人可以协助医生进行手术、帮助患者进行康复训练；在农业领域，智能机器人可以实现精准播种、施肥和除草等作业；在服务领域，智能机器人可以提供导游、清洁、送餐等服务。

智能控制在机器人技术中发挥着至关重要的作用，它提高了机器人的自主性、适应性、任务执行效率和安全性，推动了技术创新，并拓展了机器人的应用领域。随着技术的不断进步和发展，智能控制在机器人技术中的重要性将越来越凸显。

## 1.2 机器人系统的组成

机器人系统是一个集感知、规划、决策和控制于一体的，集成多种技术的复杂系统，其目标是确保机器人能够自主、高效地完成各种设计好的任务。机器人系统的基本组成部分包括感知、规划、决策、控制等单元，这些单元相互协作，共同构成了机器人的“身体”和各个“器官”。

### 1. 感知单元

感知单元是机器人系统的重要组成部分，它负责收集机器人周围环境的信息。感知单元包括各种传感器，如视觉传感器、触觉传感器、力传感器、声传感器等。这些传感器能够实时获取环境中的图像、声音、力、温度等信息，并将其转换为机器人可以理解和处理的数据。传感器可以分为外部传感器和内部传感器两大类。

（1）外部传感器

外部传感器主要用于获取机器人周围环境的信息，常见的外部传感器包括以下四种类型。

1）视觉传感器：通过摄像头捕捉图像信息，经过计算机视觉技术的处理，机器人可以识别环境中的物体、目标等。例如，在工业自动化生产线上，视觉传感器可以用于检测工件的位置、形状、颜色等信息。

2）触觉传感器：能够检测机器人与外部物体接触的情况，包括接触力的大小、接触位置等。触觉传感器有助于机器人实现精细操作，如抓取、放置物体等。

3）距离传感器：用于测量机器人与障碍物之间的距离，如超声波传感器、红外传感器等。距离传感器有助于机器人避免碰撞，实现安全导航。

4）声传感器：可以捕捉环境中的声音信息，对于需要进行语音识别和声音定位的应用场景至关重要。

（2）内部传感器

内部传感器主要用于监测机器人的内部状态，包括机器人的位置、姿态、速度、加速度等。常见的内部传感器包括以下四种类型。

1）位置传感器：如编码器、陀螺仪等，用于测量机器人在三维空间中的位置和姿态。这些信息对于机器人的导航、路径规划等任务至关重要。

2）力传感器：如力敏电阻、压电式传感器等，用于测量机器人关节或末端执行器所受的力或力矩。这些信息有助于机器人实现精确的力控制和触觉反馈。

3）速度和加速度传感器：用于测量机器人的运动速度和加速度。这些信息对于机器人的运动控制、姿态调整等任务至关重要。

4）温度传感器：用于监测机器人内部关键部件的温度，以确保机器人在正常工作温度范围内运行。

感知单元能够为机器人提供关于环境的准确信息，使得机器人能够了解自身的位置和姿态以及周围环境的状态和变化。这些信息是机器人进行规划、决策和控制的基础。

### 2. 规划单元

规划单元是机器人系统的另一个关键组成部分，它负责根据感知单元提供的信息和任务要求，规划出机器人完成任务所需的运动轨迹或操作序列。规划单元主要负责路径规划、轨迹规划、任务规划等功能。

（1）路径规划

路径规划是规划单元的核心任务之一，它需要根据环境信息和机器人的运动能力，规划出从起点到终点的最优路径。这通常需要配合感知单元，考虑障碍物、地形等因素，以确保机器人能够安全、高效地到达目的地。

（2）轨迹规划

轨迹规划是在路径规划的基础上进一步细化，生成机器人各关节的运动轨迹。轨迹规划需要考虑机器人的动力学特性、运动速度、加速度等因素，以确保机器人能够按照预定的轨迹进行运动。

（3）任务规划

任务规划是将复杂的任务分解为一系列简单的子任务，并为每个子任务分配相应的资源和时间。任务规划有助于提高机器人的工作效率和任务的完成质量。

规划单元的实现涉及多种关键技术，包括环境建模、搜索算法、优化算法等。

（1）环境建模

通过感知单元提供的信息，建立机器人工作环境的模型。这有助于机器人更好地理解环境信息，为规划提供基础。

（2）搜索算法

用于在环境模型中搜索合适的路径或轨迹。常见的搜索算法包括图搜索算法（如 Dijkstra 算法、A* 算法）、采样算法［如快速扩展随机树（Rapidly-exploring Random Tree，RRT）算法、概率路线图（PRM）算法］等。

（3）优化算法

用于在搜索到的路径或轨迹中进行优化，以找到最优解。优化算法通常考虑多个因素，如路径长度、时间、能量消耗等。

规划单元在多种应用场景中发挥着重要作用，如移动机器人导航、工业自动化生产、服务机器人等，提高了机器人的工作效率和任务的完成质量。

### 3. 决策单元



决策单元是机器人系统的“大脑”，是机器人系统的核心部分，它负责根据感知单元提供的信息和规划单元生成的规划结果，进行推理和判断，作出合理的决策。决策单元主要负责状态估计、行为选择、策略学习等功能。

（1）状态估计

状态估计是对机器人当前状态进行的估计，它需要根据感知信息和机器人的运动模型，计算出机器人当前的位置、姿态和速度等信息。这些信息是决策的基础，有助于机器人了解自身和环境的状态。

（2）行为选择

根据任务要求和当前状态信息，决策单元会选择出最合适的行为或动作。这些行为或动作可以基于预设规则，也可以通过机器学习等方法学习到。

（3）策略学习

策略学习是指通过机器学习等方法，不断优化和完善决策规则和策略。决策单元的工作流程通常包括以下四个步骤。

1）信息输入：接收来自感知单元和规划单元的信息，包括环境信息、任务要求、当前状态等。

2）信息处理：对输入的信息进行处理和分析，提取有用的特征和信息。

3）决策生成：根据处理后的信息和预设的决策规则或学习到的策略，生成决策结果。

4）决策输出：将生成的决策结果输出给控制单元，控制机器人执行相应的动作。

决策单元的实现涉及多种关键技术，如决策算法、机器学习和优化技术等。通过不断学习和优化，决策单元能够提高机器人的自主性和智能性，使其能够适应更复杂多变的环境和任务。

4. 控制单元

控制单元是机器人系统中至关重要的组成部分，它负责将高级决策转化为实际的机器人动作，确保机器人能够精确、稳定地完成各种任务。控制单元负责根据决策单元的决策结果，控制机器人的运动并执行相应的操作。控制单元包括控制器、驱动器、传感器接口等部分。

（1）控制器

这是控制单元的核心部件，它接收来自决策单元的指令，并根据机器人的当前状态和环境信息，计算出合适的控制信号。

（2）驱动器

驱动器负责将控制器的信号转换为能够驱动机器人关节运动的力，如电动机驱动力或液压动力。

（3）传感器接口

控制单元通过传感器接口接收来自感知单元的实时数据，这些数据对于实现精确控制至关重要。

同时，控制单元通常还需要实现运动控制、力控制、协调控制等功能。

（1）运动控制

运动控制是控制单元的核心任务之一，它需要根据决策结果和机器人的动力学模型，计算出各关节的驱动力矩或电压等控制量，以实现机器人的精确运动。根据规划好的路径和轨迹，控制单元会计算出每个关节应该如何移动，以确保机器人能够精确地沿着预定的路径运动。

（2）力控制

力控制是指根据机器人与环境的交互力信息，调整机器人的运动参数或姿态，以实现精准的力控制。当机器人与环境进行交互时，控制单元会根据传感器反馈的力信息调整机器人的动作，以保证操作的柔顺性和精确性。

（3）协调控制

协调控制是指协调多个机器人或机器人与人的交互运动，以实现协同完成任务。在多机器人系统或人机协作场景中，控制单元需要协调各个机器人或机器人与人的动作，以确保任务的顺利执行。

随着技术的不断进步，未来的控制单元将更加智能化，为机器人的应用提供更广阔的空间和可能性。

## 1.3　机器人控制的发展历程与趋势

1. 机器人控制的发展历程

20 世纪 20 年代，“机器人”作为专有名词第一次出现。1920 年，捷克作家卡雷尔·查培克（Karel Capek）编写了一部幻想剧——《罗沙姆的万能机器人》，剧中描写了一家公司发明并制造了一大批能听命于人、能劳动且外形像人的机器，公司用这些机器从事各种日常劳动，甚至取代了各国工人的工作，后来的研究使这些机器有了感情，进而导致它们发动了反对主人的暴乱。剧中的人造机器取名为 Robota（捷克语），英语 Robot 由此衍生而来，译成中文为“机器人”。

在机器人从幻想世界走进现实世界的发展过程中，多连杆操纵器和数控机床的出现为机器人的产生准备了技术条件。第二次世界大战期间，人们在生产放射性材料的过程中应用了一种遥控多连杆操纵器，这种六自由度的操纵器可以复现人手的动作和姿态，代替操作员直接操作。1953 年，为了满足生产先进飞机的需要，美国麻省理工学院辐射实验室将伺服技术和数字计算机技术结合起来，成功研制出数控铣床，切削模型以数字形式通过纸带输入机器，然后铣床的伺服轴按照模型的轨迹做切削动作。1954 年，美国的乔治 • 德沃尔（George C. Devol）巧妙地将多连杆机构和数控机床的伺服轴连接在一起，设计了世界上第一台电子可编程机器人，并获得了专利。1960 年美国的联合控制（Consolidated Control）公司根据德沃尔的技术专利研制出第一台机器人样机，并成立了 Unimation 公司，定型生产 Unimate 机器人。这是一台用于压铸的五轴液压驱动机器人，手臂的控制由一台计算机完成。它采用了分离式固体数控元件，并装有存储信息的磁鼓，能够记忆完成 180 个工作步骤。它采用电液伺服驱动、磁鼓存储，可完成近 200 种示教在线动作。同时期，美国 AMF 公司设计制造了另一种可编程机器人 Versatran，可进行点位和轨迹控制。它主要用于机器之间的物料运输，采用液压驱动。该机器人的手臂可以绕底座回转，沿垂直方向升降，也可以沿半径方向伸缩。一般认为 Unimate 和 Versatran 机器人是世界上最早的工业机器人。1961 年，美国麻省理工学院林肯实验室将接触传感器引入机器人。1968 年，美国斯坦福国际研究所研制了移动式机器人 Shakey。1970 年在美国召开了第一届国际工业机器人学术会议。1970 年以后，机器人的研究得到迅速、广泛的普及。1973 年，辛辛那提 • 米拉克隆公司的理查德 • 豪恩制造了第一台由小型计算机控制的工业机器人，它采用液压驱动，能提升的有效负载达 45kg。在这一时期（20 世纪 50 ～ 70 年代），机器人主要以工业机器人为主，控制方法以简单的示教再现为主，机器人只能按照预先设定的轨迹进行重复性动作。

1980 年，工业机器人才真正在日本普及，故称该年为“机器人元年”。随后，工业机器人在日本得到了巨大发展，日本也因此赢得了“机器人王国”的美称。1980 年，日本的富士通公司推出了 Farcot 机器人，该机器人可以检测到用户指令的声音，根据声音执行指令。1987 年，日本本田公司推出了第一款用于旅游业的导览机器人，并开始在工厂里大规模使用机器人。之后，随着自动控制理论、电子计算机和航天技术的迅速发展，人工智能开始与机器人技术结合，机器人技术进入一个新的发展阶段。20 世纪 80 年代中期，机器人制造业成为发展最快和最好的产业之一。20 世纪 80 年代后期，由于工业机器人的应用趋于饱和，不少机器人厂家倒闭，对机器人学的研究跌入低谷。1995 年，世界机器人产业得到了复苏和较快的发展。到了这一发展阶段（20 世纪 80 ～ 90 年代），随着计算机技术和人工智能的发展，机器人控制技术开始引入传感器、视觉系统等感知设备，发展出了基于模型的控制方法，使得机器人能够适应更复杂的环境和任务。

2000 年，世界上约有 100 万台机器人在工作。2002 年美国 iRobot 公司推出了吸尘器机器人 Roomba，它能避开障碍，自动设计行进路线，还能在电量不足时自动驶向充电座，这是当时世界上销量最大、最商业化的家用机器人。2002 年，麻省理工学院推出了一款机器蜘蛛，可以自由地攀爬织物纤维和其他材料以进行救援任务。进入 21 世纪后，机器人产业维持了较好的发展势头。2005 年，美国伊利诺伊大学厄巴纳 – 香槟分校与索尼公司合作推出了一款名为 QRIO 的类人型机器人。2010 年，美国 Willow Garage 公司推出了开源 ROS（Robot Operating System，机器人操作系统），为机器人的发展提供了巨大的推动力。随着人工智能、机器学习、大数据等技术的快速发展，机器人控制技术取得了突破性进展。智能控制、自适应控制、人机协作等新技术不断涌现，使得机器人变得更加智能、灵活和高效。为了帮助读者了解机器人智能控制的发展现状，构建初步的知识框架，下面对机器人智能控制技术的关键环节进行介绍。

（1）机器人轨迹规划

机器人轨迹规划是机器人技术中的一个重要研究领域，它是指根据机器人的任务要求和环境条件，制定机器人的运动轨迹以达到预定的目标。这个过程主要包括环境感知与建模、路径规划、运动规划及避障规划等方面。

其中，关节空间轨迹规划将关节角度描述成关于时间的函数，直接对机器人的关节角进行规划。轨迹规划主要使用的方法包括多项式插值、样条插值和带抛物线过渡的线性函数插值等。常用的多项式插值有三次多项式和五次多项式等。但由于三次多项式在规划时可能存在角速度变化不平滑且加速度存在跳变的情况，通常不被考虑。五次多项式虽然能确保不产生冲击，但当规划需要经过多个中间点时，五次多项式只能逐个点进行规划，然后再将各段曲线拼接起来，这可能导致关节出现重复运动。因此，带抛物线过渡的线性函数插值方法被广泛应用，因为它能避免机械臂在运动过程中出现冲击，并允许指定任意数量的区段和各个区段的持续时间以及加速度的大小和在某个点处停留的时间。

笛卡儿空间轨迹规划是机器人轨迹规划中的另一种常见方法，它主要用于末端执行器的运动轨迹规划。在笛卡儿坐标系下，机器人的运动可以用平移和旋转两个自由度描述，其中平移自由度包括机器人的位置信息，旋转自由度包括机器人的姿态信息。笛卡儿空间轨迹规划通常需要将任务要求转换为末端执行器的位置和姿态要求，然后通过插值或优化等方法，生成一条平滑的轨迹。这种方法需要考虑机器人的机械结构、运动学约束及安全性等因素。

（2）机器人路径规划

机器人路径规划是机器人导航和自动化领域中的关键技术之一，它是指在给定环境中找到从起始点到目标点的最佳路径。路径规划技术主要可以分为基于采样的路径规划和基于搜索的路径规划两大类。

基于采样的路径规划包括基于 RRT 算法的路径规划、基于 RRT* 算法的路径规划、基于 Informed-RRT* 算法的路径规划、基于安全通道的 FMT*（Fast Marching Tree，快速进行树）算法的路径规划等。

RRT 算法是一种基于随机采样的路径规划方法，它通过不断扩展随机树来探索环境空间，直至找到从起始点到目标点的路径。它适用于高维空间，具有概率完备性，即当样本点数目趋于无穷大时，找到解的概率趋于 100%。在 RRT 算法中，采样点可以有偏向地控制树的生长方向，例如以一定概率选择运动终点作为采样结果。

RRT* 算法是 RRT 算法的改进版本，它在 RRT 算法的基础上增加了优化步骤，使得找到的路径更加平滑且接近最优，并且 RRT* 算法同样具有概率完备性。

Informed–RRT* 算法是 RRT* 算法的进一步改进，它使用一个椭圆形的采样空间限制搜索范围，从而加速算法的收敛速度，适用于需要快速找到较优路径的场景。

基于安全通道的 FMT* 路径规划算法是一种在复杂环境中进行高效路径规划的算法。该算法特别适用于高维构型空间中的复杂运动规划问题，尤其是在障碍物密度高且冲突检测成本昂贵的环境中。当引入“安全通道”的概念时，FMT* 算法会考虑在规划路径时避免与障碍物发生碰撞的额外约束。安全通道可以被视为一种“无冲突区域”，算法在规划路径时将确保路径完全位于这些安全通道内。

基于搜索的路径规划包括基于 A* 算法的路径规划、基于 $\theta$ * 算法的路径规划、基于冲突搜索（Conflict–Based Search，CBS）算法的多机器人路径规划以及基于连续冲突搜索（Continous Conflict–Based Search，CCBS）算法的多机器人路径规划。

A* 算法是一种启发式搜索算法，它使用启发式函数指导搜索方向，从而找到从起始点到目标点的最短路径。A* 算法通过启发式函数减少不必要的搜索。如果存在路径，那么 A* 算法总能找到它。

$\theta$ * 算法是 A* 算法的一个变种，也使用启发式函数寻找最短路径。$\theta$ * 算法用于在离散空间中寻找最短路径，它考虑了路径的平滑性和最优性，适用于需要平滑路径的场景。



CBS 算法和 CCBS 算法是专门用于多机器人路径规划的搜索算法，它们通过检测和解决机器人之间的冲突来规划每个机器人的路径。CBS 算法是一种基于冲突的多智能体路径规划（MAPF）算法，旨在为多机系统规划无冲突的最优路径。CBS 算法的核心思想是将多机规划分为两层：底层执行带有约束的单机规划（如使用传统的 A* 算法），顶层遍历底层的规划路径，检查路径之间是否有冲突，若有冲突，则施加约束重新进行底层单机规划，直到所有底层路径无冲突为止。CCBS 算法是一种非连续时间、非网格域和非离散时间步长假设下的基于冲突的搜索算法。由于 CCBS 算法考虑了智能体的几何形状和连续时间，它可能比基于网格的解决方案慢，但求解结果仍然是最优和完整的。

（3）机器人基础运动控制

机器人运动控制是机器人技术的重要组成部分，其通过特定的控制算法和策略，对机器人的运动进行精确、高效和稳定的调节，以实现机器人的预定任务和目标。它涉及机器人的位置、速度、加速度等多个方面的控制，最经典的控制算法当属 PID 控制。机器人基础运动控制包括单关节位置控制和多关节位置控制。其中，单关节位置控制关注机器人单个关节的位置、速度和加速度，通过传感器获取关节的当前位置信息，结合控制算法计算出关节需要移动到的目标位置，并通过执行器驱动关节到达目标位置。多关节位置控制在单关节位置控制的基础上，通过协调多个关节的运动，实现了机器人整体的位姿控制，涉及关节之间的协调运动、避障和路径规划等问题。多关节位置控制又可以分为分解运动控制、集中控制。

（4）机器人柔顺控制

机器人柔顺控制是机器人技术领域中的一个重要分支，它是指机器人在对外界环境或交互对象产生力作用时，通过适当的控制策略来响应和调整自身的动作。机器人通过力传感器或其他感知设备获取与外部环境或交互对象之间的力信息，并根据这些信息调整自身的动作，以实现柔顺、平滑的交互过程。这种控制方式可以使机器人在与人类或其他物体进行交互时更加安全、可靠。

阻抗控制是机器人柔顺控制的一种重要方法。它的设计思想是建立机器人末端作用力与其位置误差之间的动态关系，通过控制机器人位移达到控制末端作用力的目的。机器人在位置误差输入作用下会产生力输出，即机器人通过调整其末端执行器的位置来对外界施加一个与其位置误差成比例的力。这种控制方法允许机器人在受到外力作用时，通过改变其位置和姿态来适应外界环境的变化。阻抗控制适用于需要机器人与环境进行柔顺交互的场景，如装配、打磨、搬运等任务。在这些任务中，机器人需要根据环境的柔顺特性调整自身的动作，以避免对环境或自身造成损害。

力位混合控制是另一种重要的机器人柔顺控制方法。力位混合控制通常通过雅可比矩阵将作业空间任意方向的力和位置分配到各个关节控制器上。然而，这种方法计算复杂，需要实时确定雅可比矩阵并计算其坐标系。为了简化计算，一些学者提出了将操作空间的位置环用等效的关节位置环代替的改进方法。力位混合控制适用于需要机器人同时控制力和位置的场景，如装配、打磨、焊接等任务。在这些任务中，机器人需要准确地控制其末端执行器的位置和姿态，以实现精确的加工或操作。同时，机器人还需要具备感知和控制力的能力，以适应外界环境的变化和避免对环境或自身造成损害。

（5）机器人先进控制

机器人先进控制是现代工业自动化控制领域中的一项重要技术，它采用先进的控制方法和技术，以提高控制系统的性能和可靠性，实现更高效的生产和运营管理。机器人先进控制涵盖了多种控制策略，这些策略旨在提高机器人的性能、稳定性和适应性，包括自适应控制、鲁棒控制、模型预测控制（Model Predictive Control，MPC）、计算力矩控制等。

自适应控制是一种能够使机器人根据环境和自身状态的变化自动调整控制策略的方法，这种控制方法的关键特点是机器人可以在没有外部控制辅助的情况下进行自我调整，从而适应自身或环境的变化。自适应控制可以分为模型参考自适应控制（Model Reference Adaptive Control，MRAC）、自校正控制（Self-Tuning Adaptive Control，STAC）和线性摄动自适应控制（Linear Perturbation Adaptive Control，LPAC）等类型，每种类型适用于不同的应用场景。

鲁棒控制专注于在存在不确定性或干扰的情况下，保持系统的稳定性和性能。鲁棒性指的是控制系统在一定参数摄动下维持某些性能的能力。鲁棒控制方法通常应用于存在不确定参数或扰动的情况，旨在使系统在有界建模误差下保持稳定。

模型预测控制是一种通过预测系统未来行为来实现控制的高级技术。它将控制问题转化为优化问题，通过求解最优化问题来确定当前时刻的最优控制指令。模型预测控制广泛应用于需要进行高精度控制的场景，如机器人控制、飞行器控制等。其核心步骤为建立预测模型，将控制问题转化为优化问题，并求解最优控制序列。

计算力矩控制是基于机器人动力学模型的控制方法。它通过非线性补偿对具有复杂非线性强耦合的机器人系统进行全局性解耦和线性化。这种控制方法能够确保全局指数稳定或全局渐近稳定的轨迹跟踪。计算力矩控制与反馈线性化在理论和实践上都有密切联系，都是为了提高机器人控制系统的性能。

（6）机器人智能自适应控制

机器人智能自适应控制是一种使机器人能够根据外部环境和内部状态的变化自动调整其控制策略的技术。机器人通过学习和反馈机制，实现对环境的感知和适应，从而根据任务需求自主地调整自身的行为和控制策略。

模型参考自适应控制系统通过将实际被控对象与已知的参考模型进行比较，利用比较结果调整控制器的参数，使得被控对象的输出尽可能接近参考模型的输出。在机器人控制中，模型参考自适应控制系统常用于轨迹跟踪、姿态调整等任务，以提高机器人的运动精度和鲁棒性。

自适应神经网络控制利用神经网络对机器人的动态响应进行建模，并通过在线学习和训练来更新神经网络的参数，以实现自适应控制。自适应神经网络控制在机器人运动控制、力控制等方面具有广泛应用，特别是在处理非线性、不确定性和时变问题时表现出色。

自适应模糊控制基于模糊控制理论，通过模糊化、模糊推理和去模糊化三个步骤实现控制。在控制过程中，系统能够根据经验数据和实时反馈调整模糊控制规则，以适应环境的变化。自适应模糊控制常用于机器人路径规划、避障、运动控制等任务，特别是在面对复杂环境和处理不确定性问题时表现良好。



（7）机器人学习控制系统

机器人学习控制系统是一个复杂且多样化的领域，涵盖了多种学习方法和控制算法，可以分为强化学习（Reinforcement Learning，RL）、模仿学习（Imitation Learning，IL）、深度学习（Deep Learning，DL）等。

强化学习是一种通过与环境交互来学习决策策略的机器学习方法。其核心思想是让智能体在执行动作、观察环境反馈的状态和奖励的过程中，学习一个最优策略，以实现长期累积奖励最大化。强化学习已经成功应用于许多机器人任务，如游戏玩耍、物体操控和自主导航等。它允许机器人在没有先验知识的情况下，通过与环境交互来发现最优策略。强化学习的成功应用取决于奖励函数的设计、环境的复杂性和数据的可利用性等因素。

模仿学习是一种监督学习方法，它利用专家演示的数据来训练机器人执行任务。在这种策略中，机器人通过观察专家的行为来学习如何完成任务。模仿学习可以加速学习过程，并避免探索过程中可能出现的危险或不良行为。然而，模仿学习通常需要大量的高质量演示数据，并且对于与演示数据分布不一致的新任务，机器人的性能可能会受到限制。

深度学习是机器学习的一种，建立在大数据和神经网络基础之上。它使用多层的神经网络对大量数据进行自动学习和特征提取，从而实现对数据的高精度预测和分类。深度学习可以处理复杂和非结构化的数据，对于机器人的视觉和感知系统具有重要意义。同时，深度学习模型具有强大的泛化能力，可以在不同的环境和任务中进行迁移和应用。

（8）机器人视觉控制

机器人视觉控制是一个涉及计算机视觉技术和机器人技术的领域，其基本原理是将计算机视觉技术应用于机器人系统中，使机器人能够感知和理解周围环境中的视觉信息，进而作出相应的决策和行动。在机器人视觉控制中，视觉系统通过相机或其他传感器获取周围环境中的图像和视频，然后对这些图像和视频进行处理和分析，以提取有用的信息。这些信息可能包括物体的形状、大小、颜色、位置等，然后利用计算机视觉算法对这些信息进行特征提取、特征匹配、目标定位等。此外，机器人视觉控制还包括一些高级功能，如避障技术。避障算法利用视觉传感器的数据，对静态障碍物和动态障碍物进行躲避，但仍维持向目标方向运动，实现实时自主导航。

手眼标定是机器人视觉控制的关键步骤，它建立了机器人手部（末端执行器）和视觉系统（相机）之间的空间关系。通过手眼标定，机器人能够准确知道相机观察到的物体与其手部之间的相对位置和姿态。手眼标定的方法有多种，如基于靶标的标定、基于特征的标定等。

基于图像的视觉伺服（Image-Based Visual Servoing，IBVS）通过提取和分析图像中的特征，如边缘、角点、尺度不变特征变换（Scale-Invariant Feature Transform，SIFT）等，来实现对机器人的控制。其误差信号直接用图像特征来定义图像平面坐标（非任务空间坐标）的函数，无须估计目标在笛卡儿坐标系中的位置和姿态。机器人通过相机获取图像，提取特征并计算特征之间的相对位置和关系，进而确定机器人的动作。

基于位置的视觉伺服（Position-Based Visual Servoing，PBVS）的输入为空间信息，首先通过图像处理技术估计目标物体在三维空间中的位置和姿态，然后利用这些位置信息来控制机器人的运动。与基于图像的视觉伺服技术相比，基于位置的视觉伺服的精确度较依赖相机内外参数的标定精度，对标定参数误差较为敏感，通常需要对目标物体的三维模型和相机的内参数进行预先估计。

混合视觉伺服结合了基于图像和基于位置的视觉伺服方法，它既考虑图像中的特征信息，又关注机器人与物体之间的绝对位置关系，以实现更精确和鲁棒性更好的控制。

无标定视觉伺服在不预先标定系统（特别是相机的内外参数）的情况下，直接通过图像上的系统状态误差来构建闭环控制器，以驱动执行器（如机械臂或机器人）运动，使系统误差收敛到一个容许的误差范围内。这种方法简化了视觉系统的设置和校准过程，但可能对控制精度和稳定性产生一定影响。

视觉 - 阻抗控制是将视觉伺服与阻抗控制相结合的一种控制方法。当与物体进行接触或交互时，机器人通过视觉系统感知外界环境的变化，并据此调整自身的阻抗参数（如刚度、阻尼等），以实现柔顺、安全的交互。

（9）多机器人协同控制

代数图论为理解和分析多机器人系统中的通信和信息流提供了基础。在多机器人系统中，每个机器人可以被视为图中的节点，而它们之间的通信方式可以用边和权值表示。研究图的属性（如节点的入度和出度、边的权值等），可以揭示多机器人系统的通信拓扑结构和信息流动模式。

一阶一致性算法是一种用于分布式系统中实现数据一致性的方法。在多机器人协同控制中，一阶一致性算法通过机器人之间的信息交换和局部调整，使机器人之间的状态（如位置、速度等）保持一致。

二阶一致性算法是另一种用于分布式系统中实现数据一致性的方法，它比一阶一致性算法更复杂。该算法主要解决的是多副本数据在分布式系统中的一致性问题，通过两个阶段的提交过程来确保数据的一致性。尽管二阶一致性算法具有较高的效率和可扩展性，但它并不是解决所有分布式系统数据一致性问题的万能算法。

由于机械臂之间存在耦合和非线性特性，同步控制是一个具有挑战性的问题。多机械臂姿态同步控制通过协调多个机械臂的运动，使它们能够同时到达预定的姿态或位置。在同步控制中，需要考虑机械臂之间的相互影响及外界干扰等因素。现有的控制方法包括开环控制策略、闭环控制策略及多种改进控制策略，例如采用自适应控制算法，结合模糊控制和神经网络，通过学习和调整控制器的参数，实现对耦合效应和非线性特性的自适应控制。同时，引入先进的观测器设计技术，实现对关节位置和速度的精确估计和控制。

多移动机器人编队控制通过协调多个移动机器人的运动，使它们能够按照预定的队形进行移动。编队控制可以提高执行任务的效率，降低个体故障带来的风险，并使团队中的个体获取更全面的环境信息。现有的编队控制方法包括基于代数图论的分布式控制方法、基于反馈控制方法的分布式距离约束编队控制方法等。

多无人机编队飞行控制通过先进的控制技术和算法，协调多架无人机的飞行状态和运动轨迹，使它们能够按照预定的队形和路径进行飞行，从而实现各种复杂的飞行任务。多无人机编队飞行可以提高单次完成任务的效率，如目标打击、侦察等。其关键技术问题包括队形设计、气动耦合、队形的动态调整、航迹规划、信息互换和编队飞行控制策略等。



### 2. 机器人智能控制的发展趋势

机器人智能控制技术在经历了从简单到复杂、从单一到多元的发展过程后，正向着更高层次、更广领域迈进，未来的发展方向可以从以下八个方面加以阐述。

（1）虚拟机器人技术

基于多传感器、多媒体、虚拟现实及临场感应技术，实现机器人的虚拟遥控操作和人机交互。同时，虚拟现实技术还可以为人型机器人提供逼真的模拟环境，使其能够在虚拟世界中进行各种训练和模拟操作。这种结合不仅提高了机器人的训练效率，还降低了实际训练中的风险和成本。随着传感器网络、机器视觉和激光扫描等感知技术的不断发展，虚拟机器人能够更加高效、精准、灵敏地感知周围环境。这些技术的融合将进一步提升虚拟机器人的智能化水平。例如，在医疗卫生领域，虚拟机器人可以用于模拟手术操作，帮助医生进行手术技能的训练和提高。

（2）机器学习技术的应用

目前，深度学习技术已经可以应用到机器人智能控制中，实现机器人自主学习和决策。随着学习与推理能力的提升，机器人将从大量的数据中吸取知识，自动进行归纳和总结，提高学习和推理能力。机器学习技术在机器人智能控制中的应用主要体现在视觉感知、运动控制、路径规划、自主决策、故障诊断等方面。例如，深度学习技术能够帮助机器人进行视觉感知，实现物体辨识和姿态识别。通过摄像头等传感器获取环境信息，结合图像处理和模式识别技术，机器人可以实现对目标物体的检测、识别和定位；机器学习技术可以通过学习和优化来实现更加灵活和自适应的运动控制，机器人可以根据环境和任务的变化自动调整运动控制策略，提高运动的稳定性和精度；机器学习技术使机器人能够基于大量的数据进行自主决策，可以从数据中吸取知识，自动进行归纳和总结，提高学习和推理能力，从而更好地适应复杂和变化多样的生产环境；机器学习技术还能够帮助机器人实现准确和自动化的故障诊断。通过对运行数据的分析和学习，机器人能够及时发现异常情况并进行相应的处理，提高生产效率和安全性。

（3）生成式人工智能（Generative Artificial Intelligence）与多模态融合

生成式人工智能与多模态融合的融合应用将引领新的技术潮流。生成式人工智能将超越简单的聊天机器人和剪辑视频的范畴，能够处理各种输入信息，包括文本、声音、旋律和视觉信号，进行综合理解和分析。这种能力使得机器人能够更全面地感知和理解周围环境。多模态融合技术将来自不同感官通道或不同类型的数据（如文本、图像、语音、视频等）结合起来，能够提高机器人系统的理解和推理能力。生成式人工智能与多模态融合的融合应用将极大地改进人机交互方式，使机器人能够更好地理解人类的需求和意图，提供更准确、更个性化的服务。

（4）多传感系统

多传感系统是指在机器人中集成多种类型的传感器，如激光雷达、视觉相机、毫米波雷达、超声波雷达等，以实现对环境信息的全面感知。这些传感器能够实时获取机器人周围环境的各种数据，如距离、速度、方向、温度、湿度等，为机器人的智能控制提供基础数据支持，目前主要的研究方向在于多传感器融合技术。多传感器融合技术是指将来自不同传感器的信息进行整理和融合，以提高机器人对环境的感知精度和鲁棒性。这种技术可以通过数据融合、信息融合和决策融合等方法实现。例如，自动驾驶汽车中就集成了多种传感器，通过算法对车辆周围的道路、车辆、行人等实时信息进行处理和分析，实现自动驾驶功能。

（5）多智能体控制技术

群体体系结构、相互间的通信与磋商机理，感知与学习方法，建模和规划、群体行为控制等方向是本领域研究的重点。其技术原理涵盖了决策、通信和协调三个方面，每个智能体都能收集信息、分析决策，并通过信息传递、共享规则等方式协同完成任务。

（6）仿人和仿生技术

仿人和仿生技术不仅使机器人更加接近人类的外观和动作，还增强了其感知、决策和学习能力，从而提高了机器人在复杂环境中的适应性和任务执行能力。仿人技术通过模拟人类的运动方式和生物力学原理，使机器人能够实现更加灵活和精准的运动控制。这包括行走、跑步、跳跃、抓取等动作，使得机器人在处理复杂任务时更加高效和准确。仿人技术还关注改进机器人的感知系统，使其能够更好地感知和理解周围环境。通过集成多种传感器和感知设备，机器人能够实时获取环境信息，如物体的位置、形状、颜色、温度等，为后续的决策和规划提供数据支持。仿生技术通过借鉴生物体的机制、结构和功能，为机器人设计提供新的思路和方法。例如，通过研究蝗虫的跳跃动作，研究人员设计出一种名为“跃迁式”的运动控制技术，帮助机器人在两个点之间进行跳跃，从而避免绕路，节省时间和能量。仿生技术还可以帮助人们改进机器人的身体结构，使其更加适应实际应用场景。例如，设计能够在不规则地形上行走的机器人时，研究人员可以借鉴蚂蚁等昆虫的行走方式，将其应用到机器人的腿部结构中。此外，从鸟类的飞行原理中汲取灵感，可以设计出更加轻量化和节能的机器人翅膀结构，提高机器人的飞行效率。仿人与仿生机器人是机器人领域的研究热点问题，有待探索和开拓。

（7）微型和微小机器人技术

该方向的研究主要集中在系统结构、运动方式、控制方法、传感技术等方面。这一技术领域的发展，为机器人应用，特别是在精密操作、复杂环境探索和医疗手术等领域的应用开辟了新的可能性。

（8）机器人遥控及监控技术

多机器人和操作者之间的协调控制，需要通过网络建立大范围内的机器人遥控系统，提高机器人系统的灵活性和可操作性。

随着新技术的不断涌现和融合，未来的机器人将更加智能、灵活和高效，为人类的生活和工作带来更多便利和可能性。总体来看，这些方向反映出机器人智能控制技术的五大核心发展趋势。

（1）技术融合与创新

随着人工智能技术的不断进步，机器人智能控制技术正逐步实现与深度学习、强化学习等先进技术的融合。这种融合使得机器人能够具备更强大的自主学习能力，能够根据环境和任务的变化自我调整和优化控制策略。

（2）感知技术的提升



感知技术是机器人智能控制的重要基础。随着传感器技术和机器视觉、激光扫描等感知技术的不断提升，机器人将能够更加高效、精准、灵敏地感知周围环境，为智能控制提供更为丰富的信息支持。例如，在医疗服务领域，机器人使用激光感应技术进行手术，可以在确保手术准确性的同时，保护患者的安全。

（3）多层次的控制系统

未来机器人智能控制技术将建立更加多层次的控制系统，以更好地管理机器人的动作和行为。这种多层次的控制系统将包括感知层、决策层、执行层等多个层次，各个层次之间将实现高效的信息传递和协同工作。在此基础上，机器人可以更符合人们的需求，实现自我学习、自我调节，并能更好地重复执行特定的工作。

（4）云端服务的支持

云端服务将为机器人智能控制技术提供强大的支持。通过云端服务，机器人可以获取更多的数据和资源，实现更高效的学习和优化。同时，云端服务还可以为机器人提供远程监控和维护功能，提高机器人的可靠性和稳定性。

（5）发展趋势的多样化、柔性化、智能化

机器人智能控制技术将朝着多样化、柔性化、智能化的方向发展。这意味着机器人将具备更强的适应性和灵活性，能够应对各种复杂多变的环境和任务。同时，随着人工智能技术的不断发展，机器人将变得更加智能化，能够自主学习、自主决策、自主执行任务。

由上述讨论我们可以看到，机器人智能控制技术正面临巨大的发展机遇和挑战。通过技术创新、感知技术的提升、多层次控制系统的建立、云端服务的支持以及应用领域的拓展等方式，机器人智能控制将不断取得新的突破和发展。

## 本章小结

首先，本章对智能控制的定义进行了全面的概述。智能控制作为机器人发展的关键技术，通过借鉴自然界中的群体协作机制，显著提高了机器人系统的自适应性和鲁棒性。在深入理解这些基本概念的基础上，本章进一步介绍了智能控制在机器人技术中的重要性。智能控制不仅赋予机器人感知、决策、学习和规划的能力，还极大地提升了机器人的自主性、适应性和任务完成能力。通过结合最新的人工智能技术，如深度学习，智能控制使机器人能够在复杂和动态变化的环境中，自主调整和优化其控制策略，从而实现更高效和精确的操作。

其次，本章详细探讨了机器人系统的组成，如感知单元、规划单元、决策单元和控制单元，这些组成部分协同工作，使机器人能够自主、高效地完成各种任务。

最后，本章总结了机器人控制的发展历程与趋势。从最初工业机器人的发展，到涵盖多传感系统、虚拟机器人技术、生成式人工智能与多模态融合等先进技术，机器人智能控制技术正在不断进步和扩展其应用领域。通过这一章的学习，读者可以全面了解智能控制在机器人技术中的应用及其未来发展方向，为后续章节的深入研究打下坚实的基础。

## 参考文献

[1] 王耀南 . 机器人智能控制工程 [M]. 北京：科学出版社，2004.

[2] 王国军，陈松乔 . 自动控制理论发展综述 [J]. 微型机与应用，2000，19（6）：4-7.

[3] ANTSAKLIS P. Intelligent learning control[J]. IEEE Control systems，1995，15（3）：5-7.

[4] 李少远，席裕庚，陈增强，等 . 智能控制的新进展（Ⅰ）[J]. 控制与决策，2000，15（1）：1-5.

[5] 孟庆春，齐勇，张淑军，等 . 智能机器人及其发展 [J]. 中国海洋大学学报（自然科学版），2004，34（5）：831-838.

[6] 蔡自兴，谢斌 . 机器人学 [M]. 4 版 . 北京：清华大学出版社，2022.

[7] 郭勇，赖广 . 工业机器人关节空间轨迹规划及优化研究综述 [J]. 机械传动，2020，44（2）：154-165.

[8] 陈伟华 . 工业机器人笛卡儿空间轨迹规划的研究 [D]. 广州：华南理工大学，2010.

[9] 杜明博，梅涛，陈佳佳，等 . 复杂环境下基于 RRT 的智能车辆运动规划算法 [J]. 机器人，2015，37（4）：443-450.

[10] 吴向东 . 可移动障碍物环境下的机械臂动态避障规划研究 [D]. 杭州：浙江大学，2019.

[11] 赵晓，王铮，黄程侃，等 . 基于改进 A* 算法的移动机器人路径规划 [J]. 机器人，2018，40（6）：903-910.

[12] SHARON G，STERN R，FELNER A，et al. Conflict-based search for optimal multi-agent pathfinding[J]. Artificial intelligence，2015，219：40-66.

[13] 罗红波，施显阳，魏鹏，等 . 凿岩台车多关节机械臂的 PID 位置控制研究 [J]. 工程科学与技术，2019，51（4）：157-162.

[14] 马保离，霍伟 . 空间机器人系统的自适应控制 [J]. 控制理论与应用，1996，13（2）：191-197.

[15] 谢明江，代颖，施颂椒 . 机器人鲁棒控制研究进展 [J]. 机器人，2000，22（1）：73-80.

[16] HOLKAR K S，WAGHMARE L M. An overview of model predictive control[J]. International journal

of control and automation，2010，3（4）：47-63.
[17] ZHANG D，WEI B. A review on model reference adaptive control of robotic manipulators[J]. Annual reviews in control，2017，43：188-198.
[18] 蔚东晓，贾霞彦 . 模糊控制的现状与发展 [J]. 自动化与仪器仪表，2006（6）：4-7.
[19] 董晓星 . 空间机械臂力柔顺控制方法研究 [D]. 哈尔滨：哈尔滨工业大学，2013.
[20] 贾丙西，刘山，张凯祥，等 . 机器人视觉伺服研究进展：视觉系统与控制策略 [J]. 自动化学报，2015，41（5）：861-873.
[21] 俞辉 . 多智能体机器人协调控制研究及稳定性分析 [D]. 武汉：华中科技大学，2007.

# 第 2 章　机器人轨迹规划

## 导读

机器人轨迹规划是机器人控制技术的核心和基础。为此，本章着重介绍机械臂轨迹规划的相关理论基础。首先，从机械臂轨迹规划概述和机械臂位姿的描述方法入手，梳理相关知识。其次，详细阐述了如何建立机械臂连杆坐标系和确定机械臂 D-H（Denavit-Hartenberg）参数表，并进一步通过 D-H 参数求解机械臂正逆运动学。再次，本章分别对机械臂关节空间和笛卡儿空间下的轨迹规划技术进行了全面介绍，包括多项式插值、梯形速度插值、三次样条轨迹规划、点到点轨迹规划、连续跟踪轨迹规划及运动学约束下的轨迹优化方法。最后，本章在 MATLAB 中对经典的机械臂轨迹规划方法进行了仿真实现。希望通过本章的介绍，读者能够对机械臂轨迹规划技术有更深入的了解和认识。



## 本章知识点

- 机械臂运动学建模
- 机械臂正逆运动学求解
- 机械臂关节空间轨迹规划
- 机械臂多项式插值轨迹规划
- 机械臂笛卡儿空间轨迹规划

## 2.1　机器人轨迹规划概述

轨迹规划问题通常是将轨迹规划器看成“黑箱”，接收表示路径约束的输入变量，输出起点和终点之间按时间排列的机器人中间形态（如位姿、速度和加速度）序列。

机器人轨迹规划是机器人技术的一个关键步骤，它涉及机器人在工作空间中如何高效、准确地从起始位置移动到目标位置。轨迹规划不仅要求机器人能够避开障碍物，还需要考虑机器人的任务要求、运动学约束和动力学特性。在轨迹规划过程中，机器人首先需要根据任务要求确定起点和终点，并计算出两者之间的最优路径。这个路径需要满足机器人的运动学约束，如最大速度、最大加速度和关节角度限制等，同时还需要考虑外部环境因素，如障碍物的位置、形状和尺寸等，确保机器人在移动过程中不会与障碍物发生碰撞。

此外，轨迹规划还需要考虑机器人的动力学特性。动力学模型描述了机器人运动过程中各部件之间的相互作用和力的传递关系。在轨迹规划时，需要确保规划出的轨迹能够满足机器人的动力学要求，避免出现运动不稳定或损坏机器人硬件的情况。

为了得到高质量的轨迹，规划算法通常会采用多种优化策略。这些策略旨在减少机器人的运动时间，降低能量消耗，提高运动平稳性和精度等。通过优化，机器人能够在保证安全的前提下，以更加高效和精准的方式完成任务。

## 2.2 基本概念

### 2.2.1 机械臂位姿的描述方法

机械臂末端执行器的位姿，指的是它的位置和姿态。位置指的是位移，而姿态指的是旋转。用三维空间里的一个位移和旋转，就可以清楚地描述机械臂的位姿。实际上，只要是刚体，它的位姿就可以尝试使用这种方式来描述。

1. 位置描述

刚体的位姿信息可以通过刚体上任何一个基准点和通过这个基准点的坐标系 $O_B$ 与参考坐标系 $O_A$ 之间的相对关系来表示。位置表示如图 2-1 所示。

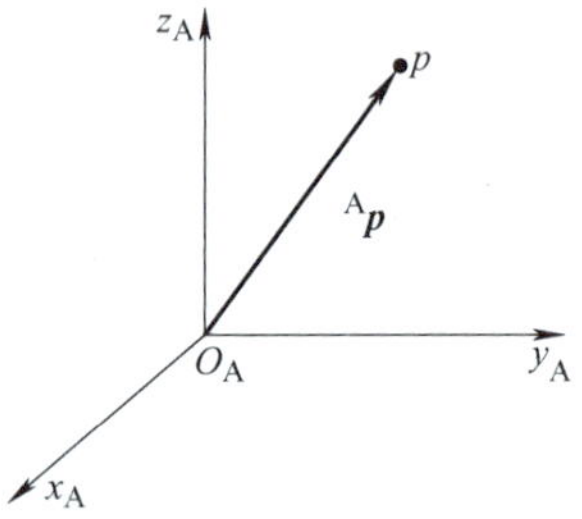


图 2-1 位置表示

由图 2-1 所示，一旦建立了坐标系，刚体的位置信息就可以用一个固定的参考坐标系原点到刚体所在坐标系原点的向量来表示，即刚体在空间任一点 $p$ 的位置可以用 $3 \times 1$ 的列向量 $^A\boldsymbol{p}$ 表示：

$$^A\boldsymbol{p} = \begin{bmatrix} p_x \\ p_y \\ p_z \end{bmatrix} \tag{2-1}$$

式中，$^A\boldsymbol{p}$ 为位置向量；$p_x$、$p_y$、$p_z$ 是点 $p$ 在坐标系 $O_A$ 中 $x$、$y$、$z$ 三个轴方向的坐标分量。

2. 姿态描述

研究机器人的运动与操作，不仅需要表示空间某个点的位置，还需要表示机器人的姿态。姿态表示如图 2-2 所示，首先将机器人看作一个刚体，刚体姿态可以通过两坐标系之间的坐标旋转变换矩阵来表示，即旋转矩阵 $^A_B\boldsymbol{R}$：

$$^A_B\boldsymbol{R} = \begin{bmatrix} r_{11} & r_{12} & r_{13} \\ r_{21} & r_{22} & r_{23} \\ r_{31} & r_{32} & r_{33} \end{bmatrix} \tag{2-2}$$

式中，上标 A 代表坐标系 $O_A$，下标 B 代表参考坐标系 $O_B$，各个元素为两坐标系单位向量之间的方向余弦。

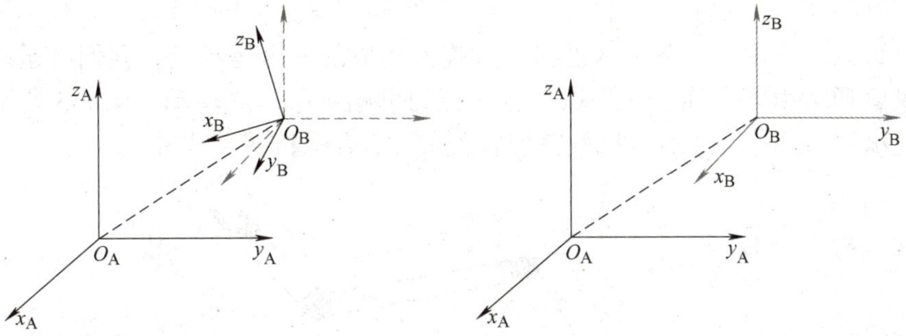


图 2-2　姿态表示

那么，刚体绕 $x$、$y$、$z$ 轴做转角为 $\theta$ 的旋转变换，其旋转矩阵分别为

$$\boldsymbol{R}(x,\theta)=\begin{bmatrix}1 & 0 & 0\\ 0 & \cos\theta & -\sin\theta\\ 0 & \sin\theta & \cos\theta\end{bmatrix} \tag{2-3}$$

$$\boldsymbol{R}(y,\theta)=\begin{bmatrix}\cos\theta & 0 & \sin\theta\\ 0 & 1 & 0\\ -\sin\theta & 0 & \cos\theta\end{bmatrix} \tag{2-4}$$

$$\boldsymbol{R}(z,\theta)=\begin{bmatrix}\cos\theta & -\sin\theta & 0\\ \sin\theta & \cos\theta & 0\\ 0 & 0 & 1\end{bmatrix} \tag{2-5}$$

### 3. 位姿描述

上文讨论了如何用位置向量描述刚体在空间中点的位置以及如何用旋转矩阵描述刚体在空间中的姿态。因此，刚体在空间中的位姿即可描述为

$$_{\mathrm{B}}^{\mathrm{A}}\boldsymbol{T}=\begin{bmatrix}_{\mathrm{B}}^{\mathrm{A}}\boldsymbol{R} & ^{\mathrm{A}}\boldsymbol{p}\\ 0 & 1\end{bmatrix} \tag{2-6}$$

式（2-6）为位姿矩阵，当表示位置时，式（2-6）中的旋转矩阵 $_{\mathrm{B}}^{\mathrm{A}}\boldsymbol{R}$ 为单位矩阵；当表示姿态时，式（2-6）中的位置向量 $^{\mathrm{A}}\boldsymbol{p}$ 为零向量。

## 2.2.2　机械臂运动学建模（D–H 参数法）

D–H（Denavit–Hartenberg）参数法是运动学中用于描述机械臂连杆（Link）和关节（Joint）之间相对位置和姿态关系的一种常用方法。分为标准 D–H（SD–H）参数法和改进 D–H（MD–H）参数法。标准 D–H 参数法主要适用于开式运动链结构，如串联机械臂；改进 D–H 参数法更适用于闭式运动链结构，如并联机械臂。

为此，本节将采用标准 D–H 参数法建立串联机械臂的连杆坐标系，并用齐次变换来描述这些坐标系之间的相对位置和姿态。

1. 机械臂定义

机械臂可以看作由一系列刚体通过关节连接而成的一个运动链，我们将这些刚体称为连杆。机械臂通常由多个连杆相串联，且连杆间可相对移动或转动。图 2-3 所示为简易三连杆平面机械臂。图中，$j_i$ 表示机械臂旋转关节，$l_i$ 表示机械臂连杆。

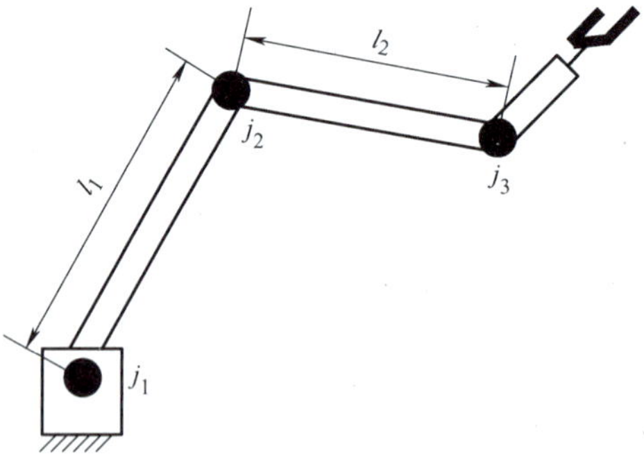


图 2-3 简易三连杆平面机械臂

2. 连杆坐标系



由图 2-3 可知，机械臂由一系列连接在一起的连杆构成。因此，可以将连杆抽象成两个几何要素及其参数，即公共法线及距离 $a_i$ 和垂直于 $a_i$ 所在平面内两轴的夹角 $\alpha_i$；另外相邻连杆之间的连接关系也被抽象成两个量，即两连杆的相对位置 $d_i$ 和两连杆公垂线的夹角 $\theta_i$。相邻连杆间坐标系变换示意图如图 2-4 所示。

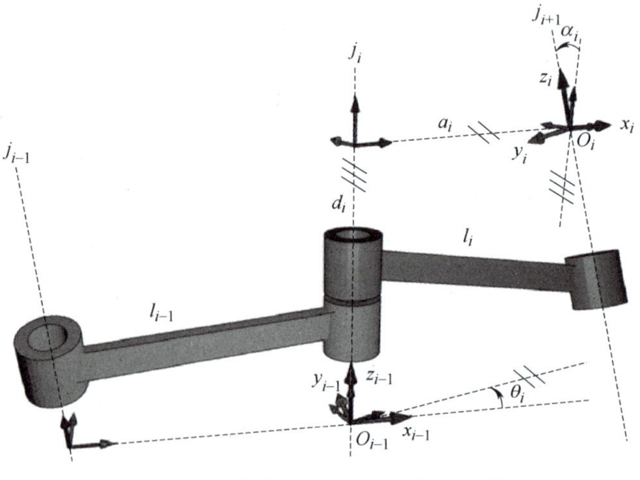


图 2-4 相邻连杆间坐标系变换示意图

图 2-4 中 $a_i$ 表示从 $z_i$ 到 $z_{i+1}$ 之间的距离，以 $x_i$ 的指向为正；$\alpha_i$ 表示从 $z_i$ 到 $z_{i+1}$ 之间的转角，以绕 $x_i$ 正向旋转为正；$d_i$ 表示从 $x_{i-1}$ 到 $x_i$ 之间的距离，以 $z_i$ 的指向为正；$\theta_i$ 表示从

$x_{i-1}$ 到 $x_i$ 之间的转角，以绕 $z_i$ 正向旋转为正。

对于串联机械臂来说，可以按照如下步骤依次建立所有连杆的坐标系。

1）找出各关节旋转轴，并画出这些轴线的延长线。在第 2）～ 5）步中，仅考虑两条相邻的轴线（关节轴 $i-1$ 和关节轴 $i$）。

2）找出关节轴 $i-1$ 和 $i$ 之间的公垂线，以该公垂线与关节轴 $i-1$ 的交点作为连杆坐标系 $O_i$ 的原点（当关节轴 $i-1$ 和关节轴 $i$ 相交时，以该交点作为坐标系 $O_i$ 的原点）。

3）规定 $z_{i-1}$ 轴沿关节轴 $i-1$ 的方向。

4）规定 $x_{i-1}$ 轴沿公垂线 $a_{i-1}$ 的方向，由关节轴 $i-1$ 指向关节轴 $i$，若关节轴 $i-1$ 和关节轴 $i$ 相交，则规定 $x_{i-1}$ 轴垂直于这两条关节轴所在的平面。

5）按照右手法则确定 $y_{i-1}$ 轴。

6）当第一个关节的变量为 0 时，规定坐标系 $O_0$ 和坐标系 $O_1$ 重合，对于坐标系 $O_n$，其原点和 $x_n$ 轴的方向可以任意选取，但选取时通常尽量使连杆参数为 0。

### 3. 建立连杆坐标系举例

**例 2-1**　以图 2-5 所示的简易三连杆机械臂为例，为此机械臂建立连杆坐标系，并写出其 D–H 参数表。

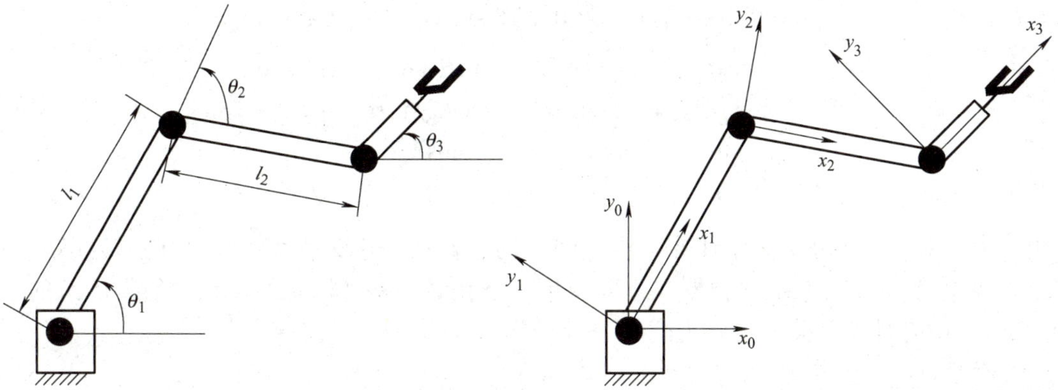


图 2-5　简易三连杆机械臂及其连杆坐标系

**解：** 1）首先在机械臂基座上定义参考坐标系 $O_0$，当第一个关节的变量值 $\theta_1$ 为 0 时，坐标系 $O_0$ 和坐标系 $O_1$ 重合。

2）根据上述步骤建立机械臂各连杆坐标系，如图 2-5 所示。（由于该机械臂位于一个平面上，所有的 $z$ 轴均垂直纸面向外，因此均未画出）

3）下面求取相应的连杆参数。因为该机械臂所有关节均为旋转关节，所以关节变量分别为 $\theta_1$、$\theta_2$、$\theta_3$。由于 $z$ 轴均垂直纸面向外，相互平行，按照之前的定义，连杆转角 $\alpha_i$ 代表从 $z_i$ 到 $z_{i+1}$ 之间的转角，因此 $\alpha_i$ 均为 0。

从图 2-5 可以发现，所有的 $x$ 轴均在一个平面内，而连杆偏距 $d_i$ 代表相邻公垂线之间的距离，故 $d_i$ 均为 0。

按照定义，$a_i$ 表示从 $z_i$ 到 $z_{i+1}$ 之间的距离，以 $x_i$ 的指向为正。由于 $z_0$ 轴和 $z_1$ 轴重合，

因此 $a_0=0$，$a_1$ 代表 $z_1$ 轴和 $z_2$ 轴之间的距离。由此可知，$a_1=l_1$，$a_2=l_2$。

因此，该简易三连杆机械臂对应的 D–H 参数见表 2-1。

表 2-1　该简易三连杆机械臂对应的 D–H 参数

| $i$ | $\alpha_{i-1}$ | $a_i$ | $d_i$ | $\theta_i$ |
|---|---|---|---|---|
| 1 | 0 | 0 | 0 | $\theta_1$ |
| 2 | 0 | $l_1$ | 0 | $\theta_2$ |
| 3 | 0 | $l_2$ | 0 | $\theta_3$ |

## 2.2.3　正运动学求解

当已知机械臂各关节的旋转角度时，求解机械臂末端执行器在空间坐标系下相对于基坐标系的位置就是正运动学求解。一般来说，正运动学求解是唯一的且容易求得。

对于正运动学求解，一般采用 D–H 参数法，以图 2-5 所示的简易三连杆机械臂为例。在上一小节已经列出机械臂连杆坐标系和对应的 D–H 参数表，因此根据坐标系变换的链式法则和各坐标系的关系，可得

$$
\begin{aligned}
{}^{i-1}_{\ i}\boldsymbol{T} &= \mathrm{Rot}(z,\theta_i)\mathrm{Trans}(0,0,d_i)\mathrm{Trans}(\alpha_{i-1},0,0)\mathrm{Rot}(x,\alpha_{i-1}) \\
&= \begin{bmatrix} \cos\theta_i & -\sin\theta_i\cos\alpha_i & \sin\theta_i\sin\alpha_i & \alpha_i\cos\theta_i \\ \sin\theta_i & \cos\theta_i\sin\alpha_i & -\cos\theta_i\sin\alpha_i & \alpha_i\sin\theta_i \\ 0 & \sin\alpha_i & \cos\alpha_i & d_i \\ 0 & 0 & 0 & 1 \end{bmatrix}
\end{aligned} \tag{2-7}
$$

式中，Rot 和 Trans 分别为刚体在三维空间中的旋转和平移交换。将各连杆的转换矩阵相乘，即可求解机械臂末端执行器在空间坐标系下相对于基坐标系的位置，值得注意的是，式（2-7）中有且仅有关节角 $\theta_i$ 为变量。

$$
{}^{0}_{3}\boldsymbol{T} = {}^{0}_{1}\boldsymbol{T}\,{}^{1}_{2}\boldsymbol{T}\,{}^{2}_{3}\boldsymbol{T} = \begin{bmatrix} n_x & o_x & a_x & p_x \\ n_y & o_y & a_y & p_y \\ n_z & o_z & a_z & p_z \\ 0 & 0 & 0 & 1 \end{bmatrix} \tag{2-8}
$$

式中，$n_x$、$n_y$、$n_z$、$o_x$、$o_y$、$o_z$、$a_x$、$a_y$、$a_z$ 为机器人的末端姿态分量；$p_x$、$p_y$、$p_z$ 为机器人的末端位置分量，即机器人末端执行器在空间坐标系中的坐标。

## 2.2.4　逆运动学求解

实际应用中往往已知机械臂末端执行器的位姿，需要求解的是机械臂各关节的旋转角度。这种求解各关节旋转变量的过程即为逆运动学求解。

### 1. 多重解问题

求解运动学方程可能遇到的一个问题就是多重解问题。以图 2-5 所示的具有三个旋转

关节的平面机械臂为例，已知空间的一个位置，机械臂可由任意方位到达该位置，在平面中有较大的灵巧工作空间（给定适当的连杆长度和大的关节运动范围）。三连杆机械臂的逆解如图 2-6 所示，图中实线和虚线分别表示一组逆解。

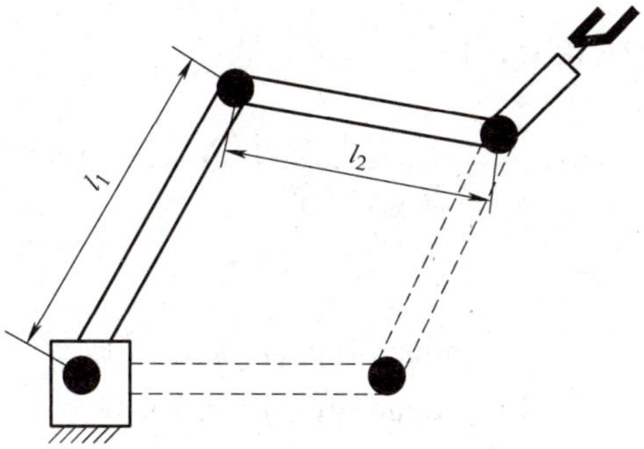


图 2-6　三连杆机械臂的逆解

系统最终只能选择一组最优解。解的选择标准是变化的，比较合理的选择应当是取最短行程解，即最近解，以使得每一个运动关节的移动量最小。

2. 几何法求解

逆运动学求解是一个非线性超越方程组求解的问题，无法建立通用的解析算法，有多种方法可用来求解逆运动学问题，此处采用几何法进行求解。几何法的求解思想是将空间几何拆解成平面几何。



为方便理解，建立三连杆机械臂平面几何模型，如图 2-7 所示，图中 $\theta_1$、$\theta_2$、$\theta_3$ 为关节角度变量。

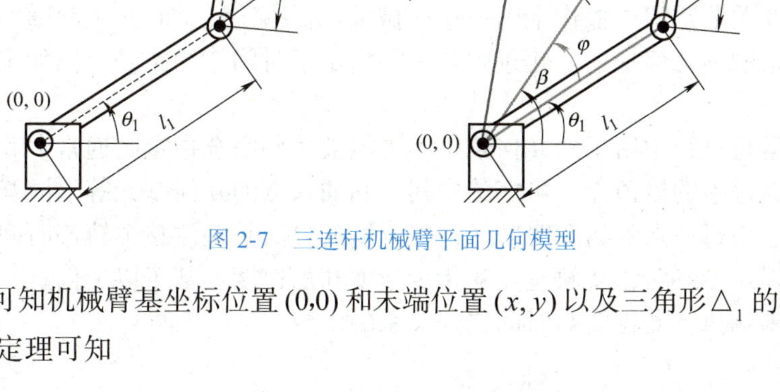

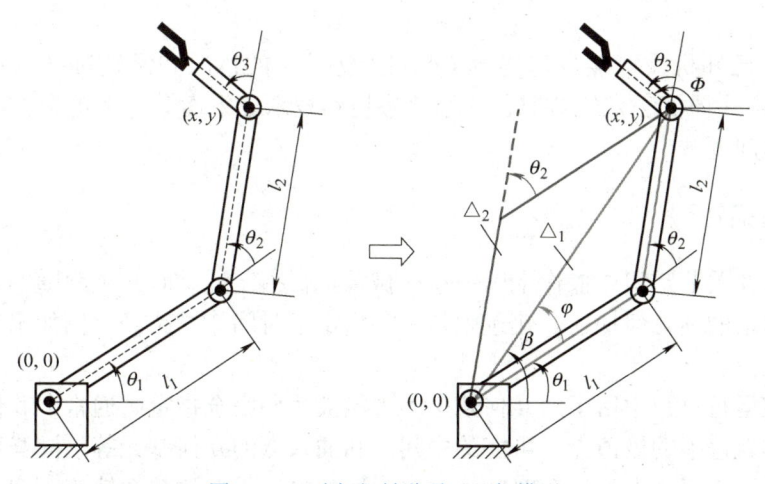


图 2-7　三连杆机械臂平面几何模型

由图 2-7 可知机械臂基坐标位置 (0,0) 和末端位置 $(x, y)$ 以及三角形$\triangle_1$ 的两条边 $l_1$ 和 $l_2$，因此，由余弦定理可知

$$x^2+y^2=l_1^2+l_2^2-2l_1l_2\cos(180°-\theta_2) \tag{2-9}$$

整理式（2-9），可求解出

$$\theta_2=\arccos\frac{x^2+y^2-l_1^2-l_2^2}{2l_1l_2} \tag{2-10}$$

用余弦定理求解三角形$\triangle_1$内角$\varphi$，得

$$\cos\varphi=\frac{l_2^2-(x^2+y^2)-l_1^2}{-2l_1\sqrt{x^2+y^2}},0°<\varphi<180° \tag{2-11}$$

接着，求解$\theta_1$，得

$$\theta_1=\begin{cases}\arctan2(y,x)+\varphi,\theta_2<0°\\ \arctan2(y,x)-\varphi,\theta_2>0°\end{cases} \tag{2-12}$$

最后，得$\theta_3=\Phi-\theta_1-\theta_2$。

可以发现，$\theta_1$存在两个解。

特别重要的是，逆解的数量不是唯一的。三轴机械臂通常具有四组逆解，六轴机械臂通常具有 8 组逆解，这就需要通过机器人的约束关系来选取逆解中最符合要求的一组作为机器人当前位姿的解。



## 2.3 关节空间轨迹规划

轨迹规划是指为机械臂设计一条从起始位置到目标位置的运动轨迹。这条轨迹需要满足平滑性、速度、加速度等约束条件，确保机械臂运动过程的安全和效率。此外，轨迹规划通常需要以时间或能量进行优化，以确定最优的运动轨迹，从而实现机械臂的精确和高效操作。

本节针对已知机械臂起点与终点（点到点运动）的情况和沿轨迹指定一系列插值点（典型的为多项式插值法）的情况，介绍轨迹规划技术。下面首先考虑在机械臂关节空间下的轨迹规划问题。

### 2.3.1 问题描述

路径表示在关节空间或操作空间中，机械臂执行指定运动时必须跟随的点的轨迹。因此，路径是运动的纯几何描述。轨迹则是一条指定了时间律的路径，例如确定了每一点的速度或加速度。

机械臂在运行过程中留下的几何轨迹不可能被我们完全指定。通常，我们只能指定少量的参量，如轨迹上的极值点、可能的中间点和插入点的几何基元等。同样地，我们也不会指定运行轨迹中每一点的运动时间律，更合适的方法是关注整个轨迹时间、最大速度和加速度约束，以及最终对重要轨迹点的指定速度和加速度。基于以上信息，轨迹规划算法生成一个描述末端执行器位姿与时间之间关系的函数。

### 2.3.2　三次多项式插值轨迹规划

机械臂三次多项式插值轨迹规划是一种常用的轨迹规划方法，通过三次多项式描绘机械臂从起始位置到目标位置的平滑运动轨迹。三次多项式插值一般表示为机械臂的起始时刻和终点时刻的角位移、角速度的运动量关于时间的函数，使该函数依次通过各个轨迹点。关于 $\theta(t)$ 的三次多项式函数为

$$\theta(t) = c_0 + c_1 t + c_2 t^2 + c_3 t^3 \tag{2-13}$$

式中，$c_0$、$c_1$、$c_2$、$c_3$ 为常数参数。由于机械臂在起始时刻和终点时刻的速度为 0，设起始时刻 $t_0$ 时（$t_0$=0）角位移为 $\theta_0$，终点时刻 $t_\mathrm{f}$ 时角位移为 $\theta_\mathrm{f}$，再由三次多项式插值算法的约束条件可知：

$$\begin{cases} \theta(0) = \theta_0 \\ \theta(t_\mathrm{f}) = \theta_\mathrm{f} \\ \dot{\theta}(0) = 0 \\ \dot{\theta}(t_\mathrm{f}) = 0 \end{cases} \tag{2-14}$$

机械臂关节角速度和角加速度可以表示为

$$\begin{cases} \dot{\theta}(t) = c_1 + 2c_2 t + 3c_3 t^2 \\ \ddot{\theta}(t) = 2c_2 + 6c_3 t \end{cases} \tag{2-15}$$

将式（2-14）约束条件代入式（2-13）、式（2-15）中，可得

$$\begin{cases} c_0 = \theta_0 \\ c_1 = 0 \\ c_2 = \dfrac{3}{t_\mathrm{f}^2}(\theta_\mathrm{f} - \theta_0) \\ c_3 = -\dfrac{2}{t_\mathrm{f}^3}(\theta_\mathrm{f} - \theta_0) \end{cases} \tag{2-16}$$

将式（2-16）代入三次多项式函数式（2-13）中，可得轨迹函数为

$$\theta(t) = \theta_0 + \frac{3}{t_\mathrm{f}^2}(\theta_\mathrm{f} - \theta_0)t^2 - \frac{2}{t_\mathrm{f}^3}(\theta_\mathrm{f} - \theta_0)t^3 \tag{2-17}$$

### 2.3.3　高阶多项式插值轨迹规划

三次多项式插值算法仅将机械臂起始时刻和终点时刻的角位移、角速度为零作为约束条件，受到本身的限制，所得到的关节加速度曲线突变明显，在实际运动中机械臂会出现抖动，平稳性差。

五次多项式插值算法在三次多项式插值算法基础上加入了角加速度作为约束条件，从而避免了机械臂运动过程中出现的加速度突变问题，但由于没有对角冲击度（角加加速度）进行约束，当机械臂的角加加速度过大时，也会导致机械臂出现抖动等问题。

七次多项式插值算法在五次多项式插值算法基础上加入了角冲击度作为约束条件，这样将使得计算量偏大，但极大改善了机械臂运动过程中出现的平稳性差和抖动问题。本小节对七次多项式插值算法进行简述。

首先，列出关于 $\theta(t)$ 的七次多项式函数，为

$$\theta(t)=c_0+c_1t+c_2t^2+c_3t^3+c_4t^4+c_5t^5+c_6t^6+c_7t^7 \tag{2-18}$$

设机械臂起始时刻 $t_0$ 时角位移为 $\theta_0$，终点时刻 $t_{\mathrm{f}}$ 时角位移为 $\theta_{\mathrm{f}}$。因此，由七次多项式插值算法的约束条件可知：

$$\begin{cases}\theta(0)=\theta_0\\ \theta(t_{\mathrm{f}})=\theta_{\mathrm{f}}\\ \dot{\theta}(0)=0\\ \dot{\theta}(t_{\mathrm{f}})=0\\ \ddot{\theta}(0)=0\\ \ddot{\theta}(t_{\mathrm{f}})=0\\ \dddot{\theta}(0)=0\\ \dddot{\theta}(t_{\mathrm{f}})=0\end{cases} \tag{2-19}$$



然后，机械臂关节的角速度、角加速度和角加加速度分别为

$$\begin{cases}\dot{\theta}(t)=c_1+2c_2t+3c_3t^2+4c_4t^3+5c_5t^4+6c_6t^5+7c_7t^6\\ \ddot{\theta}(t)=2c_2+6c_3t+12c_4t^2+20c_5t^3+30c_6t^4+42c_7t^5\\ \dddot{\theta}(t)=6c_3+24c_4t+60c_5t^2+120c_6t^3+210c_7t^4\end{cases} \tag{2-20}$$

联立式（2-19）和式（2-20），可解得

$$\begin{cases}c_0=\theta_0\\ c_1=0\\ c_2=0\\ c_3=0\\ c_4=\dfrac{35(\theta_{\mathrm{f}}-\theta_0)}{t_{\mathrm{f}}^4}\\ c_5=\dfrac{84(\theta_0-\theta_{\mathrm{f}})}{t_{\mathrm{f}}^5}\\ c_6=\dfrac{70(\theta_{\mathrm{f}}-\theta_0)}{t_{\mathrm{f}}^6}\\ c_7=\dfrac{20(\theta_0-\theta_{\mathrm{f}})}{t_{\mathrm{f}}^7}\end{cases} \tag{2-21}$$

最后，将式（2-21）代入七次多项式函数式（2-18）中，可得轨迹函数为

$$\theta(t)=\theta_0+\frac{35(\theta_f-\theta_0)}{t_f^4}t^4+\frac{84(\theta_0-\theta_f)}{t_f^5}t^5+\frac{70(\theta_f-\theta_0)}{t_f^6}t^6+\frac{20(\theta_0-\theta_f)}{t_f^7}t^7 \tag{2-22}$$

## 2.3.4　梯形速度插值轨迹规划

梯形速度插值的轨迹规划是一种广泛应用于机器人运动控制的速度规划方法。这种方法基于速度梯形曲线的特性，将机器人的运动过程分为匀加速、匀速和匀减速三个阶段，在变速过程中，加速度始终是人为设定的固定值，以实现对机器人运动轨迹的平滑、连续和可控调节。

在梯形速度插值的轨迹规划中，机器人首先以一定的加速度从起始位置开始加速运动，直至达到预设的匀速段速度。这一阶段称为匀加速段，其持续时间取决于设定的加速度和匀速段速度。当达到匀速段速度后，机器人将保持该速度进行稳定运动，直至进入匀减速段，这一阶段称为匀速段，其持续时间取决于机器人需要移动的总距离和匀速段速度。最后，机器人在接近目标位置时开始减速，以一定的减速度逐渐减小速度直至停止。这一阶段称为匀减速段，其持续时间同样可以通过设定的减速度和起始速度（此时为匀速段速度）计算得出。

匀加速段的加速度为恒定的正值，速度随时间线性增大，位移是时间的抛物线函数。

匀速段的加速度为零，速度恒定，位移是时间的线性函数。

匀减速段的加速度为恒定负值，速度随时间线性减小，位移是关于时间的二次函数。

下面介绍通用梯形速度曲线算法。在实际的机电系统中，其执行部件（一般是电动机）允许的最大速度、最大加速度、起动速度、停车速度等会受到自身物理条件的约束，不可以人为改变。因此，实际点到点轨迹规划任务中，用户一般通过指定起始位置、起始速度、最大速度、最大加速度、终止位置和终止速度来计算梯形速度轨迹。

因此，通用梯形速度曲线已知起始速度、终止速度、加速度、减速度、最大速度、位移，要确定轨迹，关键是计算出匀加速段、匀速段、匀减速段对应的时间 $T_a$、$T_v$、$T_d$，然后就可以计算任意时刻 $t\in[0,T_a+T_v+T_d]$ 对应的位移、速度和加速度。

用户给定的起始速度、终止速度、加速度、减速度、最大速度、位移参数，不一定都能满足，若给定参数对应的轨迹不存在，则需要修改最大速度参数，优先满足位移条件。可以按照如下步骤计算梯形速度曲线。

1）定义变量：$q_0$ 为起始位置，$t_0$ 为起始时间，$v_0$ 为起始速度，$q_1$ 为终止位置，$t_1$ 为终止时间，$v_1$ 为终止速度，$a_a$ 为最大加速度，$a_d$ 为最大减速度，$v_{max}$ 为用户指定的最大速度，$v_v$ 为实际最大速度，$T_a$ 为匀加速段的时间，$T_v$ 为匀速段的时间，$T_d$ 为匀减速段的时间，$L_a$ 为匀加速段的位移，$L_v$ 为匀速段的位移，$L_d$ 为匀减速段的位移。

2）根据 $h$、$v_0$、$v_1$、$a_a$、$a_d$（其中 $h=q_1-q_0$），计算能够达到的最大速度，要达到最大速度，只有匀加速段和匀减速段，没有匀速段，因此有

$$h\geqslant h_a+h_d=\frac{v_f^2-v_0^2}{2a_a}+\frac{v_1^2-v_f^2}{2a_d} \tag{2-23}$$

即

$$v_{\mathrm{f}}=\sqrt{\frac{2a_{\mathrm{a}}a_{\mathrm{d}}h-a_{\mathrm{a}}v_1^2+a_{\mathrm{d}}v_0^2}{a_{\mathrm{d}}-a_{\mathrm{a}}}} \tag{2-24}$$

3）然后，根据用户指定的最大速度 $v_{\max}$ 和 $v_{\mathrm{f}}$ 判断梯形速度曲线有无匀速段。

① 若 $v_{\mathrm{f}}<v_{\max}$，则说明不用到达最大速度即可完成起点到终点的轨迹规划。令 $v_{\mathrm{v}}=v_{\mathrm{f}}$，此时速度波形没有匀速段，只有匀加速段和匀减速段。

② 若 $v_{\mathrm{f}}\geqslant v_{\max}$，则说明需要匀速段的参与才能走完全部位移。但是又不允许超过最大速度，因此将匀速段速度设置为 $v_{\mathrm{v}}=v_{\max}$。

4）计算匀加速段、匀速段、匀减速段的时间和位移，分别为

$$\begin{cases}T_{\mathrm{a}}=\dfrac{v_{\mathrm{v}}-v_0}{a_{\mathrm{a}}}\\ L_{\mathrm{a}}=v_0T_{\mathrm{a}}+\dfrac{1}{2}a_{\mathrm{a}}T_{\mathrm{a}}^2\end{cases} \tag{2-25}$$

$$\begin{cases}T_{\mathrm{v}}=\dfrac{h-\dfrac{v_{\mathrm{v}}^2-v_0^2}{2a_{\mathrm{a}}}+\dfrac{v_1^2-v_{\mathrm{v}}^2}{2a_{\mathrm{d}}}}{v_{\mathrm{v}}}\\ L_{\mathrm{v}}=v_{\mathrm{v}}T_{\mathrm{v}}\end{cases} \tag{2-26}$$

$$\begin{cases}T_{\mathrm{d}}=\dfrac{v_1-v_{\mathrm{v}}}{a_{\mathrm{d}}}\\ L_{\mathrm{d}}=v_{\mathrm{v}}T_{\mathrm{d}}+\dfrac{1}{2}a_{\mathrm{d}}T_{\mathrm{d}}^2\end{cases} \tag{2-27}$$

5）最后，当 $t_0=0$ 时，三个阶段的位置、速度、加速度随时间变化的关系方程分别为

$$\begin{cases}q(t)=q_0+v_0t+\dfrac{1}{2}a_{\mathrm{a}}t^2\\ \dot{q}(t)=v_0+a_{\mathrm{a}}t & ,t\in[0,T_{\mathrm{a}}]\\ \ddot{q}(t)=a_{\mathrm{a}}\end{cases} \tag{2-28}$$

$$\begin{cases}q(t)=q_0+L_{\mathrm{a}}+v_{\mathrm{v}}(t-T_{\mathrm{a}})\\ \dot{q}(t)=v_{\mathrm{v}} & ,t\in(T_{\mathrm{a}},T_{\mathrm{a}}+T_{\mathrm{v}}]\\ \ddot{q}(t)=0\end{cases} \tag{2-29}$$

$$\begin{cases}q(t)=q_0+L_{\mathrm{a}}+L_{\mathrm{v}}+\dfrac{1}{2}a_{\mathrm{d}}(t-T_{\mathrm{a}}-T_{\mathrm{v}})^2\\ \dot{q}(t)=v_{\mathrm{v}}+a_{\mathrm{d}}(t-T_{\mathrm{a}}-T_{\mathrm{v}}) & ,t\in(T_{\mathrm{a}}+T_{\mathrm{v}},T_{\mathrm{a}}+T_{\mathrm{v}}+T_{\mathrm{d}}]\\ \ddot{q}(t)=a_{\mathrm{d}}\end{cases} \tag{2-30}$$

当起始时刻 $t_0\neq0$ 时，把 $t$ 换成 $t-t_0$ 后，式（2-28）～式（2-30）同样适用。

## 2.3.5　三次样条轨迹规划

三次样条轨迹规划是一种通过给定的一系列离散点（包括位置、速度或加速度等信息）构造一条连续且光滑的三次多项式曲线的方法。在机器人应用中，这些离散点通常对应机器人在不同时刻的期望位置或姿态。

三次样条轨迹规划的基本思想是利用相邻两个离散点之间的位置、速度或加速度等约束条件，构建一个唯一的三次多项式。通过联立多个这样的多项式，并保证在连接点处满足连续性条件（如位置连续、速度连续等），就可以得到一条平滑的轨迹。

### 1. 三次样条曲线的特性

当给出 $n+1$ 个点时，可以使用 $n$ 个 $p$ 次多项式代替唯一的 $n$ 次插值多项式，每个多项式定义一段轨迹。以这种方式定义的总函数 $s(t)$ 称为 $p$ 次样条曲线。$p$ 的值根据所需的样条连续度选择。例如，为了在两个连续段之间发生过渡的时刻 $t_k$ 获得速度和加速度的连续性，可以假定多项式的次数 $p=3$，即三次多项式。

经过 $n+1$ 个点的样条轨迹如图 2-8 所示。

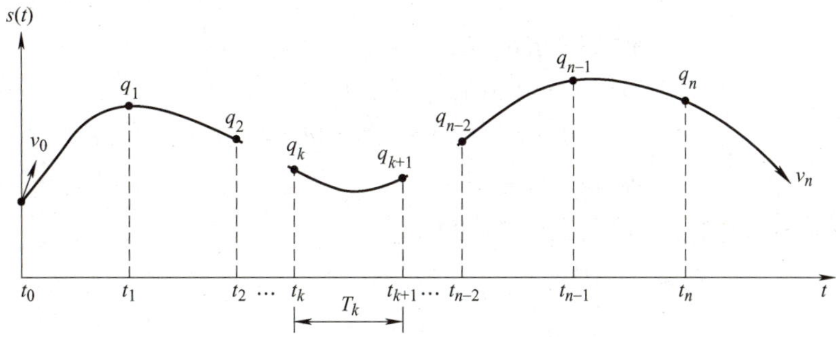


图 2-8　经过 $n$+1 个点的样条轨迹

定义三次样条曲线的函数形式为

$$\begin{cases} s(t)=\{q_k(t), t\in[t_k, t_{k+1}], k=0,\cdots,n-1\} \\ q_k(t)=a_{k0}+a_{k1}(t-t_k)+a_{k2}(t-t_k)^2+a_{k3}(t-t_k)^3 \end{cases} \tag{2-31}$$

这段轨迹由 $n$ 个三次多项式构成，并且每个多项式需要计算四个参数。由于 $n$ 个多项式是定义一条通过 $n+1$ 个点的轨迹所必需的，因此需要确定的系数总数为 $4n$ 。为了解决这个问题，必须考虑如下条件。

1）给定点插值的 $2n$ 条件，因为每一个三次函数必须在其极值处穿过点。

2）给定 $n-1$ 个条件，过渡点的速度要连续。

3）给定 $n-1$ 个条件，过渡点的加速度要连续。

这样的话，就已经限制了 $2n+2$（$n-1$）个条件，还剩下两个自由度未限制。通过前面的分析，还需要两个限制条件才行，这里讨论的就是起始点和终止点的速度、加速度。下面是四种可能的选择，可以任意选择。

1）如图 2-8 所示，起始速度为 $\dot{s}(t_0)=v_0$ ，终止速度为 $\dot{s}(t_n)=v_n$ 。

2）自然条件下，起始加速度和终止加速度 $\ddot{s}(t_0)$ 、$\ddot{s}(t_n)$ 均为 0。

3）当需要定义周期为 $T=t_n-t_0$ 的样条曲线时，条件 $\dot{s}(t_0)=\dot{s}(t_n)$、$\ddot{s}(t_0)=\ddot{s}(t_n)$ 被使用。

4）$t_1$ 和 $t_{n-1}$ 时刻连续。

通常情况下，样条曲线具有如下五个特性。

1）对于由给定点 $(t_k,q_k)(k=0,\cdots,n)$ 得到的 $p$ 次样条曲线 $s(t)$，有 $n(p+1)$ 个参数可以确定。

2）若给定 $n$+1 个点，并且给定边界条件，则 $p$ 次样条曲线 $s(t)$ 能被唯一确定。

3）用于构造样条曲线的多项式的次数 $p$ 不取决于数据点的数目。

4）函数 $s(t)$ 的 $p$−1 次连续可导。

5）自然样条曲线是指起始加速度和终止加速度均为 0 的样条曲线。

#### 2. 三次样条曲线的求解

定义自动机械的轨迹时，速度剖面的连续性条件至关重要。因此，计算样条曲线的典型选择是指定起始速度和终止速度 $v_0$ 和 $v_n$。给定点 $(t_k,q_k)(k=0,\cdots,n)$ 以及速度的边界条件 $v_0$、$v_n$，就有如下条件成立：

$$\begin{cases} q_k(t_k)=q_k, q_k(t_{k+1})=q_{k+1}, k=0,\cdots,n-1 \\ \dot{q}_k(t_{k+1})=\dot{q}_{k+1}(t_{k+1})=v_{k+1}, k=0,\cdots,n-2 \\ \ddot{q}_k(t_{k+1})=\ddot{q}_{k+1}(t_{k+1}), k=0,\cdots,n-2 \\ \dot{q}_0(t_0)=v_0, \dot{q}_{n-1}(t_n)=v_n \end{cases} \tag{2-32}$$



进一步求解系数 $a_{ki}$，对于每段三次样条曲线，有

$$\begin{cases} q_k(t_k)=a_{k0}=q_k \\ \dot{q}_k(t_k)=a_{k1}=v_k \\ q_k(t_{k+1})=a_{k0}+a_{k1}T_k+a_{k2}T_k^2+a_{k3}T_k^3=q_{k+1} \\ \dot{q}_k(t_{k+1})=a_{k1}+2a_{k2}T_k+3a_{k3}T_k^2=v_{k+1} \end{cases} \tag{2-33}$$

联立式（2-32）和式（2-33），可以得到系数为

$$\begin{cases} a_{k0}=q_k \\ a_{k1}=v_k \\ a_{k2}=\dfrac{1}{T_k}\left[\dfrac{3(q_{k+1}-q_k)}{T_k}-2v_k-v_{k+1}\right] \\ a_{k3}=\dfrac{1}{T_k^2}\left[\dfrac{2(q_k-q_{k+1})}{T_k}+v_k+v_{k+1}\right] \end{cases} \tag{2-34}$$

将式（2-34）代入式（2-31）中，即可得到三次样条曲线函数。

### 2.3.6 MATLAB 仿真实现

#### 1. 三次多项式插值仿真实现

由 2.3.2 小节已知机械臂运动起始时刻和终止时刻的角速度为 0，根据 2.3.2 小节的三

次多项式插值公式推导来建立 MATLAB 程序，实现基于三次多项式的机械臂轨迹规划，从而得到机械臂角位移、角速度、角加速度随时间变化的曲线。图 2-9 所示为机械臂经过三次多项式插值得到角位移、角速度、角加速度随时间变化的曲线。

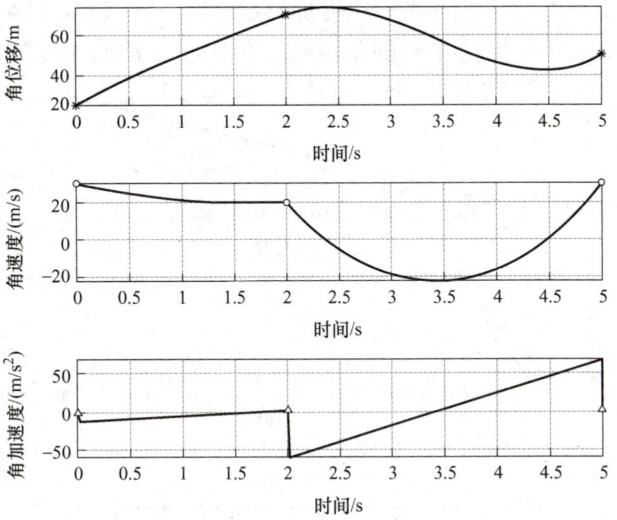


图 2-9　经过三次多项式插值得到的曲线

## 2. 七次多项式插值仿真实现

由 2.3.3 小节已知机械臂运动起始时刻和终止时刻的角速度、角加速度、角加加速度均为 0，并根据 2.3.3 小节的七次多项式插值公式推导来建立 MATLAB 程序，实现基于七次多项式的机械臂轨迹规划，从而得到机械臂的角位移、角速度、角加速度随时间变化的曲线。图 2-10 所示为机械臂经过七次多项式插值得到的角位移、角速度、角加速度随时间变化的曲线。



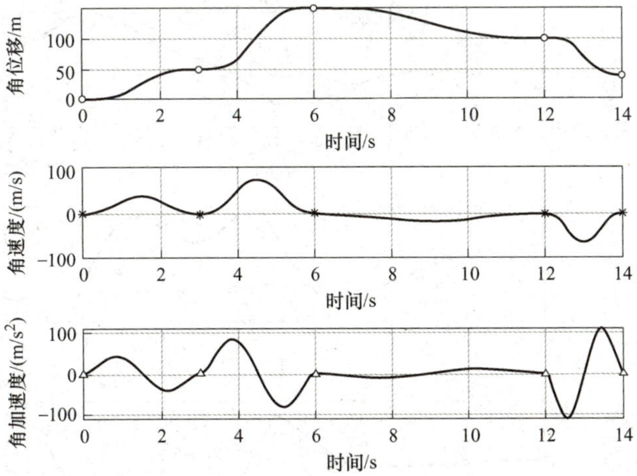


图 2-10　经过七次多项式插值得到的曲线

从图 2-10 可以看出，采用七次多项式插值轨迹规划得到的角位移、角速度、角加速度曲线均平滑连续。

### 3. 梯形速度插值仿真实现

由 2.3.4 小节已知机械臂运动的起始速度、终止速度、加速度、减速度、最大速度、位移，需要计算出匀加速段、匀速段、匀减速段的时间和任意时间的角位移、角速度、角加速度。因此，根据 2.3.4 小节的梯形速度曲线公式推导来建立 MATLAB 程序。图 2-11 所示为机械臂经过梯形速度插值得到的角位移、角速度、角加速度随时间变化的曲线。

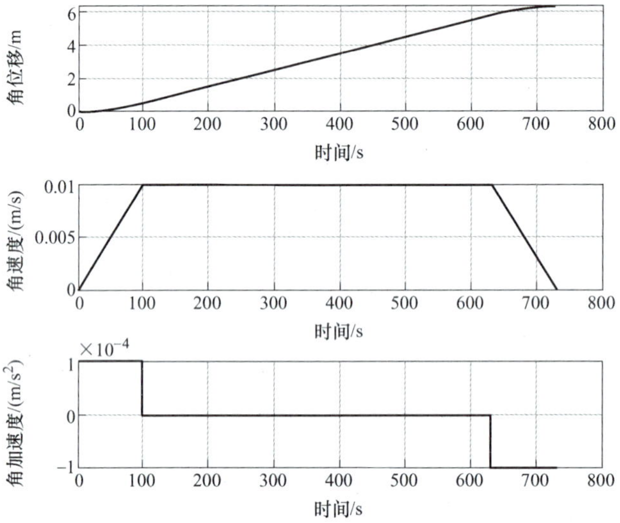


图 2-11　经过梯形速度插值得到的曲线



### 4. 三次样条曲线仿真实现

由 2.3.5 小节已知机械臂运动的起始速度、终止速度，根据 2.3.5 小节的三次样条曲线公式推导来建立 MATLAB 程序。图 2-12 所示为机械臂经过三次样条轨迹规划得到的角位移、角速度、角加速度随时间变化的曲线。

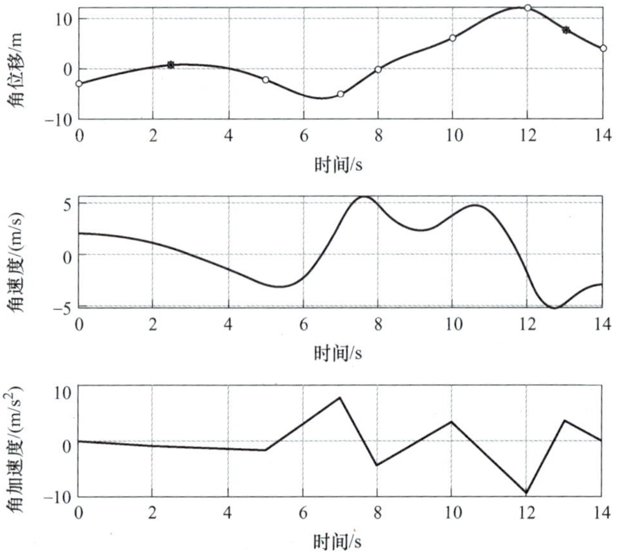


图 2-12　经过三次样条轨迹规划得到的曲线

## 2.4　笛卡儿空间轨迹规划

### 2.4.1　问题描述

除了在关节空间生成机械臂关节变量关于时间的序列，指导机械臂从起始位姿，经过部分指定的中间位姿，移动到终止位姿，还可以在笛卡儿空间对机械臂末端执行器的轨迹进行规划，指定机械臂末端执行器相对于基坐标系在个别点的位姿，即点到点轨迹规划，或使末端轨迹符合指定的几何路线，即连续跟踪轨迹规划。其中位置由末端执行器相对于基坐标系的坐标值描述，姿态则可以采用末端执行器坐标系相对于基坐标系的欧拉角、等效轴角或四元数表示。

需要注意的是，这里不采用旋转矩阵描述姿态，这是因为旋转矩阵是正交矩阵，而在两个旋转矩阵之间对矩阵元素进行插值并不能保证满足这个条件，也就是有可能得不到有效的旋转矩阵。

与关节空间相比，笛卡儿空间轨迹规划具有如下特点与挑战。

1）直观性：直接在操作空间中进行规划，结果直观易懂。

2）控制精度：直接规划末端执行器的位姿，可以实现对末端执行器的高精度控制。

3）适应性：可以方便地实现需要按照特定轨迹运动的任务。

4）计算复杂性：需要进行坐标变换和逆运动学求解，计算量较大。

5）奇异性：在笛卡儿空间中描述的运动轨迹与关节坐标间有连续的对应关系，可能会引起结构的奇异性问题。



### 2.4.2　点到点轨迹规划

笛卡儿空间的点到点轨迹规划不关心机械臂末端执行器运动过程中的轨迹形状，只指定起点和终点的位姿。在一些应用中，轨迹需要用两个点以上的多个点进行描述，例如在抓取任务中，可能需要在起点和终点之间指派若干个中间点的位姿，这时可以看作若干个点到点轨迹规划，同时考虑到为了保证机械臂的平稳运行，进行多个点到点轨迹规划时，一种有效的方法是使中间连接点处的位移、速度和加速度连续。

一般的流程为：首先根据指定点的位姿，将 2.3 节介绍的关节空间轨迹规划的方法迁移至笛卡儿空间中使用，获得末端轨迹的数学描述；然后利用逆运动学将生成的轨迹序列转换为各关节的轨迹序列，检查在关节空间下轨迹的可行性，从而指导机械臂运动。

**例 2-2**　平面 RRR 机械臂（即有一个旋转关节的机械臂）在笛卡儿空间中的三次样条轨迹规划。

**解：** 设平面 RRR 机械臂如图 2-13 所示，各连杆分别记为 $L_1$、$L_2$、$L_3$，为简化问题，定义 $L_2$ 末端为待规划的末端点，位姿坐标为 $(x,y,\theta)$，其中 $(x,y)$ 为 $L_2$ 末端位置的坐标，$\theta$ 为 $L_3$ 相对于 $x$ 轴旋转的角度，规划要求见表 2-2。

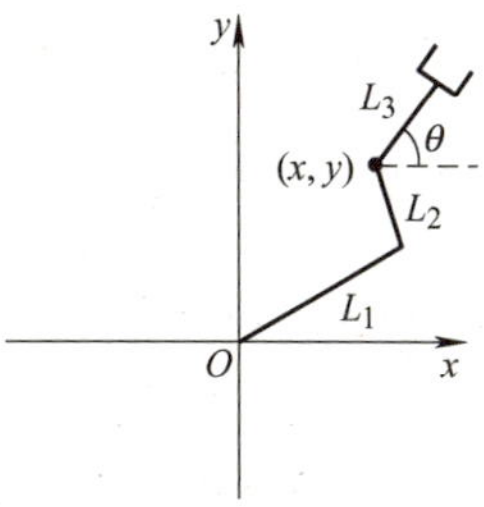


图 2-13　平面 RRR 机械臂

表 2-2　规划要求

| $t$ | $x$ | $y$ | $\theta$ |
|---|---|---|---|
| $t_0$ | $x_0$ | $y_0$ | $\theta_0$ |
| $t_1$ | $x_1$ | $y_1$ | $\theta_1$ |
| $t_2$ | $x_2$ | $y_2$ | $\theta_2$ |
| $t_3$ | $x_3$ | $y_3$ | $\theta_3$ |

由题意可知，待规划位姿有三个自由度，由于采用加速度连续的三次样条轨迹规划，且需要通过四个点，因此每个自由度有三段点到点轨迹规划，需要设三个三次多项式。以自由度 $x$ 为例，计算过程如下。

对于 $t\in[t_0,t_1]$，令 $T_1=t-t_0$，$\Delta t_1=t_1-t_0$，则 $T_1\in[0,\Delta t_1]$，设 $x_{\mathrm{I}}(T_1)=a_{10}+a_{11}T_1+a_{12}T_1^2+a_{13}T_1^3$。

对于 $t\in[t_1,t_2]$，令 $T_2=t-t_1$，$\Delta t_2=t_2-t_1$，则 $T_2\in[0,\Delta t_2]$，设 $x_{\mathrm{II}}(T_2)=a_{20}+a_{21}T_2+a_{22}T_2^2+a_{23}T_2^3$。

对于 $t\in[t_2,t_3]$，令 $T_3=t-t_2$，$\Delta t_3=t_3-t_2$，则 $T_3\in[0,\Delta t_3]$，设 $x_{\mathrm{III}}(T_3)=a_{30}+a_{31}T_3+a_{32}T_3^2+a_{33}T_3^3$。

每段多项式都要满足给定的如下位置条件：

$$\begin{cases} x_{\mathrm{I}}(0)=x_0=a_{10} \\ x_{\mathrm{I}}(\Delta t_1)=x_1=a_{10}+a_{11}\Delta t_1+a_{12}\Delta t_1^2+a_{13}\Delta t_1^3 \\ x_{\mathrm{II}}(0)=x_1=a_{20} \\ x_{\mathrm{II}}(\Delta t_2)=x_2=a_{20}+a_{21}\Delta t_2+a_{22}\Delta t_2^2+a_{23}\Delta t_2^3 \\ x_{\mathrm{III}}(0)=x_2=a_{30} \\ x_{\mathrm{III}}(\Delta t_3)=x_3=a_{30}+a_{31}\Delta t_3+a_{32}\Delta t_3^2+a_{33}\Delta t_3^3 \end{cases} \tag{2-35}$$

同时满足速度、加速度连续：

$$\begin{cases} \dot{x}_{\mathrm{I}}(\Delta t_1)=\dot{x}_{\mathrm{II}}(0) \\ \ddot{x}_{\mathrm{I}}(\Delta t_1)=\ddot{x}_{\mathrm{II}}(0) \\ \dot{x}_{\mathrm{II}}(\Delta t_2)=\dot{x}_{\mathrm{III}}(0) \\ \ddot{x}_{\mathrm{II}}(\Delta t_2)=\ddot{x}_{\mathrm{III}}(0) \end{cases}$$

即

$$\begin{cases} a_{11}+2a_{12}\Delta t_1+3a_{13}\Delta t_1^2=a_{21} \\ 2a_{12}+6a_{13}\Delta t_1=2a_{22} \\ a_{21}+2a_{22}t_2+3a_{23}\Delta t_2^2=a_{31} \\ 2a_{22}+6a_{23}\Delta t_2=2a_{32} \end{cases} \tag{2-36}$$

最后考虑采用自然边界条件，令起点和终点的加速度为 0，即

$$\begin{cases} \ddot{x}_{\mathrm{I}}(0)=a_{12}=0 \\ \ddot{x}_{\mathrm{III}}(\Delta t_3)=2a_{32}+6a_{33}\Delta t_3=0 \end{cases} \tag{2-37}$$

对 $y$ 、$\theta$ 的三次样条规划同理，综合可得三个自由度的矩阵方程为

$$\begin{bmatrix} x_0 & y_0 & \theta_0 \\ x_1 & y_1 & \theta_1 \\ x_1 & y_1 & \theta_1 \\ x_2 & y_2 & \theta_2 \\ x_2 & y_2 & \theta_2 \\ x_3 & y_3 & \theta_3 \\ 0 & 0 & 0 \\ 0 & 0 & 0 \\ 0 & 0 & 0 \\ 0 & 0 & 0 \\ 0 & 0 & 0 \\ 0 & 0 & 0 \end{bmatrix} = \begin{bmatrix} 1 & 0 & 0 & 0 & 0 & 0 & 0 & 0 & 0 & 0 & 0 & 0 \\ 1 & \Delta t_1 & \Delta t_1^2 & \Delta t_1^3 & 0 & 0 & 0 & 0 & 0 & 0 & 0 & 0 \\ 0 & 0 & 0 & 0 & 1 & 0 & 0 & 0 & 0 & 0 & 0 & 0 \\ 0 & 0 & 0 & 0 & 1 & \Delta t_2 & \Delta t_2^2 & \Delta t_2^3 & 0 & 0 & 0 & 0 \\ 0 & 0 & 0 & 0 & 0 & 0 & 0 & 0 & 1 & 0 & 0 & 0 \\ 0 & 0 & 0 & 0 & 0 & 0 & 0 & 0 & 1 & \Delta t_3 & \Delta t_3^2 & \Delta t_3^3 \\ 0 & 1 & 2\Delta t_1 & 3\Delta t_1^2 & 0 & -1 & 0 & 0 & 0 & 0 & 0 & 0 \\ 0 & 0 & 2 & 6\Delta t_1 & 0 & 0 & -2 & 0 & 0 & 0 & 0 & 0 \\ 0 & 0 & 0 & 0 & 0 & 1 & 2\Delta t_2 & 3\Delta t_2^2 & 0 & -1 & 0 & 0 \\ 0 & 0 & 0 & 0 & 0 & 0 & 2 & 6\Delta t_2 & 0 & 0 & -2 & 0 \\ 0 & 0 & 1 & 0 & 0 & 0 & 0 & 0 & 0 & 0 & 0 & 0 \\ 0 & 0 & 0 & 0 & 0 & 0 & 0 & 0 & 0 & 0 & 2 & 6\Delta t_3 \end{bmatrix} \cdot \begin{bmatrix} a_{10} \\ a_{11} \\ a_{12} \\ a_{13} \\ a_{20} \\ a_{21} \\ a_{22} \\ a_{23} \\ a_{30} \\ a_{31} \\ a_{32} \\ a_{33} \end{bmatrix} \tag{2-38}$$

记为

$$\boldsymbol{N}_{12\times 3} = \boldsymbol{T}_{12\times 12}\boldsymbol{A}_{12\times 3} \tag{2-39}$$

可得

$$\det(\boldsymbol{T}) = 96\Delta t_1^3\Delta t_2^3\Delta t_3^2 + 96\Delta t_1^3\Delta t_2^2\Delta t_3^3 + 72\Delta t_1^2\Delta t_2^4\Delta t_3^2 + 96\Delta t_1^2\Delta t_2^3\Delta t_3^3$$

故当 $\Delta t_1 \neq 0$， $\Delta t_2 \neq 0$ 且 $\Delta t_3 \neq 0$ 时，可得方程的解为

$$\boldsymbol{A}_{12\times 3} = \boldsymbol{T}_{12\times 12}^{-1}\boldsymbol{N}_{12\times 3} \tag{2-40}$$

将方程解代入各自由度设定的三次多项式，就得到了笛卡儿空间中各自由度的三次样条轨迹，再利用逆运动学转换为各关节的轨迹，检查关节空间中轨迹的可行性，确认机械臂末端点轨迹按照规划点运作。



### 2.4.3 连续跟踪轨迹规划

若期望机械臂末端执行器按操作空间中指定的规则路径（直线、圆弧或其他曲线）移动，例如焊接过程中希望机械臂末端执行器沿着焊缝移动，就需要在笛卡儿空间内进行连续跟踪轨迹规划，这是因为关节空间轨迹规划会受正运动学的非线性影响，无法保证机械臂末端执行器的运动轨迹。一般的规划流程如下。

1）根据几何知识，获得期望的末端执行器轨迹形状在笛卡儿空间中的数学描述。

2）在轨迹起点和终点之间生成一系列的插补点。

3）利用逆运动学将生成的轨迹序列转换为各关节的轨迹序列。

4）检查在关节空间下轨迹的可行性。

关于插补点的生成，我们知道机械臂是根据一系列离散轨迹点运动，如果这些离散点间隔很大，就会导致机械臂的实际运动轨迹与期望轨迹间误差较大。因此希望这些离散点彼此距离适当，使得机器人轨迹不失真，运动连续平滑，一般采用定时插补或定距插补。

对于有规律的轨迹，仅需要给机械臂示教几个特征点，计算机就能利用插补算法获得中间点的坐标，然后通过逆运动学求解对应的各关节角度，最后由闭环控制系统实现控制，这个过程每隔一个时间间隔 $t_s$ 完成一次。为保证运动的平稳，$t_s$ 显然不能太长，通常为 0.25 ～ 4ms。机械臂轨迹规划与控制如图 2-14 所示。

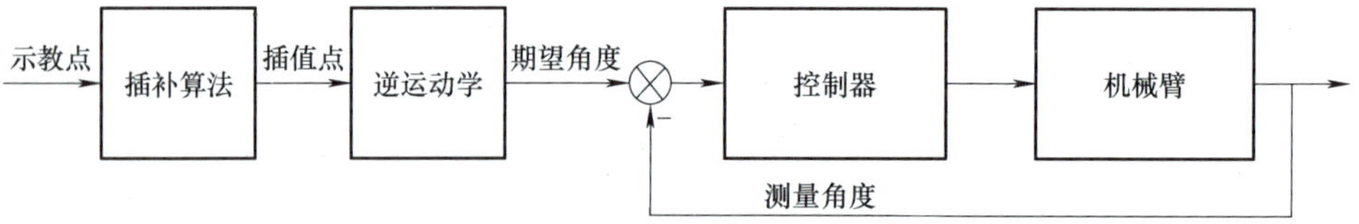


图 2-14 机械臂轨迹规划与控制

设机械臂末端执行器运动速度为 $v$，以平面直线轨迹为例，在每个 $t_s$ 间隔内末端执行器走过的距离为 $vt_s$。在定时插补中，$t_s$ 固定不变，两个插补点之间的距离正比于运动速度，只要速度不过高，插补点间的距离就能满足轨迹精度要求。且定时插补易于实现，例如采用定时中断方式，每隔 $t_s$ 中断一次进行一次插补和逆运动学计算，输出一次期望值。因此大多数工业机械臂采用的是定时插补方式。当要求以更高的精度实现运动轨迹时，可采用定距插补，此时两插补点间距离恒为一个足够小的值，为保证轨迹精度，$t_s$ 要随着工作速度 $v$ 的变化而变化。

这两种插补方式的基本算法相同，只是定时插补固定 $t_s$，易于实现；定距插补保证轨迹插补精度，但 $t_s$ 不固定，实现起来比定时插补困难。

另外，对于需要改变姿态的运动，还需要进行姿态插补。

### 1. 直线轨迹规划

如图 2-15 所示，在直线轨迹规划中，我们需要知道始末两点的位置和姿态。以空间直线的位置插补为例，轨迹插补流程如下。



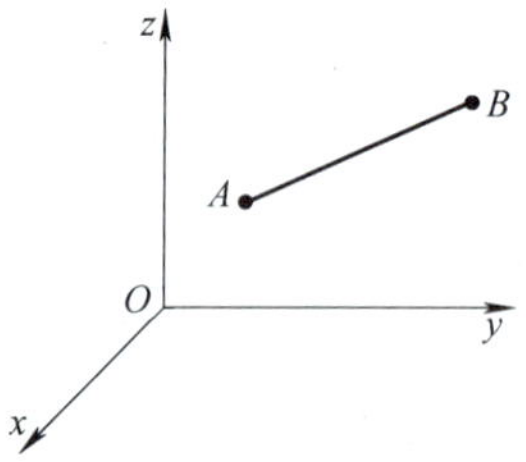


图 2-15 直线轨迹规划

1）始末两点的位置及速度参数设定。设定期望末端执行器经过的直线的始末两点 $A$、$B$ 相对于基坐标系的坐标分别为 $(x_0, y_0, z_0)$、$(x_f, y_f, z_f)$，末端执行器匀速运动的速度为 $v$；插补的时间间隔为 $t_s$，即发送给伺服驱动器的指令周期。

2）求两点之间的直线距离。计算 $A$、$B$ 两点间的欧几里得距离（Euclidean Distance）为

$$l = \sqrt{(x_1 - x_2)^2 + (y_1 - y_2)^2 + (z_1 - z_2)^2} \tag{2-41}$$

3）计算插补步数。计算末端执行器在 $t_s$ 间隔内的行程，即步长 $d = vt_s$，从而得到总插补步数 $N$ 为

$$N = \begin{cases} \dfrac{l}{d}, & \dfrac{l}{d} \text{为整数} \\ \text{int}\left(\dfrac{l}{d}\right) + 1, & \dfrac{l}{d} \text{非整数} \end{cases} \tag{2-42}$$

式中，int () 表示向下取整。

4）计算各插补点的位置。计算各轴增量分别为

$$\begin{cases}\Delta x=\dfrac{(x_{\mathrm{f}}-x_0)}{N}\\ \Delta y=\dfrac{(y_{\mathrm{f}}-y_0)}{N}\\ \Delta z=\dfrac{(z_{\mathrm{f}}-z_0)}{N}\end{cases} \tag{2-43}$$

从而得到各插补点相对于基坐标系的坐标为

$$\begin{cases}x_{i+1}=x_i+i\Delta x\\ y_{i+1}=y_i+i\Delta y\\ z_{i+1}=z_i+i\Delta z\end{cases} \tag{2-44}$$

式中，$i$ 表示第 $i$ 步；$(x_i,y_i,z_i)$ 为第 $i$ 个插补点相对于基坐标系的坐标。

可见位置的三个分量都以线性方式变化，所以末端执行器会沿着直线路径在空间中运动。

5）通过逆运动学求解各插补点对应的各关节角度值。

6）判断当前步数是否到达总步数，若是，则结束规划，否则回到第 4）步进行循环计算。

### 2. 圆弧轨迹规划

三维空间中任意不共线的三点可以确定一个空间圆，空间圆和直线都是机械臂作业轨迹的重要元素，当规划其他较为复杂的轨迹时，空间圆和直线都扮演着非常基础却很重要的角色。这里所说的圆弧是圆的一部分，各处曲率相同，不是一般的各处曲率不同的圆弧。

（1）平面圆弧的位置插补流程

以 $xoy$ 平面圆弧为例，平面圆弧轨迹规划如图 2-16 所示。

1）圆弧参数计算和速度参数设定。为简化问题，设期望末端执行器经过的圆弧对应圆心 $O_1$ 与 $xoy$ 平面的坐标原点重合，$O_1P_1$ 与 $x$ 轴重合，圆弧上的起点、中间点、终点分别为 $P_1$、$P_2$、$P_3$，坐标分别为 $(x_1,y_1)$、$(x_2,y_2)$、$(x_3,y_3)$，注意 $P_1$、$P_2$、$P_3$ 不在一条直线上。设 $v$ 为机械臂末端执行器沿圆弧匀速运动的速度，$t_s$ 为插补时间间隔。

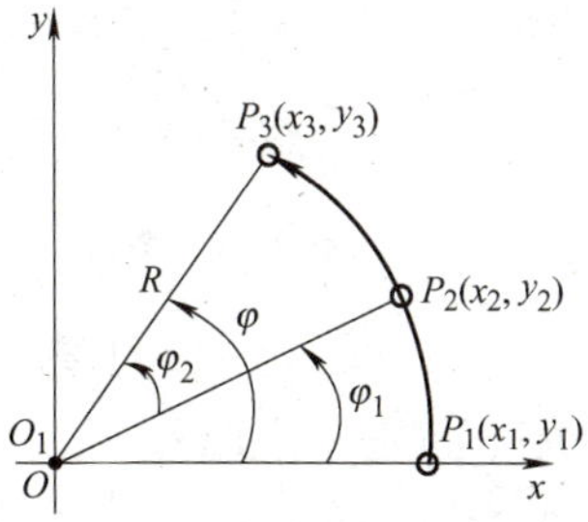


图 2-16　平面圆弧轨迹规划

易得圆弧半径 $R=\sqrt{x_1^2+y_1^2}$，再由余弦定理可得 $O_1P_1$ 与 $O_1P_2$ 的夹角 $\varphi_1$、$O_1P_2$ 与 $O_1P_3$ 的夹角 $\varphi_2$ 分别为

$$\begin{cases}\varphi_1=\arccos\dfrac{(x_2-x_1)^2+(y_2-y_1)^2-2R^2}{2R^2}\\ \varphi_2=\arccos\dfrac{(x_3-x_2)^2+(y_3-y_2)^2-2R^2}{2R^2}\end{cases} \tag{2-45}$$

从而得到该圆弧的圆心角 $\varphi=\varphi_1+\varphi_2$。

2）计算总插补步数。计算 $t_s$ 时间内角位移量 $\Delta\theta=vt_s/R$，从而得到总插补步数为

$$N=\begin{cases}\dfrac{\varphi}{\Delta\theta}, & \dfrac{\varphi}{\Delta\theta}\text{为整数}\\ \operatorname{int}\left(\dfrac{\varphi}{\Delta\theta}\right)+1, & \dfrac{\varphi}{\Delta\theta}\text{为非整数}\end{cases} \tag{2-46}$$

3）计算各插补点的位置。如图 2-17 所示，设已计算的第 $i$ 步的插补点 $P_i$ 的坐标 $(x_i,y_i)$ 及其相对 $x$ 轴的旋转角 $\theta_i$，根据几何知识，对下一步的插补点 $P_{i+1}$ 有

$$\begin{cases}x_{i+1}=R\cos(\theta_i+\Delta\theta)=R\cos\theta_i\cos\Delta\theta-R\sin\theta_i R\sin\Delta\theta=x_i\cos\Delta\theta-y_i\sin\Delta\theta\\ y_{i+1}=R\sin(\theta_i+\Delta\theta)=R\sin\theta_i\cos\Delta\theta+R\cos\theta_i R\sin\Delta\theta=y_i\cos\Delta\theta+x_i\sin\Delta\theta\\ \theta_{i+1}=\theta_i+\Delta\theta\end{cases} \tag{2-47}$$

式中，$x_i=R\cos\theta_i$，$y_i=R\sin\theta_i$。

4）通过逆运动学求解各插补点对应的各关节角度值。

5）判断插补是否完成。根据 $\theta_{i+1}$ 可判断是否到插补终点。若 $\theta_{i+1}<\varphi$，则继续插补；若 $\theta_{i+1}>\varphi$，则修正最后一步的步长 $\Delta\theta'=\varphi-\theta_i$。

（2）空间圆弧的位置插补流程

空间圆弧轨迹规划如图 2-18 所示。



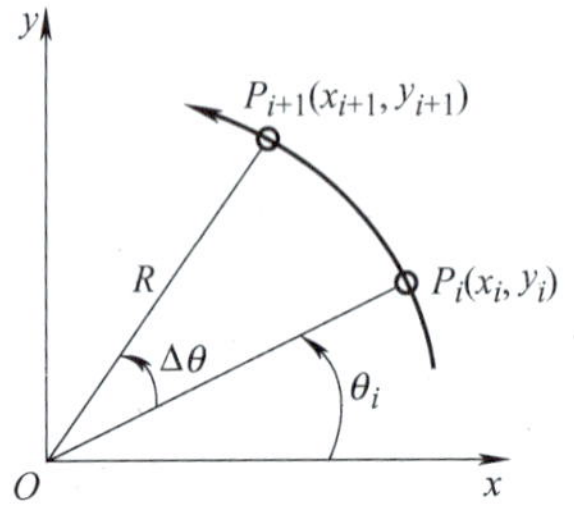


图 2-17　平面圆弧插补点计算

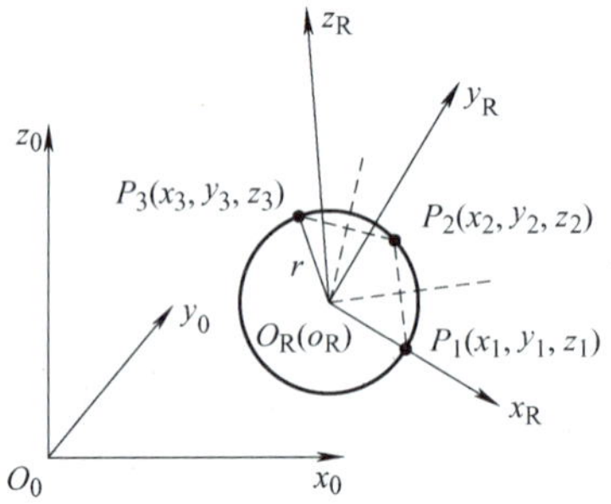


图 2-18　空间圆弧轨迹规划

1）圆弧参数计算。设圆弧上的起点、中间点、终点的坐标分别为 $P_1(x_1,y_1,z_1)$、$P_2(x_2,y_2,z_2)$、$P_3(x_3,y_3,z_3)$，设这三点确定的平面 $M_1$ 方程为

$$k_{11}x+k_{12}y+k_{13}z+k_{14}=0 \tag{2-48}$$

$P_1$、$P_2$、$P_3$ 确定的平面满足

$$\begin{vmatrix}x-x_3 & y-y_3 & z-z_3\\ x_1-x_3 & y_1-y_3 & z_1-z_3\\ x_2-x_3 & y_2-y_3 & z_2-z_3\end{vmatrix}=0 \tag{2-49}$$

将式（2-49）展开并化简，与式（2-48）对比，可得 $k_{11}$、$k_{12}$、$k_{13}$、$k_{14}$。

易得过 $P_1$、$P_2$ 的中点且与 $P_1P_2$ 垂直的平面 $M_2$ 的方程为

$$k_{21}x + k_{22}y + k_{23}z + k_{24} = 0 \tag{2-50}$$

式中，$k_{21} = (x_2 - x_1)$，$k_{22} = (y_2 - y_1)$，$k_{23} = (z_2 - z_1)$，$k_{24} = [(x_2 - x_1)^2 + (y_2 - y_1)^2 + (z_2 - z_1)^2]/2$。

同理，过 $P_2$ 、$P_3$ 的中点且与 $P_2P_3$ 垂直的平面 $M_3$ 的方程为

$$k_{31}x + k_{32}y + k_{33}z + k_{34} = 0 \tag{2-51}$$

式中，$k_{31} = (x_3 - x_2)$，$k_{32} = (y_3 - y_2)$，$k_{33} = (z_3 - z_2)$，$k_{34} = [(x_3 - x_2)^2 + (y_3 - y_2)^2 + (z_3 - z_2)^2]/2$。

设空间圆的圆心 $O_R$ 坐标为 $(x_R, y_R, z_R)$，其为平面 $M_1$ 、$M_2$ 、$M_3$ 的交点，满足

$$\begin{bmatrix} k_{11} & k_{12} & k_{13} \\ k_{21} & k_{22} & k_{23} \\ k_{31} & k_{32} & k_{33} \end{bmatrix} \begin{bmatrix} x_R \\ y_R \\ z_R \end{bmatrix} = \begin{bmatrix} -k_{14} \\ -k_{24} \\ -k_{34} \end{bmatrix} \tag{2-52}$$

则有

$$\begin{bmatrix} x_R \\ y_R \\ z_R \end{bmatrix} = \begin{bmatrix} k_{11} & k_{12} & k_{13} \\ k_{21} & k_{22} & k_{23} \\ k_{31} & k_{32} & k_{33} \end{bmatrix}^{-1} \begin{bmatrix} -k_{14} \\ -k_{24} \\ -k_{34} \end{bmatrix} \tag{2-53}$$

进而可得空间圆的半径为

$$r = \sqrt{(x_1 - x_R)^2 + (y_1 - y_R)^2 + (z_1 - z_R)^2} \tag{2-54}$$

2）建立新坐标系，把三维空间问题转化成二维平面问题，即将空间圆弧插补转换成平面圆弧插补。

以 $O_R$ 为原点，建立圆弧所在平面的新坐标系 $o_Rx_Ry_Rz_R$ ，$z_R$ 轴的方向与平面 $M_1$ 的法向量方向一致，由（2-53）可得 $M_1$ 的方向数分别为 $k_{11}$ 、$k_{12}$ 、$k_{13}$ ，从而得 $M_1$ 在基坐标系 $o_0x_0y_0z_0$ 中的方向余弦为

$$\boldsymbol{z}_R = \begin{bmatrix} \dfrac{k_{11}}{\sqrt{k_{11}{}^2+k_{12}{}^2+k_{13}{}^2}} & \dfrac{k_{12}}{\sqrt{k_{11}{}^2+k_{12}{}^2+k_{13}{}^2}} & \dfrac{k_{13}}{\sqrt{k_{11}{}^2+k_{12}{}^2+k_{13}{}^2}} \end{bmatrix}^T \tag{2-55}$$

令 $x_R$ 轴的方向与 $O_RP_1$ 的向量方向一致，则 $o_Rx_R$ 轴在基坐标系中的方向余弦为

$$\boldsymbol{x}_R = \begin{bmatrix} \dfrac{x_1 - x_0}{r} & \dfrac{y_1 - y_0}{r} & \dfrac{z_1 - z_0}{r} \end{bmatrix}^T \tag{2-56}$$

根据右手定则可得 $y_R$ 轴，其方向余弦为

$$\boldsymbol{y}_R = \boldsymbol{z}_R \times \boldsymbol{x}_R \tag{2-57}$$

从而可得新坐标系相对于基坐标系的变换矩阵

$$\boldsymbol{T}_R = \begin{bmatrix} \boldsymbol{x}_R & \boldsymbol{y}_R & \boldsymbol{z}_R & \boldsymbol{p}_R \\ 0 & 0 & 0 & 1 \end{bmatrix} \tag{2-58}$$

式中，$\boldsymbol{p}_R = \begin{bmatrix} x_R & y_R & z_R \end{bmatrix}^T$

根据推导过程可知，基坐标系下的空间圆在新坐标系下实质上是平面 $M_1$ 上的平面圆，如图 2-19 所示，两者可通过变换矩阵来相互转换。

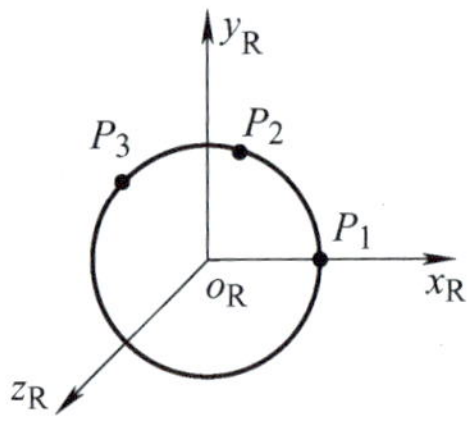


图 2-19　转换为平面圆

3）根据坐标变换的知识，得到圆弧上已知的三点在新坐标系 $o_R x_R y_R z_R$ 中的坐标。

设 $P_1$、$P_2$、$P_3$、$O_R$ 在新坐标系中的坐标分别为 $(x_{R1}, y_{R1}, z_{R1})$、$(x_{R2}, y_{R2}, z_{R2})$、$(x_{R3}, y_{R3}, z_{R3})$、$(x_{R0}, y_{R0}, z_{R0})$，易得 $x_{R0} = y_{R0} = z_{R0} = z_{R1} = z_{R2} = z_{R3} = 0$，$x_{R1} = r$，且有

$$\begin{bmatrix} x_{R1} \\ y_{R1} \\ z_{R1} \end{bmatrix} = \boldsymbol{T}_R^{-1} \begin{bmatrix} x_1 \\ y_1 \\ z_1 \end{bmatrix}, \quad \begin{bmatrix} x_{R2} \\ y_{R2} \\ z_{R2} \end{bmatrix} = \boldsymbol{T}_R^{-1} \begin{bmatrix} x_2 \\ y_2 \\ z_2 \end{bmatrix}, \quad \begin{bmatrix} x_{R3} \\ y_{R3} \\ z_{R3} \end{bmatrix} = \boldsymbol{T}_R^{-1} \begin{bmatrix} x_3 \\ y_3 \\ z_3 \end{bmatrix}$$

4）根据前述平面圆弧插补计算方法，计算各插补点在新坐标系中的坐标。

5）再通过坐标变换将得到的插补点转换回基坐标系。

6）通过逆运动学求解各插补点对应的各关节角度值。

7）判断插补是否完成。



### 2.4.4　运动学约束下的轨迹优化

在实际场景中，轨迹规划算法得到的初始轨迹往往不能直接应用到机械臂上，还需要考虑受到的约束条件，进一步生成满足优化目标的轨迹。

#### 1. 常见的约束条件

（1）任务约束

1）关节轨迹约束：当直接规划工业机械臂的关节运动，使其从初始构型调整到目标构型时，关节角度、角速度、角加速度需要与期望值保持一致，通常设置一个允许的最大跟踪误差。

2）末端轨迹约束：当规划工业机械臂的末端执行器运动，使其从初始位姿运动到目标位姿时，末端执行器位姿、速度、加速度需要与期望值保持一致，通常设置一个允许的最大跟踪误差。

（2）环境约束

为使机械臂安全可靠地完成任务，需保证其不与外界环境发生碰撞。

（3）机械臂自身约束

1）关节运动约束：为使机械臂在执行任务的过程中关节运动不超限，需要考虑关节旋转范围、角速度、角加速度的上下限。

2）关节输出力矩约束：为防止过大的关节力矩损坏关节电动机，需要考虑关节输出力矩的上下限。

### 2. 常见的优化目标

（1）关节轨迹优化

1）关节角度优化：当机械臂关节运动至物理极限位置时，会加大关节的磨损，缩短使用寿命，因此需使关节角度尽可能远离极限值。

2）关节跃度最小：机械臂的关节跃度反应的是关节角加加速度的变化情况，其值越小代表关节角加速度变化越平稳。

3）关节输出力矩峰值最小：控制机械臂关节的输出力矩峰值，可以有效减少机械臂所消耗的能量，保证系统的稳定性。

4）关节力矩最优：若机械臂输出的关节力矩过小，则无法驱动关节按预期运动，若过大，则会导致电动机超出额定功率，导致电动机损坏，增加维护成本，因此关节力矩应保持在合理范围内。

（2）末端执行器轨迹优化

为提高机械臂末端执行器的位姿精度，可将末端执行器的位置偏差和姿态偏差最小作为优化目标进行轨迹优化。

此外还可以考虑对连杆振动的抑制，提高机械臂的操作精度；考虑机械臂执行任务所用的时间，提高机械臂的工作效率等。

### 3. 常用的优化方法

（1）单目标轨迹优化

在单目标轨迹优化中，需要求解某个特定目标函数的最优值，可以采用单纯形法、二次规划法、罚函数法、高斯伪谱法、遗传算法、粒子群算法等。

（2）多目标轨迹优化

在多目标轨迹优化中，需要同时考虑多个目标函数，使多个子目标尽可能达到最优。传统的多目标优化方法有线性加权法、协调曲线法等；群体智能算法兴起后，已有多目标遗传算法、非支配排序遗传算法、多目标蚁群算法、多目标粒子群算法、多目标模拟退火法等，相比传统优化方法，这些算法鲁棒性更强、计算效率更高。

## 2.4.5 MATLAB 仿真实现

以直线轨迹规划为例，同样利用机器人工具箱（Robotics Toolbox），其提供的函数 ctraj 与 jtraj 相似，可以在笛卡儿空间中规划给定位姿之间的直线轨迹，它有两种调用格式。

$$\mathrm{TC}=\mathrm{ctraj}(\mathrm{T0},\mathrm{T1},\mathrm{m}) \text{ 或 } \mathrm{TC}=\mathrm{ctraj}(\mathrm{T0},\mathrm{T1},\mathrm{r})$$

其中，T0、T1 代表齐次变换矩阵；m 代表要规划的轨迹点数量（包括起点和终点）或给定时间向量的长度；r 代表给定路径距离向量，每个值必须在 0 ～ 1 之间；返回值 TC 代表齐次变换矩阵序列，TC($i$) 代表第 $i$ 个轨迹点对应的齐次变换矩阵。第一种格式得到的轨迹点沿路径均匀分配，第二种格式得到的轨迹点则根据 $r$ 非均匀分配。

事实上，ctraj 函数相当于

$$\mathrm{TC}=\mathrm{trinterp}(\mathrm{T0},\mathrm{T1},\mathrm{lspb}(0,1,\mathrm{m}))$$

即在位姿 T0 、T1 间，平移部分采用梯形速度线性插值，旋转部分采用四元数插值法 interp 进行球形插值。

**例 2-3** 实现起点为（0.3，0.2，0.1），终点为（0.5，0.3，0.2）的直线轨迹规划（不考虑姿态）。

**解：** MATLAB 代码如下。

```
t = [0：0.05：2]；
T1 = transl（0.3，0.2，0.1）；
T2 = transl（0.5，0.3，0.2）；
TC = ctraj（T1，T2，length（t））；
x（1，1：length（t））=TC（1，4，：）；
y（1，1：length（t））=TC（2，4，：）；
z（1，1：length（t））=TC（3，4，：）；
figure；
plot（t'，transl（TC））；xlabel（'t'）；ylabel（'d'）；grid on；
figure；
plot3（x，y，z）；
xlabel（'x'）；ylabel（'y'）；zlabel（'z'）；grid on；
```

运行结果如图 2-20 所示，由图 2-20a 可见，各轴坐标随时间线性变化；由图 2-20b 可见，末端执行器在空间沿直线轨迹运动。



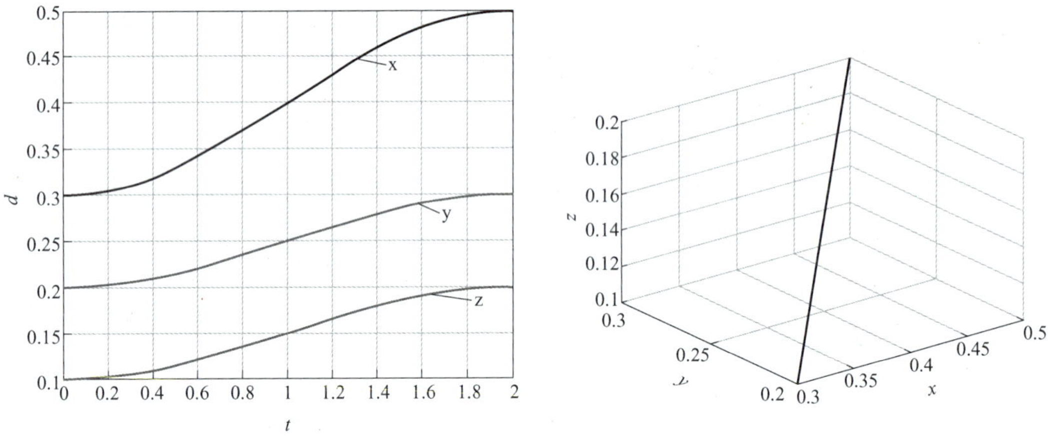


a) 随时间线性变化的笛卡儿位置　　b) 笛卡儿空间运动轨迹

图 2-20　运行结果

## 本章小结

本章介绍了机械臂相关的概念，介绍了机械臂位姿的描述方法、运动学建模，以及机械臂正逆运动学求解。这些内容都是研究机械臂轨迹规划的重要基础。

2.2 节研究了机械臂运动方程的建立与求解，并以简易的三连杆机械臂为例，阐述了如何建立机械臂连杆坐标系及确定机械臂 D–H 参数表；分析了逆运动学的可解性、多解性问题；进一步在 D–H 参数表的基础上使用几何法求解三连杆机械臂逆运动学。

2.3 节研究了机械臂在关节空间下的轨迹规划方法，首先介绍了机械臂运动路径和轨迹的相关概念及相关约束条件；其次对常用的三次和高阶多项式插值、梯形速度插值、三次样条轨迹规划进行了理论推导；最后在 MATLAB 机器人工具箱中对上述四种常用的轨迹规划方法进行了仿真实现。

2.4 节研究了机械臂在笛卡儿空间下的轨迹规划方法，首先对比了关节空间轨迹规划，笛卡儿空间轨迹规划具有直观、控制精度高、适应性强等优点，但同时也具有计算复杂度高、易引起奇异性问题等挑战；其次详细阐述了点到点轨迹规划和连续跟踪轨迹规划的理论基础，进一步介绍了得到机械臂运动轨迹后常见的优化目标和方法；最后以直线轨迹规划为例，利用 MATLAB 机器人工具箱进行了仿真实现。

## 参考文献

[1] 蔡自兴，谢斌．机器人学 [M]. 4 版．北京：清华大学出版社，2022.

[2] 曹锦旗，韩雪松．工业机器人轨迹规划的研究方法综述 [J]. 信息与控制，2024，53（4）：471-486.

[3] 西西里安诺，夏维科，维拉尼，等．机器人学：建模、规划与控制 [M]. 张国良，曾静，陈励华，等译．西安：西安交通大学出版社，2015.

[4] CRAIG J J. 机器人学导论：3 版 [M]. 负超，译．北京：机械工业出版社，2006.

[5] 陈钢．空间机械臂：建模、规划与控制 [M]. 北京：人民邮电出版社，2020.

[6] CORKE P. 机器人学、机器视觉与控制：MATLAB 算法基础 [M]. 刘荣，译．北京：电子工业出版社，2016.

# 第 3 章　机器人路径规划

## 导读

在自动化和人工智能领域，机器人路径规划是一个至关重要的分支。它涉及设计算法和策略，使机器人能够在其操作环境中移动，避免障碍，并以最优的方式到达目标位置。面对用于自主导航的移动机器人，路径规划是赋予机器人自主能力的核心技术。路径规划面临的主要挑战包括处理动态和不确定的环境、计算复杂性以及多目标任务中的协调与优化。经典方法如 A* 算法和 Dijkstra 算法提供了基础的路径搜索技术，而基于采样的方法如 RRT 和概率路线图则能够在高维空间中有效生成路径。此外，现代机器人路径规划还引入了机器学习和强化学习，利用大量数据和经验来提升规划效率和适应性。作为基础教材，本书讨论机器人基础的路径规划方法。



## 本章知识点

- 机器人路径规划概述
- 基于采样的路径规划
- 基于搜索的路径规划
- 轨迹生成与优化

## 3.1　机器人路径规划概述

### 3.1.1　引言

随着科技的飞速发展，移动机器人在众多领域中的应用越发广泛，从工业自动化到家庭服务，从探险探测到医疗辅助，移动机器人的身影无处不在。而在这些应用中，一个至关重要的技术就是路径规划。路径规划是移动机器人实现自主导航和智能行为的核心技术之一，它决定了机器人如何在复杂的环境中高效、安全地完成任务。

路径规划这一看似简单的概念，实则蕴含着丰富的技术内涵和深远的应用价值。它不仅关乎机器人的工作效率和安全性，而且体现了人类对于智能技术的追求和探索。因此，对机器人路径规划的研究和探讨，具有重要的理论意义和实践价值。

路径规划就是为移动机器人寻找一条从起始点到目标点的最优或次优路径的过程。这里的“最优”或“次优”通常基于多种评价标准，如路径长度、时间消耗、能量消耗、安全性等。这些评价标准不仅反映了机器人完成任务的效率和质量，更体现了机器人对环境的适应能力和智能水平。在复杂的现实环境中，机器人需要面对各种挑战，如障碍物、动态变化的环境、不确定的传感器数据等。这些挑战要求机器人必须具备强大的路径规划能力，以便在复杂的环境中高效、安全地完成任务。因此，路径规划技术的重要性不言而喻。

### 3.1.2　路径规划的分类

路径规划可以根据不同的标准进行分类。

按照环境信息的已知程度，路径规划可以分为全局路径规划和局部路径规划。全局路径规划通常基于已知的环境地图，为机器人规划一条从起点到终点的全局最优路径。这种方法适用于环境信息较为稳定、变化不大的场景，如仓库、工厂等。局部路径规划则更注重机器人在实时环境中的决策能力，它根据传感器数据实时调整机器人的运动轨迹，以避开障碍物或应对环境变化。这种方法适用于环境信息变化较大、动态性较强的场景，如道路交通、家庭服务等。

按照路径规划的方法，路径规划可以分为基于采样的路径规划、基于搜索的路径规划、基于优化的路径规划等。基于采样的路径规划如 RRT、概率路线图等，通过随机采样生成路径候选，并通过冲突检测和优化来找到可行路径。这种方法具有灵活性强、适应性好等优点，但计算量较大，需要较长的规划时间。基于搜索的路径规划如 Dijkstra 算法、A* 算法等，通过将环境建模为图结构，利用图搜索算法找到最优路径。这种方法具有搜索速度快、精度高等优点，但对于复杂环境的处理能力有限。基于优化的路径规划方法则更注重路径的平滑性和效率，它通常将路径规划问题转化为优化问题，通过求解优化问题来找到最优路径。这种方法能够生成高质量的路径，但计算复杂度较高，对实时性要求较高的场景可能不太适用。



### 3.1.3　路径规划的关键技术

（1）环境建模

环境建模是路径规划的基础，它将现实环境抽象为计算机可以处理的数学模型。常见的环境建模方法包括栅格法、特征地图法、拓扑地图法等。这些方法各有优缺点，需要根据具体应用场景进行选择和优化。

（2）传感器技术

传感器技术是机器人感知外部环境的关键手段。通过激光雷达、视觉传感器、超声波传感器等，机器人可以获取环境中的障碍物信息、地形信息等，为路径规划提供必要的数据支持。同时，传感器数据的准确性和实时性对路径规划的效果至关重要。

（3）路径搜索算法

路径搜索算法是路径规划的核心技术之一。它根据环境信息和评价标准，为机器人搜索出最优或次优的路径。常见的路径搜索算法包括 Dijkstra 算法、A* 算法、RRT 算法等。

这些算法各有特点，需要根据具体应用场景进行选择和优化。

（4）冲突检测与优化

在路径规划过程中，冲突检测是必不可少的环节。通过冲突检测，机器人可以判断所规划的路径是否存在与障碍物冲突的风险。如果存在冲突风险，那么机器人需要通过优化算法对路径进行调整，以避开障碍物。冲突检测与优化技术对确保机器人在复杂环境中的安全性具有重要意义。

### 3.1.4 路径规划的应用与挑战

路径规划技术在移动机器人领域有着广泛的应用，例如仓储物流、家庭服务、医疗辅助、探险探测等。这些应用场景对于机器人的路径规划能力提出了不同的要求，需要机器人具备高效、智能、安全的路径规划能力。然而，随着应用场景的日益复杂和多样化，路径规划技术也面临着诸多挑战，例如如何处理动态变化的环境、如何优化路径规划的效率和质量、如何确保机器人在复杂环境中的安全性等，这些问题都需要我们不断地研究和探索新的路径规划技术和方法。

## 3.2 基于采样的路径规划

### 3.2.1 问题描述



基于采样的路径规划是独特的，因为规划是通过对位形空间（C 空间）进行采样，并通过冲突检测判断样本可行性，以此获取障碍物信息并捕获位形空间的连通性，实现路径搜索。这种随机化方法在为难题提供解决方案方面有快速性优势，避免了对复杂空间的全面建模，降低了计算复杂度，使得基于采样的路径规划可以高效地处理高维空间中的问题和复杂的路径规划问题。

定义 $X$ 为 $d$ 维位形空间，且 $d\in\mathbf{R}$，$d\geqslant 2$。机器人可通行的自由空间定义为 $X_{\text{free}}$，则障碍物空间表示为 $X_{\text{obs}}=X\setminus X_{\text{free}}$。机器人在自由空间 $X_{\text{free}}$ 中的初始状态表示为 $x_{\text{init}}$，$\chi_{\text{goal}}=\left\{x\in X_{\text{free}}\mid\left\|x-x_{\text{goal}}\right\|<r\right\}$ 表示自由空间中目标 $x_{\text{goal}}$ 所在的范围，$x\in\chi_{\text{goal}}$ 则表示机器人到达目标区域。

1. 可行路径规划问题

给定一个路径规划问题 $(X_{\text{free}},x_{\text{init}},\chi_{\text{goal}})$，找到一条连续的无冲突路径 $\varphi(t)$，若存在可行解，则路径满足

$$\begin{cases}\varphi(t):[0,T]\rightarrow X_{\text{free}}\\ \varphi(0)=x_{\text{init}}\\ \varphi(T)\in\chi_{\text{goal}}\end{cases}\tag{3-1}$$

若不存在可行解，则报告失败。

定义 $\varPhi$ 为所有路径的集合，则 $\varPhi_{\text{free}}$ 表示所有可行路径的集合。给定路径上的两个状

态 $(x_1,x_2)$，两个状态之间的代价函数定义为

$$\text{Cost}(x_1,x_2)=\alpha_1\|x_2-x_1\|+\alpha_2\arccos\frac{v_1 x_1 x_2}{|v_1||x_1 x_2|} \tag{3-2}$$

式中，$\|\bullet\|$ 为 $x_1$ 和 $x_2$ 之间的欧几里得距离；$v_1$ 为机器人在 $x_1$ 处的线速度；$x_1x_2$ 为由 $x_1$ 指向 $x_2$ 的向量；$\alpha_1$ 和 $\alpha_2$ 为平衡欧几里得距离和角度差的影响的两个参数。

使用代价函数 $c:\varphi\to\mathbf{R}_{\geqslant 0}$，为所有无冲突路径 $\varphi\in X_{\text{free}}$ 分配正实数代价 $\mathbf{R}_{\geqslant 0}$。函数 $c$ 考虑了两个状态之间的欧几里得距离和角度差。因此，规划路径的代价函数为

$$c(\varphi)=\sum_{t=0}^{T-1}\text{Cost}(\varphi(t),\varphi(t+1)) \tag{3-3}$$

### 2. 最优性问题

路径规划的最优性问题是要求找到一个代价最小的可行路径。

给定一个路径规划问题 $(X_{\text{free}},x_{\text{init}},\chi_{\text{goal}})$ 和代价函数 $c:\varphi\to\mathbf{R}_{\geqslant 0}$，找到一条最优路径 $\varphi^*$，且 $c(\varphi^*)=\min\{c(\varphi)\}$，即

$$\varphi^*=\arg\min_{\varphi\in\Phi} c(\varphi)$$
$$\text{s.t.}\ \ \varphi(0)=x_{\text{init}},\ \ \varphi(T)\in\chi_{\text{goal}},\ \ \varphi(t)\in X_{\text{free}}(t),\ \ \forall t\in[0,T]$$

定义一个实数 $\delta>0$，若以一个状态 $x\in X_{\text{free}}$ 为中心，半径为 $\delta$ 的封闭球完全位于自由空间 $X_{\text{free}}$ 中，则状态 $x$ 被称为 $X_{\text{free}}$ 的一个 $\delta-$interior 状态。因此，$X_{\text{free}}$ 中的所有 $\delta-$interior 状态是所有距离障碍物集合至少有一个距离 $\delta$ 的状态的集合。如果一条路径 $\varphi$ 完全位于 $X_{\text{free}}$ 的 $\delta-$interior 中，那么无冲突路径 $\varphi(t):[0,T]\to X_{\text{free}}$ 可被称为具有强 $\delta$ - 间隙。如果一个路径规划问题 $(X_{\text{free}},x_{\text{init}},\chi_{\text{goal}})$ 是鲁棒可行的，那么对于 $\delta>0$，存在一条具有强 $\delta$ - 间隙的路径，并且可以求解得到。

### 3. 概率完备性

对于任何鲁棒可行的路径规划问题 $(X_{\text{free}},x_{\text{init}},\chi_{\text{goal}})$，算法（ALG）都是概率完备的，且存在极限

$$\lim_{n\to\infty}P(\{\exists x_{\text{goal}}\in V_n^{\text{ALG}}\cap\chi_{\text{goal}},\text{且}x_{\text{init}}\text{通过}G_n^{\text{ALG}}\text{连接到}x_{\text{goal}}\})=1 \tag{3-4}$$

式中，$G_n^{\text{ALG}}$ 为随机采样算法构建的搜索图；$V_n^{\text{ALG}}$ 为搜索图中的顶点集合。

假设 $\varphi_1,\varphi_2\in X_{\text{free}}$ 是具有相同终点的两条无冲突路径。若存在一个连续函数 $\psi:[0,1]\to X_{\text{free}}$，使得 $\psi(0)=\varphi_1$，$\psi(1)=\varphi_2$，且对于所有 $\tau\in[0,1]$，$\psi(\tau)$ 是无冲突路径，则可以说路径 $\varphi_1$ 与 $\varphi_2$ 是同伦的。简而言之，一条到 $\varphi$ 同伦的路径可以通过 $X_{\text{free}}$ 连续地变换到 $\varphi$。若一条无冲突路径 $\varphi:[0,s]\to X_{\text{free}}$ 被定义为具有弱 $\delta$ - 间隙，则存在一条具有强 $\delta$ - 间隙的路径 $\varphi'$ 以及同伦 $\psi$，使得 $\psi(0)=\varphi$，$\psi(1)=\varphi'$，且对于所有 $\alpha\in(0,1]$，$\psi(\alpha)$ 都具有强 $\delta$ - 间隙。将所有长度有界的路径集作为一个赋范空间引入，它允许取一个路径

序列的极限。一个路径序列 $\{\varphi_n\}_{n\in\mathbf{N}}$ 收敛于一条路径 $\bar{\varphi}$，表示为 $\lim_{n\to\infty}\varphi_n=\bar{\varphi}$，那么 $\varphi_n$ 和 $\bar{\varphi}$ 之差的范数收敛于 0，即 $\lim_{n\to\infty}\|\varphi_n-\bar{\varphi}\|=0$。解决最优性问题的可行路径 $\varphi^*\in X_{\text{free}}$ 是一个鲁棒最优解，如果它具有弱 $\delta$ – 间隙，且对于任何无冲突路径序列 $\{\varphi_n\}_{n\in\mathbf{N}}$，$\varphi_n\in X_{\text{free}},\forall n\in\mathbf{N}$，使 $\lim_{n\to\infty}\varphi_n=\varphi^*$，$\lim_{n\to\infty}c(\varphi_n)=c(\varphi^*)$。显然，具有鲁棒最优解的路径规划问题必然是鲁棒可行的。令 $c^*=c(\varphi^*)$ 为最优路径的代价，定义 $Y_n^{\text{ALG}}$ 为算法在迭代 $n$ 次结束后返回的图中包含最小代价解所对应的扩展随机变量，则渐近最优性有如下定义。

4. 渐近最优性

若对于任意路径规划问题 $(X_{\text{free}},x_{\text{init}},\chi_{\text{goal}})$，代价函数 $c:\varphi\to\mathbf{R}_{\geqslant 0}$ 且存在鲁棒最优的有限代价 $c^*$，则算法是渐近最优的，即

$$P\left(\left\{\limsup_{n\to\infty}Y_n^{\text{ALG}}=c^*\right\}\right)=1 \tag{3-5}$$

由于 $Y_n^{\text{ALG}}\geqslant c^*,\forall n\in\mathbf{N}$，算法的渐近最优性意味着极限 $\lim_{n\to\infty}Y_n^{\text{ALG}}$ 存在，且等于 $c^*$。显然，概率完备性对于渐近最优性来说是必要的。此外，基于采样的规划算法收敛到最优解的概率几乎是 0 或 1。也就是说，基于采样的规划算法要么在所有运行中都收敛到最优解，要么都不收敛。



### 3.2.2 基于 RRT 算法的路径规划

RRT 算法是一种常用的路径规划算法，特别适用于机器人、自动驾驶车辆和其他自主系统的路径规划问题。

1. RRT 算法的核心思想

RRT 算法首先将起点初始化为随机树的根节点，然后在机器人的可达空间中随机生成采样点，从树的根节点逐步向采样点扩展节点，节点和节点之间的连线构成了整个随机树，当某个节点与目标点的距离小于设定的阈值时，即可认为找到了可行路径。

RRT 算法的特点是能够快速有效地搜索高维空间，通过状态空间的随机采样点，把搜索导向空白区域，从而寻找到一条从起始点到目标点的规划路径，适合解决多自由度机器人在复杂环境和动态环境中的路径规划。

2. RRT 算法的具体流程

RRT 算法的流程如算法 3-1 所示，具体步骤如下。

1）初始化：创建一个以 $x_{\text{init}}$ 为根节点的树。该树通过包含节点集 $V$ 和边集 $E$ 的数据结构来表示。

2）随机采样：在自由空间 $X_{\text{free}}$ 内随机选择一个点 $x_{\text{rand}}$，确保它不在障碍物空间 $X_{\text{obs}}$ 中。

3）找到最近节点：通过计算树中每个节点到 $x_{\text{rand}}$ 的距离，找到最近的节点 $x_{\text{nearest}}$。这一步通常采用欧几里得距离。

4）扩展：从 $x_{\text{nearest}}$ 沿朝向 $x_{\text{rand}}$ 的方向，扩展一个固定步长 $\Delta t$，生成新的节点 $x_{\text{new}}$。扩展方向为

$$\text{direction} = \frac{x_{\text{rand}} - x_{\text{nearest}}}{\| x_{\text{rand}} - x_{\text{nearest}} \|} \tag{3-6}$$

然后计算新节点：

$$x_{\text{new}} = x_{\text{nearest}} + \text{direction} \cdot \Delta t \tag{3-7}$$

5）检查障碍：验证 $x_{\text{new}}$ 是否在自由空间 $X_{\text{free}}$ 内，并且从 $x_{\text{nearest}}$ 到 $x_{\text{new}}$ 的路径是否无障碍。若有障碍，则丢弃 $x_{\text{new}}$ 并重新进行随机采样。

6）添加节点和边：若 $x_{\text{new}}$ 是有效的，则将其添加到树 $T$ 中，并连接 $x_{\text{nearest}}$ 和 $x_{\text{new}}$。

7）检查目标：判断 $x_{\text{new}}$ 是否到达目标区域（即距离目标点 $x_{\text{goal}}$ 小于阈值 $\varepsilon$）。

8）路径生成：若找到从 $x_{\text{init}}$ 到 $x_{\text{goal}}$ 的路径，则通过回溯生成路径并返回。若在最大迭代次数内没有找到路径，则返回“None”。

**算法 3-1　RRT（$x_{\text{init}}, x_{\text{goal}}, X_{\text{free}}, X_{\text{obs}}, \Delta t, \varepsilon, N$）**

输入：起始点 $x_{\text{init}}$、目标点 $x_{\text{goal}}$、自由空间 $X_{\text{free}}$、障碍物空间 $X_{\text{obs}}$、步长 $\Delta t$、目标区域半径 $\varepsilon$、最大迭代次数 $N$

输出：从 $x_{\text{init}}$ 到 $x_{\text{goal}}$ 的路径，若找不到，则返回“None”

1　$T \leftarrow$ 初始化树，$x_{\text{init}}$ 为根节点

2　for i = 1 → N

3　　$x_{\text{rand}} \leftarrow \text{sample}(X_{\text{free}})$

4　　$x_{\text{nearest}} \leftarrow \arg\min_{x \in V} \text{distance}(x, x_{\text{rand}})$

5　　$\text{direction} \leftarrow \dfrac{x_{\text{rand}} - x_{\text{nearest}}}{\| x_{\text{rand}} - x_{\text{nearest}} \|}$

6　　$x_{\text{new}} \leftarrow x_{\text{nearest}} + \text{direction} \cdot \Delta t$

7　　若 $x_{\text{new}}$ 在障碍物空间 $X_{\text{obs}}$ 中（即路径段 $x_{\text{nearest}}$ 到 $x_{\text{new}}$ 与障碍物相交），则丢弃 $x_{\text{new}}$ 并返回步骤 3

8　　$V \leftarrow V \cup \{x_{\text{new}}\}$；$E \leftarrow E \cup \{(x_{\text{nearest}}, x_{\text{new}})\}$

9　　if $\text{distance}(x_{\text{new}}, x_{\text{goal}}) < \varepsilon$ then

10　　return $\text{path}(T, x_{\text{init}}, x_{\text{new}})$

RRT 算法通过上述步骤在自由空间内快速扩展树结构，探索路径并尝试连接起始点和目标点。其随机采样特性使得它在高维空间中的路径规划具有较好的性能。RRT 算法在机器人技术、自动驾驶、无人机等领域具有广泛的应用。例如，在机器人路径规划中，RRT 算法可以帮助机器人找到从起始点到目标点的最佳路径；在自动驾驶中，RRT 算法可以帮助车辆规划出安全、高效的行驶路线。

### 3.2.3 基于 Informed-RRT* 算法的路径规划

Informed-RRT* 算法是一种路径规划算法，属于概率路径规划方法。它是在 RRT* 算法基础上的改进版，旨在提高路径规划效率，减少计算时间，同时保持最优解的收敛特性。其主要思想是通过启发式信息指导采样过程，集中搜索在可能存在最优路径的区域，从而加快收敛速度。

RRT* 算法是经典的路径规划 RRT 算法的增强版。RRT 算法通过在状态空间中随机采样来构建一棵探索树，逐步逼近目标状态。RRT* 算法在此基础上引入了一种优化机制：通过重新连接新节点和现有树的节点，迭代改进路径质量，逐步趋近于最优解。然而，RRT* 算法在大规模或复杂环境下，搜索效率较低，因为它在整个状态空间内均匀采样，这往往导致大量计算浪费在不必要的区域。现有的 RRT* 算法通过随机采样以及在搜索空间中扩展树结构来寻找从起点到终点的路径，随着采样点数的增多，RRT* 算法的规划结果会逐渐收敛到最优，但 RRT* 算法存在冗余分支较多的问题。

RRT* 算法的缺点如下。

1）非最优解：RRT* 算法主要关注快速找到可行路径，因此它并不保证找到的是最短或最优路径。

2）局部搜索特性：RRT* 算法在搜索过程中主要依赖局部信息，导致全局搜索能力较弱。

3）计算成本：虽然 RRT* 算法能够渐近地收敛到最优解，但这个过程需要大量的迭代和计算资源。



4）采样效率：全局均匀采样可能导致在远离目标区域的搜索空间浪费计算资源。

Informed-RRT* 算法通过引入启发式信息，限制采样区域以加速最优解的收敛。具体地，Informed-RRT* 算法在每一轮迭代中，根据当前已知的路径成本（如路径长度）和目标的估计成本，定义一个椭圆形的采样区域。这个椭圆形区域的焦点是起点和终点，其大小根据当前路径的成本进行调整，使得采样更集中在可能存在最优路径的区域。这种方法依赖于启发式信息估计从起点到终点的最小代价（如欧几里得距离），并根据当前已找到的路径优化采样空间，从而避免了在不可能的区域浪费计算资源。椭圆形区域如图 3-1 所示。

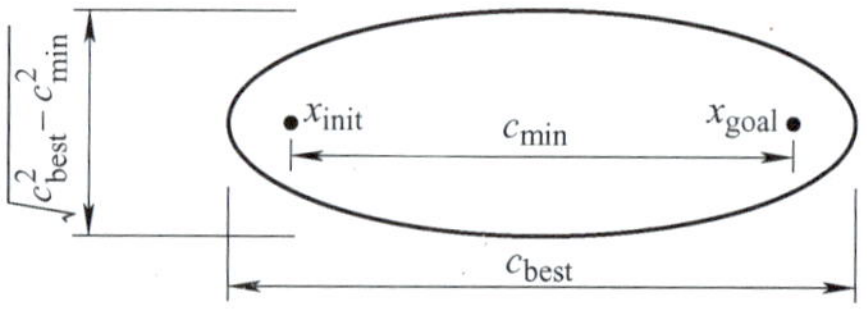


图 3-1　椭圆形区域

在每次迭代中，Informed-RRT* 算法首先从限制后的椭圆形区域内随机采样一个新节点，然后尝试将这个新节点连接到现有树中代价最小的节点上。如果连接成功，它将检查并重新连接可能的节点以优化路径。通过不断迭代，算法逐渐缩小椭圆形采样区域，在更接近最优路径的区域中集中采样。

RRT* 算法与 Informed-RRT* 算法采样对比如图 3-2 所示，Informed-RRT* 算法在如

下三个方面具有显著优点。

1）高效性：通过将采样集中在可能的最优区域，显著减小了搜索空间，提高了路径规划的效率。

2）最优收敛：保持了 RRT* 算法的最优收敛特性，最终可以收敛到最优路径。

3）灵活性：适用于高维状态空间和复杂环境，特别适用于机器人路径规划和自动驾驶等应用场景。

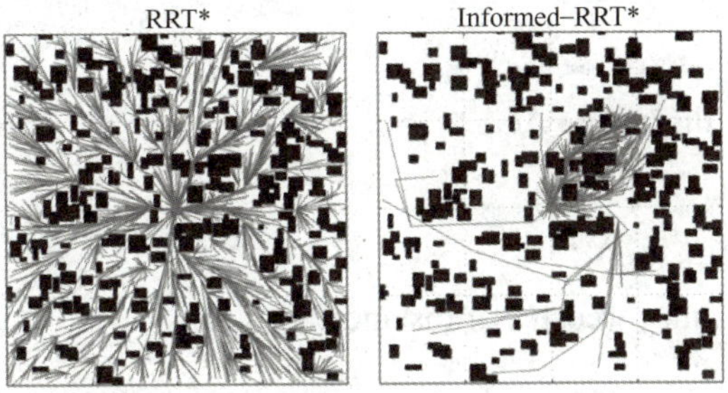


图 3-2 RRT* 算法与 Informed-RRT* 算法采样对比

Informed-RRT* 算法通过引入启发式信息和限制采样区域，成功地改进了传统 RRT* 算法的性能。它通过在每次迭代中重新定义采样空间，提高了算法的效率，并保持了最优解的收敛性。这种方法特别适用于大规模和复杂环境中的路径规划问题，使得计算资源能够更有效地用于接近最优解的区域。

Informed-RRT* 算法的具体流程如算法 3-2 所示，具体步骤如下。

1）初始化：创建以 $x_{init}$ 为根节点的树 $T$，并初始化最优路径代价 $c_{best}$ 为无穷大。

2）椭圆搜索区域：每次采样时，若已经找到一条路径（即 $c_{best}$ 不是无穷大），则在椭圆内部进行采样，以集中在潜在的最佳路径上，减少无效采样。椭圆的半长轴和半短轴分别根据当前路径代价和起始点到目标点的距离计算。

3）找到最近节点：计算树 $T$ 中每个节点到采样点 $x_{rand}$ 的距离，找到距离最近的节点 $x_{nearest}$。

4）扩展：从 $x_{nearest}$ 沿朝向 $x_{rand}$ 的方向，扩展一个固定步长 $\Delta t$ ，生成新的节点 $x_{new}$。

5）添加节点和连接：若如果 $x_{new}$ 是有效的，则将其添加到树 $T$ 中，并连接到 $x_{nearest}$。选择最佳父节点并重新连线，以最小化路径代价。

6）更新最优路径代价：若从 $x_{new}$ 到 $x_{goal}$ 的路径代价小于当前最优路径代价 $c_{best}$ ，则更新 $c_{best}$。

7）迭代：重复上述步骤，直到达到最大迭代次数 $N$ 或找到最优路径。

8）路径生成：找到路径后，通过回溯从目标节点生成从起始点到目标点的完整路径。

**算法 3-2 Informed-RRT*（$x_{init}, x_{goal}, X_{free}, X_{obs}, \Delta t, \varepsilon, N$）**

输入：起始点 $x_{init}$、目标点 $x_{goal}$、自由空间 $X_{free}$、障碍物空间 $X_{obs}$、步长 $\Delta t$、目标区域半径 $\varepsilon$、最大迭代次数 $N$

输出：从 $x_{\text{init}}$ 到 $x_{\text{goal}}$ 的路径，若找不到，则返回 “None”

1 $T \leftarrow \{V:\{x_{init}\}, E:\{\}\}$ ； $c_{\text{best}} \leftarrow \infty$

2 椭圆内采样： $x_{\text{sampled}} \leftarrow \text{informed\_sample}(c_{\text{best}}, x_{\text{init}}, x_{\text{goal}}, X_{\text{free}})$

3 $x_{\text{nearest}} \leftarrow \arg\min_{x \in V} \text{distance}(x, x_{\text{sampled}})$

4 $\text{direction} \leftarrow \dfrac{x_{\text{sampled}} - x_{\text{nearest}}}{\| x_{\text{sampled}} - x_{\text{nearest}} \|}$

5 if $\text{obstacle\_free}(x_{\text{sampled}}, x_{\text{nearest}}, X_{\text{obs}})$

6 $\quad x_{\text{new}} \leftarrow x_{\text{nearest}} + \text{direction} \bullet \Delta t$

7 $\quad V \leftarrow V \cup \{x_{\text{new}}\}$

8 $\quad E \leftarrow E \cup \{(x_{\text{nearest}}, x_{\text{new}})\}$

9 $\quad x_{\text{parent}} \leftarrow \arg \min_{x \in \text{near}(x_{\text{new}}, T)} (\text{cost}(x) + \text{distance}(x, x_{\text{new}}))$

10 $\quad$ if $\text{distance}(x_{\text{new}}, x_{\text{goal}}) < \varepsilon$ and $\text{cost}(x_{\text{new}}) + \text{distance}(x_{\text{new}}, x_{\text{goal}}) < c_{\text{best}}$ then

11 $\quad\quad c_{\text{best}} \leftarrow \text{cost}(x_{\text{new}}) + \text{distance}(x_{\text{new}}, x_{\text{goal}})$

12 重复步骤 3 至 10，直到达到最大迭代次数 $N$ 或找到最优路径

13 return path($T$, $x_{\text{init}}$, $x_{\text{goal}}$)

Informed-RRT* 算法通过限制采样范围，使得路径规划更加高效，尤其在路径规划的后期阶段，通过集中采样，可以显著减少搜索时间并提高收敛速度。



### 3.2.4 基于安全通道的 FMT* 路径规划算法

#### 1. 问题描述

FMT* 算法通过递归的扩展方式对周围样本进行探索，类似于广度搜索，基本会探索每一个样本，繁重的样本检测对 FMT* 算法的规划效率产生影响。然而，FMT* 算法的渐近最优性要求算法需要有足够的样本布满空间以确保路径质量的良好。FMT* 算法规划过程如图 3-3 所示，地图中具有两种不同长度的通道。在不同的样本分布下，FMT* 算法基本检测了所有样本在获得当前样本数下的最优解。在图 3-3 中，FMT* 算法需要至少 5000 个样本才能获得比较符合移动机器人运动的路径。由图 3-3 可得，环境左边的通道对于算法的探索是不重要的且占据了大多数的样本，如果能引导 FMT* 算法避免过度在低效的地方探索，将会有利于规划效率的提升。

FMT* 算法递归形成广度搜索的原因在于周围分布的样本之间代价变化相对平缓，使得算法需要检测每个代价相近的样本。配合图 3-4 所示的 FMT*-A 算法规划过程进一步分析影响 FMT* 算法过度探索的因素。为便于比较分析，将 FMT* 算法与启发式算法 A* 结合（FMT*-A 算法）作规划仿真。图 3-4 展示了 FMT*-A 算法在 2000 个样本下的规划过程以及样本代价所对应的变化情况。其中样本代价被绘制成热力图，地图左上角为规划起点，右下角为规划终点，各图中虚线圈被标记为当前检测情况和相应的样本代价情况。在样本代价变化图中，最高代价代表样本未被探索；最低代价代表起点；其余样本代价由热力颜色条表示。

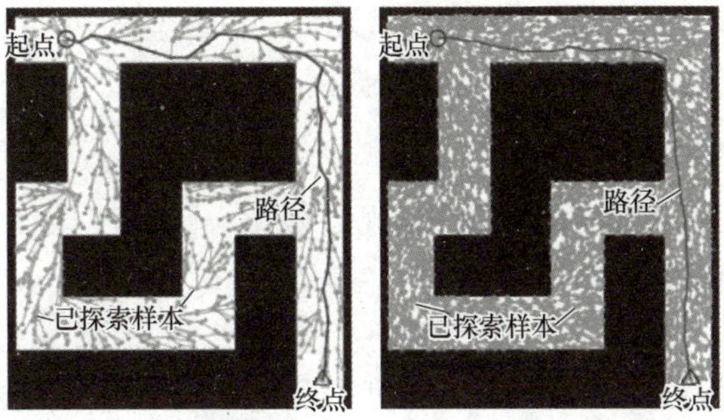


a) 800个样本的规划效果　　b) 5000个样本的规划效果

图 3-3　FMT* 算法规划过程

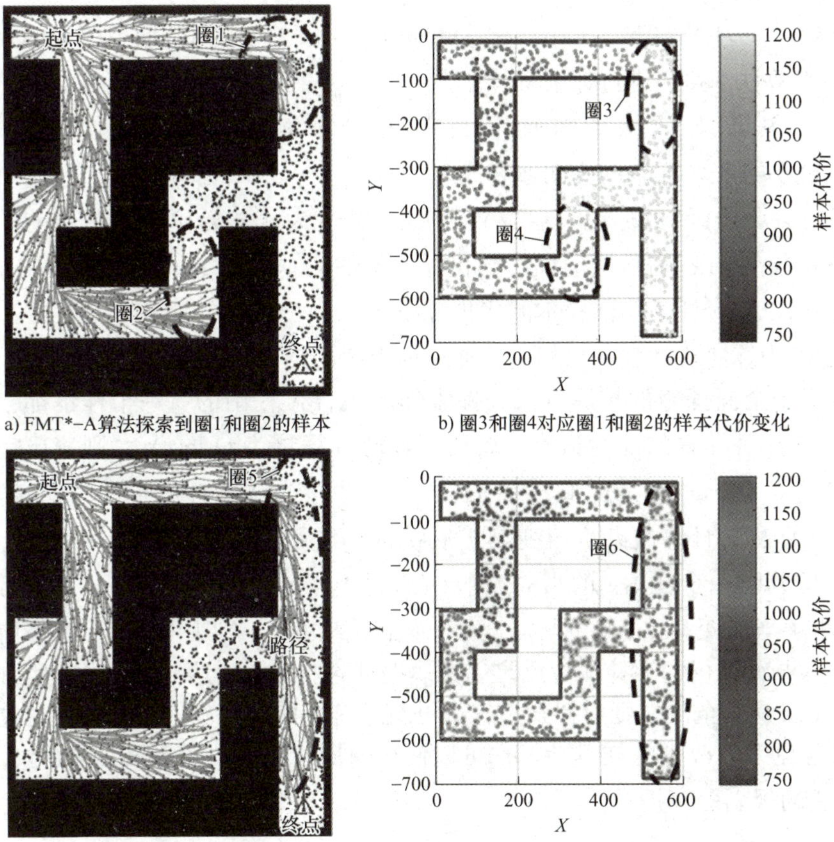


a) FMT*−A算法探索到圈1和圈2的样本　　b) 圈3和圈4对应圈1和圈2的样本代价变化

c) FMT*−A算法探索圈5样本　　d) 圈6对应圈5的样本代价变化

图 3-4　FMT*−A 算法规划过程

图 3-4 彩图

由图 3-4 可得，尽管地图中存在两条通道，但左侧通道路程较长，探索该通道样本并不会获得良好的路径且消耗计算时间。FMT*−A 算法对两条通道均进行探索，对应图 3-4b 的样本代价变化可看出，算法从起点到圈 3 和圈 4 的样本变化相近，因此 FMT*−A 算法同时探索两边。图中 FMT*−A 算法已经规划出路径，对应样本代价逐渐递减。FMT*−A 算法虽然成功找到了最短路径，但对左侧通道基本全部探索，降低了算法的规划效率。

综上所述，FMT* 算法规划过程对样本全面探索是因为样本代价变化相近。因此，考虑修改样本的代价梯度分布，将不必要区域和重要区域区分开来，以引导算法的探索方向，可以改善 FMT* 算法的探索冗余问题并提高规划效率。

### 2. DS–FMT* 算法的构建和分析

为改善 FMT* 算法的探索过程以提高规划效率，设计了改变样本代价的相关方案，即 DS–FMT*（基于方向选择的快速进行树）算法。

（1）DS–FMT* 算法

DS–FMT* 算法的规划过程如算法 3-3 所示，六种主要函数被算法所采用。

1） SampleFree($n$) 函数用于在整体地图中进行均匀采样，样本数为 $n$ 。

2） Near($V_{\text{unvisited}}, z, r_n$) 函数定义为搜索样本 $z$ 的邻居集合 $V_{\text{unvisited}}$ ，集合包括以 $z$ 为中心且半径为 $r_n$ 的范围。

3）通过当前样本 $z$ 的环境情况， Expected_Direction($z$) 函数用来判断期望探索的方向向量 $O_{\text{vector}}$ ，其内容在算法 3-4 中进行详细解释。

4）综合考虑算法期望的探索方向和目前正在探索的方向，并使用 Find_Orientation($O_{\text{vector}}, x, z$) 函数获取样本的方向偏离成本 Or($x$) 。

5） $F(x)$ 、 $G(x)$ 、 $H(x)$ 函数标记为启发式参数： $G(x)$ 为从初始位置到达当前样本所累计的实际移动成本； $H(x)$ 为从当前样本到目标的预估成本； $F(x)$ 由 $G(x)$ 、 $H(x)$ 和 Or($x$) 相结合所得，用以综合评估当前样本的代价分布。



6） Path 函数定义为算法成功找到目标后，通过搜索树的反向梳理获得的规划路径。

考虑到 FMT* 算法全面探索的扩展方式，探索邻居集合 $X_{\text{near}}$ 中的每一个样本都会进行 Near 函数探索以及针对样本的冲突检测，若所消耗的计算量为 $O(\lg(n))$ ，则遍历完集合 $X_{\text{near}}$ 所消耗的时间为 $O(n\lg(n))$ 。因此，受 RRT* 算法中重布线的样本扩展方式启发，通过改善 DS–FMT* 算法的计算复杂度改变其扩展结构。使用样本代价筛选替换 $X_{\text{near}}$ 中的 Near 函数计算，即判断一个样本 $x$ 的当前成本 $G(x)$ 是否小于 $G(z)+\text{Cost}(z,x)$ ，若 $X_{\text{near}}$ 中样本 $x$ 代价仍然小于当前探索点 $z$ 代价与点 $z$ 到样本 $x$ 距离之和，则表明样本 $x$ 的当前代价无须改变，并避免再次进行冲突检测。反之，则表明通过样本 $z$ 到达 $x$ 将比之前代价更小，且若更改过的路线是安全的，则对搜索树进行更新原有存储的样本连接信息。通过样本代价对比筛选以避免无效改进的样本计算，可以使得遍历 $X_{\text{near}}$ 的计算量降为 $O(n)$ ，有利于 DS–FMT* 算法的规划效率提升。

**算法 3-3　DS–FMT* 算法的规划过程**

$V \leftarrow \{x_{\text{init}}\} \cup \text{SampleFree}(n)$ ;

$V_{\text{unvisited}} \leftarrow V \setminus \{x_{\text{init}}\}$ ； $V_{\text{open}} \leftarrow \{x_{\text{init}}\}$ ； $V_{\text{closed}} \leftarrow \varnothing$ ； $z \leftarrow x_{\text{init}}$ ；

while $z \notin \chi_{\text{goal}}$ do

　$V_{\text{open\_new}} \leftarrow \varnothing$ ； $X_{\text{near}} \leftarrow \text{Near}(V_{\text{unvisited}}, z, r_n)$ ；

　$O_{\text{vector}} = \text{Expected\_Direction}(z)$ ；

　for $x \in X_{\text{near}}$ do

7　　　　if $G(x) > G(z) + \text{Cost}(z,x)$ then
8　　　　　if CollisionFree$(z,x)$ then
9　　　　　　Or$(x)$= Find_Orientation$(O_{\text{vector}}, x, z)$；
10　　　　　　$G(x)=G(z)+\text{Cost}(z,x)$；
11　　　　　　$F(x)=G(x)+(H(x)-\text{Or}(x))$；
12　　　　　　$V_{\text{open\_new}} \leftarrow V_{\text{open\_new}} \bigcup \{x\}$； $V_{\text{unvisited}} \leftarrow V_{\text{unvisited}} \setminus \{x\}$；
13　　　　$V_{\text{open}} \leftarrow (V_{\text{open}} \bigcup V_{\text{open\_new}}) \setminus \{z\}$；
14　　　　$V_{\text{closed}} \leftarrow V_{\text{closed}} \bigcup \{z\}$；
15　　　　if $V_{\text{open}} = \varnothing$ then
16　　　　　return Failure；
17　　　　$z \leftarrow \arg\min V_{\text{open}} \{F(x)\}$；
18　　return Path；

（2）基于方向选择的启发式函数

为了引导 DS-FMT* 算法的探索方向，一种基于方向选择的启发式函数被提出，它可以收集样本周围的环境情况，计算并选择避开障碍物且接近目标的方向。主要流程如算法3-4所示。

**算法3-4　Expected_Direction$(z)$ 函数**

1　$N_{\text{direction}}$ = Pick_Direction$(z, L)$；
2　for $x_{\text{near}} \in N_{\text{direction}}$ do
3　　if Is_Unexplored_Area$(x_{\text{vector}})$ then
4　　　$M_1$ = Uncolliding_Length$(x_{\text{vector}})$；
5　　　$L = L + M_1$；
6　　if Is_Approach_Goal$(x_{\text{vector}})$ then
7　　　$L = L + M_2$；
8　　else
9　　　$L = L - M_2$；
10　$O_{\text{vector}} = \max(N_{\text{direction}}(L))$；

算法3-4的函数用于计算期望探索的方向向量$O_{\text{vector}}$，如图3-5所示。首先方向集合函数 Pick_Direction$(z, L)$ 以当前探索样本$z$为中心，均匀向周围发散方向检测线，每个方向检测线均被赋予初始值$L$。然后通过以下三种环境信息综合修正$L$的值。

1）布尔函数 Is_Unexplored_Area$(x_{\text{vector}})$ 用于检测和判断方向检测线$x_{\text{vector}}$是否指向未探索区域的方向。若该方向线属于已探索区域，则跳过对该方向的计算处理并将其舍去，从而避免了一些不必要方向的计算。若方向线指向未探索区域，则保留其值。

2）Uncolliding_Length$(x_{\text{vector}})$ 函数用于检测和判断样本周围的环境情况，计算每个方向线在各自方向上的冲突检测信息并获得能够无冲突的长度$M_1$。$M_1$被标记为参考信息以供有利方向选择，$M_1$ 值越大意味着该方向越有助于避开障碍物。最后，将 $M_1$ 值添加到该方向线的 $L$ 值中。

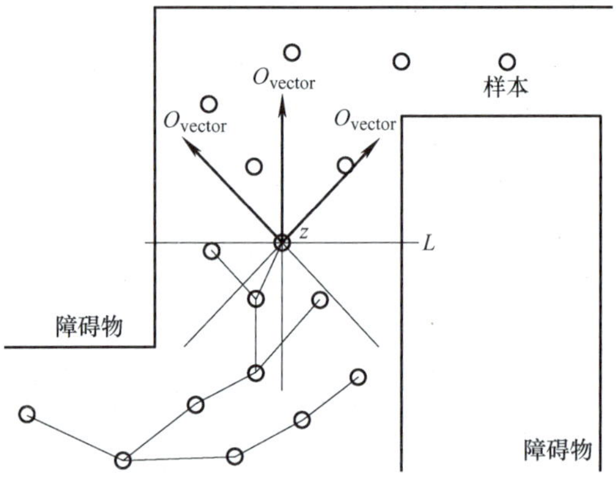


图 3-5　期望探索的方向向量$O_{vector}$

3）布尔函数 Is_ Approach_Goal($x_{vector}$) 用于计算并判断该方向检测线 $x_{vector}$ 是否指向目标所在的方向，若朝向目标，则为该方向赋予正值 $M_2$，反之则赋予负值，并结合到该方向线的 $L$ 值中。最后综合选择 $L$ 值最大的方向线作为期望探索方向 $O_{vector}$。该期望探索方向将有助于引导 DS-FMT* 算法扩展有利的样本并快速向期望方向前进。

通过上述函数计算并获得期望探索方向 $O_{vector}$ 后，引入向量叉积方法，记为 Find_Orientation($O_{vector}, x_{current}, x_{parent}$) 函数，该函数用于辅助方向偏离成本 Or($x$) 的获取。首先定义从当前样本 $z$ 扩展到周围候选样本 $x \in X_{near}$ 的方向为预备方向。其次将 $x$ 标记为当前点 $x_{current}$，其父节点为 $x_{parent}$，如图 3-6 所示，预备方向向量 $D_{vector1}$ 是由 $x_{parent}$ 指向 $x_{current}$ 的向量。$D_{vector2}$ 是算法 3-4 所得到的期望探索的方向向量 $O_{vector}$。最后将两个方向向量求夹角 $O_{angle}$，即



$$O_{angle} = \arccos \frac{D_{vector1} D_{vector2}}{|D_{vector1}||D_{vector2}|} \tag{3-8}$$

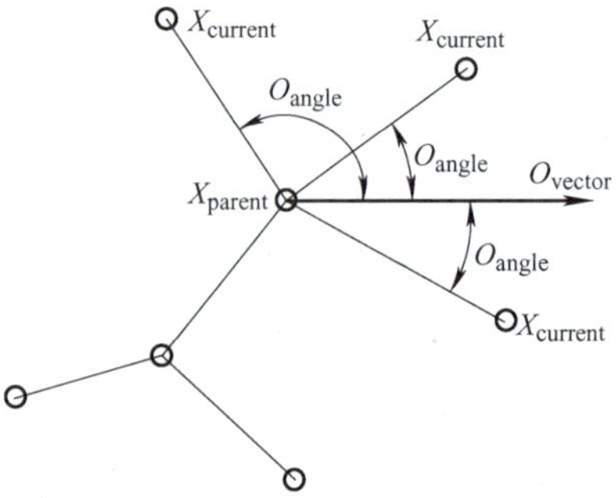


图 3-6　夹角$O_{angle}$示意图

夹角 $O_{angle}$ 反映了路径偏离期望探索方向的程度。通过判断期望探索方向和预备方向

的夹角大小设立正负值 $M_3$，若与期望探索方向偏离小于 45° 则取正值，反之则取负值。随后将 $M_3$ 赋予方向偏离成本 Or($x$) 并返回算法 3-3 计算样本总代价。方向偏离成本 Or($x$) 通过改变样本之间的代价差距来避免代价分布平缓而造成的广度探索，并有利于预先处理期望方向上的样本，从而避开障碍物并靠近目标点，提高规划效率。

（3）DS-FMT* 算法分析

根据上述 DS-FMT* 算法的规划过程，对该算法进行理论分析。

1）概率完备性。给定路径规划问题 $(X_{\text{free}}, x_{\text{init}}, \chi_{\text{goal}})$，如果问题存在解，那么当 DS-FMT* 算法的样本数量趋于无穷时，算法找到路径解的概率为 1，即

$$\lim_{n\to\infty} P(V \cap \chi_{\text{goal}} \neq \varnothing) = 1 \tag{3-9}$$

DS-FMT* 算法的概率完备性基于以下四个依据。

① DS-FMT* 算法的规划结果是一棵连续且无冲突的规划树，当一个未知样本被探索时，该样本将作为叶节点连接到规划树当中。

② 树的根部位于机器人的初始位置并生长，且目标位置被存储在采样的样本集合中，作为未知样本被 DS-FMT* 算法搜索。

③ DS-FMT* 算法可以遍历整个样本集合，目标位置将被 DS-FMT* 算法检测到。

④ 若给定的规划问题存在解，则意味着在规划树中存在一条无冲突的路径，可以将起点和终点连接。

通过以上依据，只有样本充分分布于空间中，才有利于规划树的连续生长并不涉及障碍物。因此，当样本数趋于无穷时，DS-FMT* 算法获得一个可行解的概率接近 1，具备概率完备性。



2）接近渐近最优性。给定 $d$ 维空间中的路径规划问题 $(X_{\text{free}}, x_{\text{init}}, \chi_{\text{goal}})$，令 $\varphi^*$ 表示最优路径，$c^*$ 表示最优路径的总长度，$c_n$ 表示 DS-FMT* 算法在 $n$ 个样本下的路径长度，且 DS-FMT* 算法的扩展半径需要满足

$$r_n = (1+\eta)2\left(\frac{1}{d}\right)^{\frac{1}{d}}\left[\frac{\mu(X_{\text{free}})}{\zeta_d}\right]^{\frac{1}{d}}\left(\frac{\lg n}{n}\right)^{\frac{1}{d}} \tag{3-10}$$

式中，$\eta$ 为正常数；$d$ 为空间维数；$\mu(X_{\text{free}})$ 为无障碍空间的勒贝格测度（即体积或面积）；$\zeta_d$ 为在 $d$ 维欧几里得空间中单位球的体积。对于给定的规划问题，当样本数趋于无穷时，DS-FMT* 算法找到 $\sqrt{2}$ 倍最优解的概率为 1，即

$$\lim_{n\to\infty} P(c_n < \sqrt{2}c^*) = 1 \tag{3-11}$$

DS-FMT* 算法提出的基于方向选择的启发式函数与传统启发式函数 A* 结构类似，甚至在不提供方向信息的情况下等同于 A* 算法。根据 Likhachev 等人对启发式函数的论证，当 $H(x) \leqslant \omega H^*(x)$ 时，属于可允许的启发式函数，使得 DS-FMT* 算法得到的路径解存在界限，即是最优解的 $\omega$ 倍，其中 $H^*(x)$ 为当前样本到达目标位置的实际运动代价。DS-FMT* 算法将方向偏离成本 Or($x$) 与当前样本到目标位置的预估成本 $H(x)$ 相结合，二

者之和的最大值小于单个预估函数的 $\sqrt{2}$ 倍，表面算法找到路径的长度不大于最优路径的 $\sqrt{2}$ 倍。因此，DS-FMT* 算法具备接近渐近最优性。

3）计算复杂度。给定路径规划问题 $(X_{\text{free}}, x_{\text{init}}, \chi_{\text{goal}})$，DS-FMT* 算法的样本数为 $n$，则规划路径解的过程会占用计算时间 $O(n\lg n)$。

由于 DS-FMT* 算法建立在 FMT* 算法基础上，对代价函数的调用计算量为 $O(n\lg n)$，而冲突检测的计算量为 $O(n)$。对邻居点集合的计算过程也消耗了 $O(n\lg n)$ 的时间。DS-FMT* 算法通过样本代价筛选将 FMT* 算法递归过程的复杂度从 $O(n\lg n)$ 降为 $O(n)$。方向选择函数的构建过程所消耗的计算量为 $O(n)$。根据计算复杂度的大 $O$ 法则，DS-FMT* 算法的计算复杂度为 $O(n\lg n)$。

## 3.2.5 MATLAB 仿真实现

为了对比各个路径规划方法的性能，将 RRT、Informed-RRT*、DS-FMT* 算法在相同的地图中进行仿真对比，对所有规划算法均采用 MATLAB R2022b 在 Windows 11 环境下进行编程和仿真，且为了保证对比过程的公平，每个规划算法都采用相同的子函数（如邻居集合搜索、样本处理和冲突检测等）。

在仿真设置上，样本数量设定在 2000 ~ 25000 范围内。RRT* 算法和 Informed-RRT* 算法的初始扩展步长为 10m。每种算法的探测半径参数为 0.6，目标区域半径为 2m。DS-FMT* 算法的离散化参数为 25%。所有规划算法在每个地图上运行 20 次，最终数据以平均值表示。



图 3-7 所示为迷宫地图的路径规划结果，从图中可以看出，DS-FMT* 算法的探测区域集中在最优路径周围，其他算法在得到路径之前基本对整个地图进行了探测。路径长度分别为 889.9m（RRT 算法）、726.4m（Informed-RRT* 算法）、691.5m（DS-FMT* 算法），DS-FMT* 算法的收敛效果也优于其他先进的规划算法。

a) RRT算法　　b) Informed-RRT*算法　　c) DS-FMT*算法

图 3-7　迷宫地图的路径规划结果

图 3-8 所示为狭窄通道的路径规划结果，路径长度分别为 582.2m（RRT 算法）、505.7m（Informed-RRT* 算法）、501.5m（DS-FMT* 算法）。可以看出，三种路径规划算法均能规划出完整的路径，但是 RRT 算法规划出的路径不是最优的，Informed-RRT* 算法尽管可以规划出渐近最优路径，但是相比于 DS-FMT* 算法使用了很多不必要的采样点。

a) RRT算法　　b) Informed-RRT*算法　　c) DS-FMT*算法

图 3-8　狭窄通道的路径规划结果

## 3.3　基于搜索的路径规划

### 3.3.1　问题描述

多机器人的路径规划问题通常由一个图 $G=(V,E)$ 和一个由 $k$ 个机器人组成的集合 $\{a_1,\cdots,a_k\}$ 构成。图 $G$ 表示机器人的运行环境，可以是有向图（如火车线路图）或无向图（如栅格地图）。图中，$V$ 为顶点（Vertex），表示各个机器人可以到达并占据的顶点；$E$ 为边线（Edge），各个机器人可以从某个顶点通过边线前往另一个顶点。对于该路径规划问题，其解可以使用 $\pi=(p_1,\cdots,p_k)$ 表示，其中，$p_i(i=1,\cdots,k)$ 为第 $i$ 个机器人的路径，$\text{len}(p_i)$ 为路径 $p_i$ 的长度。

路径规划问题有其设定好的目标函数，并在搜索过程中不断优化该目标。通常情况下使用的目标函数有两种——最小化路径长度总和 SOC（Sum of Cost，代价总和）和最小化最大路径长度 Makespan，表达式分别为

$$\min \text{SOC}(\pi)=\min \sum_{i=1}^{k} \text{len}(p_i) \tag{3-12}$$

$$\min \text{Makespan}(\pi)=\min \max_{i=1}^{k}\{\text{len}(p_i)\} \tag{3-13}$$

本节需要对机器人的模型进行简化，对任意给定的地图作栅格化处理，并将其中的障碍物膨胀到合适的大小，便于后续的路径求解。机器人模型简化如图 3-9 所示，以差速小车为例，机器人能够通过两轮间不同的转速实现原地旋转、曲线行进和前进后退等功能。机器人以其机械中心为圆心，将安全半径 $R_{\text{safe}}$ 包括在内，得到简化的圆形机器人模型，该简化模型的半径为 $R(R\geqslant R_{\text{safe}})$。栅格一般为尺寸相同的正方形，其大小一般由机器人模型的半径 $R$ 决定，通常情况下，单个栅格的边长 $d$ 大于或等于单个机器人的直径 $2R$ 的 $\sqrt{2}$ 倍，即 $d\geqslant 2\sqrt{2}R$。地图栅格化处理过程如图 3-10 所示。首先将任意给定的地图使用相同大小的栅格分割，若栅格内存在障碍物，则膨胀到当前栅格的所在区域，最后得到应用于路径规划的地图。图中，每个空白的格子就是机器人可以到达的顶点，深色的格子为障碍物。经过处理后的地图可以转化为对应尺寸的等价矩阵，0 表示空格，1 表示障碍物。

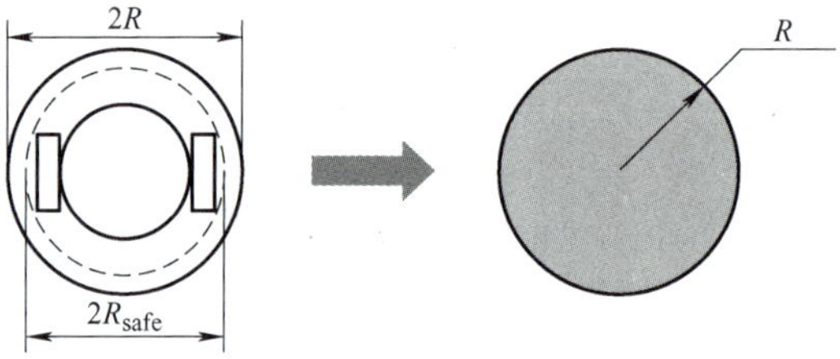


图 3-9　机器人模型简化

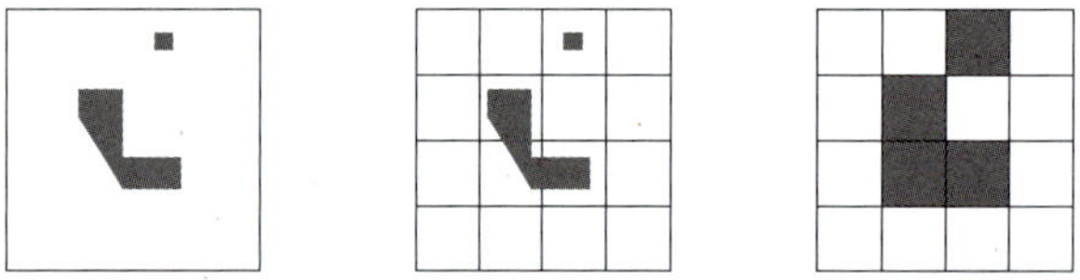

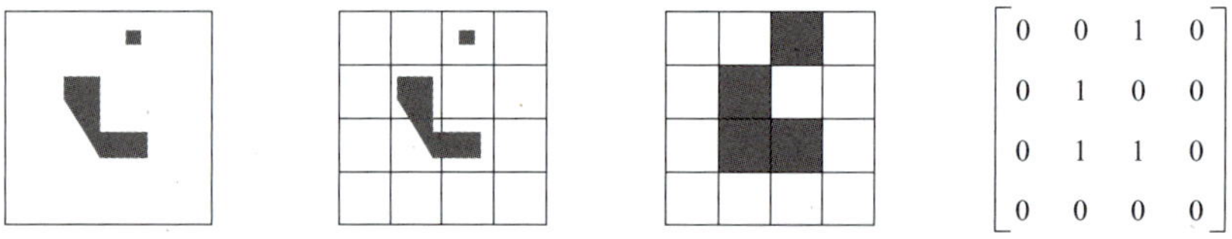

$$\begin{bmatrix} 0 & 0 & 1 & 0 \\ 0 & 1 & 0 & 0 \\ 0 & 1 & 1 & 0 \\ 0 & 0 & 0 & 0 \end{bmatrix}$$

a) 未栅格化的地图　b) 栅格化后的地图　c) 障碍物膨胀后的地图　d) 等价矩阵

图 3-10　地图栅格化处理过程

机器人的移动方式或搜索方向一般限制为“十”字形或“米”字形，如图 3-11 所示。“十”字形 4 连通区域，机器人只能向当前所在单元格 4 个边的相邻单元格移动。“米”字形 8 连通区域，机器人除了“十”字形外，还可以向对角线的 4 个相邻单元格移动。当机器人向相邻的空格子移动时，其所耗费的代价为 1；当机器人向对角线上的空格子移动时，其所耗费的代价为 $\sqrt{2}$；机器人不可以向障碍物移动，或当机器人向障碍物移动时，其代价为无穷。



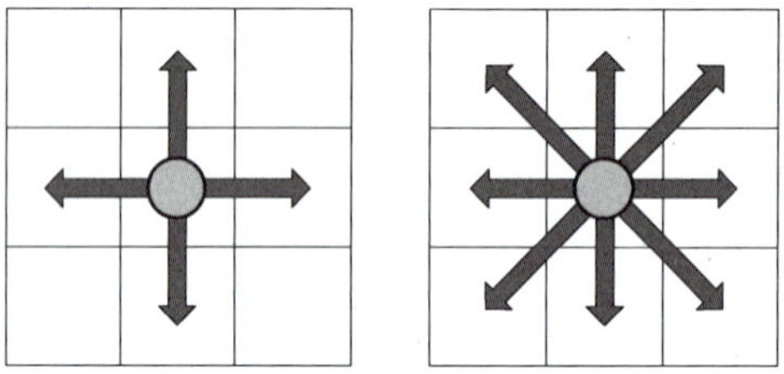

a)“十”字形　b)“米”字形

图 3-11　机器人的移动方式或搜索方向

在本节中，栅格地图默认使用图 3-12 中的 $XOY$ 坐标系。路径规划问题中的每个机器人 $a_i$ $(i=1,\cdots,k)$ 都是同质的。每个机器人都有各自独一无二的起点 $s_i(s_i \in V)$ 和终点 $g_i(g_i \in V)$，机器人移动示例如图 3-12 所示，黄色圆表示机器人，绿色圆表示起点，红色圆表示终点，下标为机器人的序号。机器人 $a_1$ 自 $s_1$ 向 $g_1$ 移动，机器人 $a_2$ 自 $s_2$ 向 $g_2$ 移动。

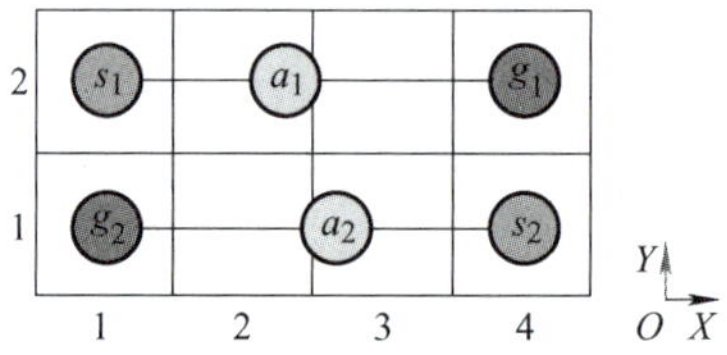


图 3-12　机器人移动示例

不同机器人之间一般定义有两类冲突方式，如图 3-13 所示。图 3-13a 为第一类冲突，图 3-13b 为第二类冲突。第一类冲突为相遇碰撞，即两个机器人在同一时刻达到同一个位置；第二类冲突为交换碰撞，即两个机器人在相邻时刻交换了位置。

a) 第一类冲突　　b) 第二类冲突

图 3-13　两类冲突方式

每个机器人的每次移动只能从一个栅格的中心开始，移动到另一个栅格的中心。假设每个机器人都能够瞬间完成转向、加速和减速动作，在运动过程中，以一个恒定的速度 $v$ 移动，那么对于每个机器人，其只存在两个状态：停止于某一个节点或以恒定的速度 $v$ 自某个顶点向另一个顶点运动。因此，对于图 3-12 中的路径规划问题，假设两个机器人同时开始运动，以恒定速度 $v=1$ 运动，其具有唯一最优解，该解为

$$\begin{cases}\pi=(p_1,p_2)\\ p_1=\{(1,2,0),(4,2,3)\}\\ p_2=\{(4,1,0),(1,4,3)\}\end{cases} \tag{3-14}$$

以 $p_1=\{(1,2,0),(4,2,3)\}$ 为例，在 $t=0$ 时刻，机器人 $a_1$ 位于点 $(1,2)$；在 $t=3$ 时刻，机器人位于点 $(4,2)$。对于该路径集合 $\pi$，其 $\mathrm{SOC}(\pi)=6$， $\mathrm{Makespan}(\pi)=3$。



### 3.3.2　基于 A* 算法的单机器人路径规划

A* 算法是一种应用广泛的针对单个机器人的启发式搜索路径规划算法。A* 算法的核心在于利用已知的全局信息和所设计的代价估计函数，规划出一条从起点到终点的具有最小移动代价的路径。在搜索过程中，A* 算法利用四个参数 $p(n)$、$g(n)$、$h(n)$、$f(n)$ 评估每一个到访过的点 $n$。其中，$p(n)$ 为节点 $n$ 的父节点信息；$g(n)$ 为从起点到当前节点 $n$ 所花费的最少代价，对于起点而言，$p(s)=s$， $g(s)=0$；$h(n)$ 为从当前节点 $n$ 到终点的启发项（预估代价）；$f(n)$ 为当前节点 $n$ 的总评估值。

A* 算法具有如下性质：当路径规划问题有解时，返回出一条最短路径，否则返回无解。

$h(n)$ 的计算方法通常有如下两种。

1）曼哈顿距离（Manhattan Distance）：计算了标准坐标系内两点之间横坐标差值的绝对值和纵坐标差值的绝对值之和。当两点重合时，曼哈顿距离为 0。设平面中起始点的坐标为 $(x_1,y_1)$，若前节点的坐标为 $(x_2,y_2)$，则起点到当前节点的曼哈顿距离 $D_{\mathrm{m}}$ 为

$$D_{\mathrm{m}}[(x_1,y_1),(x_2,y_2)]=|x_1-x_2|+|y_1-y_2| \tag{3-15}$$

2）欧几里得距离：又称欧氏距离，表示 $n$ 维空间内两个点之间的直线距离。设二维平面内有两点 $(x_1,y_1)$ 和 $(x_2,y_2)$，则两点之间的欧几里得距离 $D_{\mathrm{e}}$ 为

$$D_e[(x_1,y_1),(x_2,y_2)]=\sqrt{(x_1-x_2)^2+(y_1-y_2)^2} \tag{3-16}$$

每个节点 $n$ 的总评估值为其从起点到当前节点所花费的最少代价与从当前节点到终点的预估代价之和，即

$$f(n)=g(n)+h(n) \tag{3-17}$$

A* 算法主要通过维护开放列表 OpenList 和关闭列表 CloseList 两个列表内的节点来选取最优路径。其中，OpenList 存着未扩展的节点，已扩展的节点被存入 CloseList 中。选取 OpenList 中的具有最小 $f(n)$ 的节点进行扩展，通过程序迭代，得到路径解或返回无解。

A* 算法的搜索流程如图 3-14 所示。

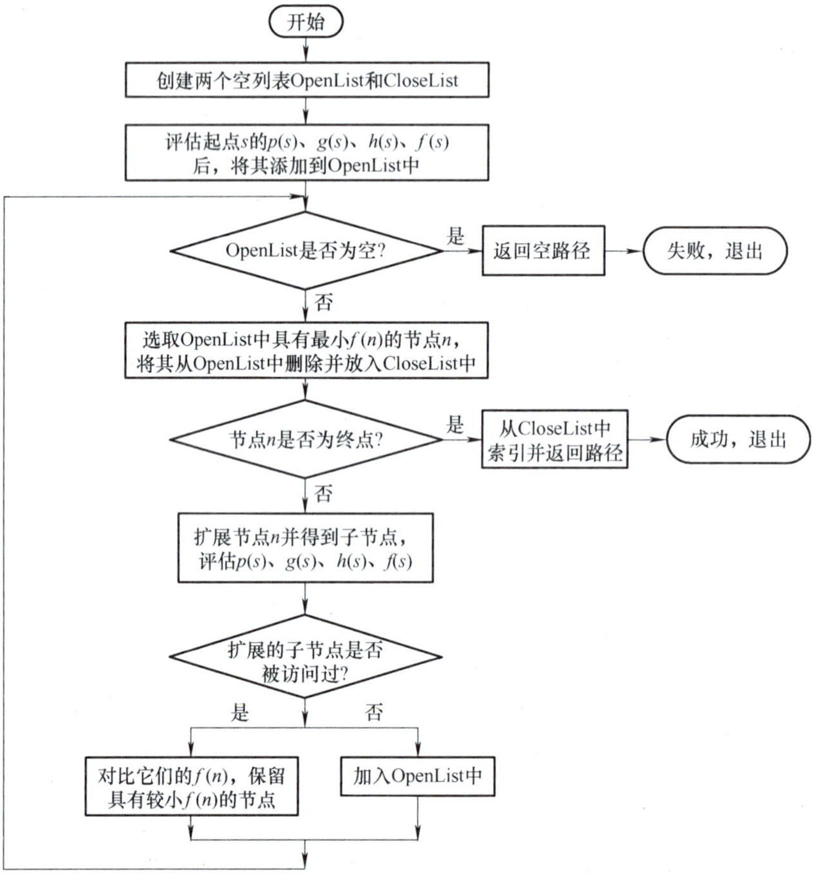


图 3-14　A* 算法的搜索流程

A* 算法的搜索流程描述如下。

1）向程序中输入起点 $s$ 与终点 $g$，并创建两个空列表 OpenList 和 CloseList。

2）评估起点 $s$ 的 $p(s)$、$g(s)$、$h(s)$、$f(s)$ 后，将其添加到 OpenList 中。

3）进入主循环。判断 OpenList 是否为空，若为空，则返回空路径，退出程序；若不为空，则从 OpenList 中选取具有最小 $f(n)$ 的节点 $n$，将其从 OpenList 中删除，并放入

CloseList 中。

4）判断选出的节点 $n$ 是否为终点，若是，则从 CloseList 中索引并返回路径，退出循环；若不是，则对节点 $n$ 进行扩展。

5）根据扩展的类型，节点 $n$ 周围的 4 连通或 8 连通区域的子节点被获取，轮流评估它们的 $p(n)$、$g(n)$、$h(n)$、$f(n)$。对于某个扩展子节点 $n'$，其 $p(n')=n$；$g(n')=g(n)+1$；$h(n')$ 为 $n'$ 与终点 $g$ 的欧几里得距离或曼哈顿距离，若该子节点为障碍物，则 $h(n')=\infty$；$f(n')=g(n')+h(n')$。

6）依次判断每个子节点是否被访问过，即是否已存在于 OpenList 或 CloseList 中。若已经存在，则对比它们的 $f(n)$，并保留具有较小 $f(n)$ 的节点；若不存在，则加入 OpenList 中。

7）回到第 3）步，继续主循环，直到 OpenList 为空或搜索到终点而退出循环。

第 4）步中从 CloseList 中索引并返回路径的具体操作如下：由于每个搜索的节点都具有父节点信息 $p(n)$，因此从终点开始，通过不断搜索子节点的父节点，最终会搜索到起点。由此，便可得到搜索的路径。

算例 1：假设有一个机器人处于一个 $3\times2$ 的地图内，其起点为 (1,1)，终点为 (3,2)，有两个障碍物 (1,2) 和 (2,2)，地图矩阵见式（3-18），栅格地图如图 3-15 所示。对该路径规划问题使用 A* 算法搜索，搜索方向为“十”字形 4 连通区域，$h(n)$ 使用曼哈顿距离计算，优化目标为最小 SOC。

$$\begin{bmatrix}1 & 1 & 0\\0 & 0 & 0\end{bmatrix} \tag{3-18}$$



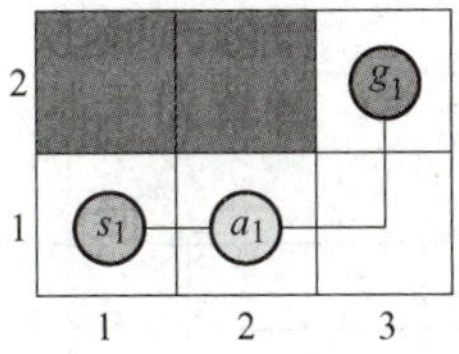


图 3-15　算例 1 的栅格地图

根据 A* 算法的搜索流程，创建两个空列表 OpenList 和 CloseList。机器人从 (1,1) 开始运动，评估起点 $s=(1,1)$ 的 $p(s)$、$g(s)$、$h(s)$、$f(s)$，并添加到 OpenList 中。程序循环时两个列表内的情况见表 3-1。

1）进入循环 1，此时为循环 1–A，当前 OpenList 仅包含起点 $s$，CloseList 为空。从 OpenList 中选取具有最小 $f(n)$ 的点进行扩展，将其从 OpenList 中删除，并加入 CloseList 中，此时为循环 1–B。将 $s=(1,1)$ 进行扩展，得到点 (1,2) 与 (2,1)，评估它们的 $p(n)$、$g(n)$、$h(n)$、$f(n)$ 后，加入 OpenList 中。

2）进入循环 2，此时为循环 2–A，由于点 (1,2) 为障碍物，因此其 $h(n)=\infty$，将会从 OpenList 中移除。从 OpenList 中选取具有最小 $f(n)$ 的点进行扩展，即 (2,1)。将 (2,1) 从 OpenList 中移除，并加入 CloseList 中，此时为循环 2–B。扩展点 (2,1) 将得到点 (1,1)、

(2,2) 与 (3,1)，评估它们的 $p(n)$、$g(n)$、$h(n)$、$f(n)$ 后，加入 OpenList 中。

3）进入循环 3，此时为循环 3-A，点 (1,1) 在 CloseList 中已存在，当前点已被访问过，保留具有最小 $f(n)$ 的扩展信息，将点 (1,1) 从 OpenList 中移除；点 (2,2) 为障碍物，将会从 OpenList 中移除。因此，从 OpenList 中选取具有最小 $f(n)$ 的点进行扩展，即 (3,1)。将 (3,1) 从 OpenList 中移除，并加入 CloseList 中，此时为循环 3-B。扩展点 (3,1) 将得到点 (2,1) 与 (3,2)，评估它们的 $p(n)$、$g(n)$、$h(n)$、$f(n)$ 后，加入 OpenList 中。

4）进入循环 4，此时为循环 4-A，点 (2,1) 在 CloseList 中已存在，当前点已被访问过，保留具有最小 $f(n)$ 的扩展信息，将点 (2,1) 从 OpenList 中移除。从 OpenList 中选取具有最小 $f(n)$ 的点进行扩展，即 (3,2)。将 (3,2) 从 OpenList 中移除，并加入 CloseList 中，此时为循环 4-B。此时进入判断环节，当前被扩展点 (3,2) 为终点，因此退出循环，进入路径索引环节。

5）根据当前所在循环 4-B 的 CloseList，从终点开始不断寻找父节点，直至找到起点为止。由此，可以得到路径 $p_1 = \{(1,1,0),(2,1,1),(3,1,2),(3,2,3)\}$，$\mathrm{SOC}=3$。

该路径解如图 3-15 所示。

表 3-1　程序循环时两个列表内的情况

| | OpenList | | | | | | CloseList | | | | | |
|---|---|---|---|---|---|---|---|---|---|---|---|---|
| 循环次数 | 序号 | 坐标 | $p$ | $g$ | $h$ | $f$ | 序号 | 坐标 | $p$ | $g$ | $h$ | $f$ |
| 1-A | 1 | (1，1) | (1，1) | 0 | 3 | 3 | 空 | | | | | |
| 1-B | 空 | | | | | | 1 | (1，1) | (1，1) | 0 | 3 | 3 |
| 2-A | 1 | (2，1) | (1，1) | 1 | 2 | 3 | 1 | (1，1) | (1，1) | 0 | 3 | 3 |
| | 2 | (1，2) | (1，1) | 1 | ∞ | ∞ | | | | | | |
| 2-B | 空 | | | | | | 1 | (1，1) | (1，1) | 0 | 3 | 3 |
| | | | | | | | 2 | (2，1) | (1，1) | 1 | 2 | 3 |
| 3-A | ~~1~~ | ~~(1，1)~~ | ~~(2，1)~~ | ~~2~~ | ~~3~~ | ~~5~~ | 1 | (1，1) | (1，1) | 0 | 3 | 3 |
| | 2 | (3，1) | (2，1) | 2 | 1 | 3 | 2 | (2，1) | (1，1) | 1 | 2 | 3 |
| | 3 | (2，2) | (2，1) | 2 | ∞ | ∞ | | | | | | |
| 3-B | 空 | | | | | | 1 | (1，1) | (1，1) | 0 | 3 | 3 |
| | | | | | | | 2 | (2，1) | (1，1) | 1 | 2 | 3 |
| | | | | | | | 3 | (3，1) | (2，1) | 2 | 1 | 3 |
| 4-A | ~~1~~ | ~~(2，1)~~ | ~~(3，1)~~ | ~~3~~ | ~~2~~ | ~~5~~ | 1 | (1，1) | (1，1) | 0 | 3 | 3 |
| | | | | | | | 2 | (2，1) | (1，1) | 1 | 2 | 3 |
| | 2 | (3，2) | (3，1) | 3 | 0 | 3 | 3 | (3，1) | (2，1) | 2 | 1 | 3 |
| 4-B | 空 | | | | | | 1 | (1，1) | (1，1) | 0 | 3 | 3 |
| | | | | | | | 2 | (2，1) | (1，1) | 1 | 2 | 3 |
| | | | | | | | 3 | (3，1) | (2，1) | 2 | 1 | 3 |
| | | | | | | | 4 | (3，2) | (3，1) | 3 | 0 | 3 |

### 3.3.3　基于 $\theta*$ 算法的单机器人路径规划

$\theta*$ 算法是一种由 A* 算法改良的针对单个机器人的启发式搜索路径规划算法。$\theta*$ 算法与 A* 算法搜索得到的路径对比如图 3-16 所示，虚线为 A* 算法搜索得到的路径，实线为 $\theta*$ 算法搜索得到的路径。由图 3-16 可以看出，$\theta*$ 算法搜索的路径具有如下特点：规划路径虽然沿着网格扩展，但脱离的 4 连通或 8 连通区域的限制，规划出了“斜线”；规划路径转折处的起点和终点仍然位于栅格的中心。

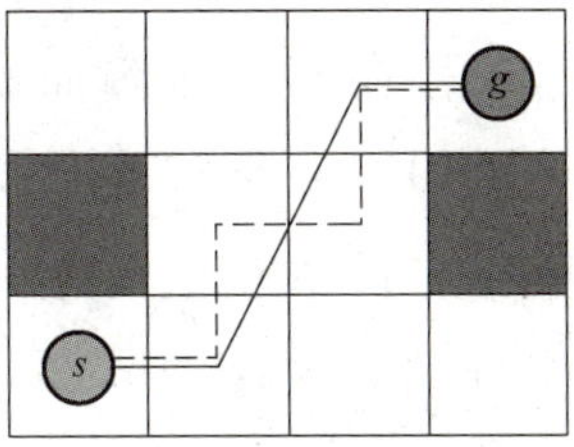


图 3-16　路径对比

$\theta*$ 算法具有如下性质：当路径规划问题有解时，保证返回一条路径，但所求解路径的长度可能大于或等于真实的最短路径长度。与 A* 算法类似，$\theta*$ 算法的搜索过程中同样有两个列表 OpenList 和 CloseList，且对每个搜索的节点都评估 $p(n)$、$g(n)$、$h(n)$、$f(n)$ 四个参数。$\theta*$ 算法对每个搜索到的节点 $n$ 都采用欧几里得距离评估其 $h(n)$，即采用式（3-16）计算节点 $n$ 到终点 $g$ 的启发距离。

$\theta*$ 算法相对于 A* 算法最大的改良之处在于：$\theta*$ 算法根据当前搜索节点 $n$ 是否具有其父节点的父节点的视野 [ 即 $p(p(n))$ ] 而动态更新 $p(n)$ 的值，进而确定是否要更新 $g(n)$、$f(n)$ 的值，从而搜索得到脱离 4 连通或 8 连通限制的更短路径。$A$、$B$ 两点之间是否具有对方的视野 $\mathrm{LoS}[A,B]$，需要考虑到机器人的半径以及障碍物的分布情况。以图 3-17 为例，当 $r=0.4, d=1$ 时，由机器人半径及其路径可以推出：图中阴影部分的区域为该机器人从点 (1,1) 前往点 (5,3) 需要经过的栅格。如果这些栅格中存在障碍物，那么点 (1,1) 与点 (5,3) 之间不具有相互的视野，即该路径无效，$\mathrm{LoS}[(1,1),(5,3)]=\text{false}$，否则 $\mathrm{LoS}[(1,1),(5,3)]=\text{true}$。

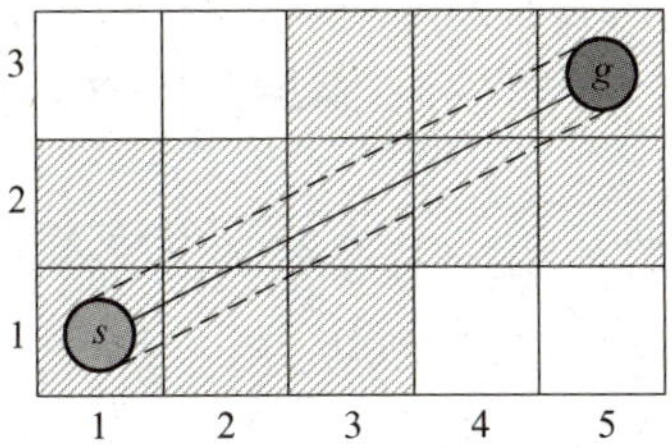


图 3-17　机器人从点(1,1)到点(5,3)所经过的栅格

若在搜索过程中发现新的节点 $n$ 具有 $p(p(n))$ 的视野，即 $\mathrm{LoS}[n,p(p(n))]=\text{true}$，则节点 $n$ 将更新其父节点为 $p(p(n))$，$g(n)=g(p(p(n)))+D_e[n,p(p(n))]$；若 $\mathrm{LoS}[n,p(p(n))]=\text{false}$，则父节点不改变，$g(n)=g(p(n))+1$，再计算相应的 $h(n)$、$f(n)$。

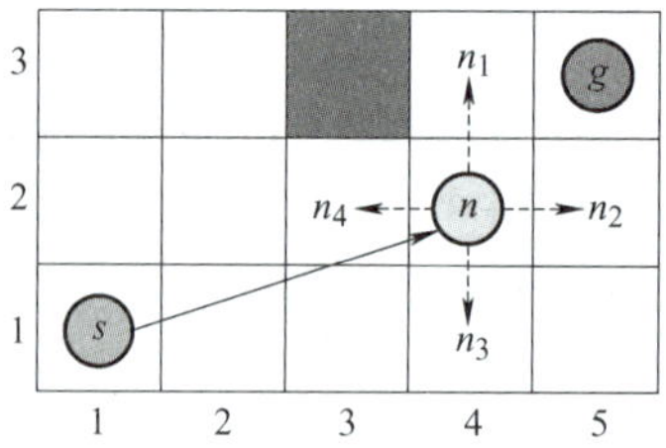


图 3-18　扩展节点$n$

以图 3-18 为例，该栅格地图中存在有一个障碍物 (3,3)，机器人的起点为 (1,1)，终点为 (5,3)。当前已搜索到点 $n=(4,2)$，并将对其进行扩展。需要注意的是，$p(n)=s$，$g(n)=\sqrt{10}$。经过“十”字形扩展得到 $n_1$、$n_2$、$n_3$、$n_4$ 四个子节点，此时它们的父节点都为 $n$，即 $p(n_i)=n(i=1,\cdots,4)$。需要分别对这些子节点与它们的父节点的父节点进行视野检查，即确认 $\mathrm{LoS}[n_i,p(p(n_i))]$ 的值。因为 $p(n_i)=n$ 且 $p(n)=s$，所以 $\mathrm{LoS}[n_i,p(p(n_i))]=\mathrm{LoS}[n_i,s]$。显然，根据 $\mathrm{LoS}[A,B]$ 的定义可知，$n_1$ 不具有其父节点的父节点的视野，即 $\mathrm{LoS}[n_1,s]=\text{false}$，而 $n_2$、$n_3$、$n_4$ 都具有视野。因此，保持 $n_1$ 的父节点不变，为 $n$，同时更新 $n_2$、$n_3$、$n_4$ 的父节点为 $s$，即 $p(n_k)=s(k=2,3,4)$。由 $p(n)$ 分别确定它们的 $g(n)$，由于 $p(n_1)=n$，所以 $g(n_1)=g(n)+1$，而 $p(n_k)=s$，$g(n_k)=g(s)+D_e[s,n_k]$。这意味着从起点 $s$ 开始，到达 $n_2$、$n_3$、$n_4$ 的最佳路径是直接从 $s$ 出发向 $n_2$、$n_3$、$n_4$ 行动；而到达 $n_1$ 的最佳路径是从 $s$ 出发向 $n$ 运动，然后转向前往 $n_1$。



$\theta$* 算法的搜索流程如图 3-19 所示。

### 3.3.4　基于 CBS 算法的多机器人路径规划

CBS 算法是一种针对多个机器人的无冲突最优路径规划算法。CBS 算法具有双层结构，其上层在一个二叉约束树上采用了广度优先搜索（Breadth First Search，BFS）策略，对所有上层节点进行筛选；下层可以采用任意一种合适的单机器人路径规划算法，如 A* 算法。在上层算法中，每一个上层节点都包含着一个路径集合 $\pi$、一个约束集合 Cons，以及使用目标函数对该节点的评估值，如 SOC。在求解过程中，与 A* 算法类似，首先需要为 CBS 算法创建一个原始节点来求解问题。CBS 算法的核心在于通过在上层算法中发现并创建约束来使得下层算法规划出的路径满足上层的需求，进而求出无冲突的路径规划解集。

机器人之间进行冲突检测的是第一类冲突（相遇碰撞）和第二类冲突（交换碰撞）。假设有两个机器人 $i$、$j$，它们的路径分别为 $p_i$、$p_j$，$\text{Makespan}=T$，若存在时刻 $t_0\in T$，机器人 $i$ 位于 $(x_1,y_1)$，机器人 $j$ 同样位于 $(x_1,y_1)$，即当式（3-19）满足时，机器人之间发生第一类冲突：

$$\begin{cases}(x_1,y_1,t_0)\in p_i\\(x_1,y_1,t_0)\in p_j\end{cases},\exists t_0\in T \tag{3-19}$$

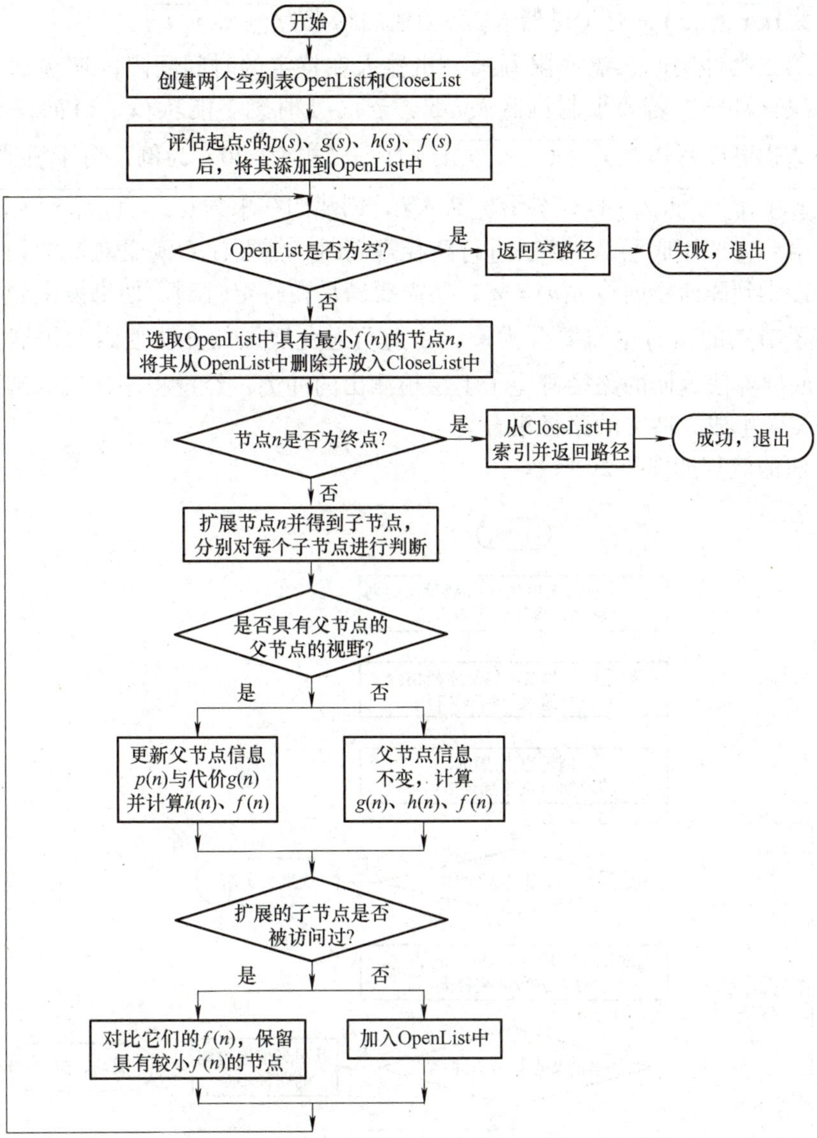


图 3-19 θ*算法的搜索流程

若存在时刻 $t_0 \in T$，机器人 $i$ 位于 $(x_1,y_1)$，机器人 $j$ 位于 $(x_2,y_2)$，且在 $t_0$ 的下一时刻 $t_0+1$（$t_0+1 \in T$）机器人 $i$ 位于 $(x_2,y_2)$，机器人 $j$ 位于 $(x_1,y_1)$，即当式（3-20）满足时，机器人之间发生第二类冲突。

$$\begin{cases}(x_1,y_1,t_0),(x_2,y_2,t_0+1) \in p_i \\ (x_2,y_2,t_0),(x_1,y_1,t_0+1) \in p_j\end{cases},\exists t_0,t_0+1 \in T \tag{3-20}$$

根据机器人间发生的冲突类型，可以创建对应的约束。当发生第一类冲突时，只需要限制某一机器人避开冲突的位置，即可解决该冲突。若要限制机器人 $i$ 在时刻 $t_c$ 不能到达位置 $(x_c,y_c)$，则该约束的表达式可以写作 $\overline{(i,x_c,y_c,t_c)}$。以式（3-19）为例，对于机器人 $i$，

创建的约束为 $\overline{(i,x_1,y_1,t_0)}$；对于机器人 $j$，创建的约束为 $\overline{(j,x_1,y_1,t_0)}$。

当发生第二类冲突时，需要限制某一机器人在特定的时间间隔内避免通过相同的通道，即可解决该冲突。若要限制机器人 $i$ 在 $t_c$ 至 $t_c+1$ 时刻不能从 $(x_c,y_c)$ 前往 $(x_d,y_d)$，则该约束的表达式可以写作 $\overline{(i,x_c,y_c,t_c,x_d,y_d,t_c+1)}$。以式（3-20）为例，对于机器人 $i$，创建的约束为 $\overline{(i,x_1,y_1,t_0,x_2,y_2,t_0+1)}$；对于机器人 $j$，创建的约束为 $\overline{(j,x_2,y_2,t_0,x_1,y_1,t_0+1)}$。

创建约束后，调用底层 A* 算法进行路径规划时，需要注意满足对应的约束项。除了限制机器人搜索到障碍物时令 $h(n)=\infty$，还需要满足在特定时刻，如果搜索到特定的约束点，那么该子节点的 $h(n)$ 也需要置为 $\infty$，由此可避免底层的算法搜索后扩展该节点。从上层来看，底层算法返回的路径避免了上层检测出的冲突，经过程序迭代，解决了所有的顶层路径冲突，生成无冲突的路径集合。

CBS 算法的流程如图 3-20 所示。

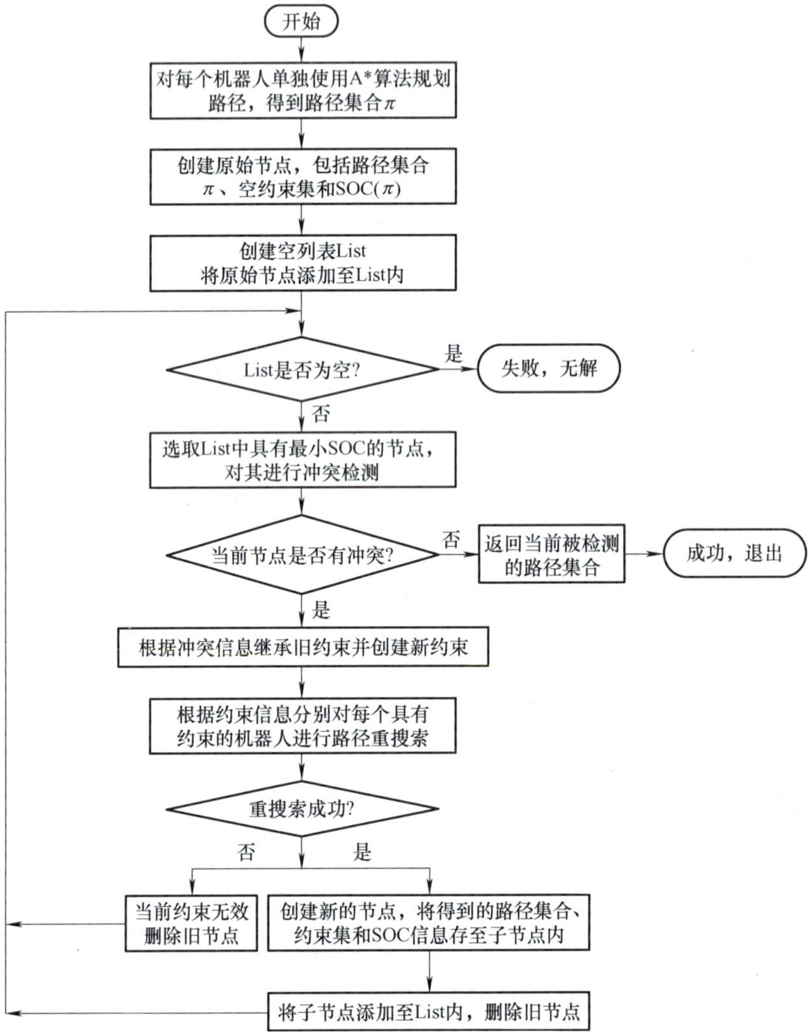


图 3-20　CBS 算法的流程

CBS 算法的流程描述如下。

1）对每个机器人单独使用 A* 算法规划路径，忽视与其他机器人的冲突，在只包含障碍物信息的静态栅格地图中得到每个机器人各自的路径，进而得到一个路径集合 $\pi$。

2）创建一个原始节点，将路径集合 $\pi$、$\text{Cons}=\varnothing$ 和 $\text{SOC}(\pi)$ 的信息添加至原始节点。

3）创建一个空列表 List，将原始节点添加至 List 内。

4）进入循环。判断列表 List 是否为空集，若是，则该多机器人路径规划问题无解；否则，选择出具有最小 SOC 的节点进行冲突检测。

5）冲突检测。按照时间顺序，依次检测所有机器人是否两两之间存在冲突：若没有存在冲突，则退出循环，返回当前被检测的路径集合，该路径集合即为有效解；若存在冲突，则检测出产生冲突的两个机器人，记录产生冲突的时间与位置信息，并将父节点所存储的约束信息保留，由此生成两个新的约束。

6）根据所生成的两个约束，分别为每个机器人单独使用 A* 算法对路径进行重搜索。

7）若路径重搜索失败，则说明当前约束无效，并不能创建新的路径集，因此该约束被舍弃，返回第 4）步；若重搜索成功，则能够得到新的路径集合，计算新的路径集合的 SOC，将路径集合、约束集和 SOC 信息添加至新的子节点中。

8）将新的子节点添加至 List 内，删除旧节点，返回第 4）步。

算例 2：假设有两个机器人处于一个 $3\times 2$ 的地图内，机器人 1 的起点为 $(2,2)$，终点为 $(3,1)$，机器人 2 的起点为 $(1,1)$，终点为 $(2,1)$，有障碍物 $(1,2)$ 和 $(3,2)$，地图矩阵可用式（3-21）表示，栅格地图如图 3-21 所示。对该路径规划问题使用 CBS 算法，底层使用 A* 算法，A* 算法内搜索方向为“十”字形 4 连通区域，$h(n)$ 使用曼哈顿距离计算，优化目标为最小 SOC。



$$\begin{bmatrix} 1 & 0 & 1 \\ 0 & 0 & 0 \end{bmatrix} \tag{3-21}$$

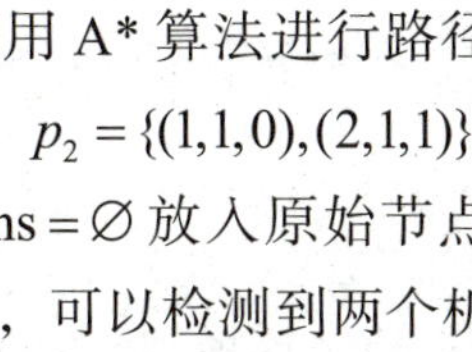

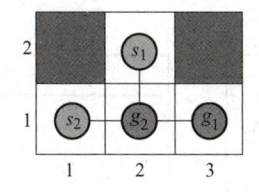


图 3-21 算例 2 的栅格地图

首先分别对两个机器人单独调用 A* 算法进行路径规划，得到路径集合 $\pi_1=(p_1,p_2)$，其中，$p_1=\{(2,2,0),(2,1,1),(3,1,2)\}$，$p_2=\{(1,1,0),(2,1,1)\}$，$\text{SOC}=3$。创建空列表 List，将 SOC、路径集合 $\pi_1=(p_1,p_2)$、$\text{Cons}=\varnothing$ 放入原始节点。从 List 中选择具有最小 SOC 的节点进行冲突检测。根据时间顺序，可以检测到两个机器人在 $t=1$ 时刻同时到达点 $(2,1)$，发生了第一类冲突。由此冲突可以创建出两个新的约束，对于机器人 1 而言，其对应的约束为 $\overline{(1,2,1,1)}$，类似的，机器人 2 的约束为 $\overline{(2,2,1,1)}$。由于机器人 1 有对应的约束，因此对该机器人进行路径重搜索，且需要满足约束 $\overline{(1,2,1,1)}$，即在 $t=1$ 时刻避免通过点 $(2,1)$，通过 A* 算法搜索，得到该情况下的最优路径，$p_1=\{(2,2,0),(2,2,1),(2,1,2),(3,1,3)\}$，路径 $p_2$ 保持不变，得到 $\pi_2$。计算相应的 SOC，并记录约束，得到新的子节点。同理，机器人 2 在满足对应约束的情况下，重搜索得到的路径为 $p_2=\{(1,1,0),(1,1,1),(2,1,2)\}$，路径 $p_1$ 保持不变，得到 $\pi_3$，对应得到了另一个新的子节点。删除旧的原始节点，从 List 中选择具有最小 SOC 的节点进行冲突检测。选择对 $\pi_2$ 进行冲突检测，可以检测到两个机器人在 $t=2$ 时刻同时到达了点 (2,1)，发生了第一类冲突。由此冲突可以创建出 $\overline{(1,2,1,2)}$ 和 $\overline{(2,2,1,2)}$ 两个新的约束。经过同样的搜索可以得到两个新的节点，其对应的路径分别为 $\pi_4$ 和 $\pi_5$。再次从 List 中选择具有最小 SOC 的节点进行冲突检测。选择对 $\pi_3$ 进行冲突检测，该路径集合通过了冲突检测，未发生冲突，即可退出循环，返回当前路径集合 $\pi_3$，作为当前多机器人路径规划问题的解。CBS 算法的节点扩展情况如图 3-22 所示。

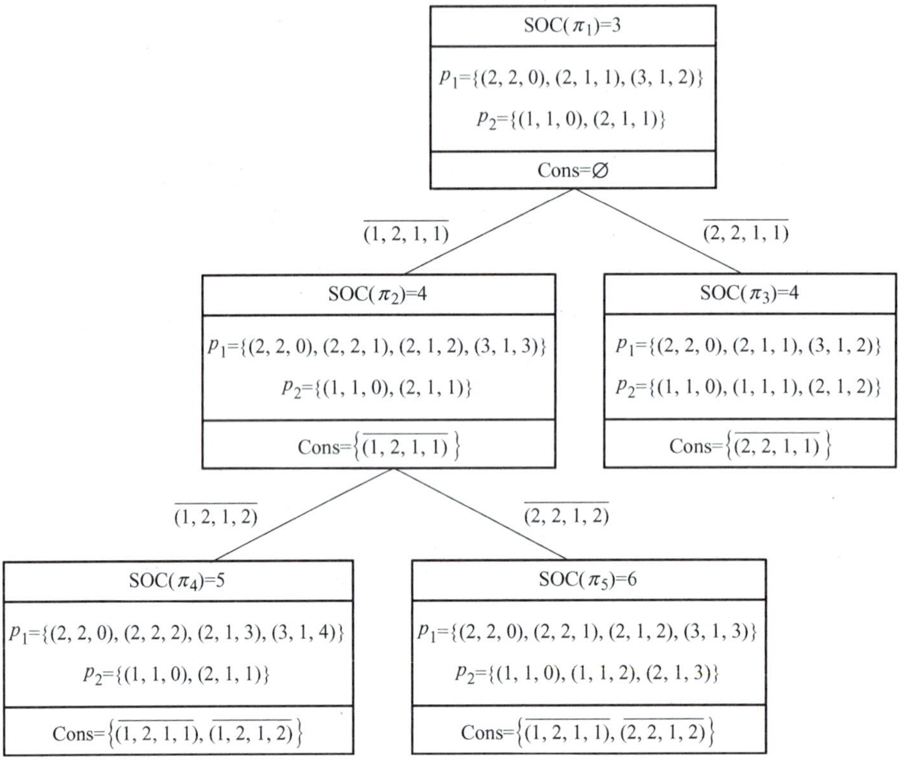


图 3-22　CBS 算法的节点扩展情况

## 3.3.5　MATLAB 仿真实现

**例 3-1**　假设现有一个 $4\times3$ 大小的栅格地图，(1,1)、(2,1)、(2,2)、(3,2) 为障碍物，可通行区域是平坦的，代价相同。地图中存在一个机器人，其起点为 (3,1)，终点为 (1,3)。请使用 A* 算法在 MATLAB 中求解出该机器人从起点到终点的最短路径。详细程序代码如下。

```
clear; clc; % 清除工作空间
Start = [3, 1]; Target = [1, 3]; % 设置起点和终点坐标，第一位为 x，第二位为 y
Map = [1, 0, 0, 0;
       1, 1, 1, 0;
       0, 0, 0, 0]'; % 地图矩阵，尺寸为 4×3，注意左上角点为（1, 1），需转置
path = Astar_pathfinder（Start, Target, Map）; % A* 搜索函数
%% 函数集
function path = Astar_pathfinder（Start, Target, Map）% A* 搜索函数
  OpenList = []; CloseList = []; % 创建两个空列表
  g0 = 0; h0 = disM（Start, Target）; f0 = g0 + h0; % 评估 g、h、f 的值
  n0 = [Start, g0, h0, f0, Start]; % 创建原始节点
  OpenList = [OpenList; n0]; % 将原始节点添加进 OpenList 中
  flag = isempty（OpenList）; % 判断 OpenList 是否为空集 1、空集 0 或不为空
  while（flag == 0）% 判断 OpenList 是否为空集的标志
    flag = isempty（OpenList）;
    if（flag == 1）% 如果 OpenList 为空
      path = []; % 返回空路径
      return; % 退出
    end
    [ ～, index] = min（OpenList（：, 5））; % 找到具有最小 f 的节点
    node_now = OpenList（index, ：）; % 选出具有最小 f 的节点
    CloseList = [CloseList; OpenList（index, ：）]; % 将被选择的节点加入 CloseList
    % 如果出现警告，可以忽略，不影响程序使用
    OpenList = [OpenList（1：index-1, ：）; OpenList（index+1：end, ：）]; % 从 OpenList
    中删除被选择的节点
    if（node_now（1：2） == Target）% 判断是否为终点
      break; % 退出循环，进入路径索引
    end
    childnode = expand（node_now（1：3）, Map, Target）; % 扩展当前节点，生成子节点
    childnode = repeat（childnode, OpenList）; % 判断子节点是否已存在于 OpenList 中
    childnode = repeat（childnode, CloseList）; % 判断子节点是否已存在于 CloseList 中
    OpenList = [OpenList; childnode]; % 处理后的子节点加入 OpenList
    % 如果出现警告，可以忽略，不影响程序使用
  end
  path = generatePath（CloseList, Start, Target）; % 路径索引并生成
end

function dis = disM（A, B）% 计算曼哈顿距离
  dis = abs（A（1）-B（1））+ abs（A（2）-B（2））;
end

function childnode = expand（node, Map, Target）% 扩展节点 node，生成子节点
  [Map_X, Map_Y] = size（Map）; % 获取地图尺寸
  xn = node（1）; yn = node（2）; gn = node（3）; % 获取被扩展点信息
  childnode = [xn+1, yn; % 扩展 4 连通区域
```

```
            xn, yn+1;
            xn-1, yn;
            xn, yn-1];
    for i = 4: -1: 1
        if ( childnode ( i, 1 ) >Map_X || childnode ( i, 1 ) <1 || childnode ( i, 2 ) >Map_Y || childnode
        ( i, 2 ) <1 ) % 是否超出边界
            childnode = [childnode ( 1: i-1, : ); childnode ( i+1: end, : ) ]; % 如果超出边界，则
            删除该节点
            continue;
        end
        g = gn + 1; % 计算 g 值
        if ( Map ( childnode ( i, 1 ), childnode ( i, 2 ) ) == 1 ) % 障碍物检查
            childnode = [childnode ( 1: i-1, : ); childnode ( i+1: end, : ) ]; % 如果为障碍物，则
            删除该节点
            continue;
        else
            h = disM ( [xn, yn], Target ); % 如果不为障碍物，h 采用曼哈顿距离计算
        end
        f = g + h; % 计算 f 值
        childnode ( i, 3: 7 ) = [g, h, f, xn, yn]; % 记录 g、h、f、p 的信息
    end
end

function childnode = repeat ( childnode, List ) % 判断子节点是否已存在于 List 中
    for j = 1: size ( List, 1 )
        for i = size ( childnode, 1 ): -1: 1
            if ( childnode ( i, 1: 2 ) == List ( j, 1: 2 ) )
                childnode = [childnode ( 1: i-1, : ); childnode ( i+1: end, : ) ]; % 删去已存在的
                节点
                break;
            end
        end
    end
end

function path = generatePath ( CloseList, Start, Target ) % 路径索引并生成
    path = Target;
    corr = CloseList ( end, end-1: end ); % 从终点的父节点开始寻找
    while ( ( corr ( 1 ) ~ = Start ( 1 ) ) || ( corr ( 2 ) ~ = Start ( 2 ) ) )
        for i = size ( CloseList, 1 ): -1: 1
            if ( CloseList ( i, 1: 2 ) == corr )
                path = [path; CloseList ( i, 1: 2 ) ];
                corr = CloseList ( i, end-1: end );
            end
        end
```

```
    end
    path = flip ( path );
end
```

以上内容为 A* 算法的简单实现版本。改变变量 Start 可以设置起点坐标，改变变量 Target 可以设置终点坐标，改变变量 Map 可以改变地图信息。程序返回的变量 path 为 A* 算法求解的路径。

## 3.4 轨迹生成与优化

### 3.4.1 轨迹生成

在移动机器人导航中，将路径转化为轨迹是一个关键步骤，这一过程不仅要考虑空间上的位置信息，还需要引入时间参数和动态特性。与机械臂中一样，轨迹规划问题可被分解为找到路径和定制路径上的时间律两个子问题。但是，如果移动机器人需要服从非完整约束，那么这两个子问题中的第一个就比在机械臂中更困难。事实上，此时除了必须满足边界条件（经过定点间的内插点和达到要求阶数的连续性）外，还要求在路径上所有点处满足非线性约束条件。

轨迹生成是指根据给定的起点、终点和路径上的约束条件，计算出一条使机器人从起点移动到终点的路径。常见的约束条件包括障碍物、最大速度、加速度限制及其他环境因素。轨迹生成的目标是找到一条可行的路径，使机器人能够安全、平稳地运动。

路径到轨迹的转换步骤如下。路径通常由一系列离散的点组成。为了生成平滑的轨迹，可以对路径进行插值，使用样条曲线、贝塞尔曲线或多项式插值方法，在路径点之间生成平滑的曲线。

多项式插值法是轨迹生成中一种常见且有效的方法，用于生成平滑的轨迹，使机器人能够从一个位置移动到另一个位置。多项式插值法在轨迹生成中的应用主要包括以下四个步骤：选择合适的多项式形式、确定插值点、求解多项式系数、生成轨迹。下面详细介绍多项式插值法的具体应用过程。

在轨迹生成中，常用的多项式插值包括：线性插值，使用一次多项式，但生成的轨迹在每个插值点处可能不连续，适用于简单情况；三次样条插值，使用三次多项式，每段曲线由四个系数组成，确保轨迹在插值点处的一阶导数和二阶导数连续；五次样条插值，使用五次多项式，每段曲线由六个系数组成，确保轨迹在插值点处的一阶导数、二阶导数和三阶导数连续，适用于需要更高平滑性的应用。

首先需要确定一组插值点，这些点通常包括机器人在不同时间点的位置和速度。假设有 $n$ 个插值点 $(t_i, p_i)$，其中 $t_i$ 是时间，$p_i$ 是位置。

多项式的阶数通常根据关键点的数量和要求的平滑度来确定。一般来说，如果有 $n$ 个关键点，使用 $n-1$ 阶的多项式就可以完全通过这些点。为了获得更平滑的轨迹，可以使用更高阶的多项式。

假设使用 $n-1$ 阶的多项式进行插值，插值多项式可以表示为

$$P(t)=a_0+a_1t+a_2t^2+\cdots+a_{n-1}t^{n-1} \tag{3-22}$$

根据关键点，可以建立一个线性方程组来求解多项式的系数。具体来说，对于每个关键点$(t_i,p_i)$，都有$P(t_i)=p_i$，这将产生如下$n$个方程：

$$\begin{cases} a_0+a_1t_0+a_2t_0^2+\cdots+a_{n-1}t_0^{n-1}=p_0 \\ a_0+a_1t_1+a_2t_1^2+\cdots+a_{n-1}t_1^{n-1}=p_1 \\ \cdots \\ a_0+a_1t_{n-1}+a_2t_{n-1}^2+\cdots+a_{n-1}t_{n-1}^{n-1}=p_{n-1} \end{cases} \tag{3-23}$$

插值点是机器人在轨迹上经过的一系列位置点。假设有一系列的路径点$(x_0,y_0)$，$(x_1,y_1)$，…，$(x_n,y_n)$，这些点可以从路径规划算法中得到。

使用线性代数的方法（如矩阵求解）求解方程组（3-23），得到多项式的系数$a_0$，$a_1$，…，$a_{n-1}$。通过得到的多项式系数，可以生成整个时间段内的轨迹。对于任意时间$t$，轨迹的位置$P(t)$可以通过多项式计算得到。为了确保轨迹平滑且符合实际应用中的物理约束（如速度和加速度限制），可以进一步优化轨迹。这通常涉及在插值过程中加入更多的约束条件，如速度和加速度的连续性。

使用B样条法（B-Spline Method）为移动机器人生成轨迹，通常是为了获得一条平滑且满足一定约束条件的路径。下面介绍以B样条法为例生成轨迹的过程。



（1）定义B样条曲线

B样条曲线由一组控制点（Control Points）和一组基函数（Basis Functions）定义。给定一个控制点序列$P_0$，$P_1$，…，$P_n$和一个阶数$K$的B样条曲线，曲线上的点$C(t)$可以通过如下公式计算：

$$C(t)=\sum_{i=0}^{n}B_{i,k}(t)P_i \tag{3-24}$$

式中，$B_{i,k}(t)$是第$i$个$k$阶B样条基函数，它定义在[0,1]区间上，$B_{i,k}(t)$可以通过如下Cox–de boor递归公式计算：

$$B_{i,0}(t)=\begin{cases} 1, & t_i \leqslant t < t_{i+1} \\ 0, & 其他 \end{cases} \tag{3-25}$$

$$B_{i,k}(t)=\frac{t-t_i}{t_{i+k}-t_i}B_{i,k-1}(t)+\frac{t_{i+k+1}-t}{t_{i+k+1}-t_{i+1}}B_{i+1,k-1}(t) \tag{3-26}$$

式中，$t_i$是节点序列中的第$i$个节点，它定义了B样条曲线的参数空间。节点序列的选择对B样条曲线的形状有重要影响。

（2）选择节点序列和控制点

1）节点序列：根据轨迹的复杂度和所需平滑度，选择适当的节点序列。节点序列通常包含更多的节点，以捕获轨迹的更多细节。

2）控制点：控制点是 B 样条曲线通过或接近的点。在轨迹生成中，控制点可能对应于路径上的关键点、目标点或避障点。

（3）计算 B 样条基函数

使用 Cox–de Boor 递归公式计算 B 样条基函数 $B_{i,k}(t)$。对每个 $t$ 值（在轨迹的参数范围内）计算所有相关的基函数数值。

（4）生成轨迹

1）离散化时间：将轨迹的时间范围离散化为一系列的时间点 $t_0$，$t_1$，…，$t_m$。

2）计算轨迹点：对于每个时间点 $t_j$，使用式（3-24）计算 B 样条曲线上的对应点 $C(t_j)$，得到轨迹的一系列离散点。

3）连接轨迹点：将计算得到的轨迹点按顺序连接，形成移动机器人的轨迹。

## 3.4.2　轨迹优化

轨迹优化是在生成初始轨迹的基础上，通过调整路径上的点或段，使轨迹满足某些优化目标。优化目标通常包括如下五个。

1）最小化路径长度：减少机器人从起点到终点的总行程。

2）最小化能耗：减少机器人运动过程中消耗的能量。

3）最小化时间：在满足运动约束的情况下，使机械人尽可能快速地完成任务。

4）平滑性：确保轨迹的连续性和可微性，减少急剧转向和加速变化。

5）安全性：保证机器人始终避开障碍物和危险区域。

常见的轨迹优化算法包括如下三类。

1）数值优化算法：如梯度下降法、共轭梯度法、牛顿法，通过迭代改进轨迹，优化路径性能。

2）基于约束优化的算法：如线性规划、非线性规划，用于求解带约束条件的优化问题，确保路径在优化过程中满足各类约束。

3）启发式算法：如遗传算法、模拟退火、粒子群优化算法，适用于全局优化问题，通过模拟自然进化或物理过程找到最优解。

下面将介绍三种常用的轨迹优化算法。

### 1. 梯度下降法

梯度下降法是一种常用的优化算法，通过迭代调整参数以最小化目标函数。它在移动机器人轨迹优化中发挥重要作用，通过不断优化机器人从起点到终点的轨迹，来实现特定目标，如最短路径、最少能耗或避开障碍物。

（1）梯度下降法的基本概念

梯度下降法基于目标函数的梯度信息，沿梯度的反方向进行迭代更新，以逐步逼近目标函数的最小值。基本的梯度下降公式为

$$\theta_{t+1} = \theta_t - \alpha \nabla J(\theta_t) \tag{3-27}$$

式中，$\theta_t$ 为当前参数；$\alpha$ 为学习率；$\nabla J(\theta_t)$ 为目标函数 $J(\theta)$ 在 $\theta_t$ 处的梯度。

（2）移动机器人轨迹优化问题

移动机器人轨迹优化的目标是找到一条从起点到终点的最优路径。优化问题可以形式化为

$$\min_{q(t)} J(q(t)) \tag{3-28}$$

式中，$q(t)$ 为机器人在 $t$ 时刻的位姿。目标函数 $J(q(t))$ 可以包括路径长度、能耗、避障等多个方面。

（3）梯度下降法在轨迹优化中的应用步骤

1）初始化轨迹。通过某种初始策略生成一条初始轨迹，例如直线轨迹或 A* 算法生成的路径。

2）定义目标函数。目标函数 $J(q(t))$ 的选择依赖于具体的优化目标。一个常见的目标函数包括路径长度、避障代价和能耗代价等，表达式为

$$J(q(t)) = J_{\text{length}}(q(t)) + J_{\text{obstacle}}(q(t)) + J_{\text{energy}}(q(t)) \tag{3-29}$$

3）计算梯度。计算目标函数相对于轨迹中每个点的梯度，表达式为

$$\nabla J(\theta) = \left[\frac{\partial J(\theta)}{J\theta_1}, \frac{\partial J(\theta)}{J\theta_2}, \cdots, \frac{\partial J(\theta)}{\partial \theta_n}\right] \tag{3-30}$$

4）更新轨迹。根据梯度下降公式更新轨迹点的位置，表达式为

$$q_{t+1}(t) = q_t(t) - \alpha \nabla J(q_t(t)) \tag{3-31}$$



5）检查收敛。检查目标函数值的变化是否足够小，若变化小于设定的阈值，则认为优化过程收敛；否则，返回第 3）步继续迭代。梯度下降法的流程如图 3-23 所示。

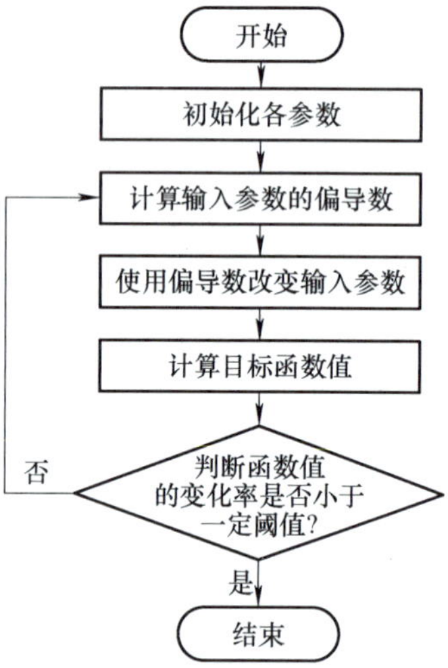

图 3-23　梯度下降法的流程

梯度下降法是移动机器人轨迹优化中一种强大而有效的工具。通过定义合适的目标函数，并迭代调整轨迹以最小化目标函数，可以生成平滑、最优的机器人运动轨迹。在实际应用中，合理选择参数和目标函数，结合其他算法（如 A* 算法）生成初始路径，可以显著提高轨迹优化的效果。

## 2. 线性规划

线性规划是一种数学优化方法，旨在寻找一个或多个决策变量的最优值，这些变量受到一组线性等式或不等式的约束。在移动机器人轨迹优化中，决策变量通常包括机器人的位置、速度、加速度等，约束条件可能包括避障、路径长度、时间限制等。

线性规划问题可以表示为如下标准形式。

1）最优化：

$$\min_{\boldsymbol{x}} \boldsymbol{c}^{\mathrm{T}} \boldsymbol{x} \tag{3-32}$$

2）约束条件：

$$Ax \leqslant b \tag{3-33}$$

$$x \geqslant 0 \tag{3-34}$$

式中，$x$是决策变量向量，决策变量是需要通过优化过程确定的变量，代表问题中待求解的量；$c$是目标函数的系数向量，目标函数是需要优化的目标，是决策变量的线性组合，表示为$c^{\mathrm{T}}x = c_1x_1 + c_2x_2 + \cdots + c_nx_n$；$A$是约束条件的系数矩阵，约束是必须满足的限制，通常表示为线性不等式或等式，约束条件可以描述资源的限制、需求的满足等；$b$是约束条件的常数向量；$x \geqslant 0$是非负约束，规定所有的决策变量必须是非负的。

在移动机器人轨迹优化中，线性规划通过构建线性目标函数和约束条件，能够有效地找到满足特定条件的最优轨迹。将连续的轨迹离散化为一系列离散的轨迹点。例如，假设有$n$个离散的轨迹点$q_i(i=1,2,\cdots,n)$，这些点用于构建线性规划模型中的变量，表示为

$$q_i = (x_i, y_i) \tag{3-35}$$

将所有轨迹点的坐标组合成一个决策变量向量，见式（3-38）。这些决策向量将在优化过程中进行求解，已确定最优的轨迹。

$$x = [x_1, y_1, x_2, y_2, \cdots, x_n, y_n]^{\mathrm{T}} \tag{3-36}$$

根据具体的优化目标，定义目标函数。常见的目标函数包括路径长度、时间和能耗等。例如，最小化路径长度的目标函数可以定义为



$$\min \sum_{i=1}^{n-1} \| q_{i+1} - q_i \| \tag{3-37}$$

为了便于线性规划求解，通常需要将目标函数线性化。例如，可以通过引入辅助变量和约束条件，将非线性目标函数转化为线性形式。

在轨迹优化中，约束条件是确保解的可行性和满足特定需求的重要部分。常见的约束条件包括障碍物约束、运动约束、边界约束等。

障碍物约束确保机器人不会与障碍物发生碰撞。对于每个障碍物，可以建立相应的线性不等式约束。例如，假设存在一个矩形障碍物，其位置为（$x_{\mathrm{obs}}$，$y_{\mathrm{obs}}$），大小为（$w_{\mathrm{obs}}$，$h_{\mathrm{obs}}$），可以定义约束条件为

$$\begin{cases} x_i \leqslant x_{\mathrm{obs}} \quad \text{或} \quad x_i \geqslant x_{\mathrm{obs}} + w_{\mathrm{obs}} \\ y_i \leqslant y_{\mathrm{obs}} \quad \text{或} \quad y_i \geqslant y_{\mathrm{obs}} + h_{\mathrm{obs}} \end{cases} \tag{3-38}$$

通过这种方式，可以确保轨迹点$q_i$不位于障碍物内部。

运动约束包括速度和加速度等物理限制。例如，为了确保机器人的速度不超过最大值$v_{\max}$，可以定义速度约束为式（3-39）；考虑到加速度限制，可以定义加速度约束为式（3-40）：

$$\| \boldsymbol{q}_{i+1} - \boldsymbol{q}_i \| \leqslant v_{\max} \tag{3-39}$$

$$\| \boldsymbol{q}_{i+2} - 2\boldsymbol{q}_{i+1} + \boldsymbol{q}_i \| \leqslant a_{\max} \tag{3-40}$$

边界约束确保轨迹点位于指定的工作空间内。例如，对于二维码平面上的工作空间，可以定义边界约束为

$$\begin{aligned} x_{\min} \leqslant x_i \leqslant x_{\max} \\ y_{\min} \leqslant y_i \leqslant y_{\max} \end{aligned} \tag{3-41}$$

这些约束条件可以转换为线性不等式，适用于线性规划求解。

将目标函数和约束条件组合起来，构建线性规划模型。使用线性规划求解算法（如单纯形法或内点法）求解构建好的线性规划模型。

3. 粒子群优化算法

粒子群优化算法是一种模拟群体行为的全局优化算法。它由一群粒子组成，每个粒子表示问题的一个候选解，粒子通过相互协作和竞争，逐步逼近最优解。粒子群优化算法因其具有简单、高效的特性，广泛应用于各种优化问题，包括移动机器人轨迹优化。

（1）粒子群优化算法的基本概念

1）粒子：代表问题空间中的一个潜在解。每个粒子有位置和速度两属性。

2）粒子群：由多个粒子组成的集合，通过相互合作和竞争寻找最优解。

3）适应度函数：用于评价每个粒子的解的好坏程度。常见的适应度函数可以定义为

$$\text{适应度} = \alpha \cdot \text{路径长度} + \beta \cdot \text{避障性能} + \gamma \cdot \text{平滑度} \tag{3-42}$$

式中，$\alpha$、$\beta$、$\gamma$为权重系数，根据具体问题进行调整。

（2）粒子群优化算法的步骤

1）初始化：随机初始化每个粒子的初始位置和速度。

2）适应度评价：计算每个粒子的适应度值。

3）更新个体极值和全局极值：个体极值 pbest 为粒子历史上最优的位置。全局极值 gbest 为整个粒子群历史上最优的位置。

4）更新速度和位置：粒子的速度和位置根据如下公式更新：

$$v_i^{t+1} = \omega v_i^t + c_1 r_1 (\text{pbest}_i - x_i^t) + c_2 r_2 (\text{gbest} - x_i^t) \tag{3-43}$$

$$x_i^{t+1} = x_i^t + v_i^{t+1} \tag{3-44}$$

式中，$v_i^t$是第 $i$ 个粒子在第 $t$ 代的速度；$x_i^t$是 $i$ 个粒子在第 $t$ 代的位置；$\omega$是惯性权重，用于平衡全局搜索与局部搜索；$c_1$ 和 $c_2$ 是学习因子，通常取值为 2；$r_1$ 和 $r_2$ 是取值在 [0，1] 之间的随机数。

5）终止算法：达到最大迭代次数或满足收敛条件时终止算法。

粒子群优化算法的流程如图 3-24 所示。

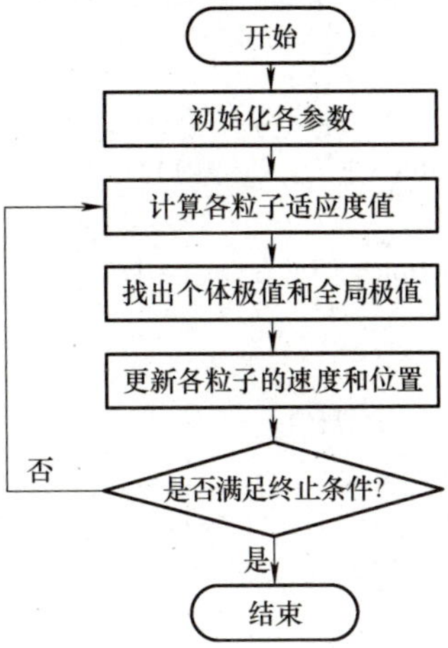


图 3-24　粒子群优化算法的流程

粒子群优化算法用于轨迹优化的 MATLAB 代码简单示例如下。

```
% 粒子群优化算法用于轨迹优化的简单示例

% 定义参数
numParticles = 30;          % 粒子数量
numIterations = 100;          % 迭代次数
inertia = 0.5;            % 惯性权重
cognitiveComp = 1.5;         % 认知系数
socialComp = 1.5;          % 社会系数
numPoints = 10;            % 轨迹点数量
startPoint = [0, 0];          % 起点
endPoint = [10, 10];          % 终点

% 初始化粒子的位置和速度
particles = rand (numParticles, numPoints, 2) * 10;  % 初始化为随机点
velocities = rand (numParticles, numPoints, 2);

% 强制第一个点和最后一个点为起点和终点
for i = 1: numParticles
   particles (i, 1, :) = startPoint;
   particles (i, numPoints, :) = endPoint;
end

% 初始化个体极值和全局极值
pbest = particles;
pbest_fitness = inf (numParticles, 1);
[gbest_fitness, gbest_idx] = min (pbest_fitness);
gbest = pbest (gbest_idx, :, :);

% 主循环
```

```
for iter = 1: numIterations
    for i = 1: numParticles
        % 计算适应度值
        fit = fitness ( squeeze ( particles ( i,  :  ,  :  )));
        if fit < pbest_fitness ( i )
            pbest ( i,  :  ,  :  ) = particles ( i,  :  ,  :  );
            pbest_fitness ( i ) = fit;
            if fit < gbest_fitness
                gbest = particles ( i,  :  ,  :  );
                gbest_fitness = fit;
            end
        end
    end

    % 更新速度和位置
    for i = 1: numParticles
        velocities ( i,  :  ,  :  ) = inertia * velocities ( i,  :  ,  :  ) + …
                    cognitiveComp * rand * ( pbest ( i,  :  ,  :  ) - particles ( i,  :  ,  :  )) + …
                    socialComp * rand * ( gbest - particles ( i,  :  ,  :  ));
        particles ( i,  :  ,  :  ) = particles ( i,  :  ,  :  ) + velocities ( i,  :  ,  :  );
    end

    % 强制第一个点和最后一个点为起点和终点
    for i = 1: numParticles
        particles ( i,  1,  :  ) = startPoint;
        particles ( i,  numPoints,  :  ) = endPoint;
    end
end

% 显示优化结果
disp ( ' 最优轨迹: ' );
disp ( squeeze ( gbest ));
disp ( [' 最优适应度: ',  num2str ( gbest_fitness ) ] );

% 画出最优轨迹
figure;
hold on;
plot ( squeeze ( gbest ( :  ,  1)),  squeeze ( gbest ( :  ,  2)),  '-o' );
scatter ( startPoint (1),  startPoint (2),  'g',  'filled' );
scatter ( endPoint (1),  endPoint (2),  'r',  'filled' );
title ( ' 优化后的轨迹 ' );
xlabel ( 'X' );
ylabel ( 'Y' );
hold off;
```

```
% 适应度函数
function fit = fitness ( trajectory )
  path_length = sum ( sqrt ( sum ( diff ( trajectory, 1, 1 ) .^2, 2)));
  smoothness = sum ( sqrt ( sum ( diff ( trajectory, 2, 1 ) .^2, 2)));
  fit = path_length + smoothness;  % 简单适应度函数
end
```

移动机器人轨迹优化的目标是找到一条从起点到终点的最优路径，使机器人能够避开障碍物并满足各种运动约束。在轨迹优化中，每个粒子表示一条潜在的轨迹。轨迹可以由一系列的轨迹点 $q_i$ 表示，粒子的位置和速度分别表示轨迹点的坐标和变化量。

粒子群优化算法通过模拟自然界中群体的协作行为，提供了一种高效的全局优化算法。在移动机器人轨迹优化中，粒子群优化算法可以有效地寻找满足多种约束条件的最优轨迹。结合适应度函数的设计和问题的具体需求，粒子群优化算法能够灵活地应用于不同的轨迹优化场景。

此外，第 2 章提到的插值法也是在移动机器人轨迹生成与优化中常用的算法，其在移动机器人中的应用原理与在机械臂中相同，在此不再赘述。

## 本章小结

在 3.1 节中，对路径规划问题进行了概述，包括根据环境信息的已知程度和路径规划的方法的路径规划分类，路径规划的关键技术以及应用与挑战。

在 3.2 节中，首先介绍了使用基于采样的路径规划方法的问题描述；其次详细介绍了基于采样的路径规划方法，如基于 RRT 算法、Informed-RRT* 算法的路径规划和基于安全通道的 FMT* 的路径规划算法；最后举例介绍了不同方法在 MATLAB 中的路径规划结果对比。

在 3.3 节中，首先介绍了使用基于搜索的路径规划方法的问题描述；其次详细介绍了三种基于搜索的路径规划方法，如针对单机问题的 A* 算法和 $\theta$* 算法以及针对多机问题的 CBS 算法；最后附上了 A* 算法在 MATLAB 中的实现代码。

在 3.4 节中，首先介绍了轨迹生成的概念和方法，包括多项式插值法、B 样条法和贝塞尔曲线等；然后详细介绍了轨迹优化算法，包括梯度下降法、线性规划和粒子群优化算法；最后附上了粒子群优化算法在 MATLAB 中的实现代码。



## 参考文献

[1] KARAMAN S，WALTER M R，PEREZ A，et al. Anytime motion planning using the RRT*[C]//IEEE International conference on robotics and automation，2011：1478-1483.

[2] GAMMELL J D，SRINIVASA S S，BARFOOT T D. Informed RRT*：optimal sampling-based path planning focused via direct sampling of an admissible ellipsoidal heuristic[C]//2014 IEEE/RSJ International conference on intelligent robots and systems，2014：2997-3004.

[3] JANSON L，SCHMERLING E，CLARK A，et al. Fast marching tree：a fast marching sampling-based method for optimal motion planning in many dimensions[EB/OL].（2015-02-06）[2014-07-28].

http：//arxiv.org/abs/1306.3532v4.
[4] WU Z，CHEN Y J，LIANG J L，et al. ST-FMT*：A fast optimal global motion planning for mobile robot[J]. IEEE Transactions on Industrial Electronics，2021，69（4）：3854-3864.
[5] STANDLEY T. Finding optimal solutions to cooperative pathfinding problems[C]//Proceedings of the AAAI conference on artificial intelligence，2010：173-178.
[6] HART P，NILSSON N，RAPHAEL B. A formal basis for the heuristic determination of minimum cost paths[J]. IEEE Transactions on systems science and cybernetics，1968，4（2）：100-107.
[7] NASH A，DENIEL K，KOENIG S，et al. Theta*：any-angle path planning on grids[J]. Journal of artificial intelligence research，2010，39（1）：533-579.
[8] SHARON G，STERN R，FELNER A，et al. Conflict-based search for optimal multi-agent pathfinding[J]. Artificial intelligence，2015，219：40-66.
[9] CRAIG J J. 机器人学导论：3 版 [M]. 负超，译 . 北京：机械工业出版社，2006.
[10] 王幼民 . 机械臂关节空间 B 样条曲线轨迹规划 [J]. 安徽机电学院学报，2000，15（2）：21-26.
[11] CORKE P. 机器人学、机器视觉与控制：MATLAB 算法基础 [M]. 刘荣，译 . 北京：电子工业出版社，2016.

# 第 4 章　机器人基础运动控制

## 导读

机器人基础运动控制是机器人控制技术的核心和基础，旨在基于机器人的动力学、运动学、路径规划等设计控制算法，使得机器人控制系统能够稳定、高效地完成预定的任务。一般来讲，机器人的控制问题可以分为两个部分：一是获取机器人的动态模型，例如微分方程、状态空间方程等；二是基于构建的机器人动态系统模型，确定机器人的控制规律或策略，从而达到系统所需的响应和性能。尽管现在有学者提出了一些数据驱动或无模型的机器人控制方法，但作为基础教材，本书仍然以机器人的动态模型为基础，讨论机器人的基础运动控制。



## 本章知识点

- 机器人单关节建模
- 机器人单关节控制
- 机器人多关节控制
- 机器人重力补偿 PD 控制
- 机器人逆动力学控制
- 机器人操作空间控制

## 4.1　机器人的控制概述

机器人的控制问题是指根据末端执行器执行某一具体任务，确定机器人各个关节的输入数据，通常是关节力和关节力矩或者是驱动器的输入。机器人的总体控制架构如图 4-1 所示，机器人的控制部分需要根据先前章节所述的轨迹规划、运动规划结果，设计控制器产生控制指令，并由驱动器驱动关节电动机运动，从而改变机器人末端执行器的位姿，使其满足任务要求。机器人控制系统的内部反馈回路通常由安装在关节电动机或关节上的编码器构成，可以测量关节电动机转角或关节转角，并通过数值微分获取其相应的角速度，从而形成闭环回路。

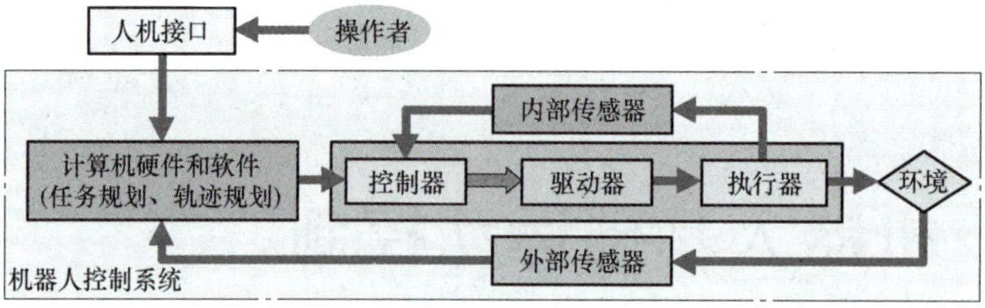


图 4-1　机器人的总体控制架构

机器人的控制技术是在传统机械系统的控制技术的基础上发展起来的，因此两者之间并无根本的不同。但机器人控制系统也有许多特殊之处，主要包括如下四点。

1）机器人控制系统本质上是一个非线性系统。引起机器人非线性的因素很多，机器人的结构、传动件、驱动元件等都会引起系统的非线性。

2）机器人控制系统是由多关节组成的一个多变量控制系统，且各关节间具有耦合作用。具体表现为某一个关节的运动会对其他关节产生动力效应，每一个关节都要受到其他关节运动所产生的扰动的影响。因此工业机器人的控制中经常使用前馈、补偿、解耦和自适应等复杂控制技术。

3）机器人系统是一个时变系统，其动力学参数随着关节运动位置的变化而变化。

4）较高级的机器人要求对环境条件、控制指令进行测定和分析，采用计算机建立庞大的信息库，用人工智能的方法进行控制、决策、管理和操作，按照给定的要求，自动选择最佳控制规律。



## 4.2　机器人单关节控制

由机械臂的动力模型可知，机械臂是一个多输入多输出、强耦合、非线性的复杂系统。尽管如此，作为基础教材，我们可以做出一些合理的假设，将机械臂的动力学模型简化，从而可以为其设计简单的控制器。本小节考虑机器人的单关节控制问题，我们假设可以将具有 $n$ 个关节的机器人作为 $n$ 个独立的系统分别进行控制。此时，每一个机器人的关节控制系统都是单输入单输出系统，所有相关的耦合效应、重力影响等都作为系统的干扰输入，或者通过前馈补偿进行消除。此时，机器人单关节的控制系统即单输入单输出反馈控制系统，如图 4-2 所示。单关节控制系统的设计目标是当给定机器人关节参考轨迹时，机器人关节能够跟踪或者跟随相应的期望输出。同时，除了期望的参考轨迹之外，由关节耦合、重力影响、未建模动态等造成的影响被视为系统的外界干扰，它们同样也会影响机器人的输出动态。因此，设计的控制器需要对外界干扰具有一定的“抵抗”作用，从而减小外界干扰对机器人输出的影响。

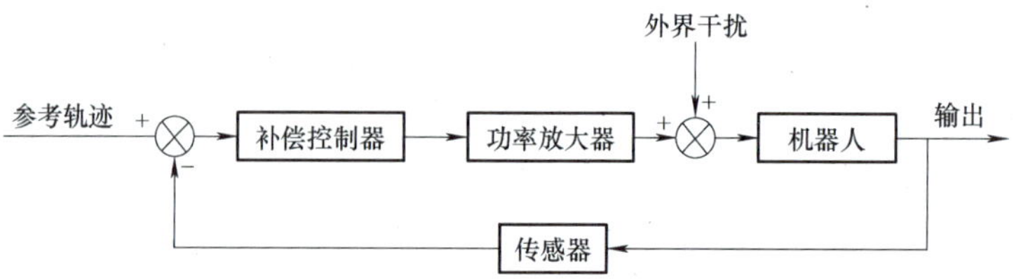


图 4-2　单输入单输出反馈控制系统

### 4.2.1　机器人单关节建模

在进行机器人单关节建模之前，我们需要简单回顾典型的关节执行器永磁直流电动机的动力学模型。如图 4-3 所示，永磁直流电动机由固定的定子和旋转的转子构成，定子产生径向磁通 $\varPhi$，转子中的载流导体在恒定磁场中受到安培力 $F=i_{\mathrm{m}}\varPhi$，式中 $i_{\mathrm{m}}$ 是导体中通过的电流。转子输出转矩使其旋转，电动机输出转矩和电枢电流的关系可以表示为

$$\tau_{\mathrm{m}}=k_{\mathrm{m}}i_{\mathrm{m}} \tag{4-1}$$

式中，$\tau_{\mathrm{m}}$ 为电动机的输出转矩，单位为 N・m；$k_{\mathrm{m}}$ 为电动机的转矩常数。

当转子导体在磁场中运动时，导体两端会产生感应电动势，即反电动势，其大小和导体在磁场中的运动速度成正比，由此可以得到反电动势 $e_{\mathrm{b}}$（单位为 V）的表示形式：

$$e_{\mathrm{b}}=k_{\mathrm{b}}\omega_{\mathrm{m}}=k_{\mathrm{b}}\frac{\mathrm{d}\theta_{\mathrm{m}}}{\mathrm{d}t} \tag{4-2}$$

式中，$k_{\mathrm{b}}$ 为反电动势常数；$\omega_{\mathrm{m}}$ 为电动机转子的转速，单位为 rad/s；$\theta_{\mathrm{m}}$ 为电动机转子的转角，单位为 rad。

图 4-4 所示为直流电动机电枢电路。根据基尔霍夫电压、电流定律，可以得到电路的微分方程（电压平衡方程）为

$$u_{\mathrm{m}}=L\frac{\mathrm{d}i_{\mathrm{m}}}{\mathrm{d}t}+Ri_{\mathrm{m}}+e_{\mathrm{b}} \tag{4-3}$$



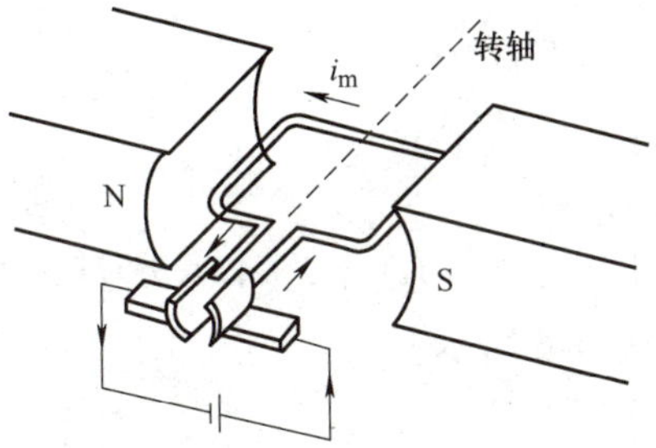


图 4-3　永磁直流电动机

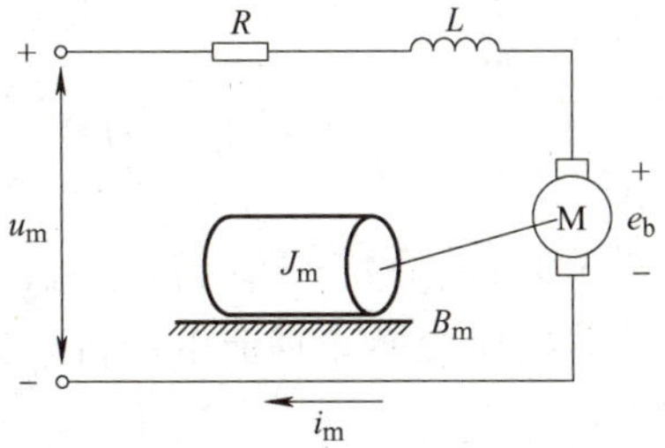


图 4-4　直流电动机电枢电路

图 4-5 所示为机器人单关节机械传动原理图。此处将机械臂的每个连杆作为一个独立的单输入单输出系统进行分析设计，关节间的耦合作为系统的干扰进行处理，并做出如下假设。

1）机器人的各杆件是理想刚体，因而所有关节都是理想的，不存在摩擦和间隙。

2）相邻两连杆间只有一个自由度，为完全旋转或完全平移的。

事实上，在机器人没有涉及非常快速的应用时，尤其是对末端执行器和关节之间具有较大传动比的机器人来说，这样的单输入单输出系统假设完全足够，因为较大的传动比降低了连杆之间的非线性耦合。

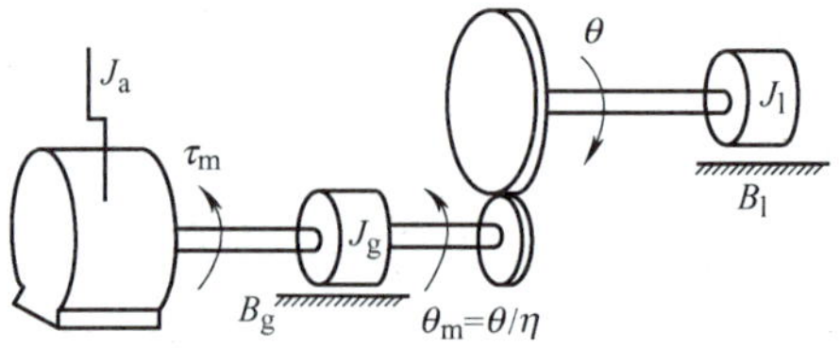


图 4-5　机器人单关节机械传动原理图

如图 4-5 所示，直流电动机通过串联传动比为 $\eta$ 的齿轮系与机械臂连杆相连，其中 $J_a$、$J_g$、$J_l$ 分别为驱动器、齿轮系、负载所对应的转动惯量；$B_g$、$B_l$ 分别为电动机、负载的摩擦系数；$\theta$、$\theta_m$ 分别为负载、电动机输出轴的转角；$\tau_m$ 为电动机输出力矩。将负载侧的转动惯量和摩擦系数折算至直流电动机侧，容易得到

$$\begin{cases} J_m = J_a + J_g + \dfrac{J_l}{\eta^2} \\ B_m = B_g + \dfrac{B_l}{\eta^2} \end{cases} \tag{4-4}$$

由此，可以得到单关节直流电动机转角的微分方程（转矩平衡方程）为

$$J_m \frac{d^2\theta_m}{dt^2} + B_m \frac{d\theta_m}{dt} = \tau_m - \frac{\tau_l}{\eta} = k_m i - \frac{\tau_l}{\eta} \tag{4-5}$$



在零初始条件下，分别对式（4-1）、式（4-3）和式（4-5）取拉普拉斯变换，可得如下的代数方程：

$$\begin{cases} T_m(s) = k_m I_m(s) \\ U_m(s) = LsI_m(s) + RI_m(s) + k_b s\Theta_m(s) \\ T_m(s) - \dfrac{T_l(s)}{\eta} = J_m s^2\Theta_m(s) + B_m s\Theta_m(s) \end{cases} \tag{4-6}$$

式中，$T_m(s)$、$I_m(s)$、$U_m(s)$、$\Theta_m(s)$、$T_l(s)$ 分别为信号 $\tau_m(t)$、$i_m(t)$、$u_m(t)$、$\theta_m(t)$、$\tau_l(t)$ 的拉普拉斯变换。直流电动机控制系统框图如图 4-6 所示。

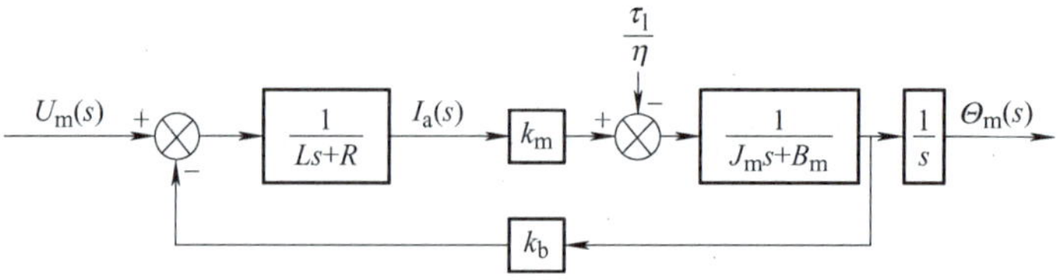


图 4-6　直流电动机控制系统框图

设系统的负载力矩 $\tau_l = 0$，可以得到控制系统从输入电压到输出角度的传递函数为

$$\frac{\Theta_m(s)}{U_m(s)} = \frac{k_m}{s[LJ_m s^2 + (LB_m + RJ_m)s + (RB_m + k_m k_b)]} \tag{4-7}$$

设直流电动机的输入电压 $u_m = 0$，可以得到控制系统从负载力矩到输出角度的传递函数为

$$\frac{\Theta_m(s)}{\tau_l(s)} = \frac{-(Ls+R)/\eta}{s[LJ_m s^2 + (LB_m + RJ_m)s + (RB_m + k_m k_b)]} \tag{4-8}$$

由式（4-8）可知，负载力矩对电动机输出转角的影响被减速齿轮降低了 $1/\eta$。

显然，式（4-7）和式（4-8）描述的都是三阶的控制系统，不便于进行分析和设计。在实际的工程实践中，电气时间常数 $L/R$ 通常要远远小于机械时间常数 $J_m/B_m$。基于此，可以将上述三阶系统进行降阶，忽略系统的电气时间常数，可以分别得到传递函数如下：

$$\frac{\Theta_m(s)}{U_m(s)} = \frac{k_m/R}{s(J_m s + B_m + k_m k_b/R)} \tag{4-9}$$

$$\frac{\Theta_m(s)}{T_l(s)} = \frac{-1/\eta}{s(J_m s + B_m + k_m k_b/R)} \tag{4-10}$$

根据线性系统的叠加原理，由上述传递函数得到当电动机输入电压和负载力矩同时作用时，电动机输出角度的微分方程描述为

$$J_m\theta_m(t) + \left(B_m + \frac{k_m k_b}{R}\right)\theta_m(t) = \left(\frac{k_m}{R}\right)u_m(t) - \frac{T_l}{\eta}$$

为了简化表述，定义等效阻尼 $B = B_m + k_m k_b/R$，等效控制输入 $u = (k_m/R)u_m(t)$，等效干扰输入 $d = \tau_l(t)/\eta$，从而可以得到等效直流电动机控制系统框图，如图 4-7 所示，其中 $D$ 为所有其他关节引起的非线性耦合的影响。

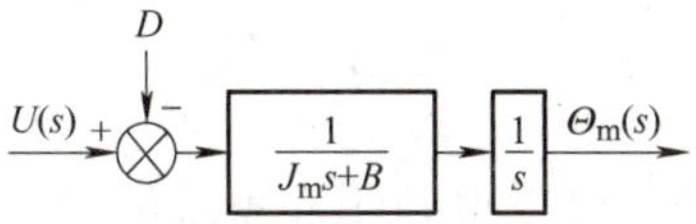


图 4-7　等效直流电动机控制系统框图

## 4.2.2　机器人单关节 PID 控制

本小节针对上一小节建立的机器人单关节动力学模型设计控制器，主要利用经典控制原理中单输入单输出系统的时域分析和设计方法。为不失一般性，本小节考虑机器人单关节控制系统的设定点跟踪问题，此时的控制目标是期望机器人关节角能够跟踪恒定或阶跃的参考轨迹 $\theta^d(t)$，这样的运动通常出现在点对点的运动中。

本小节考虑最简单类型的补偿控制器，即 PD（比例微分）和 PID 控制器。首先，考虑采用 PD 控制器，其控制律的拉普拉斯变换可以表示为

$$U(s) = K_P[\Theta_d(s) - \Theta(s)] - K_D s\Theta(s) \tag{4-11}$$

式中，$\Theta_d(s)$、$\Theta(s)$ 分别为期望的关节轨迹和测量的关节轨迹；$K_P$、$K_D$ 分别为 PD 控制器的比例增益和微分增益。PD 控制律作用下的闭环系统结构框图如图 4-8 所示。

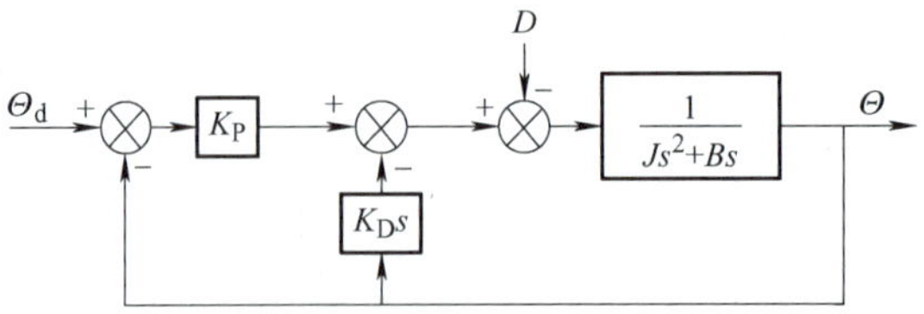


图 4-8 PD 控制律作用下的闭环系统结构框图

此时，容易得到闭环系统的输出为

$$\Theta(s)=\frac{K_P}{\Omega(s)}\Theta_d(s)-\frac{1}{\Omega(s)}D(s) \tag{4-12}$$

式中，$\Omega(s)=Js^2+(B+K_D)s+K_P$ 为闭环系统的特征多项式。显然，对于任意选取的控制器增益 $K_P$、$K_D>0$，闭环系统总是稳定的。

定义跟踪误差变量 $E(s)=\Theta_d(s)-\Theta(s)$，则根据式（4-12）可以得到闭环系统的跟踪误差为

$$E(s)=\frac{Js^2+(B+K_D)s}{\Omega(s)}\Theta_d(s)+\frac{1}{\Omega(s)}D(s) \tag{4-13}$$

显然，跟踪误差的来源包括两个部分：给定轨迹输入 $\Theta_d(s)$ 和外部干扰输入 $D(s)$。正如前面所述，考虑阶跃输入信号



$$\Theta_d(s)=\frac{\Omega_d}{s}$$

和恒值的干扰信号

$$D(s)=\frac{D}{s}$$

从而根据式（4-13）及终值定理，可以得到闭环系统的稳态误差为

$$e_{ss}=\lim_{s\to 0}sE(s)=\frac{D}{K_P} \tag{4-14}$$

显然，在 PD 控制律作用下，闭环系统的稳态误差仅与等效扰动输入的幅值及控制器的比例增益相关，即系统的给定参考输入不会引起稳态误差。根据等效干扰输入的定义可知，在大传动比的情形下，相同负载力矩产生的等效干扰输入幅值更小，引起的稳态误差也更小。此外，通过增大控制器的比例增益 $K_P$，可以将稳态误差变为任意小，然而这可能会导致末端执行器的饱和。

对于采用 PD 控制器的机器人单关节控制系统，闭环系统是二阶系统，因此系统的阶跃响应可以由闭环系统的无阻尼振荡角频率（自然角频率）$\omega$ 和系统的阻尼系数 $\zeta$ 决定。将上述闭环系统的特征多项式整理为如下二阶系统的标准形式：

$$s^2+\frac{B+K_D}{J}s+\frac{K_P}{J}=s^2+2\zeta\omega s+\omega^2 \tag{4-15}$$

由此，容易得到关系式：

$$\begin{cases} K_{\mathrm{P}} = \omega^2 J \\ K_{\mathrm{D}} = 2\zeta\omega J - B \end{cases} \tag{4-16}$$

对于给定的期望自然角频率和阻尼系数，可以通过式（4-16）计算得到控制器的增益 $K_{\mathrm{P}}$、$K_{\mathrm{D}}$。通常需要设计阻尼系数 $\zeta = 1$，即临界阻尼状态，从而使系统能够获得最快的非振动响应，此时系统响应的速度由自然角频率 $\omega$ 决定。

以上介绍了使用 PD 控制律进行的机器人单关节系统控制，由式（4-14）可知外部干扰会导致系统的稳态误差，而减小稳态误差需要采用较大的控制器增益 $K_{\mathrm{P}}$，这可能会导致末端执行器的饱和。为了消除稳态误差，同时保持较小的控制器增益，下面在控制器中引入积分环节 $K_{\mathrm{I}}/s$，从而构建 PID 控制器，其控制律的拉普拉斯变换表示为

$$U_{\mathrm{m}}(s) = \left(K_{\mathrm{P}} + \frac{K_{\mathrm{I}}}{s}\right)[\Theta_{\mathrm{d}}(s) - \Theta(s)] - K_{\mathrm{D}} s\Theta(s) \tag{4-17}$$

此时，闭环系统变成了一个三阶系统，表达式为

$$\Theta(s) = \frac{K_{\mathrm{P}} s + K_{\mathrm{I}}}{\Omega_2(s)}\Theta_{\mathrm{d}}(s) - \frac{s}{\Omega_2(s)}D(s) \tag{4-18}$$

式中，闭环系统的特征多项式 $\Omega_2(s) = Js^3 + (B + K_{\mathrm{D}})s^2 + K_{\mathrm{P}}s + K_{\mathrm{I}}$。引入积分环节可能导致系统不稳定，为此可以依据劳斯稳定判据给出在闭环系统稳定的前提下，控制器增益需为正值，且满足如下约束：

$$K_{\mathrm{I}} < \frac{K_{\mathrm{P}}(B + K_{\mathrm{D}})}{J}$$

由于结构简单、易于实现，PID 控制器是工业控制、机器人控制等领域中广泛采用的控制器。采用 PID 控制器最主要的问题是控制器参数的整定，相应的方法通常可以分为理论计算整定法和工程整定法两大类。工程整定法通常采用临界比例度法：首先采用纯比例控制，逐渐增大比例增益 $K_{\mathrm{P}}$ 使系统出现等幅振荡；然后调节微分增益 $K_{\mathrm{D}}$ 以达到期望的瞬态特性；最后根据稳定性的约束选取合适的积分增益 $K_{\mathrm{I}}$ 以消除稳态误差。

### 4.2.3　机器人传动系统动力学控制

在前面小节的机器人单关节控制系统建模过程中，假设减速器、轴、轴承及连杆均不可变形，即机器人单关节系统是刚性的，从而给出了机器人单关节 PID 控制器的设计方法。事实上，这些机器人零部件刚度有限，但是如果在建模过程中完全考虑这些零部件的形变因素，得到的系统通常是高阶的，即机器人的结构柔性增加了系统的阶次，这使系统的分析和设计变得复杂。

在建模的过程中之所以可以忽略机器人零部件的结构柔性是因为，如果系统刚度极大，则未建模的共振固有频率将非常高，与简化模型的二阶主极点的影响相比可以忽略不计，因此，可以建立较为简单的低阶动力学模型。此外，也可以设计闭环系统无阻尼振荡角频率 $\omega$，使其远离机器人结构共振频率 $\omega_{\mathrm{res}}$，通常满足 $\omega \leqslant 0.5\omega_{\mathrm{res}}$。

尽管忽略关节柔性，使用简化、降阶的机器人动力学模型可以大幅简化系统分析和控

制器设计的过程，然而采用谐波传动、液压驱动的机器人和存在齿轮扭转柔性、轴承变形等因素的机器人，将会有较为明显的关节柔性。为了保障存在关节柔性时机器人的控制性能，本小节将详细讨论机器人的关节柔性。

理想柔性关节模型如图 4-9 所示，理想情况下驱动电动机与机器人连杆之间通过代表关节柔性的扭簧相连。

简便起见，将电动机的转矩作为系统的输入。图 4-9 描述的带有柔性关节的机器人单关节动力学模型可以表示为

$$\begin{cases} J_l\ddot{\theta}_l + B_l\dot{\theta}_l + k(\theta_l - \theta_m) = 0 \\ J_m\ddot{\theta}_m + B_m\dot{\theta}_m - k(\theta_l - \theta_m) = u \end{cases} \tag{4-19}$$

式中，$J_l$、$J_m$ 分别为负载和电动机的转动惯量；$B_l$、$B_m$ 分别为负载和电动机的阻尼系数；$u$ 为作用在电动机轴上的输入转矩；$k$ 为关节刚度常数，表示柔性关节的扭转刚度。采用拉普拉斯变换，将式（4-19）描述的微分方程变为如下代数方程：

$$\begin{cases} p_l(s)\Theta_l(s) = k\Theta_m(s) \\ p_m(s)\Theta_m(s) = k\Theta_l(s) + U(s) \\ p_l(s) = J_l s^2 + B_l s + k \\ p_m(s) = J_m s^2 + B_m s + k \end{cases} \tag{4-20}$$

柔性关节系统框图如图 4-10 所示。



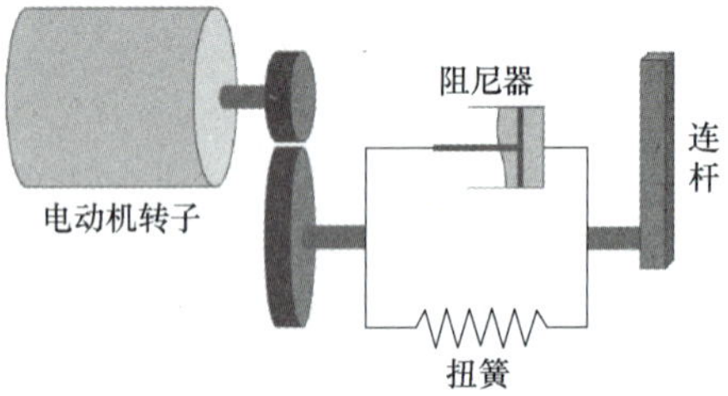


图 4-9　理想柔性关节模型

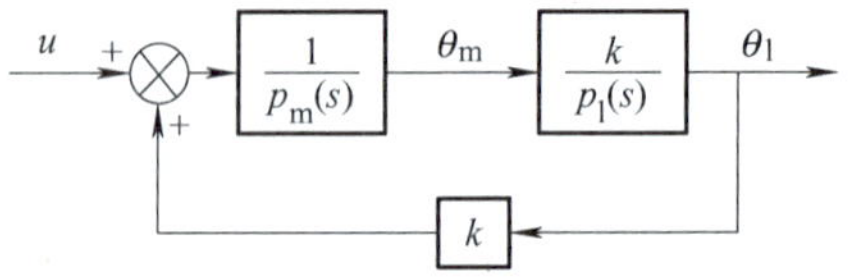


图 4-10　柔性关节系统框图

将负载转角 $\theta_l$ 作为系统输出，将电动机转矩 $u$ 作为系统输入，从而可以得到电动机转矩到负载转角之间的传递函数为

$$\frac{\Theta_l(s)}{U(s)} = \frac{k}{p_l(s)p_m(s) - k^2} \tag{4-21}$$

开环系统特征多项式可以表示为

$$p_l(s)p_m(s) - k^2 = J_l J_m s^4 + (J_l B_m + J_m B_l)s^3 + [k(J_l + J_m) + B_l B_m]s^2 + k(B_l + B_m)s$$

显然，考虑关节柔性使得系统的阶次增加，开环系统变为四阶系统，增加了分析和设计的复杂程度。如果忽略阻尼系数 $B_l$、$B_m$，那么开环系统的特征多项式可以简化为

$$J_l J_m s^4 + [k(J_l + J_m)]s^2$$

其在原点处存在双重开环极点，且在虚轴上存在共轭复数极点。实际工程中，相比于谐波

齿轮的刚度，其阻尼较小，因此系统的开环极点会处于复平面左半平面接近虚轴的位置，从而使得系统难以控制。

同样，采用前述的 PD 控制器进行带有柔性关节的机器人单关节控制系统分析和设计。此时，角度传感器既可以安装于驱动电动机输出轴，也可以安装于机器人连杆（即负载轴）。如果采用电动机输出转角 $\theta_m$ 进行反馈，那么此时的闭环系统框图如图 4-11 所示。

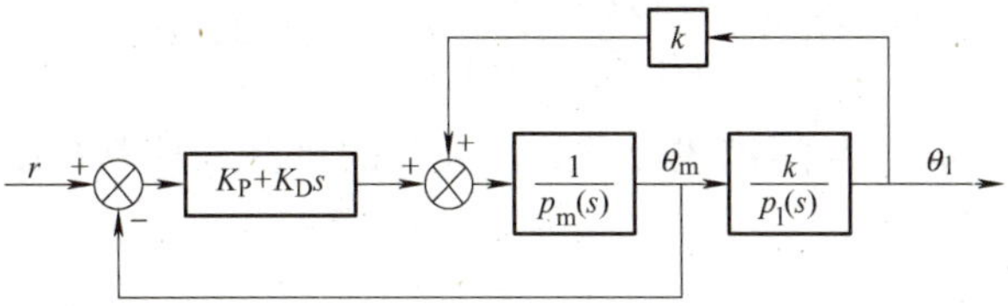


图 4-11　采用电动机输出转角进行反馈的闭环系统框图

如果采用负载转角 $\theta_l$ 进行反馈，那么此时的闭环系统框图如图 4-12 所示。

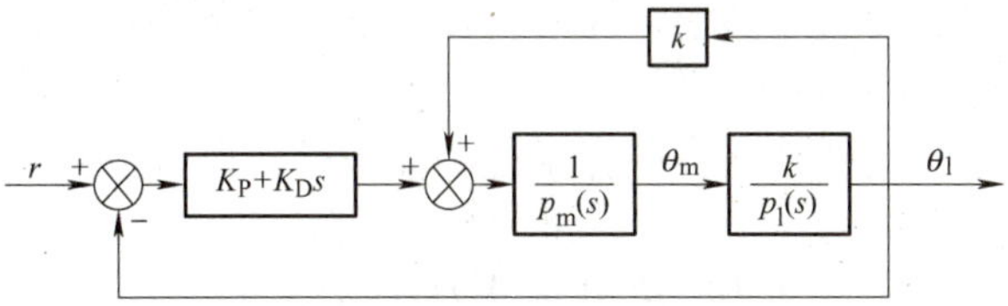


图 4-12　采用负载转角进行反馈的闭环系统框图



## 4.2.4　机器人单关节控制系统状态空间设计方法

正如上一小节的分析结论，采用简单的 PD 控制器难以满足柔性关节的控制需求，因为仅有负载转角或电动机转角可以用于反馈，并且关节柔性也限制了控制器增益的大小，还向闭环系统引入了轻微衰减的极点，使系统容易发生振荡。为了解决这些问题，本小节利用现代控制理论中的状态空间设计方法，对上述带有柔性关节的机器人控制系统进行分析设计。根据式（4-19）定义状态变量为

$$x_1 = \theta_l, x_2 = \dot{\theta}_l$$
$$x_3 = \theta_m, x_4 = \dot{\theta}_m$$

则系统的状态空间方程可以表示为

$$\dot{\boldsymbol{x}} = \boldsymbol{A}\boldsymbol{x} + \boldsymbol{b}u \tag{4-22}$$

式中，系统的状态转移矩阵 $\boldsymbol{A}$ 和输入矩阵 $\boldsymbol{b}$ 分别为

$$\boldsymbol{A} = \begin{bmatrix} 0 & 1 & 0 & 0 \\ -\dfrac{k}{J_l} & -\dfrac{B_l}{J_l} & \dfrac{k}{J_l} & 0 \\ 0 & 0 & 0 & 1 \\ \dfrac{k}{J_m} & 0 & -\dfrac{k}{J_m} & \dfrac{B_m}{J_m} \end{bmatrix}, \boldsymbol{b} = \begin{bmatrix} 0 \\ 0 \\ 0 \\ \dfrac{1}{J_m} \end{bmatrix}$$

若此时选择负载转角 $\theta_1$ 作为测量输出，则系统的输出方程可以表示为

$$\begin{aligned}\boldsymbol{y} &= x_1 = \boldsymbol{c}^{\mathrm{T}}\boldsymbol{x} \\ \boldsymbol{c}^{\mathrm{T}} &= [1 \quad 0 \quad 0 \quad 0]\end{aligned}$$

此时，从输入转矩 $\boldsymbol{u}$ 到负载转角的传递函数可以表示为

$$G(s) = \frac{\Theta_1(s)}{U(s)} = \frac{Y(s)}{U(s)} = \boldsymbol{c}^{\mathrm{T}}(s\boldsymbol{I} - \boldsymbol{A})^{-1}\boldsymbol{b} \tag{4-23}$$

基于上述内容利用状态空间描述带有柔性关节的机器人控制系统，设计状态反馈控制律为

$$\boldsymbol{u}(t) = -\boldsymbol{k}^{\mathrm{T}}\boldsymbol{x} + \boldsymbol{r} = -\sum_{i=1}^{4} k_i x_i + \boldsymbol{r}$$

式中，$k_i$ 为待设计的控制器增益，$\boldsymbol{r}$ 为参考输入信号。显然，区别于上一小节中 PD 控制律仅是关节角度或电动机转角的函数，此时的控制器是全部系统状态的线性组合，是关节和电动机的转角、角速度的函数。

根据线性系统的能控性秩判据，计算系统的能控性矩阵如下：

$$\det(\boldsymbol{b}, \boldsymbol{A}\boldsymbol{b}, \boldsymbol{A}^2\boldsymbol{b}, \boldsymbol{A}^3\boldsymbol{b}) = \frac{k^2}{J_{\mathrm{m}}^4 J_1^2} \neq 0$$

从而可以得出系统是可控的，这就意味着可以实现任意极点的配置，控制器的性能可以远远超出先前介绍的 PD 控制器。



在状态反馈控制器的设计中，关键问题是确定反馈增益 $k_i$，从而确定所期望的闭环极点的集合，即系统的极点配置问题。此时需要解决的问题是根据期望的系统性能及系统约束选择合适的闭环极点，从而使得系统能够获得较快的响应，同时又不需要提供过大的输入转矩。针对这样的设计目标，可以构建如下优化问题：

$$J = \int_0^{\infty} [\boldsymbol{x}^{\mathrm{T}}(t)\boldsymbol{Q}\boldsymbol{x}(t) + \boldsymbol{u}^{\mathrm{T}}(t)\boldsymbol{R}\boldsymbol{u}(t)]\mathrm{d}t \tag{4-24}$$

式中，$\boldsymbol{Q}$、$\boldsymbol{R}$ 为正定矩阵。直观地来看，上述优化指标中的两个二次型分别对应于控制系统的性能和控制代价。此时的优化目标是寻找合适的控制律 $\boldsymbol{u}(t)$ 来最小化上述函数 $J$，极点由正定矩阵 $\boldsymbol{Q}$、$\boldsymbol{R}$ 决定，从而避免系统闭环极点的选择问题。求解上述优化控制问题，可以得到控制器增益的描述为

$$\boldsymbol{k} = \frac{1}{\boldsymbol{R}}\boldsymbol{b}^{\mathrm{T}}\boldsymbol{P}$$

式中，$\boldsymbol{P}$ 为正定矩阵，且满足如下的里卡蒂方程：

$$\boldsymbol{A}^{\mathrm{T}}\boldsymbol{P} + \boldsymbol{P}\boldsymbol{A} - \frac{1}{\boldsymbol{R}}\boldsymbol{P}\boldsymbol{b}\boldsymbol{b}^{\mathrm{T}}\boldsymbol{P} + \boldsymbol{Q} = 0 \tag{4-25}$$

上述控制器也被称为线性二次型调节器（Linear Quadratic Regulator，LQR），并被广泛应用，其能以较低的成本使得系统获得较好的性能指标。

尽管上述状态反馈控制器能够实现系统任意闭环极点的配置，从而达到期望的控制性能指标，然而正如上述控制器的形式所示，状态反馈控制律是系统所有状态的线性组合，这就意味着需要在实际工程实践中能够测量系统的所有状态以构建反馈。事实上，这样的假设通常难以满足，例如在上述带有柔性关节的机器人控制系统中，可测量的输出为负载转角 $\theta_1$，其他的系统状态不可测量。

为了解决系统状态不可测量的问题，需要构造一个观测器以利用测量值获取系统状态的估计。回顾系统能观性判据，当且仅当

$$\det(\boldsymbol{c}, \boldsymbol{A}^{\mathrm{T}}\boldsymbol{c}, \boldsymbol{A}^{\mathrm{T}}\boldsymbol{c}^2, \cdots, \boldsymbol{A}^{\mathrm{T}}\boldsymbol{c}^{n-1}) \neq 0$$

线性系统是可观的。为了估计系统的状态，构造如下龙伯格观测器：

$$\dot{\hat{\boldsymbol{x}}} = \boldsymbol{A}\hat{\boldsymbol{x}} + \boldsymbol{b}u + \boldsymbol{l}(y - \boldsymbol{c}^{\mathrm{T}}\hat{\boldsymbol{x}})$$

式中，$\hat{\boldsymbol{x}}$ 为系统真实状态的估计；$\boldsymbol{l}(y - \boldsymbol{c}^{\mathrm{T}}\hat{\boldsymbol{x}})$ 利用测量输出和估计输出的误差补偿系统的状态估计；$\boldsymbol{l}$ 为观测器增益矩阵。观测器的设计目标是选取合适的观测器增益 $\boldsymbol{l}$，使得 $t \to \infty$ 时估计状态能够收敛到系统真实状态，即 $\hat{\boldsymbol{x}} \to \boldsymbol{x}$。

定义估计误差 $\boldsymbol{e}(t) = \boldsymbol{x} - \hat{\boldsymbol{x}}$，结合系统的动态方程和观测器的动态方程，容易得到误差系统的动态方程如下：

$$\dot{\boldsymbol{e}} = (\boldsymbol{A} - \boldsymbol{l}\boldsymbol{c}^{\mathrm{T}})\boldsymbol{e} \tag{4-26}$$

由式（4-26）可知，通过配置矩阵 $\boldsymbol{A} - \boldsymbol{l}\boldsymbol{c}^{\mathrm{T}}$ 的特征值，可以取得合适的观测性能。如果系统满足上述可观性条件，那么矩阵 $\boldsymbol{A} - \boldsymbol{l}\boldsymbol{c}^{\mathrm{T}}$ 的特征值可以实现任意配置。

基于估计的系统状态，可以构造基于估计状态的反馈控制器，此时的系统可以描述为

$$\begin{cases} \dot{\boldsymbol{x}} = \boldsymbol{A}\boldsymbol{x} + \boldsymbol{b}u \\ u = -\boldsymbol{k}^{\mathrm{T}}\hat{\boldsymbol{x}} \end{cases} \tag{4-27}$$

式（4-27）用估计的系统状态代替了状态反馈控制器中的真实系统状态。

进一步定义增广系统状态 $\tilde{\boldsymbol{x}} = \begin{bmatrix} \boldsymbol{x}^{\mathrm{T}} & \boldsymbol{e}^{\mathrm{T}} \end{bmatrix}^{\mathrm{T}}$，结合闭环控制系统状态方程及观测器误差状态方程可得

$$\tilde{\boldsymbol{x}} = \begin{bmatrix} \boldsymbol{A} - \boldsymbol{b}\boldsymbol{k}^{\mathrm{T}} & \boldsymbol{b}\boldsymbol{k}^{\mathrm{T}} \\ 0 & \boldsymbol{A} - \boldsymbol{l}\boldsymbol{c}^{\mathrm{T}} \end{bmatrix} \tilde{\boldsymbol{x}} \tag{4-28}$$

显然，增广系统闭环极点的集合由矩阵 $\boldsymbol{A} - \boldsymbol{l}\boldsymbol{c}^{\mathrm{T}}$ 和矩阵 $\boldsymbol{A} - \boldsymbol{b}\boldsymbol{k}^{\mathrm{T}}$ 特征值的并集构成。通常可以将观测器的极点放置于期望的闭环系统极点的左侧，使得估计的状态能够快速地收敛到系统的真实状态，从而使得基于观测器的状态反馈和基于真实状态的状态反馈能够取得几乎一样的控制效果。

## 4.3　机器人多关节控制

在上一节中，我们假设机器人的各个关节是独立的，关节之间的耦合等因素都被建模为系统的扰动，由此给出了机器人单关节控制器的设计方法，并给出了考虑关节柔性的系

统状态空间设计方法。实际上，机器人的动力学方程是一个复杂、非线性、耦合的多变量系统，单关节控制器通常难以保证实现机器人系统的预期控制性能。为此，本节直接针对非线性、多变量的机器人动力学模型进行控制系统的分析和设计。

## 4.3.1 机器人重力补偿 PD 控制

回顾机器人的动力学模型为

$$\boldsymbol{M}(\boldsymbol{q})\ddot{\boldsymbol{q}}+\boldsymbol{C}(\boldsymbol{q},\dot{\boldsymbol{q}})\dot{\boldsymbol{q}}+\boldsymbol{B}\dot{\boldsymbol{q}}+\boldsymbol{g}(\boldsymbol{q})=\boldsymbol{u} \tag{4-29}$$

式中，$\boldsymbol{q}$ 为机器人的关节角向量；$\boldsymbol{M}(\boldsymbol{q})$ 为机器人的惯量矩阵；$\boldsymbol{C}(\boldsymbol{q},\dot{\boldsymbol{q}})$ 为广义离心力和科里奥利力向量；$\boldsymbol{g}(\boldsymbol{q})$ 为机器人的重力向量；$\boldsymbol{B}$ 为摩擦系数矩阵；$\boldsymbol{u}$ 为机器人的关节驱动力矩输入向量。简便起见，忽略摩擦系数矩阵 $\boldsymbol{B}$，即假设 $\boldsymbol{B}=\boldsymbol{0}$。

同样，在本小节中考虑简单的多变量 PD 控制律，控制器形式如下：

$$\boldsymbol{u}=-\boldsymbol{K}_{\mathrm{P}}\tilde{\boldsymbol{q}}-\boldsymbol{K}_{\mathrm{D}}\dot{\boldsymbol{q}} \tag{4-30}$$

式中，$\tilde{\boldsymbol{q}}=\boldsymbol{q}-\boldsymbol{q}_{\mathrm{d}}$ 为期望机器人关节角 $\boldsymbol{q}_{\mathrm{d}}$ 与实际关节角 $\boldsymbol{q}$ 之差；$\boldsymbol{K}_{\mathrm{P}}$、$\boldsymbol{K}_{\mathrm{D}}$ 分别为比例增益矩阵和微分增益矩阵，一般选为对角矩阵。

首先忽略重力项，即假设 $\boldsymbol{g}(\boldsymbol{q})=\boldsymbol{0}$，然后考虑采用上述多变量 PD 控制器进行系统分析。为此，构造李雅普诺夫函数为



$$V=\frac{1}{2}\dot{\boldsymbol{q}}^{\mathrm{T}}\boldsymbol{M}(\boldsymbol{q})\dot{\boldsymbol{q}}+\frac{1}{2}\tilde{\boldsymbol{q}}^{\mathrm{T}}\boldsymbol{K}_{\mathrm{P}}\tilde{\boldsymbol{q}} \tag{4-31}$$

此处考虑定点跟踪的问题，即期望关节角 $\boldsymbol{q}_{\mathrm{d}}$ 为常值。将式（4-31）李雅普诺夫函数 $V$ 对时间 $t$ 求取一阶导数，可以得到

$$\dot{V}=\dot{\boldsymbol{q}}^{\mathrm{T}}\boldsymbol{M}(\boldsymbol{q})\ddot{\boldsymbol{q}}+\frac{1}{2}\dot{\boldsymbol{q}}^{\mathrm{T}}\dot{\boldsymbol{M}}(\boldsymbol{q})\dot{\boldsymbol{q}}+\dot{\boldsymbol{q}}^{\mathrm{T}}\boldsymbol{K}_{\mathrm{P}}\tilde{\boldsymbol{q}} \tag{4-32}$$

将系统动力学方程中的 $\boldsymbol{M}(\boldsymbol{q})\ddot{\boldsymbol{q}}$ 代入式（4-32），忽略重力项 $\boldsymbol{g}(\boldsymbol{q})$，并利用矩阵 $\dot{\boldsymbol{M}}(\boldsymbol{q})-2\boldsymbol{C}(\boldsymbol{q},\dot{\boldsymbol{q}})$ 的反对称性，可以得到李雅普诺夫函数对时间 $t$ 的一阶导数，描述为

$$\begin{aligned}\dot{V}&=\dot{\boldsymbol{q}}^{\mathrm{T}}(\boldsymbol{u}-\boldsymbol{C}(\boldsymbol{q},\dot{\boldsymbol{q}})\dot{\boldsymbol{q}})+\frac{1}{2}\dot{\boldsymbol{q}}^{\mathrm{T}}\dot{\boldsymbol{M}}(\boldsymbol{q})\dot{\boldsymbol{q}}+\dot{\boldsymbol{q}}^{\mathrm{T}}\boldsymbol{K}_{\mathrm{P}}\tilde{\boldsymbol{q}}\\&=\dot{\boldsymbol{q}}^{\mathrm{T}}(\boldsymbol{u}+\boldsymbol{K}_{\mathrm{P}}\tilde{\boldsymbol{q}})+\frac{1}{2}\dot{\boldsymbol{q}}^{\mathrm{T}}(\dot{\boldsymbol{M}}(\boldsymbol{q})-2\boldsymbol{C}(\boldsymbol{q},\dot{\boldsymbol{q}}))\dot{\boldsymbol{q}}\\&=\dot{\boldsymbol{q}}^{\mathrm{T}}(\boldsymbol{u}+\boldsymbol{K}_{\mathrm{P}}\tilde{\boldsymbol{q}})\end{aligned} \tag{4-33}$$

考虑式（4-30）中描述的 PD 控制律，可以得到

$$\dot{V}=-\dot{\boldsymbol{q}}^{\mathrm{T}}\boldsymbol{K}_{\mathrm{D}}\dot{\boldsymbol{q}}\leqslant 0 \tag{4-34}$$

且根据 LaSalle（拉塞尔）定理容易证明

$$\dot{V}\equiv 0\Rightarrow\dot{\boldsymbol{q}}\equiv 0,\ddot{\boldsymbol{q}}\equiv 0$$

根据系统运动方程：

$$\boldsymbol{M}(\boldsymbol{q})\ddot{\boldsymbol{q}}+\boldsymbol{C}(\boldsymbol{q},\dot{\boldsymbol{q}})\dot{\boldsymbol{q}}=-\boldsymbol{K}_{\mathrm{P}}\tilde{\boldsymbol{q}}-\boldsymbol{K}_{\mathrm{D}}\dot{\boldsymbol{q}}$$

可以得到

$$-\boldsymbol{K}_{\mathrm{P}}\tilde{\boldsymbol{q}}=0$$

再根据 LaSalle 定理可知，系统是全局渐近稳定的。

以上在忽略重力项的条件下给出了多变量 PD 控制器，以保证机器人控制系统的全局渐近稳定性，实现了关节角的跟踪。事实上，当考虑重力项 $\boldsymbol{g}(\boldsymbol{q})$ 时，式（4-33）将变为

$$\dot{V}=\dot{\boldsymbol{q}}^{\mathrm{T}}(\boldsymbol{u}-\boldsymbol{g}(\boldsymbol{q})+\boldsymbol{K}_{\mathrm{P}}\tilde{\boldsymbol{q}}) \tag{4-35}$$

显然，此时重力项的存在使得上述的 PD 控制器无法保证系统实现渐近跟踪，可能会出现稳态误差或偏差。假设此时的控制系统是稳定的，那么机器人的关节角向量 $\boldsymbol{q}$ 将满足如下等式：

$$\boldsymbol{K}_{\mathrm{P}}(\boldsymbol{q}-\boldsymbol{q}_{\mathrm{d}})=\boldsymbol{g}(\boldsymbol{q})$$

此时，$\boldsymbol{q}$ 必须能够使电动机产生一个稳态保持力矩 $\boldsymbol{K}_{\mathrm{P}}(\boldsymbol{q}-\boldsymbol{q}_{\mathrm{d}})$ 来平衡重力项 $\boldsymbol{g}(\boldsymbol{q})$。

为了消除重力项引起的稳态误差，对上述 PD 控制律进行修正，考虑如下带有重力补偿的 PD 控制器：

$$\boldsymbol{u}=-\boldsymbol{K}_{\mathrm{P}}\tilde{\boldsymbol{q}}-\boldsymbol{K}_{\mathrm{D}}\dot{\boldsymbol{q}}+\boldsymbol{g}(\boldsymbol{q}) \tag{4-36}$$

显然，采用上述的设计过程，可以保证机器人控制系统的渐近稳定性，实现渐近跟踪，但带来的问题就是需要在每个控制周期根据拉格朗日方程计算重力项 $\boldsymbol{g}(\boldsymbol{q})$。



### 4.3.2　机器人分解运动控制

前面介绍的控制器都是较为简单的线性控制器，这样的控制器在非线性的机器人系统中可能并不能取得令人满意的控制效果。同时，不能采用小偏差线性化的方法来得到线性的机器人动力学模型，这是因为机器人经常在工作空间内做大范围运动，我们无法找到一个适合于所有工作区域的线性化模型。因此，本小节针对非线性的机器人模型，考虑设计更为复杂的非线性控制器来抵消控制对象中的非线性。为了设计更加复杂的控制律，实现更好的控制性能，下面介绍分解控制方法，将控制器分为基于模型的控制部分和基于伺服的控制部分。

简便起见，下面从一般的弹簧 - 质量块二阶系统开始分析，开环动力学方程可以表示为

$$m\ddot{x}+b\dot{x}+kx=f \tag{4-37}$$

式中，$m$ 为质量块质量；$b$ 为摩擦系数；$k$ 为弹簧刚度；$f$ 为外力输入。考虑一个位置校正系统，系统施加外力 $f$ 使得质量块保持在固定的位置。区别于前述直接设计 PD 控制律的方法，此处通过设计分解控制器实现这一控制目标，其中基于模型的控制部分可以表示为

$$f=\alpha f'+\beta \tag{4-38}$$

式中，$\alpha$、$\beta$ 为常数或者函数。如果将 $f'$ 作为新的系统输入，那么可以选择合适的 $\alpha$、$\beta$

使得系统简化为单位质量，从而在基于伺服的控制部分仅需要选择合适的增益来控制这一单位质量构成的系统。

显然，为了在输入$f'$时将系统简化为单位质量，这个系统中的$\alpha$、$\beta$可选取如下：

$$\begin{cases}\alpha = m \\ \beta = b\dot{x} + kx\end{cases}$$

从而可以得到单位质量的二阶系统为

$$\ddot{x} = f'$$

此时，可以设计简单的控制律计算$f'$：

$$f' = -k_{\mathrm{p}}x - k_{\mathrm{v}}\dot{x}$$

最后得到系统的动态方程为

$$\ddot{x} + k_{\mathrm{v}}\dot{x} + k_{\mathrm{p}}x = 0$$

那么，控制器增益的确定将十分简单，而且和原系统参数无关，选择合适的增益使得系统具有期望的刚度，且处于临界阻尼状态。



基于以上的讨论，下面考虑如图 4-13 所示的单连杆机械臂的控制问题。

假设机械臂的质量集中于连杆末端，关节运动过程中伴随黏性摩擦和库仑摩擦，且在运动过程中需要考虑重力影响，那么可以为这样的单连杆机械臂建立如下动力学模型：

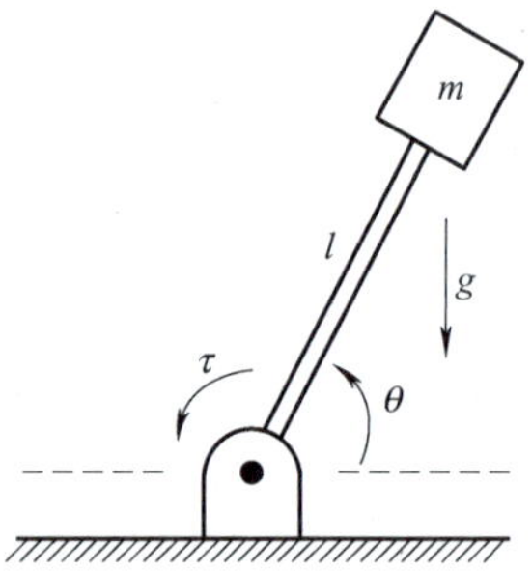

图 4-13　单连杆机械臂

$$\tau = ml^2\ddot{\theta} + v\dot{\theta} + c\mathrm{sgn}\dot{\theta} + mlg\cos\theta \tag{4-39}$$

式中，$v$、$c$分别为黏性摩擦系数和库仑摩擦系数。显然，此时的单连杆机械臂动力学系统是一个非线性系统。同样采用分解控制器的方法，对这样的非线性系统进行控制器设计。基于模型的控制部分可以表示为

$$\begin{cases}\tau = \alpha\tau' + \beta \\ \alpha = ml^2 \\ \beta = v\dot{\theta} + c\mathrm{sgn}\dot{\theta} + mlg\cos\theta\end{cases} \tag{4-40}$$

式中，$\tau'$为虚拟的控制输入，可以由如下基于伺服的控制部分给出：

$$\tau' = \ddot{\theta}_{\mathrm{d}} + k_{\mathrm{v}}\dot{e} + k_{\mathrm{p}}e \tag{4-41}$$

式中，$\theta_{\mathrm{d}}$为期望的关节角；$e$为期望的关节角$\theta_{\mathrm{d}}$与实际关节角$\theta$的差值。

显然，在一些情况下设计非线性控制器并不困难，通常需要计算一个非线性的基于

模型的控制律，用来“抵消”被控系统的非线性，从而将系统简化为线性系统，用对应于单位质量系统的简单线性伺服控制律进行控制。某种程度上来讲，线性化的控制律实施了被控系统的逆模型，从而使得被控系统中的非线性和逆模型中的非线性相互抵消，从而与伺服控制律一起构成了一个线性的闭环系统，其缺点就在于必须知道非线性系统的参数和结构。

## 4.3.3　机器人逆动力学控制

基于上一小节的讨论，这一节将介绍多关节机器人的控制问题——一般是一个多输入多输出的控制问题。延续上一小节的方法，利用向量表示机器人关节位置、速度和加速度，此时控制律所计算的是机器人各关节驱动力矩向量。

同样，将多输入多输出系统的控制律分解为基于模型的控制部分和基于伺服的控制部分，但是以矩阵 - 向量的形式进行构建，其一般形式表示为

$$\boldsymbol{F}=\boldsymbol{\alpha}\boldsymbol{F}'+\boldsymbol{\beta} \tag{4-42}$$

式中，若考虑自由度为 $n$ 的控制系统，则 $\boldsymbol{F}$、$\boldsymbol{F}'$、$\boldsymbol{\beta}$ 为 $n\times 1$ 的向量，$\boldsymbol{\alpha}$ 为 $n\times n$ 的矩阵。

如前所述，$\boldsymbol{\alpha}$、$\boldsymbol{\beta}$ 可以是常数或者函数（矩阵或向量），可以通过适当地选择 $\boldsymbol{\alpha}$、$\boldsymbol{\beta}$，使系统对虚拟输入 $\boldsymbol{F}'$ 表现为 $n$ 个独立的单位质量系统。因此，在多输入多输出系统中，控制律中基于模型的控制部分被称为线性化解耦控制律。

针对上述解耦的线性化系统，其基于伺服的控制部分可以描述为

$$\boldsymbol{F}'=\ddot{\boldsymbol{X}}_{\mathrm{d}}+\boldsymbol{K}_{\mathrm{v}}\dot{\boldsymbol{E}}+\boldsymbol{K}_{\mathrm{p}}\boldsymbol{E} \tag{4-43}$$



式中，$\boldsymbol{K}_{\mathrm{v}}$、$\boldsymbol{K}_{\mathrm{p}}$ 为 $n\times n$ 的控制器增益矩阵，通常选为对角矩阵，对角线上的元素为控制器常值增益；$\dot{\boldsymbol{E}}$、$\boldsymbol{E}$ 分别为 $n\times 1$ 的速度误差向量和位置误差向量。

基于以上一般性的结论，接下来讨论非线性、耦合的多输入多输出机器人的逆动力学控制问题。回顾机器人的动力学模型，为

$$\boldsymbol{\tau}=\boldsymbol{M}(\boldsymbol{\Theta})\ddot{\boldsymbol{\Theta}}+\boldsymbol{V}(\boldsymbol{\Theta},\dot{\boldsymbol{\Theta}})+\boldsymbol{G}(\boldsymbol{\Theta})+\boldsymbol{F}(\boldsymbol{\Theta},\dot{\boldsymbol{\Theta}}) \tag{4-44}$$

对于上述非线性多输入多输出的机器人控制系统，可以使用分解控制方法进行控制器的设计。控制器中基于模型的控制部分为

$$\begin{cases}\boldsymbol{\tau}=\boldsymbol{\alpha}\boldsymbol{\tau}'+\boldsymbol{\beta}\\ \boldsymbol{\alpha}=\boldsymbol{M}(\boldsymbol{\Theta})\\ \boldsymbol{\beta}=\boldsymbol{V}(\boldsymbol{\Theta},\dot{\boldsymbol{\Theta}})+\boldsymbol{G}(\boldsymbol{\Theta})+\boldsymbol{F}(\boldsymbol{\Theta},\dot{\boldsymbol{\Theta}})\end{cases} \tag{4-45}$$

控制器中基于伺服的控制部分可以表示为

$$\begin{cases}\boldsymbol{\tau}'=\ddot{\boldsymbol{\Theta}}_{\mathrm{d}}+\boldsymbol{K}_{\mathrm{v}}\dot{\boldsymbol{E}}+\boldsymbol{K}_{\mathrm{p}}\boldsymbol{E}\\ \boldsymbol{E}=\boldsymbol{\Theta}_{\mathrm{d}}-\boldsymbol{\Theta}\end{cases} \tag{4-46}$$

式中，$\boldsymbol{\Theta}_{\mathrm{d}}$ 为期望的关节角向量；$\boldsymbol{\Theta}$ 为实际关节角；$\boldsymbol{E}$ 为关节角伺服误差。此时，机器人逆动力学控制系统框图如图 4-14 所示。

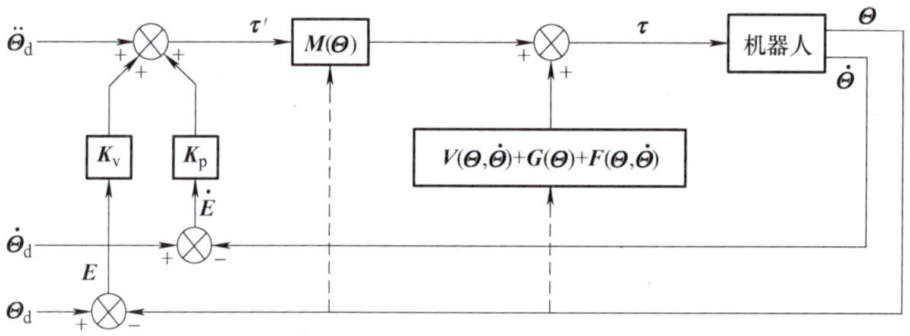


图 4-14 机器人逆动力学控制系统框图

基于非线性系统模型及以上设计的分解控制器，容易得到闭环系统的误差方程为

$$\ddot{\boldsymbol{E}}+\boldsymbol{K}_{\mathrm{v}}\dot{\boldsymbol{E}}+\boldsymbol{K}_{\mathrm{p}}\boldsymbol{E}=\boldsymbol{0} \tag{4-47}$$

一般选取式（4-47）中的控制器增益矩阵 $\boldsymbol{K}_{\mathrm{v}}$、$\boldsymbol{K}_{\mathrm{p}}$ 为对角矩阵，对角线上的元素为控制器常数增益。此时得到的闭环系统的误差方程是解耦的，这也就意味着向量方程（4-47）可以分解为各个独立关节的形式，即

$$\ddot{e}_i+k_{\mathrm{v}i}\dot{e}_i+k_{\mathrm{p}i}e_i=0$$

事实上，前述的控制方法是反馈线性化方法的一个特例，是基于逆动力学的控制方法。设机器人的动力学方程为



$$\boldsymbol{M}(\boldsymbol{\Theta})\ddot{\boldsymbol{\Theta}}+\boldsymbol{C}(\boldsymbol{\Theta},\dot{\boldsymbol{\Theta}})\dot{\boldsymbol{\Theta}}+\boldsymbol{G}(\boldsymbol{\Theta})=\boldsymbol{\tau} \tag{4-48}$$

逆动力学控制的思想是寻找如下非线性的控制律：

$$\boldsymbol{\tau}=\boldsymbol{f}(\boldsymbol{\Theta},\dot{\boldsymbol{\Theta}},\boldsymbol{t}) \tag{4-49}$$

当控制律［式（4-49）］作用于动态系统时，闭环系统成为一个线性系统。具体地，针对机器人动力学方程［式（4-48）］，选择如下控制律：

$$\boldsymbol{\tau}=\boldsymbol{M}(\boldsymbol{\Theta})\boldsymbol{a}_{\mathrm{q}}+\boldsymbol{C}(\boldsymbol{\Theta},\dot{\boldsymbol{\Theta}})\dot{\boldsymbol{\Theta}}+\boldsymbol{G}(\boldsymbol{\Theta}) \tag{4-50}$$

式中，$\boldsymbol{a}_{\mathrm{q}}$ 为待设计的新的控制输入。考虑到惯量矩阵 $\boldsymbol{M}(\boldsymbol{\Theta})$ 的可逆特性，令控制律［式（4-50）］作用于机器人系统，得到简化后的线性系统为

$$\ddot{\boldsymbol{\Theta}}=\boldsymbol{a}_{\mathrm{q}} \tag{4-51}$$

显然，式（4-51）所示的系统为双积分系统。式（4-50）所示的控制器被称为逆动力学控制器，该控制器能够将系统转化为单位质量的双积分系统，闭环系统是线性解耦的，这就意味着可以设计独立的输入 $a_{\mathrm{q}_k}$，使得单输入单输出系统具有期望的控制性能。

一般新的控制输入 $\boldsymbol{a}_{\mathrm{q}}$ 可以选择如下形式：

$$\boldsymbol{a}_{\mathrm{q}}=\ddot{\boldsymbol{\Theta}}_{\mathrm{d}}(t)-\boldsymbol{K}_0\tilde{\boldsymbol{\Theta}}-\boldsymbol{K}_1\dot{\tilde{\boldsymbol{\Theta}}} \tag{4-52}$$

式中，$\boldsymbol{K}_0$、$\boldsymbol{K}_1$ 为对角矩阵，对角线上的元素为控制器的位置增益和速度增益；$\tilde{\boldsymbol{\Theta}}=\boldsymbol{\Theta}-\boldsymbol{\Theta}_{\mathrm{d}}$、$\dot{\tilde{\boldsymbol{\Theta}}}=\dot{\boldsymbol{\Theta}}-\dot{\boldsymbol{\Theta}}_{\mathrm{d}}$ 为位置伺服误差和速度伺服误差；$\boldsymbol{\Theta}_{\mathrm{d}}$、$\dot{\boldsymbol{\Theta}}_{\mathrm{d}}$、$\ddot{\boldsymbol{\Theta}}_{\mathrm{d}}$ 为参考轨迹。这

是带有前馈加速度的 PD 控制器。

将控制输入式（4-52）代入系统，可得误差动态系统为

$$\ddot{\tilde{\boldsymbol{\Theta}}}(t)+\boldsymbol{K}_1\dot{\tilde{\boldsymbol{\Theta}}}(t)+\boldsymbol{K}_0\tilde{\boldsymbol{\Theta}}(t)=\boldsymbol{0} \tag{4-53}$$

式中，控制器的增益矩阵可以简单选择为

$$\boldsymbol{K}_0=\begin{bmatrix}\omega_1^2 & 0 & \cdots & 0\\ 0 & \omega_2^2 & \cdots & 0\\ \vdots & \vdots & & \vdots\\ 0 & 0 & \cdots & \omega_n^2\end{bmatrix} \quad \boldsymbol{K}_1=\begin{bmatrix}2\omega_1 & 0 & \cdots & 0\\ 0 & 2\omega_2 & \cdots & 0\\ \vdots & \vdots & & \vdots\\ 0 & 0 & \cdots & 2\omega_n\end{bmatrix}$$

选取增益矩阵为上述对角矩阵，可以得到一个解耦的闭环系统，机器人每个关节的响应等价为一个处于临界阻尼状态的二阶线性系统，其中固有频率 $\omega_i$ 决定了机器人关节的响应速度，即跟踪误差的衰减速率。

下面从另一个角度来看上述逆动力学控制方法。若惯量矩阵可逆，则根据机器人的动力学方程，机器人关节角的加速度可以表示为

$$\ddot{\boldsymbol{\Theta}}=\boldsymbol{M}^{-1}(\boldsymbol{\Theta})(\boldsymbol{\tau}-\boldsymbol{C}(\boldsymbol{\Theta},\dot{\boldsymbol{\Theta}})\dot{\boldsymbol{\Theta}}-\boldsymbol{G}(\boldsymbol{\Theta})) \tag{4-54}$$

若此时将加速度作为系统的输入，即控制器直接生成加速度而不是驱动力矩（这样的控制器实际并不存在），则机器人的动力学方程可以表示为

$$\ddot{\boldsymbol{\Theta}}(t)=\boldsymbol{a}_{\mathrm{q}}(t) \tag{4-55}$$



式中，$\boldsymbol{a}_{\mathrm{q}}(t)$ 为输入的加速度向量，由此得到上述双积分系统。根据式（4-54）和式（4-55），容易得到

$$\boldsymbol{M}^{-1}(\boldsymbol{\Theta})(\boldsymbol{\tau}-\boldsymbol{C}(\boldsymbol{\Theta},\dot{\boldsymbol{\Theta}})\dot{\boldsymbol{\Theta}}-\boldsymbol{G}(\boldsymbol{\Theta}))=\boldsymbol{a}_{\mathrm{q}}$$

经过变换可得

$$\boldsymbol{\tau}=\boldsymbol{M}(\boldsymbol{\Theta})\boldsymbol{a}_{\mathrm{q}}+\boldsymbol{C}(\boldsymbol{\Theta},\dot{\boldsymbol{\Theta}})\dot{\boldsymbol{\Theta}}+\boldsymbol{G}(\boldsymbol{\Theta})$$

显然，上述动力学方程和式（4-48）相同。因此从某种意义上来讲，基于逆动力学的控制方法实际上是进行了一个输入的变换，将关节力矩的选择问题转变为关节加速度的输入问题，实际逆动力学控制的实施过程需要实时地计算惯量矩阵、科里奥利力、离心力、重力项等广义向量。

## 4.4 机器人操作空间控制

本章前面的内容介绍了机器人单关节、多关节的控制方法，假设关节位置、速度、加速度序列所表示的期望轨迹可以得到，那么控制方案中的误差也都可以在关节空间中描述。然而，事实上通常是在操作空间中控制指定机器人末端执行器的运动，然后采用逆运动学方法将操作空间中的运动转化到关节空间，在关节空间中进行控制器设计。除了需要进行逆运动学求解，还需要采用一阶和二阶微分运动学逆解将期望的末端执行器位置、速度和

加速度的时程转换为相应关节级的量，逆运动学求解过程增加了计算负担。因此，当前工业机器人控制系统通过逆运动学求解计算关节位置，然后用数值微分计算速度和加速度。

如果用操作空间变量的形式描述机器人的运动，且可以根据关节空间变量由正运动学得到操作空间变量，那么就可以通过在操作空间中比较期望输入与重构的实际输出来进行反馈控制器的设计。因此，本节引入机器人操作空间控制方案，这样的控制方法在考虑机器人与环境之间进行控制交互的情况下很有必要。实际上，关节空间控制方案仅能满足机器人自由空间的运动控制。当机器人末端执行器受到环境约束，例如末端执行器与弹性环境接触时，必须对位置与接触力都进行控制，这时操作空间控制方案较为方便。后续的机器人力控制将采用这样的控制方案。

## 4.4.1 操作空间总体控制方案

如前所述，操作空间控制方案以指定操作空间轨迹的输入值与相应机器人输出的测量值之间的直接比较为基础。因此，控制系统可以合并一些从操作空间（在此空间中定义误差）到关节空间（在此空间中生成控制广义力）的变换作用。这样的控制方案被称为逆雅可比矩阵控制，如图 4-15 所示。

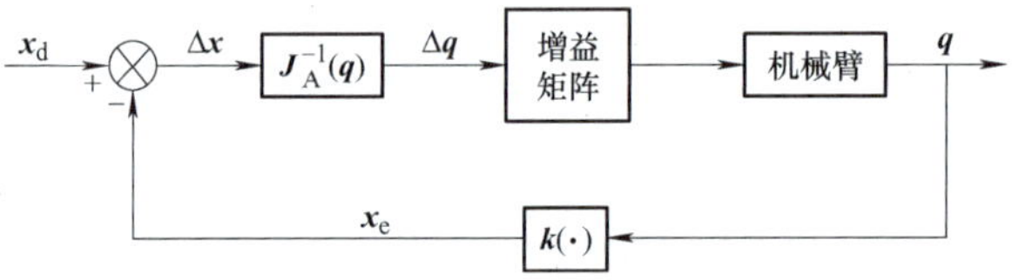


图 4-15　逆雅可比矩阵控制



将机器人末端执行器在操作空间中的位姿 $\boldsymbol{x}_e$ 与相应的期望位姿 $\boldsymbol{x}_d$ 进行比较，从而得到机器人在操作空间中描述的控制偏差 $\Delta\boldsymbol{x}$。假设控制偏差对控制系统而言较小，那么可以根据逆雅可比矩阵转化为相应的关节空间偏差 $\Delta\boldsymbol{q}$，在关节空间偏差的基础上，通过适当的增益矩阵可以计算产生控制输入的广义力，从而使得偏差 $\Delta\boldsymbol{x}$、$\Delta\boldsymbol{q}$ 减小。

换句话说，逆雅可比矩阵控制使整个系统直观表现为一个在关节空间中有 $n$ 个广义弹簧单元的机械系统，其常值刚度由增益矩阵确定。这些系统的作用是使偏差趋于零。如果增益矩阵是对角形式的，则广义弹簧单元相当于 $n$ 个独立的弹性元件，分别对应每一个关节。

另一种可类比的操作空间控制方案称为转置雅可比矩阵控制，如图 4-16 所示。在这种情况下，操作空间误差首先用增益矩阵处理，其输出可视为广义弹簧单元产生的弹性力，弹性力在操作空间中的功能是减小或消除位置偏差 $\Delta\boldsymbol{x}$，产生的力驱动末端执行器沿着减小 $\Delta\boldsymbol{x}$ 的方向运动。该操作空间的力可通过转置雅可比矩阵变换为关节空间的广义力，以实现需要的系统响应。

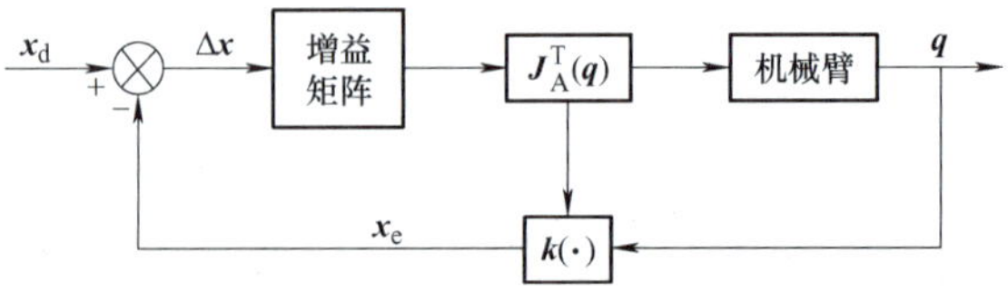


图 4-16　转置雅可比矩阵控制

## 4.4.2 机器人操作空间重力补偿 PD 控制

与关节空间的稳定性分析类似，给定末端执行器常值位姿 $\boldsymbol{x}_\mathrm{d}$，期望找到控制结构以使如下的操作空间误差渐近趋于零：

$$\tilde{\boldsymbol{x}} = \boldsymbol{x}_\mathrm{d} - \boldsymbol{x}_\mathrm{e} \tag{4-56}$$

回顾机械臂的动力学方程

$$\boldsymbol{M}(\boldsymbol{q})\ddot{\boldsymbol{q}} + \boldsymbol{C}(\boldsymbol{q},\dot{\boldsymbol{q}})\dot{\boldsymbol{q}} + \boldsymbol{g}(\boldsymbol{q}) = \boldsymbol{u}$$

构造李雅普诺夫函数为

$$V(\dot{\boldsymbol{q}},\tilde{\boldsymbol{x}}) = \frac{1}{2}\dot{\boldsymbol{q}}^\mathrm{T}\boldsymbol{M}(\boldsymbol{q})\dot{\boldsymbol{q}} + \frac{1}{2}\tilde{\boldsymbol{x}}^\mathrm{T}\boldsymbol{K}_\mathrm{P}\tilde{\boldsymbol{x}} > 0, \forall \dot{\boldsymbol{q}},\tilde{\boldsymbol{x}} \neq 0 \tag{4-57}$$

式中，$\boldsymbol{K}_\mathrm{P}$ 为正定矩阵。将式（4-57）李雅普诺夫函数对时间求取一阶导数，可得

$$\dot{V} = \dot{\boldsymbol{q}}^\mathrm{T}\boldsymbol{M}(\boldsymbol{q})\ddot{\boldsymbol{q}} + \frac{1}{2}\dot{\boldsymbol{q}}^\mathrm{T}\dot{\boldsymbol{M}}(\boldsymbol{q})\dot{\boldsymbol{q}} + \dot{\tilde{\boldsymbol{x}}}^\mathrm{T}\boldsymbol{K}_\mathrm{P}\tilde{\boldsymbol{x}}$$

由于 $\dot{\boldsymbol{x}}_\mathrm{d} = 0$，可得微分方程 $\dot{\tilde{\boldsymbol{x}}} = -\boldsymbol{J}_\mathrm{A}(\boldsymbol{q})\dot{\boldsymbol{q}}$，因此上述李雅普诺夫函数的一阶导数可以表示为

$$\dot{V} = \dot{\boldsymbol{q}}^\mathrm{T}\boldsymbol{M}(\boldsymbol{q})\ddot{\boldsymbol{q}} + \frac{1}{2}\dot{\boldsymbol{q}}^\mathrm{T}\dot{\boldsymbol{M}}(\boldsymbol{q})\dot{\boldsymbol{q}} - \dot{\boldsymbol{q}}^\mathrm{T}\boldsymbol{J}_\mathrm{A}^\mathrm{T}(\boldsymbol{q})\boldsymbol{K}_\mathrm{P}\tilde{\boldsymbol{x}} \tag{4-58}$$

将机械臂的动力学方程代入式（4-58），并考虑矩阵 $\dot{\boldsymbol{M}}(\boldsymbol{q}) - 2\boldsymbol{C}(\boldsymbol{q},\dot{\boldsymbol{q}})$ 的反对称性，可得

$$\dot{V} = \dot{\boldsymbol{q}}^\mathrm{T}(\boldsymbol{u} - \boldsymbol{g}(\boldsymbol{q}) - \boldsymbol{J}_\mathrm{A}^\mathrm{T}(\boldsymbol{q})\boldsymbol{K}_\mathrm{P}\tilde{\boldsymbol{x}})$$

若选择如下控制律：

$$\boldsymbol{u} = \boldsymbol{g}(\boldsymbol{q}) + \boldsymbol{J}_\mathrm{A}^\mathrm{T}(\boldsymbol{q})\boldsymbol{K}_\mathrm{P}\tilde{\boldsymbol{x}} - \boldsymbol{J}_\mathrm{A}^\mathrm{T}(\boldsymbol{q})\boldsymbol{K}_\mathrm{D}\boldsymbol{J}_\mathrm{A}(\boldsymbol{q})\dot{\boldsymbol{q}} \tag{4-59}$$

则将控制律代入李雅普诺夫函数对时间的导数，可表示为

$$\dot{V} = -\dot{\boldsymbol{q}}^\mathrm{T}\boldsymbol{J}_\mathrm{A}^\mathrm{T}(\boldsymbol{q})\boldsymbol{K}_\mathrm{D}\boldsymbol{J}_\mathrm{A}(\boldsymbol{q})\dot{\boldsymbol{q}} \tag{4-60}$$

由式（4-60）可知，对于任意 $\dot{\boldsymbol{q}} \neq 0$，李雅普诺夫函数都会减小，系统可以达到平衡姿态。将控制律式（4-59）代入系统方程，采用与关节空间稳定性类似的稳定性分析方法，可以得到系统的平衡姿态由如下等式确定：

$$\boldsymbol{J}_\mathrm{A}^\mathrm{T}(\boldsymbol{q})\boldsymbol{K}_\mathrm{P}\tilde{\boldsymbol{x}} = 0$$

操作空间重力补偿 PD 控制系统框图如图 4-17 所示。

由系统框图可知，基于重力补偿的 PD 控制器实现了关节空间的重力非线性补偿和操作空间的线性 PD 控制。控制器中引入的 $\boldsymbol{J}_\mathrm{A}^\mathrm{T}(\boldsymbol{q})\boldsymbol{K}_\mathrm{D}\boldsymbol{J}_\mathrm{A}(\boldsymbol{q})\dot{\boldsymbol{q}}$ 可以增大系统阻尼。若 $\dot{\boldsymbol{x}}$ 的测量值是由关节角速度 $\dot{\boldsymbol{q}}$ 推算得到的，则可以将该其简化为 $-\boldsymbol{K}_\mathrm{D}\dot{\boldsymbol{q}}$。若 $\boldsymbol{x}_\mathrm{e}$ 及 $\dot{\boldsymbol{x}}_\mathrm{e}$ 的测量值是在机器人操作空间中得到的，则控制系统框图中的 $\boldsymbol{k}(\boldsymbol{q})$、$\boldsymbol{J}_\mathrm{A}(\boldsymbol{q})$ 恰好是正运动学方程的表示，但是此时需要在线测量 $\boldsymbol{q}$ 以更新 $\boldsymbol{g}(\boldsymbol{q})$、$\boldsymbol{J}_\mathrm{A}(\boldsymbol{q})$。

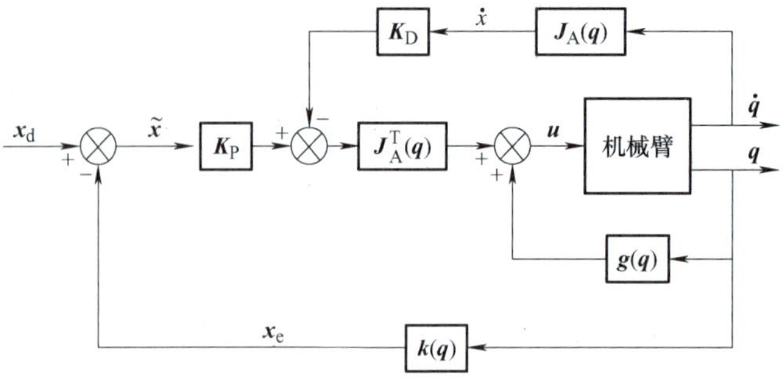


图 4-17　操作空间重力补偿 PD 控制系统框图

## 4.4.3　机器人操作空间逆动力学控制

与关节空间的逆动力学控制方法类似，本小节讨论构造机器人操作空间的逆动力学控制器。操作空间逆动力学控制系统框图如图 4-18 所示。

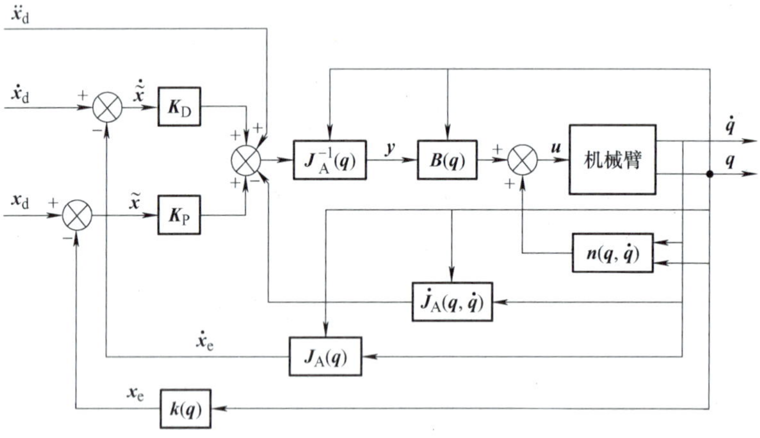


图 4-18　操作空间逆动力学控制系统框图

考虑操作空间中机器人的轨迹跟踪问题，根据机械臂的动力学方程

$$\boldsymbol{M}(\boldsymbol{q})\ddot{\boldsymbol{q}}+\boldsymbol{C}(\boldsymbol{q},\dot{\boldsymbol{q}})\dot{\boldsymbol{q}}+\boldsymbol{g}(\boldsymbol{q})=\boldsymbol{u}$$

构造逆动力学线性控制器为

$$\boldsymbol{u}=\boldsymbol{M}(\boldsymbol{q})\boldsymbol{a}_{\mathrm{q}}+\boldsymbol{C}(\boldsymbol{q},\dot{\boldsymbol{q}})\dot{\boldsymbol{q}}+\boldsymbol{g}(\boldsymbol{q}) \tag{4-61}$$

式中，$\boldsymbol{a}_{\mathrm{q}}$ 为待设计的新的控制输入。在控制器式（4-61）作用下，闭环系统可以表示为如下双积分系统：

$$\ddot{\boldsymbol{q}}=\boldsymbol{a}_{\mathrm{q}}$$

此时，关键问题是如何设计新的控制输入以使得机器人末端执行器追踪期望的空间轨迹 $\boldsymbol{x}_{\mathrm{d}}(t)$。根据微分运动方程

$$\dot{\boldsymbol{x}}_{\mathrm{e}}=\boldsymbol{J}_{\mathrm{A}}(\boldsymbol{q})\dot{\boldsymbol{q}} \tag{4-62}$$

式中，$\boldsymbol{x}_{\mathrm{e}}$ 为机器人末端执行器在操作空间中的姿态。对式（4-62）求取一阶导数，可得

$$\ddot{\boldsymbol{x}}_{\mathrm{e}}=\boldsymbol{J}_{\mathrm{A}}(\boldsymbol{q})\ddot{\boldsymbol{q}}+\dot{\boldsymbol{J}}_{\mathrm{A}}(\boldsymbol{q},\dot{\boldsymbol{q}})\dot{\boldsymbol{q}}$$

构造虚拟的控制律 $\boldsymbol{a}_{\mathrm{q}}$ 为

$$\boldsymbol{a}_{\mathrm{q}}=\boldsymbol{J}_{\mathrm{A}}^{-1}(\boldsymbol{q})(\ddot{\boldsymbol{x}}_{\mathrm{d}}+\boldsymbol{K}_{\mathrm{D}}\dot{\tilde{\boldsymbol{x}}}+\boldsymbol{K}_{\mathrm{P}}\tilde{\boldsymbol{x}}-\dot{\boldsymbol{J}}_{\mathrm{A}}(\boldsymbol{q},\dot{\boldsymbol{q}})\dot{\boldsymbol{q}})$$

式中，$\tilde{\boldsymbol{x}}=\boldsymbol{x}_{\mathrm{d}}-\boldsymbol{x}_{\mathrm{e}}$ 为操作空间误差。此时的闭环误差系统动态方程可以描述为

$$\ddot{\tilde{\boldsymbol{x}}}+\boldsymbol{K}_{\mathrm{D}}\dot{\tilde{\boldsymbol{x}}}+\boldsymbol{K}_{\mathrm{P}}\tilde{\boldsymbol{x}}=0 \tag{4-63}$$

式（4-63）表示操作空间误差的动态变化，式中增益矩阵 $\boldsymbol{K}_{\mathrm{P}}$、$\boldsymbol{K}_{\mathrm{D}}$ 决定了误差收敛到零的速度。采用上述操作空间逆动力学控制方法，除了机器人末端执行器在操作空间中的姿态 $\boldsymbol{x}_{\mathrm{e}}$ 及其微分，还需要测量关节角 $\boldsymbol{q}$ 及角速度 $\dot{\boldsymbol{q}}$，且如果 $\boldsymbol{x}_{\mathrm{e}}$、$\dot{\boldsymbol{x}}_{\mathrm{e}}$ 为间接测量，那么还需要在线更新 $\boldsymbol{k}(\boldsymbol{q})$、$\boldsymbol{J}_{\mathrm{A}}(\boldsymbol{q})$。

操作空间控制器设计总是要求计算机械臂的雅可比矩阵。因此，机械臂的操作空间控制通常比关节空间控制更复杂。实际上，奇异或冗余的存在都会影响雅可比矩阵，一般操作空间控制器很难处理这些影响因素。

## 本章小结

本章深入探讨了机器人基础运动控制的核心概念和技术方法。首先，本章概述了机器人控制问题的基本框架，解释了如何获取机器人的动态模型，并基于此模型设计控制算法，以实现机器人系统的稳定性和高效性。然后，本章详细介绍了单关节和多关节机器人的控制技术，涵盖了单关节建模、单关节控制、重力补偿 PD 控制、逆动力学控制和操作空间控制等关键内容。

本章首先探讨了单关节控制问题，如何将复杂的多输入多输出系统简化为单输入单输出系统，通过假设和前馈补偿消除耦合效应和外界干扰，从而实现对关节的精确控制；然后介绍了多关节控制方法，强调了多变量 PD 控制和重力补偿技术在确保系统稳定性和响应性方面的应用。

特别地，逆动力学控制和操作空间控制是本章的重点。逆动力学控制通过构造非线性控制律，将系统转化为线性系统，实现了精确的轨迹跟踪和状态反馈控制。操作空间控制则通过逆雅可比矩阵和转置雅可比矩阵，实现了末端执行器在操作空间中的精确控制，特别适用于需要考虑环境约束和接触力的任务。

通过本章的学习，读者不仅可以掌握机器人基础运动控制的理论知识，还可以了解如何在实际应用中设计和实现高效、稳定的机器人控制系统，为后续章节更复杂的机器人控制技术研究打下了坚实基础。

## 参考文献

[1]　汤蕴璆 . 电机学 [M]. 5 版 . 北京：机械工业出版社，2014.
[2]　胡寿松 . 自动控制原理 [M]. 7 版 . 北京：科学出版社，2019.

[3] SPONG M W，HUTCHINSON S，VIDYASAGAR M. Robot modeling and control[M]. Hoboken：John Wiley & Sons，2020.

[4] WANG J N，WANG X D，WANG Y N，et al. Intelligent joint actuator fault diagnosis for heavyduty industrial robots[J]. IEEE Sensors journal，2024，24（9）：15292-15301.

[5] 刘豹，唐万生 . 现代控制理论 . [M]. 3 版 . 北京：机械工业出版社，2011.

[6] CRAIG J J. Robotics[M]. New York：American Cancer Society，1989.

[7] LASALLE J P. The stability and control of discrete processes[M]. Berlin：Springer Science & Business Media，2012.

[8] JAZAR R N. Theory of applied robotics[M]. 2nd ed. Berlin：Springer Science & Business Media，2010.

# 第5章　机器人柔顺控制

## 导读

本章主要介绍了机器人柔顺控制的基础原理和应用场景。首先，从机器人应用场景中遇到的问题出发，提出机器人柔顺控制的基本概念，分别介绍基于末端执行器、阻抗控制和力位混合控制等应用较为广泛的柔顺控制方法。其次，详细介绍了阻抗控制和力位混合控制的基本原理以及适合的应用场景。最后，通过仿真和应用实例展示了柔顺控制方法在实际场景中如何应用。通过学习本章，读者可以掌握机器人柔顺控制的理论基础和使用方法。

## 本章知识点

- 机器人柔顺控制的概念
- 机器人阻抗控制
- 机器人导纳控制
- 机器人力位混合控制



## 5.1　机器人柔顺控制的基本概念

当机器人执行搬运、焊接、喷涂和码垛等非刚性接触任务时，采用机器人基础运动控制方法（如位置控制或速度控制）可以基本满足要求。但是，当机器人执行打磨、装配等作业任务时，由于与环境发生接触（见图5-1），使用基于位置或速度的控制方式很难满足任务要求。例如机器人打磨抛光作业，当机器人末端打磨头对平面进行抛光作业时，需要通过控制机器人末端执行器与被抛光平面之间的作用力来保证打磨效果。考虑被打磨对象或者机器人末端执行工具具有柔性，由于接触刚度的不确定性，因此对机器人打磨力的控制成为难点。

例如机器人末端执行器是高刚度的砂轮，被打磨对象为弯曲的曲面，由于砂轮具有很高的刚度，如果采用传统方法，就需要知道被打磨对象的精确模型与精确位姿，规划出精确的运动轨迹，精准地控制机器人，才能保证有好的打磨效果。因为当机器人与环境接触刚度很大时，较小的位置误差会放大为很大的接触力。只有同时保证控制的精度和力度才能很好地完成该打磨任务。但是在现实生产场景中，想要同时完成上述两点是很难的。那么是否可以设计一个控制器用来实现对接触力的控制呢？在本章中，我们将学习机器人柔顺控制，实现对接触力的控制。

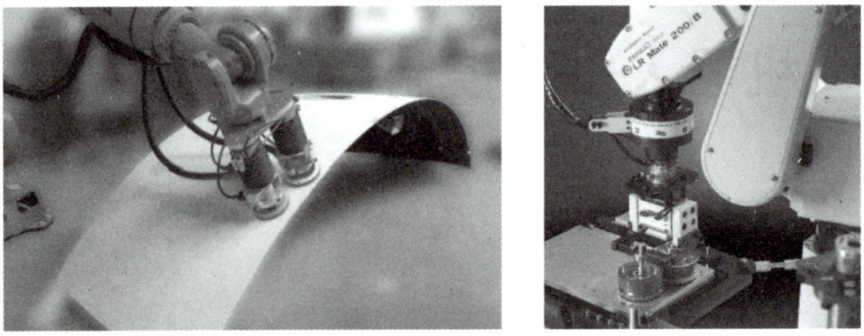


a) 机器人打磨曲面　　b) 机器人装配齿轮

图 5-1　机器人执行作业任务时与环境发生接触

### 5.1.1　机器人柔顺末端执行器

#### 1. 被动柔顺末端执行器

将由弹簧、减震器等无源器件构成的机械装置安装在机器人末端法兰与机器人末端执行器之间，可以增加机器人末端执行器的柔性。例如在抛光工具与机器人末端法兰之间加装弹簧，利用弹簧的形变防止抛光工具与被抛光对象的表面接触力突变，通过具有低横向和旋转刚度的夹取机构实现轴孔装配任务。



RCC（Remote Center Compliance，远心柔顺）装置是一种常用于机器人轴孔装配作业、具有多自由度的柔顺装置。RCC 装置的设计应用了远心柔顺理论，其结构示意图如图 5-2 所示。RCC 装置主要由固定法兰盘、弹性部件和移动法兰盘组成。定法兰盘固定在机器人末端法兰上，机器人末端执行器（夹爪）固定在动法兰盘上。弹性部件一般由多个弹性杆组成，弹性杆并不是平行于中轴线安装在两个法兰盘之间，而是与中心轴线存在一定夹角。这样的安装方式使得各弹性杆延长线在空间上存在一个交点，这个点称为柔顺中心点。当柔顺中心点受到某个方向的作用力时，该点只会沿该作用力方向进行平移。同样，当柔顺中心点受到某个方向的力矩时，该点也只会沿该力矩方向进行旋转。因此，RCC 装置可以提高机器人末端的柔顺性，进而实现轴孔装配任务。RCC 装置具有轻便灵巧和带宽较高等优点，但存在专用性强，且不能使机器人自身对力产生反应动作等缺点。后人对它进行了改进，出现了 MICCW（Mechanical Impedance Controllable Compliant Wrist，阻抗可控柔性机械手腕）、DRCC（Dynamic Remote Center Compliance，动态远心柔顺）装置和 VRCC（Variable Remote Center Compliance，可变远心柔顺）装置等不同形式。

#### 2. 主动柔顺末端执行器

被动柔顺末端执行器虽然可以通过弹簧、减震器等无源机械结构增加机器人末端执行器的柔性，但是这些机械结构的刚度不可变，难以实现对接触力的实时高精度控制。为适用于高精度力控任务，主动柔顺末端执行器应运而生。

主动柔顺末端执行器主要由恒力补偿作部件、传感器、控制器等部件组成。其中恒力补偿作部件一般由气缸、电动机或电磁线圈等组成，传感器包括力传感器、位移传感器或加速度计等。根据执行器的自由度可分为单自由度柔顺末端执行器和多自由度柔顺末端执行器，图 5-3 所示为两种主动柔顺末端执行器。

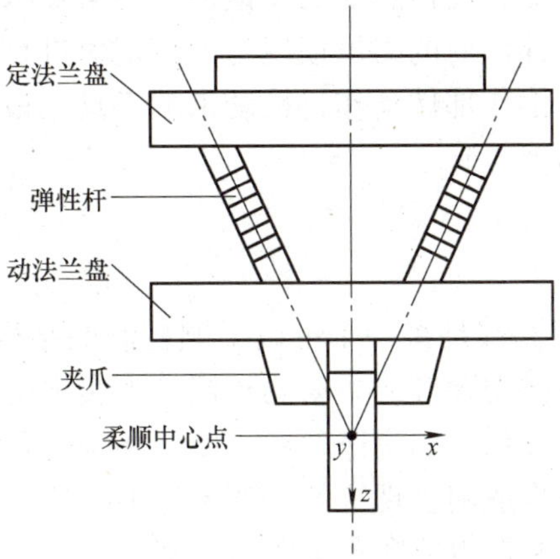


图 5-2 RCC 装置结构示意图

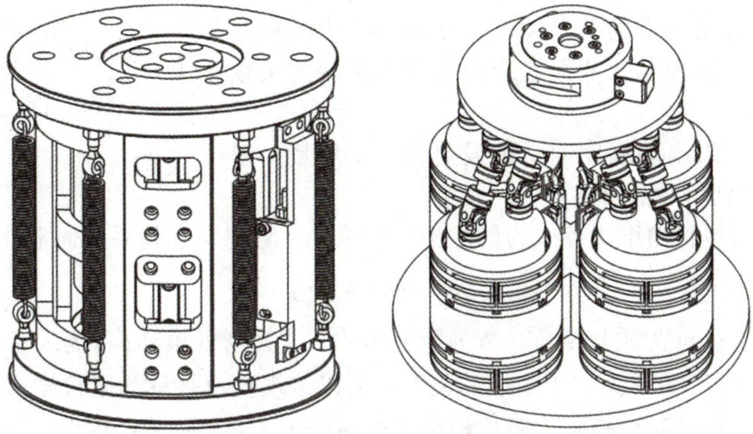

a) 单自由度柔顺末端执行器 b) 多自由度柔顺末端执行器

图 5-3 两种主动柔顺末端执行器



单自由度柔顺末端执行器工作时有位置控制和力控制两种工作模式。当末端执行器处于位置控制模式时，控制器将位移传感器的反馈值与位移给定值进行对比，若存在误差，则输出相应的控制信号驱动恒力补偿作部件动作，推动末端工具，最终使位移反馈值与给定值的误差控制在误差允许的范围内；当末端执行器处于力控制模式时，控制器根据位移、力和加速度传感器的反馈值，对柔顺末端执行器和末端工具进行重力和惯性力的补偿，然后将补偿后的力反馈值与力给定值进行对比，若存在误差，则输出相应的控制信号驱动恒力补偿作部件动作，推动末端工具，最终使力反馈值与给定值的误差控制在误差允许的范围内。

多自由度柔顺末端执行器的工作原理与单自由度的类似，但是它有多个恒力补偿作部件和力 / 位移传感器，是一个多输入多输出系统。当末端执行器处于位姿控制状态时，控制器将位移和角度传感器的反馈值与位姿给定值进行对比，若存在误差，则进行解耦计算并输出相应的控制信号驱动各恒力补偿作部件动作，推动末端工具，最终使位移和角度传感器的反馈值与给定值的误差控制在误差允许的范围内；当末端执行器处于力控制状态时，控制器根据位移、力和加速度传感器的反馈值，对柔顺末端执行器和末端工具进行重力和惯性力的补偿，然后将补偿后的力反馈值与力给定值进行对比，若存在误差，则输出相应的控制信号驱动恒力补偿作部件动作，推动末端工具，最终使力反馈值与给定值的误差控制在误差允许的范围内。

## 5.1.2　机器人阻抗控制

上一小节柔顺末端执行器都是将一个可以柔顺控制的结构加装在机器人与工具之间，通过柔顺末端执行器的柔性被动顺应或主动调整接触力实现机器人的柔顺控制。但是，这些末端执行器普遍存在专用性强、响应速度慢、使用场景受限等问题，且多自由度柔顺末端执行器技术仍未成熟，较难适用于现实的任务场景中。那么是否有其他控制方式，使机器人不借助附加柔顺末端控制器也能实现柔顺控制呢？

机器人末端的刚度由伺服关节的刚度、关节的机械柔顺性及连杆的挠性决定。既然无法直接控制机器人末端的刚度，我们可以由所需的机器人末端刚度计算出所需的关节刚度，并通过适当的控制器对关节刚度进行控制，从而实现对机器人末端的柔顺调节。

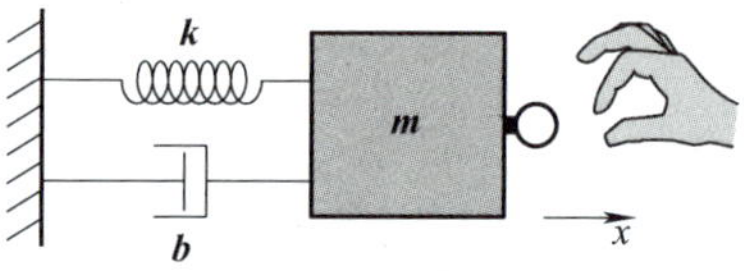

图 5-4　质量 – 阻尼 – 弹簧系统模型

期望的机器人末端刚度通常被设定为一个质量 – 阻尼 – 弹簧系统模型（见图 5-4）。



此处以一个单自由度机器人为例，相应的质量 – 阻尼 – 弹簧系统通常被表示为

$$\boldsymbol{m}\ddot{x}+\boldsymbol{b}\dot{x}+\boldsymbol{k}x=f \tag{5-1}$$

式中，$x$ 为位置；$\boldsymbol{m}$ 为质量矩阵；$\boldsymbol{b}$ 为阻尼矩阵；$\boldsymbol{k}$ 为刚度矩阵；$f$ 为人手施加的力。因为该模型中的 $x$ 与 $f$ 呈现类似于阻抗的关系，所以该模型也被称为阻抗模型。通常说机器人具有高阻抗，也就是说机器人阻抗模型中的 $\boldsymbol{m}$ 、$\boldsymbol{b}$ 、$\boldsymbol{k}$ 比较大；反之，说一个机器人阻抗比较小，就是机器人阻抗模型中的 $\boldsymbol{m}$ 、$\boldsymbol{b}$ 、$\boldsymbol{k}$ 比较小。

对式（5-1）进行拉普拉斯变换，可以得到

$$(\boldsymbol{m}s^2+\boldsymbol{b}s+\boldsymbol{k})X(s)=F(s) \tag{5-2}$$

当把位置当作输入、力当作输出时，位置和力满足阻抗关系，此时该模型的传递函数为 $Z(s)=F(s)/X(s)$ 。由该传递函数可知，该模型的阻抗与频率是相关的，低频时系统由刚度矩阵主导，高频时系统由质量矩阵主导。当把力当作输入、位置当作输出时，位置和力呈导纳关系，传递函数与阻抗传递函数相反，即 $Y(s)=Z^{-1}(s)=X(s)/F(s)$ 。

一个好的运动控制器应具有高阻抗（低导纳）的特性。因为当力存在一个扰动 $\Delta F$ 时，根据导纳传递函数 $\Delta X=Y\Delta F$ ，由于系统具有较低的导纳 $Y$ ，$\Delta F$ 只会产生一个较小的位置扰动 $\Delta X$。相应地，一个好的力控制器应具有低阻抗（高导纳）的特性。因为当力存在一个扰动 $\Delta X$ 时，根据阻抗传递函数 $\Delta F=Z\Delta X$ ，由于系统具有较低的阻抗 $Z$ ，$\Delta X$ 只会产

生一个较小的力扰动 $\Delta F$ 。

当机器人执行某一任务时，阻抗模型可在任务空间中被表示为

$$\boldsymbol{M}\ddot{\boldsymbol{x}}+\boldsymbol{B}\dot{\boldsymbol{x}}+\boldsymbol{K}\boldsymbol{x}=\boldsymbol{f}_{\text{ext}} \tag{5-3}$$

式中，$\boldsymbol{x}\in\mathbf{R}^n$ 为任务空间中表示机器人位姿的向量，其中 $n$ 为任务空间坐标系的自由度，例如 $\boldsymbol{x}\in\mathbf{R}^6$ ；$\boldsymbol{M}$ 、$\boldsymbol{B}$ 、$\boldsymbol{K}\in\mathbf{R}^{n\times n}$ 为期望机器人阻抗状态对应的质量矩阵、阻尼矩阵、刚度矩阵；$\boldsymbol{f}_{\text{ext}}\in\mathbf{R}^n$ 为机器人受到的接触力或力矩。在任务空间中不同的位置上，$\boldsymbol{M}$ 、$\boldsymbol{B}$ 、$\boldsymbol{K}$ 矩阵可能不同。例如，任务空间中具有不同刚度的物体，机器人当接触这些物体时，需要呈现不同的阻抗现象。本书只考虑简单的 $\boldsymbol{M}$ 、$\boldsymbol{B}$ 、$\boldsymbol{K}$ 矩阵为常量的情况。

式（5-3）中的阻抗模型可通过以下两种实现方式。

1）通过传感器感知机器人在任务空间中的位姿 $\boldsymbol{x}$ ，并通过关节力矩控制器控制关节力矩，使机器人末端输出力 $\boldsymbol{f}_{\text{ext}}$ 。这种控制方式实现的传递函数是 $Z(s)$ ，因此该控制器称为阻抗控制器。

2）通过传感器感知机器人末端的接触力 $\boldsymbol{f}_{\text{ext}}$ ，并使用位置控制器、速度控制器或加速度控制器控制机器人追踪 $\boldsymbol{x}$ 、$\dot{\boldsymbol{x}}$ 或 $\ddot{\boldsymbol{x}}$ 。这种控制方式实现的传递函数是 $Y(s)$ ，因此该控制器称为导纳控制器。

### 5.1.3　机器人力位混合控制

阻抗控制方法是通过设定虚拟的机器人末端执行器阻抗模型，将机器人末端执行器的接触力与位姿联系起来，实现力信息和位置信息之间的转换，从而将力和位置混合控制的问题转换为仅使用关节力矩控制器（阻抗控制器）或位置控制器（导纳控制器）进行控制，从而降低了控制器的设计难度。使用阻抗控制方法需要设计三个矩阵 $\boldsymbol{M}$ 、$\boldsymbol{B}$ 、$\boldsymbol{K}$ ，且这三个矩阵的取值在很大程度上影响了阻抗控制器的控制效果。想要设计出理想的 $\boldsymbol{M}$ 、$\boldsymbol{B}$ 、$\boldsymbol{K}$ 矩阵是十分困难的，因为对于常用的六自由度任务空间来说，使用阻抗控制器需要设计的参数有 18 个，并且这些参数之间还有一定的影响。所以，虽然阻抗控制器的实现方法较为简单，但是想要达到期望的控制效果，仍需要较多的时间进行参数的选取和优化。那么是否有不需要设计如此多参数的控制器呢？

机器人执行的大多数任务都可以分解为许多子任务，这些子任务可以通过机器人末端与工作环境之间的运动和接触情况进行定义。可以使用约束的形式将机器人末端与工作环境之间的运动和接触情况描述出来。这些对机器人运动和接触的约束可分为两种：自然约束和人为约束。

自然约束可以理解为由于机器人或机器人机器夹持的工具与环境之间机械和几何上的约束。例如，刚性物体之间不能互相穿透；当两个物体接触面十分光滑或接触力很小时，两物体之间很难施加与接触面相切的力。这些都是因为机械和几何关系，产生的对机器人的运动与接触方向和大小上的约束。

人为约束可以理解为为了实现任务要求而人为添加的约束。例如，打磨物体时，机器人需要保持一个垂直于接触面的力；进行轴孔装配时，机器人需要保持以一定速度将轴竖直插入到孔中。这些都是为了实现任务要求而人为添加的对机器人的运动与接触方向和大小上的约束。

一般来说，对于每个子任务，都可以在一个具有 $n$ 个自由度的约束空间内定义一个广义平面。这个广义平面由任务坐标系描述，并且该曲面在法线方向上有位置约束，在切线方向上有力约束。这两个约束把机器人末端可能运动的自由度分解成两个正交集合。可以根据不同的准则，对机器人的速度和力分别进行控制。

下面使用现实中常用的拧螺母的场景进行举例，拧螺母场景中的两种自然约束和人为约束如图 5-5 所示。

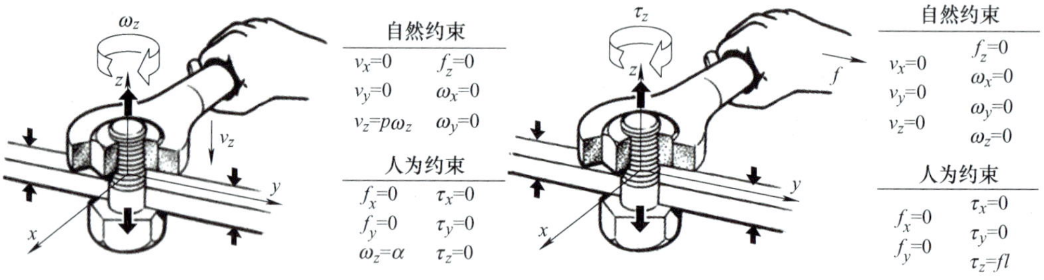


图 5-5　拧螺母场景中的两种自然约束和人为约束

在此场景中，将任务坐标系定义在扳手的中心，且 $x$ 轴始终与扳手柄的方向重合。当螺母没有拧紧时，螺母沿 $z$ 轴进行螺旋运动，此时角速度为 $\alpha$，速度为 $p\alpha$（$p$ 为螺钉的螺距）；当螺母拧紧时，螺母不再向下进行螺旋运动，此时作用在扳手另一端的力 $f$ 会产生沿 $z$ 轴的力矩 $fl$（$l$ 为扳手的长度）使螺钉拧紧。



## 5.2　机器人阻抗控制

### 5.2.1　阻抗控制

在机器人阻抗控制任务中，控制目标通常是控制机器人运动到期望位置，并且在此期间，机器人末端可以呈现期望的刚度。机器人阻抗控制的框图如图 5-6 所示。

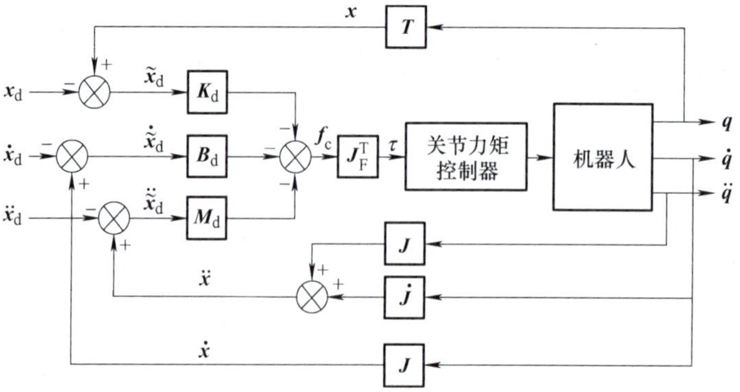


图 5-6　机器人阻抗控制的框图

为了描述机器人末端位姿与期望机器人末端位姿之间的偏差，定义

$$\tilde{\boldsymbol{x}}=\boldsymbol{x}-\boldsymbol{x}_{\mathrm{d}} \tag{5-4}$$

式中，$\boldsymbol{x}$ 为机器人末端位姿向量，$\boldsymbol{x}\in\mathbf{R}^{n}$；$\boldsymbol{x}_{\mathrm{d}}$ 为期望的机器人末端位姿向量，$\boldsymbol{x}_{\mathrm{d}}\in\mathbf{R}^{n}$；$\tilde{\boldsymbol{x}}$ 为机器人末端的位移向量，$\tilde{\boldsymbol{x}}\in\mathbf{R}^{n}$。此时，阻抗模型应改写为

$$\boldsymbol{f}_{\mathrm{c}}=-\boldsymbol{M}_{\mathrm{d}}\ddot{\tilde{\boldsymbol{x}}}-\boldsymbol{B}_{\mathrm{d}}\dot{\tilde{\boldsymbol{x}}}-\boldsymbol{K}_{\mathrm{d}}\tilde{\boldsymbol{x}} \tag{5-5}$$

式中，$\boldsymbol{M}_{\mathrm{d}}$、$\boldsymbol{B}_{\mathrm{d}}$、$\boldsymbol{K}_{\mathrm{d}}$ 为期望机器人末端阻抗状态对应的质量矩阵、阻尼矩阵和刚度矩阵，$\boldsymbol{M}_{\mathrm{d}}$、$\boldsymbol{B}_{\mathrm{d}}$、$\boldsymbol{K}_{\mathrm{d}}\in\mathbf{R}^{n\times n}$；$\boldsymbol{f}_{\mathrm{c}}$ 为通过期望机器人末端阻抗公式计算出的机器人末端的控制力向量，$\boldsymbol{f}_{\mathrm{c}}\in\mathbf{R}^{n}$。由式（5-5）可见，此时阻抗控制的柔顺中心点被设置为机器人末端期望位置 $\boldsymbol{x}_{\mathrm{d}}$ 处。

由于无法直接控制机器人末端输出的力，需通过控制关节力矩来实现，所以真正的控制律应定义为

$$\boldsymbol{\tau}=\hat{\boldsymbol{g}}(\boldsymbol{q})-\boldsymbol{J}^{\mathrm{T}}(\boldsymbol{q})[\boldsymbol{M}_{\mathrm{d}}\ddot{\tilde{\boldsymbol{x}}}+\boldsymbol{B}_{\mathrm{d}}\dot{\tilde{\boldsymbol{x}}}+\boldsymbol{K}_{\mathrm{d}}\tilde{\boldsymbol{x}}] \tag{5-6}$$

式中，$\hat{\boldsymbol{g}}(\boldsymbol{q})$ 为估计的重力矩，$\hat{\boldsymbol{g}}(\boldsymbol{q})\in\mathbf{R}^{n}$；$\boldsymbol{J}(\boldsymbol{q})$ 为机器人的雅可比矩阵，$\boldsymbol{J}(\boldsymbol{q})\in\mathbf{R}^{n\times n}$；$\boldsymbol{\tau}$ 为机器人关节力矩的控制量，$\boldsymbol{\tau}\in\mathbf{R}^{n}$。通过 $\boldsymbol{J}^{\mathrm{T}}(\boldsymbol{q})$ 将机器人末端的控制力 $\boldsymbol{f}_{\mathrm{c}}$ 变换为关节力矩控制向量 $\boldsymbol{\tau}$。但是由于加速度信号 $\ddot{\boldsymbol{x}}$ 属于高阶信号，实际测量时通常受噪音影响比较严重，所以在一般情况下，$\boldsymbol{M}_{\mathrm{d}}$ 通常被设为零。控制律则变为

$$\boldsymbol{\tau}=\hat{\boldsymbol{g}}(\boldsymbol{q})-\boldsymbol{J}^{\mathrm{T}}(\boldsymbol{q})[\boldsymbol{B}_{\mathrm{d}}\dot{\tilde{\boldsymbol{x}}}+\boldsymbol{K}_{\mathrm{d}}\tilde{\boldsymbol{x}}] \tag{5-7}$$

下面分别讨论两种阻抗控制形式。

### 1. 力控制型阻抗控制

考虑把机器人末端移动到笛卡儿空间中的某一点 $\boldsymbol{x}_{\mathrm{d}}$ 处的问题。

选择候选李雅普诺夫函数为

$$V=\frac{1}{2}[\tilde{\boldsymbol{x}}^{\mathrm{T}}\boldsymbol{K}_{\mathrm{d}}\tilde{\boldsymbol{x}}+\dot{\boldsymbol{q}}^{\mathrm{T}}\boldsymbol{M}\dot{\boldsymbol{q}}] \tag{5-8}$$

式中，$\dot{\boldsymbol{q}}$ 为机器人关节速度向量，$\dot{\boldsymbol{q}}\in\mathbf{R}^{n}$；$\boldsymbol{M}$ 为机器人的质量矩阵，$\boldsymbol{M}\in\mathbf{R}^{n\times n}$。可以把式（5-8）解释为闭环系统的总能量。假设重力分量正好被补偿，即 $\hat{\boldsymbol{g}}(\boldsymbol{q})=\boldsymbol{g}(\boldsymbol{q})$。对式（5-8）求导可得

$$\dot{V}=\dot{\tilde{\boldsymbol{x}}}^{\mathrm{T}}\boldsymbol{K}_{\mathrm{d}}\tilde{\boldsymbol{x}}+\dot{\boldsymbol{q}}^{\mathrm{T}}\boldsymbol{M}\ddot{\boldsymbol{q}}+\frac{1}{2}\dot{\boldsymbol{q}}^{\mathrm{T}}\dot{\boldsymbol{M}}\dot{\boldsymbol{q}}\theta \tag{5-9}$$

根据如下机器人动力学方程：

$$\boldsymbol{M}(\boldsymbol{q})\ddot{\boldsymbol{q}}+\boldsymbol{C}(\boldsymbol{q},\dot{\boldsymbol{q}})\dot{\boldsymbol{q}}+\boldsymbol{g}(\boldsymbol{q})=\boldsymbol{\tau} \tag{5-10}$$

式（5-9）可以变为

$$\dot{V}=\dot{\tilde{\boldsymbol{x}}}^{\mathrm{T}}\boldsymbol{K}_{\mathrm{d}}\tilde{\boldsymbol{x}}+\dot{\boldsymbol{q}}^{\mathrm{T}}(\boldsymbol{\tau}-\boldsymbol{C}\dot{\boldsymbol{q}}-\boldsymbol{g})+\frac{1}{2}\dot{\boldsymbol{q}}^{\mathrm{T}}\dot{\boldsymbol{M}}\dot{\boldsymbol{q}} \tag{5-11}$$

将式（5-7）代入可得

$$\dot{V}=\dot{\tilde{x}}^{\mathrm{T}}\boldsymbol{K}_{\mathrm{d}}\tilde{\boldsymbol{x}}+\dot{\boldsymbol{q}}^{\mathrm{T}}(-\boldsymbol{J}^{\mathrm{T}}(\boldsymbol{q})[\boldsymbol{B}_{\mathrm{d}}\dot{\tilde{\boldsymbol{x}}}+\boldsymbol{K}_{\mathrm{d}}\tilde{\boldsymbol{x}}]-\boldsymbol{C}\dot{\boldsymbol{q}})+\frac{1}{2}\dot{\boldsymbol{q}}^{\mathrm{T}}\dot{\boldsymbol{M}}\dot{\boldsymbol{q}} \tag{5-12}$$

根据机器人动力学方程的反对称性，有

$$\boldsymbol{\omega}^{\mathrm{T}}(\dot{\boldsymbol{M}}-2\boldsymbol{C})\boldsymbol{\omega}=0 \tag{5-13}$$

式中，$\boldsymbol{\omega}$为$n$维任意向量，$\boldsymbol{\omega}\in\mathbf{R}^n$。式（5-12）可以变为

$$\dot{V}=\dot{\tilde{\boldsymbol{x}}}^{\mathrm{T}}\boldsymbol{K}_{\mathrm{d}}\tilde{\boldsymbol{x}}-\dot{\boldsymbol{q}}^{\mathrm{T}}\boldsymbol{J}^{\mathrm{T}}(\boldsymbol{q})[\boldsymbol{B}_{\mathrm{d}}\dot{\tilde{\boldsymbol{x}}}+\boldsymbol{K}_{\mathrm{d}}\tilde{\boldsymbol{x}}] \tag{5-14}$$

因为$\dot{\tilde{\boldsymbol{x}}}=\dot{\boldsymbol{x}}=\boldsymbol{J}\dot{\boldsymbol{q}}$，式（5-14）可变为

$$\dot{V}=-\dot{\boldsymbol{x}}^{\mathrm{T}}\boldsymbol{B}_{\mathrm{d}}\dot{\boldsymbol{x}}\leqslant 0 \tag{5-15}$$

从而证明式（5-6）所示的控制律是稳定的。要确定其是否为渐近稳定，即该控制器是否可以控制机器人移动至$\boldsymbol{x}_{\mathrm{d}}$，必须分析$\dot{V}=0$的情况。由式（5-15）可知，当且仅当$\dot{\boldsymbol{x}}=0$时，$\dot{V}=0$。当$\dot{\boldsymbol{x}}=0$时，有

$$\ddot{\boldsymbol{q}}=-\boldsymbol{M}^{-1}\boldsymbol{J}^{\mathrm{T}}\boldsymbol{K}_{\mathrm{d}}\tilde{\boldsymbol{x}}-\boldsymbol{M}^{-1}\boldsymbol{C}\dot{\boldsymbol{q}} \tag{5-16}$$

于是出现如下三种可能情况。

1）如果机器人是非冗余的，而且$\boldsymbol{J}(\boldsymbol{q})$在当前机器人状态$\boldsymbol{q}$下具有全秩，那么$\dot{\boldsymbol{x}}=0$表明$\dot{\boldsymbol{q}}=0$，于是式（5-16）变为

$$\ddot{\boldsymbol{q}}=-\boldsymbol{M}^{-1}\boldsymbol{J}^{\mathrm{T}}\boldsymbol{K}_{\mathrm{d}}\tilde{\boldsymbol{x}} \tag{5-17}$$



因为$-\boldsymbol{M}^{-1}\boldsymbol{J}^{\mathrm{T}}\boldsymbol{K}_{\mathrm{d}}$均为非奇异，所以只要$\tilde{\boldsymbol{x}}\neq 0$，式（5-17）就是非零的。

2）如果对于当前机器人状态$\boldsymbol{q}$，$\boldsymbol{J}(\boldsymbol{q})$是退化的，即当前机器人的结构是奇异的，因为此时$\boldsymbol{J}(\boldsymbol{q})$是奇异的，故$\dot{\boldsymbol{x}}=0$无法表明$\dot{\boldsymbol{q}}=0$，所以无法通过式（5-16）直接得出$\tilde{\boldsymbol{x}}$相关的结论。尤其是存在机器人的全秩运动，但$\boldsymbol{J}(\boldsymbol{q})$仍然奇异。

如图 5-7 所示的二连杆机器人，$l_1$、$l_2$为两个连杆的长度，$\boldsymbol{q}_1$、$\boldsymbol{q}_2$为两个转动关节转动的角度，任务空间为图中所给的$x-y$平面。

当机器人完全伸直或完全折叠（$\boldsymbol{q}_2=0$或$\boldsymbol{q}_2=\pi$）时，尽管机器人仍绕着原点旋转（$\dot{\boldsymbol{q}}_1\neq 0$），但是$\boldsymbol{J}(\boldsymbol{q})$仍然奇异。不过在现实中，由于关节存在一定的摩擦阻力，因此总会有一个小的黏性摩擦$\boldsymbol{D}\dot{\boldsymbol{q}}$加至系统动力学方程中。其中，$\boldsymbol{D}$为正定（通常为对角）矩阵。这一项可以加于控制力矩$\boldsymbol{\tau}$。于是，式（5-15）变为

$$\dot{V}=-\dot{\boldsymbol{x}}^{\mathrm{T}}\boldsymbol{B}_{\mathrm{d}}\dot{\boldsymbol{x}}-\dot{\boldsymbol{q}}^{\mathrm{T}}\boldsymbol{D}\dot{\boldsymbol{q}}\leqslant 0 \tag{5-18}$$

使得仅当$\dot{\boldsymbol{x}}=0$且$\dot{\boldsymbol{q}}=0$时，$\dot{V}=0$。此时有

$$\ddot{\boldsymbol{q}}=-\boldsymbol{M}^{-1}\boldsymbol{J}^{\mathrm{T}}\boldsymbol{K}_{\mathrm{d}}\tilde{\boldsymbol{x}} \tag{5-19}$$

因为此时$\boldsymbol{J}(\boldsymbol{q})$是退化的，故存在非零值的$\tilde{\boldsymbol{x}}$，使得$\boldsymbol{K}_{\mathrm{d}}\tilde{\boldsymbol{x}}$属于$\boldsymbol{J}^{\mathrm{T}}$的零空间。当机器人在这些状态时，阻抗控制律被破坏。此时，机器人无法输出有效的力矩使$\tilde{\boldsymbol{x}}$收敛到零。对于图 5-7 中的二连杆机器人，其雅可比矩阵为

$$\boldsymbol{J}=\begin{bmatrix} -l_1s_1-l_2s_{12} & -l_2s_{12} \\ l_1c_1+l_2c_{12} & l_2c_{12} \end{bmatrix} \tag{5-20}$$

式中，$s_i=\sin \boldsymbol{q}_i$；$c_i=\cos \boldsymbol{q}_i$；$s_{ij}=\sin(\boldsymbol{q}_i+\boldsymbol{q}_j)$；$c_{ij}=\cos(\boldsymbol{q}_i+\boldsymbol{q}_j)$。当机器人完全伸直或完全折叠（$\boldsymbol{q}_2=0$ 或 $\boldsymbol{q}_2=\pi$）时，雅可比矩阵奇异。当 $\boldsymbol{q}_2=0$ 时，有

$$\boldsymbol{J}=\begin{bmatrix} -(l_1+l_2)s_1 & -l_2s_1 \\ (l_1+l_2)c_1 & l_2c_1 \end{bmatrix} \tag{5-21}$$

此时，有

$$\boldsymbol{J}^{\mathrm{T}}=\begin{bmatrix} -(l_1+l_2)s_1 & (l_1+l_2)c_1 \\ -l_2s_1 & l_2c_1 \end{bmatrix} \tag{5-22}$$

当 $\boldsymbol{K}_{\mathrm{d}}=\boldsymbol{I}$ 时，若 $s_1\tilde{\boldsymbol{x}}_1=c_1\tilde{\boldsymbol{x}}_2$，则机器人当前状态在直线 $y=\dfrac{s_1(x-x_{\mathrm{d}})}{c_1}+y_{\mathrm{d}}$ 上。此时 $\boldsymbol{\tau}=\hat{\boldsymbol{g}}(\boldsymbol{q})-\boldsymbol{J}^{\mathrm{T}}\boldsymbol{K}_{\mathrm{d}}\tilde{\boldsymbol{x}}=\hat{\boldsymbol{g}}(\boldsymbol{q})$，控制力矩仅用以抵消机器人当前重力矩，$\ddot{\boldsymbol{q}}=-\boldsymbol{M}^{-1}\boldsymbol{J}^{\mathrm{T}}\boldsymbol{K}_{\mathrm{d}}\tilde{\boldsymbol{x}}=0$。对于一般情况，$\boldsymbol{K}_{\mathrm{d}}\neq\boldsymbol{I}$，在机器人任务空间中也应存在一条线，使得 $\boldsymbol{x}$ 在这条线上时，$\tilde{\boldsymbol{x}}\neq 0$ 但 $\boldsymbol{\tau}=0$，如图 5-8 所示。对于 $\boldsymbol{q}_2=\pi$ 的情况，也可以得到类似的结果。

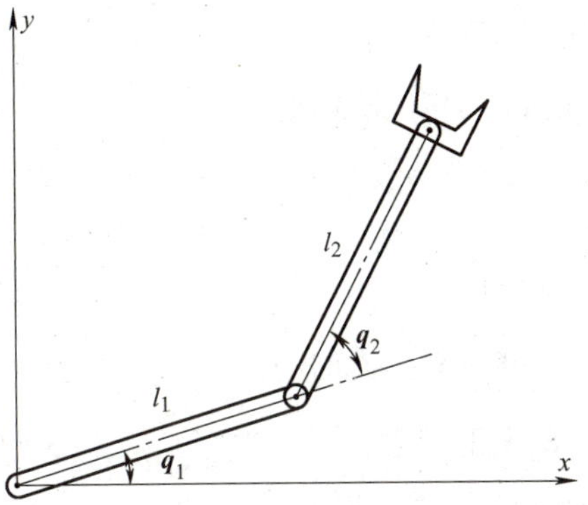


图 5-7　二连杆机器人

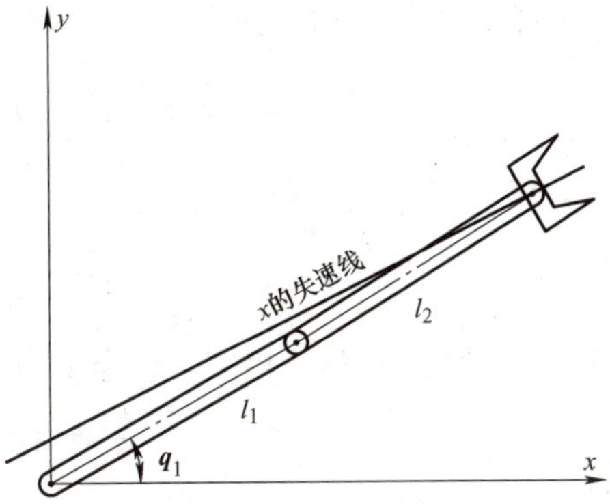


图 5-8　二连杆机器人 $x$ 的失速线

3）如果机器人是冗余的，但对于当前机器人状态 $\boldsymbol{q}$，$\boldsymbol{J}(\boldsymbol{q})$ 不具有完全的低秩。此时，包含黏性摩擦的项 $\boldsymbol{D}\dot{\boldsymbol{q}}$ 可以保证机器人不会在当前状态 $\boldsymbol{q}$ 下产生黏附。

## 2. 柔顺型阻抗控制

考虑机器人末端与环境接触的情况，如图 5-9 所示。由于接触引起了局部变形，该变形可由向量 $\tilde{\boldsymbol{x}}_{\mathrm{E}}$ 表示。当发生接触时，$\tilde{\boldsymbol{x}}_{\mathrm{E}}=\boldsymbol{x}-\boldsymbol{x}_{\mathrm{E}}$；当不发生接触时，$\tilde{\boldsymbol{x}}_{\mathrm{E}}=0$。

环境施加于机器人末端的作用力 $\boldsymbol{F}_{\mathrm{E}}$ 可以使用弹性恢复力来模拟，表示为

$$\boldsymbol{F}_{\mathrm{E}}=-\boldsymbol{K}_{\mathrm{E}}\tilde{\boldsymbol{x}}_{\mathrm{E}} \tag{5-23}$$

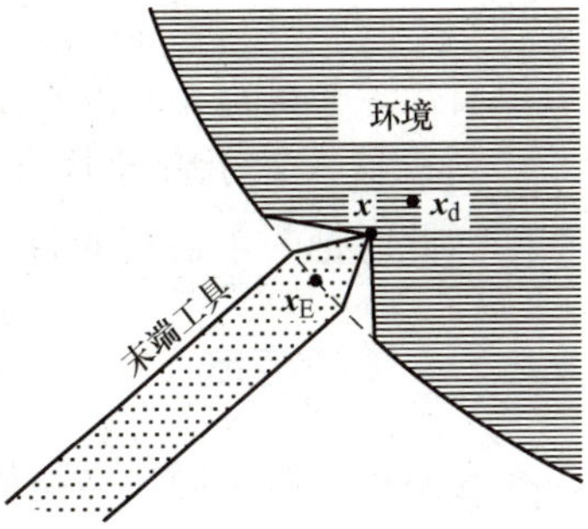


图 5-9　机器人与环境接触

式中，正定矩阵 $\boldsymbol{K}_{\mathrm{E}}$ 描述的是环境刚度；$\tilde{\boldsymbol{x}}_{\mathrm{E}}$ 可以看作接触点 $\boldsymbol{x}$ 的位置。当不存在重力和关节控制力矩时，该接触点会被恢复力推到环境的表面。若要维持稳态接触，则参考点 $\boldsymbol{x}_{\mathrm{d}}$ 必须在环境内部。值得注意的是，环境刚度矩阵 $\boldsymbol{K}_{\mathrm{E}}$ 和形变 $\tilde{\boldsymbol{x}}_{\mathrm{E}}$ 是理想化的表示方法。把接触力 $\boldsymbol{F}_{\mathrm{E}}$ 作为环境和机器人末端工具形变恢复力的叠加力更为准确。此外，式（5-23）中忽略了摩擦力的作用。

要检测柔顺控制对移动到笛卡儿空间中某一参考点 $\boldsymbol{x}_{\mathrm{d}}$ 的稳定性，重新选择候选李雅普诺夫函数为

$$V=\frac{1}{2}[\tilde{\boldsymbol{x}}^{\mathrm{T}}\boldsymbol{K}_{\mathrm{d}}\tilde{\boldsymbol{x}}+\dot{\boldsymbol{q}}^{\mathrm{T}}\boldsymbol{M}\dot{\boldsymbol{q}}+\tilde{\boldsymbol{x}}_{\mathrm{E}}^{\mathrm{T}}\boldsymbol{K}_{\mathrm{E}}\tilde{\boldsymbol{x}}_{\mathrm{E}}] \tag{5-24}$$

与式（5-8）相比，式（5-24）增加了 $\tilde{\boldsymbol{x}}_{\mathrm{E}}^{\mathrm{T}}\boldsymbol{K}_{\mathrm{E}}\tilde{\boldsymbol{x}}_{\mathrm{E}}$ 这一项，该项用以表示机器人末端与环境之间弹性作用引起的位能。

当发生接触时，机器人动力学方程变为

$$\boldsymbol{M}(\boldsymbol{q})\ddot{\boldsymbol{q}}+\boldsymbol{C}(\boldsymbol{q},\dot{\boldsymbol{q}})\dot{\boldsymbol{q}}+\boldsymbol{g}(\boldsymbol{q})=\boldsymbol{\tau}+\boldsymbol{J}^{\mathrm{T}}\boldsymbol{F}_{\mathrm{E}}=\boldsymbol{\tau}-\boldsymbol{J}^{\mathrm{T}}\boldsymbol{K}_{\mathrm{E}}\tilde{\boldsymbol{x}}_{\mathrm{E}} \tag{5-25}$$

此时，对式（5-24）求导，得

$$\begin{aligned}\dot{V}&=\dot{\tilde{\boldsymbol{x}}}^{\mathrm{T}}\boldsymbol{K}_{\mathrm{d}}\tilde{\boldsymbol{x}}+\dot{\boldsymbol{q}}^{\mathrm{T}}\boldsymbol{M}\ddot{\boldsymbol{q}}+\frac{1}{2}\dot{\boldsymbol{q}}^{\mathrm{T}}\dot{\boldsymbol{M}}\dot{\boldsymbol{q}}+\dot{\tilde{\boldsymbol{x}}}_{\mathrm{E}}^{\mathrm{T}}\boldsymbol{K}_{\mathrm{E}}\tilde{\boldsymbol{x}}_{\mathrm{E}}\\&=\dot{\tilde{\boldsymbol{x}}}^{\mathrm{T}}\boldsymbol{K}_{\mathrm{d}}\tilde{\boldsymbol{x}}+\dot{\boldsymbol{q}}^{\mathrm{T}}(-\boldsymbol{J}^{\mathrm{T}}(\boldsymbol{q})[\boldsymbol{B}_{\mathrm{d}}\dot{\tilde{\boldsymbol{x}}}+\boldsymbol{K}_{\mathrm{d}}\tilde{\boldsymbol{x}}]-\boldsymbol{D}\dot{\boldsymbol{q}})+\dot{\tilde{\boldsymbol{x}}}_{\mathrm{E}}^{\mathrm{T}}\boldsymbol{K}_{\mathrm{E}}\tilde{\boldsymbol{x}}_{\mathrm{E}}\end{aligned} \tag{5-26}$$



考虑能量守恒，存在 $\boldsymbol{F}_{\mathrm{E}}^{\mathrm{T}}\dot{\tilde{\boldsymbol{x}}}_{\mathrm{E}}=0$，所以有

$$\dot{V}=-\dot{\boldsymbol{x}}^{\mathrm{T}}\boldsymbol{B}_{\mathrm{d}}\dot{\boldsymbol{x}}-\dot{\boldsymbol{q}}^{\mathrm{T}}\boldsymbol{D}\dot{\boldsymbol{q}}\leqslant 0 \tag{5-27}$$

式（5-27）与式（5-18）相同，仅当 $\dot{\boldsymbol{x}}=0$ 且 $\dot{\boldsymbol{q}}=0$ 时，$\dot{V}=0$。此时有

$$\ddot{\boldsymbol{q}}=-\boldsymbol{M}^{-1}\boldsymbol{J}^{\mathrm{T}}[\boldsymbol{K}_{\mathrm{d}}\tilde{\boldsymbol{x}}+\boldsymbol{K}_{\mathrm{E}}\tilde{\boldsymbol{x}}_{\mathrm{E}}] \tag{5-28}$$

假设机器人处于非奇异状态，那么平衡点 $\boldsymbol{x}$ 的位置取决于

$$\boldsymbol{K}_{\mathrm{d}}\tilde{\boldsymbol{x}}+\boldsymbol{K}_{\mathrm{E}}\tilde{\boldsymbol{x}}_{\mathrm{E}}=0 \tag{5-29}$$

即

$$\boldsymbol{x}=(\boldsymbol{K}_{\mathrm{d}}+\boldsymbol{K}_{\mathrm{E}})^{-1}(\boldsymbol{K}_{\mathrm{d}}\boldsymbol{x}_{\mathrm{d}}+\boldsymbol{K}_{\mathrm{E}}\boldsymbol{x}_{\mathrm{E}}) \tag{5-30}$$

可以看出，平衡点 $\boldsymbol{x}$ 的位置受到阻抗控制器设定的刚度和环境刚度的共同作用。

当机器人处于奇异状态时，可能存在某一平衡点 $\boldsymbol{x}$，使得 $[\boldsymbol{K}_{\mathrm{d}}\tilde{\boldsymbol{x}}+\boldsymbol{K}_{\mathrm{E}}\tilde{\boldsymbol{x}}_{\mathrm{E}}]$ 属于 $\boldsymbol{J}^{\mathrm{T}}$ 的零空间。此时把一个适当的状态相关非对称矩阵加至 $\boldsymbol{K}_{\mathrm{d}}$ 可以改善这一现象。

### 5.2.2 导纳控制

与阻抗控制不同，在机器人导纳控制任务中，控制目标通常是控制机器人末端接触力跟踪期望力。机器人导纳控制的框图如图 5-10 所示。

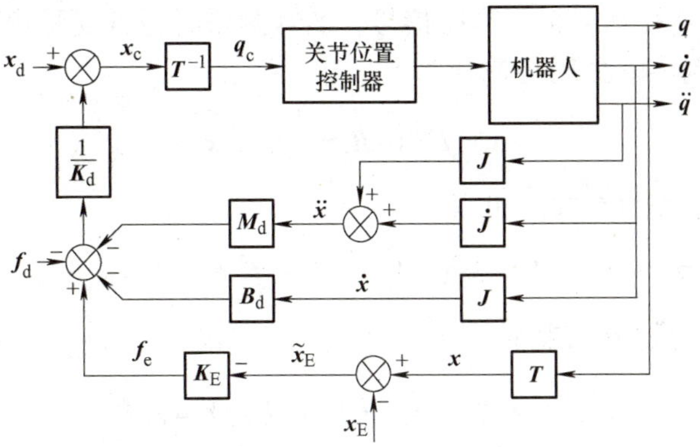


图 5-10 机器人导纳控制的框图

此时，导纳控制器通常表示为

$$M_d\ddot{x} + B_d\dot{x} + K_d(x - x_d) = f_s - f_d \tag{5-31}$$

式中，$M_d$、$B_d$、$K_d$与式（5-5）中定义相同；$f_s$为通过传感器获取的机器人末端接触力；$f_d$为期望机器人末端受到的接触力。通常使用$f_e = f_s - f_d$表示机器人末端接触力与期望值之间的误差，故式（5-31）可改写为

$$M_d\ddot{x} + B_d\dot{x} + K_d(x - x_d) = f_e \tag{5-32}$$

导纳控制器的控制策略是使用位置控制器控制机器人的末端位姿，进而控制机器人末端受到的接触力，故其控制律为

$$x = K_d^{-1}(-M_d\ddot{x} - B_d\dot{x} + f_e) + x_d \tag{5-33}$$



下面分别讨论两种导纳控制形式。

### 1. 位置控制型导纳控制

考虑控制机器人移动，使机器人受到的期望接触力为$f_d$的问题。

在现实的任务场景中，$f_s$通常使用机器人末端装配的六维力传感器进行测量。此处为了方便进行分析，选择式（5-32）用弹性恢复力模拟接触力的形式对$f_s$进行替换。且此时$f_d$也可使用环境刚度和形变向量的方式进行描述，即

$$f_d = -K_E x_{fd} \tag{5-34}$$

式中，$K_E$为环境刚度；$x_{fd}$为期望接触力$f_d$对应的变形向量。

选择候选李雅普诺夫函数为

$$V = \frac{1}{2}[\tilde{x}^T K_d \tilde{x} + f_e^T K_E^{-T} f_e] \tag{5-35}$$

式中，$\tilde{x}=x - x_d$为机器人末端位置与期望末端位置之间的误差；$K_d$为期望机器人末端阻抗状态对应的刚度；$K_E$为环境刚度。对式（5-35）求导可得

$$\dot{V} = \dot{\tilde{x}}^T K_d \tilde{x} + \dot{f}_e^T K_E^{-T} f_e \tag{5-36}$$

由于控制量为 $\boldsymbol{x}$，加速度信号 $\ddot{\boldsymbol{x}}$ 为高阶信号，实际测量时通常受噪声影响比较严重，因此将控制器中的 $\boldsymbol{M}_{\mathrm{d}}$ 设为零。此时控制律为

$$\boldsymbol{x}=\boldsymbol{K}_{\mathrm{d}}^{-1}(-\boldsymbol{B}_{\mathrm{d}}\dot{\boldsymbol{x}}+\boldsymbol{f}_{\mathrm{e}})+\boldsymbol{x}_{\mathrm{d}} \tag{5-37}$$

将式（5-37）代入式（5-36）可得

$$\dot{V}=\dot{\tilde{\boldsymbol{x}}}^{\mathrm{T}}(-\boldsymbol{B}_{\mathrm{d}}\dot{\boldsymbol{x}}+\boldsymbol{f}_{\mathrm{e}})+\dot{\boldsymbol{f}}_{\mathrm{e}}^{\mathrm{T}}\boldsymbol{K}_{\mathrm{E}}^{-\mathrm{T}}\boldsymbol{f}_{\mathrm{e}} \tag{5-38}$$

将 $\boldsymbol{f}_{\mathrm{e}}$ 用环境弹性恢复力的形式表示，有

$$\begin{aligned}\dot{V}&=\dot{\tilde{\boldsymbol{x}}}^{\mathrm{T}}(-\boldsymbol{B}_{\mathrm{d}}\dot{\boldsymbol{x}}+\boldsymbol{f}_{\mathrm{e}})+(-\boldsymbol{K}_{\mathrm{E}}\dot{\boldsymbol{x}})^{\mathrm{T}}\boldsymbol{K}_{\mathrm{E}}^{-\mathrm{T}}\boldsymbol{f}_{\mathrm{e}}\\&=\dot{\tilde{\boldsymbol{x}}}^{\mathrm{T}}(-\boldsymbol{B}_{\mathrm{d}}\dot{\boldsymbol{x}}+\boldsymbol{f}_{\mathrm{e}})-\dot{\boldsymbol{x}}^{\mathrm{T}}\boldsymbol{f}_{\mathrm{e}}\\&=-\dot{\boldsymbol{x}}^{\mathrm{T}}\boldsymbol{B}_{\mathrm{d}}\dot{\boldsymbol{x}}\leqslant 0\end{aligned} \tag{5-39}$$

由式（5-39）可知，仅当 $\dot{\boldsymbol{x}}=0$ 时，$\dot{V}=0$。此时，机器人末端平衡点 $\boldsymbol{x}$ 取决于

$$\boldsymbol{x}=\boldsymbol{K}_{\mathrm{d}}^{-1}\boldsymbol{f}_{\mathrm{e}}+\boldsymbol{x}_{\mathrm{d}} \tag{5-40}$$

即

$$\boldsymbol{x}=(\boldsymbol{K}_{\mathrm{d}}+\boldsymbol{K}_{\mathrm{E}})^{-1}[\boldsymbol{K}_{\mathrm{E}}(\boldsymbol{x}_{\mathrm{E}}+\boldsymbol{x}_{\mathrm{fd}})+\boldsymbol{K}_{\mathrm{d}}\boldsymbol{x}_{\mathrm{d}}] \tag{5-41}$$

可以看出，与柔顺型阻抗控制器类似，平衡点 $\boldsymbol{x}$ 的位置受到导纳控制器设定的刚度和环境刚度的共同作用，且 $\boldsymbol{K}_{\mathrm{d}}$ 越小，即给定的机器人末端刚度越小，机器人的接触力越接近期望接触力。



### 2. 速度控制型导纳控制

根据上述对位置控制型导纳控制器的分析，由于 $\boldsymbol{K}_{\mathrm{d}}$ 的存在，$\boldsymbol{f}_{\mathrm{e}}$ 无法收敛为零。但是，在一些对力控精度要求较高的任务场景中，这将导致任务无法顺利完成。同时，根据上述对位置控制型导纳控制器的分析，$\boldsymbol{f}_{\mathrm{e}}$ 与 $\boldsymbol{K}_{\mathrm{d}}$ 是正相关的，即 $\boldsymbol{K}_{\mathrm{d}}$ 越小，$\boldsymbol{f}_{\mathrm{e}}$ 越小。那么是不是可以将 $\boldsymbol{K}_{\mathrm{d}}$ 无限缩小到零，此时的 $\boldsymbol{f}_{\mathrm{e}}$ 是否也收敛到零了呢？借由此思路，可以得到速度控制型导纳控制器表达式为

$$\boldsymbol{M}_{\mathrm{d}}\ddot{\boldsymbol{x}}+\boldsymbol{B}_{\mathrm{d}}\dot{\boldsymbol{x}}=\boldsymbol{f}_{\mathrm{e}} \tag{5-42}$$

可以看到，速度控制型导纳控制器将 $\boldsymbol{K}_{\mathrm{d}}$ 设置为零，由于位置控制量 $\boldsymbol{x}$ 随着 $\boldsymbol{K}_{\mathrm{d}}$ 一起消失了，因此该控制器使用速度作为控制律，表示为

$$\dot{\boldsymbol{x}}=\boldsymbol{B}_{\mathrm{d}}^{-1}(-\boldsymbol{M}_{\mathrm{d}}\ddot{\boldsymbol{x}}+\boldsymbol{f}_{\mathrm{e}}) \tag{5-43}$$

重新选择候选李雅普诺夫函数为

$$V=\frac{1}{2}[\dot{\boldsymbol{x}}^{\mathrm{T}}\boldsymbol{M}_{\mathrm{d}}\dot{\boldsymbol{x}}+\boldsymbol{f}_{\mathrm{e}}^{\mathrm{T}}\boldsymbol{K}_{\mathrm{E}}^{-\mathrm{T}}\boldsymbol{f}_{\mathrm{e}}] \tag{5-44}$$

式（5-44）与式（5-35）不同，将 $\tilde{\boldsymbol{x}}^{\mathrm{T}}\boldsymbol{K}_{\mathrm{d}}\tilde{\boldsymbol{x}}$ 替换为 $\dot{\boldsymbol{x}}^{\mathrm{T}}\boldsymbol{M}_{\mathrm{d}}\dot{\boldsymbol{x}}$ 用以表示系统的动能。对式（5-44）求导可得

$$\dot{V}=\dot{\boldsymbol{x}}^{\mathrm{T}}\boldsymbol{M}_{\mathrm{d}}\ddot{\boldsymbol{x}}+\dot{\boldsymbol{f}}_{\mathrm{e}}^{\mathrm{T}}\boldsymbol{K}_{\mathrm{E}}^{-\mathrm{T}}\boldsymbol{f}_{\mathrm{e}} \tag{5-45}$$

将式（5-42）代入式（5-45）可得

$$\dot{V}=\dot{\boldsymbol{x}}^{\mathrm{T}}(-\boldsymbol{B}_{\mathrm{d}}\dot{\boldsymbol{x}}+\boldsymbol{f}_{\mathrm{e}})+\dot{\boldsymbol{f}}_{\mathrm{e}}^{\mathrm{T}}\boldsymbol{K}_{\mathrm{E}}^{-\mathrm{T}}\boldsymbol{f}_{\mathrm{e}} \tag{5-46}$$

将$\boldsymbol{f}_{\mathrm{e}}$使用环境弹性恢复力的形式表示，有

$$\begin{aligned}\dot{V}&=\dot{\boldsymbol{x}}^{\mathrm{T}}(-\boldsymbol{B}_{\mathrm{d}}\dot{\boldsymbol{x}}+\boldsymbol{f}_{\mathrm{e}})+(-\boldsymbol{K}_{\mathrm{E}}\dot{\boldsymbol{x}})^{\mathrm{T}}\boldsymbol{K}_{\mathrm{E}}^{-\mathrm{T}}\boldsymbol{f}_{\mathrm{e}}\\&=\dot{\boldsymbol{x}}^{\mathrm{T}}(-\boldsymbol{B}_{\mathrm{d}}\dot{\boldsymbol{x}}+\boldsymbol{f}_{\mathrm{e}})-\dot{\boldsymbol{x}}^{\mathrm{T}}\boldsymbol{f}_{\mathrm{e}}\\&=-\dot{\boldsymbol{x}}^{\mathrm{T}}\boldsymbol{B}_{\mathrm{d}}\dot{\boldsymbol{x}}\leqslant 0\end{aligned} \tag{5-47}$$

由式（5-47）可知，仅当$\dot{\boldsymbol{x}}=0$时，$\dot{V}=0$。此时有

$$\ddot{\boldsymbol{x}}=\boldsymbol{M}_{\mathrm{d}}^{-1}\boldsymbol{f}_{\mathrm{e}} \tag{5-48}$$

只要$\boldsymbol{f}_{\mathrm{e}}\neq 0$，式（5-48）就是非零的，故机器人会运动到$\boldsymbol{f}_{\mathrm{e}}=0$为止。

## 5.3　机器人力位混合控制

对于喷涂、搬运等一些无须力控或者对力控制要求不高的任务，可通过简单的位置控制或者速度控制实现。而对于另一些需要与环境发生力或者力矩交互的任务，如焊接、抛光、切削、装配等，力控制是很有必要的。力控制通常分为纯力控和力位混合控制两种。通常只有六个自由度均产生接触力时才会使用纯力控。例如，当末端执行器与弹簧连接，或末端执行器嵌入其他柔性物体内部时，就需要机器人在每个运动方向都进行力控制。然而，机器人有时也需要在六个自由度中的某几个自由度保持精确的位置控制或者速度控制。力控自由度的选择往往取决于作业对象的表面形状。不同的形状对应不同的几何特征、力学特征及不同的约束条件，这种约束称为自然约束。例如，当机械臂末端与刚性的工作台平面发生接触时，受到工作台平面的约束，机械臂末端无法沿着工作台平面法向量运动，这种约束称为位置约束。假如工作台表面存在一定的摩擦力，当机械臂施加的力小于最大静摩擦力时，机械臂末端将无法运动，这种约束称为力约束。图 5-11 展示了两种不同的工作环境及其几何与力的约束条件，其中，图 5-11a 所示的转动曲柄的自然约束为$v_{x}=0,v_{z}=0,w_{x}=0,w_{y}=0,f_{y}=0,m_{z}=0$；图 5-11b 所示的转动转子的自然约束为$v_{x}=0,\omega_{x}=0,\omega_{y}=0,v_{z}=0,f_{y}=0,m_{z}=0$。



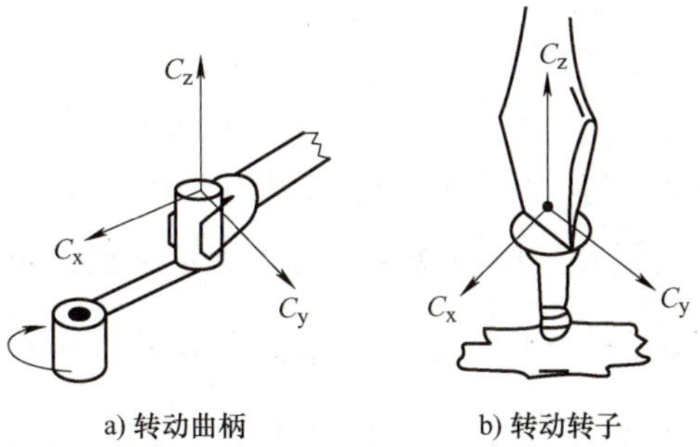


图 5-11　力位混合控制任务举例

通常情况下，任意一种机械臂作业任务都可以在具有 $N$ 个自由度的约束空间中定义广义面。其中，位置约束方向为该面的法向量方向，力约束方向为该面的切向量方向。位置和力这两种类型的约束将机械臂末端的六个自由度划分为两个正交集。此外，当面对某一具体的工况及任务要求进行控制时，还需通过定义额外的人为约束来满足这些要求。也就是说，用户每次在位置或力上指定所需轨迹时，都会定义一个人为约束。这些约束也会与零件表面垂直或者相切，但与自然约束不同的是，人为力约束往往与零件表面垂直，而人为位置约束往往与零件表面相切。例如，打磨和焊接等任务都需要令机械臂末端工具与零件保持一个稳定的法向接触力及切线的匀速走刀以保证打磨面的光滑与焊缝的齐整。值得注意的是，以上所提到的几何与力约束并不是定义在机器人关节空间中，或者机器人末端笛卡儿空间中，而是在一个与作业任务相关的坐标系 $C$ 中。

机器人笛卡儿空间力控的相关内容将在5.3.1小节中进行介绍。力位混合控制的相关内容将在5.3.2、5.3.3、5.3.4小节中进行介绍。

### 5.3.1 机器人笛卡儿空间力控制

在理想的末端笛卡儿空间力控中，机器人在其末端执行力控制的自由度与位置控制的自由度相互独立，互不影响。假设 $\boldsymbol{F}_{\mathrm{t}}$ 表示机器人在任务空间中对环境施加的力和力矩。机器人动力学方程可表述为

$$\boldsymbol{M}(\boldsymbol{q})\ddot{\boldsymbol{q}}+\boldsymbol{C}(\boldsymbol{q},\dot{\boldsymbol{q}})\dot{\boldsymbol{q}}+\boldsymbol{G}(\boldsymbol{q})+\boldsymbol{F}_{\mathrm{f}}(\dot{\boldsymbol{q}})=\boldsymbol{\tau}+\boldsymbol{J}^{\mathrm{T}}(\boldsymbol{q})\boldsymbol{F}_{\mathrm{t}} \tag{5-49}$$


式中，$\boldsymbol{G}$、$\boldsymbol{F}_{\mathrm{f}}$、$\boldsymbol{J}(\boldsymbol{q})$ 在同一个空间中进行定义，例如关节空间、末端笛卡儿空间。由于进行机器人力控时运动速度较慢，甚至基本静止，因此此处忽略速度项和加速度项。基于动力学模型的机器人重力项补偿力矩为

$$\tilde{\boldsymbol{G}}(\boldsymbol{q})=\boldsymbol{\tau}+\boldsymbol{J}^{\mathrm{T}}(\boldsymbol{q})\boldsymbol{F}_{\mathrm{d}} \tag{5-50}$$

式中，$\boldsymbol{F}_{\mathrm{d}}$ 为末端的期望力矩。在不借助末端六自由度力传感器的情况下，可以仅利用关节角度、关节力矩（关节电流）反馈来实现机器人末端力控。这种控制算法对重力项进行精确建模，同时还需要对力矩进行精准控制。电动机控制分为对电动机直驱和串联减速器的控制。在电动机直驱的场景下，结合电动机驱动相关知识，电动机输出力矩与电动机电流大致呈线性关系，因此可通过测量关节电流获取关节力矩；在串联减速器的关节模组中，减速器的高传动比和较大的摩擦力会降低上述力控算法的真实使用性能。尽管如此，仍可以通过使用应变仪测量齿轮输出位移的方式来间接测量关节的输出力矩，并将测量值发送至运动控制器，实现末端力控。

此外，还可以在机器人手腕和末端执行器之间安装六自由度力传感器，以测量机器人末端笛卡儿空间的六自由度力 $\boldsymbol{F}_{\mathrm{e}}$，然后就可以使用PID控制器对其进行控制，在进行力控制时，推荐使用PI（比例积分）控制器。结合重力项补偿，可得如下公式：

$$\tilde{\boldsymbol{G}}(\boldsymbol{q})=\boldsymbol{\tau}+\boldsymbol{J}^{\mathrm{T}}(\boldsymbol{q})\left(\boldsymbol{F}_{\mathrm{d}}+\boldsymbol{K}_{\mathrm{P}}\boldsymbol{F}_{\mathrm{e}}+\boldsymbol{K}_{\mathrm{I}}\int\boldsymbol{F}_{\mathrm{e}}(t)\mathrm{d}t\right) \tag{5-51}$$

式中，$\boldsymbol{K}_{\mathrm{P}}$ 和 $\boldsymbol{K}_{\mathrm{I}}$ 分别为PI控制器的比例增益矩阵和积分增益矩阵。当重力项建模较为精确时，对比式（5-51）与简化动力学方程，可得出误差动力学方程为

$$K_P F_e + K_I \int F_e(t)\mathrm{d}t = 0 \tag{5-52}$$

当重力项补偿不准，假定为 $\tilde{\boldsymbol{G}}(\boldsymbol{q})$ 使得式（5-51）右侧存在非零恒力时，对式（5-52）两端进行求导可得

$$K_P \dot{F}_e + K_I F_e = 0 \tag{5-53}$$

式（5-53）表明，当 $\boldsymbol{K}_P$ 和 $\boldsymbol{K}_I$ 都为正值时，力的误差 $\boldsymbol{F}_e$ 将收敛至零。

尽管式（5-53）中的方法很简单且利于实现，但也存在一定的危险。例如，当机械臂末端没有与物体发生接触时，控制器仍施加一定大小的 $\boldsymbol{F}_d$，那么机械臂末端将会因为无法达到期望的接触力而开始无限制加速，不再满足式（5-53）的前提假设——机械臂处于低速或者静止状态。因此，对于一些只需要轻微运动的任务，可引入速度阻尼对加速度进行约束。以下为修改后的机械臂力控方程：

$$\tilde{\boldsymbol{G}}(\boldsymbol{q}) = \boldsymbol{\tau} + \boldsymbol{J}^{\mathrm{T}}(\boldsymbol{q})(\boldsymbol{F}_d + \boldsymbol{K}_P \boldsymbol{F}_e + \boldsymbol{K}_I \int \boldsymbol{F}_e(t)\mathrm{d}t - \boldsymbol{K}_D \boldsymbol{v}) \tag{5-54}$$

式中，$\boldsymbol{K}_D$ 为取正值的微分增益矩阵；$\boldsymbol{v}$ 为机械臂末端速度。

## 5.3.2　基于位置的混合控制

如上文所述，很多机械臂作业任务不仅需要进行力控，还需要在其他正交维度进行位置控制。实现这种控制功能的力控制器称为力位混合控制器。力位混合控制器最早由雷博特（M. H. Raibert）和克雷格（J. J. Craig）于 1981 年提出，他们对机械臂进行的力位混合实验取得了良好的实验效果，后来力位混合控制器又称为 R–C 控制器。

力位混合控制的基本思想是将机器人作业任务中的自然约束与控制器的设计联系起来。定义机械臂末端笛卡儿任务操作空间（Cartesian Task Operational Space）为 $\{C\}$，机械臂关节空间为 $\{q\}$。考虑一般情况，从机械臂关节空间 $\{q\}$ 到操作空间 $\{C\}$ 的映射关系如下：

$$\boldsymbol{q}_i = \boldsymbol{J}^{-1}(x_1, x_2, \cdots, x_N) \tag{5-55}$$

式中，$\boldsymbol{q}_i$ 为机械臂第 $i$ 个关节的位置；$\boldsymbol{J}^{-1}$ 为逆运动学矩阵函数；$x_i$ 为操作空间 $\{C\}$ 中第 $i$ 个关节的关节位置。

因此，在力位混合控制算法中，驱动器的关节信号表示关节为满足位置约束或力约束的瞬功。假设第 $i$ 个关节的电动机控制信号有 $N$ 个自由度分量，将它们归类于位置控制子空间和力控制子空间中。对机器人系统列准静态方程，可得

$$\tau_i = \sum_{j=1}^{N} [\gamma_{ij}(s_j \Delta f_j) + \psi_{ij}((1 - s_j)\Delta x_j)] \tag{5-56}$$

式中，$\tau_i$ 为电动机施加的关节力矩；$\Delta f_j$ 为第 $j$ 个关节映射到末端笛卡儿任务操作空间 $\{C\}$ 的力误差；$\Delta x_j$ 为第 $j$ 个关节映射到末端笛卡儿任务操作空间 $\{C\}$ 的位置误差；$\gamma_{ij}$ 和 $\psi_{ij}$ 为第 $j$ 个关节为输入、第 $i$ 个自由度分量为输出的力与位置的补偿函数；$s_j$ 为第 $j$ 个关节的柔顺选择向量，当该自由度需要力控时，设置为 1。

$\boldsymbol{S}$ 为一个六自由度的力控选择向量，其中元素为 0 或 1，假定机械臂关节数量 $N \leqslant 6$，例如，若 $\boldsymbol{S}=[0,0,1,0,0,1]^{\mathrm{T}}$，则有

$$\tau_i = \psi_{i1}(\Delta x_1) + \psi_{i2}(\Delta x_2) + \gamma_{i3}(\Delta f_3) + \psi_{i4}(\Delta x_4) + \psi_{i5}(\Delta x_5) + \gamma_{i6}(\Delta f_6) \tag{5-57}$$

当然，$\boldsymbol{S}$ 也可用矩阵表示。尽管控制闭环总数为 $N$，但力位混合控制器的类型仍因为力控选择向量的不同可分为 64（即 $2^6$）种，需根据实际工况的集合约束条件选择力位混合控制器。

图 5-12 所示为力位混合控制器的框图，这个框图由两个闭环组成，包括 $k$ 运动控制闭环和 $N-k$ 力控制闭环。二者都有对应的控制策略（运动控制闭环采用 PID 控制，力控制闭环采用 PI 控制）与传感元件（力控闭环的传感元件为关节力传感器或末端六自由度力传感器，位置控制闭环的传感元件为关节编码器）。

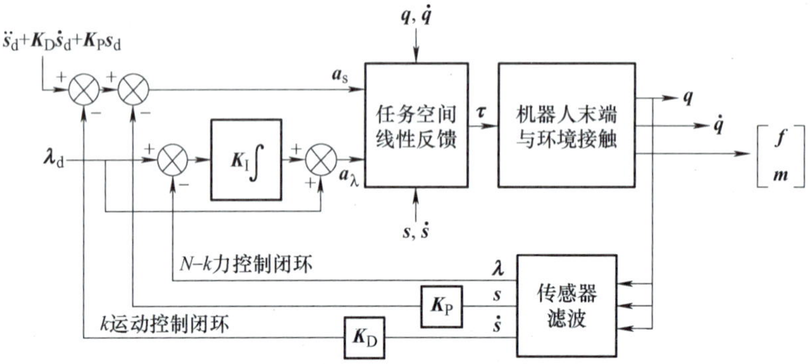


图 5-12　力位混合控制器的框图

所有传感器的数据都需要映射到末端笛卡儿任务操作空间 $\{C\}$ 中进行运算，转换公式如下：

$$\begin{cases} {}^{C}\boldsymbol{X} = \boldsymbol{\Lambda}(\boldsymbol{q}) \\ {}^{C}\boldsymbol{F} = {}^{C}\boldsymbol{T}_H \cdot {}^{H}\boldsymbol{F} \end{cases} \tag{5-58}$$

式中，${}^{C}\boldsymbol{X}$ 为机器人末端位置在末端笛卡儿任务操作空间中的表达；$\boldsymbol{\Lambda}$ 为从关节空间 $\{q\}$ 到末端笛卡儿任务操作空间 $\{C\}$ 的雅可比变换；${}^{*}\boldsymbol{F}$ 为机器人末端力；${}^{C}\boldsymbol{T}_H$ 为从机器人腕部坐标系空间 $\{H\}$ 到末端笛卡儿任务操作空间 $\{C\}$ 的六自由度力变换矩阵，具体可表示为

$${}^{C}\boldsymbol{T}_H = \begin{bmatrix} {}^{C}\boldsymbol{R}_H & 0 \\ [\boldsymbol{V}\times]\times{}^{C}\boldsymbol{R}_H & {}^{C}\boldsymbol{R}_H \end{bmatrix} \tag{5-59}$$

式中，${}^{C}\boldsymbol{R}_H$ 为从关节空间 $\{q\}$ 到末端笛卡儿任务操作空间 $\{C\}$ 的旋转变换矩阵；$V$ 为坐标系 $C$ 的坐标原点在腕部坐标系 $H$ 中的坐标；$[\boldsymbol{V}\times]$ 为向量 $\boldsymbol{V}$ 的罗德里格斯（Rodrigues）矩阵，表达式为

$$[\boldsymbol{V}\times] = \begin{bmatrix} 0 & -v_z & v_y \\ v_z & 0 & -v_x \\ -v_y & v_x & 0 \end{bmatrix} \tag{5-60}$$

当腕部坐标系 $H$ 与任务坐标系 $C$ 之间存在位置或力误差时，式（5-58）能很快检测并消除误差：

$$\begin{cases}\Delta \boldsymbol{X}(t)={}^{C}\boldsymbol{X}(t)-\boldsymbol{\Lambda}(\boldsymbol{q}(t))={}^{C}\boldsymbol{X}_{\mathrm{d}}(t)-{}^{C}\boldsymbol{X}(t)\\ \Delta \boldsymbol{F}(t)={}^{C}\boldsymbol{F}(t)-{}^{C}\boldsymbol{T}_{H}\bullet{}^{H}\boldsymbol{F}(t)={}^{C}\boldsymbol{F}_{\mathrm{d}}(t)-{}^{C}\boldsymbol{F}(t)\end{cases} \tag{5-61}$$

此外，这类基于误差驱动的控制方法，无论是力控制还是位置控制都需以机械臂动力学补偿为前提，其中包含了惯性力项 $\boldsymbol{M}(\boldsymbol{q})$、重力项 $\boldsymbol{G}(\boldsymbol{q})$、科里奥利力项 $\boldsymbol{C}(\boldsymbol{q},\dot{\boldsymbol{q}})\dot{\boldsymbol{q}}$、摩擦力项 $\boldsymbol{F}_{\mathrm{f}}(\dot{\boldsymbol{q}})$ 和外部接触力 $\boldsymbol{F}_{\mathrm{ext}}$。事实上在真实环境下，当机器人腕部安装有六自由度力传感器时，还应对腕部的工具及六自由度力传感器进行重力和加速度补偿。

### 5.3.3　基于任务空间线性反馈的力位混合控制

上一小节大致介绍了力位混合控制的基本思想，即建立任务空间，并在任务空间中的不同自由度采用位置控制与力控制策略。本小节将结合机器人运动学与动力学介绍一种在力位混合控制算法中常用的任务空间线性反馈方法。机器人的动力学方程可用式（5-49）表示。若在低速情况下，则可忽略摩擦力，表示为

$$\boldsymbol{M}(\boldsymbol{q})\ddot{\boldsymbol{q}}+\boldsymbol{C}(\boldsymbol{q},\dot{\boldsymbol{q}})\dot{\boldsymbol{q}}+\boldsymbol{G}(\boldsymbol{q})=\boldsymbol{\tau}+\boldsymbol{J}^{\mathrm{T}}(\boldsymbol{q})\begin{bmatrix}\boldsymbol{f}\\ \boldsymbol{m}\end{bmatrix} \tag{5-62}$$

机器人速度级正运动学方程可表示为

$$\begin{bmatrix}\boldsymbol{v}\\ \boldsymbol{\omega}\end{bmatrix}=\boldsymbol{J}(\boldsymbol{q})\dot{\boldsymbol{q}} \tag{5-63}$$



机器人位置控制子空间表达式为

$$\begin{bmatrix}\boldsymbol{v}\\ \boldsymbol{\omega}\end{bmatrix}=\boldsymbol{T}(\boldsymbol{s})\dot{\boldsymbol{s}} \tag{5-64}$$

机器人力控制子空间表达式为

$$\begin{bmatrix}\boldsymbol{f}\\ \boldsymbol{m}\end{bmatrix}=\boldsymbol{Y}(\boldsymbol{s})\boldsymbol{\lambda} \tag{5-65}$$

将式（5-64）代入式（5-63）可得

$$\boldsymbol{J}(\boldsymbol{q})\dot{\boldsymbol{q}}=\begin{bmatrix}\boldsymbol{v}\\ \boldsymbol{\omega}\end{bmatrix}=\boldsymbol{T}(\boldsymbol{s})\dot{\boldsymbol{s}} \tag{5-66}$$

对式（5-66）两边同时求导并整理得

$$\ddot{\boldsymbol{q}}=\boldsymbol{J}^{-1}\left(\boldsymbol{T}\ddot{\boldsymbol{s}}+\dot{\boldsymbol{T}}\dot{\boldsymbol{s}}-\dot{\boldsymbol{J}}\dot{\boldsymbol{q}}\right) \tag{5-67}$$

将式（5-65）代入式（5-62）可得

$$\boldsymbol{M}(\boldsymbol{q})\ddot{\boldsymbol{q}}+\boldsymbol{C}(\boldsymbol{q},\dot{\boldsymbol{q}})\dot{\boldsymbol{q}}+\boldsymbol{G}(\boldsymbol{q})=\boldsymbol{\tau}+\boldsymbol{J}^{\mathrm{T}}(\boldsymbol{q})\boldsymbol{Y}(\boldsymbol{s})\boldsymbol{\lambda} \tag{5-68}$$

将式（5-67）代入式（5-68）并整理得

$$\begin{bmatrix} M(q)J^{-1} & \vdots -J^{\mathrm{T}}(q)Y(s) \end{bmatrix}\begin{bmatrix} \ddot{s} \\ \cdots \\ \lambda \end{bmatrix} + M(q)J^{-1}(T\dot{s} - \dot{J}\dot{q}) + C(q,\dot{q})\dot{q} + G(q) = \tau$$

式中，$\begin{bmatrix} M(q)J^{-1} & \vdots -J^{\mathrm{T}}(q)Y(s) \end{bmatrix}$为$N \times N$维非奇异矩阵。对其进行线性解耦，可得出要实现力位混合控制器所需的关节力矩输入为

$$\tau = \begin{bmatrix} MJ^{-1} & \vdots -J^{\mathrm{T}}Y(s) \end{bmatrix}\begin{bmatrix} a_{\mathrm{s}} \\ a_{\lambda} \end{bmatrix} + MJ^{-1}(T\dot{s} - \dot{J}\dot{q}) + C\dot{q} + G \tag{5-69}$$

式中，

$$\begin{bmatrix} a_{\mathrm{s}} \\ a_{\lambda} \end{bmatrix} = \begin{bmatrix} \ddot{s} \\ \lambda \end{bmatrix} \tag{5-70}$$

$a_{\mathrm{s}}$为$k$维；$a_{\lambda}$为$N-k$维。通常情况下，使用PID控制器足以稳定地跟踪位置误差，即

$$a_{\mathrm{s}} = \ddot{s}_{\mathrm{d}} + K_{\mathrm{D}}(\dot{s}_{\mathrm{d}} - \dot{s}) + K_{\mathrm{P}}(s_{\mathrm{d}} - s) \tag{5-71}$$

$$a_{\lambda} = \lambda_{\mathrm{d}} + K_{\mathrm{I}}\int(\lambda_{\mathrm{d}} - \lambda)\mathrm{d}t \tag{5-72}$$

显然，当该控制器收敛时，$s \to s_{\mathrm{d}}$。对于力控制子空间，建议采用PI控制器进行控制，相比单纯的比例控制，增加积分环节有利于提升力控制的鲁棒性和抗干扰能力。



### 5.3.4 基于速度导纳控制的复合控制器

针对机器人装配、打磨、切削等多接触环境，提出了图5-13所示的速度导纳控制算法框图。

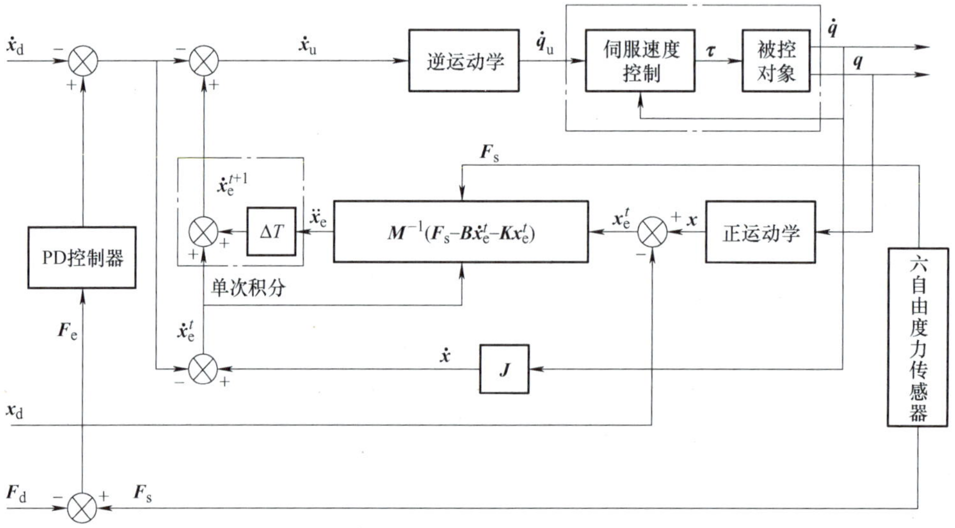


图5-13 速度导纳控制算法框图

力传感器检测的接触力与期望力叠加量通过 PD 控制器作为速度控制前馈。图 5-13 中，$\boldsymbol{F}_s$ 表示传感器检测力，$\boldsymbol{F}_e$ 表示接触力，$\boldsymbol{F}_d$ 表示期望力。该控制算法在速度导纳控制的基础上以期望力作为反馈量进行控制，从而实现期望力的控制。改进后的速度导纳控制算法可分别实现位置控制模式、速度控制模式、力控制模式和示教模式，只需更改位置、速度和力的期望值便可实现，其模式选择方法见表 5-1。

表 5-1　速度导纳控制器的模式选择方法

| 控制模式 | $\boldsymbol{F}_d$ 取值 | $\dot{\boldsymbol{x}}_d$ 取值 | $\boldsymbol{x}_d$ 取值 |
|---|---|---|---|
| 位置控制模式 | $\boldsymbol{F}_d=\boldsymbol{F}_s$ | 0 | $\boldsymbol{x}_d=\boldsymbol{x}_{d0}$ |
| 速度控制模式 | $\boldsymbol{F}_d=\boldsymbol{F}_s$ | $\dot{\boldsymbol{x}}_d=\dot{\boldsymbol{x}}_{d0}$ | $\boldsymbol{x}_d=\boldsymbol{x}$ |
| 力控制模式 | $\boldsymbol{F}_d=\boldsymbol{F}_{d0}$ | 0 | $\boldsymbol{x}_d=\boldsymbol{x}$ |
| 示教模式 | $\boldsymbol{F}_d=\boldsymbol{F}_s$ | 0 | $\boldsymbol{x}_d=\boldsymbol{x}$ |

注：$*_{d0}$为期望值，$\boldsymbol{x}$ 为当前位置，$\boldsymbol{F}_d$为期望力，$\boldsymbol{F}_s$为传感器测量值。

此外，在不同的控制模式下，应当选用适合的阻抗参数 $\boldsymbol{M}$、$\boldsymbol{B}$、$\boldsymbol{K}$ 及合适的 PI 控制参数 $\boldsymbol{K}_P$、$\boldsymbol{K}_I$。值得注意的是，速度为加速度的低阶量，加速度与力互为同阶量，因此速度为力的低阶量。因此，在图 5-13 所示的 PID 反馈环控制中，系数 $\boldsymbol{K}_I$ 实际为速度控制中的比例系数，$\boldsymbol{K}_P$ 实际为速度控制中的阻尼系数。 125

调整参数时优先调整位于内环的阻抗参数 $\boldsymbol{M}$、$\boldsymbol{B}$、$\boldsymbol{K}$。质量系数 $\boldsymbol{M}$ 决定了机器人系统的惯性大小，质量系数越大，在相同作用力下产生的加速度越小；阻尼系数 $\boldsymbol{B}$ 决定了机器人系统的抗干扰能力，阻尼系数越大，抗干扰能力越强，但过大的阻尼系数将导致机器人运动缓慢，甚至无法运动；刚度系数 $\boldsymbol{K}$ 决定了机器人系统的刚度，在一定程度上影响着机器人系统的位置控制精度，刚度系数越大，位置控制精度越高，但过大的刚度系数不适用于大刚度的工作环境。

因此，调整阻抗参数时，先选择一个合适的质量系数 $\boldsymbol{M}$ 与刚度系数 $\boldsymbol{K}$（根据可能的实际工况的期望接触力、速度和位移大小确定 $\boldsymbol{M}$ 与 $\boldsymbol{K}$ 的数量级）。当期望速度、力均为零，期望位置为当前位置时，观察机器人是否能够保持静止或摇摆于目标点附近。最后，施加期望速度令机械臂末端与实验台接触，观察其振荡次数，调整刚度系数并增加阻尼系数 $\boldsymbol{B}$，增大系统的抗干扰能力，使振荡次数缩减至 0 ～ 1 次。

在 PID 参数的选择上，可令机器人末端工具与实验台平面保持较短距离（10mm），并令其向下压，在接触过程中，$z$ 方向力曲线将呈现二阶系统特性。首先调整与被控制量（速度）相匹配的 $\boldsymbol{K}_I$，并令 $\boldsymbol{K}_P$ 为零，逐渐增大 $\boldsymbol{K}_I$ 直至接触力能够稳定于期望力附近，随后调整 $\boldsymbol{K}_P$，使碰撞过程中的峰值力减小（减小系统超调量）。

总之，速度导纳控制算法能够实现多种控制模式，但相较于位置导纳控制而言，其位置控制精度更低。

## 5.4 机器人柔顺控制仿真与应用实例

面对工作环境的不确定性和变化，机器人的控制精度是将机器人应用于工业打磨、装配操作中的先决条件。在机械臂上安装传感器，为机器人提供操作任务的状态信息，再配合相应的控制策略来完成装配和打磨任务，这似乎是机器人应用的重要进展。然而，目前机械臂的灵巧性仍然较低，限制了它们在自动化装配领域的应用。

装配件之间的位置精度往往非常高，相对于零件精度而言，机械臂的重复定位精度往往很低。这给机械臂自动化装配、打磨带来了不小的难度。目前工业机器人仅通过位置或者速度控制无法胜任这些任务。高精度机械臂只能以尺寸、重量成本为代价来实现。测量和控制机械臂末端工具的接触力为提升机械臂的精度提供了一种有效的方法。由于使用相对测量方法，机械臂和被操作对象的绝对位置误差并不像它们在纯位置控制系统中那么重要。当中等高度的零件相互接触时，相对位置的微小变化会产生很大的接触力。因此了解并控制这些力可以极大地提高有效位置精度。

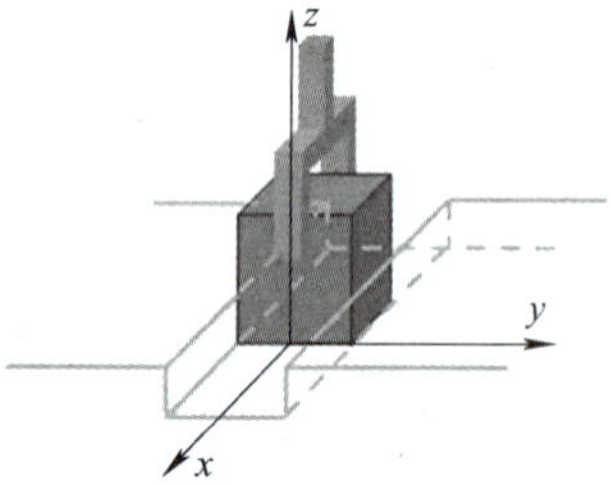

图 5-14 机械臂滑块推动任务

**例 5-1** 如图 5-14 所示，机械臂正在推动滑块沿着滑槽移动，滑块与滑槽之间无摩擦力，滑块的各方向速度为 $\boldsymbol{V}=[v_x,v_y,v_z,\omega_x,\omega_y,\omega_z]$，各方向受力为 $\boldsymbol{F}=[f_x,f_y,f_z,m_x,m_y,m_z]$，请指出该过程中的自然约束和人为约束。

**解：** 首先考虑自然约束。在该作业任务中，滑块的期望运动是沿着 $x$ 轴方向匀速滑动，其余的四个方向（沿 $y$ 轴平动，沿 $z$ 轴平动，绕 $x$ 轴转动，绕 $y$ 轴转动，绕 $z$ 轴转动）被禁止。当未部署控制策略时，由滑块和滑槽的几何形状确定的自然约束如下：

$$\begin{cases} v_y = v_z = 0 \\ \omega_x = \omega_z = 0 \\ f_x = m_y = 0 \end{cases} \tag{5-73}$$

在不考虑摩擦力、滑块重力和惯性力的情况下（仅考虑接触力），假定滑块与滑槽的宽度相同。不难发现，由于在 $x$ 方向，滑块未受到约束，因此 $v_x$ 可能不为零。滑块可能在滑槽中绕 $y$ 轴转动，因此绕 $y$ 轴转动的角速度 $\omega_y$ 可能不为零。

同时，滑块在滑槽中滑动的过程中，由于受滑槽下壁和侧壁的阻挡，可能产生法向接触力，即 $f_y$ 和 $f_z$ 可能不为零。在转动方向上，除了绕 $y$ 轴转动不受约束，绕 $x$ 和绕 $z$ 转动均受到滑槽壁的约束，故 $m_x$ 和 $m_z$ 可能不为零。在式（5-73）中，力约束有 2 个，记为 $k=2$；位置约束有 4 个，记为 $6-k=4$。

然而，仅有自然约束是不够的，还需在自然约束的基础上增加人为约束，才能实现机器人作业任务。例如，要避免滑块在滑槽中滑动时发生翻滚，应设置绕 $y$ 轴（在 $\{C\}$ 中）的期望力矩，即 $m_{y,\mathrm{des}}=0$；同理，要避免滑块在滑槽中滑动时绕 $z$ 轴转动进而导致卡死，应设置绕 $z$ 轴的期望力矩为零，即 $m_{z,\mathrm{des}}=0$。以此类推可得

$$\begin{cases} f_y = f_{y,des} = 0 \\ m_x = m_{x,des} = 0 \\ m_z = m_{z,des} = 0 \\ f_z = f_{z,des} \\ \omega_y = \omega_{y,des} = 0 \\ v_x = v_{x,des} \end{cases} \tag{5-74}$$

式中，$f_{z,des}$ 和 $v_{x,des}$ 可能不为零。例如，滑槽为某待切削工件，滑块为铣削刀头。在式（5-74）中，力约束共 4 个，记为 $6-k=4$；位置约束共有 2 个，记为 $k=2$。由式（5-74）和式（5-56）可得，在本例中，可利用如下等式设计适用于该场景的力位混合控制器：

$$\begin{bmatrix} \boldsymbol{v} \\ \boldsymbol{\omega} \end{bmatrix} = \begin{bmatrix} 1 & 0 \\ 0 & 0 \\ 0 & 0 \\ 0 & 0 \\ 0 & 1 \\ 0 & 0 \end{bmatrix} \begin{bmatrix} v_x \\ \omega_y \end{bmatrix} = \boldsymbol{T} \begin{bmatrix} v_x \\ \omega_y \end{bmatrix} \tag{5-75}$$

$$\begin{bmatrix} \boldsymbol{f} \\ \boldsymbol{m} \end{bmatrix} = \begin{bmatrix} 0 & 0 & 0 & 0 \\ 1 & 0 & 0 & 0 \\ 0 & 1 & 0 & 0 \\ 0 & 0 & 1 & 0 \\ 0 & 0 & 0 & 0 \\ 0 & 0 & 0 & 1 \end{bmatrix} \begin{bmatrix} f_y \\ f_z \\ m_x \\ m_z \end{bmatrix} = \boldsymbol{Y} \begin{bmatrix} f_y \\ f_z \\ m_x \\ m_z \end{bmatrix} \tag{5-76}$$

不难发现，$\boldsymbol{Y}^{\mathrm{T}}\boldsymbol{T} = \boldsymbol{T}^{\mathrm{T}}\boldsymbol{Y} = 0$，即二者的所有列向量均线性无关，且两个矩阵的列向量按顺序拼接正好构成单位矩阵。将式（5-75）左右两端进行转置，并与式（5-76）左右相乘，可得

$$\begin{bmatrix} \boldsymbol{v}^{\mathrm{T}} & \boldsymbol{\omega}^{\mathrm{T}} \end{bmatrix} \begin{bmatrix} \boldsymbol{f} \\ \boldsymbol{m} \end{bmatrix} = \left( \boldsymbol{T} \begin{bmatrix} v_x \\ \omega_y \end{bmatrix} \right)^{\mathrm{T}} \left( \boldsymbol{Y} \begin{bmatrix} f_y \\ f_z \\ m_x \\ m_z \end{bmatrix} \right) = \begin{bmatrix} v_x & \omega_y \end{bmatrix} \left( \boldsymbol{T}^{\mathrm{T}} \boldsymbol{Y} \right) \begin{bmatrix} f_y \\ f_z \\ m_x \\ m_z \end{bmatrix} = 0 \tag{5-77}$$

由此可见，在本例中，活动自由度为 $v_x$ 和 $\omega_y$。在力位混合控制器中，位置控制与力控制彼此独立，互不影响。

**例 5-2**　如图 5-15 所示，机械臂正在推动曲柄绕转动中心转动，要求曲柄绕转轴匀速转动，且在转动过程中尽量减小内部约束力，忽略该系统的摩擦力、曲柄的惯性力。请设计力位混合控制器实现该功能。

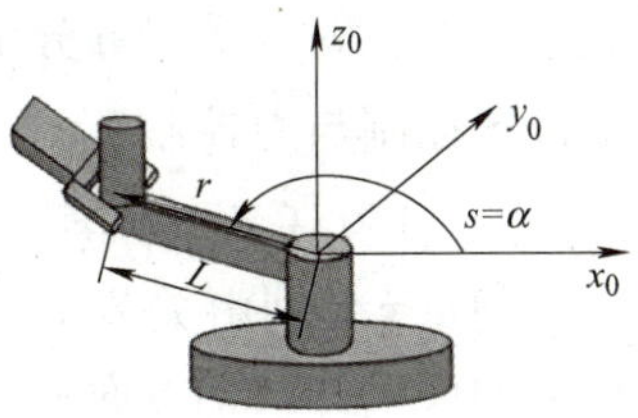

图 5-15　机械臂推动曲柄实例

**解：** 1）基于任务坐标系确定自然约束和人为约束。在本

例中，任务坐标系为 $RF_t$，$RF_t$ 的 $x$ 轴与曲柄共线，$z$ 轴与转轴平行。基坐标系 $RF_0$ 的 $z$ 轴与曲柄转轴共线，当前时刻，坐标系 $RF_t$ 可由坐标系 $RF_0$ 绕 $z$ 轴旋转 $\alpha$ 得到。在初始位置下，两个坐标系的三个坐标轴对应平行。在该机械系统中，自然约束可表示为

$$\begin{cases} v_{\mathrm{x}} = v_{\mathrm{z}} = 0 \\ \omega_{\mathrm{x}} = \omega_{\mathrm{y}} = 0 \\ f_{\mathrm{y}} = m_{\mathrm{z}} = 0 \end{cases} \tag{5-78}$$

参考例 5-1，人为约束可表示为

$$\begin{cases} f_{\mathrm{x}} = f_{\mathrm{x,des}} = 0 \\ f_{\mathrm{z}} = f_{\mathrm{z,des}} = 0 \\ m_{\mathrm{x}} = m_{\mathrm{x,des}} = 0 \\ m_{\mathrm{y}} = m_{\mathrm{y,des}} = 0 \\ v_{\mathrm{y}} = v_{\mathrm{y,des}} \\ \omega_{\mathrm{z}} = \omega_{\mathrm{z,des}} \end{cases} \tag{5-79}$$

式中，$v_{\mathrm{y,des}}$ 用于保证曲柄末梢沿着切向转动；$\omega_{\mathrm{z,des}}$ 可根据具体要求进行配置。与例 5-1 不同的是，在本例中，任务坐标系 $RF_t$ 随时间的变化而变化，且满足

$$RF_t(\alpha) = R_{\mathrm{z}}(\alpha) \bullet RF_0 \tag{5-80}$$



于是，可分别计算得出位置控制子空间和力控制子空间为

$$\begin{bmatrix} {}^0\boldsymbol{v} \\ {}^0\boldsymbol{\omega} \end{bmatrix} = \begin{bmatrix} \boldsymbol{R}_{\mathrm{z}}^{\mathrm{T}} & 0 \\ 0 & \boldsymbol{R}_{\mathrm{z}}^{\mathrm{T}} \end{bmatrix} \begin{bmatrix} 0 & 0 \\ 1 & 0 \\ 0 & 0 \\ 0 & 0 \\ 0 & 0 \\ 0 & 1 \end{bmatrix} \begin{bmatrix} v_{\mathrm{y}} \\ \omega_{\mathrm{z}} \end{bmatrix} = \boldsymbol{T}(\alpha) \begin{bmatrix} v_{\mathrm{y}} \\ \omega_{\mathrm{z}} \end{bmatrix} \tag{5-81}$$

$$\begin{bmatrix} {}^0\boldsymbol{f} \\ {}^0\boldsymbol{m} \end{bmatrix} = \begin{bmatrix} \boldsymbol{R}_{\mathrm{z}}^{\mathrm{T}} & 0 \\ 0 & \boldsymbol{R}_{\mathrm{z}}^{\mathrm{T}} \end{bmatrix} \begin{bmatrix} 1 & 0 & 0 & 0 \\ 0 & 0 & 0 & 0 \\ 0 & 1 & 0 & 0 \\ 0 & 0 & 1 & 0 \\ 0 & 0 & 0 & 1 \\ 0 & 0 & 0 & 0 \end{bmatrix} \begin{bmatrix} f_{\mathrm{x}} \\ f_{\mathrm{z}} \\ m_{\mathrm{x}} \\ m_{\mathrm{y}} \end{bmatrix} = \boldsymbol{Y}(\alpha) \begin{bmatrix} f_{\mathrm{x}} \\ f_{\mathrm{z}} \\ m_{\mathrm{x}} \\ m_{\mathrm{y}} \end{bmatrix} \tag{5-82}$$

式中，${}^0\boldsymbol{v}$、${}^0\boldsymbol{\omega}$、${}^0\boldsymbol{f}$、${}^0\boldsymbol{m}$ 分别为在基坐标系 $RF_0$ 中的速度与力，同样可得出 $\boldsymbol{T}^{\mathrm{T}}(\alpha) \bullet \boldsymbol{Y}(\alpha) = 0$，即位置控制与力控制互不干扰。$v_{\mathrm{y}}$ 和 $\omega_{\mathrm{z}}$ 为活动自由度。

2）计算任务坐标系下的位置与力控制信号 $\boldsymbol{s}$ 和 $\boldsymbol{\lambda}$。假设任务坐标系位置控制量 $\boldsymbol{s}$ 和速度控制量 $\dot{\boldsymbol{s}}$ 分别由关节位置和关节速度通过雅可比矩阵映射得到。下面从机器人运动学和环境约束条件两个方面列方程。根据机器人运动学列方程为

$$J(q)\dot{q}=T(s)\dot{s} \tag{5-83}$$

整理得

$$\dot{s}=T^{\#}(s)J(q)\dot{q} \tag{5-84}$$

式中，$T^{\#}(s)$ 为矩阵 $T(s)$ 的伪逆，即 $T^{\#}(s)=(T^{\mathrm{T}}T)^{-1}T^{\mathrm{T}}$。

根据环境约束条件列方程为

$$^{0}r={}^{0}f(q)=\begin{bmatrix} L\cos s \\ L\sin s \\ 0 \end{bmatrix} \tag{5-85}$$

式中，$L$ 为曲柄长度；$^{0}r$ 为曲柄的矢径。于是可以计算得出系统控制分量 $s$ 为

$$s=\operatorname{atan}2[{}^{0}f_{\mathrm{y}}(q),{}^{0}f_{\mathrm{x}}(q)] \tag{5-86}$$

根据式（5-86）和式（5-84）可建立位置子空间控制分量 $s$、$\dot{s}$ 与关节状态 $q$ 和 $\dot{q}$ 的关系。假设 $\lambda$ 为机器人腕部传感器测量的笛卡儿力、力矩信号，那么 $\lambda$ 应满足

$$\begin{bmatrix} f \\ m \end{bmatrix}=Y(s)\lambda \tag{5-87}$$

整理得

$$\lambda=Y^{\#}(s)\begin{bmatrix} f \\ m \end{bmatrix} \tag{5-88}$$

式中，$Y^{\#}(s)$ 为矩阵 $Y(s)$ 的伪逆。

**例 5-3**　如图 5-16 所示，使用机械臂进行螺栓装配，假定螺栓的螺距为 $p$，若忽略螺栓与螺孔之间的摩擦力、螺栓重力，请设计力位混合控制器实现机械臂螺栓装配任务。

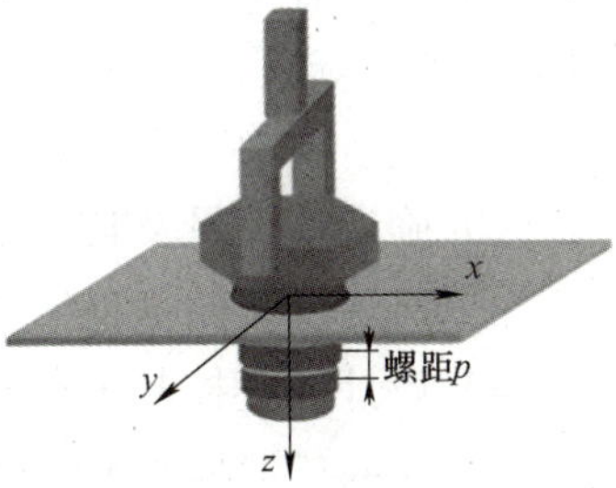

图 5-16　机械臂螺栓装配实例

在这个实例中，由于螺孔的约束，螺栓无法在水平方向移动、转动，即

$$\begin{cases} v_{\mathrm{x}}=v_{\mathrm{y}}=0 \\ \omega_{\mathrm{x}}=\omega_{\mathrm{y}}=0 \end{cases} \tag{5-89}$$

为将螺栓旋入螺孔内，设计人为约束如下：

$$\begin{cases} f_{\mathrm{x}}=f_{\mathrm{x,des}}=0 \\ f_{\mathrm{y}}=f_{\mathrm{y,des}}=0 \\ f_{\mathrm{z}}=f_{\mathrm{z,des}} \\ m_{\mathrm{x}}=m_{\mathrm{x,des}}=0 \\ m_{\mathrm{y}}=m_{\mathrm{y,des}}=0 \\ v_{\mathrm{z}}=v_{\mathrm{z,des}} \\ w_{\mathrm{z}}=w_{\mathrm{z,des}}=\dfrac{2\pi v_{\mathrm{z,des}}}{p} \\ m_{\mathrm{z}}=m_{\mathrm{z,des}}(f_{\mathrm{z,des}}) \end{cases} \tag{5-90}$$

式中，$m_{z,des}$ 为 $f_{z,des}$ 的函数。需要注意的是，式（5-90）的最后两个等式表明，由于螺栓和螺孔的结构特性，绕 $z$ 方向转动与沿 $z$ 方向移动并不独立，同样，$z$ 方向力矩与 $z$ 方向的力也不独立，于是式（5-90）共约束了六个自由度，并未过度约束。在本例中，力控制子空间与位置控制子空间的方程如下：

$$\begin{bmatrix} \boldsymbol{v} \\ \boldsymbol{\omega} \end{bmatrix} = \begin{bmatrix} 0 & 0 & 1 & 0 & 0 & \dfrac{2\pi}{p} \end{bmatrix}^{\mathrm{T}} v_z = \boldsymbol{T} v_z \tag{5-91}$$

自由度分量共 1 维，由 $\boldsymbol{T}^{\mathrm{T}}\boldsymbol{Y} = 0$ 可得

$$\begin{bmatrix} \boldsymbol{f} \\ \boldsymbol{m} \end{bmatrix} = \begin{bmatrix} 1 & 0 & 0 & 0 & 0 \\ 0 & 1 & 0 & 0 & 0 \\ 0 & 0 & 0 & 0 & -\dfrac{2\pi}{p} \\ 0 & 0 & 1 & 0 & 0 \\ 0 & 0 & 0 & 1 & 0 \\ 0 & 0 & 0 & 0 & 1 \end{bmatrix} \begin{bmatrix} f_x \\ f_y \\ m_x \\ m_y \\ m_z \end{bmatrix} = \boldsymbol{Y} \begin{bmatrix} f_x \\ f_y \\ m_x \\ m_y \\ m_z \end{bmatrix} \tag{5-92}$$

力控制自由度分量共五维，在本例中，矩阵 $\boldsymbol{T}$ 与矩阵 $\boldsymbol{Y}$ 的列向量无法拼接为单位矩阵，这说明这一条件是非必要的，且活动自由度未必是经典的六维运动（$v_x$，$v_y$，$v_z$，$\omega_x$，$\omega_y$，$\omega_z$），也可以是螺旋运动（如本例）。



综上所述，可总结出力位混合控制器的一般设计思路如下。

1）确定任务坐标系：根据机械臂作业零件及工具的表面几何形状和接触关系建立合适的任务坐标系，并用 $[\boldsymbol{v},\boldsymbol{\omega}]^{\mathrm{T}} = \boldsymbol{T}(\boldsymbol{s})\dot{\boldsymbol{s}}$ 表示位置控制子空间，用 $[\boldsymbol{f},\boldsymbol{m}]^{\mathrm{T}} = \boldsymbol{Y}(\boldsymbol{s})\boldsymbol{\lambda}$ 表示力控制子空间。

2）确定被控量及其期望值，并设计人为约束：$\boldsymbol{s} \to \boldsymbol{s}_d(t)$，$\boldsymbol{\lambda} \to \boldsymbol{\lambda}_d(t)$。

3）对任务空间进行解耦、线性化。

4）设计位置控制子空间加速度 $\boldsymbol{a}_s$ 和力控制子空间加速度 $\boldsymbol{a}_\lambda$，并通过形如 $\boldsymbol{e}_s = \boldsymbol{s}_d - \boldsymbol{s}$ 和 $\boldsymbol{e}_\lambda = \boldsymbol{\lambda}_d - \boldsymbol{\lambda}$ 的反馈控制策略约束机器人的行为以达到任务需求。

在简单的场景中，$\dot{\boldsymbol{s}}$ 通常为 $\boldsymbol{v}$ 和 $\boldsymbol{\omega}$，$\boldsymbol{\lambda}$ 通常为 $\boldsymbol{f}$ 和 $\boldsymbol{m}$，矩阵 $\boldsymbol{T}$ 和矩阵 $\boldsymbol{Y}$ 为由 0 和 1 组成的矩阵，二者的列向量可组合成为单位矩阵。

## 本章小结

本章介绍了机器人柔顺控制的基本概念，并简要介绍了常见的三种柔顺控制方法，包括使用柔顺末端执行器的控制方法，使用阻抗控制的控制方法，使用力位混合控制的控制方法；然后对阻抗控制方法与力位混合控制方法进行了更深入地介绍。

由于机器人力控制是本书的重点研究问题之一，因此本章采用了较多篇幅进行介绍。

对于阻抗控制，根据控制量的不同，可以分为通过末端位姿误差控制关节力矩的阻抗控制和通过末端力与力矩误差控制末端位姿的导纳控制。这两种方法都是基于阻抗控制模型实现末端力与末端位姿的转换，从而将控制量统一为力控制量或位姿控制量。但是由于

输入和输出信号的不同，因此使用时需要根据任务需求对控制方法进行选择。

本章对力位混合控制进行了详细介绍，首先介绍了力位混合控制的应用场景及一些基本概念，如位置约束、力约束，介绍了机器人作业时末端的一些受力与几何分析；然后从一种特殊的力位混合控制算法——纯力控出发，介绍了三种形式的力位混合控制器；最后通过三个案例，讲解了在不同场景中的建模方法。

## 参考文献


[1] 中国科学院宁波材料技术与工程研究所．一种力控末端执行器及工业机器人：CN202011237852.4 [P]. 2021-03-05.

[2] 中国科学院宁波材料技术与工程研究所．单自由度气电混合力控末端执行器及工业机器人：CN202011135582.6 [P]. 2020-12-01.

[3] RAIBERT M H，CRAIG J J. Hybrid position/force control of manipulators[J]. Journal of dynamic systems，measurement and control，1981，103（2）：126-133.

[4] CRAIG J J. 机器人学导论：3 版 [M]. 负超，译．北京：机械工业出版社，2006.

[5] PIÑA E. Rotations with Rodrigues' vector[J]. European journal of physics，2011，32（5）：1171-1178.

# 第 6 章　机器人智能自适应控制

## 导读

本章着重介绍机器人智能自适应控制技术的理论基础、设计理念和应用场景。首先，从自适应控制的起源和发展历程入手，梳理其在各工程领域中的演变及现实意义。其次，详细阐述模型参考自适应控制的工作原理，通过系统结构、参数调整策略等方面的讨论，解释自适应控制系统如何实时调整参数以适应环境变化并维持控制性能。最后，本章还将介绍神经网络和模糊控制系统的基础理论，特别强调了神经网络和模糊控制在提高机器人自适应控制性能中的应用，阐述了这两种机器人智能自适应控制算法的基础概念、设计步骤。通过本章的学习，读者可以掌握机器人智能自适应控制的理论基础和设计方法。



## 本章知识点

- 自适应控制的发展历程
- 模型参考自适应控制的基本框架与参数调整策略
- 神经网络理论基础与自适应神经网络控制
- 模糊控制理论基础与自适应模糊控制

## 6.1　自适应控制理论概述和发展历程

### 1. 理论概述

在控制工程领域，控制对象的数学模型结构往往存在某种不确定性，即使对模型结构（如模型的阶数、传递函数零极点的个数等）已经掌握，随着环境的改变，被控对象模型的参数仍会在不确定范围内波动。因此，基于确定数学模型设计的控制器就会出现不稳定的现象，从而导致控制性能较差。

为解决这一问题，用于处理模型不确定性和外部扰动的自适应控制理论应运而生。作为一种高级控制策略，自适应控制能够动态地调整控制器参数，以优化系统的性能并增强鲁棒性。特别是在机器人控制领域，自适应控制理论尤为重要，因为它可以帮助机器人更好地适应环境变化和内部动态的不确定性。机器人自适应控制主要分为三大类：模型参考自适应控制、自适应神经网络控制和自适应模糊控制。

（1）模型参考自适应控制

模型参考自适应控制是指设计一个理想的参考模型来描述期望的系统动态。控制器的目标是调整其参数，使得实际系统的输出能够跟踪这个参考模型的输出。这种方法的优势在于即使缺乏精确系统模型也能实现良好的控制性能。

（2）自适应神经网络控制

自适应神经网络控制是指利用神经网络的强大学习能力，对复杂或未知的系统动态进行学习和适应，特别适用于处理系统的非线性特性。

（3）自适应模糊控制

自适应模糊控制是指控制系统先使用在线辨识技术估计系统的动态模型参数，再根据这些估计的参数调整控制器。这种方式适用于系统参数可能随时间变化的情况。

### 2. 发展历程

自适应控制的发展历程是一个从理论探索到广泛应用的演变过程，它与全球科技进步和工业需求密切相关。最早可追溯到 20 世纪 50 年代，由于军事和航空航天的需要，特别是设计飞行控制系统时，这些系统必须能够在飞行器的不同飞行阶段和多变的外部条件下保持性能的稳定，研究者们探索、开发可以动态调整其参数以适应环境变化的控制系统。20 世纪 70 年代以来，随着微电子技术、计算机技术的发展，廉价的微型计算机、微处理器应用越来越广泛，自适应控制开始在汽车电子等领域得到应用，而这些应用也进一步促进了自适应控制技术的发展。

特别是随着现代控制理论的兴起，李雅普诺夫稳定性理论为自适应控制提供了坚实的理论基础。这一理论使自适应控制应用于实际工业系统成为现实。飞行器控制是首先采用自适应控制的重要领域，飞机的自动驾驶已应用自适应控制技术，其优越的性能已被飞行试验证实。20 世纪 80 年代以来，航空航天、航海、过程工业、电力、机械等部门都有成功应用自适应控制技术的实例。1982 年，第一台自适应控制器上市，后续出现了一些商业性的自适应控制器产品。在船舶驾驶、电动机驱动、工业机器人的产品中，都有相应商业化的自适应控制系统，性能越来越先进，使用也越来越方便。在这些应用中，自适应控制技术能够优化系统操作，提高能效和产品质量，同时降低生产成本。

进入 21 世纪，深度学习和人工智能技术的飞速发展给自适应控制带来了新的发展方向。特别是神经网络的引入，为处理非线性系统和实时学习环境中的复杂动态提供了强大的工具。这一时期，自适应控制不仅被应用于传统的工业和航空领域，还开始扩展到智能机器人、自动驾驶汽车、智能电网和城市交通管理等更为广泛的领域。

自适应控制系统尚没有公认的统一定义，一些学者针对比较具体的系统构成方式提出了自适应控制系统的定义，有些定义得到了自适应控制研究领域广大学者的认同。下面介绍两个影响比较广泛的定义。

**定义 6-1**　（Gibson，1962 年）一个自适应控制系统应提供被控对象当前状态的连续信息，即辨识对象；将当前系统性能与期望性能或某种最优指标进行比较，在此基础上作出决策，对控制器进行实时修正，使得系统趋向期望性能或趋于最优状态。

**定义 6-2**　（Landau，1974 年）一个自适应系统应利用可调系统的各种输入、输出信息度量某个性能指标，然后将测量得出的性能指标与期望指标进行比较，由自适应机构修正控制器的参数或产生一个辅助信号，以使系统接近规定的性能指标并保持。

定义 6-1 和定义 6-2 实际上规定了两类最重要的自适应控制系统：自校正系统和模型参考自适应控制系统。它们的区别在于：定义 6-1 所规定的系统需要对系统进行辨识，定义 6-2 所规定的系统不需要进行显式的辨识；定义 6-1 要求自适应系统按照某种最优指标作出决策，定义 6-2 不要求进行显式的决策，而将其隐含在某种已知的性能指标之中（通过参考模型表示）。不过，两者基本思想是一致的。

从上述定义可以看出，一个自适应控制系统应当具有如下特征。

1）过程信息的在线积累。信息在线积累的目的是为了降低被控对象模型参数的不定性，基本方法是采用系统辨识，在线辨识被控对象的模型参数。对于模型参考自适应控制系统来说，没有显式的系统辨识过程，但是通过比较对象输出和参考模型输出这一方式，将信息在线积累用一种隐式的方式表示。

2）性能指标控制决策。根据实际测量得到的系统性能与期望性能之间的偏差信息，决定控制策略，以使得系统的性能逐渐接近期望的性能指标并加以保持。

3）可调控制器的修正。根据控制策略，在线修正可调控制器参数，或产生一个辅助的控制信号，实现自适应控制的目标。

具有上述特征的自适应控制系统的功能框图如图 6-1 所示。它由性能指标测量、比较与决策、自适应机构、可调系统等四个功能模块组成。



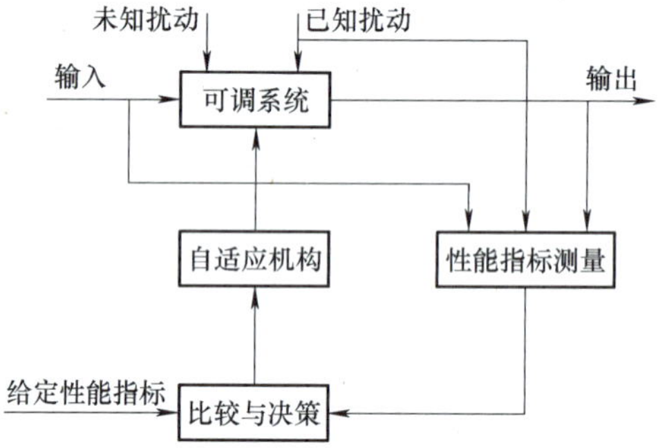


图 6-1　自适应控制系统的功能框图

自适应控制系统可以从不同的角度进行分类。例如，可以根据信号的数学特征分为确定性自适应控制系统和随机自适应控制系统，也可以根据功能分为参数自适应控制系统和非参数自适应控制系统。不过，更多是根据自适应系统的结构特点对自适应控制系统进行分类。其中应用最为广泛的是模型参考自适应控制系统和自校正控制系统。除此之外，自寻优系统也是一类具有应用价值的自适应控制系统。

具有学习功能的自适应控制系统应用日益广泛，具有较强的发展前景。其中最具代表性的是自适应神经网络控制系统和自适应模糊控制系统。神经网络控制的研究随着神经网络理论研究的不断深入而不断发展起来。根据神经网络在控制器中的不同作用，神经网络控制器可分为两类：一类为神经网络控制，它是以神经网络为基础形成的独立智能控制系统；另一类为混合神经网络控制，它是指利用神经网络的学习和优化能力改善传统控制的智能控制方法。自适应模糊控制是指具有自适应学习算法的模糊逻辑系统，其学习算法依靠数据信息调整模糊逻辑系统的参数，且可以保证控制系统的稳定性。与传统的自适应控制相比，自适应模糊控制的优越性在于它可以利用操作人员提供的语言性模糊信息，而传统的自适应控制则不能。这一点对具有高度不确定因素的系统尤其重要。

## 6.2　模型参考自适应控制

机器人模型参考自适应控制的基本原理如下：根据控制目标和被控对象的结构设计参考模型，并根据被控对象和参考模型之间的输出误差更新控制器的参数，使得两者之间的输出误差趋于零，也就是说其目标是使得被控对象的输出最终收敛到参考模型的输出。根据控制器参数的更新方式，模型参考自适应控制分为直接模型参考自适应控制和间接模型参考自适应控制。这两种控制方法的区别在于，直接模型参考自适应控制直接从自适应律中在线更新控制增益，而间接模型参考自适应控制首先估计被控系统中的未知参数，然后将自适应参数代入控制器的参数计算方程得到控制参数从而完成控制器参数的更新。

### 6.2.1　模型参考自适应控制系统的基本架构

模型参考自适应控制系统的基本架构如图 6-2 所示。它由含有不确定性的被控机器人系统（被控对象）、参考模型、控制器和自适应机构四部分组成。

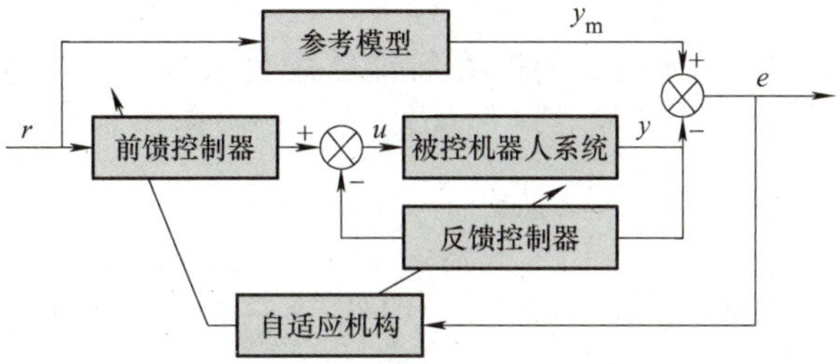


图 6-2　模型参考自适应控制系统的基本架构

#### 1. 含有不确定性的被控机器人系统

自适应控制可以处理含有结构不确定性、非结构不确定性或未建模动态的被控机器人系统。

#### 2. 参考模型

参考模型规定了系统理想的暂稳态性能，所以参考模型可以看作一种理想的系统模型，它的输出代表着自适应控制系统对输入命令的理想响应。因为机器人系统的自适应控制通常要实现对命令轨迹的跟踪，因此自适应机构通常根据参考模型输出与被控对象输出之间的误差来调节。

#### 3. 控制器

控制器的形式通常由能够实现标称系统期望的暂稳态性能确定，它可以是线性的，也可以是非线性的。所谓的标称系统是指系统参数全部已知的系统。控制器的参数值由自适应机构在线调整。

#### 4. 自适应机构

自适应机构其实是一种数学表达式，它清晰地指定了如何调整自适应参数能够使得被控对象的输出与参考模型的输出趋于一致。由于误差的消除由自适应机构保证，因此自适应机构的设计非常关键。

下面以一个含有未知阻尼项的单关节平面机械臂系统的模型参考自适应控制为例，说明机器人模型参考自适应控制系统的各个组成部分。

设单关节平面机械臂系统的动力学模型为

$$\frac{4Ml^2}{3}\ddot{q}+d\dot{q}+Mgl\cos q=\tau \tag{6-1}$$

式中，$q$、$\dot{q}$ 和 $\ddot{q}$ 分别为机械臂的关节角位置、速度和加速度；质量 $M=1\text{kg}$；连杆长度 $l=0.25\text{m}$；重力加速度 $g=9.81\text{m/s}^2$；$\tau$ 为控制输入；$d$ 为未知阻尼项。控制目标是设计控制策略 $\tau$ 使得被控机器人系统的关节角位置 $q$ 和速度 $\dot{q}$ 分别渐近跟踪如下参考模型的状态 $q_{\mathrm{m}}$ 和 $\dot{q}_{\mathrm{m}}$，它的具体动态方程为

$$\ddot{q}_{\mathrm{m}}+2\zeta_{\mathrm{m}}\omega_{\mathrm{m}}\dot{q}_{\mathrm{m}}+\omega_{\mathrm{m}}^2 q_{\mathrm{m}}=\omega_{\mathrm{m}}^2 r \tag{6-2}$$

式中，阻尼比 $\zeta_{\mathrm{m}}>0$ 和固有频率 $\omega_{\mathrm{m}}>0$ 为由系统性能指标确定的参考模型的参数；$r$ 为系统的参考信号。



由于自适应控制器的形式通常以标称系统能够满足系统总的性能指标为依据设计，所以首先考虑被控机器人对象的阻尼 $d$ 已知的情形。为实现控制目标，可以设计如下控制策略：

$$\tau=\mathrm{d}\dot{q}+Mgl\cos q+\frac{4Ml^2}{3}(\omega_{\mathrm{m}}^2 r-2\zeta_{\mathrm{m}}\omega_{\mathrm{m}}\dot{q}-\omega_{\mathrm{m}}^2 q) \tag{6-3}$$

将控制策略式（6-3）代入被控对象的系统方程式（6-1），并定义跟踪误差 $e_1=q_{\mathrm{m}}-q$ 和 $e_2=\dot{q}_{\mathrm{m}}-\dot{q}$，根据式（6-1）和式（6-3），可得跟踪误差方程为

$$\dot{\boldsymbol{e}}=\begin{bmatrix}\dot{e}_1\\ \dot{e}_2\end{bmatrix}=\begin{bmatrix}0 & 1\\ -\omega_{\mathrm{m}}^2 & -2\zeta_{\mathrm{m}}\omega_{\mathrm{m}}\end{bmatrix}\boldsymbol{e}=\boldsymbol{A}\boldsymbol{e} \tag{6-4}$$

由于 $\zeta_{\mathrm{m}}>0$、$\omega_{\mathrm{m}}>0$，所以矩阵 $\boldsymbol{A}$ 是 Hurwitz（赫尔维茨）矩阵，容易证明跟踪误差 $\boldsymbol{e}=[e_1,e_2]^{\mathrm{T}}$ 是有界的，并且当 $t\to\infty$ 时，$\boldsymbol{e}\to 0$，所以当阻尼 $d$ 已知时，理想的控制策略式（6-3）能够实现控制目标。然而，当系统的阻尼 $d$ 未知时，式（6-3）控制策略不能直接实施。一个直观的解决方法是估计未知的阻尼项 $d$，然后利用自适应参数 $\hat{d}$ 代替未知阻尼项 $d$ 完成并实施自适应控制，因此可以设计如下的模型参考自适应控制器：

$$\tau=\hat{d}\dot{q}+Mgl\cos q+\frac{4Ml^2}{3}(\omega_{\mathrm{m}}^2 r-2\zeta_{\mathrm{m}}\omega_{\mathrm{m}}\dot{q}-\omega_{\mathrm{m}}^2 q) \tag{6-5}$$

由此可知，被控对象与参考模型之间性能的一致性通过自适应机构来保证，因此自

适应参数的调整策略是设计自适应控制器的关键。下一小节将介绍常见的自适应参数调整策略。

## 6.2.2　自适应参数调整策略

自适应参数调整策略主要有两种：一是局部参数最优化法，最早用该方法设计的自适应参数调整策略是 MIT 规律，该规律因由 MIT（麻省理工大学）的一个实验室提出而得名；二是稳定性理论法，稳定性理论法包括基于李雅普诺夫稳定性理论法和基于 Popov 超稳定性理论法。

局部参数最优化法的设计思想如下：构造一个由跟踪误差和可调参数（包括自适应参数和控制器中的可调参数）组成的性能指标函数，使用参数优化的方法使得该性能指标函数达到最小值或局部最小值，从而保证被控对象和参考模型性能的一致性。

局部参数最优化法的主要缺点是在设计阶段没有考虑系统的稳定性问题，难以保证整个自适应闭环系统的全局稳定性。而稳定性理论法从稳定性理论的角度出发设计自适应律，所以基于稳定性理论设计的自适应参数调整策略既能求出自适应律，又能确保系统的稳定性。

基于李雅普诺夫稳定性理论法主要采用李雅普诺夫第二方法，其主要思路如下：首先对系统建立一个广义能量函数（李雅普诺夫函数），然后分析李雅普诺夫函数的定号性，建立判断系统稳定性的相应结论。由于它适用于一切控制系统，因此很快成为分析系统稳定性的主要工具。下面主要介绍基于李雅普诺夫稳定性理论的自适应控制设计方法。

针对上一小节的被控机器人对象式（6-1）、参考模型式（6-2）和模型参考自适应控制器式（6-5），可得到误差动力学方程如下：

$$\dot{\boldsymbol{e}} = \boldsymbol{A}\boldsymbol{e} + \boldsymbol{B}(d - \hat{d}) \tag{6-6}$$

式中，$\boldsymbol{B} = [0, 3\dot{\boldsymbol{q}}/(4Ml)^2]^{\mathrm{T}}$。由于矩阵 $\boldsymbol{A}$ 是 Hurwitz 矩阵，因此对于任意给定的正定对称矩阵 $\boldsymbol{Q}^{\mathrm{T}} = \boldsymbol{Q} > 0$，存在正定对称矩阵 $\boldsymbol{P}^{\mathrm{T}} = \boldsymbol{P} > 0$，使得如下等式成立：

$$\boldsymbol{A}^{\mathrm{T}}\boldsymbol{P} + \boldsymbol{P}\boldsymbol{A} = -\boldsymbol{Q} \tag{6-7}$$

选取如下李雅普诺夫函数：

$$V = \boldsymbol{e}^{\mathrm{T}}\boldsymbol{P}\boldsymbol{e} + \frac{1}{2\lambda}(d - \hat{d})^2 \tag{6-8}$$

式中，$\lambda > 0$ 为自适应增益。系统能量的变化率可通过微分式（6-8）得到，即

$$\begin{aligned}\dot{V} &= -\boldsymbol{e}^{\mathrm{T}}\boldsymbol{Q}\boldsymbol{e} + 2\boldsymbol{e}^{\mathrm{T}}\boldsymbol{P}\boldsymbol{B}(d - \hat{d}) - \frac{1}{\lambda}(d - \hat{d})\dot{\hat{d}} \\ &= -\boldsymbol{e}^{\mathrm{T}}\boldsymbol{Q}\boldsymbol{e} - \frac{1}{\lambda}(d - \hat{d})(\dot{\hat{d}} - 2\lambda\boldsymbol{e}^{\mathrm{T}}\boldsymbol{P}\boldsymbol{B})\end{aligned} \tag{6-9}$$

令式（6-9）最右边一项等于零，即 $\dot{\hat{d}} - 2\lambda\boldsymbol{e}^{\mathrm{T}}\boldsymbol{P}\boldsymbol{B} = 0$，从而得到自适应律为

$$\dot{\hat{d}} = 2\lambda\boldsymbol{e}^{\mathrm{T}}\boldsymbol{P}\boldsymbol{B} \tag{6-10}$$

从而有

$$\dot{V} = -\boldsymbol{e}^{\mathrm{T}}\boldsymbol{Q}\boldsymbol{e} \leqslant 0$$

由 Barbalat 引理得，当 $t \to \infty$ 时，$\boldsymbol{e} \to 0$。这意味着模型参考自适应控制系统是全局渐近稳定的，所以模型参考自适应控制器式（6-5）和自适应律式（6-10）能够实现控制目标。

## 6.3 机器人自适应神经网络控制

人工神经网络（Artificial Neural Network，ANN）简称神经网络，是模拟人脑思维方式的数学模型。神经网络是在现代生物学研究人脑组织成果的基础上提出的，用来模拟人类大脑神经网络的结构和行为，它从微观结构和功能上对人脑进行抽象和简化，是模拟人类智能的一条重要途径，反映了人脑功能的若干基本特征，如并行信息处理、学习、联想、模式分类、记忆等。

20 世纪 80 年代以来，对人工神经网络的研究取得了突破性进展。神经网络控制是将神经网络与控制理论相结合而发展起来的智能控制方法。它已成为智能控制的一个新分支，为解决复杂的非线性、不确定、不确知系统的控制问题开辟了新途径。

### 6.3.1 神经网络理论基础



神经网络是指根据自然神经系统的结构和功能建立数学模型和算法，使其具有非线性映射、自学习等智能功能的一种网络结构。在控制系统中，随着被控对象越来越复杂，对控制系统的要求也越来越高，传统的基于模型的控制方法难以满足要求，利用神经网络强大的非线性映射、自学习和信息处理能力，可以有效解决复杂系统的模型辨识、控制和优化问题，从而使控制系统具有良好的性能。神经网络由于具有诸多优点，因此近年来被广泛应用于控制系统中。

神经元模型、神经网络模型和学习算法构成了神经网络的三要素。神经元作为神经系统的基本组成单位，主要由细胞体和突起（包括树突和轴突）组成，典型的神经元结构如图 6-3 所示。树突的主要作用是接收其他神经元的信号并传给细胞体，细胞体负责联络和处理信息，轴突负责传出信息。两个神经元之间通过突触传递信息，大量神经元相互连接构成复杂的神经系统。

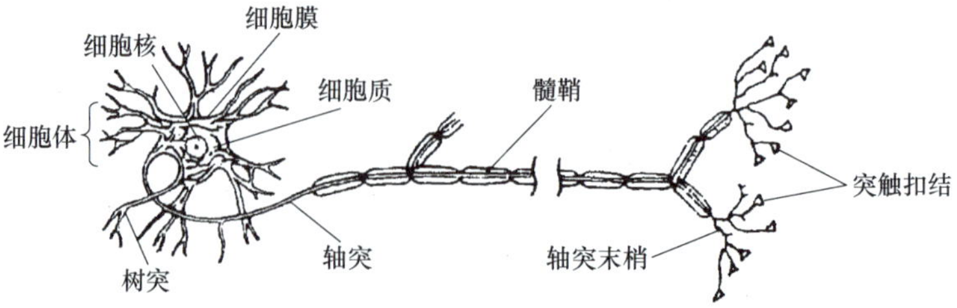


图 6-3　典型的神经元结构

从信息处理的角度，神经元是一个多输入单输出的信息处理单元。经典的人工神经元模型如图 6-4 所示，其中 $x_1,\cdots,x_n$ 为来自其他神经元的输入，$w_1,\cdots,w_n$ 为其他神经元与第 $i$

个神经元的连接权值。每个神经元的信息处理过程可描述为

$$u = \sum_{i=1}^{n} w_i x_i \tag{6-11}$$

神经元内对输入信息的处理主要有两步，包括累加和激活，激活函数为

$$y = f(u) \tag{6-12}$$

式中，总输入 $u$ 是对来自其他神经元输入信号的加权和偏置；$f(*)$ 为激活函数。常用的激活函数有单位阶跃函数、符号函数、S 型函数、高斯函数等。

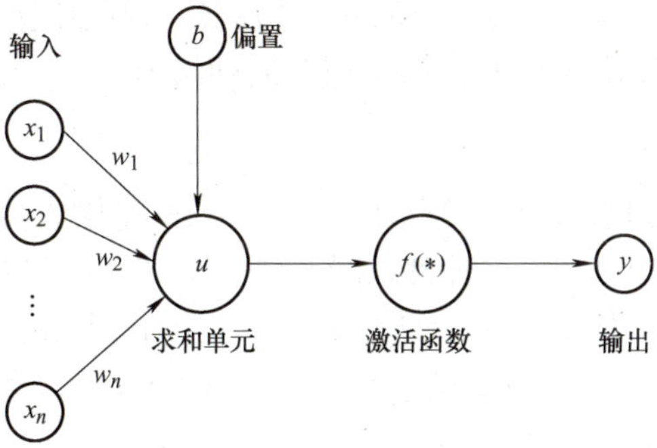


图 6-4　经典的人工神经元模型

神经网络拓扑结构是一种以人工神经元为节点，以神经元间有向边为连接的一种图结构，如图 6-5 所示。从网络拓扑结构的角度看，可以大致分为层次型、网状型、混合型三类。层次型神经网络由若干层（如输入层、隐含层、输出层）组成，每一层由若干个节点组成，相邻两层节点间的神经元单向连接，同层节点间一般不相互连接。网状型神经网络中没有分层的概念，网络中任意两个神经元间都可能存在连接，按照连接的紧密程度可分为全互连型、局部互连型、稀疏互连型。混合型神经网络综合了层次型结构与网状型结构的特点，既有分层结构，同层间的节点又存在相互连接。

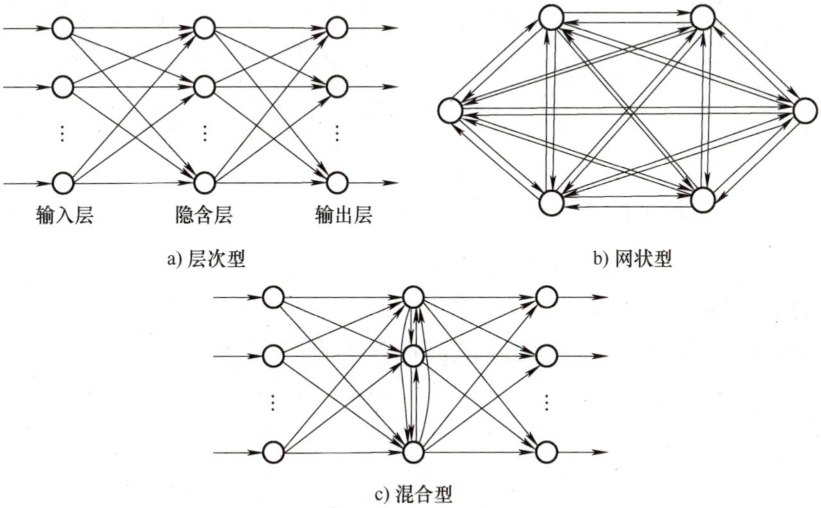


图 6-5　神经网络拓扑结构

利用人工神经元可以构成各种不同拓扑结构的神经网络，从而实现对生物神经网络的模拟和近似。目前神经网络模型的种类相当丰富，已有近 40 余种神经网络模型，其中典型的有 BP（误差逆传播）网络、Hopfield（霍普菲尔德）神经网络、CMAC（小脑模型关节控制器）、ART（自适应共振理论）、BAM（双向联想记忆）网络、SOM（自组织）映射网络、玻尔兹曼机网络和 Madaline 网络等。

根据神经网络的连接方式，神经网络可分为如下三种形式。

1. 前向网络

前向网络有如下特点：神经元分层排列，组成输入层、隐含层和输出层；每一层的神经元只接受前一层神经元的输入；输入模式经过各层的顺次变换后，由输出层输出；各神经元之间不存在反馈。感知器和 BP 网络采用前向网络形式。

2. 反馈网络

该网络结构在输出层到输入层之间存在反馈，即每一个输入节点都有可能接受来自外部的输入和来自输出神经元的反馈。这种神经网络是一种反馈动力学系统，它需要工作一段时间才能达到稳定。Hopfield 神经网络是反馈网络中最简单且应用最广泛的模型，它具有联想记忆的功能，如果将李雅普诺夫函数定义为寻优函数，Hopfield 神经网络还可以解决寻优问题。

3. 自组织网络



自组织网络的特点是它的神经元在一个预定的网格中排列（如二维网格），其网络结构如图 6-6 所示。通过竞争学习的方式，每一个输入样本仅激活与之最相似的单个神经元（赢家），即不同的神经元以最佳方式响应不同性质的信号激励，从而形成一种拓扑意义上的特征图。这个过程中，不仅更新赢家的权重，还要更新其邻近神经元的权重，这种机制称为邻域函数，通常高斯函数实现。随着学习的进行，邻域的大小会逐渐减小。通过无导师的学习方式进行权值的学习，稳定后的网络输出就对输入模式生成自然的特征映射，从而达到自动聚类的目的。

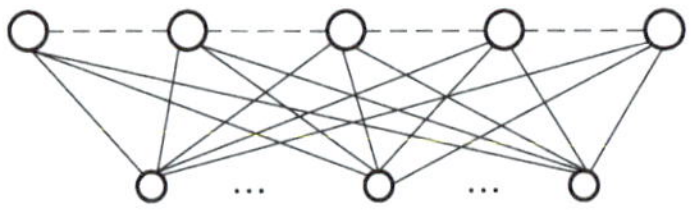


a) 一维线阵

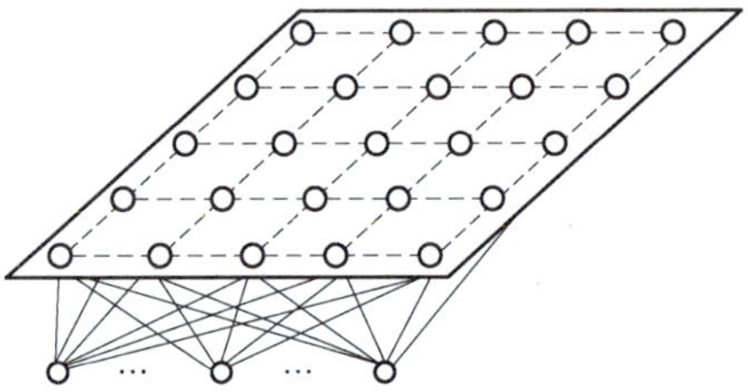


b) 二维平面线阵

图 6-6　自组织网络结构

下面主要介绍感知器、前向神经网络中的 BP 网络和 RBF（径向基函数）网络、反馈神经网络中的 Hopfield 神经网络这三种具有代表性的神经网络。

### 6.3.2　前向神经网络

1. 感知器

感知器模型是人工神经元模型的一种特例。它的激活函数一般采用单位阶跃函数或者

符号函数，因此也被称为阈值逻辑单元。它的模型可以表示为

$$y_i = f\left(\sum_{i=1}^{n} w_i x_i + \delta\right) \tag{6-13}$$

式中，$\delta$为阈值；$f(*)$为单位阶跃函数或者符号函数；其他符号的含义与上一小节相同。

感知器的权值更新规则如下：

$$w_i(t+1) = w_i(t) + \eta(t)[y_{\mathrm{d}}(t) - y(t)]x_i(t) \tag{6-14}$$

式中，$\eta(t)$为训练步长；$y_{\mathrm{d}}(t)$为期望输出。当权值对$w_i$所有的输入样本保持不变时，训练过程结束。

需要注意的是，单层感知器的输出是一个二值的量，主要用于解决二分类问题，当输入样本不满足线性可分情况时，该模型会受到限制。

2. 前向神经网络

前向神经网络由输入层、隐含层、输出层三部分组成。在此类网络中，前后相邻层的神经元之间相互连接，且信息从前到后传递，网络内的神经元之间没有反馈。

（1）BP 网络

1986 年，Rumelhart 等提出了 BP 网络，该网络是一种单向传播的多层前向网络。含一个隐含层的 BP 网络结构如图 6-7 所示。

BP 算法的基本思想是梯度下降法。它采用梯度搜索技术，使网络的实际输出值与期望输出值的误差均方值为最小。



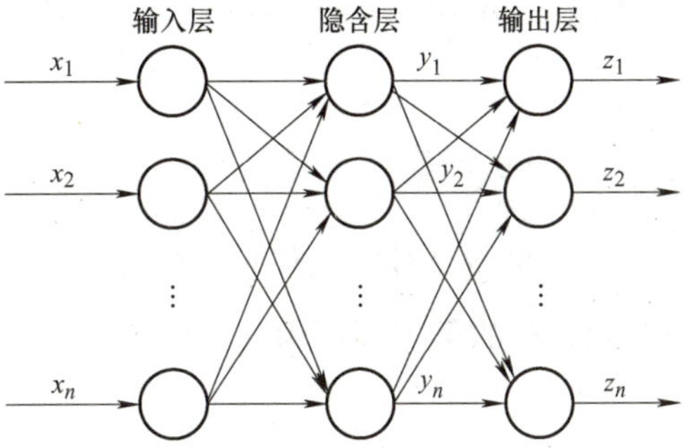


图 6-7　BP 网络结构

BP 算法的学习过程由正向传播和反向传播组成。在正向传播过程中，输入信息从输入层经隐含层逐层处理，传向输出层，每层神经元（节点）的状态只影响下一层神经元的状态。若在输出层不能得到期望的输出，则转至反向传播，将误差信号（期望输出与实际输出之差）按连接通路反向计算，由梯度下降法调整各层神经元的权值，使误差信号减小。

1）前向传播：计算网络的输出。

隐含层神经元的输入为所有输入的加权之和，即

$$x_j = \sum_i w_{ij} x_i \tag{6-15}$$

隐含层神经元的输出 $x'_j$ 采用 S 型函数激活 $x_j$，得

$$x'_j = f(x_j) = \frac{1}{1+\mathrm{e}^{-x_j}} \tag{6-16}$$

则有

$$\frac{\partial x'_j}{\partial x_j} = x'_j(1-x'_j)$$

输出层神经元的输出为

$$y_n(k) = \sum_j w_{jo} x'_j \tag{6-17}$$

实际输出与期望输出的误差为

$$e(k) = y(k) - y_n(k)$$

误差性能指标函数为

$$E = \frac{1}{2} e(k)^2 \tag{6-18}$$

2）反向传播：采用 $\delta$ 学习算法，调整各层间的权值。

根据梯度下降法，权值的学习算法如下。

输出层和隐含层的连接权值 $w_{jo}$ 的学习算法为



$$\Delta w_{jo} = -\eta \frac{\partial E}{\partial w_{jo}} = \eta e(k) \frac{\partial y_n}{\partial w_{jo}} = \eta e(k) x'_j$$

式中，$\eta$ 为学习率，$\eta \in [0,1]$。

$k+1$ 时刻网络的权值为

$$w_{jo}(k+1) = w_{jo}(k) + \Delta w_{jo}$$

隐含层和输入层的连接权值 $w_{ij}$ 的学习算法为

$$\Delta w_{ij} = -\eta \frac{\partial E}{\partial w_{ij}} = \eta e(k) \frac{\partial y_n}{\partial w_{ij}}$$

式中，$\frac{\partial y_n}{\partial w_{ij}} = \frac{\partial y_n}{\partial x'_j} \frac{\partial x'_j}{\partial x_j} \frac{\partial x_j}{\partial w_{ij}} = w_{jo} x_i \frac{\partial x'_j}{\partial x_j} = w_{jo} x'_j x_i (1-x'_j)$。

$k+1$ 时刻网络的权值为

$$w_{ij}(k+1) = w_{ij}(k) + \Delta w_{ij}$$

为了避免权值的学习过程发生振荡、收敛速度慢，需要考虑上次权值变化对本次权值变化的影响，即加入动量因子 $\alpha$。此时的权值为

$$w_{jo}(k+1) = w_{jo}(k) + \Delta w_{jo} + \alpha[w_{jo}(k) - w_{jo}(k-1)] \tag{6-19}$$

$$w_{ij}(k+1)=w_{ij}(k)+\Delta w_{ij}+\alpha[w_{ij}(k)-w_{ij}(k-1)] \tag{6-20}$$

式中，$\alpha$ 为动量因子，$\alpha \in [0,1]$。

将对象输出对输入的敏感度 $\partial y(k)/\partial u(k)$ 称为雅可比信息，其值可由神经网络辨识得到，辨识算法如下：取 BP 网络的第一个输入为 $u(k)$，即 $x_1=u(k)$，则有

$$\frac{\partial y(k)}{\partial u(k)} \approx \frac{\partial y_n(k)}{\partial u(k)}=\frac{\partial y_n(k)}{\partial x'_j}\frac{\partial x'_j}{\partial x_j}\frac{\partial x_j}{\partial x_1}=\sum_j w_{jo}x'_j(1-x'_j)w_{1j} \tag{6-21}$$

由于BP网络具有很好的逼近非线性映射的能力，因此该网络在模式识别、图像处理、系统辨识、函数拟合、优化计算、最优预测和自适应控制等领域有着较为广泛的应用。BP 网络还具有很好的逼近特性和泛化能力，可用于神经网络控制器的设计。但 BP 网络收敛速度慢，难以适应实时控制的要求。

（2）RBF 网络

RBF 网络是由 J. Moody 和 C. Darken 于 20 世纪 80 年代提出的一种前馈神经网络。它由输入层、隐含层和输出层构成，属于三层结构，如图 6-8 所示。RBF 网络通过调整隐含层节点的权重和位置，实现对输入数据的非线性映射与逼近。RBF 网络的核心在于覆盖特定的感受野（Receptive Field），已证明 RBF 网络能够逼近任意连续函数。

RBF 网络的隐含层节点采用高斯函数作为激活函数，这种函数因其局部响应特性，使 RBF 网络在处理非线性问题时表现出优越性。相比之下，BP 网络在隐含层中使用 Sigmoid 函数作为激活函数，其输出为非零且具有全局响应特性。这使得 BP 网络在一定程度上适用于全局优化问题，但训练过程容易陷入局部极小值。此外，BP 网络在数据训练时收敛速度较慢。RBF 网络凭借其良好的局部逼近能力，能够更快地完成学习过程，并对系统的扰动具有更强的适应性与鲁棒性。因此，RBF 网络在高效建模和精确控制领域中表现出显著优势。

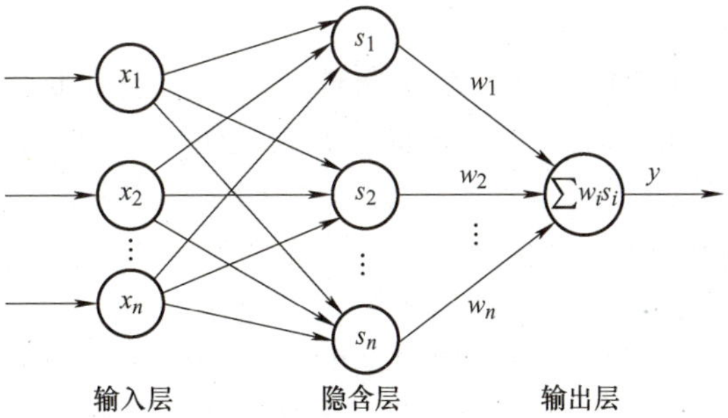


图 6-8　RBF 网络结构

在多输入单输出的 RBF 网络中，$\boldsymbol{x}=[x_1,x_2,\cdots,x_n]^{\mathrm{T}}$ 为网络输入，$h_j$ 为隐含层第 $j$ 个神经元的输出，即

$$h_j=\exp\left(-\frac{\left\|\boldsymbol{x}-\boldsymbol{c}_j\right\|^2}{2b_j^2}\right), j=1,2,\cdots,m \tag{6-22}$$

式中，$\boldsymbol{c}_j=[c_{j1},\cdots,c_{jn}]^{\mathrm{T}}$ 为隐含层第 $j$ 个神经元的中心点向量值。

高斯函数的宽度向量为

$$\boldsymbol{b}=[b_1,\cdots,b_m]^{\mathrm{T}}$$

式中，$b_j>0$ 为隐含层第 $j$ 个神经元高斯函数的宽度。网络的权值为

$$\boldsymbol{w}=[w_1,\cdots,w_m]^{\mathrm{T}} \tag{6-23}$$

RBF 网络的输出为

$$y_m(t)=w_1h_1+w_2h_2+\cdots+w_mh_m \tag{6-24}$$

由于 RBF 网络只调节权值，因此 RBF 网络较 BP 网络具有算法简单、运行时间快的优点。但由于在 RBF 网络中，输入空间到输出空间是非线性的，而隐含空间到输出空间是线性的，因而其非线性能力不如 BP 网络。

### 6.3.3 反馈神经网络

区别于前向神经网络，反馈神经网络中含有从输出层到输入层的反馈。对反馈神经网络中的每一个神经元来说，其输入包括外来输入和来自其他节点的反馈输入。其中神经元的输出信号会与神经元的输入形成自环反馈。

1986 年，美国物理学家 J. J. Hopfield 基于非线性动力学系统中的能量函数分析方法，提出了一种人工神经网络模型，并应用于解决优化计算问题。这一模型被称为 Hopfield 神经网络。



基本的 Hopfield 神经网络是一个由非线性元件组成的完全连接反馈系统，其结构如图 6-9 所示。每个神经元通过连接接收来自所有其他神经元的信息，同时也向它们传递自身的状态。这个网络的关键特性在于：神经元在某一时刻的输出依赖于其瞬时输入状态。网络的动态过程遵循微分方程描述的状态演化规律，当系统达到稳定状态时，其对应的能量函数也将取得最小值。

Hopfield 网络可以分为离散型和连续型两种形式。本小节重点介绍连续型 Hopfield 网络。这类网络的核心并不是传统意义上的能量函数，而是一种与物理系统中的能量函数相一致的形式化表达。它反映了网络状态的动态变化趋势，并通过 Hopfield 运行规则对网络状态进行调整，直到能量降至局部或全局最小值为止。这使其成为一种有效的工具，可用于解决复杂的优化问题，如著名的旅行推销员问题（TSP）。

Hopfield 神经网络的运行规则是：网络中的每个神经元会根据输入的状态进行同步更新。更新的过程会影响网络的整体输出状态，直到网络收敛至稳定状态。具体实现时，通常选择一个神经元进行随机激活并计算其状态的变化，直到整个网络稳定。Hopfield 神经网络的数学模型可用微分方程描述，其中输入信号表示总激励，神经元的连接权重决定了彼此之间的影响程度，神经元的输出则代表其当前状态。

为突出其工程实践的重要性，Hopfield 利用电阻、电容和运算放大器等元器件组成的模拟电路实现了对神经元的描述，把最优化问题的目标函数转换成 Hopfield 神经网络的能量函数，通过能量函数最小化来寻找对应问题的最优解。一般来说，在神经元中，可以

用 $R_i$ 与 $C_i$ 分别表示输入电阻和输入电容。图 6-9 中，点画线框内为一个神经元，$u_i$ 为第 $i$ 个神经元的状态输入，$I_i$ 为输入，$w_{ij}$ 为第 $j$ 个神经元到第 $i$ 个神经元的连接权值，$v_i$ 为神经元的输出，$u_i$ 为神经元状态变量的非线性函数。

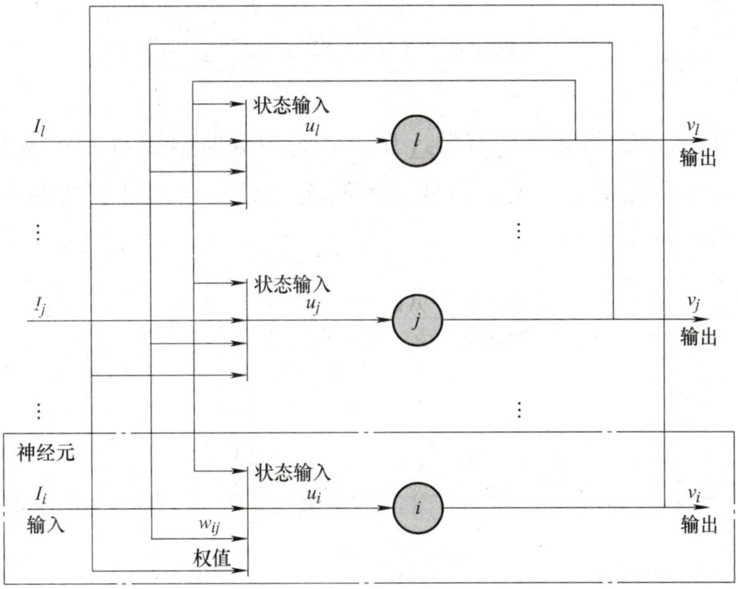


图 6-9 Hopfield 神经网络结构



对于 Hopfield 神经网络的第 $i$ 个神经元，采用微分方程建立其输入、输出关系，即

$$\begin{cases} C_i \dfrac{\mathrm{d}u_i}{\mathrm{d}t} = \sum_{j=1}^{n} w_{ij} v_j - \dfrac{u_i}{R_i} + I_i \\ v_i = g(u_i) \end{cases} \tag{6-25}$$

式中，$i = 1,2,\cdots,n$；$g(\bullet)$ 为双曲函数，一般取为

$$g(x) = \rho \frac{1 - \mathrm{e}^{-\lambda x}}{1 + \mathrm{e}^{-\lambda x}} \tag{6-26}$$

式中，$\rho > 0, \lambda > 0$。

Hopfield 神经网络的动态特性要在状态空间中考虑，令 $\boldsymbol{u} = [u_1, u_2, \cdots, u_n]^{\mathrm{T}}$ 为具有 $n$ 个神经元的 Hopfield 神经网络的状态向量，$\boldsymbol{v} = [v_1, v_2, \cdots, v_n]^{\mathrm{T}}$ 为输出向量，$\boldsymbol{I} = [I_1, I_2, \cdots, I_n]^{\mathrm{T}}$ 为网络的外加输入。

为了描述 Hopfield 神经网络的动态稳定性，定义标准能量函数为

$$E_{\mathrm{N}} = -\frac{1}{2} \sum_i \sum_j w_{ij} v_i v_j + \sum_i \frac{1}{R_i} \int_0^{v_i} g_i^{-1}(v) \mathrm{d}v - \sum_i I_i v_i$$

若权值矩阵 $\boldsymbol{w}$ 是对称的，即 $w_{ij} = w_{ji}$，则有

$$\frac{\mathrm{d}E_{\mathrm{N}}}{\mathrm{d}t}=\sum_{i=1}^{n}\frac{\partial E_{\mathrm{N}}}{\partial v_i}\frac{\mathrm{d}v_i}{\mathrm{d}t}+\sum_{i=1}^{n}\frac{\partial E_{\mathrm{N}}}{\partial w_{ij}}\frac{\mathrm{d}w_{ij}}{\mathrm{d}t}+\sum_{i=1}^{n}\frac{\partial E_{\mathrm{N}}}{\partial I_i}\frac{\mathrm{d}I_i}{\mathrm{d}t} \tag{6-27}$$

式（6-27）中等号右边的后两项可以很小，原因如下。首先，由于有

$$\frac{\partial E_{\mathrm{N}}}{\partial w_{ij}}=-\sum_i\sum_j v_i v_j,\frac{\partial E_{\mathrm{N}}}{\partial I_i}=-\sum_i v_i$$

因此 $\partial E_{\mathrm{N}}/\partial w_{ij}$ 和 $\partial E_{\mathrm{N}}/\partial I_i$ 与 $v_i$、$v_j$ 有关，而 $v_i$、$v_j$ 为双曲函数 $g(\bullet)$ 的有界输出；其次，$\boldsymbol{w}$ 和 $\boldsymbol{I}$ 的表达式与系统状态有关，若取 $u$ 为低速激活信号，则系统状态值很小，因此 $\mathrm{d}w_{ij}/\mathrm{d}t$ 和 $\mathrm{d}I_i/\mathrm{d}t$ 很小。令

$$\sum_{i=1}^{n}\frac{\partial E_{\mathrm{N}}}{\partial w_{ij}}\frac{\mathrm{d}w_{ij}}{\mathrm{d}t}+\sum_{i=1}^{n}\frac{\partial E_{\mathrm{N}}}{\partial I_i}\frac{\mathrm{d}I_i}{\mathrm{d}t}=\varDelta \tag{6-28}$$

则式（6-28）可写为

$$\frac{\mathrm{d}E_{\mathrm{N}}}{\mathrm{d}t}=\sum_{i=1}^{n}\frac{\partial E_{\mathrm{N}}}{\partial v_i}\frac{\mathrm{d}v_i}{\mathrm{d}t}+\varDelta=-\sum_i\frac{\mathrm{d}v_i}{\mathrm{d}t}\left(\sum_j w_{ij}v_j-\frac{u_i}{R_i}+I_i\right)+\varDelta=-\sum_i\frac{\mathrm{d}v_i}{\mathrm{d}t}\left(C_i\frac{\mathrm{d}u_i}{\mathrm{d}t}\right)+\varDelta$$

由于 $v_i=g(u_i)$，则有

$$\frac{\mathrm{d}E_{\mathrm{N}}}{\mathrm{d}t}=-\sum_i C_i\frac{\mathrm{d}g^{-1}(v_i)}{\mathrm{d}v_i}\left(\frac{\mathrm{d}v_i}{\mathrm{d}t}\right)^2+\varDelta \tag{6-29}$$



由于 $C_i>0$，双曲函数是单调上升函数，显然它的反函数 $g^{-1}(v_i)$ 也为单调上升函数，即有 $\mathrm{d}g^{-1}(v_i)/\mathrm{d}v_i>0$，取 $C_i$ 足够大，若能保证 $\varDelta$ 足够小，则可得到 $\mathrm{d}E_{\mathrm{N}}/\mathrm{d}t\leqslant 0$，即能量函数 $E_{\mathrm{N}}$ 具有负的梯度，当且仅当 $\mathrm{d}v_i/\mathrm{d}t=0$ 时，$\mathrm{d}E_{\mathrm{N}}/\mathrm{d}t=0(i=1,2,\cdots,n)$。由此可见，随着时间的演化，网络的解在状态空间中总是朝着能量 $E_{\mathrm{N}}$ 减小的方向运动。网络最终输出向量 $\boldsymbol{v}$ 为网络的稳定平衡点，即 $E_{\mathrm{N}}$ 的极小点。

Hopfield 神经网络在优化计算中得到了成功应用，有效地解决了著名的旅行推销员问题（TSP）。另外，Hopfield 神经网络在智能控制和系统辨识中也有广泛的应用。

## 6.3.4 神经网络控制

### 1. 神经网络控制的基本原理

控制系统的目的在于通过确定适当的控制量输入，使系统获得期望的输出特性。图 6-10a 所示为一般反馈控制系统的原理图，图 6-10b 所示为采用神经网络控制器的原理图。

下面来分析一下神经网络是如何工作的。设被控对象的输入 $u$ 和系统输出 $y$ 之间满足如下非线性函数：

$$y=g(u) \tag{6-30}$$

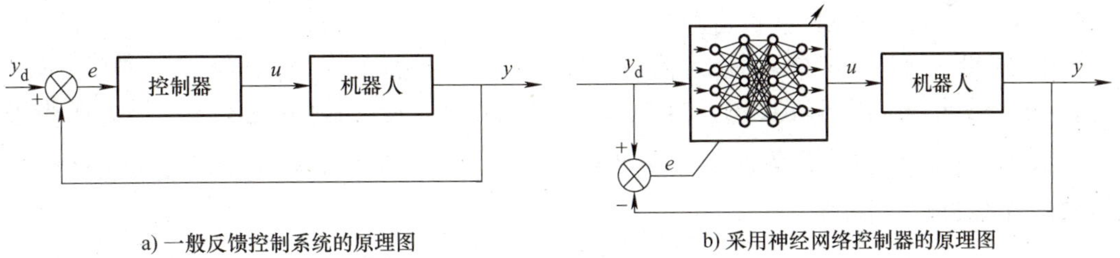


图 6-10　反馈控制与神经网络控制对比

控制的目的是确定最佳的控制量输入 $u$，使系统的实际输出 $y$ 等于期望输出 $y_d$。在该系统中，把神经网络的功能看作从输入到输出的某种映射，或称为函数变换，并设它的函数关系为

$$u = f(y_d) \tag{6-31}$$

为了使系统的实际输出 $y$ 等于期望输出 $y_d$，将式（6-31）代入式（6-30），可得

$$y = g(f(y_d))$$

显然，当 $f(\bullet) = g^{-1}(\bullet)$ 时，满足 $y = y_d$ 的要求。

由于要采用神经网络控制的被控对象一般是复杂的且多具有不确定性，因此非线性函数 $g(\bullet)$ 难以建立，可以利用神经网络逼近非线性函数的能力来模拟 $g(\bullet)$。尽管 $g(\bullet)$ 的形式未知，但根据系统的实际输出 $y$ 与期望输出 $y_d$ 之间的误差，通过神经网络学习算法调整神经网络连接权值直至误差为

$$e = y_d - y \to 0$$

这样的过程就是神经网络逼近 $g^{-1}(\bullet)$ 的过程，实际上是对被控对象的求逆过程。由神经网络学习算法实现逼近被控对象逆模型，就是神经网络实现直接控制的基本思想。

### 2. 基于传统控制理论的神经网络控制

神经网络可作为传统控制系统中的环节之一，承担状态估计、误差补偿、对象建模、控制调节或优化计算等任务。这类控制方式形式多样，常见的四种方法如下。

（1）神经逆动态控制

系统的状态观测值为 $x(t)$，与控制信号 $u(t)$ 的关系为 $x(t) = F(u(t), x(t-1))$，式中，$F$ 可能未知。假设 $F$ 可逆，通过训练神经网络，使其学得逆函数 $u(t) = H(x(t), x(t-1))$，即 $F$ 的逆动态，从而实现基于动态逆函数的控制。

（2）神经 PID 控制

将神经网络与经典 PID 控制相结合，根据被控对象的动态特性变化进行调节。神经网络用于在线调整 PID 控制参数，实现动态自适应优化，从而提高 PID 控制性能和鲁棒性。

（3）模型参考神经自适应控制

基于模型参考系统的框架，利用神经网络修正对象模型或控制器参数，确保系统的输出符合预期参考轨迹或性能要求，实现模型参考自适应控制。

（4）神经自校正控制

该控制结构引入双神经网络协同控制，通过并行结构调节误差。典型误差为 $e = y_{\mathrm{d}} - y$，或者其增广形式 $e(t) = \boldsymbol{M}_{\mathrm{y}}[y_{\mathrm{d}}(t) - y(t)] + \boldsymbol{M}_{\mathrm{u}}u(t)$，式中，$\boldsymbol{M}_{\mathrm{y}}$ 和 $\boldsymbol{M}_{\mathrm{u}}$ 为适当维数的权重矩阵。神经网络不仅能改善系统的响应速度，还能够提高控制的精度和鲁棒性，实现高效的在线自校正控制。

### 6.3.5 机器人 RBF 自适应神经网络控制

RBF 网络是一种常用于非线性系统建模与控制的神经网络。RBF 自适应控制策略通常应用于动态系统的逼近和控制，通过不断调整权值参数来实现对复杂非线性系统的逼近。然而，不同的 RBF 自适应控制方法在逼近方式和控制策略上存在显著差异，主要分为基于不确定逼近和基于模型整体逼近两种 RBF 自适应控制。

在实际应用中，选择哪种策略需要根据系统的建模难度、不确定性程度和计算资源的限制进行权衡。例如，在工业机器人控制中，如果系统模型部分已知且存在较多外界扰动，采用基于不确定逼近的方法可能更合适；而在一些复杂无人机的控制中，由于模型较难精确获取，基于模型整体逼近的方法可能更加有效。本章侧重于机器人控制，主要讲解基于不确定逼近的 RBF 自适应神经网络控制器设计及分析。

1. 系统描述

考虑 $n$ 关节机械臂，动力学方程表示为



$$\boldsymbol{M}(q)\ddot{q} + \boldsymbol{C}(q,\dot{q})\dot{q} + \boldsymbol{G}(q) = \tau + d \tag{6-32}$$

式中，$\boldsymbol{M}(q)$ 为 $n \times n$ 阶正定惯性矩阵；$\boldsymbol{C}(q,\dot{q})$ 为 $n \times n$ 阶惯性矩阵；$\boldsymbol{G}(q)$ 为 $n \times 1$ 阶惯性矩阵。若模型建模精确，且 $d = 0$，则控制律可设计为

$$\tau = \boldsymbol{M}(q)(\ddot{q}_{\mathrm{d}} - k_{\mathrm{v}}\dot{e} - k_{\mathrm{p}}e) + \boldsymbol{C}(q,\dot{q})\dot{q} + \boldsymbol{G}(q) \tag{6-33}$$

将控制律式（6-33）代入式（6-32）中，得到稳定的闭环系统为

$$\ddot{e} + k_{\mathrm{v}}\dot{e} + k_{\mathrm{p}}e = 0 \tag{6-34}$$

式中，$e = q - q_{\mathrm{d}}$；$\dot{e} = \dot{q} - \dot{q}_{\mathrm{d}}$。

在实际工程中，对象的实际模型很难得到，即无法得到精确的 $\boldsymbol{M}(q)$、$\boldsymbol{C}(q,\dot{q})$、$\boldsymbol{G}(q)$，只能建立理想的名义模型。

将机器人名义模型（已知）表示为 $\boldsymbol{M}_0(q)$、$\boldsymbol{C}_0(q,\dot{q})$、$\boldsymbol{G}_0(q)$，针对名义模型，控制律设计为

$$\tau = \boldsymbol{M}_0(q)(\ddot{q}_{\mathrm{d}} - k_{\mathrm{v}}\dot{e} - k_{\mathrm{p}}e) + \boldsymbol{C}_0(q,\dot{q})\dot{q} + \boldsymbol{G}_0(q) \tag{6-35}$$

将控制律式（6-35）代入式（6-32）中，得

$$\boldsymbol{M}(q)\ddot{q} + \boldsymbol{C}(q,\dot{q})\dot{q} + \boldsymbol{G}(q) = \boldsymbol{M}_0(q)(\ddot{q}_{\mathrm{d}} - k_{\mathrm{v}}\dot{e} - k_{\mathrm{p}}e) + \boldsymbol{C}_0(q,\dot{q})\dot{q} + \boldsymbol{G}_0(q) + d \tag{6-36}$$

取 $\Delta\boldsymbol{M} = \boldsymbol{M}_0 - \boldsymbol{M}$、$\Delta\boldsymbol{C} = \boldsymbol{C}_0 - \boldsymbol{C}$、$\Delta\boldsymbol{G} = \boldsymbol{G}_0 - \boldsymbol{G}$，则有

$$\ddot{e} + k_{\mathrm{v}}\dot{e} + k_{\mathrm{p}}e = \boldsymbol{M}_0^{-1}(\Delta\boldsymbol{M}\ddot{q} + \Delta\dot{\boldsymbol{C}}\dot{q} + \Delta\boldsymbol{G} + d) \tag{6-37}$$

由式（6-37）可见，模型建模的不精确会导致控制性能的下降，因此需要对建模不精确部分进行逼近。

取 $\boldsymbol{x}=[e\ \ \dot{e}]^{\mathrm{T}}$，建模不精确部分为 $\boldsymbol{f}=\boldsymbol{M}_0^{-1}(\Delta\boldsymbol{M}\ddot{q}+\Delta\boldsymbol{C}\dot{q}+\Delta\boldsymbol{G}+d)$，则可将式（6-37）转化为如下误差状态方程：

$$\dot{\boldsymbol{x}}=\boldsymbol{A}\boldsymbol{x}+\boldsymbol{B}\boldsymbol{f} \tag{6-38}$$

式中，$\boldsymbol{A}=\begin{bmatrix}0 & \boldsymbol{I}\\ -\boldsymbol{k}_{\mathrm{p}} & -\boldsymbol{k}_{\mathrm{v}}\end{bmatrix}$；$\boldsymbol{B}=\begin{bmatrix}0\\ \boldsymbol{I}\end{bmatrix}$；$\boldsymbol{I}$ 为单位矩阵。

假设模型不确定项 $\boldsymbol{f}$ 为已知，则修正的控制律为

$$\tau=\boldsymbol{M}_0(q)(\ddot{q}_{\mathrm{d}}-k_{\mathrm{v}}\dot{e}-k_{\mathrm{p}}e)+\boldsymbol{C}_0(q,\dot{q})\dot{q}+\boldsymbol{G}_0(q)-\boldsymbol{M}_0(q)\boldsymbol{f} \tag{6-39}$$

将式（6-39）代入式（6-32）中，则得到稳定的闭环系统式（6-34）。

在实际工程中，模型不确定项 $\boldsymbol{f}$ 为未知，为此需要对不确定项 $\boldsymbol{f}$ 进行逼近，从而在控制律中实现对不确定项 $\boldsymbol{f}$ 的补偿。

### 2. RBF 自适应神经网络控制器设计及分析

闭环自适应神经网络控制系统如图 6-11 所示。

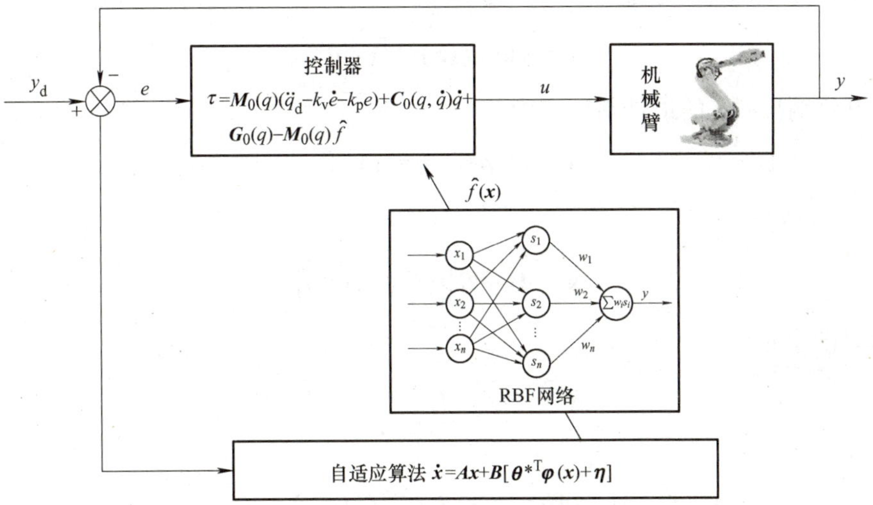


图 6-11　闭环自适应神经网络控制系统

采用 RBF 网络对不确定项 $\boldsymbol{f}$ 进行自适应逼近。RBF 网络输入、输出算法为

$$\varphi_i=g\frac{\|\boldsymbol{x}-c_i\|^2}{b_i^2},i=1,2,\cdots,n$$

$$y=\boldsymbol{\theta}^{\mathrm{T}}\boldsymbol{\varphi}(\boldsymbol{x})$$

式中，$\boldsymbol{x}$ 为网络的输入；$i$ 为网络的输入个数；$\boldsymbol{\varphi}=[\varphi_1,\varphi_2,\cdots,\varphi_n]^{\mathrm{T}}$ 为高斯函数的输出；$\boldsymbol{\theta}$ 为网络的权值。

假设神经网络的输出$\hat{f}(\boldsymbol{x},\boldsymbol{\theta})$连续且存在一个非常小的正实数$\varepsilon_0$使得理想输出$\hat{f}(\boldsymbol{x},\boldsymbol{\theta}*)$满足

$$\max\left\{\left\|\hat{f}(\boldsymbol{x},\theta^*)-f(\boldsymbol{x})\right\|,\varepsilon_0\right\}$$

误差状态方程式（6-38）可写为

$$\dot{\boldsymbol{x}}=\boldsymbol{A}\boldsymbol{x}+\boldsymbol{B}\left\{\hat{f}(\boldsymbol{x},\boldsymbol{\theta}^*)+[f(\boldsymbol{x})-\hat{f}(\boldsymbol{x},\boldsymbol{\theta}^*)]\right\} \tag{6-40}$$

式中$\boldsymbol{\theta}^*=\arg\min\limits_{\theta\in\beta(\boldsymbol{M}_\theta)}\left\{\sup\limits_{x\in\varphi(\boldsymbol{M}_x)}\left\|f(\boldsymbol{x})-\hat{f}(\boldsymbol{x},\boldsymbol{\theta})\right\|\right\}$，$\boldsymbol{\theta}^*$为$n\times n$阶矩阵，表示对$f(\boldsymbol{x})$最佳逼近的神经网络权值。

取$\|\boldsymbol{\theta}^*\|_{\mathrm{F}}\leqslant\boldsymbol{\theta}_{\max}$，由于$f(\boldsymbol{x})$有界，因此$\boldsymbol{\theta}^*$有界，即$\boldsymbol{\theta}_{\max}$有界。式（6-40）可写为

$$\dot{\boldsymbol{x}}=\boldsymbol{A}\boldsymbol{x}+\boldsymbol{B}\left\{f(\boldsymbol{x},\boldsymbol{\theta}^*)+\boldsymbol{\eta}\right\} \tag{6-41}$$

式中，$\boldsymbol{\eta}$为神经网络理想逼近误差，即

$$\boldsymbol{\eta}=f(\boldsymbol{x})-\hat{f}(\boldsymbol{x},\boldsymbol{\theta}*) \tag{6-42}$$

逼近误差$\boldsymbol{\eta}$为有界，其界为$\boldsymbol{\eta}_0$，即

$$\boldsymbol{\eta}_0=\sup\|f(\boldsymbol{x})-\hat{f}(\boldsymbol{x},\boldsymbol{\theta}*)\| \tag{6-43}$$



神经网络输出$f(\bullet)$的最佳估计值为

$$\hat{f}(\boldsymbol{x},\boldsymbol{\theta}*)=\boldsymbol{\theta}*^{\mathrm{T}}\boldsymbol{\varphi}(\boldsymbol{x}) \tag{6-44}$$

则式（6-41）可写为

$$\dot{\boldsymbol{x}}=\boldsymbol{A}\boldsymbol{x}+\boldsymbol{B}\left\{\boldsymbol{\theta}*^{\mathrm{T}}\boldsymbol{\varphi}(\boldsymbol{x})+\boldsymbol{\eta}\right\} \tag{6-45}$$

控制律设计为

$$\tau=\tau_1+\tau_2 \tag{6-46}$$

式中，

$$\tau_1=\boldsymbol{M}_0(q)(\ddot{q}_{\mathrm{d}}-k_{\mathrm{v}}\dot{e}-k_{\mathrm{p}}e)+\boldsymbol{C}_0(q,\dot{q})\dot{q}+\boldsymbol{G}_0(q) \tag{6-47}$$

$$\tau_2=-\boldsymbol{M}_0(q)\hat{f} \tag{6-48}$$

式中，$\hat{f}=\hat{\boldsymbol{\theta}}^{\mathrm{T}}\boldsymbol{\varphi}(\boldsymbol{x})$，$\hat{\boldsymbol{\theta}}$为$\boldsymbol{\theta}*$的估计值。

同理，将控制律式（6-46）代入式（6-32）中，得

$$\begin{aligned}&\boldsymbol{M}(q)\ddot{q}+\boldsymbol{C}(q,\dot{q})\dot{q}+\boldsymbol{G}(q)\\&=\boldsymbol{M}_0(q)(\ddot{q}_{\mathrm{d}}-k_{\mathrm{v}}\dot{e}-k_{\mathrm{p}}e)+\boldsymbol{C}_0(q,\dot{q})\dot{q}+\boldsymbol{G}_0(q)-\boldsymbol{M}_0(q)\hat{f}(\boldsymbol{x},\boldsymbol{\theta})+d\end{aligned}$$

两边都减去$\boldsymbol{M}_0(q)\ddot{q}+\boldsymbol{C}_0(q,\dot{q})\dot{q}+\boldsymbol{G}_0(q)$项，得

$$\begin{aligned}&\Delta\boldsymbol{M}(q)\ddot{q}+\Delta\boldsymbol{C}(q,\dot{q})\dot{q}+\Delta\boldsymbol{G}(q)+d\\&=\boldsymbol{M}_0(q)\ddot{q}-\boldsymbol{M}_0(q)(\ddot{q}_{\mathrm{d}}-k_{\mathrm{v}}\dot{e}-k_{\mathrm{p}}e)+\boldsymbol{M}_0(q)\hat{f}(\boldsymbol{x},\boldsymbol{\theta})\end{aligned}$$

即

$$\Delta\boldsymbol{M}(q)\ddot{q}+\Delta\boldsymbol{C}(q,\dot{q})\dot{q}+\Delta\boldsymbol{G}(q)+d=\boldsymbol{M}_0(q)(\ddot{e}+k_{\mathrm{v}}\dot{e}+k_{\mathrm{p}}e+\hat{f}(\boldsymbol{x},\boldsymbol{\theta}))$$

则有

$$\ddot{e}+k_{\mathrm{v}}\dot{e}+k_{\mathrm{p}}e+\hat{f}(\boldsymbol{x},\boldsymbol{\theta})=\boldsymbol{M}_0^{-1}(q)(\Delta\boldsymbol{M}(q)\ddot{q}+\Delta\boldsymbol{C}(q,\dot{q})\dot{q}+\Delta\boldsymbol{G}(q)+d)$$

即

$$\ddot{e}+k_{\mathrm{v}}\dot{e}+k_{\mathrm{p}}e+\hat{f}(\boldsymbol{x},\boldsymbol{\theta})=f(\boldsymbol{x})$$

式中，$f(\boldsymbol{x})=\boldsymbol{M}_0^{-1}(q)(\Delta\boldsymbol{M}(q)\ddot{q}+\Delta\boldsymbol{C}(q,\dot{q})\dot{q}+\Delta\boldsymbol{G}(q)+d)$。
由此可得

$$\dot{\boldsymbol{x}}=\boldsymbol{A}\boldsymbol{x}+\boldsymbol{B}\{f(\boldsymbol{x})-\hat{f}(\boldsymbol{x},\boldsymbol{\theta})\}$$

式中，$\boldsymbol{A}=\begin{pmatrix}0 & \boldsymbol{I}\\ -\boldsymbol{k}_{\mathrm{p}} & -\boldsymbol{k}_{\mathrm{v}}\end{pmatrix}$； $\boldsymbol{B}=\begin{pmatrix}0\\ \boldsymbol{I}\end{pmatrix}$。

由于

$$\begin{aligned}f(\boldsymbol{x})-\hat{f}(\boldsymbol{x},\boldsymbol{\theta})&=f(\boldsymbol{x})-\hat{f}(\boldsymbol{x},\boldsymbol{\theta}^*)+\hat{f}(\boldsymbol{x},\boldsymbol{\theta}^*)-\hat{f}(\boldsymbol{x},\boldsymbol{\theta})\\&=\boldsymbol{\eta}+\boldsymbol{\theta}^{*\mathrm{T}}\boldsymbol{\varphi}(\boldsymbol{x})-\hat{\boldsymbol{\theta}}^{\mathrm{T}}\boldsymbol{\varphi}(\boldsymbol{x})=\boldsymbol{\eta}+\hat{\boldsymbol{\theta}}^{\mathrm{T}}\boldsymbol{\varphi}(\boldsymbol{x})\end{aligned}$$

因此有

$$\dot{\boldsymbol{x}}=\boldsymbol{A}\boldsymbol{x}+\boldsymbol{B}(\boldsymbol{\eta}+\tilde{\boldsymbol{\theta}}^{\mathrm{T}}\boldsymbol{\varphi}(\boldsymbol{x}))\tag{6-49}$$

式中，$\boldsymbol{\theta}=\boldsymbol{\theta}^*-\hat{\boldsymbol{\theta}}$。

参考文献 [17] 给出了控制系统的稳定性分析。

定义李雅普诺夫函数为

$$V=\frac{1}{2}\boldsymbol{x}^{\mathrm{T}}\boldsymbol{P}\boldsymbol{x}+\frac{1}{2\gamma}\left\|\tilde{\boldsymbol{\theta}}\right\|_{\mathrm{F}}^2\tag{6-50}$$

式中，$\gamma>0$。

由于矩阵 $\boldsymbol{A}$ 特征根的实部为负，因此存在正定矩阵 $\boldsymbol{P}$ 和 $\boldsymbol{Q}$，满足如下李雅普诺夫方程：

$$\boldsymbol{P}\boldsymbol{A}+\boldsymbol{A}^{\mathrm{T}}\boldsymbol{P}=-\boldsymbol{Q}\tag{6-51}$$

定义

$$\|\boldsymbol{R}\|_{\mathrm{F}}^{2}=\sum_{i,j}\left|r_{ij}\right|^{2}=\operatorname{tr}(\boldsymbol{R}^{\mathrm{T}})=\operatorname{tr}(\boldsymbol{R}^{\mathrm{T}}\boldsymbol{R})$$

式中，$\operatorname{tr}(\boldsymbol{R})$ 为矩阵 $\boldsymbol{R}$ 的迹，则根据迹的定义，有

$$\|\boldsymbol{\theta}\|_{\mathrm{F}}^{2}=\operatorname{tr}(\tilde{\boldsymbol{\theta}}^{\mathrm{T}}\boldsymbol{\theta})$$

$$\begin{aligned}\dot{V}&=\frac{1}{2}[\boldsymbol{x}^{\mathrm{T}}\boldsymbol{P}\dot{\boldsymbol{x}}+\dot{\boldsymbol{x}}^{\mathrm{T}}\boldsymbol{P}\boldsymbol{x}]+\frac{1}{\gamma}\operatorname{tr}(\dot{\boldsymbol{\theta}}^{\mathrm{T}}\boldsymbol{\theta})\\&=\frac{1}{2}[\boldsymbol{x}^{\mathrm{T}}\boldsymbol{P}(\boldsymbol{A}\boldsymbol{x}+\boldsymbol{B}(\tilde{\boldsymbol{\theta}}^{\mathrm{T}}\boldsymbol{\varphi}(\boldsymbol{x})+\boldsymbol{\eta}))+(\boldsymbol{x}^{\mathrm{T}}\boldsymbol{A}^{\mathrm{T}}+(\tilde{\boldsymbol{\theta}}^{\mathrm{T}}\boldsymbol{\varphi}(\boldsymbol{x})+\boldsymbol{\eta})^{\mathrm{T}}\boldsymbol{B}^{\mathrm{T}})\boldsymbol{P}\boldsymbol{x}]+\frac{1}{\gamma}\operatorname{tr}(\dot{\boldsymbol{\theta}}^{\mathrm{T}}\tilde{\boldsymbol{\theta}})\\&=\frac{1}{2}[\boldsymbol{x}^{\mathrm{T}}(\boldsymbol{P}\boldsymbol{A}+\boldsymbol{A}^{\mathrm{T}}\boldsymbol{P})\boldsymbol{x}+(\boldsymbol{x}^{\mathrm{T}}\boldsymbol{P}\boldsymbol{B}\tilde{\boldsymbol{\theta}}^{\mathrm{T}}\boldsymbol{\varphi}(\boldsymbol{x})+\boldsymbol{x}^{\mathrm{T}}\boldsymbol{P}\boldsymbol{B}\boldsymbol{\eta}+\boldsymbol{\varphi}^{\mathrm{T}}(\boldsymbol{x})\tilde{\boldsymbol{\theta}}\boldsymbol{B}^{\mathrm{T}}\boldsymbol{P}\boldsymbol{x}+\boldsymbol{\eta}^{\mathrm{T}}\boldsymbol{B}^{\mathrm{T}}\boldsymbol{P}\boldsymbol{x})]+\frac{1}{\gamma}\operatorname{tr}(\dot{\tilde{\boldsymbol{\theta}}}^{\mathrm{T}}\tilde{\boldsymbol{\theta}})\\&=-\frac{1}{2}\boldsymbol{x}^{\mathrm{T}}\boldsymbol{Q}\boldsymbol{x}+\boldsymbol{\varphi}^{\mathrm{T}}(\boldsymbol{x})\tilde{\boldsymbol{\theta}}\boldsymbol{B}^{\mathrm{T}}\boldsymbol{P}\boldsymbol{x}+\boldsymbol{\eta}^{\mathrm{T}}\boldsymbol{B}^{\mathrm{T}}\boldsymbol{P}\boldsymbol{x}+\frac{1}{\gamma}\operatorname{tr}(\dot{\tilde{\boldsymbol{\theta}}}^{\mathrm{T}}\tilde{\boldsymbol{\theta}})\end{aligned}\tag{6-52}$$

式中，$\boldsymbol{x}^{\mathrm{T}}\boldsymbol{P}\boldsymbol{B}\boldsymbol{\eta}=\boldsymbol{\eta}^{\mathrm{T}}\boldsymbol{B}^{\mathrm{T}}\boldsymbol{P}\boldsymbol{x}$；$\boldsymbol{x}^{\mathrm{T}}\boldsymbol{P}\boldsymbol{B}\tilde{\boldsymbol{\theta}}^{\mathrm{T}}\boldsymbol{\varphi}(\boldsymbol{x})=\boldsymbol{\varphi}^{\mathrm{T}}(\boldsymbol{x})\tilde{\boldsymbol{\theta}}\boldsymbol{B}^{\mathrm{T}}\boldsymbol{P}\boldsymbol{x}$；$\boldsymbol{P}^{\mathrm{T}}=\boldsymbol{P}$。

以 $n$ 关节机械臂动力学方程为例（如 $n=2$），$\boldsymbol{\varphi}^{\mathrm{T}}(\boldsymbol{x})\tilde{\boldsymbol{\theta}}$ 为 $1\times n$ 阶向量，$\boldsymbol{B}^{\mathrm{T}}\boldsymbol{P}\boldsymbol{x}$ 为 $1\times n$ 阶向量，则 $\boldsymbol{\varphi}^{\mathrm{T}}(\boldsymbol{x})\tilde{\boldsymbol{\theta}}\boldsymbol{B}^{\mathrm{T}}\boldsymbol{P}\boldsymbol{x}$ 为实数，且等于 $\boldsymbol{B}^{\mathrm{T}}\boldsymbol{P}\boldsymbol{x}\boldsymbol{\varphi}^{\mathrm{T}}(\boldsymbol{x})\tilde{\boldsymbol{\theta}}$ 的主对角元素之和，有



$$\boldsymbol{\varphi}^{\mathrm{T}}(\boldsymbol{x})\tilde{\boldsymbol{\theta}}\boldsymbol{B}^{\mathrm{T}}\boldsymbol{P}\boldsymbol{x}=\operatorname{tr}(\boldsymbol{B}^{\mathrm{T}}\boldsymbol{P}\boldsymbol{x}\boldsymbol{\varphi}^{\mathrm{T}}(\boldsymbol{x})\tilde{\boldsymbol{\theta}})\tag{6-53}$$

则

$$\dot{V}=-\frac{1}{2}\boldsymbol{x}^{\mathrm{T}}\boldsymbol{Q}\boldsymbol{x}+\frac{1}{\gamma}\operatorname{tr}(\gamma\boldsymbol{B}^{\mathrm{T}}\boldsymbol{P}\boldsymbol{x}\boldsymbol{\varphi}^{\mathrm{T}}(\boldsymbol{x})\tilde{\boldsymbol{\theta}}+\dot{\boldsymbol{\theta}}^{\mathrm{T}}\tilde{\boldsymbol{\theta}})+\boldsymbol{\eta}^{\mathrm{T}}\boldsymbol{B}^{\mathrm{T}}\boldsymbol{P}\boldsymbol{x}\tag{6-54}$$

由于 $\dot{\tilde{\boldsymbol{\theta}}}=-\dot{\hat{\boldsymbol{\theta}}}$，取自适应律为

$$\dot{\hat{\boldsymbol{\theta}}}^{\mathrm{T}}=\gamma\boldsymbol{B}^{\mathrm{T}}\boldsymbol{P}\boldsymbol{x}\boldsymbol{\varphi}^{\mathrm{T}}(\boldsymbol{x})$$

即

$$\dot{\hat{\boldsymbol{\theta}}}=\gamma\boldsymbol{\varphi}(\boldsymbol{x})\boldsymbol{x}^{\mathrm{T}}\boldsymbol{P}\boldsymbol{B}\tag{6-55}$$

则

$$\dot{V}=-\frac{1}{2}\boldsymbol{x}^{\mathrm{T}}\boldsymbol{\theta}\boldsymbol{x}+\boldsymbol{\eta}^{\mathrm{T}}\boldsymbol{B}^{\mathrm{T}}\boldsymbol{P}\boldsymbol{x}$$

已知

$$\|\boldsymbol{\eta}^{\mathrm{T}}\|\leqslant\boldsymbol{\eta}_0,\|\boldsymbol{B}\|=1$$

设 $\lambda_{\min}(\boldsymbol{Q})$ 为矩阵 $\boldsymbol{Q}$ 特征值的最小值，$\lambda_{\max}(\boldsymbol{P})$ 为矩阵 $\boldsymbol{P}$ 特征值的最大值，则

$$\begin{aligned}\dot{V} &= -\frac{1}{2}\lambda_{\min}(\boldsymbol{Q})\|\boldsymbol{x}\|^2 + \boldsymbol{\eta}_0\lambda_{\max}(\boldsymbol{P})\|\boldsymbol{x}\| \\ &= -\frac{1}{2}\|\boldsymbol{x}\|[\lambda_{\min}(\boldsymbol{Q})\|\boldsymbol{x}\| - 2\boldsymbol{\eta}_0\lambda_{\max}(\boldsymbol{P})]\end{aligned} \tag{6-56}$$

要使 $\dot{V}\leqslant 0$，需要 $\lambda_{\min}(\boldsymbol{Q}) = \dfrac{2\lambda_{\max}(\boldsymbol{P})}{\|\boldsymbol{x}\|}\boldsymbol{\eta}_0$。由于当且仅当 $\boldsymbol{x} = \dfrac{2\lambda_{\max}(\boldsymbol{P})}{\lambda_{\min}(\boldsymbol{Q})}$ 时，$\dot{V}=0$，即当 $\dot{V}=0$ 时，$\boldsymbol{x} \equiv \dfrac{2\lambda_{\max}(\boldsymbol{P})}{\lambda_{\min}(\boldsymbol{Q})}$。根据 LaSalle 不变性原理，闭环系统为渐近稳定，即当 $t\to\infty$ 时，$\boldsymbol{x} \to \dfrac{2\lambda_{\max}(P)}{\lambda_{\min}(Q)}$，系统的收敛速度取决于 $\lambda_{\min}(\boldsymbol{Q})$。

由于 $V\geqslant 0$，$\dot{V}\leqslant 0$，则当 $t\to\infty$ 时，$V$ 有界，从而得 $\tilde{\boldsymbol{\theta}}$ 有界。

可见，$\boldsymbol{Q}$ 的特征值越大，$\boldsymbol{P}$ 的特征值越小，神经网络建模误差 $\boldsymbol{\eta}$ 的上界 $\boldsymbol{\eta}_0$ 越小，则 $\boldsymbol{x}$ 的收敛半径越小，跟踪效果越好。

## 6.3.6　机器人自适应神经网络控制设计仿真实例

选两关节机器人系统（不考虑摩擦力），其动力学模型为

$$\boldsymbol{M}(q)\ddot{q} + \boldsymbol{C}(q,\dot{q})\dot{q} + \boldsymbol{G}(q) = \tau + d$$

其中

$$\boldsymbol{M}(q) = \begin{bmatrix} v + q_{01} + 2\gamma\cos q_2 & q_{01} + q_{02}\cos q_2 \\ q_{01} + q_{02}\cos q_2 & q_{01} \end{bmatrix}$$

$$\boldsymbol{C}(q,\dot{q}) = \begin{bmatrix} -q_{02}\dot{q}_2\sin q_2 & -q_{02}(\dot{q}_1 + \dot{q}_2)\sin q_2 \\ q_{02}\dot{q}_1\sin q_2 & 0 \end{bmatrix}$$

$$\boldsymbol{G}(q) = \begin{bmatrix} 15g\cos q_1 + 8.75g\cos(q_1 + q_2) \\ 8.75g\cos(q_1 + q_2) \end{bmatrix}$$

式中，$v = 13.33$；$q_{01} = 8.98$；$q_{02} = 8.75$；$g = 9.8$。

上述模型可写为

$$(\boldsymbol{M}_0(q) - \Delta\boldsymbol{D}(q))\ddot{q} + (\boldsymbol{C}_0(q,\dot{q}) - \Delta\boldsymbol{C}(q,\dot{q}))\dot{q} + (\boldsymbol{G}_0(q) - \Delta\boldsymbol{G}(q)) = \tau + d$$

即

$$\boldsymbol{M}_0\ddot{q} + \boldsymbol{C}_0\dot{q} + \boldsymbol{G}_0 = \tau + d + \Delta\boldsymbol{M}\ddot{q} + \Delta\dot{\boldsymbol{C}}\dot{q} + \Delta\boldsymbol{G}$$

由 $f$ 的定义可得

$$\ddot{q} = \boldsymbol{M}_0^{-1}(\tau - \boldsymbol{C}_0\dot{q} - \boldsymbol{G}_0) + f \tag{6-57}$$

仿真中用式（6-57）描述对象。

设误差扰动为

$$d_1 = 2, d_2 = 3, d_3 = 6$$
$$\omega = d_1 + d_2\|e\| + d_3\|\dot{e}\|$$

位置指令为

$$\begin{cases} q_{1d} = 1 + 0.2\sin 0.5\pi t \\ q_{2d} = 1 - 0.2\cos 0.5\pi t \end{cases}$$

被控对象的初值为 $[q_1 \quad q_2 \quad q_3 \quad q_4]^{\mathrm{T}} = [0.6 \quad 0.3 \quad 0.5 \quad 0.5]^{\mathrm{T}}$，控制参数如下：

$$\boldsymbol{Q} = \begin{bmatrix} 50 & 0 & 0 & 0 \\ 0 & 50 & 0 & 0 \\ 0 & 0 & 50 & 0 \\ 0 & 0 & 0 & 50 \end{bmatrix}, \alpha = 3, \boldsymbol{k}_{\mathrm{p}} = \begin{bmatrix} \alpha^2 & 0 \\ 0 & \alpha^2 \end{bmatrix}, \boldsymbol{k}_{\mathrm{v}} = \begin{bmatrix} 2\alpha & 0 \\ 0 & 2\alpha \end{bmatrix}$$

根据 RBF 网络输入值的实际变化范围来确定 $c$，其反映了高斯函数的映射范围，$c_i$ 值为第 $i$ 个高斯函数中心点的坐标。同时，根据输出函数 $f(\boldsymbol{x})$ 与输入变量 $\boldsymbol{x}$ 的变化快慢来确定 $b$，其反映了该高斯函数的灵敏度，$b_i$ 值为第 $i$ 个高斯函数的基宽。

如果 $c$ 值和 $b$ 值选择不合理，就无法得到有效的映射结果。根据 RBF 网络输入 $\boldsymbol{x} = [e \quad \dot{e}]^{\mathrm{T}}$ 的范围，$c_i$ 和 $b_i$ 分别取为 $[-2 \quad -1 \quad 0 \quad 1 \quad 2]$ 和 3.0。RBF 网络高斯函数的参数值 $b$ 、$c$ 及权值 $\boldsymbol{\theta}$ 初始化在控制器子程序 RBFctrl.m 中。



仿真结果如图 6-12 ～图 6-14 所示，详见仿真程序 6-1。

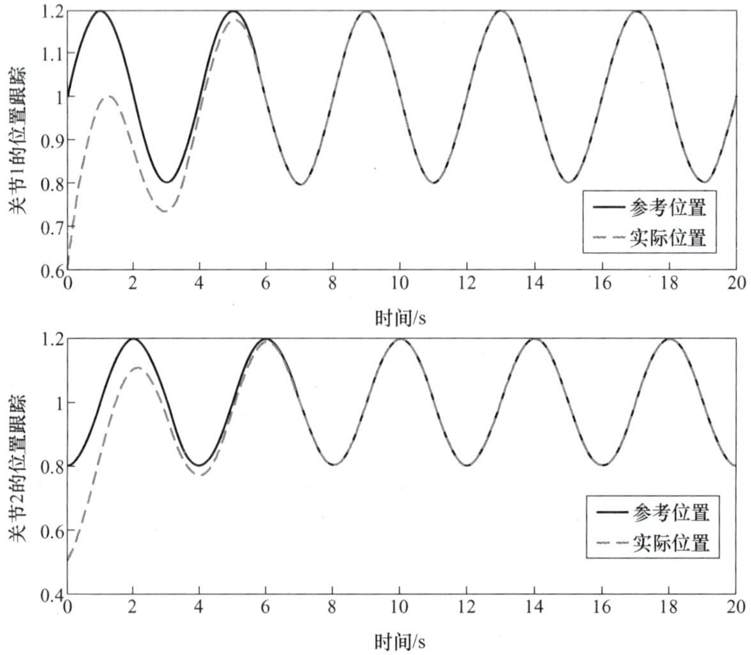


图 6-12　关节 1 和关节 2 的位置跟踪

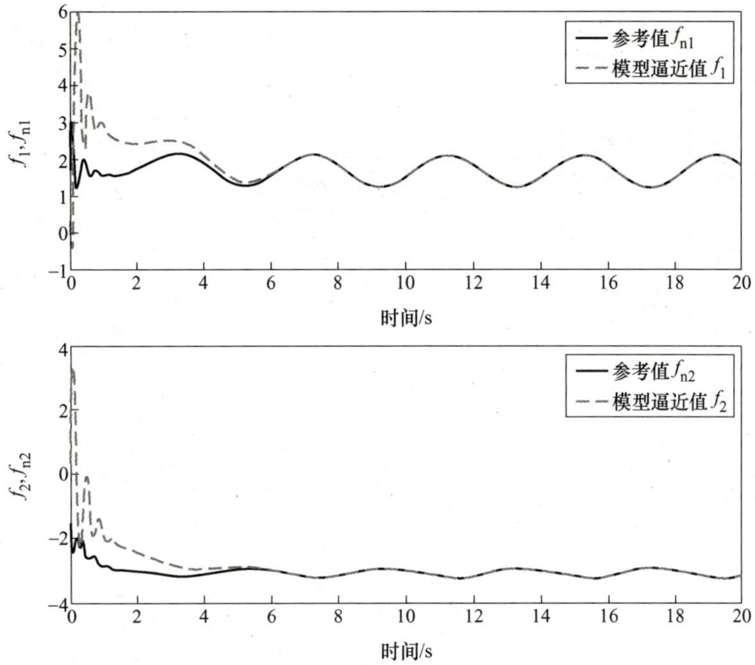


图 6-13　关节 1 和关节 2 的建模不精确部分的逼近



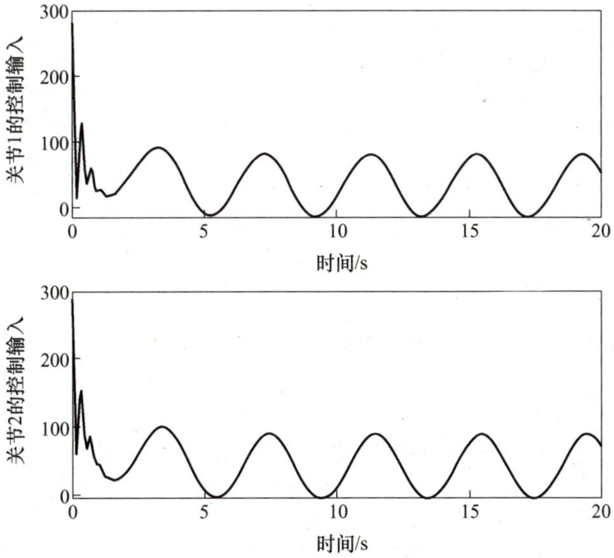


图 6-14　关节 1 和关节 2 的控制输入

仿真程序 6-1

1）仿真主程序如图 6-15 所示。

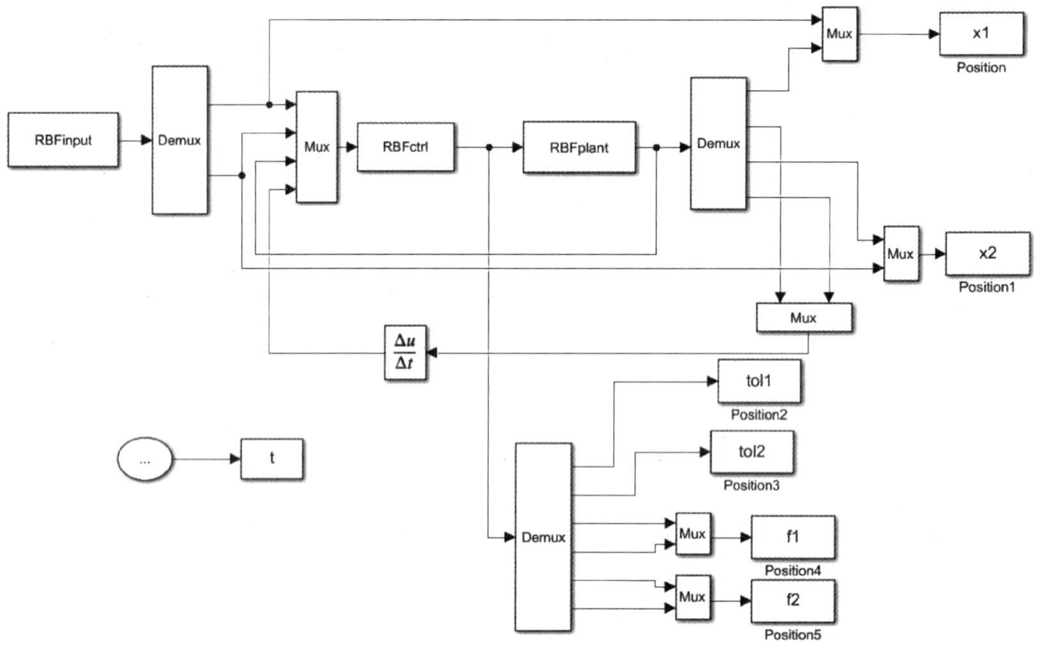


图 6-15　仿真主程序



2）控制器设计程序如下：

```
function [sys, x0, str, ts] = RBFctrl (t, x, u, flag)
switch flag,
case 0,
  [sys, x0, str, ts]=mdlInitializeSizes;
case 1,
  sys=mdlDerivatives (t, x, u);
case 3,
  sys=mdlOutputs (t, x, u);
case {2, 4, 9}
  sys=[];
otherwise
  error (['Unhandled flag = ', num2str (flag) ]);
end

function [sys, x0, str, ts]=mdlInitializeSizes
global c b kv kp
sizes = simsizes;
sizes.NumContStates  = 10;
sizes.NumDiscStates  = 0;
sizes.NumOutputs   = 6;
sizes.NumInputs     = 8;
```

```
sizes.DirFeedthrough = 1;
sizes.NumSampleTimes = 1;
sys = simsizes ( sizes );
x0  = 0.1*ones (1, 10);
str = [];
ts  = [0 0];

%c=0.60*ones (4, 5);
c= [-2 -1 0 1 2;
   -2 -1 0 1 2;
   -2 -1 0 1 2;
   -2 -1 0 1 2];
b=3.0*ones (5, 1);
alfa=3;
kp=[alfa^2 0;
   0 alfa^2];
kv=[2*alfa 0;
   0 2*alfa];
function sys=mdlDerivatives (t, x, u)
global c b kv kp

A=[zeros (2) eye (2);
   -kp -kv];
B=[0 0; 0 0; 1 0; 0 1];

Q=[50 0 0 0;
 0 50 0 0;
 0 0 50 0;
 0 0  0 50];
P=lyap ( A', Q );
eig ( P );

qd1=u (1);
d_qd1=0.2*0.5*pi*cos (0.5*pi*t);
qd2=u (2);
d_qd2=0.2*0.5*pi*sin (0.5*pi*t);

q1=u (3); dq1=u (4); q2=u (5); dq2=u (6);
e1=q1-qd1;
e2=q2-qd2;
de1=dq1-d_qd1;
de2=dq2-d_qd2;

th=[x (1) x (2) x (3) x (4) x (5); x (6) x (7) x (8) x (9) x (10) ]';
xi=[e1; e2; de1; de2];
```

```
h=zeros（5, 1）;
for j=1: 1: 5
  h（j）=exp（-norm（xi-c（:, j））^2/（2*b（j）*b（j）））;
end
gama=20;

% Adaptive Law
S=gama*h*xi'*P*B;
S=S';
for i=1: 1: 5
  sys（i）=S（1, i）;
  sys（i+5）=S（2, i）;
end

function sys=mdlOutputs（t, x, u）
global c b kv kp
qd1=u（1）;
d_qd1=0.2*0.5*pi*cos（0.5*pi*t）;
dd_qd1=-0.2*（0.5*pi）^2*sin（0.5*pi*t）;

qd2=u（2）;
d_qd2=0.2*0.5*pi*sin（0.5*pi*t）;
dd_qd2=0.2*（0.5*pi）^2*cos（0.5*pi*t）;
dd_qd=[dd_qd1; dd_qd2];

q1=u（3）; dq1=u（4）;
q2=u（5）; dq2=u（6）;
ddq1=u（7）; ddq2=u（8）;
ddq=[ddq1; ddq2];

e1=q1-qd1;
e2=q2-qd2;
de1=dq1-d_qd1;
de2=dq2-d_qd2;
e=[e1; e2];
de=[de1; de2];

v=13.33;
q01=8.98;
q02=8.75;
g=9.8;

D0=[v+q01+2*q02*cos（q2） q01+q02*cos（q2）;
  q01+q02*cos（q2） q01];
C0=[-q02*dq2*sin（q2） -q02*（dq1+dq2）*sin（q2）;
```

```
    q02*dq1*sin (q2)  0];
  G0=[15*g*cos (q1) +8.75*g*cos (q1+q2);
    8.75*g*cos (q1+q2) ];

  dq=[dq1; dq2];

  tol1=D0* (dd_qd-kv*de-kp*e) +C0*dq+G0;

  d_D=0.2*D0;
  d_C=0.2*C0;
  d_G=0.2*G0;
  d1=2; d2=3; d3=6;
  d=[d1+d2*norm ([e1, e2]) +d3*norm ([de1, de2]) ];
  %d=[20*sin (2*t); 20*sin (2*t) ];
  f=inv (D0) * (d_D*ddq+d_C*dq+d_G+d);

  xi=[e1; e2; de1; de2];
  h=zeros (5, 1);
  for j=1: 1: 5
    h (j) =exp (-norm (xi-c (: , j)) ^2/ (2*b (j) *b (j)));
  end

  M=3;
  if M==1
    fn=[0 0];
    tol=tol1;
  elseif M==2
    fn=[0 0];
    tol2=-D0*f;
    tol=tol1+tol2;
  elseif M==3
    th=[x (1) x (2) x (3) x (4) x (5); x (6) x (7) x (8) x (9) x (10) ]';
    fn=th'*h;
    tol2=-D0*fn;
    tol=tol1+1*tol2;
  end

  sys (1) =tol (1);
  sys (2) =tol (2);
  sys (3) =f (1);
  sys (4) =fn (1);
  sys (5) =f (2);
  sys (6) =fn (2);
```

3）被控对象程序如下：

```
function [sys, x0, str, ts]=RBFplant (t, x, u, flag)
switch flag,
%Initialization
 case 0,
  [sys, x0, str, ts]=mdlInitializeSizes;
case 1,
  sys=mdlDerivatives (t, x, u);
%Outputs
 case 3,
  sys=mdlOutputs (t, x, u);
%Unhandled flags
 case {2, 4, 9}
  sys = [];
%Unexpected flags
 otherwise
  error (['Unhandled flag = ', num2str (flag) ]);
end

%mdlInitializeSizes
function [sys, x0, str, ts]=mdlInitializeSizes
sizes = simsizes;
sizes.NumContStates  = 4;
sizes.NumDiscStates  = 0;
sizes.NumOutputs     = 4;
sizes.NumInputs      = 6;
sizes.DirFeedthrough = 0;
sizes.NumSampleTimes = 0;

sys=simsizes (sizes);
x0=[0.6; 0.3; 0.5; 0.5];
str=[];
ts=[];
function sys=mdlDerivatives (t, x, u)
qd1=1+0.2*sin (0.5*pi*t);
dqd1=0.2*0.5*pi*cos (0.5*pi*t);
qd2=1-0.2*cos (0.5*pi*t);
dqd2=0.2*0.5*pi*sin (0.5*pi*t);

e1=x (1) -qd1;
e2=x (3) -qd2;
de1=x (2) -dqd1;
de2=x (4) -dqd2;

v=13.33;
q1=8.98;
```

```
q2=8.75;
g=9.8;

D0=[v+q1+2*q2*cos(x(3)) q1+q2*cos(x(3));
  q1+q2*cos(x(3)) q1];
D=D0*0.8;
C0=[-q2*x(4)*sin(x(3)) -q2*(x(2)+x(4))*sin(x(3));
 q2*x(2)*sin(x(3)) 0];
C=C0*0.8;
G0=[15*g*cos(x(1))+8.75*g*cos(x(1)+x(3));
 8.75*g*cos(x(1)+x(3))];
G=G0*0.8;

d1=2; d2=3; d3=6;
d=[d1+d2*norm([e1, e2])+d3*norm([de1, de2])];
%d=20*sin(2*t);
tol(1)=u(1);
tol(2)=u(2);

dq=[x(2); x(4)];
S=inv(D)*(tol'+d-C*dq-G);
sys(1)=x(2);
sys(2)=S(1);
sys(3)=x(4);
sys(4)=S(2);
s1=S(1);
s2=S(2);
function sys=mdlOutputs(t, x, u)
sys(1)=x(1);
sys(2)=x(2);
sys(3)=x(3);
sys(4)=x(4);
```



## 6.4　机器人自适应模糊控制

自适应模糊控制和模型参考自适应控制所用的设计和分析方法非常相似，但模型参考自适应控制策略需要根据被控对象的结构进行特定的设计，因此被控对象的结构发生改变时需要重新设计。自适应模糊控制通过将被控对象和控制策略的知识整合到控制器设计过程中，它是适用于不同被控对象的通用控制结构。

根据专家知识和模糊控制器的结构，自适应模糊控制器也可分为直接自适应模糊控制器和间接自适应模糊控制器。直接自适应模糊控制器只含有一个模糊系统，它利用控制知识根据被控对象实际性能与理想性能的误差调节控制器的参数。间接自适应模糊控制器通常含有多个模糊系统，它们通过在线模糊逼近未知的系统模型，然后根据所得的模糊逼近模型设计控制器。由于模糊控制是自适应模糊控制的基础，所以有必要介绍模糊控制的基本原理，以作为学习后续自适应模糊控制内容的准备知识。

## 6.4.1 模糊控制的基本原理

模糊控制是以模糊集合论、模糊语言变量和模糊逻辑推理为基础的一种智能控制方法。因此，本小节首先介绍模糊集合论、模糊语言变量和模糊逻辑推理等基础理论，然后给出一种典型模糊控制系统的组成框架，并介绍该框架中模糊控制器的组成部分及其作用，最后给出模糊控制器的设计步骤和主要的性能评价方法。

### 1. 基础理论

（1）模糊集合及其运算

模糊集合的概念是 Zadeh 在 1965 年提出的，它的具体定义为：给定论域 $U$，$U$ 到闭区间 $[0,1]$ 的任一映射 $\mu_A: U \to [0,1]$ 都确定了 $U$ 的一个模糊集合 $A$，其中 $\mu_A$ 称为模糊集合 $A$ 的隶属度函数。

对于论域 $U$ 的模糊集合 $A$，其描述方法主要有：Zadeh 表示法、序偶表示法等。集合中的论域指的是由被考虑对象的所有元素所组成的基本集合。以 Zadeh 表示法为例，当论域 $U$ 为离散元素 $\{x_1, x_2, \cdots, x_n\}$ 时，集合 $A$ 可以表示为

$$A = \frac{\mu_1}{x_1} + \frac{\mu_2}{x_2} + \cdots + \frac{\mu_n}{x_n}$$



式中，$\mu_i / x_i$ 并不是除法运算，而是集合 $A$ 的隶属度函数 $\mu_A(x_i)$ 与元素 $x_i$ 的对应关系；同样，“+”也不是加法运算，而是论域 $U$ 中组成集合 $A$ 的全部元素 $\{x_1, x_2, \cdots, x_n\}$ 与集合整体的关系。当论域 $U$ 为连续有限域时，集合 $A$ 可以表示为 $A = \int \mu_A(x) x$；同样“$\int$”也不是数学意义上的积分，而是连续论域 $U$ 的元素 $x_i$ 与隶属度函数 $\mu_A(x_i)$ 的对应关系。

隶属度函数 $\mu_A$ 表征了模糊集合 $A$ 中的元素属于该模糊集合的程度。例如，若 $x$ 为 $A$ 中的元素，则 $\mu_A(x)$ 称为 $x$ 属于 $A$ 的隶属度。一般而言，$\mu_A(x)$ 越接近 1，表示 $x$ 属于 $A$ 的程度越高；$\mu_A(x)$ 越接近 0，表示 $x$ 属于 $A$ 的程度越低。因此，模糊集合以隶属度函数 $\mu_A(x)$ 描述，隶属度函数的值域为 $[0,1]$。常见的隶属度函数有高斯型隶属度函数、广义钟形隶属度函数、梯形隶属度函数、三角形隶属度函数等。此外，由于高斯函数具有光滑的曲线特性，所以高斯型隶属度函数广泛应用于自适应和基于学习的模糊控制。它由曲线的中心 $\upsilon_i$ 和宽度 $\sigma$ 这两个参数确定，即

$$\mu_{A_i}(x_i) = \left[ -\frac{(x_i - \upsilon_i)^{\mathrm{T}} (x_i - \upsilon_i)}{2\sigma^2} \right]$$

模糊集合具有交、并、补等运算。由于模糊集合是用隶属度函数表征的，所以模糊集合之间的运算其实是隶属度函数之间的运算。对于论域 $U$ 上的两个模糊子集 $A$ 和 $B$ 有如下三种运算。

1）交集运算：

$$A\cap B\Leftrightarrow \mu_{A\cap B}(x)=\mu_A(x)\cap\mu_B(x)=\min\{\mu_A(x),\mu_B(x)\}=\mu_A(x)\wedge\mu_B(x)$$

2）并集运算：

$$A\cup B\Leftrightarrow \mu_{A\cup B}(x)=\mu_A(x)\cup\mu_B(x)=\max\{\mu_A(x),\mu_B(x)\}=\mu_A(x)\vee\mu_B(x)$$

3）补集运算：

$$A^{\mathrm{c}}\Leftrightarrow \mu_{A^{\mathrm{c}}}(x)=1-\mu_A(x)$$

**例 6-1**　设 $A=0.6/g_1+0.8/g_2+0.5/g_3$，$B=0.2/g_1+0.6/g_2+0.7/g_3$，可以计算得到 $A\cap B$ 和 $A\cup B$ 分别为

$$A\cap B=\frac{0.2}{g_1}+\frac{0.6}{g_2}+\frac{0.5}{g_3},\quad A\cup B=\frac{0.6}{g_1}+\frac{0.8}{g_2}+\frac{0.7}{g_3}$$

由于模糊推理涉及模糊关系的合成，所以下面首先简要介绍模糊关系及其合成运算。模糊关系用于描述不同模糊集合中元素的联系，其具体定义如下：两个非空模糊集合 $X$、$Y$ 的直积为 $X\times Y=\{((x,y),\mu_{X\times Y}(x,y))\,|\,x\in X,y\in Y\}=\min\{\mu_X(x),\mu_Y(y)\}$ 的一个模糊子集 $\boldsymbol{R}_{X\times Y}$，称为模糊集合 $X$ 到模糊集合 $Y$ 的模糊关系。

模糊关系可用模糊矩阵表示，该矩阵的元素是模糊关系对应的隶属度函数值，即 $\mu_R:X\times Y\to[0,1]$，由于隶属度函数值在 $[0,1]$ 区间，因此模糊矩阵的元素值也在 $[0,1]$ 区间内。

**例 6-2**　集合 $A=\{0.6,0.8,0.5\}$ 和集合 $B=\{0.2,0.6,0.7\}$ 的直积为

$$A\times B=\begin{bmatrix}0.6\wedge0.2 & 0.6\wedge0.6 & 0.6\wedge0.7\\ 0.8\wedge0.2 & 0.8\wedge0.6 & 0.8\wedge0.7\\ 0.5\wedge0.2 & 0.5\wedge0.6 & 0.5\wedge0.7\end{bmatrix}=\begin{bmatrix}0.2 & 0.6 & 0.6\\ 0.2 & 0.6 & 0.7\\ 0.2 & 0.5 & 0.5\end{bmatrix}$$

基于模糊关系的定义可以引入模糊关系的合成，所谓模糊关系的合成，就是将两个或两个以上的模糊关系合成一个新的模糊关系。例如，对于模糊子集 $A$、$B$、$C$，若从 $A$ 到 $B$ 的模糊关系记为 $\boldsymbol{R}_{A\times B}$，从 $B$ 到 $C$ 的模糊关系记为 $\boldsymbol{S}_{B\times C}$，则 $\boldsymbol{R}_{A\times B}$ 到 $\boldsymbol{S}_{B\times C}$ 的合成 $\boldsymbol{W}_{A\times C}$ 也是一个模糊关系，记为 $\boldsymbol{W}_{A\times C}=\boldsymbol{R}_{A\times B}\circ\boldsymbol{S}_{B\times C}$。当使用最大－最小合成时，它的隶属度函数为

$$\mu_{\boldsymbol{R}\circ\boldsymbol{S}}(a,c)=\bigvee_{b\in B}\{\mu_{\boldsymbol{R}}(a,b)\wedge\mu_{\boldsymbol{S}}(b,c),a\in A,c\in C\}$$

**例 6-3**　设 $\boldsymbol{R}_{A\times B}=\begin{bmatrix}0.3 & 0.8\\ 0.6 & 0.3\end{bmatrix}$ 和 $\boldsymbol{S}_{B\times C}=\begin{bmatrix}0.7 & 0.5\\ 0.2 & 0.1\end{bmatrix}$，则 $\boldsymbol{W}_{A\times C}=\boldsymbol{R}_{A\times B}\circ\boldsymbol{S}_{B\times C}$ 为

$$\begin{aligned}\boldsymbol{W}=\boldsymbol{R}\circ\boldsymbol{S}&=\begin{bmatrix}0.3 & 0.8\\ 0.6 & 0.3\end{bmatrix}\circ\begin{bmatrix}0.7 & 0.5\\ 0.2 & 0.1\end{bmatrix}\\ &=\begin{bmatrix}(0.3\wedge0.7)\vee(0.8\wedge0.2) & (0.3\wedge0.5)\vee(0.8\wedge0.1)\\ (0.6\wedge0.7)\vee(0.3\wedge0.2) & (0.6\wedge0.5)\vee(0.3\wedge0.1)\end{bmatrix}\\ &=\begin{bmatrix}0.3 & 0.3\\ 0.6 & 0.5\end{bmatrix}\end{aligned}$$

（2）模糊语言变量

模糊控制中的专家或领域知识通过模糊语言表示。模糊语言包括语言变量、语言值及其运算规则。

1）模糊语言的语言变量并不是计算机语法中用标识符表示的变量，它是由语言词或句子定义的变量，它的取值通常是用模糊语言表示的模糊集合。在模糊控制系统中，这些变量代表控制系统的输入或输出，例如“温度”“速度”或“位置”等。一个语言变量通常用如下四元体表征：

$$(x,T(x),U,M)$$

式中，$x$ 为语言变量的名称；$T(x)$ 为语言值的集合；$U$ 为论域；$M$ 为语义规则，用于产生隶属度函数。

2）模糊语言系统中与数值由直接关联的词，如“高”“低”“长”“短”“轻”“重”等模糊数都被称为语言值，它由 [0,1] 区间内的模糊子集描述问题的真假程度，其实语言值是对语言变量的具体描述，即可以用语言值表达语言变量的不同状态。

例如，对于一个机器人位置跟踪模糊控制系统，设其位置跟踪误差的语言变量为 $V$，描述语言变量 $V$ 的词有“大”“小”“零”，再考虑正负，其语言值可以定义为

$$T(V)=\{负大(\mathrm{NB}),负小(\mathrm{NS}),零(\mathrm{ZO}),正小(\mathrm{PS}),正大(\mathrm{PB})\}$$

3）对语言值可以进行两种运算：一是把语言值看作实数论域上的模糊子集，所以可以对语言值进行模糊集合的交、并、补运算；二是将语言值看作模糊数，可以进行模糊数的四则运算，且语言值的四则运算结果也是一个模糊数。



（3）模糊逻辑推理

在模糊控制中，专家或领域知识是用 IF–THEN（如果 – 那么）模糊控制规则表示的。如果 – 那么模糊控制规则是一个条件语句，其形式为

如果 < 模糊命题 >，那么 < 模糊命题 >

模糊命题又称为模糊陈述句，它是一种表达模糊信息的声明，如“机器人的跟踪误差小”。模糊命题通常分为单一模糊命题和复合模糊命题。单一模糊命题只包含一个单一的模糊陈述句，复合模糊命题由多个单一模糊命题通过与、或、非组合而成，它们分别对应模糊集合的交、并、补运算。

以前面的机器人位置跟踪模糊控制系统为例，“$V$ 是负大”是单一模糊命题，“$V$ 是负大或者 $V$ 不是正大”是复合模糊命题。

与传统二值逻辑不同，模糊逻辑允许一个命题取值为区间 [0,1] 上的任意实数，这意味着我们能够从一个不精确的前提条件（模糊命题）中推理出一个不精确的结论（模糊命题）。最常见的模糊逻辑是由单一模糊命题组成的肯定式模糊推理方法，即

输入：$x$ 是 $A'$

前提：如果 $x$ 是 $A$，那么 $y$ 是 $B$

结果：$y$ 是 $B'$

式中，$A'$、$A$、$B'$、$B$ 均为模糊语言变量。模糊前提“如果 $x$ 是 $A$，那么 $y$ 是 $B$”指明

了模糊语言变量 $A$ 与 $B$ 之间的关系，而结论 $B'$ 是根据模糊集合 $A'$ 和模糊关系 $\boldsymbol{R}_{A\times B}$ 推理出来的，因此该模糊推理关系为 $B'=A'\circ\boldsymbol{R}_{A\times B}$。

此外，还可以使用复合模糊命题组成的复杂推理。例如，由“and（且）”连接的模糊推理可以表述为

如果 $x$ 是 $A$ 且 $y$ 是 $B$，那么 $z$ 是 $C$

### 2. 模糊控制系统的组成框架

模糊控制系统的组成框架如图 6-16 所示。模糊控制器包括模糊化、知识库、模糊推理和解模糊四部分。

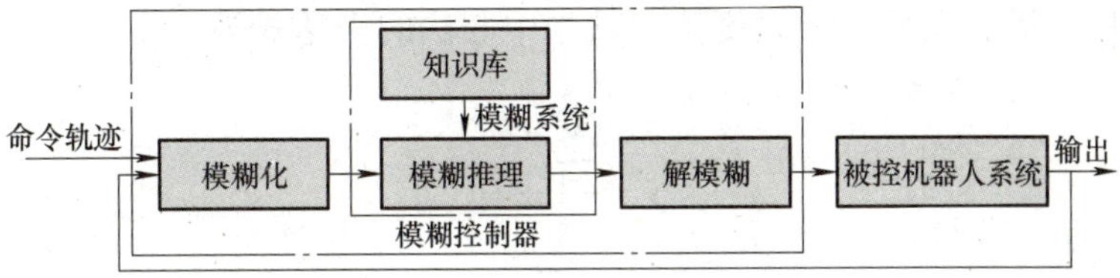


图 6-16 模糊控制系统的组成框架

（1）模糊化

由于模糊系统的输入是一个模糊集合，而机器人系统的输入、输出及命令轨迹通常是清晰的实值变量，因此需要对输入数据进行模糊化。模糊控制中主要的模糊化方法有单点模糊化、高斯模糊化和三角形模糊化。单点模糊化将实数域中的一个点 $x_0$ 映射到论域 $U$ 中的一个模糊单元 $A'$，在 $U$ 中点 $x_0$ 的隶属度为 1，而其余点的隶属度为 0，即

$$\mu_{A'}=\begin{cases}1, x=x_0\\0, x\neq x_0\end{cases}$$

（2）知识库

知识库包含了来自人类专家或具体应用领域的知识和要求的控制目标。它由数据库和规则库两部分组成。数据库主要包括各语言变量的隶属度函数、模糊空间的分级数等。规则库包括用模糊语言变量表示的一系列模糊控制规则，它反映了专家或具体应用领域的知识。建立模糊控制规则的常见方法有两种：一是经验归纳法，它是根据专家或具体应用领域的知识归纳和提炼后构成模糊控制规则的方法；二是合成推理法，它主要思想是对输入输出数据对进行模糊合成推理以构建模糊控制规则。此外，模糊控制规则通常由一系列关系词连接而成，最常用的关系词为如果 - 那么。例如，机器人位置跟踪模糊控制系统的输入变量是跟踪误差 $e$ 和误差的变化率 $de$，它们对应的语言变量为 $E$ 和 $DE$，对于控制变量 $U$，可以给出如下模糊控制规则：

$R_1$：如果 $E$ 是 NB 且 $DE$ 是 NB，那么 $U$ 是 PB

$R_2$：如果 $E$ 是 NB 且 $DE$ 是 NM，那么 $U$ 是 PB

（3）模糊推理

模糊推理是模糊控制器的核心，它根据知识库中的模糊控制规则将输入的模糊量映射

为输出的模糊控制量。模糊控制中常用的模糊推理机有最小值推理机和乘积推理机，其中乘积推理机的表达式为

$$\mu_{B'}(y)=\max_{l=1}^{M}\left[\sup_{x\in U}\left(\mu_{A'}(x)\prod_{i=1}^{n}\mu_{A_i^l}(x_i)\mu_{B^l}(y)\right)\right] \tag{6-58}$$

式（6-58）表明给定一个论域 $U$ 中的模糊集合 $A'$，那么乘积推理机可以根据式（6-58）计算得到论域 $V$ 中的模糊集合 $B'$。

（4）解模糊

由于模糊系统的输出是一个模糊集合，不能直接作为被控对象的控制输入，因此还需要解模糊，即将模糊控制量转化成一个可以被执行机构实现的清晰量。解模糊的主要方法有重心法、加权平均法和最大隶属度法，其中中心法的表达式为

$$y=\frac{\sum_{k=1}^{M}y^k\omega^k}{\sum_{k=1}^{M}\omega^k}$$

式中，$y^k$ 为第 $k$ 个模糊集合的中心；$\omega^k$ 为权重。

### 3. 模糊控制器的设计

根据模糊控制系统的组成，下面以离散论域的单关节机械臂位置跟踪模糊控制器设计为例，介绍模糊控制器的设计步骤。当论域为离散论域时，其控制输入和输出的数量是有限的，因此可以根据不同的控制输入计算控制量，从而形成一张控制表，在实际控制过程中只需要查询表格即可。假设可以获得机械臂的跟踪误差和跟踪误差变化率信息，模糊控制器的设计步骤如下。

（1）选择模糊控制器的结构

选择模糊控制器的结构是指确定模糊控制器的输入和输出变量。由于本例可以获得跟踪误差和跟踪误差变化率，因此可以选择二维模糊控制器。

（2）选择适当的模糊语言变量

根据可获得的信息，选择跟踪误差 $e$、跟踪误差变化率 $de$ 和控制输入 $u$ 的语言变量分别为 $E$、$DE$ 和 $U$。确定模糊语言变量时还需要确定它们对应的语言值，跟踪误差和跟踪误差变化率的语言值通常可以选取为 { 负大（NB），负中（NM），负小（NS），零（ZO），正小（PS），正中（PM），正大（PB）}，此外还需要根据它们的实际变化范围定义它们的论域，假设跟踪误差 $E$ 和跟踪误差变化率 $DE$ 的论域均为 $\{-3,-2,-1,0,1,2,3\}$，$U$ 的论域为 $\{-5,-3,-1,0,1,3,5\}$。

（3）定义输入、输出变量的隶属度函数

模糊变量的语言值由隶属度函数描述，即模糊化，所以需要确定模糊变量的隶属度函数。

（4）建立模糊控制规则

针对单关节机械臂位置跟踪控制系统，采用经验归纳法，根据跟踪误差和跟踪误差变化率设计消除跟踪误差的经验规则，建立模糊控制规则，并形成模糊控制规则表。针对

该二维结构的模糊控制系统，它们的 7 个语言值的组合总共可以得到如下 49 条模糊控制规则：

$R_1$：如果 $E$ 是 NB 且 $DE$ 是 NB，那么 $U$ 是 PB

⋮

这些模糊控制规则可以列成模糊控制规则表，见表 6-1。

表 6-1　模糊控制规则表

| *U* | | *E* | | | | | | |
|---|---|---|---|---|---|---|---|---|
| | | NB | NM | NS | ZO | PS | PM | PB |
| *DE* | NB | PB | PB | PB | PB | PM | PS | ZO |
| | NM | PB | PB | PM | PM | PS | ZO | ZO |
| | NS | PB | PM | PM | PS | ZO | ZO | NS |
| | ZO | PM | PS | PS | ZO | NS | NS | NM |
| | PS | PS | ZO | ZO | NS | NM | NM | NB |
| | PM | ZO | ZO | NS | NM | NM | NB | NB |
| | PB | ZO | NS | NM | NB | NB | NB | NB |

表 6-1 中的模糊控制规则清楚描述了如下控制策略：当跟踪误差 $E$ 为 NB 且跟踪误差变化率 $DE$ 为 NB 时，表明跟踪误差正朝负方向不断增大，为迅速减小误差，应尽快增大正的控制量（PB）。

（5）确定模糊推理机制

确定模糊控制规则后，还需要确定模糊推理机制，它可以根据模糊控制规则将模糊输入变量 $E$ 和 $DE$ 的值映射到模糊输出变量 $U$ 的值，从而得出模糊控制量。

（6）解模糊化

模糊推理得到的控制量实际上是一个模糊控制量，不能直接作为被控对象的控制量，所以需要进行解模糊化，将模糊控制量转化为执行机构可以执行的精确量。

4. 模糊控制器的性能评价方法

模糊控制器的性能评价方法主要包括静态性能、动态性能、稳定性和鲁棒性评价。静态性能主要包括模糊规则的完备性、相容性和干涉性；动态性能包括上升时间、峰值时间、调整时间、稳态误差等，可以通过不同类型的输入评价模糊控制器的动态性能；稳定性是评价控制系统最基本的指标之一，常用的评价方法有李雅普诺夫函数法；鲁棒性是设计控制器时最关心的性能指标之一，因为它直接反映了外部干扰和模型不确定性等因素对控制性能的影响程度，可以通过引入系统参数的变化或外部干扰，观察控制器输出的变化程度来评价其鲁棒性。

## 6.4.2　机器人直接自适应模糊控制器设计

在模糊控制系统中，模糊模型的表示主要有两种：一种是 Mamdani 模糊模型，它的输出变量为模糊集合；另一种是 Takagi–Sugeno 模糊模型，也称为 T–S 模糊模型，它的输出变量为常值或输入变量的线性组合，因此它的输出为精确量，这使得 T–S 模型特别适用于控制系统，因为它能够提供精确的数学表达式来描述模糊逻辑系统的输出。T–S 模糊模型由于具有优势，因此被广泛应用于控制系统的建模与控制。下面简要介绍 T–S 模糊模型的基本概念。

由于多输入多输出模糊控制规则可分解为多个多输入单输出模糊控制规则，因此以多输入单输出模糊规则为例介绍 T–S 模糊模型。设输入向量为 $\boldsymbol{x}=[x_1,x_2,\cdots,x_n]^{\mathrm{T}}$，并且第 $i$ 个输入语言变量 $x_i$ 有 $m_i$ 个语言值，第 $j$ 个语言值对应的隶属度函数为 $\mu_{B_i^j}(x_i)$。因为 T–S 模糊模型的输出变量为输入变量的线性组合，所以第 $k$ 条模糊控制规则 $R_k(k=1,2,\cdots,M,M\leqslant\prod_{i=1}^{n}m_i)$，有如下形式：

$$R_k：如果 x_1 是 B_1^k 且\cdots x_n 是 B_n^k，那么 y^k=b_0^k+b_1^k x_1+\cdots+b_n^k x_n$$

式中，$x_i$ 为第 $i$ 个输入变量 $(i=1,2,\cdots,n)$；$n$ 为输入变量的个数；$B_i^k$ 为模糊集合；$b_i^k$ 为常数；$y^k$ 为第 $k$ 条模糊控制规则的输出。模糊控制系统的输出 $y$ 是每条模糊规则输出的加权平均，即

$$y=\frac{\sum_{k=1}^{M}y^k\omega^k}{\sum_{k=1}^{M}\omega^k}$$



式中，权值 $\omega^k$ 的表达式为

$$\omega^k=\prod_{i=1}^{n}\mu_{B_i^k}(x_i)$$

传统 T–S 模型通常用于应用中线性或接近线性部分，适合较简单的控制任务。然而实际系统都是非线性的，为此人们提出了广义 T–S 模糊模型，它不仅限于输出的线性表达，还可以包含更复杂的系统动力学，因其能够描述复杂的动态关系而特别适合复杂或高度非线性的控制任务。常见的广义 T–S 模糊模型有动态 T–S 模糊模型、自适应 T–S 模糊模型、随机 T–S 模糊模型等。

尽管模糊控制系统不依靠被控对象的模型，但它却非常依赖于专家或具体应用领域的知识，如果缺乏这样的经验，就难以设计出高性能的模糊控制器。自适应 T–S 模糊控制结合了模糊逻辑系统的建模能力和自适应控制的在线学习能力，使其能够根据数据信息调整模糊逻辑系统的参数，从而提高控制系统的性能，并保证控制系统的稳定性。下面介绍机器人直接自适应模糊控制的设计步骤。

$n$ 自由度机械臂的动力学方程为

$$\boldsymbol{M}(\boldsymbol{q})\ddot{\boldsymbol{q}}+\boldsymbol{C}(\boldsymbol{q},\dot{\boldsymbol{q}})\dot{\boldsymbol{q}}+\boldsymbol{G}(\boldsymbol{q})=\boldsymbol{\tau}$$

式中，$\boldsymbol{q}$、$\dot{\boldsymbol{q}}$、$\ddot{\boldsymbol{q}}$ 分别为机器人的关节角度、角速度、角加速度向量；$\boldsymbol{M}(\boldsymbol{q})$ 为正定的质量矩阵；$\boldsymbol{C}(\boldsymbol{q},\dot{\boldsymbol{q}})$ 为科里奥力和离心力项；$\boldsymbol{G}(\boldsymbol{q})$ 为重力向量；$\boldsymbol{\tau}$ 为控制力矩向量。设计直接自适应模糊控制器，控制目标为使机器人系统的闭环信号一致最终有界。为方便控制器

设计，引入性质 6-1。

**性质 6-1**　$\dot{\boldsymbol{M}}(\boldsymbol{q})-2\boldsymbol{C}(\boldsymbol{q},\dot{\boldsymbol{q}})$ 为反对称矩阵，即 $\forall \boldsymbol{x}\in\mathbf{R}^n$，有 $\boldsymbol{x}^{\mathrm{T}}[\dot{\boldsymbol{M}}(\boldsymbol{q})-2\boldsymbol{C}(\boldsymbol{q},\dot{\boldsymbol{q}})]\boldsymbol{x}=0$。

跟踪误差为 $\boldsymbol{z}=\boldsymbol{q}_{\mathrm{d}}-\boldsymbol{q}$，定义跟踪误差函数为

$$\boldsymbol{e}=\dot{\boldsymbol{z}}+\boldsymbol{\Lambda}\boldsymbol{z} \tag{6-59}$$

式中，$\boldsymbol{\Lambda}=\boldsymbol{\Lambda}^{\mathrm{T}}$ 为对称正定对角矩阵；$\boldsymbol{q}_{\mathrm{d}}$ 为理想的关节角度。

根据误差函数式（6-59），机械臂的动力学方程可以写成

$$\boldsymbol{M}(\boldsymbol{q})\dot{\boldsymbol{e}}=\boldsymbol{F}-\boldsymbol{C}(\boldsymbol{q},\dot{\boldsymbol{q}})\boldsymbol{e}-\boldsymbol{\tau} \tag{6-60}$$

式中，$\boldsymbol{F}=\boldsymbol{M}(\boldsymbol{q})(\ddot{\boldsymbol{q}}_{\mathrm{d}}+\boldsymbol{\Lambda}\dot{\boldsymbol{z}})+\boldsymbol{G}(\boldsymbol{q})+\boldsymbol{C}(\boldsymbol{q},\dot{\boldsymbol{q}})(\dot{\boldsymbol{q}}_{\mathrm{d}}+\boldsymbol{\Lambda}\boldsymbol{z})$。若函数向量 $\boldsymbol{F}$ 已知，则理想的控制器可以设计为

$$\boldsymbol{\tau}^{*}=\boldsymbol{K}\boldsymbol{e}+\boldsymbol{F} \tag{6-61}$$

式中，$\boldsymbol{K}=\boldsymbol{K}^{\mathrm{T}}$ 为对称正定对角矩阵。

选取李雅普诺夫函数为

$$V_1=\frac{1}{2}\boldsymbol{e}^{\mathrm{T}}\boldsymbol{M}(\boldsymbol{q})\boldsymbol{e}$$

结合性质 6-1 和式（6-60），可计算得到 $\dot{V}_1$ 为

$$\dot{V}_1=\boldsymbol{e}^{\mathrm{T}}(-\boldsymbol{C}(\boldsymbol{q},\dot{\boldsymbol{q}})\boldsymbol{e}-\boldsymbol{K}\boldsymbol{e})+\frac{1}{2}\boldsymbol{e}^{\mathrm{T}}\dot{\boldsymbol{M}}(\boldsymbol{q})\boldsymbol{e}=-\boldsymbol{e}^{\mathrm{T}}\boldsymbol{K}\boldsymbol{e}\leqslant 0 \tag{6-62}$$



因此，当函数向量 $\boldsymbol{F}$ 已知时，理想的控制器能够实现控制目标。当函数向量 $\boldsymbol{F}$ 未知时，理想的控制器不能直接应用。设计如下的直接自适应模糊控制器：

$$\boldsymbol{\tau}=\boldsymbol{u}_f(\boldsymbol{x}\,|\,\boldsymbol{\theta}) \tag{6-63}$$

式中，$\boldsymbol{u}_f(\boldsymbol{x}\,|\,\boldsymbol{\theta})=[u_{f,1}(\boldsymbol{x}\,|\,\boldsymbol{\theta}_{f,1}),\cdots,u_{f,n}(\boldsymbol{x}\,|\,\boldsymbol{\theta}_{f,n})]^{\mathrm{T}}$；$\boldsymbol{\theta}=\mathrm{diag}(\boldsymbol{\theta}_{f,1},\cdots,\boldsymbol{\theta}_{f,n})$ 为可调参数矩阵；$\boldsymbol{x}=[\boldsymbol{q}^{\mathrm{T}},\dot{\boldsymbol{q}}^{\mathrm{T}},\boldsymbol{e}^{\mathrm{T}},\ddot{\boldsymbol{q}}_{\mathrm{d}}^{\mathrm{T}}]^{\mathrm{T}}$ 为输入向量；$u_{f,i}(\boldsymbol{x}\,|\,\boldsymbol{\theta}_{f,i})(i=1,\cdots,n)$ 为模糊逻辑系统的输出，也是第 $i$ 个关节的控制输入。第 $i$ 个模糊系统 $u_{f,i}$ 由以下两步构造。

1）对于输入向量 $\boldsymbol{x}$ 的第 $i$ 个元素 $x_i$，定义 $p_i$ 个模糊集 $A_i^{l_i}(l_i=1,2,\cdots,p_i)$，此外，模糊集 $A_i^{l_i}$ 相对应的隶属度函数定义为 $A_i^{l_i}(x_i)(i=1,2,\cdots,4n)$。

2）利用 $\prod_{i=1}^{4n}p_i$ 条模糊控制规则构造模糊系统 $u_{f,i}(\boldsymbol{x}\,|\,\boldsymbol{\theta}_{f,i})$，模糊规则为

$R_k$：如果 $x_1$ 是 $A_1^{l_1}$ 且 $\cdots x_{4n}$ 是 $A_{4n}^{l_{4n}}$，那么 $u_{f,i}(x\,|\,\theta_{f,i})$ 是 $E^{l_1\cdots l_{4n}}$

使用乘积推理机、单值模糊器和中心解模糊器设计模糊控制器，即

$$u_{f,i}(x\,|\,\theta_{f,i})=\frac{\sum_{l_1=1}^{p_1}\cdots\sum_{l_{4n}=1}^{p_{4n}}y_{f,i}^{l_1\cdots l_{4n}}\left(\prod_{i=1}^{4n}\mu_{A_i}^{l_i}(x_i)\right)}{\sum_{l_1=1}^{p_1}\cdots\sum_{l_{4n}=1}^{p_{4n}}\left(\prod_{i=1}^{4n}\mu_{A_i}^{l_i}(x_i)\right)}$$

令 $y_{f,i}^{l_1\cdots l_{4n}}$ 为自由参数，并将其整合成向量 $\boldsymbol{\theta}_{f,i}\in R^{\prod_{i=1}^{4n}p_i}$，第 $i$ 个关节的控制器可以写成

$$u_{f,i}(\boldsymbol{x}\mid\boldsymbol{\theta}_{f,i})=\boldsymbol{\theta}_{f,i}^{\mathrm{T}}\boldsymbol{\Phi}_{f,i}(\boldsymbol{x})$$

式中，$\boldsymbol{\Phi}_{f,i}(\boldsymbol{x})$ 为 $\prod_{i=1}^{4n}p_i$ 维向量，其第 $l_1\cdots l_{4n}$ 个元素为

$$\boldsymbol{\Phi}_{l_1\cdots l_{4n}}(\boldsymbol{x})=\frac{\prod_{i=1}^{4n}\mu_{A_i}^{l_i}(x_i)}{\sum_{l_1=1}^{p_1}\cdots\sum_{l_{4n}=1}^{p_{4n}}\left(\prod_{i=1}^{4n}\mu_{A_i}^{l_i}(x_i)\right)}$$

因此，直接自适应模糊控制器 $\boldsymbol{\tau}$ 可以重写为

$$\boldsymbol{\tau}=\boldsymbol{u}_f(\boldsymbol{x}\mid\boldsymbol{\theta})=\boldsymbol{\theta}^{\mathrm{T}}\boldsymbol{\Phi}(\boldsymbol{x})$$

式中，$\boldsymbol{\Phi}(\boldsymbol{x})=[\boldsymbol{\Phi}_{f,i}(\boldsymbol{x}),\cdots,\boldsymbol{\Phi}_{f,n}(\boldsymbol{x})]^{\mathrm{T}}$。

将式（6-61）代入式（6-60），并应用直接自适应模糊控制器，可得

$$\boldsymbol{M}(\boldsymbol{q})\dot{\boldsymbol{e}}=-\boldsymbol{K}\boldsymbol{e}-\boldsymbol{C}(\boldsymbol{q},\dot{\boldsymbol{q}})\boldsymbol{e}+\boldsymbol{\tau}^*-\boldsymbol{u}_f(\boldsymbol{x}\mid\boldsymbol{\theta}) \tag{6-64}$$

定义最优参数为

$$\boldsymbol{\theta}^*=\arg\min\left\{\sup\left\|\boldsymbol{\tau}^*-\boldsymbol{u}_f(\boldsymbol{x}\mid\boldsymbol{\theta})\right\|\right\} \tag{6-65}$$

 定义最小逼近误差为

$$\boldsymbol{\varepsilon}=\boldsymbol{\tau}^*-\boldsymbol{u}_f(\boldsymbol{x}\mid\boldsymbol{\theta}^*)$$

式中，$\boldsymbol{\varepsilon}$ 满足 $\|\boldsymbol{\varepsilon}\|\leqslant\bar{\varepsilon}$，其中 $\bar{\varepsilon}$ 是一个正常数。

根据李雅普诺夫法，可设计如下自适应律：

$$\dot{\boldsymbol{\theta}}=\boldsymbol{\Gamma}\boldsymbol{\Phi}(\boldsymbol{x})\boldsymbol{e}^{\mathrm{T}}-\delta\|\boldsymbol{e}\|\boldsymbol{\Gamma}\boldsymbol{\theta} \tag{6-66}$$

式中，自适应增益 $\boldsymbol{\Gamma}^{\mathrm{T}}=\boldsymbol{\Gamma}>\boldsymbol{0}$ 为正定的对角矩阵，$\delta$ 为正常数。

定义李雅普诺夫函数为

$$V_2=\frac{1}{2}\boldsymbol{e}^{\mathrm{T}}\boldsymbol{M}(\boldsymbol{q})\boldsymbol{e}+\frac{1}{2}\mathrm{tr}(\tilde{\boldsymbol{\theta}}^{\mathrm{T}}\boldsymbol{\Gamma}^{-1}\tilde{\boldsymbol{\theta}}) \tag{6-67}$$

式中，$\mathrm{tr}(\bullet)$ 为矩阵的迹；$\tilde{\boldsymbol{\theta}}=\boldsymbol{\theta}^*-\boldsymbol{\theta}$ 为估计误差。根据式（6-58），式（6-61）的微分可计算为

$$\dot{V}_2=\boldsymbol{e}^{\mathrm{T}}(-\boldsymbol{K}\boldsymbol{e}+\tilde{\boldsymbol{\theta}}^{\mathrm{T}}\boldsymbol{\Phi}(\boldsymbol{x})+\boldsymbol{\varepsilon})-\mathrm{tr}(\tilde{\boldsymbol{\theta}}^{\mathrm{T}}\boldsymbol{\Gamma}^{-1}\boldsymbol{\theta}) \tag{6-68}$$

将自适应律式（6-66）代入式（6-62），结合杨氏不等式，可得

$$\begin{aligned}\dot{V}_2&\leqslant\boldsymbol{e}^{\mathrm{T}}(-\boldsymbol{K}\boldsymbol{e}+\boldsymbol{\varepsilon})+\delta\|\boldsymbol{e}\|\|\tilde{\boldsymbol{\theta}}\|\left(\|\boldsymbol{\theta}^*\|-\|\tilde{\boldsymbol{\theta}}\|\right)\\&\leqslant-\|\boldsymbol{e}\|\left[\lambda_{\min}(\boldsymbol{K})\|\boldsymbol{e}\|+\delta\left(\|\tilde{\boldsymbol{\theta}}\|-\frac{1}{2}\|\boldsymbol{\theta}^*\|\right)^2-\zeta\right]\end{aligned} \tag{6-69}$$

式中，$\lambda_{\min}(\boldsymbol{K})$ 为矩阵 $\boldsymbol{K}$ 的最小特征值；$\zeta=\bar{\varepsilon}+\delta\left\|\boldsymbol{\theta}^{*}\right\|^{2}/4$。由式（6-69）可知，当系统状态在集合 $\Omega=\left\{\|\boldsymbol{e}\|<\zeta/\lambda_{\min}(\boldsymbol{K})\cap\|\tilde{\boldsymbol{\theta}}\|<0.5\left\|\boldsymbol{\theta}^{*}\right\|+\sqrt{\zeta/\delta}\right\}$ 外时，$\dot{V}_{2}\leqslant 0$。因此 $\boldsymbol{z}$、$\dot{\boldsymbol{z}}$ 和 $\tilde{\boldsymbol{\theta}}$ 是一致最终有界的。因为控制输入 $\boldsymbol{\tau}$ 是有界信号的函数，所以 $\boldsymbol{\tau}$ 也是有界的，即所有闭环信号有界。因此，一种典型的机器人直接自适应模糊控制系统框图如图 6-17 所示。

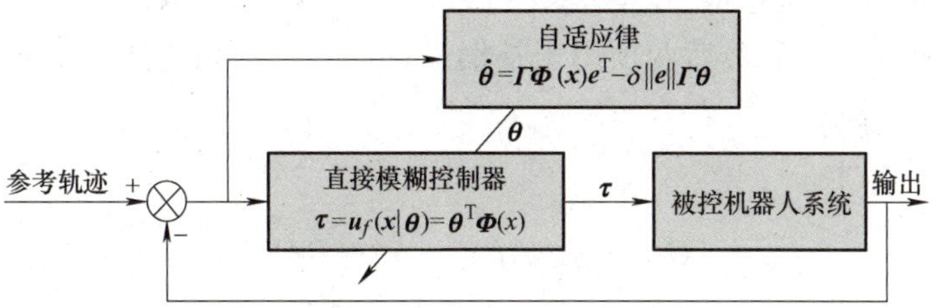


图 6-17　机器人直接自适应模糊控制系统框图

### 6.4.3　机器人间接自适应模糊控制器设计

间接自适应模糊控制通过在线模糊逼近未知的系统模型，然后根据所得的模糊逼近模型完成控制器的设计。

考虑 $n$ 自由度机械臂的动力学方程式（6-58）、误差函数式（6-59），引入中间变量 $\boldsymbol{\rho}=\dot{\boldsymbol{q}}_{\mathrm{d}}+\boldsymbol{\Lambda z}$，定义 $\dot{\boldsymbol{\rho}}_{1}=[\dot{\boldsymbol{\rho}}^{\mathrm{T}},1]^{\mathrm{T}}$ 和 $\boldsymbol{M}_{1}(\boldsymbol{q})=[\boldsymbol{M}(\boldsymbol{q}),\boldsymbol{G}(\boldsymbol{q})]$，则机器人的动力学方程可以重写为

$$\boldsymbol{M}(\boldsymbol{q})\dot{\boldsymbol{e}}=\boldsymbol{M}_{1}(\boldsymbol{q})\dot{\boldsymbol{\rho}}_{1}+\boldsymbol{C}(\boldsymbol{q},\dot{\boldsymbol{q}})\boldsymbol{\rho}-\boldsymbol{C}(\boldsymbol{q},\dot{\boldsymbol{q}})\boldsymbol{e}-\boldsymbol{\tau} \tag{6-70}$$



设计间接自适应模糊控制器，控制目标为使机器人系统的闭环信号一致最终有界。

当机器人动力学方程的所有参数已知时，可以设计如下理想的控制器：

$$\boldsymbol{\tau}=\boldsymbol{M}_{1}(\boldsymbol{q})\dot{\boldsymbol{\rho}}_{1}+\boldsymbol{C}(\boldsymbol{q},\dot{\boldsymbol{q}})\boldsymbol{\rho}+\boldsymbol{\eta e} \tag{6-71}$$

式中，$\boldsymbol{\eta}=\boldsymbol{\eta}^{\mathrm{T}}$ 为对称正定对角矩阵。

容易证明理想的控制器式（6-71）能够实现控制目标。然而，由于实际系统的动力学参数未知，所以控制器式（6-71）不能直接应用。类似于上一小节，设计两个模糊系统分别逼近 $\boldsymbol{M}_{1}(\boldsymbol{q})$ 和 $\boldsymbol{C}(\boldsymbol{q},\dot{\boldsymbol{q}})$，且模糊系统的输出记为

$$\hat{\boldsymbol{M}}_{1}(\boldsymbol{q})=\boldsymbol{\Theta}_{1}^{\mathrm{T}}\boldsymbol{\varphi}_{1}(\boldsymbol{q}),\ \hat{\boldsymbol{C}}(\boldsymbol{q},\dot{\boldsymbol{q}})=\boldsymbol{\Theta}_{2}^{\mathrm{T}}\boldsymbol{\varphi}_{2}(\boldsymbol{q},\dot{\boldsymbol{q}})$$

式中，$\boldsymbol{\Theta}_{1}$ 和 $\boldsymbol{\Theta}_{2}$ 为可调整参数；$\boldsymbol{\varphi}_{1}(\boldsymbol{q})$ 和 $\boldsymbol{\varphi}_{2}(\boldsymbol{q},\dot{\boldsymbol{q}})$ 为基函数向量。

最优参数定义如下：

$$\boldsymbol{\Theta}_{1}^{*}=\arg\min\left\{\sup\|\boldsymbol{M}_{1}(\boldsymbol{q})-\hat{\boldsymbol{M}}_{1}(\boldsymbol{q})\|\right\}$$
$$\boldsymbol{\Theta}_{2}^{*}=\arg\min\left\{\sup\|\boldsymbol{C}(\boldsymbol{q},\dot{\boldsymbol{q}})-\hat{\boldsymbol{C}}(\boldsymbol{q},\dot{\boldsymbol{q}})\|\right\}$$

由万能逼近定理可知

$$\boldsymbol{M}_{1}(\boldsymbol{q})=\boldsymbol{\Theta}_{1}^{*\mathrm{T}}\boldsymbol{\varphi}_{1}(\boldsymbol{q})+\boldsymbol{\xi}_{1}(\boldsymbol{q})$$
$$\boldsymbol{C}(\boldsymbol{q},\dot{\boldsymbol{q}})=\boldsymbol{\Theta}_{2}^{*\mathrm{T}}\boldsymbol{\varphi}_{2}(\boldsymbol{q},\dot{\boldsymbol{q}})+\boldsymbol{\xi}_{2}(\boldsymbol{q},\dot{\boldsymbol{q}})$$

式中，$\boldsymbol{\xi}_1(\boldsymbol{q})$ 和 $\boldsymbol{\xi}_2(\boldsymbol{q},\dot{\boldsymbol{q}})$ 为模糊逻辑系统的逼近误差向量，而且存在两个正常数 $\bar{\xi}_1$、$\bar{\xi}_2$ 使得 $\|\boldsymbol{\xi}_1(\boldsymbol{q})\|\leqslant\bar{\xi}_1$、$\|\boldsymbol{\xi}_2(\boldsymbol{q},\dot{\boldsymbol{q}})\|\leqslant\bar{\xi}_2$。

可设计如下间接自适应模糊控制器：

$$\boldsymbol{\tau}=\hat{\boldsymbol{M}}_1(\boldsymbol{q})\dot{\boldsymbol{\rho}}_1+\hat{\boldsymbol{C}}(\boldsymbol{q},\dot{\boldsymbol{q}})\boldsymbol{\rho}+\boldsymbol{\eta}\boldsymbol{e}+\kappa_1\|\dot{\boldsymbol{\rho}}_1\|\mathrm{sgn}(\boldsymbol{e})+\kappa_1\|\boldsymbol{\rho}\|\mathrm{sgn}(\boldsymbol{e}) \tag{6-72}$$

式中，$\mathrm{sgn}(\boldsymbol{e})=[\mathrm{sgn}(e_1),\cdots,\mathrm{sgn}(e_n)]^{\mathrm{T}}$，$\mathrm{sgn}(\bullet)$ 为符号函数；正常数 $\kappa_1$ 满足 $\kappa_1\geqslant\bar{\xi}_1$ 和 $\kappa_1\geqslant\bar{\xi}_2$。

式（6-72）等式右边的最后两项用于补偿逼近误差，当满足条件的 $\kappa_1$ 难以确定时，可以采用自适应参数估计 $\kappa_1$。

自适应律设计如下：

$$\begin{cases}\dot{\boldsymbol{\Theta}}_1=\boldsymbol{\Gamma}_1\boldsymbol{\varphi}_1(\boldsymbol{q})\dot{\boldsymbol{\rho}}_1\boldsymbol{e}^{\mathrm{T}}-\delta_1\|\boldsymbol{e}\|\boldsymbol{\Gamma}_1\boldsymbol{\Theta}_1\\ \dot{\boldsymbol{\Theta}}_2=\boldsymbol{\Gamma}_2\boldsymbol{\varphi}_2(\boldsymbol{q},\dot{\boldsymbol{q}})\boldsymbol{\rho}\boldsymbol{e}^{\mathrm{T}}-\delta_2\|\boldsymbol{e}\|\boldsymbol{\Gamma}_2\boldsymbol{\Theta}_2\end{cases} \tag{6-73}$$

式中，$\delta_1$ 和 $\delta_2$ 为正常数；自适应增益 $\boldsymbol{\Gamma}_1$ 和 $\boldsymbol{\Gamma}_2$ 为正定对角矩阵。

定义李雅普诺夫函数为

$$V_3=\frac{1}{2}\boldsymbol{e}^{\mathrm{T}}\boldsymbol{M}(\boldsymbol{q})\boldsymbol{e}+\frac{1}{2}\mathrm{tr}(\tilde{\boldsymbol{\Theta}}_1^{\mathrm{T}}\boldsymbol{\Gamma}_1^{-1}\ \tilde{\boldsymbol{\Theta}}_1)+\frac{1}{2}\mathrm{tr}(\tilde{\boldsymbol{\Theta}}_2^{\mathrm{T}}\boldsymbol{\Gamma}_2^{-1}\ \tilde{\boldsymbol{\Theta}}_2) \tag{6-74}$$

式中，$\tilde{\boldsymbol{\Theta}}_1=\boldsymbol{\Theta}_1^*-\boldsymbol{\Theta}_1$ 和 $\tilde{\boldsymbol{\Theta}}_2=\boldsymbol{\Theta}_2^*-\boldsymbol{\Theta}_2$ 为估计误差。

微分式（6-74）李雅普诺夫函数，可得

$$\begin{aligned}\dot{V}_3=&\boldsymbol{e}^{\mathrm{T}}(\tilde{\boldsymbol{\Theta}}_1^{\mathrm{T}}\boldsymbol{\varphi}_1(\boldsymbol{q})\dot{\boldsymbol{\rho}}_1+\boldsymbol{\xi}_1(\boldsymbol{q})\dot{\boldsymbol{\rho}}_1+\tilde{\boldsymbol{\Theta}}_2^{\mathrm{T}}\boldsymbol{\varphi}_2(\boldsymbol{q},\dot{\boldsymbol{q}})\boldsymbol{\rho}+\boldsymbol{\xi}_2(\boldsymbol{q},\dot{\boldsymbol{q}})\boldsymbol{\rho}-\boldsymbol{\eta}\boldsymbol{e})-\\&\mathrm{tr}(\tilde{\boldsymbol{\Theta}}_1^{\mathrm{T}}\boldsymbol{\Gamma}_1^{-1}\dot{\boldsymbol{\Theta}}_1)-\mathrm{tr}(\tilde{\boldsymbol{\Theta}}_2^{\mathrm{T}}\boldsymbol{\Gamma}_2^{-1}\dot{\boldsymbol{\Theta}}_2)-\boldsymbol{e}^{\mathrm{T}}\left(\kappa_1\|\boldsymbol{\rho}\|\mathrm{sgn}(\boldsymbol{e})+\kappa_1\|\dot{\boldsymbol{\rho}}_1\|\mathrm{sgn}(\boldsymbol{e})\right)\end{aligned} \tag{6-75}$$



将自适应律式（6-73）代入式（6-75），结合杨氏不等式，可得

$$\dot{V}_3\leqslant-\|\boldsymbol{e}\|\left[\lambda_{\min}(\boldsymbol{\eta})\|\boldsymbol{e}\|+\delta_1\left(\frac{\|\tilde{\boldsymbol{\Theta}}_1\|-\|\boldsymbol{\Theta}_1^*\|}{2}\right)^2+\delta_2\left(\frac{\|\tilde{\boldsymbol{\Theta}}_2\|-\|\boldsymbol{\Theta}_2^*\|}{2}\right)^2-\beta\right] \tag{6-76}$$

式中，$\beta=0.25\delta_1\|\boldsymbol{\Theta}_1^*\|^2-0.25\delta_2\|\boldsymbol{\Theta}_2^*\|^2$；$\lambda_{\min}(\boldsymbol{\eta})$ 为 $\boldsymbol{\eta}$ 的最小特征值。由式（6-76）可知，当系统的状态在集合 $\varOmega=\left\{\|\boldsymbol{e}\|<\beta/\lambda_{\min}(\boldsymbol{\eta})\cap\|\tilde{\boldsymbol{\Theta}}_1\|<0.5\|\boldsymbol{\Theta}_1^*\|+\sqrt{\beta/\delta_1}\cap\|\tilde{\boldsymbol{\Theta}}_2\|<0.5\|\boldsymbol{\Theta}_2^*\|+\sqrt{\beta/\delta_2}\right\}$ 外时，$\dot{V}_3\leqslant0$。因此，$\boldsymbol{z}$、$\dot{\boldsymbol{z}}$、$\tilde{\boldsymbol{\Theta}}_1$ 和 $\tilde{\boldsymbol{\Theta}}_2$ 是一致最终有界的。因为控制输入 $\boldsymbol{\tau}$ 是有界信号的函数，所以 $\boldsymbol{\tau}$ 也是有界的，即所有闭环信号有界。因此，一种典型的机器人间接自适应模糊控制系统框图如图 6-18 所示。

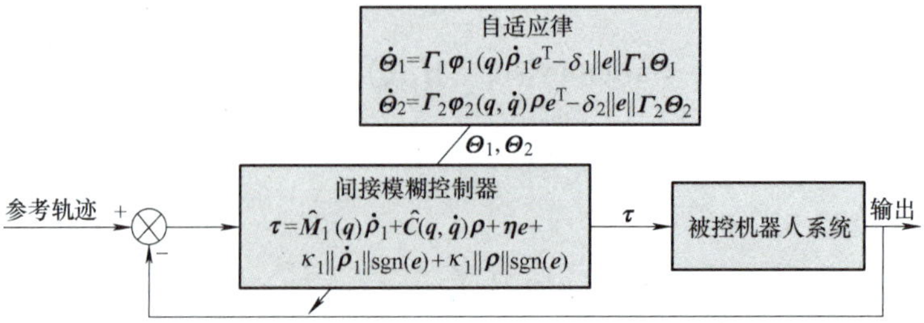


图 6-18　机器人间接自适应模糊控制系统框图

### 6.4.4　机器人自适应模糊控制设计仿真实例

本小节以单关节机械臂的直接自适应模糊控制系统设计仿真为例，说明如何实施自适应模糊控制策略。

考虑单关节平面机械臂，其动力学模型为

$$\frac{4}{3}Ml^2\ddot{\boldsymbol{q}}+d\dot{\boldsymbol{q}}+Mgl\cos\boldsymbol{q}=\tau$$

式中，$\boldsymbol{q}$、$\dot{\boldsymbol{q}}$、$\ddot{\boldsymbol{q}}$ 分别为机械臂的关节角位置、速度、加速度；质量 $M=1\text{kg}$；连杆长度 $l=0.25\text{m}$；阻尼 $d=2\text{N}\cdot\text{s/m}$；重力加速度 $g=9.81\text{m/s}^2$。系统的初始状态均为 0。控制目标为所有闭环信号有界，且机械臂的关节角位置 $q$ 能够跟踪参考轨迹 $q_\text{d}=0.3\sin\pi t$。

模糊输入变量为 $\boldsymbol{x}=[\boldsymbol{q}^\text{T},\dot{\boldsymbol{q}}^\text{T},\boldsymbol{e}^\text{T},\dot{\boldsymbol{q}}_\text{d}^\text{T}]^\text{T}$。根据参考轨迹和系统状态的范围，隶属度函数定义为

$$\mu_{A_i}=\left[-\frac{(x_i-v_i)^\text{T}(x_i-v_i)}{\left(\dfrac{\pi}{24}\right)^2}\right]$$

式中，$v_i$ 分别取为 $-\pi/6$, $-\pi/12$, 0, $\pi/12$, $\pi/6$；对于 $i=1$, 2, …, 5, $A_i$ 分别代表 NB, NS, ZO, PS, PB。

使用乘积推理机、单值模糊器和中心解模糊器设计模糊控制器，即

$$\tau=u_f(\boldsymbol{x}|\boldsymbol{\theta})=\boldsymbol{\theta}^\text{T}\boldsymbol{\Phi}(\boldsymbol{x})$$

控制参数设计如下：$\boldsymbol{\theta}$ 的初值取 0，$\Lambda=10$, $\delta=0.0003$, $\Gamma=1000$。跟踪性能和控制输入的仿真结果如图 6-19 和图 6-20 所示。系统的关节位置 $\boldsymbol{q}$ 能够很好地跟踪参考信号 $\boldsymbol{q}_\text{d}$，且所有闭环信号有界，详见仿真程序 6-2。



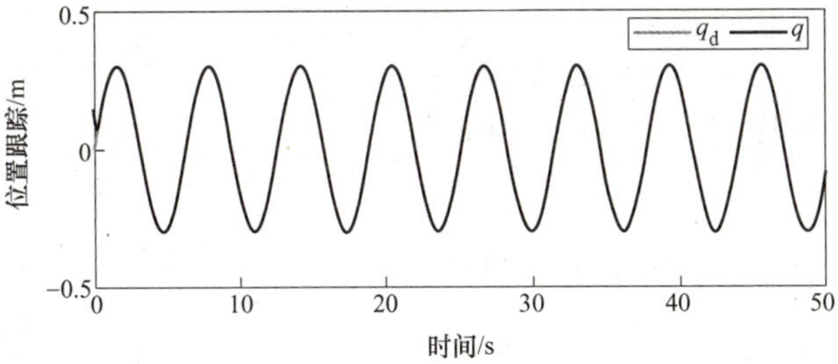


图 6-19　跟踪性能

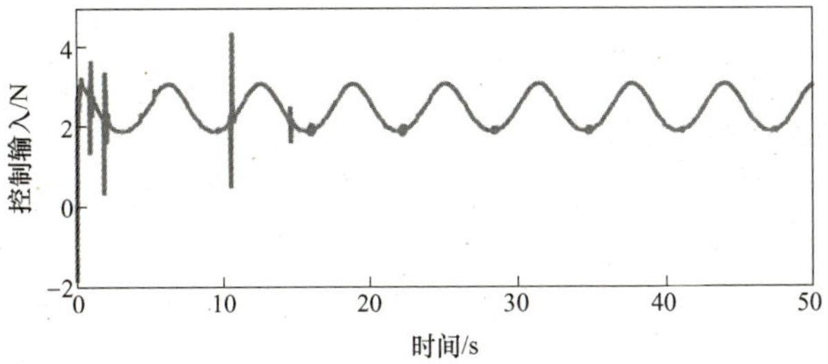


图 6-20　控制输入

仿真程序 6-2

1）仿真主程序如图 6-21 所示。

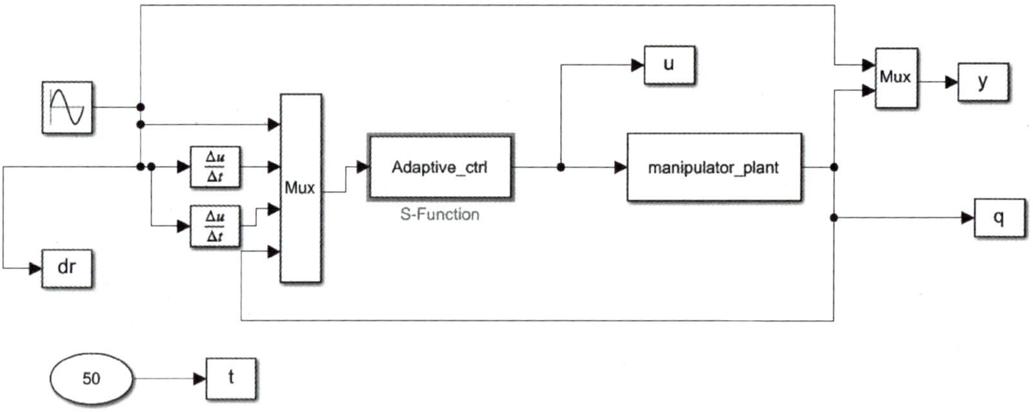


图 6-21　仿真主程序

2）被控对象模型 manipulator_plant.m 如下：

```
function [sys, x0, str, ts]=manipulator_plant (t, x, u, flag)
switch flag,
case 0,
  [sys, x0, str, ts]=mdlInitializeSizes;
case 1,
  sys=mdlDerivatives (t, x, u);
case 3,
  sys=mdlOutputs (t, x, u);
case {2, 4, 9 }
  sys = [];
otherwise
  error (['Unhandled flag = ', num2str (flag) ]);
end

function [sys, x0, str, ts]=mdlInitializeSizes
sizes = simsizes;
sizes.NumContStates  = 2;
sizes.NumDiscStates  = 0;
sizes.NumOutputs     = 2;
sizes.NumInputs      = 1;
sizes.DirFeedthrough = 0;
sizes.NumSampleTimes = 0;

sys=simsizes (sizes);
x0=[0.15 0];
str=[];
ts=[];
```

```
function sys=mdlDerivatives (t, x, u)
g=9.8;
m=1;
l=0.25;
d=2.0;
I=4/3*m*l^2;

tol=u;


fx=1/I* (-d*x (2) -m*g*l*cos (x (1)));
gx=1/I;

sys (1) =x (2);
sys (2) =fx+gx*tol;
function sys=mdlOutputs (t, x, u)
sys (1) =x (1);
sys (2) =x (2);
```

3）控制算法程序 Adaptive_ctrl.m 如下：

```
function [sys, x0, str, ts] = Adaptive_ctrl (t, x, u, flag)
switch flag,
case 0,
  [sys, x0, str, ts]=mdlInitializeSizes;
case 1,
  sys=mdlDerivatives (t, x, u);
case 3,
  sys=mdlOutputs (t, x, u);
case {2, 4, 9}
  sys=[];
otherwise
  error (['Unhandled flag = ', num2str (flag) ]);
end
function [sys, x0, str, ts]=mdlInitializeSizes
sizes = simsizes;
sizes.NumContStates  = 5^4;
sizes.NumDiscStates  = 0;
sizes.NumOutputs    = 1;
sizes.NumInputs       = 5;
sizes.DirFeedthrough = 1;
sizes.NumSampleTimes = 0;
sys = simsizes (sizes);
x0  = [zeros (5^4, 1) ];
str = [];
ts  = [];
```

```
function sys=mdlDerivatives（t，x，u）
r=u（1）;
dr=u（2）;
ddr = u（3）;
xi（1）=u（4）;
xi（2）=u（5）;

z=r-xi（1）;
dz=dr-xi（2）;

e=dz+10*z;

gama=1000;



%%%%%%%%%%%%%%%%%%%%%%%%%%%%%%%
FS1=0;

for l1=1: 1: 5
 gs1=-[（xi（1）+pi/6-（l1-1）*pi/12）/（pi/24）]^2;
 u1（l1）=exp（gs1）;
end

for l2=1: 1: 5
 gs2=-[（xi（2）+pi/6-（l2-1）*pi/12）/（pi/24）]^2;
 u2（l2）=exp（gs2）;
end

for l3=1: 1: 5
 gs3=-[（ddr+pi/6-（l3-1）*pi/12）/（pi/24）]^2;
 u3（l3）=exp（gs3）;
end

for l4=1: 1: 5
 gs4=-[（e+pi/6-（l4-1）*pi/12）/（pi/24）]^2;
 u4（l4）=exp（gs4）;
end


for l1=1: 1: 5
 for l2=1: 1: 5
  for l3 = 1: 5
      for l4 = 1: 5
        FS2（5^3*（l1-1）+5^2*（l2-1）+5*（l3-1）+l4）=u1（l1）*u2（l2）*u3（l3）*u4
        （l4）;
        FS1=FS1+u1（l1）*u2（l2）*u3（l3）*u4（l4）;
      end
```

```
    end
  end
end
FS=FS2/FS1;

delta = 0.0003;

S=gama*e*FS'-delta*norm(e)*gama*x;

for i=1:1:5^4
    sys(i)=S(i);
end

function sys=mdlOutputs(t,x,u)

r=u(1);
dr=u(2);
ddr = u(3);
xi(1)=u(4);
xi(2)=u(5);

for i=1:1:5^4
    thtau(i,1)=x(i);
end

z=r-xi(1);
dz=dr-xi(2);

e=dz+10*z;

gama=1000;


%%%%%%%%%%%%%%%%%%%%%%%%%%%%%%%%%%%%%%%%
FS1=0;

for l1=1:1:5
    gs1=-[(xi(1)+pi/6-(l1-1)*pi/12)/(pi/24)]^2;
  u1(l1)=exp(gs1);
end

for l2=1:1:5
    gs2=-[(xi(2)+pi/6-(l2-1)*pi/12)/(pi/24)]^2;
  u2(l2)=exp(gs2);
end

for l3=1:1:5
```

```
    gs3=-[ ( ddr+pi/6- ( l3-1 ) *pi/12 ) / ( pi/24 ) ]^2;
  u3 ( l3 ) =exp ( gs3 );
end

for l4=1: 1: 5
    gs4=-[ ( e+pi/6- ( l4-1 ) *pi/12 ) / ( pi/24 ) ]^2;
  u4 ( l4 ) =exp ( gs4 );
end


for l1=1: 1: 5
  for l2=1: 1: 5
    for l3 = 1: 5
        for l4 = 1: 5
          FS2 ( 5^3* ( l1-1 ) +5^2* ( l2-1 ) +5* ( l3-1 ) +l4 ) =u1 ( l1 ) *u2 ( l2 ) *u3 ( l3 ) *u4
          ( l4 );
          FS1=FS1+u1 ( l1 ) *u2 ( l2 ) *u3 ( l3 ) *u4 ( l4 );
        end
    end
  end
end
FS=FS2/FS1;


ut=thtau'*FS';
sys ( 1 ) =ut;
```



## 本章小结

本章详细介绍了机器人智能自适应控制技术的理论基础、设计理念和应用场景。

首先，本章梳理了自适应控制的发展历程，自 20 世纪 50 年代以来，自适应控制技术逐步发展，并通过李雅普诺夫稳定性理论奠定了理论基础。模型参考自适应控制是其中的一种重要方法，通过设计参考模型，使实际系统输出能够跟踪理想输出，包括直接和间接自适应控制策略。

其次，本章探讨了神经网络在自适应控制中的应用，详细介绍了神经网络的基本结构、前向和反馈神经网络的特点及其在控制系统中的应用，如 BP 网络和 RBF 网络，并通过实例展示了其在机器人控制中的实际应用和仿真实例。自适应神经网络控制利用其强大的学习能力，对复杂和非线性系统进行控制和优化。

最后，本章介绍了模糊控制的基本原理和自适应模糊控制的应用。模糊控制通过模糊集合、模糊语言变量和模糊逻辑推理实现智能控制，它是适用于不同被控对象的通用控制结构。本章详细介绍了模糊控制系统的组成框架和设计步骤，并通过实例展示了其在单关节机械臂位置跟踪中的应用，自适应模糊控制利用专家知识和学习算法，能够在线调整控制策略，提高系统性能和稳定性。

## 参考文献

[1] SLOTINE J J E，LI W. On the adaptive control of robot manipulators[J]. International journal of robotics research，1987，6（3）：49–59.

[2] ALONGE F，D' IPPOLITO F，RAIMONDI F M. An adaptive control law for robotic manipulator without velocity feedback[J]. Control engineering practice，2003，11（9）：999–1005.

[3] ASTOLFI A，KARAGIANNIS D，ORTEGA R. Nonlinear and adaptive control with applications[M]. London：Springer，2008.

[4] KALMAN R E. A new approach to linear filtering and prediction problems[J]. Journal of basic engineering，1960，82：35–45.

[5] ZADEH L. Optimality and non–scalar–valued performance criteria[J]. IEEE Transactions on automatic control，1963，8（1）：59–60.

[6] BELLMAN R. Dynamic programming and Lagrange multipliers[J]. Proceedings of the national academy of sciences，1956，42（10）：767–769.

[7] 刘兴堂 . 应用自适应控制 [M]. 西安：西北工业大学出版社，2003.

[8] 韩曾晋 . 自适应控制 [M]. 北京：清华大学出版社，1995.

[9] 张玉振，李擎，张维存，等 . 多模型自适应控制理论及应用 [J]. 工程科学学报，2020，42（2）：135–143.

[10] 徐湘元 . 自适应控制理论与应用 [M]. 北京：电子工业出版社，2007.

[11] KRSTIC M，KANELLAKOPOULOS I，KOKOTOVIC P. Nonlinear and adaptive control design[M]. Hoboken：John Wiley & Sons，1995.

[12] GREENOUGH W T. Structural correlates of information storage in the mammalian brain：a review and hypothesis[J]. Trends in neurosciences，1984，7（7）：229–233.

[13] RUMELHART D E，HINTON G E，WILLIAMS R J. Learning representations by back–propagating errors[J]. Nature，1986，323（6088）：533–536.

[14] HOCHREITER S，SCHMIDHUBER J. Long short–term memory[J]. Neural computation，1997，9（8）：1735–1780.

[15] BENGIO Y，SIMARD P，FRASCONI P. Learning long–term dependencies with gradient descent is difficult[J]. IEEE Transactions on neural networks，1994，5（2）：157–166.

[16] HOPFIELD J J，TANK D W. Neural computation of decisions in optimization problems[J]. Biological cybernetics，1985，52（3）：141–152.

[17] 刘金锟 . 智能控制 [M]. 5 版 . 北京：电子工业出版社，2021.

[18] 刘金琨 . RBF 神经网络自适应控制及 MATLAB 仿真 [M]. 2 版 . 北京：清华大学出版社，2019.

[19] KOHONEN T. Self–organized formation of topologically correct feature maps[J]. Biological cybernetics，1982，43（1）：59–69.

[20] ZADEH L. Fuzzy sets[J]. Information and control，1965，8（3）：338–353.

[21] TAKAGI T，SUGENO M. Fuzzy identification of systems and its applications to modeling and control[J]. IEEE Transactions on systems，man，and cybernetics，1985（1）：116–132.

[22] JIANG J，WANG Y N，JIANG Y M，et al. Robust image–based adaptive fuzzy controller for guarantee field of view with uncertain dynamics[J]. IEEE Transactions on fuzzy systems，2024，32（3）：1564–1575.

[23] ZENG D P，LIU Z，WANG Y N，et al. Adaptive fuzzy inverse optimal control of nonlinear switched systems[J]. IEEE Transactions on fuzzy systems，2023，31（9）：3093–3107.

# 第 7 章　机器人学习控制系统

## 导读

本章主要探讨了机器人强化学习与模仿学习控制的高级应用，涵盖了机器学习与人工智能在动态控制、人机交互、策略学习等领域的最新研究成果。通过详细介绍动态运动基元（Dynamic Movement Primitives，DMP）、高斯混合模型（Gaussian Mixture Model，GMM）、贝叶斯交互基元（Bayesian Interaction Primitives，BIP），读者将能够深入理解如何通过高级算法模仿和增强人类行为与决策，以及这些方法如何帮助提升机器人的性能和适应性。



## 本章知识点

- 机器人强化学习控制算法
- 动态运动基元
- 高斯混合模型
- 贝叶斯交互基元

## 7.1　机器人强化学习控制算法

### 7.1.1　机器人强化学习概述

机器人强化学习是一种通过与环境互动获得反馈，从而自主优化行为策略的机器学习方法，这种学习方法不同于传统的机器学习方法，它不需要事先标注的数据。早在 20 世纪 80 年代，强化学习方法就被提出用于解决智能体序贯决策的问题，经过几十年的发展逐渐成为人工智能领域的主流方法之一。尤其是强化学习与深度学习结合发展出深度强化学习（Deep Reinforcement Learning，DRL）方法，可用于解决以原始视觉图像信息、关节位置信息、末端力矩信息等为输入的智能控制问题，在机器人控制领域再一次掀起了研究强化学习的热潮。

顾名思义，强化学习的特点在于强化和学习，即不断地与环境交互并从中学习最优的控制策略。这一思想最早来源于 19 世纪巴甫洛夫的条件反射学说，因此，强化学习不仅是一种求解算法，还是一种多步决策问题的建模与求解框架。如何描述控制对象与环境的交互过程、设定控制目标，如何从环境的反馈中学习最优化控制目标的控制策略，是强化学习的主要内容。

## 7.1.2　Q 学习控制

### 1. 马尔可夫决策过程

马尔可夫决策过程（Markov Decision Process，MDP）是离散时间随机控制过程，是一种用于建模序贯决策问题的数学框架。MDP 主要用于研究智能体在特定环境中做出的一系列决策问题，对于研究通过动态规划解决的优化问题很有用。早在 20 世纪 50 年代，MDP 就已为人所知，MDP 的核心研究之一是 1960 年由罗纳德・霍华德出版的著作《动态规划和马尔可夫过程》。MDP 的名称来源于俄罗斯数学家安德雷・马尔可夫，以此纪念他对马尔可夫链的推广。目前 MDP 已经广泛应用于多个领域，包括机器人学、自动化、经济学和制造业等。

随机过程（Stochastic Process）被视为概率论中的“动力学”部分。传统概率论主要关注静态的随机现象，而随机过程则研究那些随时间变化的随机现象（如天气的变化、城市交通流量的变化等）。在随机过程中，随机现象在某时刻的取值是一个向量随机变量，用 $s_t$ 表示，所有可能的状态组成状态空间的集合 $S$，随机现象便是状态的变化过程。在某时刻 $t$ 的状态 $s_t$ 通常取决于 $t$ 时刻之前的状态，已知历史信息 $(s_1,\cdots,s_t)$ 的下一个时刻状态为 $s_{t+1}$ 的概率表示为 $P(s_{t+1}|s_1,\cdots,s_t)$。当且仅当某时刻的状态只取决于上一时刻的状态时，这个随机过程被称为具有马尔可夫性质（Markov Property）。



在 MDP（见图 7-1）中，某个时刻 $t$，智能体与环境处于某个状态 $s_t$，可以选择在状态 $s_t$ 下可用的动作 $a_t$ 并执行，在下一时刻 $t+1$ 会随机进入新的状态 $s_{t+1}$，同时从环境的反馈中获得该步动作的即时奖励 $r_t$。随机过程进入新状态 $s_{t+1}$ 的概率受所选动作影响。具体来说，每个状态和动作都有一个概率分布来描述其转移的可能性，即从一个状态经过某个动作进入另一个状态的概率 $P$。MDP 是马尔可夫链的推广，不同之处在于 MDP 添加了动作（允许选择）和奖励（给予动机）。反过来说，如果每个状态只存在一个动作且所有奖励相同，此时 MDP 可以归结为一个马尔可夫链。

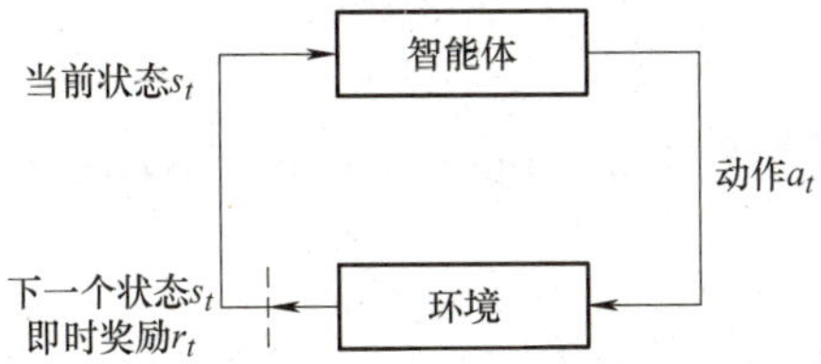


图 7-1　MDP

MDP 是一个由如下四要素组成的元组 $(S, A, P_a, R_a)$。

1）状态：描述随机过程中某个时刻系统所处的状态。一般用 $s_t$ 表示 $t$ 时刻系统的状态，$S$ 表示所有状态组成状态空间的集合。

2）动作：智能体在某个时刻执行的操作指令或控制指令。一般用 $a_t$ 表示 $t$ 时刻智能体执行的动作，$A$ 表示所有可用动作的集合，又称动作空间（例如 $A_s$ 是状态 $s$ 中可用动作的集合）。状态空间和动作空间可能是有限的，也可能是无限的。一些具有可数无限状态空间和动作空间的过程可以简化为具有有限状态空间和动作空间的过程。

3）转移概率：转移概率表示在某个时刻的状态和动作下，系统下个时刻所处状态的条件概率分布 $P(s_{t+1}=s'|s_t=s,a_t=a)$，因此下一个状态 $s'$ 取决于当前状态 $s$ 和决策者的动作 $a$。但是给定 $s$ 和 $a$，它条件独立于所有先前的状态和动作，即 $t$+1 时刻系统的状态仅与 $t$ 时刻系统的状态和动作有关，而与 $t$ 时刻之前时刻的历史状态无关。转移概率的定义体现了 MDP 的马尔可夫性。

4）即时奖励：状态 $s$ 经过动作 $a$ 转换到状态 $s_{t+1}$ 后，受到环境给与智能体的即时奖励 $r(s,a)$。从第 $t$ 时刻状态 $s_t$ 开始，直到终止状态，所有奖励的衰减之和称为回报 $G_t$，即 $G_t=R_t+\gamma R_{t+1}+\gamma^2R_{t+2}+\cdots=\sum_{k=0}^{\infty}\gamma^k R_{t+k}$，式中 $\gamma$ 为折扣因子，满足 $0\leqslant\gamma\leqslant1$，引入折扣因子的原因是远期利益存在一定的不确定性，有时系统更希望尽早获得奖励，因此对远期利益进行折扣是必要的。若折扣因子接近 1，则更倾向于关注长期累计奖励；若折扣因子接近 0，则更倾向于关注短期奖励。

智能体的策略通常用 $\pi$ 表示。策略 $\pi(a|s)=P(a_t=a|s_t=s)$ 是一个函数，用来表示在输入状态 $s$ 下，输出动作 $a$ 的概率。确定性策略（Deterministic Policy）在每个状态下只输出一个确定性的动作，即该动作的概率为 1，其余动作的概率为 0。随机性策略（Stochastic Policy）在每个状态下的输出是动作的概率分布，根据该分布进行采样得到一个动作执行。MDP 的目标是为智能体找到一个最优策略 $\pi^*$，输出一系列动作来最大化累积奖励的总和。



用 $V^\pi(s)$ 表示在 MDP 中基于策略 $\pi$ 的状态价值函数（State-value Function），其定义为智能体从状态 $s$ 出发，采用策略 $\pi$ 直到过程结束所能获得的期望回报，表达式为

$$
\begin{aligned}
V^\pi(s)&=\mathbb{E}_\pi[G_t|\ s_t=s]\\
&=\mathbb{E}_\pi[R_t+\gamma R_{t+1}+\gamma^2R_{t+2}+\cdots|s_t=s]\\
&=\mathbb{E}_\pi[R_t+\gamma(R_{t+1}+\gamma R_{t+2}+\cdots)|s_t=s]\\
&=\mathbb{E}_\pi[R_t+\gamma G_{t+1}|s_t=s]\\
&=\mathbb{E}_\pi[R_t+\gamma V(s_{t+1})|s_t=s]
\end{aligned}
\tag{7-1}
$$

类似地，动作价值函数（Action-value Function）$Q^\pi(s,a)$ 表示智能体在状态 $s$ 下执行动作 $a$ 的期望回报为

$$
\begin{aligned}
Q^\pi(s,a)&=\mathbb{E}_\pi[G_t|s_t=s,a_t=a]\\
&=\mathbb{E}_\pi[R_t+\gamma Q^\pi(s_{t+1},a_{t+1})|s_t=s,a_t=a]
\end{aligned}
\tag{7-2}
$$

状态价值函数与动作价值函数的关系如下：当智能体遵循策略 $\pi$ 时，状态 $s$ 的价值等于在该状态下基于策略 $\pi$ 采取所有动作的概率与相应价值相乘再求和，即

$$V^\pi(s)=\sum_{a\in A}\pi(a|s)Q^\pi(s,a)\tag{7-3}$$

当智能体遵循策略 $\pi$ 时，在状态 $s$ 下执行动作 $a$ 的价值等于即时奖励加上经过衰减后所有可能的下一个状态 $s'$ 的转移概率与相应价值的乘积，即

$$Q^{\pi}(s,a)=r(s,a)+\gamma\sum_{s'\in S}P(s'\mid s,a)V^{\pi}(s') \tag{7-4}$$

因此可以继续推到得到两个价值函数的贝尔曼期望方程（Bellman Expectation Equation）为

$$\begin{aligned}V^{\pi}(s)&=\mathbb{E}_{\pi}[R_t+\gamma V^{\pi}(s_{t+1})\mid s_t=s]\\&=\sum_{a\in A}\pi(a|\ s)\left(r(s,a)+\gamma\sum_{s'\in S}P(s'\mid s,a)V^{\pi}(s')\right)\end{aligned} \tag{7-5}$$

$$\begin{aligned}Q^{\pi}(s,a)&=\mathbb{E}_{\pi}[R_t+\gamma Q^{\pi}(s_{t+1},a_{t+1})\mid s_t=s,a_t=a]\\&=r(s,a)+\gamma\sum_{s'\in S}P(s'\mid s,a)\sum_{a'\in A}\pi(a'\mid s')Q^{\pi}(s',a')\end{aligned} \tag{7-6}$$

### 2. 蒙特卡洛方法

蒙特卡洛方法（Monte-Carlo Method）是一类通过随机采样来解决数值计算问题的统计学方法。一个简单的例子是用蒙特卡洛方法估计圆周率，如图 7-2 所示。让计算机随机生成两个 0 ～ 1 之间的数，判断以这两个数为横纵坐标的点是否在单位圆内，生成一系列随机点并统计单位圆内的点数 $n$ 与总点数 $N$，圆面积与正方形面积之比为 π ：4。当随机点获取越多时，其结果越接近于圆周率，表达式为

$$\frac{\pi}{4}=\frac{n}{N} \tag{7-7}$$

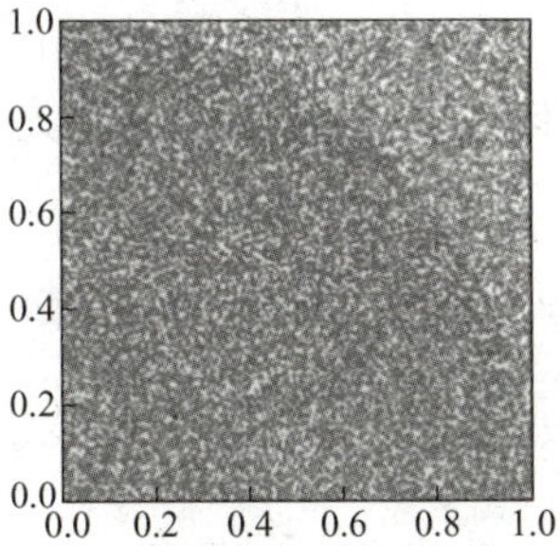


图 7-2 彩图

图 7-2　用蒙特卡洛方法估计圆周率

蒙特卡洛方法在强化学习中的主要应用包括策略评估和策略改进。因此使用策略在 MDP 上采样多条序列，计算从该状态出发的回报，然后求其期望，公式为

$$V^{\pi}(s)=\mathbb{E}_{\pi}[G_t|\ s_t=s]\approx\frac{1}{N}\sum_{i=1}^{N}G_t^{(i)} \tag{7-8}$$

在一条序列中，某个状态可能没有出现过，可能只出现过一次，也可能出现过多次。蒙特卡洛方法会在每次该状态出现时计算其回报。此外，还有一种方法是对一条序列仅计算一次回报，即只以该状态首次出现时为准计算其后面的累积奖励，而忽略该状态在后续

出现的情况。假设现在通过策略 $\pi$ 和状态 $s$ 开始采样序列，并基于此计算状态价值。为每一个状态维护一个计数器和总回报，计算状态价值的具体过程如下。

1）使用策略 $\pi$ 采样若干条序列：

$$s_0^{(i)} \xrightarrow{a_0^{(i)}} r_0^{(i)}, s_1^{(i)} \xrightarrow{a_1^{(i)}} r_1^{(i)}, s_2^{(i)} \xrightarrow{a_2^{(i)}} r_2^{(i)}, \cdots, s_{T-1}^{(i)} \xrightarrow{a_{T-1}^{(i)}} r_{T-1}^{(i)}, s_T^{(i)}$$

2）对每一条序列中的每一个时刻 $t$ 的状态 $s$ 进行如下操作：

$$\text{更新状态 } s \text{ 的计数器 } N(s) \leftarrow N(s)+1$$

$$\text{更新状态 } s \text{ 的总回报 } M(s) \leftarrow M(s)+G_t$$

3）每一个状态的价值被估计为回报的平均值 $V(s)=M(s)/N(s)$。根据大数定律，当 $N(s)\to\infty$ 时，有 $V(s)\to V^{\pi}(s)$。计算回报的期望还有一种计算效率更高的增量式更新方法，即对于每个状态 $s$ 和回报 $G$，都有

$$N(s) \leftarrow N(s)+1$$

$$V(s) \leftarrow V(s)+\frac{1}{N(s)}(G-V(s))$$

对于同一个 MDP，不同策略访问到的状态的概率分布不同，因此不同策略的价值函数不同。定义 MDP 的初始状态分布为 $\nu_0(s)$，智能体遵循策略 $\pi$，在 $t$ 时刻状态为 $s$ 的概率为 $P_t^{\pi}(s)$，因此 $P_0^{\pi}(s)=\nu_0(s)$。定义策略的状态访问分布为



$$\nu^{\pi}(s)=(1-\gamma)\sum_{t=0}^{\infty}\gamma^t P_t^{\pi}(s) \tag{7-9}$$

状态访问分布表示一个策略在与 MDP 交互的过程中访问到各个状态的分布。需要注意的是，理论上计算该分布需要考虑到无穷步之后的情况，但实际上智能体与 MDP 的交互在一个有限序列中。但仍然可以用式（7-9）表达状态访问分布的概念。状态访问分布具有以下性质：

$$\nu^{\pi}(s')=(1-\gamma)\nu_0(s')+\gamma\int P(s'|\ s,a)\pi(a|\ s)\nu^{\pi}(s)\mathrm{d}s\mathrm{d}a \tag{7-10}$$

此外，还可以定义策略的占用度量，以表示状态动作对 $(s,a)$ 被访问到的概率，表达式为

$$\rho^{\pi}(s,a)=(1-\gamma)\sum_{t=0}^{\infty}\gamma^t P_t^{\pi}(s)\pi(a\,|\,s) \tag{7-11}$$

策略的状态访问分布与占用度量的关系为

$$\rho^{\pi}(s,a)=\nu^{\pi}(s)\pi(a\,|\,s) \tag{7-12}$$

进一步得出如下两个定理。

**定理 1** 智能体在同一个 MDP 中分别遵循策略 $\pi_1$ 和 $\pi_2$ 得到的占用度量 $\rho^{\pi_1}$ 和 $\rho^{\pi_2}$ 满足如下关系：

$$\rho^{\pi_1}=\rho^{\pi_2} \Leftrightarrow \pi_1=\pi_2 \tag{7-13}$$

**定理 2** 给定合法占用度量 $\rho$，合法占用度量是指存在某种策略，使得智能体在

与 MDP 交互的过程中，访问到各个状态动作对的概率，可以生成该占用度量的唯一策略：

$$\pi_\rho = \frac{\rho(s,a)}{\sum_{a'} \rho(s,a')} \tag{7-14}$$

### 3. 贝尔曼方程

强化学习的目标是使智能体通过与环境的交互，学会选择能够最大化累积奖励的策略。具体来说，智能体通过试探性地采取不同的动作，从环境中获取反馈（奖励或惩罚），逐步调整其策略，以便在长期内获得最大的总奖励。这一过程涉及估算状态价值函数或动作价值函数，从而指导智能体在不同状态下选择最优的行动。在具有有限状态空间和动作空间的 MDP 中，至少存在一个策略优于所有其他策略或至少不差于所有其他策略，这个策略被称为最优策略 $\pi^*$。同一个 MDP 中最优策略可能只有一个，也可能有很多个。最优策略都有相同的状态价值函数，称为最优状态价值函数，表示为

$$V^*(s) = \max_\pi V^\pi(s), \quad \forall s \in \mathcal{S} \tag{7-15}$$

同样地，定义最优动作价值函数为

$$Q^*(s,a) = \max_\pi Q^\pi(s,a), \quad \forall s \in \mathcal{S}, a \in \mathcal{A} \tag{7-16}$$

为了使动作价值函数的值最大，需要在当前状态动作对 $(s,a)$ 之后都执行最优策略。于是可以得到最优状态价值函数与最优动作价值函数的关系为

$$Q^*(s,a) = r(s,a) + \gamma \sum_{s' \in \mathcal{S}} P(s' | s,a) V^*(s') \tag{7-17}$$

此时，最优状态价值是选择此时使最优动作价值最大的那一个动作时的状态价值，即

$$V^*(s) = \max_{a \in \mathcal{A}} Q^*(s,a) \tag{7-18}$$

根据 $V^*(s)$ 与 $Q^*(s,a)$ 的关系，可以得到贝尔曼最优方程为

$$V^*(s) = \max_{a \in \mathcal{A}} \left\{ r(s,a) + \gamma \sum_{s' \in \mathcal{S}} P(s' | s,a) V^*(s') \right\} \tag{7-19}$$

$$Q^*(s,a) = r(s,a) + \gamma \sum_{s' \in \mathcal{S}} P(s' | s,a) \max_{a' \in \mathcal{A}} Q^*(s',a') \tag{7-20}$$

### 4. 动态规划

动态规划是程序设计算法中非常重要的内容，基本思想是将待求解问题分解成若干个子问题，先求解子问题，然后从这些子问题的解得到目标问题的解。动态规划会保存已解决的子问题的答案，在求解目标问题的过程中，需要这些子问题的答案时就可以直接利用，避免重复计算。下面将介绍如何利用动态规划的思想求解 MDP 中的最优策略。

基于动态规划的强化学习算法主要包括两种方法：策略迭代（Policy Iteration）和价值迭代（Value Iteration）。策略迭代由两个步骤组成：策略评估和策略改进。在策略迭代

过程中，策略评估使用贝尔曼期望方程计算给定策略的状态价值函数，这是一个动态规划过程；价值迭代则直接利用贝尔曼最优方程进行动态规划，最终得到最优状态价值函数。

基于动态规划的两种强化学习算法要求预先了解环境的状态转移概率和奖励函数，即必须掌握整个 MDP。在这种白盒环境中，可以直接通过动态规划计算状态价值函数，不需要依赖智能体与环境的大量交互。然而，现实中的白盒环境非常稀少，这也是动态规划算法的一个主要局限，导致其在许多实际场景中难以应用。此外，策略迭代和价值迭代通常仅适用于有限的 MDP，即状态空间和动作空间是离散且有限的。

策略迭代是策略评估和策略改进不断循环交替，直至最后得到最优策略的过程。策略评估计算一个策略的状态价值函数为

$$V^{\pi}(s)=\sum_{a\in A}\pi(a\mid s)\left(r(s,a)+\gamma\sum_{s'\in\mathcal{S}}P(s'\mid s,a)V^{\pi}(s')\right) \tag{7-21}$$

当知道奖励函数和状态转移概率时，可以根据下一个状态的价值计算当前状态的价值。因此，基于动态规划的思想，可以将计算下一个可能状态的价值视为一个子问题，把计算当前状态的价值视为当前问题。获得子问题的解后，就可以解决当前问题。若考虑所有状态，则意味着使用上一轮的状态价值函数计算当前这一轮的状态价值函数，即

$$V^{k+1}(s)=\sum_{a\in A}\pi(a\mid s)\left(r(s,a)+\gamma\sum_{s'\in\mathcal{S}}P(s'\mid s,a)V^{k}(s')\right) \tag{7-22}$$

可以选定任意初始值 $V^0$，根据贝尔曼期望方程，可知 $V^k=V^{\pi}$ 是更新公式［式（7-22）］的一个不动点（Fixed Point）。事实上可以证明，当 $k\to\infty$ 时，序列 $\{V^k\}$ 会收敛到 $V^{\pi}$，所以可以据此计算得到一个策略的状态价值函数。由于需要不断进行贝尔曼期望方程迭代，策略评估其实会耗费很大的计算量。在实际的实现过程中，如果某一轮 $\max_{s\in\mathcal{S}}\left|V^{k+1}(s)-V^{k}(s)\right|$ 的值非常小，就可以提前结束策略评估。这样做可以提升效率，并且得到的价值也非常接近真实的价值。

使用策略评估计算得到当前策略的状态价值函数后，再使用策略改进来改进该策略。假设此时对于当前策略 $\pi$ 已经知道其价值 $V^{\pi}$，也就是知道了在策略 $\pi$ 下从每一个状态 $s$ 出发最终得到的期望回报。如何改变策略来获得在状态 $s$ 下更高的期望回报呢？假设智能体在状态 $s$ 下采取动作 $a$，之后的动作依旧遵循当前策略 $\pi$，那么此时得到的期望回报就是动作价值 $Q^{\pi}(s,a)$。若 $Q^{\pi}(s,a)>V^{\pi}(s)$，则说明在状态 $s$ 下采取动作 $a$ 会比原来的策略 $\pi(a\mid s)$ 得到更高的期望回报。以上假设只是针对一个状态，现在假设存在一个确定性策略 $\pi'$，在任意一个状态 $s$ 下，都满足

$$Q^{\pi}(s,\pi'(s))\geqslant V^{\pi}(s) \tag{7-23}$$

于是在任意一个状态 $s$ 下，都有

$$V^{\pi'}(s)\geqslant V^{\pi}(s) \tag{7-24}$$

这便是策略改进定理，这样可以直接贪心地在每一个状态选择动作价值最大的动作，即

$$\pi'(s)=\arg\max_{a}Q^{\pi}(s,a)=\arg\max_{a}\left\{r(s,a)+\gamma\sum_{s'}P(s'\mid s,a)V^{\pi}(s')\right\} \tag{7-25}$$

可以证明，使用策略改进式（7-25）得到的新策略 $\pi'$ 在每个状态的价值不低于原策略 $\pi$ 在该状态的价值，即

$$\begin{aligned}V^{\pi}(s) &\leqslant Q^{\pi}(s,\pi'(s))\\&=\mathbb{E}_{\pi'}[R_t+\gamma V^{\pi}(S_{t+1})\mid S_t=s]\\&\leqslant\mathbb{E}_{\pi'}[R_t+\gamma Q^{\pi}(S_{t+1},\pi'(S_{t+1}))\mid S_t=s]\\&=\mathbb{E}_{\pi'}[R_t+\gamma R_{t+1}+\gamma^2 V^{\pi}(S_{t+2})\mid S_t=s]\\&\leqslant\mathbb{E}_{\pi'}[R_t+\gamma R_{t+1}+\gamma^2 R_{t+2}+\gamma^3 V^{\pi}(S_{t+3})\mid S_t=s]\\&\cdots\\&\leqslant\mathbb{E}_{\pi'}[R_t+\gamma R_{t+1}+\gamma^2 R_{t+2}+\gamma^3 R_{t+3}+\cdots\mid S_t=s]\\&=V^{\pi'}(s)\end{aligned}\tag{7-26}$$

总体而言，策略迭代算法的过程如下：首先对当前策略进行评估，以获取其状态价值函数；其次根据该状态价值函数进行策略改进，生成一个更优的新策略；然后对新策略进行评估和改进；不断重复这个过程，直至最终收敛到最优策略。由于每一次迭代的策略都至少不差于上一次的策略，在策略空间有限的情况下，上述迭代过程最终会收敛。根据策略改进的性质，一旦新旧策略完全一致，即等价于最优策略。策略迭代过程为

$$\pi_0\xrightarrow{\text{策略评估}}V^{\pi_0}(s)\to\pi_1\xrightarrow{\text{策略评估}}V^{\pi_1}(s)\xrightarrow{\text{策略改进}}\pi_2\xrightarrow{\text{策略评估}}\cdots\xrightarrow{\text{策略改进}}\pi^*$$

策略迭代中的策略评估需要多次迭代才能收敛到某一策略的状态价值函数，这在状态空间和动作空间较大的情况下会消耗大量计算资源。有时会出现尽管状态价值函数尚未完全收敛，但无论如何更新状态价值，策略改进总是得到相同的策略的情况。价值迭代算法在策略评估中只进行一次价值更新，然后直接基于更新后的价值进行策略改进。需要注意的是，价值迭代中并不存在显式的策略，只维护一个状态价值函数。确切地说，价值迭代可以看作一种动态规划过程，它利用的是如下贝尔曼最优方程：



$$V^*(s)=\max_{a\in\mathcal{A}}\left\{r(s,a)+\gamma\sum_{s'\in\mathcal{S}}P(s'\mid s,a)V^*(s')\right\}\tag{7-27}$$

将其写成迭代更新的形式，即

$$V^{k+1}(s)=\max_{a\in\mathcal{A}}\left\{r(s,a)+\gamma\sum_{s'\in\mathcal{S}}P(s'\mid s,a)V^k(s')\right\}\tag{7-28}$$

价值迭代就是按照式（7-28）的更新方式进行的，当 $V^{k+1}$ 和 $V^k$ 相同时，它就是贝尔曼最优方程的不动点，此时对应着最优状态价值函数 $V^*$，最后从如下表达式中恢复出最优策略即可：

$$\pi(s)=\arg\max_{a}\left\{r(s,a)+\gamma\sum_{s'}P(s'\mid s,a)V^{k+1}(s')\right\}\tag{7-29}$$

动态规划算法要求 MDP 已知，即需要与智能体交互的环境是完全透明的（例如迷宫或给定规则的网格世界）。在这种条件下，智能体其实无须通过与环境进行实际交互来采样数据，只须通过使用动态规划算法就能解出最优价值或策略。然而，这在大多数实际场景中并不现实。机器学习的主要方法通常是在数据分布未知的情况下，根据具体数据点对

模型进行更新。对于大多数强化学习的现实场景（如电子游戏或机器人装配任务等一些复杂的物理环境），MDP 的状态转移概率无法明确写出，因此无法直接应用动态规划。在这种情况下，智能体只能通过与环境进行交互并采样数据来学习，这类方法统称为无模型强化学习（Model-free Reinforcement Learning）。

### 5. 时序差分算法

不同于动态规划算法，无模型强化学习算法不需要事先了解环境的奖励函数和状态转移概率，而是通过与环境交互的过程中采样到的数据进行学习，这使得其在一些实际场景中更加实用。接下来将介绍无模型强化学习中的两大经典算法 SARSA（State-Action-Reward-State-Action，状态 – 动作 – 奖励 – 状态 – 动作）和 Q 学习（Q-Learning），它们都基于时序差分（Temporal Difference，TD）的强化学习算法。此外，还引入两个重要概念：在线策略学习（On-Policy Learning）和离线策略学习（Off-Policy Learning）。在线策略学习通常要求使用当前策略下采样得到的样本进行学习，一旦策略更新，当前的样本便被放弃。离线策略学习则通过回放缓冲区收集和重用之前采样得到的样本。因此，离线策略学习通常能够更有效地利用历史数据，并且具有更低的样本复杂度（算法达到收敛结果所需的样本数量），这使其在实际中应用更为广泛。

时序差分是一种用于估计策略价值函数的方法，它结合了蒙特卡洛方法和动态规划的思想。时序差分算法与蒙特卡洛方法的相似之处在于它们都可以从样本数据中学习，而不需要事先了解环境；与动态规划的相似之处在于它们都根据贝尔曼方程的思想，利用后续状态的价值估计更新当前状态的价值估计。蒙特卡洛方法对价值函数的增量更新方式为



$$V(s_t) \leftarrow V(s_t) + \alpha[G_t - V(s_t)] \tag{7-30}$$

在蒙特卡洛方法中，$\alpha = 1/N(s)$ 表示对价值估计更新的步长。可以将 $\alpha$ 取值设为一个常数，这样更新方式不再像蒙特卡洛方法那样严格地取期望。蒙特卡洛方法需要等待整个序列结束后才能计算本次的回报，而时序差分算法在当前步骤结束时即可进行计算。具体而言，时序差分算法使用当前获得的奖励加上下一个状态的价值估计，作为当前状态所能获得的回报，即

$$V(s_t) \leftarrow V(s_t) + \alpha[r_t + \gamma V(s_{t+1}) - V(s_t)] \tag{7-31}$$

式中，$r_t + \gamma V(s_{t+1}) - V(s_t)$ 为时序差分误差，时序差分算法将其与步长的乘积作为状态价值的更新量。将 $r_t + \gamma V(s_{t+1})$ 代替 $G_t$ 的原因为

$$\begin{aligned}
V_\pi(s) &= \mathbb{E}_\pi[G_t \mid s_t = s] \\
&= \mathbb{E}_\pi\left[\sum_{k=0}^{\infty} \gamma^k R_{t+k} \mid s_t = s\right] \\
&= \mathbb{E}_\pi\left[R_t + \gamma \sum_{k=0}^{\infty} \gamma^k R_{t+k+1} \middle| s_t = s\right] \\
&= \mathbb{E}_\pi[R_t + \gamma V_\pi(s_{t+1}) \mid s_t = s]
\end{aligned} \tag{7-32}$$

因此，蒙特卡洛方法将式（7-32）的第一行作为更新目标，时序差分算法则将式（7-32）的最后一行作为更新目标。使用策略与环境进行交互时，每采样一步，就可以

用时序差分算法更新状态价值估计。

在强化学习中，时序差分算法提供了一种无需环境模型的高效策略评估手段。既然时序差分算法可以用来估计状态价值函数，那么一个自然的问题是：是否可以使用类似策略迭代的方法进行强化学习呢？既然策略评估已经可以通过时序差分算法实现，那么在未知奖励函数和状态转移概率的情况下，该如何进行策略改进呢？答案是可以直接用时序差分算法估计动作价值函数 $Q$，即

$$Q(s_t,a_t) \leftarrow Q(s_t,a_t) + \alpha[r_t + \gamma Q(s_{t+1},a_{t+1}) - Q(s_t,a_t)] \tag{7-33}$$

直接利用时序差分算法进行策略评估，可能需要大量的样本确保估计的准确性。此外，如果策略改进过程中始终选择最优动作 $a$，那么可能导致智能体在某些状态下无法获得足够的探索，从而无法充分估计所有状态动作对的价值。为了解决策略改进过程中可能导致的过度利用问题，可以采用 $\varepsilon$- 贪婪（$\varepsilon$-greedy）策略。在这种策略下，智能体以 $1-\varepsilon$ 的概率选择当前价值最大的动作，以 $\varepsilon$ 的概率随机选择动作空间中的其他动作，以确保足够的探索，表达式为

$$\pi(a\,|\,s) = \begin{cases} \dfrac{\varepsilon}{|A|+1-\varepsilon} & ,a = \arg\max\limits_{a'} Q(s,a') \\ \dfrac{\varepsilon}{|A|} & \text{其他} \end{cases} \tag{7-34}$$

SARSA 算法的具体流程如算法 7-1 所示。

**算法 7-1　SARSA 算法**

初始化 $Q$ 值表 $Q(s,a)$

重复在每个回合中执行以下步骤：

  初始化起始状态 $s$

  使用 $\varepsilon$ -greedy 策略选择当前状态 $s$ 下的动作 $a$

  循环直至终止状态：

    根据当前状态 $s$ 和动作 $a$ 执行动作，观察奖励 $r$ 和下一个状态 $s'$

    使用 $\varepsilon$ -greedy 策略选择当前状态 $s'$ 下的动作 $a'$

    更新 $Q$ 值表：$Q(s,a) \leftarrow Q(s,a) + \alpha[r + \gamma Q(s',a') - Q(s,a)]$

    $s \leftarrow s'$；$a \leftarrow a'$；

蒙特卡洛方法通过模拟多次完整的状态动作对（轨迹），计算每条轨迹的累计奖励来估计价值函数。它的特点是无偏，因为它完全依赖于实际获得的奖励，而不依赖于任何价值估计。然而，由于每一步的状态转移具有不确定性，蒙特卡洛方法通常会有较大的方差。这是因为每一步的不同奖励最终都会累加，导致价值估计的波动较大。与蒙特卡洛方法不同，时序差分算法只利用一步奖励和下一个状态的价值估计更新价值函数。时序差分算法的方差较小，因为它只关注一步状态转移和一步的奖励。然而，时序差分算法是有偏的，因为它使用了下一个状态的价值估计而不是其真实的价值。有没有一种方法可以结合蒙特卡洛方法的无偏特性和时序差分算法的低方差优势呢？答案是多步时序差分。多步时序差分的意思是使用 $n$ 步的奖励，然后使用之后状态的价值估计。用公式表示为将

$$G_t = r_t + \gamma Q(s_{t+1}, a_{t+1}) \tag{7-35}$$

替换为

$$G_t = r_t + \gamma r_{t+1} + \cdots + \gamma^n Q(s_{t+n}, a_{t+n}) \tag{7-36}$$

于是，相应存在一种多步 SARSA 算法，它把 SARSA 算法中的动作价值函数的更新公式

$$Q(s_t, a_t) \leftarrow Q(s_t, a_t) + \alpha[r_t + \gamma Q(s_{t+1}, a_{t+1}) - Q(s_t, a_t)] \tag{7-37}$$

替换为

$$Q(s_t, a_t) \leftarrow Q(s_t, a_t) + \alpha[r_t + \gamma r_{t+1} + \cdots + \gamma^n Q(s_{t+n}, a_{t+n}) - Q(s_t, a_t)] \tag{7-38}$$

除了 SARSA，还有一种著名的基于时序差分算法的强化学习算法 Q 学习。Q 学习和 SARSA 的最大区别在于 Q 学习的时序差分更新方式为

$$Q(s_t, a_t) \leftarrow Q(s_t, a_t) + \alpha\left[R_t + \gamma \max_a Q(s_{t+1}, a) - Q(s_t, a_t)\right] \tag{7-39}$$

Q 学习算法的具体流程如算法 7-2 所示。

**算法 7-2　Q 学习算法**

---

初始化 $Q$ 值表 $Q(s,a)$

重复在每个回合中执行以下步骤：

　初始化起始状态 $s$

　循环直至终止状态：

　使用 $\varepsilon$ -greedy 策略根据 $Q$ 值选择动作 $a$

　　根据当前状态 $s$ 和动作 $a$ 执行动作，观察奖励 $r$ 和下一个状态 $s'$

　　更新 $Q$ 值表：$Q(s,a) \leftarrow Q(s,a) + \alpha\left[r + \gamma \max_{a'} Q(s',a') - Q(s,a)\right]$

　　$s \leftarrow s'$;

---



可以用价值迭代的思想理解 Q 学习，即 Q 学习是直接估计 $Q^*$，而 SARSA 估计当前 $\varepsilon$- 贪婪策略的动作价值函数。需要强调的是，Q 学习的更新并非必须使用当前贪婪策略 $\arg\max_a Q(s,a)$ 采样得到的数据，因为给定任意 $(s,a,r,s')$ 都可以直接根据更新公式更新 $Q$，为了探索，通常使用一个 $\varepsilon$- 贪婪策略与环境进行交互。SARSA 必须使用当前 $\varepsilon$- 贪婪策略采样得到的数据，因为它在更新中用到的 $Q(s',a')$ 的 $a'$ 是当前策略在 $s'$ 下的动作。因此，SARSA 是在线策略算法，Q 学习是离线策略算法。

在 Q 学习 算法中，建立了一张存储每个状态下所有动作 $Q$ 值的表格。表格中的每一个动作价值 $Q(s,a)$ 表示在状态 $s$ 下选择动作 $a$，然后继续遵循某一策略，预期能够得到的期望回报。然而，这种用表格存储动作价值的做法只在环境的状态和动作都离散，并且空间都比较小的情况下适用，当状态或者动作数量非常大时，这种做法就不适用了。当状态或者动作连续时，就有无限个状态动作对，更加无法使用表格记录各个状态动作对的 $Q$ 值。

以 OpenAI 开源项目车杆（CartPole）环境为例，它的状态值连续，动作值离散。如

图 7-3 所示，有一辆小车，智能体的任务是通过左右移动保持车上的杆竖直，若杆的倾斜度数过大，或者小车离初始位置左右的偏离程度过大，或者坚持时间到达 200 帧，则游戏结束。智能体的状态是一个维数为 4 的向量，每一维都是连续的，其动作是离散的，动作空间大小为 2。车杆环境的状态空间和动作空间见表 7-1 和表 7-2。在游戏中每坚持一帧，智能体获得分数为 1 的奖励，坚持时间越长，最后的分数越高，坚持 200 帧即可获得最高的分数。

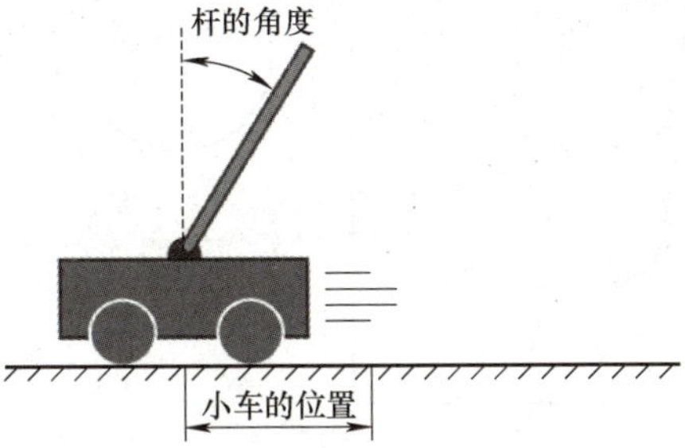


图 7-3　车杆环境示意图

表 7-1　车杆环境的状态空间

| 维度 | 状态 | 最小值 | 最大值 |
|---|---|---|---|
| 0 | 小车的位置 | –2.4 | 2.4 |
| 1 | 小车的速度 | –Inf | Inf |
| 2 | 杆的角度 | ～ –41.8° | ～ 41.8° |
| 3 | 杆尖端的速度 | –Inf | Inf |



表 7-2　车杆环境的动作空间

| 维度 | 动作 |
|---|---|
| 0 | 向左移动小车 |
| 1 | 向右移动小车 |

### 6. 深度 Q 网络算法

希望在类似车杆的环境中得到动作价值 $Q(s,a)$，由于每一维度状态的值都是连续的，无法使用表格记录，因此常见的解决方法是使用函数拟合。由于神经网络具有强大的表达能力，因此可以用一个神经网络表示函数 $Q$。如果动作是连续（无限）的，神经网络的输入是状态 $s$ 和动作 $a$，然后输出一个标量表示在状态 $s$ 下采取动作 $a$ 能获得的价值。如果动作是离散（有限）的，除了可以采取动作连续情况下的方法，还可以只将状态 $s$ 输入到神经网络中，使其同时输出每一个动作的 $Q$ 值。通常深度 Q 网络（Deep Q–Network，DQN）Q 学习只能处理动作离散的情况，因为在函数 $Q$ 的更新过程中有 $\max_a$ 这一动作。假设神经网络用来拟合函数的参数是 $\omega$，即每一个状态 $s$ 下所有可能动作 $a$ 的 $Q$ 值都能表示为 $Q_\omega(s,a)$。用于拟合 $Q$ 函数的神经网络称为 Q 网络，工作在车杆环境中的 Q 网络示意图如图 7-4 所示。

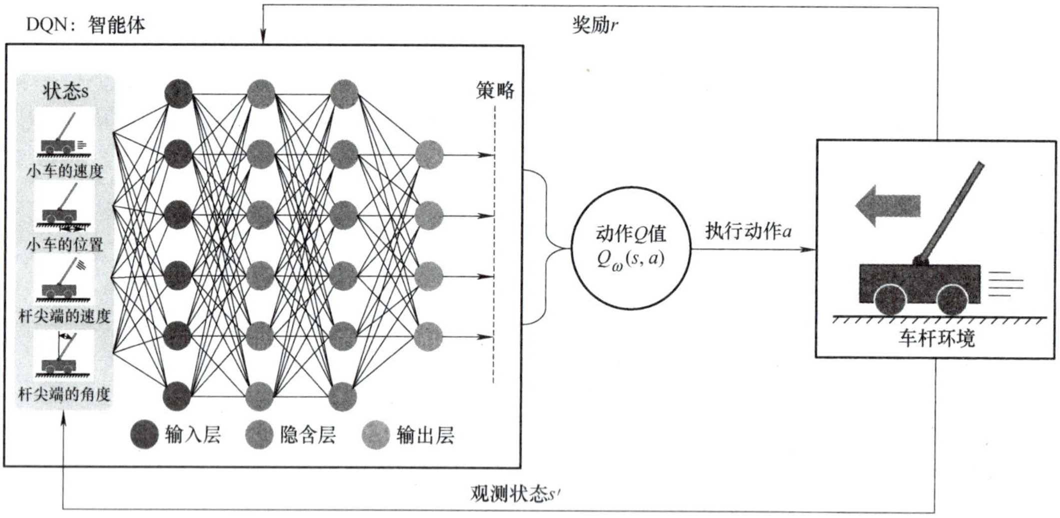


图 7-4　工作在车杆环境中的 Q 网络示意图

Q 学习的学习目标是使 $Q(s,a)$ 和时序差分目标 $r+\gamma\max\limits_{a'\in\mathcal{A}}Q(s',a')$ 靠近。于是，对于一组数据 $(s_i,a_i,r_i,s_i')$，将 Q 网络的损失函数构造成均方误差的形式，即

$$\omega^{*}=\arg\min_{\omega}\frac{1}{2N}\sum_{i=1}^{N}\left[Q_{\omega}(s_i,a_i)-\left(r_i+\gamma\max_{a'}Q_{\omega}(s_i',a')\right)\right]^2 \tag{7-40}$$



至此，可以将 Q 学习扩展到神经网络形式——DQN 算法。由于 DQN 是离线策略算法，因此收集数据时可以使用一个 $\varepsilon$- 贪婪策略平衡智能体的探索与利用，将收集到的数据存储起来，在后续的训练中使用。

DQN 中还有两个非常重要的模块——经验回放（Experience Replay）和目标网络（Target Network），它们能够帮助 DQN 取得稳定、出色的性能。通常在有监督学习中，假设训练数据是独立同分布的，每次训练神经网络时从训练数据中随机采样一个或若干个数据来进行梯度下降，随着学习的不断进行，每一个训练数据会被使用多次。在原来的 Q 学习算法中，每一个数据只会用来更新一次值。为了更好地将 Q 学习和深度神经网络结合，DQN 算法采用了经验回放方法，具体做法为维护一个回放缓冲区（Relay Buffer），将每次从环境中采样得到的四元组数据 $(s_i,a_i,r_i,s_i')$，即一组状态、动作、奖励、下一状态存储到回放缓冲区中，训练 Q 网络时再从回放缓冲区中随机采样若干数据来进行训练。这么做可以起到如下两个作用。

1）使样本满足独立假设。在 MDP 中交互采样得到的数据本身不满足独立假设，因为这一时刻的状态与上一时刻的状态有关。非独立同分布的数据对训练神经网络有很大的影响，会使神经网络拟合到最近训练的数据上。采用经验回放可以打破样本之间的相关性，让其满足独立假设。

2）提高样本效率。每一个样本可以被使用多次，十分适合深度神经网络的梯度学习。与 Q 学习的学习目标类似，DQN 算法的最终更新目标是使 $Q_{\omega}(s,a)$ 逼近 $r+$

$\gamma \max_{a'} Q_\omega(s',a')$，由于时序差分误差目标本身就包含神经网络的输出，因此在更新网络参数的同时目标也在不断地改变，这非常容易造成神经网络训练的不稳定性。为了解决这一问题，DQN 使用了目标网络的思想：既然训练过程中 Q 网络的不断更新会导致目标不断发生改变，不如暂时先将时序差分目标中的 Q 网络固定住。为了实现这一思想，需要用到如下两套 Q 网络。

1）原来的训练网络 $Q_\omega(s,a)$：用于计算原先损失函数中的 $Q_\omega(s,a)$ 项，并且使用正常梯度下降法进行更新。

2）目标网络 $Q_{\omega^-}(s,a)$：用于计算原先损失函数中的 $r+\gamma \max_{a'} Q_{\omega^-}(s',a')$ 项，其中 $\omega^-$ 为目标网络的参数。

若两套网络的参数随时保持一致，则仍为原先不够稳定的算法。为了让更新目标更稳定，目标网络并不会每一步都更新。具体而言，目标网络使用训练网络的一套较旧的参数，训练网络 $Q_\omega(s,a)$ 在训练中的每一步都会更新，而目标网络的参数每隔 $C$ 步才会与训练网络同步一次，即 $\omega^- \leftarrow \omega$。

综上，DQN 算法的具体流程如算法 7-3 所示。

**算法 7-3　基于经验回放的深度 Q 网络算法**

初始化容量为 $N$ 的回放缓冲区 $D$
初始化 Q 网络参数 $\theta$
初始化目标 Q 网络参数 $\theta^-$
从回合 1 至 $M$ 循环执行以下步骤
　初始化序列 $s_1=\{x_1\}$ 并执行预处理得到 $\varphi_1=\varphi(s_1)$
　从时间步 1 至 $T$ 循环执行以下步骤
　　以概率 $\varepsilon$ 选择一个随机动作 $a_t$ 或者 $a_t=\arg\max_a Q(\varphi(s_t),a;\theta)$
　　在模拟器中执行动作 $a_t$ 并获得奖励 $r_t$ 和新的状态 $x_{t+1}$
　　令 $s_{t+1}=s_t,a_t,x_{t+1}$，并对其进行预处理，得到 $\varphi_{t+1}=\varphi(s_{t+1})$
　　将转换数据存储 $(\varphi_t,a_t,r_t,\varphi_{t+1})$ 到回放缓冲区 $D$
　　从回放缓冲区 $D$ 中采样 $(\varphi_j,a_j,r_j,\varphi_{j+1})$

$$y_j=\begin{cases} r_j, & \text{回合在步骤 } j+1 \text{结束} \\ r_j+\gamma \max_{a'} \hat{Q}(\varphi_{j+1},a';\theta^-), & \text{其他} \end{cases}$$

　　根据 $(y_j-Q(\varphi_j,a_j;\theta))^2$ 对网络参数 $\theta$ 执行梯度下降
　　每隔 $C$ 步，重置 $\hat{Q}=Q$

前面介绍的 SARSA、Q 学习和 DQN 都是基于价值（Value-based）的方法，其中 Q 学习是处理有限状态的算法，而 DQN 可以用来解决连续状态的问题。在强化学习中，除了基于价值的方法，还有一种非常经典的方法，那就是基于策略（Policy-based）的方法。对比两者，基于价值的方法主要是学习价值函数，然后根据价值函数导出一个策略，学习过程中并不存在一个显式的策略；基于策略的方法则是直接显式地学习一个目标策

略，策略梯度是基于策略的方法的基础。

基于策略的方法首先需要将策略参数化。假设目标策略 $\pi_\theta$ 是一个随机性策略，并且处处可微，其中 $\theta$ 是对应的参数。可以用一个线性模型或者神经网络模型为这样一个策略函数建模，输入某个状态，然后输出一个动作的概率分布。学习的目标是要寻找一个最优策略并最大化这个策略在环境中的期望回报。将策略学习的目标函数定义为

$$J(\theta)=\mathbb{E}_{s_0}[V^{\pi_\theta}(s_0)] \tag{7-41}$$

式中，$s_0$ 为初始状态。现在有了目标函数，将目标函数对策略 $\theta$ 求导，得到导数后，就可以用梯度上升方法最大化这个目标函数，从而得到最优策略。

前面讲到过智能体遵循策略 $\pi$ 的状态访问分布用 $\nu^\pi$ 表示，然后对目标函数求梯度，可以得到

$$\begin{aligned}\nabla_\theta J(\theta) &\propto \sum_{s\in S}\nu^{\pi_\theta}(s)\sum_{a\in A}Q^{\pi_\theta}(s,a)\nabla_\theta\pi_\theta(a\mid s)\\ &=\sum_{s\in S}\nu^{\pi_\theta}(s)\sum_{a\in A}\pi_\theta(a\mid s)Q^{\pi_\theta}(s,a)\frac{\nabla_\theta\pi_\theta(a\mid s)}{\pi_\theta(a\mid s)}\\ &=\mathbb{E}_{\pi_\theta}[Q^{\pi_\theta}(s,a)\nabla_\theta\lg\pi_\theta(a\mid s)]s\end{aligned} \tag{7-42}$$

式（7-42）中期望 $\mathbb{E}$ 的下标是 $\pi_\theta$，所以策略梯度算法为在线策略算法，即必须使用当前策略 $\pi_\theta$ 采样得到的数据计算梯度。计算策略梯度的过程中需要用到 $Q^{\pi_\theta}(s,a)$，可以用多种方式对它进行估计。接下来要介绍的强化学习算法便是采用了蒙特卡洛方法估计 $Q^{\pi_\theta}(s,a)$，对于一个有限步数的环境来说，强化学习算法中的策略梯度为

$$\nabla_\theta J(\theta)=\mathbb{E}_{\pi_\theta}\left[\sum_{t=0}^{T}\left(\sum_{t'=t}^{T}\gamma^{t'-t}r_{t'}\right)\nabla_\theta\lg\pi_\theta(a_t\mid s_t)\right] \tag{7-43}$$

式中，$T$ 为智能体与环境交互的最大步数。

### 7.1.3 Actor-Critic 控制

之前的章节讲解了基于价值的方法和基于策略的方法，其中基于价值的方法只学习一个价值函数，而基于策略的方法只学习一个策略函数。Actor-Critic 是囊括一系列算法的整体架构，目前很多高效的前沿算法都属于 Actor-Critic 算法，既学习价值函数，又学习策略函数。本小节接下来将会介绍一种简单的 Actor-Critic 算法。需要明确的是，Actor-Critic 算法本质上是基于策略的算法，因为这一系列算法的目标都是优化一个带参数的策略，只是会额外学习价值函数，从而帮助策略函数更好地学习。

在策略梯度中，可以把梯度写成更一般的形式为

$$g=\mathbb{E}\left[\sum_{t=0}^{T}\psi_t\nabla_\theta\lg\pi_\theta(a_t\mid s_t)\right]$$

式中，$\psi_t$ 可以有如下多种形式：

① $\sum_{t'=0}^{T}\gamma^{t'}r_{t'}$ 为轨迹的总回报。

② $\sum_{t'=t}^{T}\gamma^{t'-t}r_{t'}$ 为执行动作 $a_t$ 之后的回报。

③ $\sum_{t'=t}^{T}\gamma^{t'-t}r_{t'}-b(s_t)$ 为基准线版本的改进。

④ $Q^{\pi_\theta}(s_t,a_t)$ 为动作价值函数。

⑤ $A^{\pi_\theta}(s_t,a_t)$ 为优势函数。

⑥ $r_t+\gamma V^{\pi_\theta}(s_{t+1})-V^{\pi_\theta}(s_t)$ 为时序差分残差。

虽然采用蒙特卡洛采样的方法对策略梯度的估计是无偏的，但是方差非常大。可以参照形式③引入基线函数 $b(s_t)$ 来减小方差。此外，也可以采用 Actor–Critic 算法估计一个动作价值函数 $Q$，代替蒙特卡洛采样得到的回报，这便是形式④。此时，可以把状态价值函数 $V$ 作为基线，从 $Q$ 函数减去 $V$ 函数就得到了 $A$ 函数，称为优势函数，即形式⑤。更进一步，可以利用 $Q=r+\gamma V$ 得到形式⑥。

下面着重介绍形式⑥，即通过时序差分残差 $\psi_t=r_t+\gamma V^{\pi}(s_{t+1})-V^{\pi}(s_t)$ 指导策略梯度进行学习。事实上，用 $Q$ 值或者 $V$ 值本质上也是用奖励进行指导，但是用神经网络进行估计的方法可以减小方差、提高鲁棒性。除此之外，强化学习算法基于蒙特卡洛采样，只能在序列结束后进行更新，这同时也要求任务具有有限的步数，而 Actor–Critic 算法则可以在每一步之后都进行更新，并且不对任务的步数做限制。将 Actor–Critic 分为两个部分：Actor（策略网络）和 Critic（价值网络）。策略网络要做的是与环境进行交互，并在价值网络的指导下用策略梯度学习一个更好的策略。价值网络要做的是通过策略网络与环境交互收集的数据学习一个价值函数，这个价值函数会用于判断在当前状态下什么动作是好的，什么动作不是好的，进而帮助策略网络进行策略更新。

策略网络的更新采用策略梯度的原则，价值网络的更新采取时序差分残差的学习方式。对于单个数据定义如下价值函数的损失函数：

$$\mathcal{L}(\omega)=\frac{1}{2}(r+\gamma V_\omega(s_{t+1})-V_\omega(s_t))^2 \tag{7-44}$$

式中，$V_\omega$ 为价值网络，其参数为 $\omega$。

与 DQN 中一样，采取类似于目标网络的方法，将式（7-44）中 $r+\gamma V_\omega(s_{t+1})$ 作为时序差分目标，不会产生梯度来更新价值函数。因此，价值函数的梯度为

$$\nabla_\omega\mathcal{L}(\omega)=-(r+\gamma V_\omega(s_{t+1})-V_\omega(s_t))\nabla_\omega V_\omega(s_t) \tag{7-45}$$

然后使用梯度下降法更新价值网络的参数即可。

在机器人的实际应用过程中，之前介绍的基于策略的方法如策略梯度算法和 Actor–Critic 算法虽然简单、直观，但是会遇到训练不稳定的情况。回顾基于策略的方法：参数化智能体的策略，并设计衡量策略好坏的目标函数，通过梯度上升方法最大化这个目标函

数，使得策略最优。具体来说，假设 $\theta$ 为策略 $\pi_\theta$ 的参数，定义

$$J(\theta)=\mathbb{E}_{s_0}[V^{\pi_\theta}(s_0)]=\mathbb{E}_{\pi_\theta}\left[\sum_{t=0}^{\infty}\gamma^t r(s_t,a_t)\right] \tag{7-46}$$

基于策略的方法的目标是找到 $\theta^*=\arg\max_\theta J(\theta)$，策略梯度算法主要沿着 $\nabla_\theta J(\theta)$ 方向迭代更新策略参数 $\theta$。但是这种算法有一个明显的缺点：当策略网络是深度模型时，沿着策略梯度更新参数，很有可能由于步长太长，策略突然显著变差，进而影响训练效果。

### 1. 信任区域策略优化算法

针对以上问题，考虑在更新时找到一块信任区域（Trust Region），在这个区域上更新策略时能够得到某种策略性能的安全性保证，这就是信任区域策略优化（Trust Region Policy Optimization，TRPO）算法的主要思想。TRPO 算法在 2015 年被提出，它在理论上能够保证策略学习的性能单调性，并在实际应用中取得了比策略梯度算法更好的效果。

假设当前策略为 $\pi_\theta$，参数为 $\theta$。下面考虑如何借助当前的 $\theta$ 找到一个更优的参数 $\theta'$，使得 $J(\theta')\geqslant J(\theta)$。具体来说，由于初始状态 $s_0$ 的分布和策略无关，因此上述策略 $\pi_\theta$ 下的优化目标 $J(\theta)$ 可以写成在新策略 $\pi_{\theta'}$ 下的期望形式，即

$$\begin{aligned}J(\theta)&=\mathbb{E}_{s_0}[V^{\pi_\theta}(s_0)]\\&=\mathbb{E}_{\pi_{\theta'}}\left[\sum_{t=0}^{\infty}\gamma^t V^{\pi_\theta}(s_t)-\sum_{t=1}^{\infty}\gamma^t V^{\pi_\theta}(s_t)\right]\\&=-\mathbb{E}_{\pi_{\theta'}}\left[\sum_{t=0}^{\infty}\gamma^t(\gamma V^{\pi_\theta}(s_{t+1})-V^{\pi_\theta}(s_t))\right]\end{aligned} \tag{7-47}$$

基于式（7-47），可以推导新旧策略的目标函数之间的差距为

$$\begin{aligned}J(\theta')-J(\theta)&=\mathbb{E}_{s_0}[V^{\pi_{\theta'}}(s_0)]-\mathbb{E}_{s_0}[V^{\pi_\theta}(s_0)]\\&=\mathbb{E}_{\pi_{\theta'}}\left[\sum_{t=0}^{\infty}\gamma^t r(s_t,a_t)\right]+\mathbb{E}_{\pi_{\theta'}}\left[\sum_{t=0}^{\infty}\gamma^t(\gamma V^{\pi_\theta}(s_{t+1})-V^{\pi_\theta}(s_t))\right]\\&=\mathbb{E}_{\pi_{\theta'}}\left[\sum_{t=0}^{\infty}\gamma^t[r(s_t,a_t)+\gamma V^{\pi_\theta}(s_{t+1})-V^{\pi_\theta}(s_t)]\right]\end{aligned} \tag{7-48}$$

将时序差分残差定义为优势函数 $A$，为

$$\begin{aligned}A&=\mathbb{E}_{\pi_{\theta'}}\left[\sum_{t=0}^{\infty}\gamma^t A^{\pi_\theta}(s_t,a_t)\right]\\&=\sum_{t=0}^{\infty}\gamma^t\mathbb{E}_{s_t\sim P_t^{\pi_{\theta'}}}\mathbb{E}_{a_t\sim\pi_{\theta'}(\cdot|s_t)}[A^{\pi_\theta}(s_t,a_t)]\\&=\frac{1}{1-\gamma}\mathbb{E}_{s\sim\nu^{\pi_{\theta'}}}\mathbb{E}_{a\sim\pi_{\theta'}(\cdot|s)}[A^{\pi_\theta}(s,a)]\end{aligned} \tag{7-49}$$

式（7-49）最后一个等号的成立用到了状态访问分布的定义 $\nu^\pi(s)=(1-\gamma)\sum_{t=0}^{\infty}\gamma^t P_t^\pi(s)$，所以只要能找到一个新策略，使得 $\mathbb{E}_{s\sim\nu^{\pi_{\theta'}}}\mathbb{E}_{a\sim\pi_{\theta'}(\cdot|s)}[A^{\pi_\theta}(s,a)]\geqslant 0$，就能保证策略性能单调递

增，即 $J(\theta')\geqslant J(\theta)$。

但是直接求解式（7-49）是非常困难的，因为 $\pi_{\theta'}$ 是需要求解的策略，但又要用它来收集样本。把所有可能的新策略都拿来收集数据，然后判断哪个策略满足上述条件的做法显然不现实。于是 TRPO 做了一步近似操作，对状态访问分布进行了相应处理。具体而言，忽略两个策略之间的状态访问分布变化，直接采用旧策略 $\pi_\theta$ 的状态该问分布，定义如下替代优化目标：

$$L_\theta(\theta')=J(\theta)+\frac{1}{1-\gamma}\mathbb{E}_{s\sim\nu^{\pi_{\theta'}}}\mathbb{E}_{a\sim\pi_{\theta'}(\cdot|s)}[A^{\pi_\theta}(s,a)] \tag{7-50}$$

当新旧策略非常接近时，状态访问分布变化很小，这么近似是合理的。其中，动作仍然由新策略 $\pi_{\theta'}$ 采样得到，可以用重要性采样对动作分布进行处理，即

$$L_\theta(\theta')=J(\theta)+\mathbb{E}_{s\sim\nu^{\pi_\theta}}\mathbb{E}_{a\sim\pi_\theta(\cdot|s)}\left[\frac{\pi_{\theta'}(a|s)}{\pi_\theta(a|s)}A^{\pi_\theta}(s,a)\right] \tag{7-51}$$

这样就可以基于旧策略 $\pi_\theta$ 已经采样出的数据估计并优化新策略 $\pi_{\theta'}$。为了保证新旧策略足够接近，TRPO 使用了库尔贝克 – 莱布勒（Kullback–Leibler，KL）散度衡量策略之间的距离，用不等式约束定义了策略空间中的一个 KL 球，称之为信任区域。在这个区域中，可以认为当前学习策略和环境交互的状态访问分布与上一轮策略最后采样的状态访问分布一致，进而可以基于一步行动的重要性采样方法使当前学习策略稳定提升。直接带约束的优化问题比较麻烦，TRPO 在其具体实现中做了一步近似操作来快速求解。为方便起见，接下来式中用 $\theta_k$ 代替之前的 $\theta$，表示这是第 $k$ 次迭代之后的策略。首先对目标函数和约束在 $\theta_k$ 进行泰勒展开，分别用一阶、二阶进行近似，得到



$$\mathbb{E}_{s\sim\nu^{\pi_{\theta_k}}}\mathbb{E}_{a\sim\pi_{\theta_k}(\cdot|s)}\left[\frac{\pi_{\theta'}(a|s)}{\pi_{\theta_k}(a|s)}A^{\pi_{\theta_k}}(s,a)\right]\approx g^{\mathrm{T}}(\theta'-\theta_k) \tag{7-52}$$

$$\mathbb{E}_{s\sim\nu^{\pi_{\theta_k}}}[D_{\mathrm{KL}}(\pi_{\theta_k}(\cdot|s),\pi_{\theta'}(\cdot|s))]\approx\frac{1}{2}(\theta'-\theta_k)^{\mathrm{T}}\boldsymbol{H}(\theta'-\theta_k) \tag{7-53}$$

式中，$g=\nabla_{\theta'}\mathbb{E}_{s\sim\nu^{\pi_{\theta_k}}}\mathbb{E}_{a\sim\pi_{\theta_k}(\cdot|s)}\left[\frac{\pi_{\theta'}(a|s)}{\pi_0(a|s)}A^{\pi_{\theta_k}}(s,a)\right]$ 为目标函数的梯度；$\boldsymbol{H}=\boldsymbol{H}[\mathbb{E}_{s\sim\nu^{\pi_{\theta_k}}}[D_{\mathrm{KL}}(\pi_{\theta_k}(\cdot|s),\pi_{\theta'}(\cdot|s))]]$ 为策略之间平均 KL 距离的黑塞矩阵（Hcssian matrix）。

于是优化目标变为

$$\theta_{k+1}=\arg\max_{\theta'} g^{\mathrm{T}}(\theta'-\theta_k)\quad \text{s.t.}\quad \frac{1}{2}(\theta'-\theta_k)^{\mathrm{T}}\boldsymbol{H}(\theta'-\theta_k)\leqslant\delta \tag{7-54}$$

此时，可以用卡罗需 – 库恩 – 塔克（Karush–Kuhn–Tucker，KKT）条件直接导出上述问题的解为

$$\theta_{k+1}=\theta_k+\sqrt{\frac{2\delta}{g^{\mathrm{T}}\boldsymbol{H}^{-1}g}}\boldsymbol{H}^{-1}g \tag{7-55}$$

一般来说，用神经网络表示的策略函数的参数数量都是成千上万的，计算和存储黑塞矩阵 $\boldsymbol{H}$ 的逆矩阵会耗费大量的内存资源和时间。TRPO 通过共轭梯度法（Conjugate Gradient Method）回避了这个问题，它的核心思想是直接计算 $x=\boldsymbol{H}^{-1}g$ ，即参数更新方向。假设满足 KL 距离约束的参数更新时的最大步长为 $\beta$，根据 KL 距离约束条件，有 $1/[2(\beta x)^{\mathrm{T}}\boldsymbol{H}(\beta x)]=\delta$。求解 $\beta$，得到 $\beta=\sqrt{2\delta/(x^{\mathrm{T}}\boldsymbol{H}x)}$。因此，此时参数更新方式为

$$\theta_{k+1}=\theta_k+\sqrt{\frac{2\delta}{x^{\mathrm{T}}\boldsymbol{H}x}}x \tag{7-56}$$

因此，只要可以直接计算 $x=\boldsymbol{H}^{-1}g$ ，就可以根据该式更新参数，问题转化为解 $\boldsymbol{H}x=g$。实际上 $\boldsymbol{H}$ 为对称正定矩阵，可以使用共轭梯度法求解。

由于 TRPO 算法用到了泰勒展开的一阶和二阶近似，这并非精准求解，因此 $\theta'$ 未必比 $\theta_k$ 好，或未必能满足 KL 散度限制。TRPO 在每次迭代的最后进行一次线性搜索（Line Search），以确保满足条件。具体来说，就是找到一个最小的非负整数 $i$，使得

$$\theta_{k+1}=\theta_k+\alpha^i\sqrt{\frac{2\delta}{x^{\mathrm{T}}\boldsymbol{H}x}}x \tag{7-57}$$

求出的 $\theta_{k+1}$ 依然满足最初的 KL 散度限制，并且确实能够提升目标函数 $L_{\theta_k}$，这其中 $\alpha\in(0,1)$ 为决定线性搜索长度的超参数。

目前比较常用的估计优势函数 $A$ 的方法为广义优势估计（Generalized Advantage Estimation，GAE），接下来简单介绍一下 GAE 的做法。首先，用 $\delta_t=r_t+\gamma V(s_{t+1})-V(s_t)$ 表示时序差分误差，式中，$V$ 为已经学习的状态价值函数。于是，根据多步时序差分的思想，有



$$\begin{cases} A_t^{(1)}=\delta_t & =-V(s_t)+r_t+\gamma V(s_{t+1}) \\ A_t^{(2)}=\delta_t+\gamma\delta_{t+1} & =-V(s_t)+r_t+\gamma r_{t+1}+\gamma^2 V(s_{t+2}) \\ A_t^{(3)}=\delta_t+\gamma\delta_{t+1}+\gamma^2\delta_{t+2} & =-V(s_t)+r_t+\gamma r_{t+1}+\gamma^2 r_{t+2}+\gamma^3 V(s_{t+3}) \\ & \vdots \\ A_t^{(k)}=\sum_{l=0}^{k-1}\gamma^l\delta_{t+l} & =-V(s_t)+r_t+\gamma r_{t+1}+\cdots+\gamma^{k-1}r_{t+k-1}+\gamma^k V(s_{t+k}) \end{cases} \tag{7-58}$$

然后，GAE 将这些不同步数的优势估计进行指数加权平均，有

$$\begin{aligned} A_t^{\mathrm{GAE}} &=(1-\lambda)(A_t^{(1)}+\lambda A_t^{(2)}+\lambda^2 A_t^{(3)}+\cdots) \\ &=(1-\lambda)[\delta_t+\lambda(\delta_t+\gamma\delta_{t+1})+\lambda^2(\delta_t+\gamma\delta_{t+1}+\gamma^2\delta_{t+2})+\cdots] \\ &=(1-\lambda)[\delta(1+\lambda+\lambda^2+\cdots)+\gamma\delta_{t+1}(\lambda+\lambda^2+\lambda^3+\cdots)+ \\ &\quad \gamma^2\delta_{t+2}(\lambda^2+\lambda^3+\lambda^4+\cdots)+\cdots] \\ &=(1-\lambda)\left(\delta_t\frac{1}{1-\lambda}+\gamma\delta_{t+1}\frac{\lambda}{1-\lambda}+\gamma^2\delta_{t+2}\frac{\lambda^2}{1-\lambda}+\cdots\right) \\ &=\sum_{l=0}^{\infty}(\gamma\lambda)^l\delta_{t+l} \end{aligned} \tag{7-59}$$

式中，$\lambda \in [0,1]$ 为 GAE 中额外引入的超参数。当 $\lambda = 0$ 时，$A_t^{\mathrm{GAE}} = \delta_t = r_t + \gamma V(s_{t+1}) - V(s_t)$，即仅看一步差分得到的优势；当 $\lambda = 1$ 时，$A_t^{\mathrm{GAE}} = \sum_{l=0}^{\infty} \gamma^l \delta_{t+l} = \sum_{l=0}^{\infty} \gamma^l r_{t+l} - V(s_t)$，即看每一步差分得到优势的完全平均值。

### 2. 近端策略优化算法

TRPO 算法在很多场景中的应用都很成功，但是它的计算过程非常复杂，每一步更新的运算量非常大。于是，TRPO 算法的改进版——近端策略优化（Proximal Policy Optimization，PPO）算法在 2017 年被提出，其算法实现更加简单，并且大量的实验结果表明，与 TRPO 相比，PPO 能学习得一样好，这使得 PPO 成为非常流行的强化学习算法。

TRPO 使用泰勒展开近似、共轭梯度法、线性搜索等方法直接求解优化目标，PPO 的优化目标与 TRPO 相同，但 PPO 有两种求解形式：一是 PPO- 惩罚，二是 PPO- 截断。PPO- 惩罚用拉格朗日乘数法直接将 KL 散度的限制放进了目标函数中，这就变成了一个无约束的优化问题，在迭代的过程中不断更新 KL 散度前的系数，即

$$\arg\max_{\theta} \mathbb{E}_{s\sim\nu^{\pi_{\theta_k}}} \mathbb{E}_{a\sim\pi_{\theta_k}(\cdot|s)} \left[ \frac{\pi_\theta(a|s)}{\pi_{\theta_k}(a|s)} A^{\pi_{\theta_k}}(s,a) - \beta D_{\mathrm{KL}}[\pi_{\theta_k}(\cdot|s), \pi_\theta(\cdot|s)] \right] \tag{7-60}$$

令 $d_k = D_{\mathrm{KL}}^{\nu^{\theta_k}}(\pi_{\theta_k}, \pi_\theta)$，$\beta$ 的更新规则如下，$\delta$是事先设定的一个超参数，用于限制学习策略和之前一轮策略的差距。

①如果 $d_k < \delta / 1.5$，那么 $\beta_{k+1} = \beta_k / 2$；

②如果 $d_k > 1.5\delta$，那么 $\beta_{k+1} = 2\beta_k$；

③否则 $\beta_{k+1} = \beta_k$。

PPO- 截断在目标函数中进行限制，以保证新参数和旧参数的差距不会太大，即

$$\arg\max_{\theta} \mathbb{E}_{s\sim\nu_{\theta_\theta}^{\pi_k}} \mathbb{E}_{a\sim\pi_{\theta_k}(\cdot|s)} \left[ \min\left\{ \frac{\pi_\theta(a|s)}{\pi_{\theta_k}(a|s)} A^{\pi_{\theta_k}}(s,a), \mathrm{clip}\left( \frac{\pi_\theta(a|s)}{\pi_{\theta_k}(a|s)}, 1-\varepsilon, 1+\varepsilon \right) A^{\pi_{\theta_k}}(s,a) \right\} \right] \tag{7-61}$$

式中，$\mathrm{clip}(x,l,r) = \max\{\min\{x,r\}, l\}$，即把 $x$ 限制在 $[l,r]$ 内；$\varepsilon$ 为超参数，表示进行截断的范围。如果 $A^{\pi_{\theta_k}}(s,a) > 0$，说明这个动作的价值高于平均，最大化式（7-61）会使其减小 $\pi_\theta(a|s)/\pi_{\theta_k}(a|s)$，但不会让其超过 1-ε，此时应该取最大值，但因为此时优势是负的，所以又变成了取最小值，刚好对应式（7-61）。PPO- 截断示意图如图 7-5 所示。

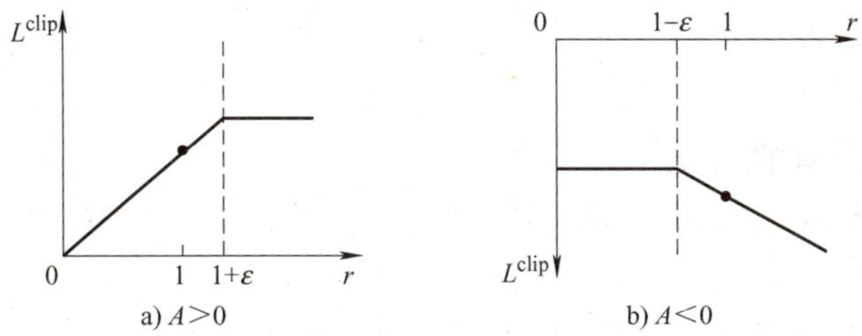


图 7-5　PPO- 截断示意图

### 3. 深度确定性策略梯度算法

TRPO 和 PPO 这类算法有一个共同的特点：它们都是在线策略算法。这意味着它们的样本效率（Sample Efficiency）比较低。DQN 算法直接估计最优函数 $Q$，可以做到离线策略学习，但是它只能处理动作空间有限的环境。那有没有可以用来处理动作空间无限的环境并且使用的是离线策略的算法呢？深度确定性策略梯度（Deep Deterministic Policy Gradient，DDPG）算法就是如此，它构造一个确定性策略，用梯度上升的方法来最大化值。DDPG 也属于一种 Actor–Critic 算法。TRPO 和 PPO 学习随机性策略，DDPG 则学习确定性策略。

若策略是确定性的，则可以记为 $a=\mu_\theta(s)$。与策略梯度定理类似，可以推导出确定性策略梯度定理（Deterministic Policy Gradient Theorem）为

$$\nabla_\theta J(\pi_\theta)=\mathbb{E}_{s\sim\nu^{\pi\beta}}\left[\nabla_\theta\mu_\theta(s)\nabla_a Q_\omega^\mu(s,a)\big|_{a=\mu_\theta(s)}\right] \tag{7-62}$$

式中，$\pi_\theta$ 为用来收集数据的行为策略。可以这样理解这个定理：假设现在已经有函数 $Q$，给定一个状态 $s$，但由于现在动作空间是无限的，无法通过遍历所有动作来得到 $Q$ 值最大的动作，因此需要用策略 $\mu$ 找到使 $Q(s,a)$ 值最大的动作 $a$，即 $\mu(s)=\arg\max_a Q(s,a)$。此时，$Q$ 就是价值网络，$\mu$ 就是策略网络，这是一个 Actor–Critic 的框架。首先用 $Q$ 对 $\mu_\theta$ 求导得到 $\nabla_\theta Q(s,\mu_\theta(s))$，其中会用到梯度的链式法则，先对 $a$ 求导，再对 $\theta$ 求导；然后利用梯度上升方法最大化函数 $Q$，得到使 $Q$ 值最大的动作。



DDPG 要用到四个神经网络，其中策略网络和价值网络各用一个网络，此外它们都各自有一个目标网络。DDPG 中的策略网络也需要目标网络，因为目标网络也会被用来计算目标 $Q$ 值。DDPG 中目标网络的更新与 DQN 略有不同：在 DQN 中，每隔一段时间将 $Q$ 网络直接复制给目标 $Q$ 网络；而在 DDPG 中，目标 $Q$ 网络的更新采取一种软更新的方式，即让目标 $Q$ 网络缓慢更新，逐渐接近 $Q$ 网络，其公式为

$$\omega^-\leftarrow\tau\omega+(1-\tau)\omega^- \tag{7-63}$$

式中，$\tau$ 是一个比较小的数，当 $\tau=1$ 时，DDPG 的更新方式就与 DQN 一致了。而目标 $\mu$ 网络也使用这种软更新的方式。

DDPG 算法的具体流程如算法 7-4 所示。

**算法 7-4　DDPG 算法**

随机初始化价值网络 $Q(s,a|\theta^Q)$ 和策略网络 $\mu(s|\theta^\mu)$ 的权值 $\theta^Q$ 和 $\theta^\mu$
初始化目标网络 $Q'$ 和 $\mu'$ 的权值 $\theta^{Q'}\leftarrow\theta^Q,\theta^{\mu'}\leftarrow\theta^\mu$
初始化回放缓冲区 $R$
从回合 1 至回合 $M$ 循环执行以下步骤：
　初始化随机过程 $\mathcal{N}$ 进行动作探索
　获得初始观察状态 $s_1$
　从时间步 1 至时间步 $t$ 循环执行以下步骤：
　　根据当前策略和探索噪声选择动作 $a_t=\mu(s_t|\theta^\mu)+\mathcal{N}_t$

执行动作 $a_t$ 获得奖励 $r_t$ 和新的状态 $s_{t+1}$

存储上一回合数据 $(s_t, a_t, r_t, s_{t+1})$ 至回放缓冲区 $R$

令 $y_i = r_i + \gamma Q'(s_{i+1}, \mu'(s_{i+1} \mid \theta^{\mu'}) \mid \theta^{Q'})$

最小化损失函数来更新价值网络：$L = \frac{1}{N}\sum_i (y_i - Q(s_i, a_i \mid \theta^Q))^2$

使用采样的策略梯度更新策略网络：

$$\nabla_{\theta^\mu} J \approx \frac{1}{N}\sum_i \nabla_a Q(s, a \mid \theta^Q)\Big|_{s=s_i, a=\mu(s_i)} \nabla_{\theta^\mu} \mu(s \mid \theta^\mu)\Big|_{s_i}$$

更新目标网络：

$$\theta^{Q'} \leftarrow \tau\theta^Q + (1-\tau)\theta^{Q'}$$

$$\theta^{\mu'} \leftarrow \tau\theta^\mu + (1-\tau)\theta^{\mu'}$$

### 7.1.4　机器人强化学习设计仿真实例

为了直观地展示机器人强化学习算法，下面介绍一个机器人在迷宫中导航的仿真实例。机器人位于一个 5×5 网格的二维迷宫中。机器人的任务是从起始位置移动到目标位置。机器人可以在每一步选择向上、向下、向左或向右移动一个单元格。

环境设置如下：迷宫大小为 5×5 网格，机器人的起始位置为（0，0），目标位置为（4，4），环境中有一些单元格被设置为障碍物，机器人不能通过障碍物，且不能越过迷宫边界。

奖励设置如下：到达目标位置获得 100 奖励值，撞到障碍物或墙壁获得 –10 奖励值，每移动一步获得 –1 奖励值，目的是为了使机器人能在最短路径到达目标点。

使用简单的 Q 学习算法学习最优策略，得到小车 – 迷宫测试结果如图 7-6 所示。

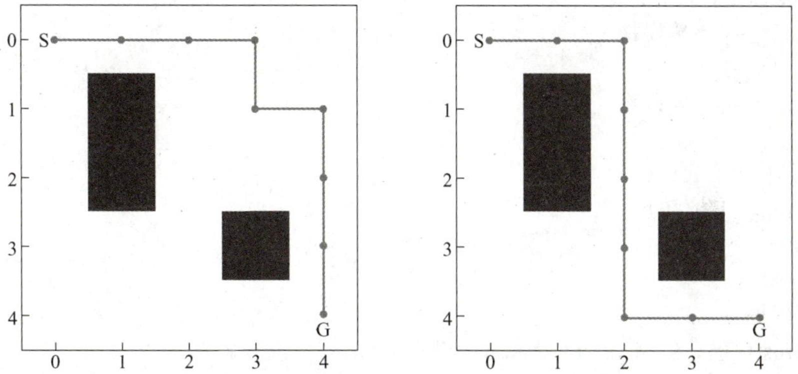


图 7-6　小车 – 迷宫测试结果

在图 7-6 中，黑色方块表示障碍物，红色轨迹是小车的移动路径，两次测试结果都是在同一个训练好的策略下测试的，同时它们都是最短的路径之一。也可以改变障碍物的数量和位置，重新进行训练和测试，改变环境后的小车 – 迷宫测试结果如图 7-7 所示。完整代码详见仿真程序 7-1。

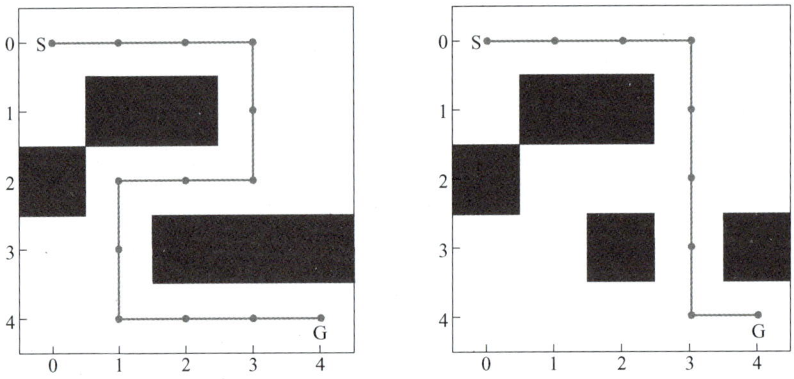


图 7-7　改变环境后的小车 – 迷宫测试结果

强化学习是一个理论与实践相结合的机器学习分支，目前强化学习已经广泛应用到机器人运动控制领域，学习强化学习算法不仅需要理解强化学习算法背后的数学原理，还需要通过实际操作来实现这些算法，在不同实验环境里面去探索算法能不能得到预期效果也是一个非常重要的过程。可以使用 Python 及其深度学习库实现强化学习算法。目前，有许多深度学习库可供使用，例如 PyTorch、飞桨（PaddlePaddle）和 TensorFlow。OpenAI 是一家人工智能研究公司，开源了大量的学习资源和算法资源。其开源的 Gym 库是一个环境仿真库，包含了许多现成的环境。针对不同场景，可以选择不同的强化学习算法进行训练和测试，从而更好地理解和改进这些算法。



仿真程序 7-1

```
import numpy as np
import matplotlib.pyplot as plt

# 设置迷宫
maze = np.zeros（（5，5））
maze[1，1] = -1  # 障碍物
maze[2，1] = -1  # 障碍物
maze[3，3] = -1  # 障碍物

# 设置起始位置和目标位置
start_position = （0，0）
goal_position = （4，4）

# 初始化 Q 表
Q = np.zeros（（5，5，4））  # 4 表示 4 个动作（上、下、左、右）

# 动作映射：0—上，1—下，2—左，3—右
actions = [（-1，0），（1，0），（0，-1），（0，1）]

# 学习参数
```

```
alpha = 0.1  # 学习率
gamma = 0.9  # 折扣因子
epsilon = 0.1 # 探索率

# 选择动作
def choose_action ( state ):
    if np.random.rand() < epsilon:
        return np.random.randint (4)  # 探索：随机选择动作
    else:
        return np.argmax ( Q[state] )  # 利用：选择 Q 值最大的动作

# 更新 Q 值
def update_q ( state, action, reward, next_state ):
    best_next_action = np.argmax ( Q[next_state] )
    td_target = reward + gamma * Q[next_state][best_next_action]
    td_error = td_target - Q[state][action]
    Q[state][action] += alpha * td_error
# 环境交互
def step ( state, action ):
    next_state = ( state[0] + actions[action][0], state[1] + actions[action][1] )

    # 检查是否越界或撞到障碍物
    if ( next_state[0] < 0 or next_state[0] >= 5 or
        next_state[1] < 0 or next_state[1] >= 5 or
        maze[next_state] == -1 ):
        next_state = state
        reward = -10
    elif next_state == goal_position:
        reward = 100
    else:
        reward = -1
    return next_state, reward

# 训练过程
num_episodes = 1000
for episode in range ( num_episodes ):
    state = start_position
    while state != goal_position:
        action = choose_action ( state )
        next_state, reward = step ( state, action )
        update_q ( state, action, reward, next_state )
        state = next_state
# 结果测试
state = start_position
path = [state]
```

```
while state != goal_position:
    action = np.argmax(Q[state])
    state, _ = step(state, action)
    path.append(state)
# 绘制迷宫和路径
def plot_maze_and_path(maze, path):
    fig, ax = plt.subplots()
    ax.imshow(maze, cmap='gray')
    # 绘制路径
    path_x, path_y = zip(*path)
    ax.plot(path_y, path_x, marker='o', color='r', linewidth=2, markersize=5)

    # 标记起点和终点
    ax.text(start_position[1], start_position[0], 'S', color='blue', ha='center', va='center',
fontsize=12)
    ax.text(goal_position[1], goal_position[0], 'G', color='green', ha='center', va='center',
fontsize=12)
    plt.title('Robot Path in the Maze')
    plt.show()
plot_maze_and_path(maze, path)
```



## 7.2 机器人模仿学习控制

模仿学习是现代机器人技术中一种关键的方法，通过观察和模仿人类专家的行为，机器人可以学习如何在各种复杂环境中执行任务。这种学习方式类似于人类通过模仿他人来掌握新技能的过程。机器人模仿学习控制不仅提高了机器人执行任务的灵活性和准确性，还减少了手动编程的需求，使机器人更具适应性。

在模仿学习中，机器人通过如下三个步骤进行学习。

1）数据收集：首先机器人需要从人类专家或其他机器人的演示中收集数据。这些演示数据通常包括状态（如机器人的位置、姿态等）和动作（如移动、抓取等）的配对信息。

2）建模学习：机器人使用这些演示数据训练一个模型，以便在相似的状态下采取相应的动作。这种模型可以是基于监督学习的行为克隆模型，也可以是通过逆强化学习推断出的奖励函数模型。

3）执行与调整：在学习模型的指导下，机器人开始在实际任务中执行动作。通过反馈和调整，机器人不断优化其行为，以提高任务完成的准确性和效率。

在技术实现上，模仿学习涉及多种方法，这些方法在学习策略、处理不确定性以及适应新环境方面有着各自的优势和特点。下面介绍三种常见的方法：动态运动基元（Dynamic Movement Primitives，DMP）、高斯混合模型（Gaussian Mixture Models，GMM）、和贝叶斯交互基元（Bayesian Interaction Primitives，BIP）。

### 7.2.1　动态运动基元

在机器人规划控制中，通常需要预先规划参考轨迹，如关节角度曲线和机械臂末端轨迹等。为了获取参考轨迹，一种简单直观的方法是机器人示教，通过有经验的操作人员带领机器人完成任务，机器人通过复制这一过程来生成轨迹，从而避免了繁琐的编程过程。

为了实现这一目标，模仿学习需要一种能够使用少量参数建模示教轨迹的方法。这些参数不仅可以快速复现示教轨迹，还能在复现过程中加入新的任务参数，以泛化和改变原始轨迹。例如，调整关节角度曲线的幅值和频率，或改变机械臂末端轨迹的起始位置和目标位置。

然而当任务参数复杂多变时，通过编程规划参考轨迹可能会变得非常复杂。DMP 是一种用于轨迹模仿学习的方法，最早由南加利福尼亚大学的 Stefan Schaal 教授团队在 2002 年提出。DMP 起源于使用一个具有自稳定性的二阶动态系统来构造一个“吸引点”模型的思考。通过改变这个“吸引点”，可以调整系统的最终状态，从而修改轨迹的目标位置。最简单且最常用的二阶系统就是弹簧阻尼系统（PD 控制器），表达式为

$$\ddot{y}=\alpha_y[\beta_y(g-y)-\dot{y}] \tag{7-64}$$

式中，$y$ 为系统状态；$\dot{y}$ 和 $\ddot{y}$ 分别为 $y$ 的一阶导数和二阶导数；$g$ 为目标状态，最后系统会收敛到这个状态上；$\alpha_y$ 和 $\beta_y$ 为两个常数，相当于 PD 控制器中的比例参数和积分参数。参数合适的 PD 控制器的收敛过程如图 7-8 所示。

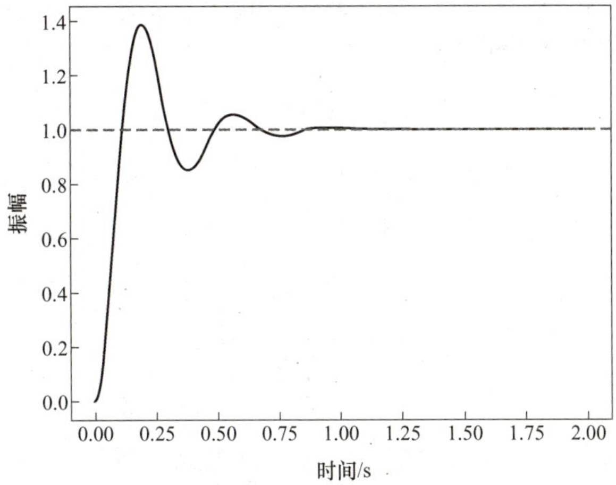


图 7-8　参数合适的 PD 控制器的收敛过程

使用弹簧阻尼系统虽然能够让系统收敛到目标状态 $g$，却无法控制收敛的过程量，如轨迹形状。所以考虑在这个 PD 控制器上叠加一个非线性项来控制收敛的过程量。因此在直观上，可以把 DMP 看作一个 PD 控制器与一个轨迹形状学习器的叠加，表达式为

$$\ddot{y}=\alpha_y[\beta_y(g-y)-\dot{y}]+f \tag{7-65}$$

式（7-65）等号右边的第一项是 PD 控制器，第二项 $f$ 是轨迹形状学习器，是一个非线性函数。这样就可以通过改变目标状态 $g$ 和非线性项 $f$ 来调整轨迹终点和轨迹形状了，这可

以称之为空间上的改变。但还需要改变轨迹速度，从而获得不同收敛速度的轨迹，这个可以通过在速度曲线 $\dot{y}$ 上增加一个放缩项 $\tau$ 来实现，表达式为

$$\tau^2\ddot{y}=\alpha_y[\beta_y(g-y)-\tau\dot{y}]+f \tag{7-66}$$

式（7-66）即为 DMP 的基本公式。从直观上来看，式（7-66）表明在这个动态的控制过程中，系统最后会收敛到状态 $g$，并且非线性项 $f$ 的参与会直接影响 $\dot{y}$，也就是直接影响收敛的过程。通过给定不同的 $\tau$ 和 $g$，可以在示教曲线的基础上得到不同目标状态及不同收敛速度的轨迹。

但此时，非线性项 $f$ 与时间 $t$ 高度相关，无法直接叠加其他的动态系统进来，也无法同时建模多个自由度的轨迹并让它们在时间上与控制系统保持同步。因此，对于离散型 DMP，使用一个与时间无关的量 $x$ 替代时间 $t$；而对于节律型 DMP，使用一个与时间无关的相位量 $\varphi$ 替代时间 $t$。

因此，DMP 在机器人规划控制中具有高度的非线性和实时性优势，使其能够广泛应用于各种机器人运动控制任务。DMP 的公式简单而巧妙，能够通过高效的算法从演示数据中学习，并确保系统收敛到预定目标。DMP 允许设置与演示数据不同的起点和终点，因此具有良好的泛化能力。此外，DMP 系统足够灵活，能够创建复杂的行为，并实时响应外部扰动。接下来将分别介绍离散型 DMP 与节律型 DMP。

#### 1. 离散型 DMP



离散型 DMP 用于将点对点运动编码为稳定的动态系统。通过用相位变量 $x$ 替代时间 $t$，得到离散型 DMP 的基本公式为

$$\tau^2\ddot{y}=\alpha_y[\beta_y(g-y)-\tau\dot{y}]+f(x) \tag{7-67}$$

式中，$f(x)$ 项通过影响轨迹的加速度分布来实现任意形状的平滑运动，用参数化非线性函数可表示为

$$f(x)=\frac{\sum_{i=1}^{N}\Psi_i(x)\omega_i}{\sum_{i=1}^{N}\Psi_i(x)}x \tag{7-68}$$

式中，$f(x)$ 由 $N$ 个高斯径向基函数 $\Psi_i(x)$ 和权值 $\omega_i$ 组成。高斯径向基函数为

$$\Psi_i(x)=\exp(-h_i(x-c_i)^2) \tag{7-69}$$

式中，$c_i\in[0,1]$ 为高斯径向基函数 $\Psi_i(x)$ 的中心；$h_i$ 为高斯径向基函数 $\Psi_i(x)$ 的高度。

相位变量 $x$ 与时间 $t$ 之间的关系可以表示为

$$\tau\dot{x}=-\alpha_x x \tag{7-70}$$

式中，随着运动的进行 $x$ 的值逐渐从 1 变为 0；$\alpha_x$ 为时间常数。这部分模型称为 DMP 的正则系统，充当时间进程的时钟，控制整个运动过程的进行。给定不同的 $\alpha_x$ 和 $\tau$，可以得到如图 7-9 所示的相位变量 $x$ 的变化示意图。

对于离散运动，给定演示轨迹 $y_{\mathrm{d}}(t_j)(t_j=1,\cdots,\mathfrak{T})$ 及其时间导数 $\dot{y}_{\mathrm{d}}(t_j)$ 和 $\ddot{y}_{\mathrm{d}}(t_j)$，可以对式（7-67）求逆并将期望形状 $f_{\mathrm{d}}$ 近似为

$$f_{\mathrm{d}}(t_j)=\tau^2\ddot{y}_{\mathrm{d}}(t_j)-\alpha_{\mathrm{y}}[\beta_{\mathrm{y}}(g-y_{\mathrm{d}}(t_j))-\tau\dot{y}_{\mathrm{d}}(t_j)] \tag{7-71}$$

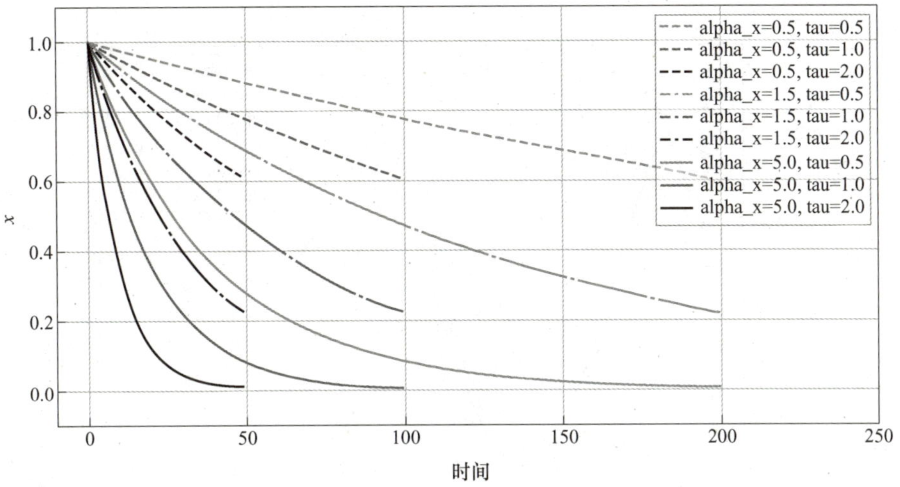


图 7-9　相位变量 $x$ 的变化示意图

通过将每个 $f_{\mathrm{d}}(t_j)$ 和 $\omega_i$ 堆叠到列向量 $\boldsymbol{\mathfrak{F}}=[f_{\mathrm{d}}(t_1),\cdots,f_{\mathrm{d}}(t_{\mathfrak{T}})]^{\mathrm{T}}$ 和 $\boldsymbol{w}=[\omega_1,\cdots,\omega_N]^{\mathrm{T}}$，得到如下线性方程组：

$$\boldsymbol{\Phi w}=\boldsymbol{\mathfrak{F}} \tag{7-72}$$

式中，

$$\boldsymbol{\Phi}=\begin{bmatrix}\dfrac{\Psi_1(x_1)}{\sum\limits_{i=1}^{N}\Psi_i(x_1)}x_1 & \cdots & \dfrac{\Psi_N(x_1)}{\sum\limits_{i=1}^{N}\Psi_i(x_1)}x_1\\ \vdots & & \vdots\\ \dfrac{\Psi_1(x_{\mathfrak{T}})}{\sum\limits_{i=1}^{N}\Psi_i(x_{\mathfrak{T}})}x_{\mathfrak{T}} & \cdots & \dfrac{\Psi_N(x_{\mathfrak{T}})}{\sum\limits_{i=1}^{N}\Psi_i(x_{\mathfrak{T}})}x_{\mathfrak{T}}\end{bmatrix} \tag{7-73}$$

局部加权回归（LWR）是一种用于更新权值 $\omega_i$ 的流行方法。LWR 方法使用期望轨迹形状与当前学习形状之间的误差及遗忘因子 $\lambda$ 更新权重，其更新过程为

$$\begin{cases}\boldsymbol{P}_j=\dfrac{1}{\lambda}\left(\boldsymbol{P}_{j-1}-\dfrac{\boldsymbol{P}_{j-1}\boldsymbol{\varphi}_j\boldsymbol{\varphi}_j^{\mathrm{T}}\boldsymbol{P}_{j-1}}{\lambda+\boldsymbol{\varphi}_j^{\mathrm{T}}\boldsymbol{P}_{j-1}\boldsymbol{\varphi}_j}\right)\\ \boldsymbol{w}_j=\boldsymbol{w}_{j-1}+(f_{\mathrm{d}}(t_j)-\boldsymbol{\varphi}_j^{\mathrm{T}}\boldsymbol{w}_{j-1})\boldsymbol{P}_j\boldsymbol{\varphi}_j\end{cases} \tag{7-74}$$

式中，$\boldsymbol{w}_j=\boldsymbol{w}(t_j)$；$\boldsymbol{\varphi}_j$ 为 $\boldsymbol{\Phi}$ 第 $j$ 行转置得到的列向量。参数的初始值为 $\boldsymbol{P}_0=\boldsymbol{I}$，$\boldsymbol{w}_0=\bar{\boldsymbol{0}}$。

对于每个自由度的运动，应根据演示数据学习权值 $\omega_i$，以便实现所需的行为。权值

数量的选择应基于所需的轨迹分辨率。此外，为了控制具有多个运动自由度的机器人系统，用式（7-67）表示每个自由度的运动，然后利用公共的正则系统式（7-70）来同步它们。

离散型 DMP 实验结果如图 7-10 所示，这是数据为二维、基函数的数量为 100 的情况。

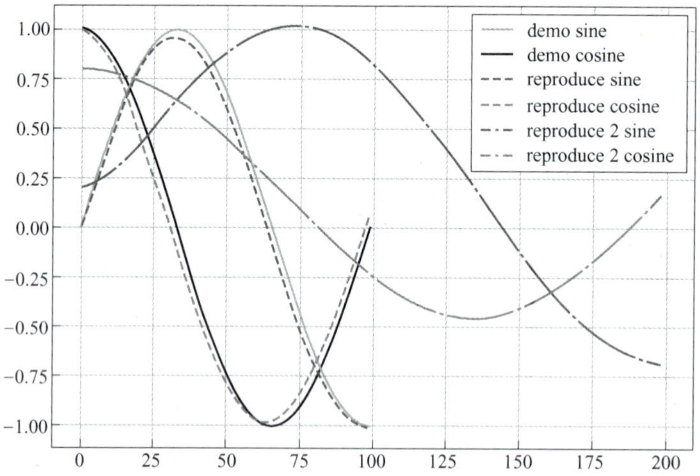


图 7-10　离散型 DMP 实验结果



## 2. 节律型 DMP

节律型 DMP 用于解决连续周期的节律型轨迹规划问题，例如关节空间的周期性关节角度规划问题。周期性曲线往往改变和泛化需要曲线的幅值与频率，从而获取不同的曲线以满足不同的任务需求。

节律型 DMP 的计算过程与离散型 DMP 一致，但是有几处不一样的地方，主要是采用的正则系统不同，使用的基函数构造方法不同，非线性项 $f(x)$ 的构造方法也稍有不同，下面分别来看。

前面讲到非线性项 $f(x)$ 的构造过程需要用到一个与时间无关的量 $x$，与离散型 DMP 的正则系统收敛到目标状态 0 不同，节律型 DMP 的 $f(\varphi)$ 来自另一个正则系统，该系统收敛于一个极限环，定义为

$$\tau\varphi = 1 \tag{7-75}$$

式中，$\varphi$ 为极坐标下的相位。节律型 DMP 必须确保初始相位时 $\varphi = 0$ 和最终相位时 $\varphi = 2\pi$，以便在重复过程中实现平滑过渡。此时，非线性项 $f(\varphi)$ 表示为

$$f(\varphi) = \frac{\sum_{i=1}^{N}\Psi_i(\varphi)\omega_i r}{\sum_{i=1}^{N}\Psi_i(\varphi)} \tag{7-76}$$

$$\Psi_i(\varphi) = \exp(h_i(\cos(\varphi - c_i) - 1))$$

式中，权值沿着相空间均匀分布，$r$ 用于调制周期信号的幅度，$c_i$ 和 $h_i$ 的定义与离散型

DMP 中相同。

节律型 DMP 的公式为

$$\ddot{y}=\Omega\{\alpha[\Omega\beta(-y)-\dot{y}]+\Omega f(x)\} \tag{7-77}$$

式中，$\Omega$ 为频率，替代了离散型 DMP 中与轨迹持续时间相关的时间常数 $\tau$。在标准节律型 DMP 中，期望形状 $f_{\mathrm{d}}$ 可以近似为

$$f_{\mathrm{d}}(t_j)=\frac{\ddot{y}_{\mathrm{d}}(t_j)}{\Omega^2}-\alpha\left[\beta(-y_{\mathrm{d}}(t_j))-\frac{\dot{y}_{\mathrm{d}}(t_j)}{\Omega}\right] \tag{7-78}$$

式中，$y_{\mathrm{d}}$ 为需要编码的演示输入轨迹。同样可以利用 LWR 更新权值以学习所需的轨迹，更新过程为

$$\begin{cases} w_i(t_{j+1})=w_i(t_j)+\Psi_i P_i(t_{j+1})re_r(t_j) \\ e_{\mathrm{r}}(t_j)=f_{\mathrm{d}}(t_j)-w_i(t_j)r \\ P_i(t_{j+1})=\dfrac{1}{\lambda}\left(P_i(t_j)-\dfrac{P_i(t_j)^2r^2}{\dfrac{\lambda}{\Psi_i}+P_i(t_j)r^2}\right) \end{cases} \tag{7-79}$$

式中，参数的初始值依然为 $\boldsymbol{P}_0(0)=\boldsymbol{I}$，$\boldsymbol{w}_0(0)=\bar{\boldsymbol{0}}$。

在离散型 DMP 中，目标状态是轨迹的末端位置；而在节律型 DMP 中，目标状态是轨迹的中心位置（或者平均位置）。可以理解为在做周期性运动时，轨迹会围绕这个中心位置做往复运动。

对于周期性轨迹来说，还希望能够改变轨迹的幅值，在这里可以通过 $r$ 控制曲线运动的幅值。在 DMP 模型的参数学习阶段，可以设置 $r=1$，这样保证 DMP 可以学习到与示教曲线相同的幅值；而在轨迹复现阶段，可以通过给定不同的 $r$ 来得到不同的幅值，例如 $r=0.5$；$r=2.0$ 可以分别得到示教曲线的一半幅值和两倍幅值。

节律型 DMP 实验结果如图 7-11 所示，这是数据为一维、基函数的数量为 200 的情况。

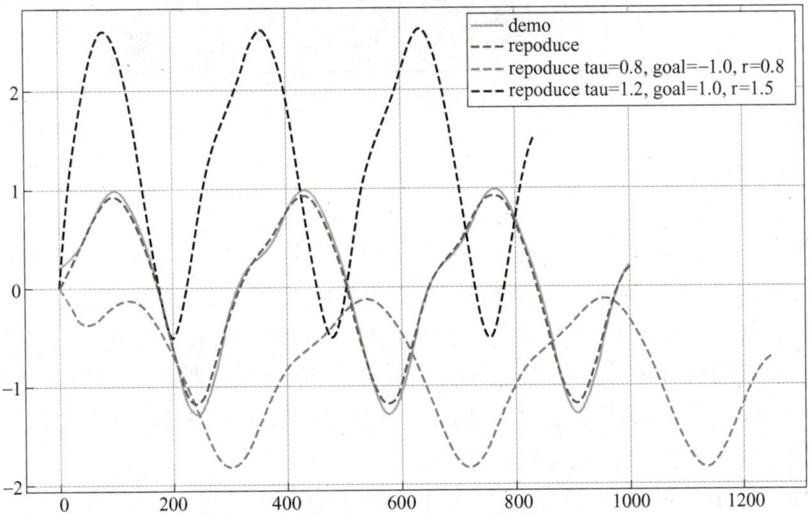


图 7-11　节律型 DMP 实验结果

许多学者在原始 DMP 模型的基础上进行了创新和扩展，发展出了多个改进版本，并将其广泛应用于机器人的技能示教学习中。例如，Muelling 等提出了一种改进的 DMP 框架，使机器人能够学习打乒乓球。该框架引入了以目标为中心的运动基元，不仅调节运动的目标位置，还包括目标速度，从而实现对这两个方面的同时调整和优化。这种方法极大地提升了机器人应对动态环境的能力。Krug 等则提出了一种被称为泛化 DMP（Generalized DMP，GDMP）的模型。他们将 DMP 的参数估计问题转化为一个约束非线性最小二乘问题，并将模型的预测机制整合进示教系统中。这种集成使得系统能够根据机械臂当前的运动状态生成多种控制策略，如意图预测和避障，从而增强机器人的自适应能力和安全性。此外，Gams 等针对机器人双臂交互的应用场景提出了一种适应于双臂协作的 DMP 模型。基于 DMP 模型的双臂技能示教学习如图 7-12 所示，他们在两个分别控制左右机械臂的 DMP 变换系统中引入了一对虚拟的相反作用力。这种创新设计使得每只机械臂不仅可以执行独立任务，还能感知到对方臂的位置和力的变化，从而实现双臂之间的高效协调。这种协调控制对于执行复杂的双手操作或合作任务尤为关键，大幅提升了机器人的操作灵活性和效率。

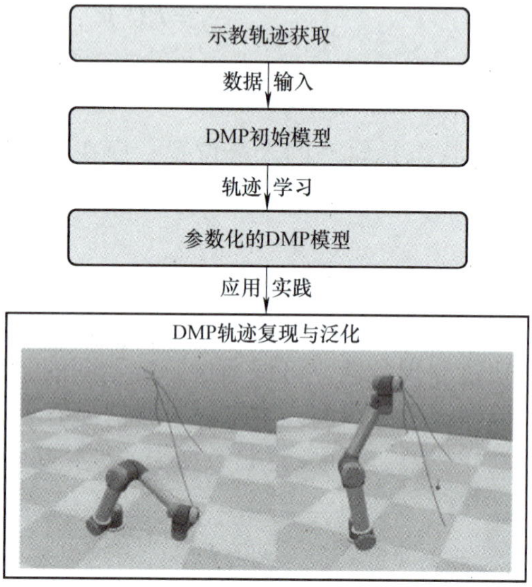


图 7-12　基于 DMP 模型的双臂技能示教学习



## 7.2.2　高斯混合模型

在统计学中，混合模型（Mixture Model）是用于表示总体群体中亚群体的存在概率模型。高斯混合模型为单一高斯概率密度函数的延伸，是将多个高斯分布函数的线性组合，用多个高斯概率密度函数（正态分布曲线）精确地量化变量分布，是将变量分布分解为若干基于高斯概率密度函数分布的统计模型。理论上高斯混合模型可以拟合出任意类型的分布。高斯混合模型通常用于解决同一集合下的数据包含多个不同的分布的情况，具体应用有聚类、密度估计、生成新数据等。

常用的 K-means 聚类算法存在无法将两个聚类中心点相同的类进行聚类的缺点，例

如两个分布 $A\sim N(\mu,\sigma_2^1)$ 、$B\sim N(\mu,\sigma_2^2)$ ，无法用 K-means 算法聚类出 $A$、$B$。为了解决这一缺点，引入了高斯混合模型。高斯混合模型通过选择成分最大化后验概率完成聚类，各数据点的后验概率表示属于各类的可能性，而不是判定它完全属于某个类，所以称为软聚类。高斯混合模型在各类尺寸不同、聚类间有相关关系的情况下可能比 K-means 聚类更适用。

下面将分别从几何模型角度和混合模型角度解释高斯混合模型的概率密度函数。

1. 几何模型角度

高斯分布曲线和数据分布曲线如图 7-13 所示。

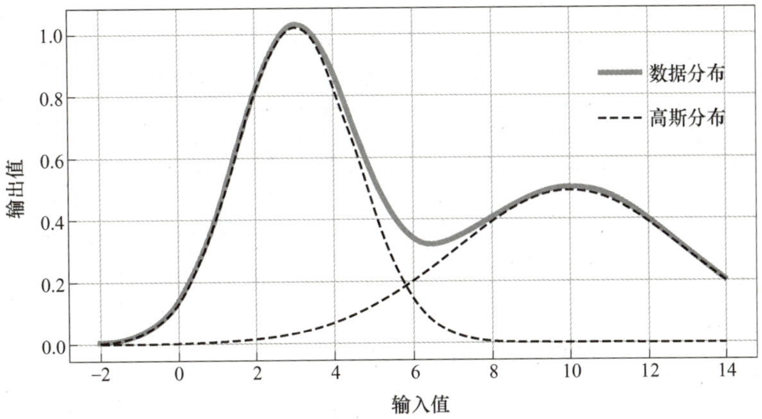


图 7-13　高斯分布曲线和数据分布曲线

图 7-13 中的实线为数据分布。不难发现，仅用图中任一单个高斯分布表示实线是不合适的。因此可以将图中的两个高斯分布进行加权平均，得到新的分布，这个新的分布曲线就是高斯混合模型。

从几何模型角度来看，高斯混合模型的概率密度函数可以表示为若干个高斯分布的加权平均，表达式为

$$p(x)=\sum_{k=1}^{N}\alpha_k N(x\,|\,\boldsymbol{\mu}_k,\boldsymbol{\Sigma}_k),\sum_{k=1}^{N}\alpha_k=1 \tag{7-80}$$

式中，$\alpha_k$ 为权值。

2. 混合模型角度

首先观察一个二维高斯混合模型数据分布（见图 7-14）。图中椭圆线框为两个高斯分布的等高线（从上往下看的投影）。在图中任取一个样本点，并考虑它分别属于两个高斯分布的概率。例如，其中一个样本属于第一个高斯分布的概率为 0.8，属于第二个高斯分布的概率为 0.2。需要注意的是，这里所说的概率是后验概率。

现在引入一个隐变量 $z$，用于表示对应的样本属于哪个高斯分布。需要特别注意的是，每一个样本都有自己的隐变量，或者说，隐变量 $z$ 是对于个体而言而不是对于整体而言的。

设 $z=c_i$ 表示样本属于第 $\theta=(\alpha,\mu,\Sigma)$ 类，$p_k=P(z=c_k)$ 是隐变量的概率分布，见表 7-3。

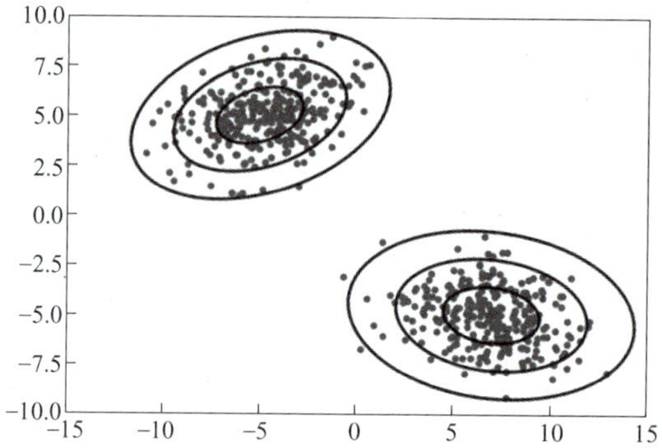


图 7-14　二维高斯混合模型数据分布

表 7-3　隐变量的概率分布

| $z$ | $c_1$ | $c_2$ | … | $c_k$ |
|---|---|---|---|---|
| $P$ | $p_1$ | $p_2$ | … | $p_k$ |

引入隐变量 $z$ 后，有

$$\begin{aligned} p(x\mid\theta) &= \sum_{k=1}^{K} p(x, z=c_k\mid\theta) \\ &= \sum_{k=1}^{K} p(z=c_k\mid\theta)p(x\mid z=c_k,\theta) \\ &= \sum_{k=1}^{K} p_k N(x\mid\boldsymbol{\mu}_k,\boldsymbol{\Sigma}_k),\quad \sum_{k=1}^{K} p_k = 1 \end{aligned} \tag{7-81}$$

式（7-81）中样本的条件概率分布服从（多元）高斯分布。

总结几何模型和混合模型两个角度，高斯混合模型可以表示为

几何模型角度：

$$p(x) = \sum_{k=1}^{N} \alpha_k N(x\mid\boldsymbol{\mu}_k,\boldsymbol{\Sigma}_k),\quad \sum_{k=1}^{N} \alpha_k = 1 \tag{7-82}$$

混合模型角度：

$$p(x\mid\theta) = \sum_{k=1}^{K} p_k N(x\mid\boldsymbol{\mu}_k,\boldsymbol{\Sigma}_k),\quad \sum_{k=1}^{K} p_k = 1 \tag{7-83}$$

从式（7-82）和式（7-83）中不难看出，两者在表现形式上是统一的。在几何模型角度中，$\alpha_k$ 为权值；在混合模型角度中，$p_k$ 为隐变量的概率分布。

高斯混合模型是一种生成模型，它假设数据由多个高斯分布混合生成。模型中包含 $K$ 个高斯分布，并为每个分布分配一个权值，表示该分布在整体数据中的贡献。当生成一个数据点时，首先根据这些权值的概率分布随机选择一个高斯分布，然后按照选定的高斯分布生成该数据点。

接下来通过一个具体的例子来对高斯混合模型进行推导，图 7-15 所示为二元高斯概

率密度函数曲面图。

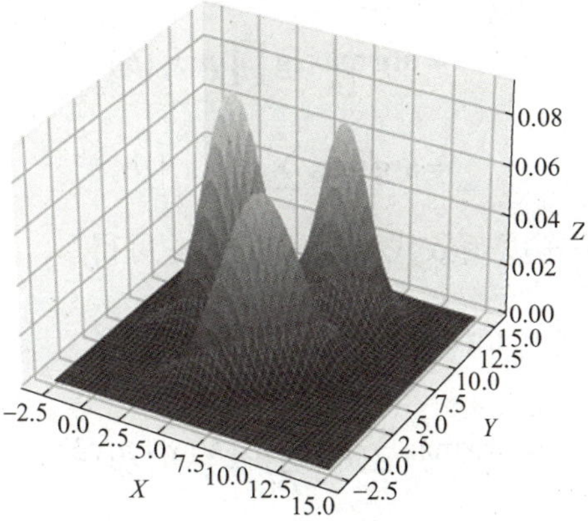


图 7-15　二元高斯概率密度函数曲面图

三个高斯函数的参数如下：均值为

$$\boldsymbol{\mu}_1=\begin{pmatrix}3\\8\end{pmatrix},\quad \boldsymbol{\mu}_2=\begin{pmatrix}7\\4\end{pmatrix},\quad \boldsymbol{\mu}_3=\begin{pmatrix}8.5\\11\end{pmatrix}$$

协方差矩阵为

$$\boldsymbol{\Sigma}_1=\begin{pmatrix}2&1\\1&2\end{pmatrix},\quad \boldsymbol{\Sigma}_2=\begin{pmatrix}3&2\\2&3\end{pmatrix},\quad \boldsymbol{\Sigma}_3=\begin{pmatrix}2&0\\0&2\end{pmatrix}$$



图 7-16 所示为高斯函数生成的散点图

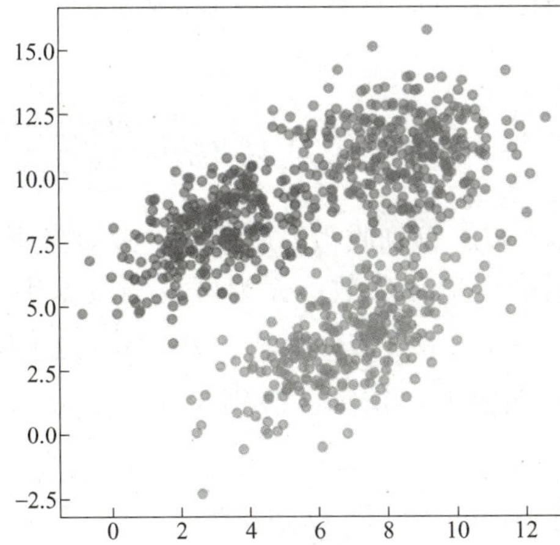


图 7-16　高斯函数生成的散点图

下面通过这些数据，使用高斯混合模型将这三个高斯函数的参数估计出来。

高斯混合模型一般采用 EM（最大期望）算法进行估计，接下来用 EM 算法对高斯混合模型进行推导。在讲解 EM 算法前，先要回顾一下最大似然估计（MLE）。通过已知样本估计 $k$ 个高斯分布的参数，一般采用最大似然估计方法通过样本估计模型参数，最大似然估计的目标函数公式为

$$\begin{aligned}\hat{\theta} &= \arg\max_{\theta} \lg P(X \mid \theta) \\ &= \arg\max_{\theta} \lg \prod_{i=1}^{n} p(x_i \mid \theta) \\ &= \arg\max_{\theta} \sum_{i=1}^{n} \lg p(x_i \mid \theta)\end{aligned} \tag{7-84}$$

将高斯混合模型的概率密度函数代入式（7-84），可得

$$\begin{aligned}\hat{\theta} &= \arg\max_{\theta} \sum_{i=1}^{n} \lg p(x_i \mid \theta) \\ &= \arg\max_{\theta} \sum_{i=1}^{n} \lg\left(\sum_{k=1}^{K} \alpha_k N(x_i \mid \boldsymbol{\mu}_k, \boldsymbol{\Sigma}_k)\right)\end{aligned} \tag{7-85}$$

因为隐变量的引入导致式（7-85）中含有 $\lg\sum$，无法求解参数的最大似然估计，所以需要使用 EM 算法求解此类问题，接下来将讲解用 EM 迭代求近似解。

首先简要简单介绍一下 EM 算法，EM 算法是一种迭代算法，主要用于含有隐变量的概率模型参数的（局部）最大似然估计或者最大后验（MAP）估计。

EM 算法的流程主要分为如下四步。

1）初始化模型参数 $\theta^{(0)}$，进入迭代。

2）E-step：记 $\theta^{(t)}$ 为第 $t$ 次迭代参数 $\theta$ 估计值，写出隐变量 $z_i$ 的某种概率分布函数，第 $t+1$ 次迭代的 E-step 将计算出



$$Q_i^{(t)}(z_i) = p(z_i \mid x_i;\ \theta^{(t)}) \tag{7-86}$$

3）M-step：利用最大似然估计，计算使 $J(z,Q)$ 极大化的 $\hat{\theta}$，作为第 $t+1$ 次迭代的参数估计值 $\theta^{(t+1)}$，即

$$\theta^{(t+1)} = \arg\max x_{\theta} \sum_{i=1}^{n} \sum_{z_i} Q_i^{(t)}(z_i) \lg \frac{p(x_i, z_i; \theta)}{Q_i^{(t)}(z_i)} \tag{7-87}$$

4）重读第 2）步和第 3）步，直到收敛。收敛时的 $\theta$ 即为所求。

根据 EM 算法，首先明确变量和参数：$X$ 为可观测数据集，$X=(x_1,x_2,\cdots,x_n)$；$Z$ 为未观测数据集，$Z=(z_1,z_2,\cdots,z_n)$；$\theta$ 为模型参数，$\theta=(p,\boldsymbol{\mu},\boldsymbol{\Sigma})$。参数 $\theta$ 包含隐变量 $z$ 的概率分布、各高斯函数的均值和协方差矩阵，分别为 $p=(p_1,p_2,\cdots,p_k)$、$\boldsymbol{\mu}=(\boldsymbol{\mu}_1,\boldsymbol{\mu}_2,\cdots,\boldsymbol{\mu}_k)$、$\boldsymbol{\Sigma}=(\boldsymbol{\Sigma}_1,\boldsymbol{\Sigma}_2,\cdots,\boldsymbol{\Sigma}_k)$。

根据 EM 算法中的步骤 E-step，写出 $Q$ 函数为

$$\begin{aligned}Q(\theta,\theta^{(t)}) &= \mathbb{E}_{Z|X,\theta^{(t)}}[\lg P(X,Z \mid \theta)] \\ &= \sum_{Z} \lg P(X,Z \mid \theta) P(Z \mid X,\theta^{(t)})\end{aligned} \tag{7-88}$$

因为每个样本是独立同分布的，所以对数似然可以写成

$$\lg P(X,Z \mid \theta) = \lg\left(\prod_{i=1}^{N} P(x_i,z_i \mid \theta)\right) = \sum_{i=1}^{N} \lg P(x_i,z_i \mid \theta) \tag{7-89}$$

$Z$ 的后验可以写成

$$P(Z \mid X,\theta^{(t)})=\prod_{i=1}^{N}P(z_i \mid x_i,\theta^{(t)}) \tag{7-90}$$

为了更加简介，后验 $P(Z \mid X,\theta^{(t)})$ 在下面的步骤中不展开：

$$\begin{aligned}
Q(\theta,\theta^{(t)}) &= \sum_{Z}\left[\left(\sum_{i=1}^{N}\lg P(x_i,z_i \mid \theta)\right)P(Z \mid X,\theta^{(t)})\right] \\
&= \sum_{Z}(\lg P(x_1,z_1 \mid \theta)P(Z \mid X,\theta^{(t)})+\cdots+\lg P(x_N,z_N \mid \theta)P(Z \mid X,\theta^{(t)})) \\
&= \sum_{Z}(\lg P(x_1,z_1 \mid \theta)P(Z \mid X,\theta^{(t)}))+\cdots+\sum_{Z}(\lg P(x_N,z_N \mid \theta)P(Z \mid X,\theta^{(t)}))
\end{aligned} \tag{7-91}$$

式中，$Q$ 函数被分出 $N$ 个相似的部分，只将 $\sum_{Z}(\lg P(x_1,z_1 \mid \theta)P(Z \mid X,\theta^{(t)}))$ 提出来，化简为

$$\begin{aligned}
&\sum_{Z}(\lg P(x_1,z_1 \mid \theta)P(Z \mid X,\theta^{(t)})) \\
&= \sum_{z_1,z_2,\cdots,z_N}\left(\lg P(x_1,z_1 \mid \theta)\left(\prod_{i=1}^{N}P(z_i \mid x_i,\theta^{(t)})\right)\right) \\
&= \sum_{z_1,z_2,\cdots,z_N}\lg P(x_1,z_1 \mid \theta)P(z_1 \mid x_1,\theta^{(t)})\left(\prod_{i=2}^{N}P(z_i \mid x_i,\theta^{(t)})\right) \\
&= \sum_{z_1}\sum_{z_2,\cdots,z_N}\lg P(x_1,z_1 \mid \theta)P(z_1 \mid x_1,\theta^{(t)})\left(\prod_{i=2}^{N}P(z_i \mid x_i,\theta^{(t)})\right) \\
&= \sum_{z_1}\lg P(x_1,z_1 \mid \theta)P(z_1 \mid x_1,\theta^{(t)})\sum_{z_2,\cdots,z_N}\left(\prod_{i=2}^{N}P(z_i \mid x_i,\theta^{(t)})\right)
\end{aligned} \tag{7-92}$$

再将式（7-92）中的 $\sum_{z_2,\cdots,z_N}\left(\prod_{i=2}^{N}P(z_i \mid x_i,\theta^{(t)})\right)$ 提出来，展开为

$$\begin{aligned}
&\sum_{z_2,\cdots,z_N}\left(\prod_{i=2}^{N}P(z_i \mid x_i,\theta^{(t)})\right) \\
&= \sum_{z_2}\sum_{z_3}\cdots\sum_{z_N}(P(z_2 \mid x_2,\theta^{(t)})P(z_3 \mid x_3,\theta^{(t)})\cdots P(z_N \mid x_N,\theta^{(t)})) \\
&= \sum_{z_2}P(z_2 \mid x_2,\theta^{(t)})\sum_{z_3}P(z_3 \mid x_3,\theta^{(t)})\cdots\sum_{z_N}P(z_N \mid x_N,\theta^{(t)})
\end{aligned} \tag{7-93}$$

可以看到，$P(z_i \mid x_i,\theta^{(t)})$ 是关于 $z_i$ 的概率分布，根据概率分布的性质，有

$$\sum_{z_i}P(z_i \mid x_i,\theta^{(t)})=1 \tag{7-94}$$

所以，式（7-92）中 $\sum_{z_2,\cdots,z_N}\left(\prod_{i=2}^{N}P(z_i \mid x_i,\theta^{(t)})\right)$ 部分的值等于 1，代入式（7-92）中，得到

$$\sum_{Z}(\lg P(x_1,z_1 \mid \theta)P(Z \mid X,\theta^{(t)}))=\sum_{z_1}\lg P(x_1,z_1 \mid \theta)P(z_1 \mid x_1,\theta^{(t)}) \tag{7-95}$$

同理，可以得到

$$\begin{cases}\sum_{Z}(\lg P(x_2,z_2\mid\theta)P(Z\mid X,\theta^{(t)}))=\sum_{z_2}\lg P(x_2,z_2\mid\theta)P(z_2\mid x_2,\theta^{(t)})\\ \vdots\\ \sum_{Z}(\lg P(x_N,z_N\mid\theta)P(Z\mid X,\theta^{(t)}))=\sum_{z_N}\lg P(x_N,z_N\mid\theta)P(z_N\mid x_N,\theta^{(t)})\end{cases}\tag{7-96}$$

将这些化简的结果代入 $Q$ 函数中，可以得到

$$\begin{aligned}Q(\theta,\theta^{(t)})&=\sum_{z_1}\lg P(x_1,z_1\mid\theta)P(z_1\mid x_1,\theta^{(t)})+\cdots+\sum_{z_N}\lg P(x_N,z_N\mid\theta)P(z_N\mid x_N,\theta^{(t)})\\&=\sum_{i=1}^{N}\sum_{z_i}\lg P(x_i,z_i\mid\theta)P(z_i\mid x_i,\theta^{(t)})\\&=\sum_{i=1}^{N}\sum_{k=1}^{K}\lg P(x_i,z_i=C_k\mid\theta)P(z_i=C_k\mid x_i,\theta^{(t)})\\&=\sum_{i=1}^{N}\sum_{k=1}^{K}\lg(p_k p(x_i\mid\boldsymbol{\mu}_k,\boldsymbol{\Sigma}_k))P(z_i=C_k\mid x_i,\theta^{(t)})\\&=\sum_{i=1}^{N}\sum_{k=1}^{K}(\lg p_k+\lg p(x_i\mid\boldsymbol{\mu}_k,\boldsymbol{\Sigma}_k))P(z_i=C_k\mid x_i,\theta^{(t)})\end{aligned}\tag{7-97}$$

由此确定了 $Q$ 函数，接着就可以根据该函数求解下一时刻的参数，为



$$\theta^{(t+1)}=\arg\max_{\theta}Q(\theta,\theta^{(t)})\tag{7-98}$$

需要注意的是，$Q$ 函数的两个参数中，$\theta^{(t)}$ 是当前时刻的参数值，是已经确定的，该参数所对应的部分 $P(z_i=C_k\mid x_i,\theta^{(t)})$，是隐变量在当前参数下的后验概率，也是已经确定的，所以在后续的化简和求导中都可以当作常量处理。

为了便于表示，将 $p(z_i\mid x_i;\theta^{(t)})$ 表示为 $\gamma_t(z_j^{(i)})$，式中，$z_j^{(i)}$ 为 $z_i=c_j$ 的简写，隐变量的后验概率分布表示为

$$\begin{aligned}\gamma_t(z_j^{(i)})=p(z_i=c_j\mid x_i;\theta^{(t)})&=\frac{p(x_i,z_i=c_j;\theta^{(t)})}{\sum_{k=1}^{K}p(x_i,z_i=c_k;\theta^{(t)})}\\&=\frac{p(x_i\mid z_i=c_j,\theta^{(t)})p(z_i=c_j\mid\theta^{(t)})}{\sum_{k=1}^{K}p(x_i\mid z_i=c_k,\theta^{(t)})p(z_i=c_k\mid\theta^{(t)})}\\&=\frac{p_j^{(t)}N(x_i\mid\boldsymbol{\mu}_j^{(t)},\boldsymbol{\Sigma}_j^{(t)})}{\sum_{k=1}^{K}p_k^{(t)}N(x_i\mid\boldsymbol{\mu}_k^{(t)},\boldsymbol{\Sigma}_k^{(t)})}\end{aligned}\tag{7-99}$$

下面是 EM 算法中的 M-step，根据确定的 $Q$ 函数求下一时刻的参数，首先求解 $Z$ 的概率分布，为

$$p^{(t+1)} = \arg\max_p \sum_{i=1}^{N}\sum_{k=1}^{K}(\lg p_k + \lg N(x_i \mid \boldsymbol{\mu}_k, \boldsymbol{\Sigma}_k))\gamma_{ik}$$
$$= \arg\max_p \sum_{i=1}^{N}\sum_{k=1}^{K}\lg\ p_k\gamma_{ik} \tag{7-100}$$

不过，这里不能直接求导，因为概率分布有一个约束：$\sum_{i=1}^{K} p_i = 1$，所以需要通过拉格朗日乘数法消除该约束。构造一个拉格朗日函数，为

$$\mathrm{L}(p,\lambda) = \sum_{i=1}^{N}\sum_{k=1}^{K}\lg\ p_k\gamma_{ik} + \lambda\left(\sum_{i=1}^{K} p_i - 1\right) \tag{7-101}$$

对该函数求导，得

$$\frac{\partial \mathrm{L}(p_k,\lambda)}{\partial p_j} = \sum_{i=1}^{N}\frac{1}{p_j}\gamma_{ij} + \lambda \tag{7-102}$$

令偏导为 0，并且等号两边同时乘以 $p_j$，得

$$\sum_{i=1}^{N}\gamma_{ij} = -\lambda p_j \tag{7-103}$$

以上是对 $p$ 求偏导的通项结果，具体地，对 $p$ 的每一个分量求导，得

$$\begin{cases} \dfrac{\partial \mathrm{L}(p_k,\lambda)}{\partial p_1} \Rightarrow \sum_{i=1}^{N}\gamma_{i1} = -\lambda p_1 \\ \cdots \\ \dfrac{\partial \mathrm{L}(p_k,\lambda)}{\partial p_K} \Rightarrow \sum_{i=1}^{N}\gamma_{iK} = -\lambda p_K \end{cases} \tag{7-104}$$

将所有分量的结果相加，得

$$\sum_{j=1}^{K}\sum_{i=1}^{N}\gamma_{ij} = \sum_{j=1}^{K}(-\lambda p_j) \tag{7-105}$$

首先，利用之前的约束条件 $\sum_{i=1}^{K} p_i = 1$ 得，式（7-105）等号右边的结果为 $-\lambda$。又因为 $\gamma_{ij}$ 也是一个概率分布，所以有 $\sum_{j=1}^{K}\gamma_{ij} = 1$，最终得到

$$\lambda = -N \tag{7-106}$$

把式（7-106）代入式（7-103）可得

$$p_j^{(t+1)} = \frac{1}{N}\sum_{i=1}^{N}\gamma_{ij} \tag{7-107}$$

其次，求各个高斯的均值为

$$
\begin{aligned}
\mu^{(t+1)} &= \arg\max_{\mu} \sum_{i=1}^{N}\sum_{k=1}^{K}(\lg p_k + \lg\varphi(x_i \mid \boldsymbol{\mu}_k, \boldsymbol{\Sigma}_k))\gamma_{ik} \\
&= \arg\max_{\mu} \sum_{i=1}^{N}\sum_{k=1}^{K}\lg\varphi(x_i \mid \boldsymbol{\mu}_k, \boldsymbol{\Sigma}_k)\gamma_{ik} \\
&= \arg\max_{\mu} \sum_{i=1}^{N}\sum_{k=1}^{K}\left(\lg\left(\frac{1}{(2\pi)^{\frac{d}{2}} \mid \boldsymbol{\Sigma}_k \mid^{1/2}}\right) - \frac{1}{2}\lg \mid \boldsymbol{\Sigma}_k \mid - \frac{1}{2}(x_i - \boldsymbol{\mu}_k)^{\mathrm{T}}\boldsymbol{\Sigma}_k^{-1}(x_i - \boldsymbol{\mu}_k)\right)\gamma_{ik} \\
&= \arg\max_{\mu} \sum_{i=1}^{N}\sum_{k=1}^{K}\left(-\frac{1}{2}(x_i - \boldsymbol{\mu}_k)^{\mathrm{T}}\boldsymbol{\Sigma}_k^{-1}(x_i - \boldsymbol{\mu}_k)\right)\gamma_{ik}
\end{aligned} \tag{7-108}
$$

这里没有约束条件，直接对式（7-108）求导，可得

$$
\begin{aligned}
&\frac{\partial}{\partial \boldsymbol{\mu}_j}\left(\sum_{i=1}^{N}\sum_{k=1}^{K} -\frac{1}{2}(x_i - \boldsymbol{\mu}_k)^{\mathrm{T}}\boldsymbol{\Sigma}_k^{-1}(x_i - \boldsymbol{\mu}_k)\gamma_{ik}\right) \\
&= \frac{\partial}{\partial \boldsymbol{\mu}_j}\left(\sum_{i=1}^{N} -\frac{1}{2}(x_i - \boldsymbol{\mu}_j)^{\mathrm{T}}\boldsymbol{\Sigma}_j^{-1}(x_i - \boldsymbol{\mu}_j)\gamma_{ij}\right) \\
&= \sum_{i=1}^{N} -\frac{1}{2}\left(\frac{\partial}{\partial \boldsymbol{\mu}_j}((x_i - \boldsymbol{\mu}_j)^{\mathrm{T}}\boldsymbol{\Sigma}_j^{-1}(x_i - \boldsymbol{\mu}_j))\right)\gamma_{ij} \\
&= \sum_{i=1}^{N}\boldsymbol{\Sigma}_j^{-1}(x_i - \boldsymbol{\mu}_j)\gamma_{ij} \\
&= \sum_{i=1}^{N}\boldsymbol{\Sigma}_j^{-1}x_i\gamma_{ij} - \sum_{i=1}^{N}\boldsymbol{\Sigma}_j^{-1}\boldsymbol{\mu}_j\gamma_{ij}
\end{aligned} \tag{7-109}
$$



令偏导为 0，并且等号两边同时乘以 $\boldsymbol{\Sigma}_j^2$，得

$$
\sum_{i=1}^{N} x_i\gamma_{ij} = \boldsymbol{\mu}_j \sum_{i=1}^{N}\gamma_{ij} \tag{7-110}
$$

最后，更新协方差矩阵。首先化简 $Q$ 函数，有

$$
\begin{aligned}
\boldsymbol{\Sigma}^{(t+1)} &= \arg\max_{\Sigma} \sum_{i=1}^{N}\sum_{k=1}^{K}\left(\lg\frac{1}{(2\pi)^{\frac{d}{2}}} - \frac{1}{2}\lg \mid \boldsymbol{\Sigma}_k \mid - \frac{1}{2}(x_i - \boldsymbol{\mu}_k)^{\mathrm{T}}\boldsymbol{\Sigma}_k^{-1}(x_i - \boldsymbol{\mu}_k)\right)\gamma_{ik} \\
&= \arg\min_{\Sigma} \sum_{i=1}^{N}\sum_{k=1}^{K}(\lg \mid \boldsymbol{\Sigma}_k \mid + (x_i - \boldsymbol{\mu}_k)^{\mathrm{T}}\boldsymbol{\Sigma}_k^{-1}(x_i - \boldsymbol{\mu}_k))\gamma_{ik}
\end{aligned} \tag{7-111}
$$

这里先把特征值的求导公式列出来，对于矩阵 $\boldsymbol{A}$，有

$$
\begin{cases}
\dfrac{\partial \mid \boldsymbol{A} \mid}{\partial \boldsymbol{A}} = \mid \boldsymbol{A} \mid \boldsymbol{A}^{-1} \\
\dfrac{\partial \lg \mid \boldsymbol{A} \mid}{\partial \boldsymbol{A}} = \boldsymbol{A}^{-1}
\end{cases} \tag{7-112}
$$

其次求 $Q$ 函数关于协方差的偏导，为

$$
\begin{aligned}
&\frac{\partial}{\partial \boldsymbol{\Sigma}_j}\left(\sum_{i=1}^{N}\sum_{k=1}^{K}(\lg|\boldsymbol{\Sigma}_k|+(x_i-\boldsymbol{\mu}_k)^{\mathrm{T}}\boldsymbol{\Sigma}_k^{-1}(x_i-\boldsymbol{\mu}_k))\gamma_{ik}\right)\\
&=\sum_{i=1}^{N}\frac{\partial}{\partial \boldsymbol{\Sigma}_j}(\lg|\boldsymbol{\Sigma}_j|+(x_i-\boldsymbol{\mu}_j)^{\mathrm{T}}\boldsymbol{\Sigma}_j^{-1}(x_i-\boldsymbol{\mu}_j))\gamma_{ij}\\
&=\sum_{i=1}^{N}(\boldsymbol{\Sigma}_j^{-1}-\boldsymbol{\Sigma}_j^{-1}(x_i-\boldsymbol{\mu}_j)(x_i-\boldsymbol{\mu}_j)^{\mathrm{T}}\boldsymbol{\Sigma}_j^{-1})\gamma_{ij}
\end{aligned}
\tag{7-113}
$$

展开 $(x_i-\boldsymbol{\mu}_j)^{\mathrm{T}}\boldsymbol{\Sigma}_j^{-1}(x_i-\boldsymbol{\mu}_j)$，因为 $(x_i-\boldsymbol{\mu}_j)^{\mathrm{T}}\boldsymbol{\Sigma}_j^{-1}(x_i-\boldsymbol{\mu}_j)$ 的结果是一个标量，也可以看作一个 $1\times1$ 的矩阵，所以它的迹就等于它自身。最后变换得到

$$
\begin{aligned}
(x_i-\boldsymbol{\mu}_j)^{\mathrm{T}}\boldsymbol{\Sigma}_j^{-1}(x_i-\boldsymbol{\mu}_j)&=\mathrm{tr}((x_i-\boldsymbol{\mu}_j)^{\mathrm{T}}\boldsymbol{\Sigma}_j^{-1}(x_i-\boldsymbol{\mu}_j))\\
&=\mathrm{tr}(\boldsymbol{\Sigma}_j^{-1}(x_i-\boldsymbol{\mu}_j)(x_i-\boldsymbol{\mu}_j)^{\mathrm{T}})
\end{aligned}
\tag{7-114}
$$

同理，矩阵的迹求导公式为

$$
\frac{\partial \mathrm{tr}(\boldsymbol{AB})}{\partial \boldsymbol{A}}=\boldsymbol{B}^{\mathrm{T}}
\tag{7-115}
$$

所以有

$$
\begin{aligned}
\frac{\partial}{\partial \boldsymbol{\Sigma}_j}\mathrm{tr}(\boldsymbol{\Sigma}_j^{-1}(x_i-\boldsymbol{\mu}_j)(x_i-\boldsymbol{\mu}_j)^{\mathrm{T}})&=(x_i-\boldsymbol{\mu}_j)(x_i-\boldsymbol{\mu}_j)^{\mathrm{T}}\frac{\partial \boldsymbol{\Sigma}_j^{-1}}{\partial \boldsymbol{\Sigma}_j}\\
&=-(x_i-\boldsymbol{\mu}_j)(x_i-\boldsymbol{\mu}_j)^{\mathrm{T}}\boldsymbol{\Sigma}_j^{-2}
\end{aligned}
\tag{7-116}
$$



令偏导为 0，并且等两边同时乘以 $\boldsymbol{\Sigma}_j^2$，得

$$
\begin{cases}
\displaystyle\sum_{i=1}^{N}(\boldsymbol{\Sigma}_j-(x_i-\boldsymbol{\mu}_j)(x_i-\boldsymbol{\mu}_j)^{\mathrm{T}})\gamma_{ij}=0\\
\displaystyle\boldsymbol{\Sigma}_j\sum_{i=1}^{N}\gamma_{ij}=\sum_{i=1}^{N}(x_i-\boldsymbol{\mu}_j)(x_i-\boldsymbol{\mu}_j)^{\mathrm{T}}\gamma_{ij}
\end{cases}
\tag{7-117}
$$

最后得到

$$
\boldsymbol{\Sigma}_j^{(t+1)}=\frac{\displaystyle\sum_{i=1}^{N}(x_i-\boldsymbol{\mu}_j)^{\mathrm{T}}(x_i-\boldsymbol{\mu}_j)\gamma_{ij}}{\displaystyle\sum_{i=1}^{N}\gamma_{ij}}
\tag{7-118}
$$

至此，全部的公式已经推导完毕，最后整理一下，得

$$
\begin{cases}
\gamma_{ij}=\dfrac{p_j\varphi(x_i\mid\boldsymbol{\mu}_j,\boldsymbol{\Sigma}_j)}{\displaystyle\sum_{k=1}^{K}p_k\varphi(x_i\mid\boldsymbol{\mu}_k,\boldsymbol{\Sigma}_k)}\\
p_j^{(t+1)}=\dfrac{1}{N}\displaystyle\sum_{i=1}^{N}\gamma_{ij}\\
\boldsymbol{\mu}_j^{(t+1)}=\dfrac{\displaystyle\sum_{i=1}^{N}x_i\gamma_{ij}}{\displaystyle\sum_{i=1}^{N}\gamma_{ij}}
\end{cases}
\tag{7-119}
$$

最后循环 E-step 和 M-step，直到收敛。

以上就是通过 EM 算法实现对高斯混合模型的推导。总体来说，高斯混合模型使用均值和标准差，对于描述复杂的数据分布，它比如 K-means 这样的简单聚类方法具有更高的灵活性。但是它存在局限性，对于大规模数据和多维高斯分布，计算量大，迭代速度慢；如果初始值设置不当，收敛过程的计算代价就会非常大；且 EM 算法求得的是局部最优解，而不一定是全局最优解。

### 7.2.3 贝叶斯交互基元

交互基元受到 DMP 的启发，DMP 基于生物学中的运动基元概念。这些基元以概率方式建模多个自由度间的相互关系，适用于多智能体系统。每个自由度的轨迹被建模为一个非线性动态系统，其参数通过一系列演示来确定。虽然原始公式设计用于两个智能体，但也可拓展至多个或单个智能体的情况。DMP 中，系统从初始位置出发，受系统吸引动力学影响逐渐趋向目标位置。相比之下，交互基元扩展了这种方法，考虑了一些未观测的自由度，如控制智能体相关的自由度，并假设没有已知的目标位置。这些未观测自由度的系统参数是基于观测到的智能体的部分轨迹估计的。

虽然这是一个强大的模型，但其也有局限性，即难以将多个基元作为构件组合以执行更复杂的移动或互动。为此，概率运动基元（Probabilistic Movement Primitives）作为一种解决方案被提出，其中动态系统被完全替代为一个由参数化自由度组成的状态空间模型，每个自由度通过完整的联合概率分布相互关联。这种方法易于将多个基元组合和融合，虽牺牲了动态系统提供的稳定性和收敛性保证，但增强了灵活性和适应性。贝叶斯交互基元进一步发展了这一理念，通过同时概率性地估计部分轨迹的长度和模型参数，解决了传统方法中未能利用模型参数不确定性信息的问题，从而为互动提供了更为准确和灵活的建模方式。



贝叶斯交互基元进一步发展了交互基元的概念，特别是它们如何应用于多智能体系统中。通过基于基函数的状态空间模型，能够将交互 $\boldsymbol{Y}$ 转换到潜在空间，这种转换不仅捕捉了交互中的动态特性，还允许对交互轨迹的实时调整，以应对复杂的环境和互动需求。

在贝叶斯交互基元中，时间和空间估计不是孤立存在的，而是紧密相关的，这一点启发自同时定位和映射（SLAM）技术。SLAM 技术展示了如何在不完全的信息和动态变化的环境中维持对机器人和环境状态的准确估计。类似地，贝叶斯交互基元通过同时考虑时间上的位置（相位）和空间上的状态（如自由度的权重）的估计，允许更准确地解释和预测智能体间的互动。

考虑这样一个场景：我们戴着眼罩在一个充满地标的房间内行走，偶尔可以取下眼罩进行观察。这种情况下，我们对自己的位置和周围环境的认知主要依赖于间断的、可能存在误差的观察。在这样的动态环境中，一个小的估计误差——无论是时间还是空间上的——都可能导致对整体互动的误解。例如，如果我们错误地估计了自己在时间上的位置，那么我们对空间中位置的判断也很可能出错。

在更复杂的多智能体互动中，这种现象尤其明显。例如，在一个复杂的交互场景中，如何正确地估计每个智能体的状态和意图，不仅取决于对单个智能体行为的观察，还需要考虑所有智能体间相互作用的累积效应。贝叶斯交互基元通过在状态估计中融合时间和空间的信息，提供了一种强大的方法来解决这些挑战。通过这种方法，即使在存在不确定性和动态变化的情况下，也可以保持对整个系统状态的准确理解。

在贝叶斯交互基元中，每个维度 $d \in D$ 的 $\boldsymbol{Y}$ 通过时间依赖的非线性基函数的加权线性组合近似，即

$$y_t^d = h^d(\varphi(t), \boldsymbol{\omega}^d) = \boldsymbol{\Phi}_{\varphi(t)}^{\mathrm{T}} \boldsymbol{\omega}^d + \varepsilon_y \tag{7-120}$$

式中，$\boldsymbol{\Phi}_{\varphi(t)} \in \mathbf{R}^{1 \times B^d}$ 为 $B^d$ 个基函数的行向量；$\boldsymbol{\omega}^d \in \mathbf{R}^{B \times 1}$；$\varepsilon_y$ 为独立同分布的高斯噪声。这个线性系统有封闭形式的解，权值 $\boldsymbol{\omega}^d$ 可以通过简单的线性回归（即最小二乘法）找到。

完整的潜在模型由每个维度的聚合权值组成，即

$$\boldsymbol{\omega} = [\boldsymbol{\omega}^{1_{\mathrm{T}}}, \cdots, \boldsymbol{\omega}^{D_{\mathrm{T}}}] \in \mathbf{R}^{1 \times B} \tag{7-121}$$

式中，$B = \sum_{d=1}^{D} B^d$；$\boldsymbol{y}_t = h(\varphi(t), \boldsymbol{\omega})$。基函数的时间依赖性和非线性函数 $h(\bullet)$ 不是基于绝对时间 $t$，而是基于相对相位值 $\varphi(t)$，从而使得在不同速度下的运动的空间轨迹保持一致。

因此，贝叶斯交互基元不仅是一种模型，更是一种框架，用于理解和预测在不确定和动态环境中多智能体之间的复杂互动。这种方法的强大之处在于它将时间和空间的不确定性整合在一起，从而提供了一种更为全面和精确的方式来分析和响应环境中的变化，从理论上为动态互动系统的建模和分析提供了一种新的视角。对于时空推断这个问题，状态向量必须扩展以考虑时间项。用增广状态向量 $\boldsymbol{s} = [\varphi, \dot{\varphi}, \boldsymbol{\omega}]$ 和以下定义来表示这个洞察：

$$p(\boldsymbol{s}_t \mid \boldsymbol{Y}_{1:t}, \boldsymbol{s}_0) \propto p(\boldsymbol{y}_t \mid \boldsymbol{s}_t) p(\boldsymbol{s}_t \mid \boldsymbol{Y}_{1:t-1}, \boldsymbol{s}_0) \tag{7-122}$$



需要注意的是，虽然权值本身是与互动无关且时间不变的，但对权值的估计是随时间变化的。也就是说，每次整合一个新的传感器观测时，对潜在模型的估计都会更新。通过如下两步递归滤波器计算后验：状态预测，其中状态根据系统动力学向前传播 $p(\boldsymbol{s}_t \mid \boldsymbol{Y}_{1:t-1}, \boldsymbol{s}_0)$，并在测量更新中将最新的传感器观测纳入预测状态 $p(\boldsymbol{y}_t \mid \boldsymbol{s}_t)$。应用马尔可夫假设，状态预测密度可以定义为

$$p(\boldsymbol{s}_t \mid \boldsymbol{Y}_{1:t-1}, \boldsymbol{s}_0) = \int p(\boldsymbol{s}_t \mid \boldsymbol{s}_{t-1}) p(\boldsymbol{s}_{t-1} \mid \boldsymbol{Y}_{1:t-1}, \boldsymbol{s}_0) \mathrm{d}\boldsymbol{s}_{t-1} \tag{7-123}$$

进一步假设递归过程中产生的所有误差估计都符合高斯分布，即 $p(\boldsymbol{s}_t \mid \boldsymbol{Y}_{1:t}, \boldsymbol{s}_0) = \mathcal{N}(\boldsymbol{\mu}_{t|t}, \boldsymbol{\Sigma}_{t|t})$ 和 $p(\boldsymbol{s}_t \mid \boldsymbol{Y}_{1:t-1}, \boldsymbol{s}_0) = \mathcal{N}(\boldsymbol{\mu}_{t|t-1}, \boldsymbol{\Sigma}_{t|t-1})$。然而与以前不同的是，状态中的时间项确实会随时间演变。为简单起见，假设状态根据一个线性恒速模型演变，即

$$\begin{cases} \boldsymbol{\mu}_{t|t-1} = \underbrace{\begin{bmatrix} 1 & \Delta t & \ldots & 0 \\ 0 & 1 & \ldots & 0 \\ \vdots & \vdots & & \vdots \\ 0 & 0 & \ldots & 1 \end{bmatrix}}_{G} \boldsymbol{\mu}_{t-1|t-1} \\ \boldsymbol{\Sigma}_{t|t-1} = \boldsymbol{G} \boldsymbol{\Sigma}_{t-1|t-1} \boldsymbol{G}^{\top} + \underbrace{\begin{bmatrix} \boldsymbol{\Sigma}_{\varphi,\dot{\varphi}} & \ldots & 0 \\ \vdots & & \vdots \\ 0 & \ldots & 1 \end{bmatrix}}_{Q_t} \end{cases} \tag{7-124}$$

式中，$\boldsymbol{Q}$ 为与状态转换更新相关的过程噪声。相位和相位速度之间的噪声相关性 $\boldsymbol{\Sigma}_{\varphi,\dot{\varphi}}$ 由分段或连续的一阶白噪声模型确定，例如

$$\boldsymbol{\Sigma}_{\varphi,\dot{\varphi}}=\begin{bmatrix}\dfrac{\Delta t^4}{4} & \dfrac{\Delta t^3}{3}\\ \dfrac{\Delta t^3}{3} & \Delta t^2\end{bmatrix}\sigma_{\varphi}^2 \tag{7-125}$$

现在观测函数 $h(\bullet)$ 相对于状态变量 $\varphi$ 是非线性的，并且必须通过泰勒展开线性化，即

$$\boldsymbol{H}_t=\frac{\partial h(\boldsymbol{s}_t)}{\partial s_t}=\begin{bmatrix}\dfrac{\partial \boldsymbol{\Phi}_{\varphi}^{\mathrm{T}}\boldsymbol{\omega}^1}{\partial\varphi} & 0 & \boldsymbol{\Phi}_{\varphi} & \cdots & 0\\ \vdots & \vdots & \vdots & & \vdots\\ \dfrac{\partial \boldsymbol{\Phi}_{\varphi}^{\mathrm{T}}\boldsymbol{\omega}^D}{\partial\varphi} & 0 & 0 & \cdots & \boldsymbol{\Phi}_{\varphi}\end{bmatrix} \tag{7-126}$$

需要注意的是，因为增广状态现在包括相位 $\varphi$，观测函数 $h(\boldsymbol{s})$ 是 $\boldsymbol{s}$ 的简单函数，以减少符号杂乱。现在可以通过计算创新协方差以及决定观测应该被多重权值的卡尔曼增益来整合测量，即

$$\begin{cases}\boldsymbol{S}_t=\boldsymbol{H}_t\boldsymbol{\Sigma}_{t|t-1}\boldsymbol{H}_t^{\mathrm{T}}+\boldsymbol{R}_t\\ \boldsymbol{K}_t=\boldsymbol{\Sigma}_{t|t-1}\boldsymbol{H}_t^{\mathrm{T}}\boldsymbol{S}_t^{-1}\end{cases} \tag{7-127}$$



式中，$\boldsymbol{R}_t$ 为与传感器观测 $\boldsymbol{y}_t$ 相关的高斯测量噪声。这使得后验分布的参数计算成为可能，有

$$\begin{cases}\boldsymbol{\mu}_{t|t}=\boldsymbol{\mu}_{t|t-1}+\boldsymbol{K}_t(\boldsymbol{y}_t-h(\boldsymbol{\mu}_{t|t-1}))\\ \boldsymbol{\Sigma}_{t|t}=(I-\boldsymbol{K}_t\boldsymbol{H}_t)\boldsymbol{\Sigma}_{t|t-1}\end{cases} \tag{7-128}$$

先前模型 $\boldsymbol{s}_0=[\varphi_0,\dot{\varphi}_0,\boldsymbol{\omega}_0]$ 是从一组初始演示中计算出来的。也就是说，给定 $N$ 次演示的潜在模型 $\boldsymbol{W}=[\boldsymbol{\omega}_1^{\mathrm{T}},\cdots,\boldsymbol{\omega}_N^{\mathrm{T}}]$，将 $\boldsymbol{\omega}_0$ 定义为简单的每个自由度的算术平均值，为

$$\boldsymbol{\omega}_0=\left[\frac{1}{N}\sum_{i=1}^{N}\boldsymbol{\omega}_i^1,\cdots,\frac{1}{N}\sum_{i=1}^{N}\boldsymbol{\omega}_i^D\right] \tag{7-129}$$

初始相位 $\varphi_0$ 在假设所有互动都从开始时设置为 0。初始相位速度 $\dot{\varphi}_0$ 是每次演示相位速度的算术平均值，即

$$\dot{\varphi}_0=\frac{1}{N}\sum_{i=1}^{N}\frac{1}{T_i} \tag{7-130}$$

式中，$T_i$ 为第 $i$ 次演示的长度。先前密度定义为 $p(\boldsymbol{s}_0)=\mathcal{N}(\boldsymbol{\mu}_0,\boldsymbol{\Sigma}_0)$，式中，

$$\begin{cases}\boldsymbol{\mu}_0=\boldsymbol{s}_0\\ \boldsymbol{\Sigma}_0=\begin{bmatrix}\boldsymbol{\Sigma}_{\varphi,\varphi} & 0 & 0\\ 0 & \boldsymbol{\Sigma}_{\dot{\varphi},\dot{\varphi}} & 0\\ 0 & 0 & \boldsymbol{\Sigma}_{\boldsymbol{W},\boldsymbol{W}}\end{bmatrix}\end{cases} \tag{7-131}$$

并且 $\boldsymbol{\Sigma}_{\varphi,\varphi}$ 为演示相位的样本方差，$\boldsymbol{\Sigma}_{\dot{\varphi},\dot{\varphi}}$ 为相位速度的样本方差，$\boldsymbol{\Sigma}_{W,W}$ 为基础权重的样本协方差。测量噪声 $\boldsymbol{R}$ 通过以下封闭形式的解决方案从一组初始演示中计算出来：

$$\boldsymbol{R}=\frac{1}{N}\sum_{i}^{N}\frac{1}{T_i}\sum_{t}^{T_i}(\boldsymbol{y}_t-h(\varphi(t),\boldsymbol{\omega}_i))^2 \tag{7-132}$$

这个值等同于回归拟合的均方误差，基函数在每次演示中都经过回归拟合。从直觉上讲，这代表了数据围绕回归的方差，并且捕获了与观测相关的近似误差和传感器噪声。

利用贝叶斯交互基元学习多模态信息如图 7-17 所示，从多个传感器中获取多模态数据用于贝叶斯交互基元学习，以进行时间推理、空间推理和参考控制，同时可以结合导纳控制器解决可能出现的误差。

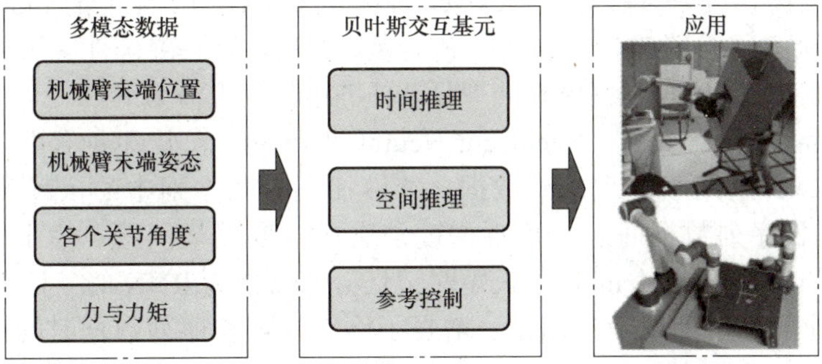


图 7-17　利用贝叶斯交互基元学习多模态信息



## 7.3　机器人深度学习智能控制与应用

随着人工智能技术的迅猛发展，深度学习和机器人技术的融合正在引领一场新的技术革命。机器人技术已经取得了显著进步，从简单的自动化机械臂到现在具备高度智能化、能自主感知和决策的复杂系统，机器人正在改变各行各业的面貌。而深度学习作为人工智能的核心技术，赋予了机器人更强大的学习和适应能力，使其在动态和复杂环境中能够执行更复杂的任务。

深度学习是机器学习的子领域之一。深度学习基于人工神经网络，通过多层神经网络对输入数据进行逐层抽象和表示学习，从而实现对复杂数据结构和非线性关系的建模。深度学习模型通常包含多个隐藏层，每个隐藏层都有许多神经元，这些神经元通过权值连接，模拟了生物神经元之间的信号传递过程。通过大量的训练数据和合适的优化算法，深度学习模型可以自动学习到输入数据中的高层次特征，从而实现对复杂任务的高效解决。

本节首先从深度学习的发展历程和框架展开，然后详细介绍 YOLO（You Only Look Once，你只看一眼）算法，并将其用在机械臂对涡轮发动机相关部件的抓取中。

### 7.3.1　深度学习的发展历程

深度学习的发展是一个不断演进和突破的过程，始于 20 世纪的简单神经网络概念。最早的神经网络可以追溯到 20 世纪 40 年代和 50 年代，当时的研究主要集中在简单的线性感知器上。这些早期的神经网络模型仅包含一个输入层和一个输出层，能够处理的任务非常有限。然而，这一时期的研究为人工智能的发展奠定了基础，提出了许多重要的概念和方法。1986 年，Rumelhart 等人提出了 BP 算法，这是深度学习历史上的一个重要里程碑。BP 算法通过将误差从输出层传播回输入层来更新神经网络中的权值，使得多层神经网络的训练成为可能。这一算法的引入极大地提高了神经网络的训练效率，推动了神经网络的发展。1989 年，LeCun 等人提出了 CNN（Convolutional Neural Networks，卷积神经网络）。CNN 通过卷积操作提取局部特征，具有局部连接和权值共享等特点，特别适用于处理图像等高维数据。CNN 的出现极大地提升了计算机视觉的性能，成为了图像识别、目标检测等任务中的核心技术。

使深度学习真正引发广泛关注的是 2012 年的 ImageNet 大规模图像分类比赛。Krizhevsky 等人提出了一种名为 AlexNet 的深度 CNN。在当年的 ImageNet 比赛中，AlexNet 大幅度提高了分类准确率，远超其他参赛方法。这一突破性成果标志着深度学习领域的革命，证明了深度神经网络在处理复杂任务中的巨大潜力。

随着研究的深入，RNN（Recurrent Neural Networks，循环神经网络）逐渐进入人们的视野。RNN 适用于处理序列数据，能够捕捉时间序列中的依赖关系。然而，传统 RNN 在处理长序列数据时容易出现梯度消失或梯度爆炸问题。为了解决这一问题，LSTM（Long Short-Term Memory，长短时记忆）网络作为 RNN 的一种改进，通过引入门结构，有效地解决了梯度消失问题，增强了网络处理长序列数据时的性能。2014 年，Goodfellow 等人提出了 GAN（Generative Adversarial Networks，生成对抗网络），这是一种基于对抗训练的生成模型。GAN 由生成器和判别器组成，通过对抗训练使生成器学会生成逼真的数据。GAN 在图像生成、文本生成等领域表现出强大的能力，开辟了生成模型的新方向。2017 年，Vaswani 等人提出了 Transformer 模型，这一模型摒弃了传统的 RNN 和 CNN 结构，完全基于自注意力（Self-Attention）机制。Transformer 模型在自然语言处理等领域取得了突破性成果，极大地提升了机器翻译、文本生成等任务的性能，标志着深度学习进入了一个新的阶段。从 2018 年开始，大型预训练模型在自然语言处理领域成为主流方法。BERT（Bidirectional Encoder Representations from Transformers，Transformer 的双向编码器表示）通过双向 Transformer 编码器学习更丰富的上下文信息，大幅提升了各种自然语言处理任务的性能。而 GPT（Generative Pre-Trained，生成式预训练）Transformer 则采用单向 Transformer 解码器进行预训练，表现出强大的生成能力。这些大型预训练模型的出现，使得深度学习在各种应用领域展现出更大的潜力和可能性。



总体而言，深度学习从早期的简单神经网络，经过 BP 算法、CNN、RNN、GAN 到 Transformer 模型和大型预训练模型的兴起，一步步推动了人工智能技术的进步，成为人工智能领域的核心技术之一，广泛应用于计算机视觉、自然语言处理、语音识别、推荐系统等多个方面。随着深度学习技术的进一步发展，更多创新应用将不断涌现，改变我们的工作和生活方式。

### 7.3.2 深度学习框架

深度学习框架即一个工具包或库，它为构建、训练和部署深度学习模型提供了一整套功能和接口。深度学习框架简化了模型开发的复杂过程，使研究人员和开发者能够更高效地构建、训练和应用深度神经网络。如图 7-18 所示，主流深度学习框架有很多，国外有谷歌的 TensorFlow、脸书的 PyTorch、亚马逊的 MXNet 及微软的 CNTK 等，国内有百度的飞桨、华为的昇思（Mindspore）和清华的计图（Jittor）等。

图 7-18　主流深度学习框架

深度学习框架的出现降低了深度学习入门的门槛，我们不再需要从复杂的神经网络开始编代码，可以依据需要使用已有的模型，模型的参数由训练得到，也可以在已有模型的基础上增加层，或者是在顶端选择需要的分类器和优化算法（如常用的梯度下降法）。当然也正因如此，没有什么框架是完美的，所以不同的框架适用的领域不完全一致。

### 1. 深度学习框架的核心组件

（1）张量

张量（Tensor）是所有深度学习框架中最核心的组件，因为后续所有运算和优化算法都是基于张量进行的。几何代数中定义的张量是基于向量和矩阵的推广，通俗地讲，可以将标量视为零阶张量，矢量视为一阶张量，那么矩阵就是二阶张量。



举例来说，我们可以将任意一张 RGB（红绿蓝）彩色图片表示成一个三阶张量（三个维度分别是图片的高度、宽度和色彩数据）。图 7-19 所示为张量处理及表示，一张普通的蔬菜水果图像（见图 7-19a）按照 RGB 三原色表示，可以拆分为三张红色、绿色和蓝色的灰度图像（见图 7-19b），将这种表示方法用张量的形式写出来，如图 7-19c 所示。

a) 蔬菜水果图像

b) 灰度图像

| | 0 | 1 | 2 | 3 | 4 | 5 | 6 | 7 | 8 | 9 | ... | 310 | 311 | 312 | 313 | 314 | 315 | 316 |
|---|---|---|---|---|---|---|---|---|---|---|---|---|---|---|---|---|---|---|
| 0 | [1.0, 1.0, 1.0] | [1.0, 1.0, 1.0] | [1.0, 1.0, 1.0] | [1.0, 1.0, 1.0] | [1.0, 1.0, 1.0] | [1.0, 1.0, 1.0] | [1.0, 1.0, 1.0] | [1.0, 1.0, 1.0] | [1.0, 1.0, 1.0] | [1.0, 1.0, 1.0] | ... | [1.0, 1.0, 1.0] | [1.0, 1.0, 1.0] | [1.0, 1.0, 1.0] | [1.0, 1.0, 1.0] | [1.0, 1.0, 1.0] | [1.0, 1.0, 1.0] | [1.0, 1.0, 1.0] |
| 1 | [1.0, 1.0, 1.0] | [1.0, 1.0, 1.0] | [1.0, 1.0, 1.0] | [1.0, 1.0, 1.0] | [1.0, 1.0, 1.0] | [1.0, 1.0, 1.0] | [1.0, 1.0, 1.0] | [1.0, 1.0, 1.0] | [1.0, 1.0, 1.0] | [1.0, 1.0, 1.0] | ... | [1.0, 1.0, 1.0] | [1.0, 1.0, 1.0] | [1.0, 1.0, 1.0] | [1.0, 1.0, 1.0] | [1.0, 1.0, 1.0] | [1.0, 1.0, 1.0] | [1.0, 1.0, 1.0] |
| 2 | [1.0, 1.0, 1.0] | [1.0, 1.0, 1.0] | [1.0, 1.0, 1.0] | [1.0, 1.0, 1.0] | [1.0, 1.0, 1.0] | [1.0, 1.0, 1.0] | [1.0, 1.0, 1.0] | [1.0, 1.0, 1.0] | [1.0, 1.0, 1.0] | [1.0, 1.0, 1.0] | ... | [1.0, 1.0, 1.0] | [1.0, 1.0, 1.0] | [1.0, 1.0, 1.0] | [1.0, 1.0, 1.0] | [1.0, 1.0, 1.0] | [1.0, 1.0, 1.0] | [1.0, 1.0, 1.0] |
| 3 | [1.0, 1.0, 1.0] | [1.0, 1.0, 1.0] | [1.0, 1.0, 1.0] | [1.0, 1.0, 1.0] | [1.0, 1.0, 1.0] | [1.0, 1.0, 1.0] | [1.0, 1.0, 1.0] | [1.0, 1.0, 1.0] | [1.0, 1.0, 1.0] | [1.0, 1.0, 1.0] | ... | [1.0, 1.0, 1.0] | [1.0, 1.0, 1.0] | [1.0, 1.0, 1.0] | [1.0, 1.0, 1.0] | [1.0, 1.0, 1.0] | [1.0, 1.0, 1.0] | [1.0, 1.0, 1.0] |

c) 张量数据

图 7-19　张量的处理及表示

图 7-19c 中只显示了前 3 行、316 列的数据，每个方格代表一个像素点，其中的数据 [1.0，1.0，1.0] 为颜色。假设用 [1.0，0，0] 表示红色，[0，1.0，0] 表示绿色，[0，0，1.0] 表示蓝色，那么如图 7-19c 所示，前面 3 行的数据全是白色。

将这一定义进行扩展，也可以用四阶张量表示一个包含多张图片的数据集，四个维度分别是图片在数据集中的编号，图片的高度、宽度和色彩数据。

将各种各样的数据抽象成张量表示，然后再输入神经网络模型进行后续处理，是一种非常必要且高效的策略。因为如果没有这一步骤，开发者就需要根据各种不同类型的数据组织形式定义各种不同类型的数据操作，这会浪费大量精力。更关键的是，当数据处理完成后，还可以方便地将张量再转换回想要的格式。例如 Python 的 NumPy 包中有 numpy.imread 和 numpy.imsave 两个方法，分别用来将图片转换成张量对象（即代码中的 Tensor 对象），和将张量再转换成图片保存起来。

（2）基于张量的操作

有了张量对象之后，下一步就是一系列针对这一对象的数学运算和处理过程。假设有一个大小为 $n_1 \times n_2 \times n_3$ 的张量 $\mathcal{X}$，可以得到三个方向的切片（Slice），每个切片实际上都是矩阵。不同于仅仅由行和列组成的矩阵，张量 $\mathcal{X}$有三个模态，对任意张量 $\mathcal{X} \in R^{n_1 \times n_2 \times n_3}$ 进行展开，将得到三个不同的模态展开矩阵，如下：

模态 1 展开矩阵（Mode–1 Unfolding）的大小为 $n_1 \times (n_2 n_3)$，表示为

$$\mathcal{X}_{(1)} = [\mathcal{X}(:,:,1), \mathcal{X}(:,:,2), \cdots, \mathcal{X}(:,:,n_3)] \in R^{n_1 \times (n_2 n_3)} \tag{7-133}$$



模态 2 展开矩阵（Mode–2 Unfolding）的大小为 $n_2 \times (n_1 n_3)$，表示为

$$\mathcal{X}_{(2)} = [\mathcal{X}(:,:,1)^{\mathrm{T}}, \mathcal{X}(:,:,2)^{\mathrm{T}}, \cdots, \mathcal{X}(:,:,n_3)^{\mathrm{T}}] \in R^{n_2 \times (n_1 n_3)} \tag{7-134}$$

模态 3 展开矩阵（Mode–3 Unfolding）的大小为 $n_3 \times (n_1 n_2)$，表示为

$$\mathcal{X}_{(3)} = [\mathcal{X}(:,1,:)^{\mathrm{T}}, \mathcal{X}(:,2,:)^{\mathrm{T}}, \cdots, \mathcal{X}(:,n_2,:)^{\mathrm{T}}] \in R^{n_3 \times (n_1 n_2)} \tag{7-135}$$

张量展开示意图如图 7-20 所示。

简单来说，整个神经网络都可以视为为了达到某种目的，针对输入张量进行一系列操作的过程。所谓的“学习”就是不断纠正神经网络的实际输出结果与预期结果之间误差的过程。这里的一系列操作包含的范围很宽，可以是简单的矩阵乘法，也可以是卷积、池化和 LSTM 等稍复杂的运算。各框架支持的张量操作通常也不尽相同，详细情况可以查看其官方文档。

需要注意的是，大部分的张量操作都是基于类实现的（而且是抽象类），并不是函数（这一点可能要归功于大部分的深度学习框架都是用面向对象的编程语言实现的）。这种实现思路一方面允许开发者将各种类似的操作汇总在一起，方便组织管理。另一方面也保证了整个代码的复用性、扩展性和对外接口的统一。总体上让整个框架更灵活且易于扩展，为将来的发展预留了空间。

（3）计算图

有了张量和基于张量的各种操作之后，下一步就是将各种操作整合起来，输出需要的结果。但不幸的是，随着操作种类和数量的增多，管理变得十分困难，各种操作之间的关

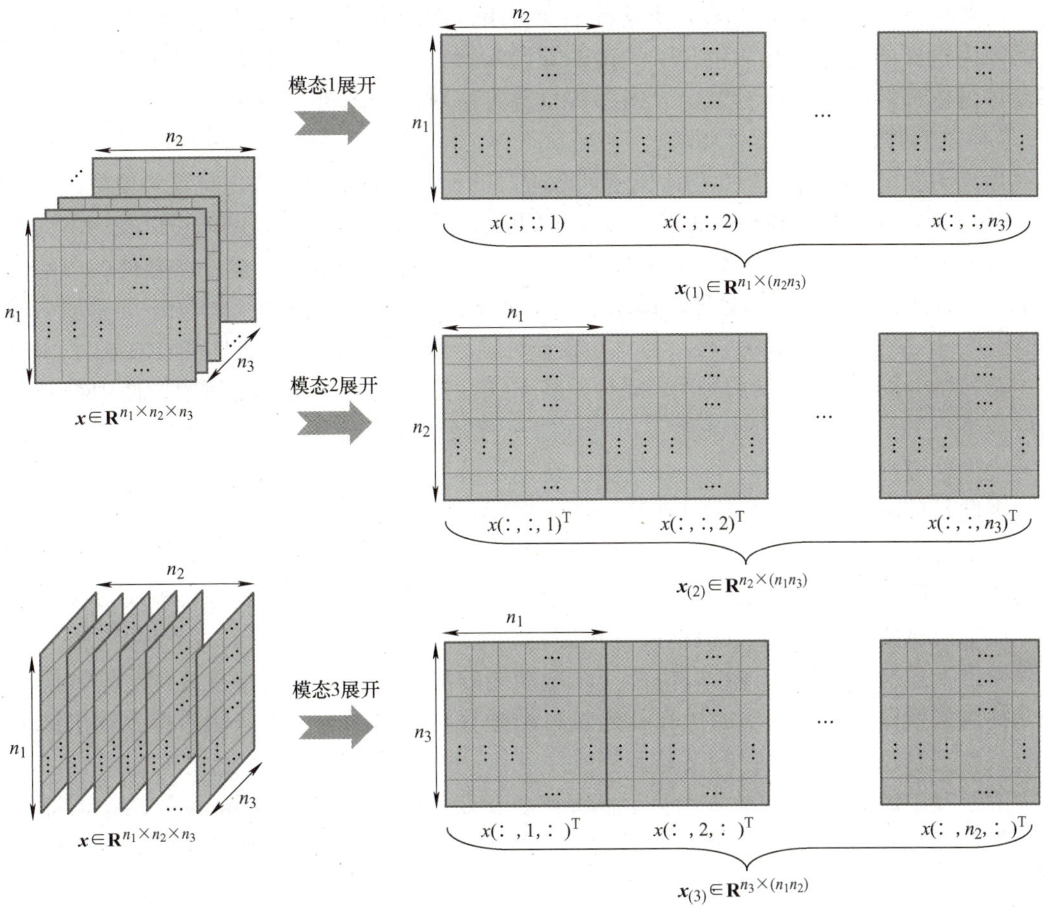


图 7-20　张量展开示意图

系变得比较难以理清，有可能引发各种意想不到的问题，例如多个操作之间应该并行还是顺次执行，如何协同各种不同的底层设备，以及如何避免各种类型的冗余操作等。这些问题有可能拉低整个深度学习网络的运行效率或者引入不必要的漏洞，而计算图（Computation Graph）正是为解决这一问题产生的。

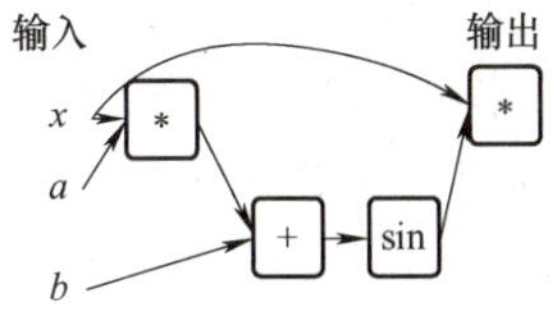


图 7-21　计算图

计算图首次被引入人工智能领域是在 2009 年。如图 7-21 所示，用不同的占位符 (*、+、sin) 构成操作节点，以字母 $x$、$a$、$b$ 构成变量节点，再以有向线段将这些节点连接起来，组成一个表征运算逻辑关系的清晰明了的图型数据结构，这就是最初的计算图。

随着技术的不断演进，加上脚本语言和低级语言各自不同的特点（概括地说，脚本语言建模方便但执行缓慢，低级语言则正好相反），业界逐渐形成了这样的一种开发框架：前端用 Python 等脚本语言建模，后端用 C++ 等低级语言执行（这里低级是就应用层而言），以此综合两者的优点。可以看到，这种开发框架大大降低了传统框架做跨设备计算时的代码耦合度，也避免了每次后端变动都需要修改前端的维护开销。而这里，在前端和后端之间起关键耦合作用的就是计算图。

需要注意的是，通常情况下开发者不会将用于中间表示得到的计算图直接用于模型构造，因为这样的计算图通常包含了大量的冗余求解目标，也没有提取共享变量，因而通常都会经过依赖性剪枝、符号融合、内存共享等方法对计算图进行优化。

（4）自动微分工具

计算图带来的另一个好处是让模型训练阶段的梯度计算变得模块化且更为便捷，也就是自动微分（Automatic Differentiation）法。正如前面提到的，因为神经网络可以视为由许多非线性过程组成的复杂的函数体，计算图则以模块化的方式完整表征了这一函数体的内部逻辑关系，所以微分这一复杂函数体，即求取模型梯度的方法就变成了在计算图中简单地从输入到输出进行一次完整遍历的过程。与自动微分对应，业内更传统的做法是符号微分。

符号微分即常见的求导分析。针对一些非线性过程或者大规模的问题，使用符号微分法的成本往往非常高，有时甚至不可行（即不可微）。因此，以上述迭代式的自动微分法求解模型梯度已经被广泛采用。并且由于自动微分可以成功应对一些符号微分不适用的场景，因此目前许多计算图程序包都已经预先实现了自动微分。

需要注意的是，每个节点处的导数只能相对于其相邻节点计算，因此实现了自动微分的模块一般都可以直接加入任意的操作类中，当然也可以被上层的微分大模块直接调用。

（5）BLAS、cuBLAS、cuDNN 等拓展包

通过上述所有模块已经可以搭建一个全功能的深度学习框架：将待处理数据转换为张量，针对张量施加各种需要的操作，通过自动微分对模型展开训练，然后得到输出结果开始测试。这时还缺什么呢？答案是运算效率。



由于此前的大部分实现都是基于高级语言（如 Java、Python、Lua 等）的，但即使是执行最简单的操作，高级语言也会比低级语言消耗更多的 CPU（中央处理器）周期，更何况是结构复杂的深度神经网络，因此运算缓慢就成了高级语言的一个天然缺陷。目前针对这一问题有如下两种解决方案。

第一种是模拟传统的编译器。就像传统编译器会把高级语言编译成特定平台的汇编语言以实现高效运行一样，这种方法将高级语言转换为 C 语言，然后在 C 语言的基础上进行编译、执行。为了实现这种转换，每一种张量操作的实现代码都会预先加入 C 语言的转换部分，然后由编译器在编译阶段将这些由 C 语言实现的张量操作综合在一起。目前 pyCUDA 和 Cython 等编译器都已经实现了这一功能。

第二种是前文提到的，利用脚本语言实现前端建模，用低级语言如 C++ 实现后端运行，这意味着高级语言与低级语言之间的交互都发生在框架内部，因此每次后端变动都不需要修改前端，也不需要完整编译（只需要通过修改编译参数进行部分编译），整体速度也就更快。

除此之外，由于低级语言的最优化编程难度很高，而且大部分的基础操作其实也都有公开的最优解决方案，因此另一个显著的加速手段就是利用现成的扩展包。例如最初用 Fortran（公式翻译器）实现的 BLAS（Basic Linear Algebra Subprograms，基础线性代数子程序）就是一个非常优秀的基本矩阵（张量）运算库，此外还有英特尔的 MKL（Math Kernel Library，数学内核库）等，开发者可以根据个人喜好灵活选择。值得一提的是，一般的 BLAS 只是针对普通的 CPU 场景进行优化，但目前大部分的深度学习模型都已经开始采用并行 GPU（图形处理器）的运算模式，因此利用如英伟达推出的针对 GPU 优化

的 cuBLAS 和 cuDNN 等更具针对性的库可能是更好的选择。

### 2. 深度学习框架的选择

选择深度学习框架时，需要根据具体需求和使用场景决定。

谷歌的 TensorFlow 可以说是最受欢迎的开源深度学习框架，可用于各类深度学习相关的任务。Tensor 即张量，代表 $N$ 维数组；Flow 即流，代表基于数据流图的计算。TensorFlow 作为谷歌开发和维护的深度学习框架，广泛应用于企业和研究机构。其主要优势在于支持多种编程语言，包括 Python、JavaScript、C++、Java、Go、C# 和 Julia，极大地提高了开发的灵活性。此外，TensorFlow 具有强大的跨平台能力，能够在 IOS 和 Android 等移动平台上运行模型。这种多样性的支持使其成为适合大规模分布式计算的理想工具。借助谷歌的强大支持，TensorFlow 拥有丰富的社区资源和强大的生态系统，如 TensorBoard（可视化工具）和 TensorFlow Lite（移动和嵌入式设备），为用户提供了稳定的开发和维护保障。尽管 TensorFlow 功能强大，但其学习曲线相对陡峭。用户需要编写大量代码，并深入理解神经网络结构和数据处理。此外，TensorFlow 采用静态计算图的方式，需要用户先定义计算图再运行计算，若需修改架构，则需要重新训练模型。这种方法尽管提高了计算效率，但在模型开发和调试过程中可能会增加复杂性。

PyTorch 是脸书团队发布的一个深度学习框架，以其动态计算图的特性著称，极大地方便了模型开发和调试。其代码风格简洁，贴近 Python 编程风格，使其易于上手和使用。PyTorch 在学术界和研究社区中应用广泛，成为许多前沿研究的基础框架。此外，PyTorch 的 TorchScript 功能支持模型导出和部署，方便在生产环境中使用。但 PyTorch 在处理大规模数据和复杂模型时，可能不如 TensorFlow 的静态计算图模式高效。



Keras 是一个对初学者非常友好且简单的深度学习框架。想快速入门深度学习，Keras 是不错的选择。Keras 以其简单易用的 API（应用程序接口）设计受到广泛欢迎，非常适合初学者快速上手。其简洁的界面便于快速构建和测试模型，使快速原型设计变得轻松。Keras 还具有很强的兼容性，可以运行在 TensorFlow、Theano 等多种后端上，进一步增强了其灵活性。尽管 Keras 简单易用，但在复杂模型和自定义操作上灵活性较差。处理大规模数据和复杂模型时，性能可能不如其他框架。此外，Keras 的许多高级功能依赖后端实现，可能在某些情况下受到限制。

MXNet 最早由多伦多大学的加拿大神经计算组开发，其核心思想是将计算表示为 DAG（有向无环图），并利用这种抽象表示来构建和优化深度神经网络。MXNet 在多 GPU 和分布式计算中表现优异，以高性能著称。MXNet 支持混合编程（命令式和符号式），用户可以动态修改计算图，增加了开发的灵活性；还支持多种编程语言，如 Python、Scala、Julia 等，极大地扩展了其应用范围。得益于 AWS（亚马逊云服务）的支持，MXNet 在云端部署方面具有显著优势。但 MXNet 社区和生态系统相对较小，文档和资源较为有限。熟练使用需要一定时间，特别是对于没有分布式计算经验的用户。此外，MXNet 在研究和工业界的使用率较低，可能在某些应用场景中不如其他框架流行。

Caffe 是一个兼具表达性、速度和思维模块化的深度学习框架，由伯克利人工智能研究小组与伯克利视觉和学习中心开发。Caffe 在图像处理任务上表现出色，以快速和高效的性能著称。Caffe 的模块化设计便于扩展和修改，适合需要高性能图像处理的应用。Caffe 拥有丰富的预训练模型和社区资源，为用户提供了多样的工具和支持。但其灵活性较差，不适合动态计算图和复杂模型的开发。此外，Caffe 的开发更新较少，社区活跃度不高。相对于其他框架，Caffe 的学习曲线较陡，不适合初学者。

上述五大主流深度学习框架对比见表 7-4。

表 7-4　五大主流深度学习框架对比

| 框架 | 开发语言 | 灵活性 | 文档 | 适合模型 | 难易度 |
|---|---|---|---|---|---|
| TensorFlow | C++/python/CUDA | 好 | 中等 | CNN/RNN/ 强化学习 | 困难 |
| PyTorch | C/Lua/CUDA | 好 | 全面 | CNN/RNN | 中等 |
| Keras | C++/python/CUDA | 好 | 全面 | CNN/RNN | 较易 |
| MXNet | C++/CUDA | 好 | 全面 | CNN | 中等 |
| Caffe | C++/CUDA | 较差 | 中等 | CNN | 中等 |

基于具体项目需求和技术背景选择合适的深度学习框架应。TensorFlow 适合需要企业级解决方案的大规模项目；PyTorch 在研究和原型设计中表现突出；Keras 是初学者和快速开发的理想选择；MXNet 适用于需要高性能计算的场景；对于特定图像处理任务，Caffe 提供了高效的解决方案。根据具体情况选择最适合的框架，将有助于提升开发效率和项目成功率。

## 7.3.3　经典深度学习算法介绍



YOLO 是一种实时目标检测算法，由 Joseph Redmon 等人在 2016 年提出。YOLO 的设计理念是将目标检测问题视为回归问题，通过一个单一的神经网络直接从图像中预测目标边界框和类别。与传统目标检测方法不同，YOLO 在一个单一的前向传播过程中完成目标检测，极大地提高了检测速度。

### 1. 目标检测方法简介

本小节主要讲述经典深度学习算法 YOLO 系列各个版本的原理，讲 YOLO 算法的原理之前，首先来看深度学习的两种经典的检测方法。

①单阶段（One-stage）：代表为 YOLO 系列。

②两阶段（Two-stage）：代表为 Faster-RCNN 和 Mask-RCNN 系列。

两阶段和单阶段有什么区别呢？从整体上理解，单阶段的就是一步到位，即输入一个图像，经过一系列转化，最终得到一个输出结果；两阶段相较于单阶段多了一些中间步骤，即输入一个原始图像，先得到一些中间值，最后输出结果，更形象地表述为，假设要选择一个人代表学校比赛，两阶段就类似于先在学校的各个班级找一些好苗子，再从这些好苗子中选择一个最优秀的。单阶段和两阶段检测方法对比如图 7-22 所示。

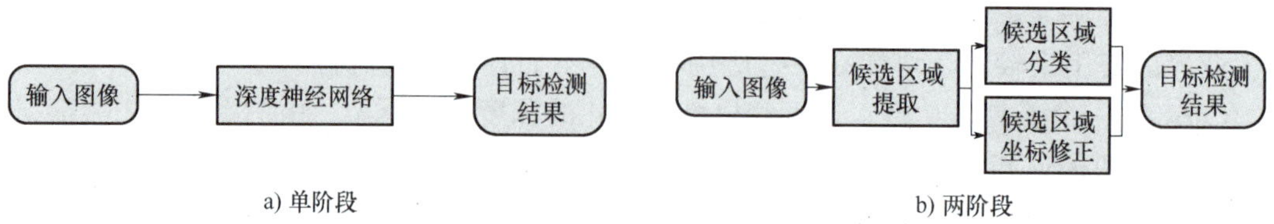


图 7-22　单阶段和两阶段检测方法对比

单阶段检测没有中间过程，所以其优势是速度非常快，适合做实时检测任务，但效果往往不会太好，两阶段与之相反。当然，评价模型算法的优劣还是要用数据展示，评价的参数有很多，如 mAP、IOU、precision（精度）、recall（召回率，又称查全率）等。

IOU 表示真实值和预测值的交集 (Area of Overlap）占真实值和预测值的并集（Area of Union）的比例，即 IOU 的计算公式为

$$\text{IOU}=\frac{\text{真实值和预测值的交集}}{\text{真实值和预测值的并集}} \tag{7-136}$$

通俗地讲，IOU 表示真实值和预测值的重叠部分，重叠部分越多，IOU 越大，检测的效果就越好。

precision 和 recall 的计算公式分别为

$$\text{precision}=\frac{\text{TP}}{\text{TP}+\text{FP}} \tag{7-137}$$

$$\text{recall}=\frac{\text{TP}}{\text{TP}+\text{FN}} \tag{7-138}$$

式中，T 即 Ture，为正确的判断；F 即 False，为错误的判断；P 即 Positives，为正类（表示需要检测目标）；N 即 Negatives，为负类；TP 表示判断正确，把正类判断成正类；FP 表示判断错误，把负类判断成正类；FN 表示判断错误，把正类判断成负类；TN 表示判断正确，把负类判断成负类；precision 表示分类的准确性，它等于正类分类正确与正类分类正确和错误的比值；recall 表示正类分类正确与正类分类正确和把正类判断成负类的比值。

下面通过一个例子进行解释。已知某个班级有 40 人，其中男生 30 人，女生 10 人；目标是从中找出所有女生；结果为挑选了 15 人才找出 10 名女生，即错误地挑选出 5 名男生。

由此可得，TP=10，即把女生判断成女生，这里为找到 10 名女生；FP=5，即把男生判断成女生，这里为错误地选出 5 名男生；FN=0，即把女生判断成男生，这里为 0；TN=25，即把男生判断成男生，这里为没选出来的 25 名男生。

求出 TP、FP、FN，代入式（7-137）和式（7-138）即可求出 precision 和 recall。

precision 和 recall 两个指标都可以表示检测的效果，为了综合表示检测效果，产生了 mAP。AP 事实上指的是，取不同的置信度，可以获得不同的 precision 和不同的 recall，当置信度足够密集时，就可以获得非常多的 precision 和 recall，利用不同 precision 和 recall 的点的组合画出曲线，下面的面积即为 AP 的大小。

AP 衡量的是对一个类检测好坏，mAP 就是对多个类的检测好坏。计算方法就是把所有类的 AP 值取平均。例如有两类，类 A 的 AP 值是 0.6，类 B 的 AP 值是 0.4，那么 $\text{mAP}=(0.6+0.4)/2=0.5$。

### 2. YOLO 算法介绍

YOLO 算法的核心思想是将输入图像划分为 $S\times S$ 的网格，每个网格负责检测一个或多个目标。如果某个目标的中心落在某个网格中，那么该网格就负责预测该目标的边界框和类别。YOLO 网络的输出是一个 $S\times S\times(B\times 5+C)$ 的张量，其中 $B$ 是每个网格预测的边界框数量，5 表示每个边界框的 4 个坐标值和 1 个置信度得分，$C$ 是类别数量。下面以 YOLOv5 为例展开介绍，其网络架构如图 7-23 所示。

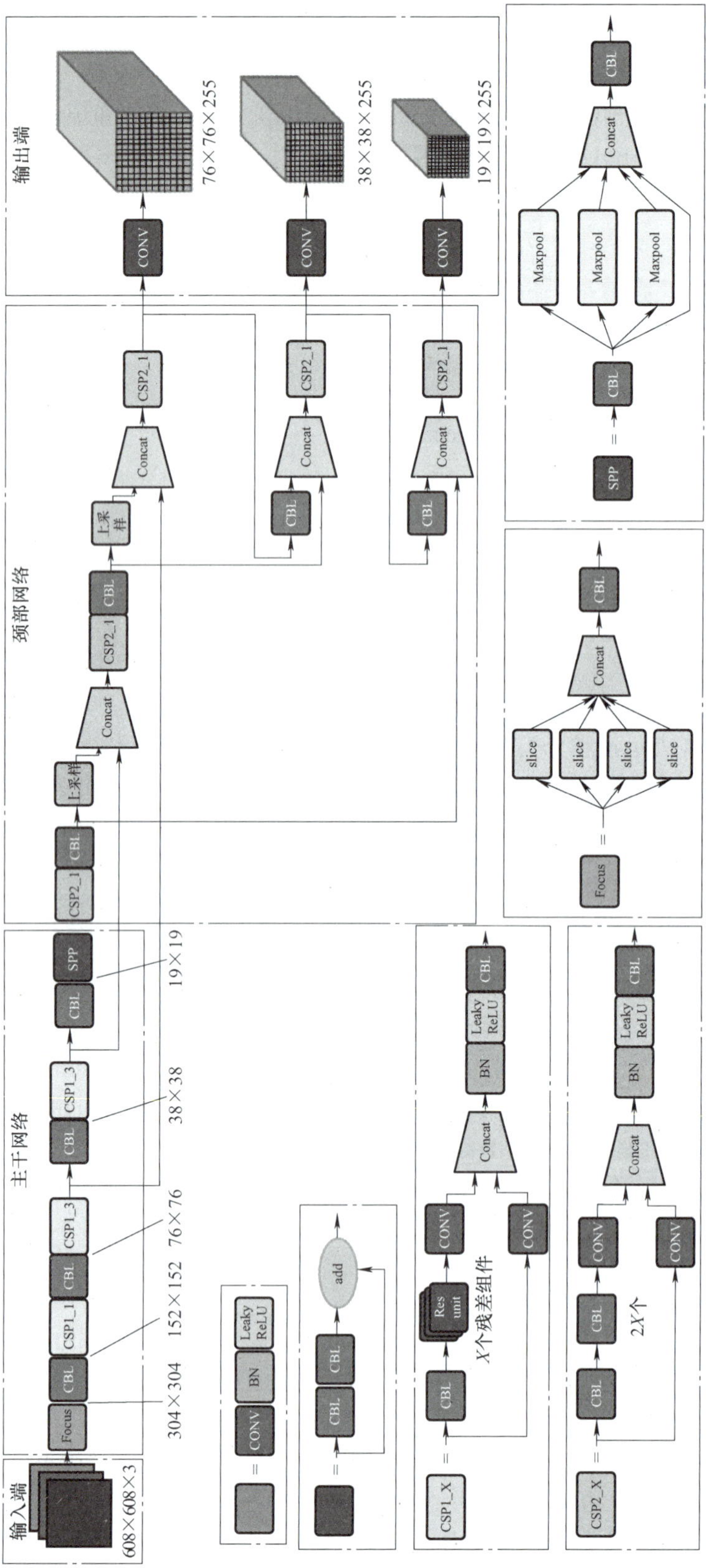


图 7-23 YOLOv5 网络架构

YOLOv5 官方代码中，目标检测的网络有四种模型，包括 YOLOv5s、YOLOv5m、YOLOv5l、YOLOv5x，其参数数量和尺寸逐次增加，这里以 YOLOv5s 的网络结构为主。

（1）输入端

1）Mosaic 数据增强。YOLOv5 的输入端使用的是 Mosaic 数据增强，如图 7-24 所示。该方式是参考 CutMix 数据增强的方式，CutMix 数据增强只是对两张图片进行一定的拼接，而 Mosaic 数据增强是以随机缩放、裁剪和排布对四张图片进行随机拼接，形势更加随机，训练效果也更加完美。

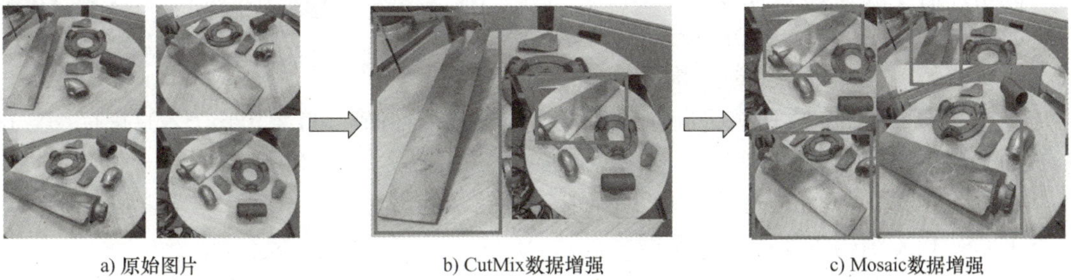


图 7-24　Mosaic 数据增强

Mosaic 数据增强主要有如下两个优点。

①丰富数据集：对四张图片进行随机缩放，再进行随机分布和拼接，极大增大了检测数据集，提高了网络的鲁棒性。

②减少 GPU：进行 Mosaic 增强训练时，可直接对四张图片的数据进行计算，仅需一个 GPU 就可以实现很好的训练效果。

2）自适应锚框计算。YOLO 算法训练数据集时，通常需要对初始锚框进行长宽的设定。

3）自适应图片缩放。自适应图片缩放如图 7-25 所示。由于目标检测算法数据集的训

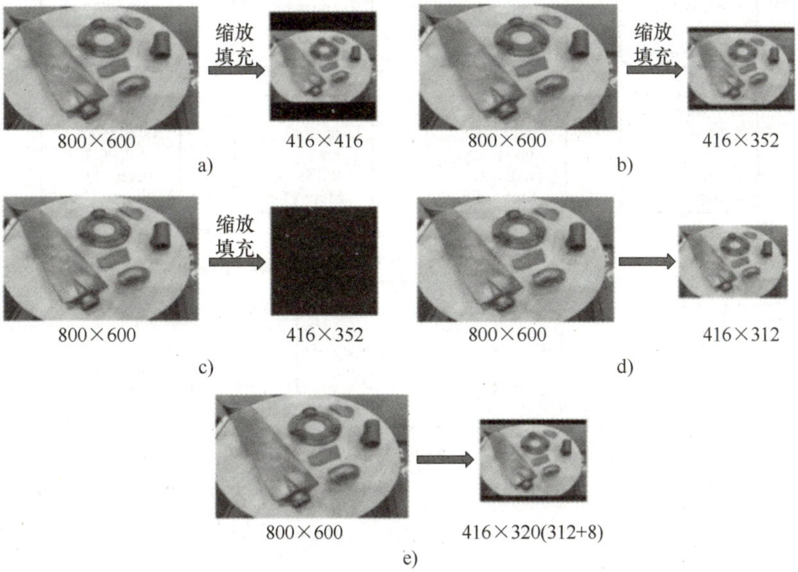


图 7-25　自适应图片缩放

练往往需要统一分辨率，因此需要先对原始的图片进行缩放，然后再进行训练。如图 7-25a 所示，即为对长 × 宽为 800 × 600 的图像进行的变换，最终生成长 × 宽为 416 × 416 的图像并送入 YOLO 检测算法中。

（2）主干网络

1）Focus 结构。Focus 结构是 YOLOv5 中新增的结构，其核心是切片操作。图 7-26 所示为 Focus 结构的切片操作示意图，4 × 4 × 3 的图像切片后变成 2 × 2 × 12 的特征图。

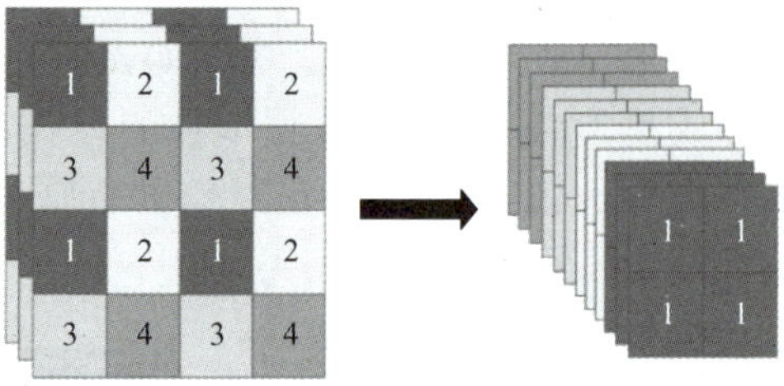

图 7-26　Focus 结构的切片操作示意图

如图 7-27 所示，在 YOLOv5s 的网络结构下，将原始图像输入 Focus 结构，然后进行切片操作，再由 32 个卷积核进行一次卷积操作，最终得到 304 × 304 × 32 的特征图，即为 Focus 结构的切片操作流程。

2）CSP 结构。YOLOv5 中有如下两种 CSP 的结构。

① CSP1_X 结构主要用于主干网络。

② CSP2_X 结构主要用于颈部网络。

该模块主要有如下三方面的优点。

①增强深度学习模块的学习能力，使其在保证准确性的前提下轻量化。

②降低计算瓶颈。

③降低内存成本。



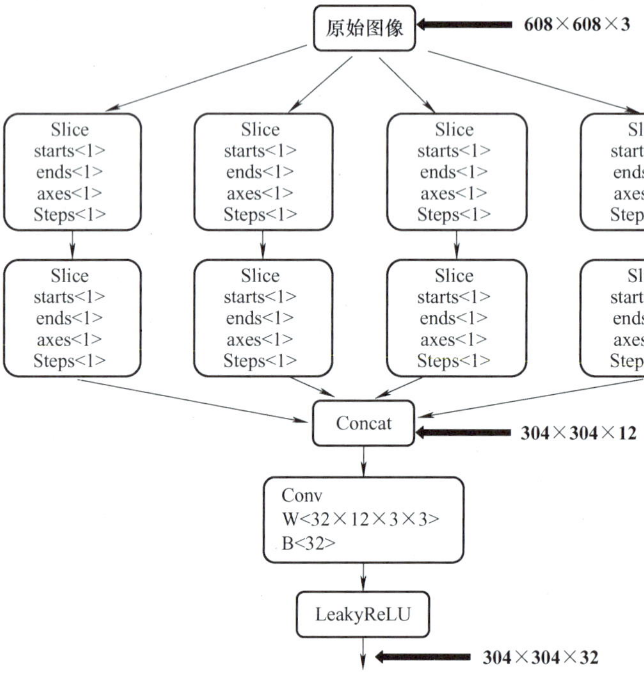


图 7-27　Focus 结构的切片操作流程

（3）颈部网络

与初始的 YOLOv5 相比，现在它的颈部网络采用 FPN+PAN（特征金字塔网络 + 路径聚合网络）的结构，同时增加了 CSPNet 的 CSP2 结构，大大增强了其网络特征的融合能力，而且网络中的其他结构也进行了一定的调整。

（4）输出端

1）边界框损失函数。损失函数有分类损失函数和回归损失函数两种。其中边界框回归（Bounding Box Regeression）的损失函数发展历程主要有 2016 年的 IOU_Loss、2019 年的 GIOU_Loss、2020 年的 DIOU_Loss 和 CIOU_Loss，其不同点如下。

① IOU_Loss：侧重点在于检测框和生成的目标框之间的重叠面积。

② GIOU_Loss：以 IOU_Loss 为基础，提出了边界框不重合时的解决方案。

③ DIOU_Loss：以 IOU_Loss 和 GIOU_Loss 为基础，增加了中心点的距离。

④ CIOU_Loss：以 DIOU_Loss 为基础，增加了边界框的宽高比信息。

YOLOv5 中以 CIOU_Loss 为回归的损失函数。CIOU_Loss 和 DIOU_Loss 在前述公式的基础上增加了新的影响因子，表达式为

$$\mathrm{CIOU\_Loss}=1-\mathrm{CIOU}=1-\left(\mathrm{IOU}-\frac{\mathrm{Distance\_2}^2}{\mathrm{Distance\_}C^2}-\frac{v^2}{(1-\mathrm{IOU})+v}\right) \tag{7-139}$$

式中，$v$ 可定义为

$$v=\frac{4}{\pi^2}\left(\arctan\frac{W^{gt}}{h^{gt}}-\arctan\frac{W^p}{h^p}\right)^2 \tag{7-140}$$

综上，CIOU_Loss 融合了上述损失函数框架的所有重要因素，相对较为完美。

2）非极大值抑制（NMS）。NMS 与 DIOU_NMS 的对比如图 7-28 所示。

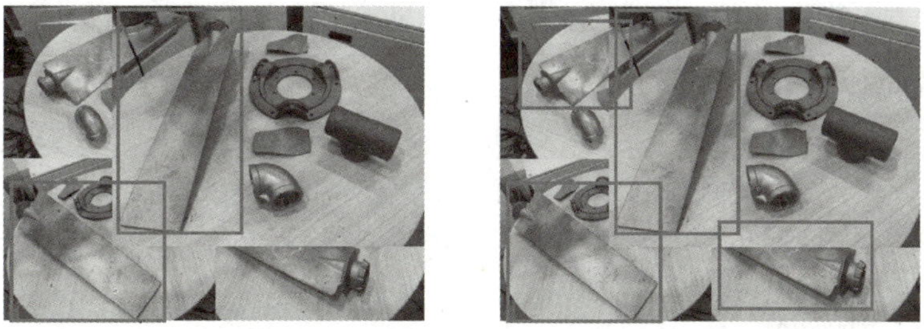

a) CIOU_Loss+NMS　　b) CIOU_Loss+DIOU_NMS

图 7-28　NMS 与 DIOU_NMS 的对比

由图 7-28 中可以看出，采用 DIOU_NMS，原本被遮挡的结构件也可以检测识别出来。

总而言之，YOLOv5 是一种高效、轻量且易于部署的目标检测算法，适合实时性要求高的应用场景。模块化设计和改进的训练策略，使得 YOLOv5 在多个方面表现优异。尽管在某些特定任务上可能不如一些更复杂的模型，但其综合性能和部署灵活性使其成为实际应用中的一种理想选择。

## 7.3.4　基于深度学习的机器人抓取设计仿真实例

本小节将使用上一小节的 YOLOv5 算法在 Linux 系统下基于 ROS（机器人操作系统）

实现机器人抓取任务。由于 YOLOv5 只用于目标检测，即只能获取待抓取目标物体中心点 $(x, y)$ 的二维坐标信息，因此还要调用 RealSense D435 深度相机的接口来获取待抓取目标物体的深度值，从而获取待抓取目标物体的空间坐标信息。

### 1. 在 SolidWorks 中导出模型 URDF 功能包

将装配体在 SolidWorks 中打开（这里机械臂采用的是 UR5，深度相机为 RealSense D435，末端夹爪为 Robotiq-2f-85），机械臂导出 URDF（统一机器人描述格式）可以不要设置点和坐标系，每个关节的坐标系可由插件自动生成，但为方便之后的配置，需要对机械臂的旋转轴进行设置。旋转轴顾名思义就是一个关节围绕着另一个关节旋转的轴线。末端夹爪和摄像头也需要设置坐标系和轴。

全部设置完成后，依次选择选择“工具”→“file”→“export as urdf”，按提示操作即可导出 URDF 文件，保存为 grasp_description 文件。

### 2. 使用 Moveit! 配置助手配置机械臂 URDF 模型文件

将上一步中得到的功能包 grasp_description 放进工作空间进行编译，编译通过后，修改 grasp_description/launch/display.launch 文件，将“<arg name="gui" default="False" />”改为“<arg name="gui" default="Ture" />”，运行 launch 文件。

可以看到机械臂模型和控制关节运动的 gui，若机械臂模型并不是竖直向上的，而是横着的或者倒的，需要重新在 SolidWorks 中导出 URDF 模型，在 SolidWorks 中模型位置竖直方向为 $Z$ 轴正向。



观察 URDF 模型无误后，复制 grasp_description.urdf 文件，并将其命名为 grasp.xacro，修改“<robot name="grasp_description">”为“<robot name="grasp" xmlns:xacro= "http://ros.org/wiki/xacro">”。其他代码如下。

（1）添加 base_footprint

```
<link name="base_footprint">
      </link>
      <joint name="base_link2base_footprint" type="fixed">
  <parent link="base_footprint" />
    <child link="base_link"/>
        <origin xyz="0 0 0.032" rpy="0 0 0" />
 </joint>
```

（2）修改惯性参数

```
<inertia ixx="1" ixy="0" ixz="0" iyy="1" iyz="0" izz="1" />
```

（3）将机械臂在 world 中固定

```
<!-- Used for fixing robot to Gazebo 'base_link' -->
  <link name="world"/>
  <joint name="fixed" type="fixed">
    <origin
      xyz="0 0 1.1"
      rpy="0 0 0" />
```

```
  <parent link="world"/>
  <child link="base_footprint"/>
 </joint>
```

（4）添加 D435 摄像头

```
<!-- <xacro: include filename="$(find grasp_description)/urdf/realsense/realsense.xacro"/> -->
<xacro: include filename="$(find realsense_ros_gazebo)/xacro/depthcam.xacro"/>
<xacro: realsense_d435 sensor_name="camera" parent_link="link_5" rate="30"
  <origin xyz="-0.00068847 -0.06 -0.13" rpy="-3.14 0 -1.5708"/>
</xacro: realsense_d435>
```

（5）添加 ros_control 插件

```
<!-- ros_control plugin -->
 <gazebo>
  <plugin name="gazebo_ros_control" filename="libgazebo_ros_control.so">
   <robotNamespace>/grasp</robotNamespace>
   <robotSimType>gazebo_ros_control/DefaultRobotHWSim</robotSimType>
   <legacyModeNS>true</legacyModeNS>
  </plugin>
 </gazebo>
```

（6）添加传动

```
<!-- Transmissions for ROS Control -->
<xacro: macro name="transmission_block" params="joint_name">
 <transmission name="tran1">
  <type>transmission_interface/SimpleTransmission</type>
  <joint name="${joint_name}">
   <hardwareInterface>hardware_interface/PositionJointInterface</hardwareInterface>
  </joint>
  <actuator name="motor1">
   <hardwareInterface>hardware_interface/PositionJointInterface</hardwareInterface>
   <mechanicalReduction>1</mechanicalReduction>
  </actuator>
 </transmission>
</xacro: macro>
<xacro: transmission_block joint_name="joint_1"/>
<xacro: transmission_block joint_name="joint_2"/>
<xacro: transmission_block joint_name="joint_3"/>
<xacro: transmission_block joint_name="joint_4"/>
<xacro: transmission_block joint_name="joint_5"/>
<xacro: transmission_block joint_name="joint_6"/>
```

（7）添加夹爪插件

```
<!-- vacuum_gripper plugin -->
 <gazebo>
```

```
    <plugin name="gazebo_ros_vacuum_gripper" filename="libvacuum_plugin.so">
      <robotNamespace>/grsap/vacuum_gripper</robotNamespace>
      <bodyName>link_6</bodyName>
      <topicName>grasping</topicName>
      <maxDistance>0.05</maxDistance>
      <minDistance>0.03</minDistance>
    </plugin>
</gazebo>
```

### 3. 配置仿真包实现 Gazebo 与 Moveit! 联动

（1）启动 Moveit! Setup Assistant

```
roscore
rosrun moveit_setup_assistant moveit_setup_assistant
```

1）单击“creat New Moveit Configuration Package”，出现“Load a URDF or COLLADA Robot Model”界面，单击“Browse”，选择之前配置好的 grasp.xacro 文件。

2）单击“Load Files”，侧面出现机械臂模型。

3）进行自碰撞检测（Self-Collision）。自碰撞检测主要用于检测哪些关节之间会发生碰撞，单击“Generate Collision Matrix”，就会进行自碰撞检测。

4）创建规划组（Planning Groups），进行夹爪配置。

5）定义机械臂位姿（Robot Poses），定义位姿的好处在于后期写脚本可以通过 API 简单地让机械臂运行到现在设置的位姿，在此处定义 scan 用于机械臂识别结构件的位姿。

6）生成配置文件（Configuration Files），单击“Browse”选择一个工作空间作为路径，并将其命名为“grasp_moveit_config”，单击“Generate Package”，在之前选择的路径下生成 grasp_moveit_config 功能包。

（2）功能包测试

编译上述工作空间，并运行 demo.launch（roslaunch grasp_moveit_config demo.launch）文件。

测试通过后，Moveit! 配置即完成，然而想要让 Moveit! 控制 Gazebo 中的机械臂，还需要进行一些接口的配置。现在有的功能包为 grasp_description、grasp_moveit_config 两个功能包，且已经配置好 xacro 文件，下面进行 Gazebo 功能包的配置以及 Moveit! 功能包的文件修改。

1）创建 grasp_gazebo 功能包及 launch、config、world、scripts 等文件夹。

2）创建 grasp_gazebo/config/grasp_trajectory_control.yaml 文件，配置关节轨迹控制器。

3）创建 grasp_gazebo/launch/grasp_trajectory_controller.launch 文件，加载上述 yaml 文件。

4）创建 grasp_gazebo/config/grasp_gazebo_joint_states.yaml 文件，配置关节状态控制器。

5）创建 grasp_gazebo/launch/grasp_gazebo_states.launch 文件，加载上述 yaml 文件。

6）创建 grasp_gazebo/launch/grasp_gazebo_world.launch 文件，加载 Gazebo 环境。

7）创建或修改 grasp_moveit_config/config/controllers_gazebo.yaml 文件，配置 Moveit! 控制器接口。

8）创建或修改 grasp_moveit_config/launch/moveit_planning_execution.launch 文件，

加载 planning_group 等 Moveit! 核心功能。

9）修改 grasp_moveit_config/launch/moveit_rviz.launch 文件，使用新版配置工具生成的 moveit_rviz.launch。

10）配置 grasp_gazebo/launch/grasp_moveit_bringup.launch 文件，加载所有 launch 文件。

### 4. 基于 YOLOv5 训练自己的数据集

1）使用相机（或手机）采集待识别物体图片，安装并使用图像标注工具 labelImg 即可对数据集进行标注。涡轮发动机结构件数据集的标注如图 7-29 所示。

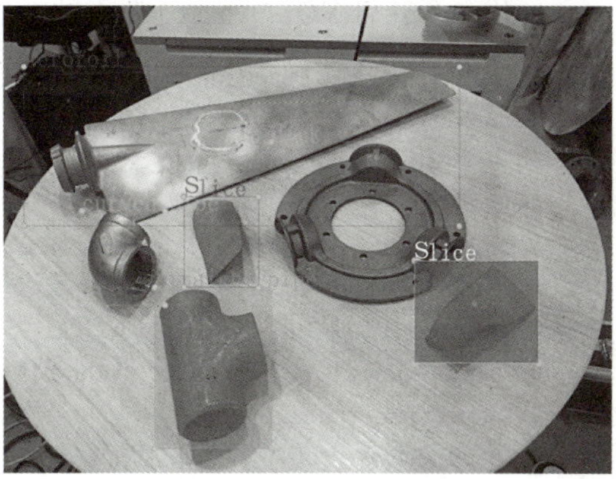


图 7-29　涡轮发动机结构件数据集的标注

① 新建 YOLOv5-grapper-model/data/models_gripper.yaml 文件，该文件主要复制同路径下的 coco128.yaml 文件并进行修改，该文件加载了图像集和标注集的路径，并将种类修改为自定义的种类。

② 新建 YOLOv5-grapper-model/models/YOLOv5s_models.yaml 文件，该文件主要复制同路径下的 YOLOv5s.yaml 文件并进行修改，数量修改为对应识别种类的数量。

2）开始训练。在训练之前之前需要在 YOLOv5-grapper-model/models 路径下放置 YOLOv5s.pt 预训练权值文件。

3）训练过程可视化。在 YOLOv5 路径下执行“tensorboard --logdir=./runs”命令。

4）查看训练结果。在 YOLOv5-grapper-model/runs/gm-YOLOv5s2 路径下可看到训练结果，如图 7-30 所示。在 YOLOv5-grapper-model/runs/gm-YOLOv5s2/weights 路径下得到 bsest.pt 权值文件。

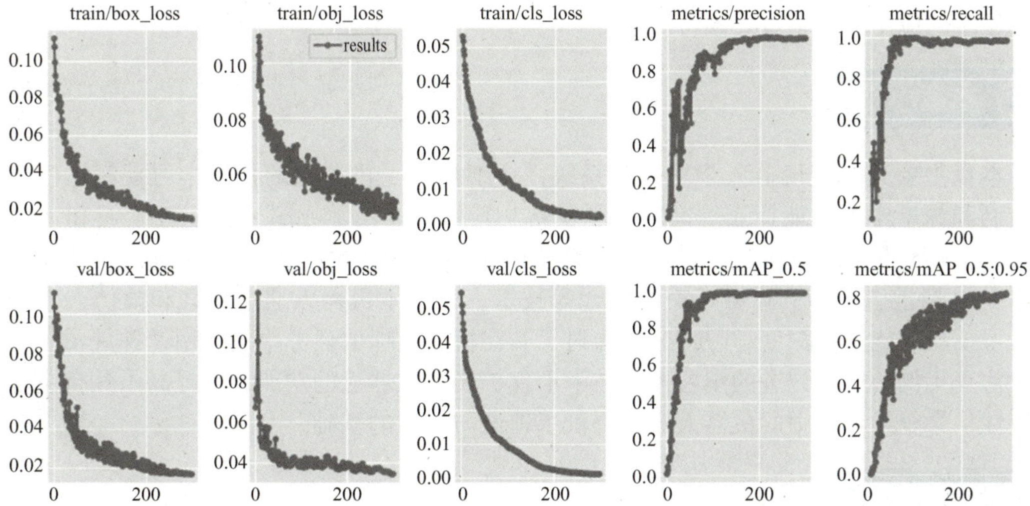


图 7-30　训练结果

5. 基于 YOLOv5 和 Moveit! 实现物体的识别与抓取

这里要使用 YOLOv5_ros 功能包，该功能包的作用就是用 ROS 功能包封装 YOLOv5 这个代码包，并且通过话题方式发布图像中的锚框信息。

YOLOv5_ros 功能包代码原理这里不进行详解，只说明一下如何使用。

新建一个开启 YOLOv5_ros 节点的 launch 文件，YOLO_v5.launch 代码如下。

```
<-xml version="1.0" encoding="utf-8"->
<launch>
  <!-- Load Parameter -->
  <param name="YOLOv5_path"      value="$ ( find YOLOv5_ros ) /YOLOv5"/>
  <param name="use_cpu"          value="true" />
  <!-- Start YOLOv5 and ros wrapper -->
  <node pkg="YOLOv5_ros" type="YOLO_v5.py" name="YOLOv5_ros" output="screen" >
    <param name="weight_path"      value="$ ( find YOLOv5_ros ) /weights/polygon.pt"/>
    <param name="image_topic"      value="/camera/color/image_raw" />
    <param name="pub_topic"        value="/YOLOv5/BoundingBoxes" />
    <param name="camera_frame"       value="camera_color_optical_frame"/>
    <param name="conf"             value="0.3" />
  </node>
</launch>
```

其中，weight_path 参数对应使用的权值路径，路径指向之前训练出来的权值文件；image_topic 参数对应仿真中相机的二维彩色图像输出话题；pub_topic 参数对应发布的话题；camera_frame 参数为相机的对应关节。



只需要修改对应参数的值即可使用该功能包。

本小节展示了 YOLOv5 算法在 Linux 系统下基于 ROS 实现机器人抓取任务的全过程。这一过程不仅需要扎实的理论知识，还要求具备较强的实践操作能力。将深度学习与机器人技术相结合，不仅提升了机器人在复杂环境下的自主决策能力，也为智能制造、物流分拣等领域的应用提供了重要参考。

## 本章小结

本章主要介绍了机器人学习控制系统，详细探讨了机器人的强化学习控制、模仿学习控制和深度学习智能控制等高级控制策略。其中，强化学习部分通过 Q 学习和 Actor-Critic 算法阐述了如何通过奖励机制优化机器人的行为策略。模仿学习部分详细介绍了 DMP、高斯混合模型、贝叶斯交换基元等技术，强调了机器人通过观察和模仿人类动作来学习技能的能力。深度学习部分则探讨了其在机器人抓取任务中的应用，并展示了一个设计仿真实例。这些先进的学习控制技术不仅扩展了机器人的功能，也提高了其自主性和适应性，为复杂环境中的机器人应用提供了理论与实践的基础。

## 参考文献

[1] DONG H, DONG H, DING Z, et al. Deep Reinforcement Learning[M]. Singapore: Springer

Singapore，2020.
[2] SCHULMAN J，LEVINE S，ABBEEL P，et al. Trust region policy optimization[C]//International conference on machine learning，2015：1889–1897.
[3] SCHULMAN J，WOLSKI F，DHARIWAL P，et al. Proximal policy optimization algorithms[EB/OL].（2017–08–28）[2024–07–28]. https：//arxiv.org/pdf/1707.06347.
[4] LILLICRAP T P，HUNT J J，PRITZEL A，et al. Continuous control with deep reinforcement learning[EB/OL].（2019–07–05）[2024–07–28]. https：//arxiv.org/abs/1509.02971.
[5] LI S，WU Y，CUI X，et al. Robust multi–agent reinforcement learning via minimax deep deterministic policy gradient[C]//AAAI Conference on artificial intelligence，2019，33（01）：4213–4220.
[6] WANG D，HU MQ. Deep deterministic policy gradient with compatible critic network[J]. IEEE Transactions on neural networks and learning systems，2021，34（8）：4332–4344.
[7] IJSPEERT A J，NAKANISHI J，SCHAAL S. Movement imitation with nonlinear dynamical systems in humanoid robots[C]//IEEE International conference on robotics and automation，2002，2：1398–1403.
[8] SAVERIANO M，ABU–DAKKA F J，KRAMBERGER A. Dynamic movement primitives in robotics：a tutorial survey[J]. International journal of robotics research，2023，42（13）：1133–1184.
[9] IJSPEERT A J，NAKANISHI J，HOFFMANN H，et al. Dynamical movement primitives：learning attractor models for motor behaviors[J]. Neural computation，2013，25（2）：328–373.
[10] UDE A，GAMS A，ASFOUR T，et al. Task–specific generalization of discrete and periodic dynamic movement primitives[J]. IEEE Transactions on robotics，2010，26（5）：800–815.
[11] GAMS A，IJSPEERT A J，SCHAAL S，et al. On–line learning and modulation of periodic movements with nonlinear dynamical systems[J]. Autonomous robots，2009，27（1）：3–23.
[12] REYNOLDS D A. Gaussian mixture models[J]. Encyclopedia of biometrics，2009，741：659–663.
[13] AMOR H B，NEUMANN G，KAMTHE S，et al. Interaction primitives for human–robot cooperation tasks[C]//IEEE International conference on robotics and automation，2014：2831–2837.
[14] PARASCHOS A，DANIEL C，PETERS J R，et al. Probabilistic movement primitives[J]. Neural information processing systems，2013，26（2）：2616–2624.
[15] CAMPBELL J，AMOR H B. Bayesian interaction primitives：a slam approach to human–robot interaction[C]//Conference on robot learning，2017：379–387.
[16] STEPPUTTIS S，BANDARI M，SCHAAL S，et al. A system for imitation learning of contact–rich bimanual manipulation policies[C]//IEEE/RSJ International conference on intelligent robots and systems，2022：11810–11817.
[17] 清华大学．基于扩散模型的多样化模仿学习方法、装置及智能体：CN202311511401.9[P]. 2024–02–02.
[18] RUMELHART D E，HINTON G E，WILLIAMS R J. Learning representations by back–propagating errors[J]. Nature，1986，323（6088）：533–536.
[19] LECUN Y，BOSER B，DENKER J S，et al. Backpropagation applied to handwritten zip code recognition[J]. Neural computation，1989，1（4）：541–551.
[20] KRIZHEVSKY A，SUTSKEVER I，HINTON G E. Imagenet classification with deep convolutional neural networks[J]. Communications of the ACM，2017，60（6）：84–90.
[21] GOODFELLOW I，POUGET–ABADIE J，MIRZA M，et al. Generative adversarial nets[J]. Neural information processing systems，2014，2：2672–2680.
[22] VASWANI A，SHAZEER N，PARMAR N，et al. Attention is all you need[J]. Neural information processing systems，2017，30：6000–6010.
[23] BENGIO Y. Learning deep architectures for AI[M]. Hanover：Now Publishers Inc.，2009.

# 第 8 章　机器人视觉控制

**导读**

机器人视觉控制是指使用从图像中提取的视觉特征，驱动机器人到达目标位姿。视觉特征可以由安装在机器人末端执行器的相机获取，这种配置被称为眼在手上，在此构型下，相机跟随机械臂运动以观察目标；相机也可以固定在外部环境中某个点上，外部相机静置地观察机械臂和目标的运动，这种配置称为眼在手外。本章针对眼在手上配置展开讨论。

视觉伺服根据控制输入变量的不同，可分为两种典型的视觉伺服方式：基于图像的视觉伺服和基于位置的视觉伺服。



基于图像的视觉伺服如图 8-1a 所示，其直接使用图像特征作为控制输入，控制操作在图像空间中执行，相对位姿信息隐含于目标处的图像特征值。因此，图像特征是一个关于目标相对位姿的高度非线性函数，其控制是一个具备挑战性的难题。

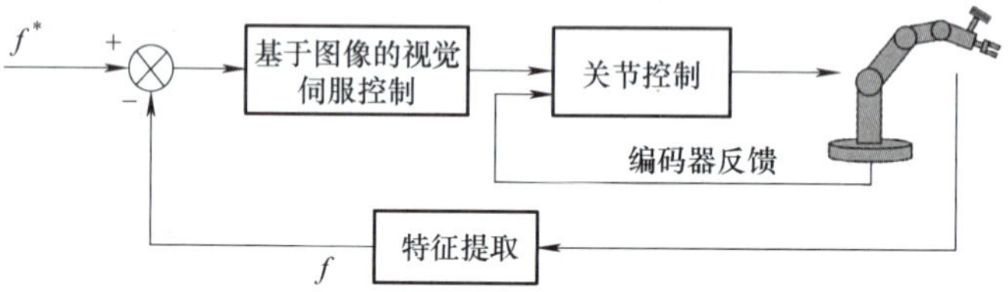


a) 基于图像的视觉伺服

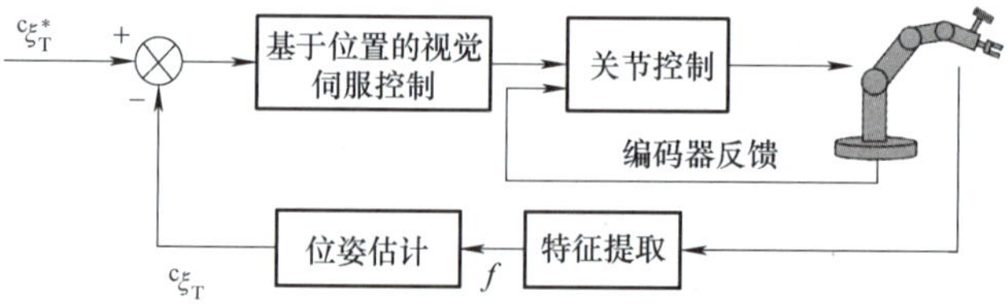


b) 基于位置的视觉伺服

图 8-1　两种典型的视觉伺服方式

基于位置的视觉伺服如图 8-1b 所示，其控制目标是期望相对位姿 ${}^{c}\xi_{T}^{*}$ 的函数，通过相机确定目标相对于相机的位姿 ${}^{c}\xi_{T}$，随后驱动机器人朝着期望位姿移动，其运动通常在笛卡儿空间中执行。由于需要估计相对位姿，导致此方式计算量大，且依赖于相机标定以及目标先验几何模型的准确性。

在开展上述视觉伺服控制之前，需要知道相机关于机器人末端执行器的坐标转换关系，因此要进行手眼标定，以将所有变量统一在世界坐标系下，方便进行后续推导。

本章首先从手眼标定原理出发，获取相机与机器人末端执行器两者的相对位姿关系，然后介绍基于图像的视觉伺服、基于位置的视觉伺服；在此基础上进行延伸，介绍较为先进的视觉伺服控制方法，如混合视觉伺服控制、基于图像的无标定视觉伺服控制、机器人视觉－阻抗控制等；最后介绍机器人视觉伺服仿真实例，供读者参考。

## 8.1　机器人视觉控制的基本原理

机器人视觉控制的目的是利用视觉信息，使机器人能够感知和理解周围环境，并基于这些信息进行决策和执行动作，从而完成各种任务。具体而言，机器人视觉控制包括环境感知、目标检测与跟踪、导航与定位、运动控制以及交互与协作。通过利用视觉信息，机器人能够更加智能地感知、理解和适应环境，从而实现各种复杂任务的自主执行和与人类的有效交互。机器人视觉伺服控制的任务是利用从图像中提取的视觉特征来控制机器人末端执行器相对于目标的位姿。

当通过视觉伺服控制机械臂结合视觉进行抓取时，需要将相机获取的物体位姿信息从相机坐标系转换到机器人坐标系下，这样机器人末端执行器才能准确到达目标位姿。这个转换过程通常需要进行手眼标定，以确定机器人末端执行器与相机之间的准确转换关系。手眼标定的过程包括在已知机器人基坐标系下的一系列位置和姿态，以及相机坐标系下相应位置图像点的情况下，确定机器人末端执行器与相机之间的坐标转换关系。一旦完成手眼标定，就可以利用标定结果将相机获取的物体位姿信息从相机坐标系转换到机器人坐标系下。



### 8.1.1　手眼标定原理

手眼标定是指在机器人中，确定机器人末端执行器（如机械臂）相对于其视觉传感器（如相机）的准确位置和姿态的过程。通过手眼标定，机器人可以准确地将视觉信息与机器人的运动同步，从而实现精确的操作和定位。这在工业自动化、机器人导航、三维视觉等领域中都是至关重要的技术。

在手眼标定中，首先需要定义两个主要的坐标系，一个是固定在机器人末端执行器上的坐标系，另一个是固定在相机上的坐标系。手眼标定的目标是通过机器人末端执行器的已知运动，求解相机相对于末端执行器的位姿变换。

具体来说，手眼标定过程涉及多次记录，包括机器人末端执行器在不同位置的位姿，以及相机在这些位置下观测到的目标物体的位姿。通过这些位姿对，构建一个包含旋转和平移的方程组，然后使用最小二乘法或其他优化算法，求解出相机相对于末端执行器的位姿变换矩阵。

这一矩阵是手眼标定的核心结果，它描述了相机与末端执行器之间的固定空间关系。

通过这个矩阵，机器人可以将相机获取的视觉信息转换为末端执行器的控制指令，使机器人能够精确地定位和操控物体，实现复杂的操作任务，如抓取、组装和焊接等。

这种标定方法在实际应用中至关重要，因为它确保了机器人在执行任务时，视觉系统和机械系统之间的协调一致性，提升了操作的精度和可靠性。

手眼标定有如下两种情况：一是视觉传感器安装在机器人末端执行器上，跟随机器人末端执行器一起移动，即眼在手上；二是视觉传感器与机器人末端执行器分别安装在不同的地方，视觉传感器相对于机器人基坐标系是不变的，即眼在手外。手眼标定相机安装位置如图 8-2 所示。

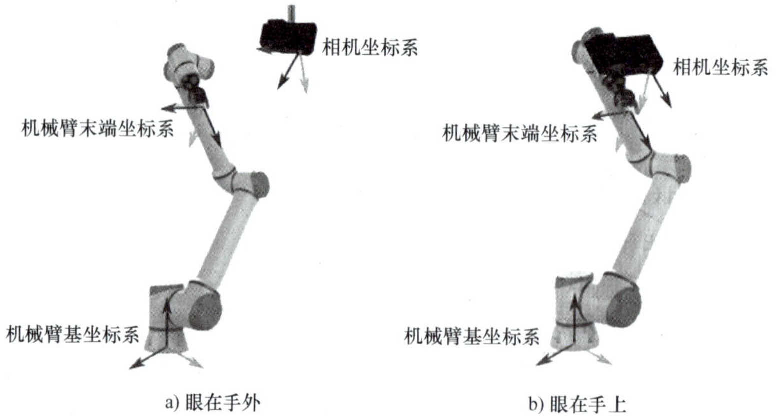


图 8-2　手眼标定相机安装位置



## 8.1.2　眼在手上的手眼标定

对于眼在手上的情形，手眼标定的变换矩阵有标定板坐标系 cal 到相机坐标系 cam 的变换矩阵 $\boldsymbol{T}_{\mathrm{cal}}^{\mathrm{cam}}$、相机坐标系到机械臂末端坐标系 end 的变换矩阵 $\boldsymbol{T}_{\mathrm{cam}}^{\mathrm{end}}$、机械臂末端坐标系到机械臂基坐标系 base 的变换矩阵 $\boldsymbol{T}_{\mathrm{end}}^{\mathrm{base}}$ 以及标定板坐标系到机械臂基坐标系的变换矩阵 $\boldsymbol{T}_{\mathrm{cal}}^{\mathrm{base}}$。眼在手上的坐标系转换如图 8-3 所示。$\boldsymbol{T}_{\mathrm{end}}^{\mathrm{base}}$ 可以通过对机械臂的运动学建模得到，$\boldsymbol{T}_{\mathrm{cal}}^{\mathrm{cam}}$ 可通过对相机的标定（如张正友标定法）求出，其他两个坐标系的变换矩阵需要通过计算确定。同时，由于机械臂和标定板保持不动，因此对于某个空间点，其在标定板坐标系 cal 和机械臂基坐标系 base 下的值不变，而在机械臂末端坐标系 end 和相机坐标系 cam 下其坐标值会跟着机械臂运动位置的变化而变化，其变换矩阵的求解过程如下。

首先，将机械臂分别移动到两个不同的位置，这两个位置需能拍摄到标定板的完整面貌。当机械臂在第一个位置时，标定板上的一点 $P$ 相对于不同坐标系的坐标值为

$$P_{\mathrm{base}}=\boldsymbol{T}_{\mathrm{end}(1)}^{\mathrm{base}}P_{\mathrm{end}(1)} \tag{8-1}$$

$$P_{\mathrm{end}(1)}=\boldsymbol{T}_{\mathrm{cam}(1)}^{\mathrm{end}(1)}P_{\mathrm{cam}(1)} \tag{8-2}$$

$$P_{\mathrm{cam}(1)}=\boldsymbol{T}_{\mathrm{cal}}^{\mathrm{cam}(1)}P_{\mathrm{cal}} \tag{8-3}$$

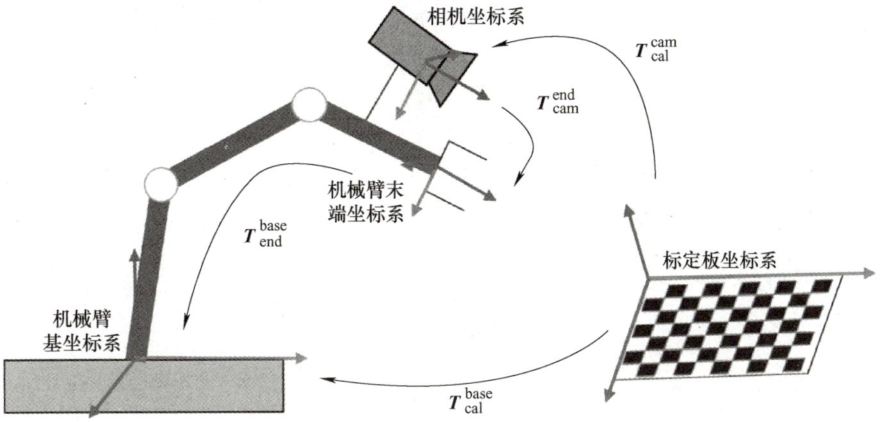


图 8-3　眼在手上的坐标系转换

当机械臂在第二个位置时，标定板上的一点相对于不同坐标系的坐标值为

$$P_{base} = \boldsymbol{T}_{end(2)}^{base} P_{end(2)} \tag{8-4}$$

$$P_{end(2)} = \boldsymbol{T}_{cam(2)}^{end(2)} P_{cam(2)} \tag{8-5}$$

$$P_{cam(2)} = \boldsymbol{T}_{cal}^{cam(2)} P_{cal} \tag{8-6}$$

因为标定板和机械臂基座保持不变，所以 $\boldsymbol{T}_{cal}^{base}$ 也保持不变，即有

$$\begin{aligned}\boldsymbol{T}_{cal}^{base} &= \boldsymbol{T}_{end(1)}^{base} \boldsymbol{T}_{cam(1)}^{end(1)} \boldsymbol{T}_{cal}^{cam(1)} \\ &= \boldsymbol{T}_{end(2)}^{base} \boldsymbol{T}_{cam(2)}^{end(2)} \boldsymbol{T}_{cal}^{cam(2)}\end{aligned} \tag{8-7}$$

设 $\boldsymbol{T}_{end(1)}^{base} = \boldsymbol{A}_1, \boldsymbol{T}_{cal}^{cam(1)} = \boldsymbol{B}_1, \boldsymbol{T}_{cam}^{end} = \boldsymbol{X}, \boldsymbol{T}_{end(2)}^{base} = \boldsymbol{A}_2, \boldsymbol{T}_{cal}^{cam(2)} = \boldsymbol{B}_2$，则有

$$\boldsymbol{A}_1 \boldsymbol{X} \boldsymbol{B}_1 = \boldsymbol{A}_2 \boldsymbol{X} \boldsymbol{B}_2 \tag{8-8}$$

$$\boldsymbol{A}_2^{-1} \boldsymbol{A}_1 \boldsymbol{X} = \boldsymbol{X} \boldsymbol{B}_2 \boldsymbol{B}_1^{-1} \tag{8-9}$$

令 $\boldsymbol{A}_2^{-1}\boldsymbol{A}_1 = \boldsymbol{A}$ 和 $\boldsymbol{B}_2\boldsymbol{B}_1^{-1} = \boldsymbol{B}$，因此有 $\boldsymbol{AX} = \boldsymbol{XB}$。$\boldsymbol{A}$ 可通过对机械臂进行运动学建模求取，$\boldsymbol{B}$ 可以通过张正友标定法求取，而 $\boldsymbol{X}$ 为需要求解的量。

利用李群和李代数的理论，可以将这个问题转化为最小化李代数元素之间的差异，在数值上通常更容易处理。

首先，将给定的矩阵 $\boldsymbol{A}$ 和 $\boldsymbol{B}$ 表达为李群元素。在这种情况下，$\boldsymbol{A}$ 和 $\boldsymbol{B}$ 是旋转矩阵，因此它们属于特殊正交群 SO(3)。李群元素通常是非线性的，而李代数是线性空间，因此需要再将李群映射成李代数。对数映射是从李群到李代数的映射，即直接对矩阵取对数，而李代数到李群的转换为指数映射。若 $[\boldsymbol{w}] \in \mathrm{so}(3)$，而 $\mathrm{e}^{[\boldsymbol{w}]} \in \mathrm{SO}(3)$，则指数映射为

$$\exp[\boldsymbol{w}] = \boldsymbol{I} + \frac{\sin \boldsymbol{w}}{\boldsymbol{w}}[\boldsymbol{w}] + \frac{1-\cos \boldsymbol{w}}{\|\boldsymbol{w}\|^2}[\boldsymbol{w}]^2 \tag{8-10}$$

刚体的变换矩阵可以表示为

$$\begin{bmatrix} \boldsymbol{\theta} & \boldsymbol{b} \\ 0 & 1 \end{bmatrix} \tag{8-11}$$

将 $\boldsymbol{AX}=\boldsymbol{XB}$ 转化为如下齐次矩阵形式：

$$\begin{bmatrix} \boldsymbol{\theta}_{\mathrm{A}} & \boldsymbol{b}_{\mathrm{A}} \\ 0 & 1 \end{bmatrix}\begin{bmatrix} \boldsymbol{\theta}_{\mathrm{X}} & \boldsymbol{b}_{\mathrm{X}} \\ 0 & 1 \end{bmatrix}=\begin{bmatrix} \boldsymbol{\theta}_{\mathrm{X}} & \boldsymbol{b}_{\mathrm{X}} \\ 0 & 1 \end{bmatrix}\begin{bmatrix} \boldsymbol{\theta}_{\mathrm{B}} & \boldsymbol{b}_{\mathrm{B}} \\ 0 & 1 \end{bmatrix} \tag{8-12}$$

将矩阵展开可以得到

$$\boldsymbol{\theta}_{\mathrm{A}}\boldsymbol{\theta}_{\mathrm{X}}=\boldsymbol{\theta}_{\mathrm{X}}\boldsymbol{\theta}_{\mathrm{B}} \tag{8-13}$$

$$\boldsymbol{\theta}_{\mathrm{A}}\boldsymbol{b}_{\mathrm{X}}+\boldsymbol{b}_{\mathrm{A}}=\boldsymbol{\theta}_{\mathrm{X}}\boldsymbol{b}_{\mathrm{B}}+\boldsymbol{b}_{\mathrm{X}} \tag{8-14}$$

为了简化运算，先求解关于旋转矩阵的部分，再求解平移部分。假设 $\boldsymbol{AX}=\boldsymbol{XB}$ 只与旋转矩阵相关，先将原式变化为 $\boldsymbol{A}=\boldsymbol{XBX}^{-1}$，再两边取对数，得 $\lg \boldsymbol{A}=\lg(\boldsymbol{XBX}^{-1})$（对数映射）。令 $\lg \boldsymbol{A}=[\boldsymbol{\alpha}]$，$\lg \boldsymbol{B}=[\boldsymbol{\beta}]$，则可以化为 $[\boldsymbol{\alpha}]=\boldsymbol{X}[\boldsymbol{\beta}]\boldsymbol{X}^{-1}=[\boldsymbol{X\beta}]$，从而得 $\boldsymbol{\alpha}=\boldsymbol{X\beta}$。当 $\boldsymbol{A}$、$\boldsymbol{B}$ 有多个不同解，即机械臂移动的位置有多个时，该方程的求解可以转化为最小二乘拟合问题，即

$$\min\sum_{i=1}^{k}(\boldsymbol{\theta}_{\mathrm{X}}\boldsymbol{\beta}_i-\boldsymbol{\alpha}_i^2) \tag{8-15}$$

显然，上述问题是一个绝对定向问题，其解为



$$\boldsymbol{\theta}_{\mathrm{X}}=(\boldsymbol{M}^{\mathrm{T}}\boldsymbol{M})^{-\frac{1}{2}}\boldsymbol{M}^{\mathrm{T}} \tag{8-16}$$

式中，$\boldsymbol{M}=\sum_{i=1}^{k}\boldsymbol{\beta}_i\boldsymbol{\alpha}_i^{\mathrm{T}}$。

通过李群代数求解出 $\boldsymbol{X}$ 的旋转矩阵，接下来还需要对其平移向量进行求解。

$$\boldsymbol{\theta}_{\mathrm{A}}\boldsymbol{b}_{\mathrm{X}}+\boldsymbol{b}_{\mathrm{A}}=\boldsymbol{\theta}_{\mathrm{X}}\boldsymbol{b}_{\mathrm{B}}+\boldsymbol{b}_{\mathrm{X}} \tag{8-17}$$

移项化简得到

$$(\boldsymbol{I}-\boldsymbol{\theta}_{\mathrm{A}})\boldsymbol{b}_{\mathrm{X}}=\boldsymbol{b}_{\mathrm{A}}-(\boldsymbol{\theta}_{\mathrm{X}}\boldsymbol{b}_{\mathrm{B}}) \tag{8-18}$$

式（8-18）中只有一个未知数 $\boldsymbol{b}_{\mathrm{X}}$，则式（8-18）计作 $\boldsymbol{cX}=\boldsymbol{d}$，因为 $\boldsymbol{c}$ 不一定可逆，所以两边同时乘以 $\boldsymbol{c}^{\mathrm{T}}$，即 $\boldsymbol{c}^{\mathrm{T}}\boldsymbol{cX}=\boldsymbol{c}^{\mathrm{T}}\boldsymbol{d}$，所以 $\boldsymbol{X}=(\boldsymbol{c}^{\mathrm{T}}\boldsymbol{c})^{-1}(\boldsymbol{c}^{\mathrm{T}}\boldsymbol{d})$。当有多组数据时，有

$$(\boldsymbol{c}_1^{\mathrm{T}}\boldsymbol{c}_1+\boldsymbol{c}_2^{\mathrm{T}}\boldsymbol{c}_2+\cdots+\boldsymbol{c}_n^{\mathrm{T}}\boldsymbol{c}_n)\boldsymbol{X}=\boldsymbol{c}_1^{\mathrm{T}}\boldsymbol{d}_1+\boldsymbol{c}_2^{\mathrm{T}}\boldsymbol{d}_2+\cdots+\boldsymbol{c}_n^{\mathrm{T}}\boldsymbol{d}_n \tag{8-19}$$

由此可求得 $\boldsymbol{X}$，即平移向量。

通过李群李代数法可以将相机坐标系到机械臂末端坐标系的变换矩阵求出，再将已知的三个变换矩阵相乘，便能求解出最终标定板坐标系到机械臂基坐标系的变换矩阵。

### 8.1.3　眼在手外的手眼标定

相较于眼在手上的标定过程，眼在手外的手眼标定需要先固定相机，再让机械臂夹持着标定板进行移动来进行标定，眼在手外的坐标系转换如图 8-4 所示。与眼在手上的标定一样，移动机械臂到两个不同的位置进行标定，则可以得到

$$\boldsymbol{T}_{\text{base}}^{\text{end(1)}}\boldsymbol{T}_{\text{cam(1)}}^{\text{base}}\boldsymbol{T}_{\text{cal}}^{\text{cam(1)}}=\boldsymbol{T}_{\text{cal}}^{\text{end}} \tag{8-20}$$

$$\boldsymbol{T}_{\text{base}}^{\text{end(2)}}\boldsymbol{T}_{\text{cam(2)}}^{\text{base}}\boldsymbol{T}_{\text{cal}}^{\text{cam(2)}}=\boldsymbol{T}_{\text{cal}}^{\text{end}} \tag{8-21}$$

由式（8-20）与式（8-21）相等得到

$$\boldsymbol{T}_{\text{base}}^{\text{end(2)}-1}\boldsymbol{T}_{\text{base}}^{\text{end(1)}}\boldsymbol{T}_{\text{cam}}^{\text{base}}=\boldsymbol{T}_{\text{cam}}^{\text{base}}\boldsymbol{T}_{\text{cal}}^{\text{cam(2)}}\boldsymbol{T}_{\text{cal}}^{\text{cam(1)}-1} \tag{8-22}$$

设 $\boldsymbol{T}_{\text{base}}^{\text{end(2)}-1}\boldsymbol{T}_{\text{base}}^{\text{end(1)}}=\boldsymbol{A}$，$\boldsymbol{T}_{\text{cam}}^{\text{base}}=\boldsymbol{X}$，$\boldsymbol{T}_{\text{cal}}^{\text{cam(2)}}\boldsymbol{T}_{\text{cal}}^{\text{cam(1)}-1}=\boldsymbol{B}$，则式（8-22）变为 $\boldsymbol{AX}$=$\boldsymbol{XB}$，而 $\boldsymbol{AX}=\boldsymbol{XB}$ 的求解与眼在手上的求解原理相同，在此不再赘述。

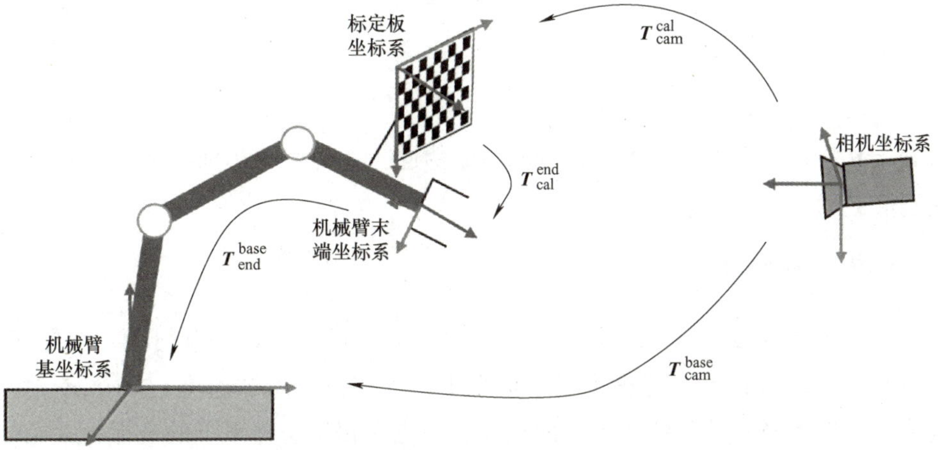


图 8-4　眼在手外的坐标系转换

## 8.2　基于图像的视觉伺服控制

### 8.2.1　视觉伺服基本控制

基于图像的视觉伺服控制问题通常使用一组图像特征表示，定义集合 $\boldsymbol{s}=\boldsymbol{s}(m,a)$，$m$ 通常为一组图像测量值（如感兴趣点的图像坐标或者感兴趣区域的图像矩），$a$ 为潜在的系统参数（如相机内部参数或者感兴趣目标的三维模型）。本小节后续内容讨论图像平面的 $k$ 个特征点作为一组图像特征的情况，其他图像特征的数学推导是相似的。

视觉伺服控制的目标是最小化一个误差 $\boldsymbol{e}(t)$，该误差定义为

$$\boldsymbol{e}(t)=\boldsymbol{s}(m(t),a)-\boldsymbol{s}^* \tag{8-23}$$

式中，$\boldsymbol{s}^*$ 为期望特征向量。考虑固定目标位姿和静止目标的情况，即 $\boldsymbol{s}^*$ 为一个常值向量，

此时特征点的运动仅取决于相机的运动。考虑一个六自由度机械臂，末端装有相机，在这种构型下，要达到的控制效果是驱动机械臂从某个初始位姿到达期望位姿。

要达到上述效果，需要设计控制方案，最直接的控制方案是设计一个速度控制器。首先需要知道相机与特征点 $\boldsymbol{s}$ 关于时间的微分之间的相对关系，因此，定义相机的空间速度为 $\boldsymbol{v}_{\rm c}=(\boldsymbol{\upsilon}_{\rm c},\boldsymbol{\omega}_{\rm c})$，式中 $\boldsymbol{\upsilon}_{\rm c}$ 为相机坐标系原点的瞬时线速度，$\boldsymbol{\omega}_{\rm c}$ 为相机坐标系的瞬时角速度，$\dot{\boldsymbol{s}}$ 与 $\boldsymbol{v}_{\rm c}$ 之间的关系为

$$\dot{\boldsymbol{s}}=\boldsymbol{L}_{\rm s}\boldsymbol{v}_{\rm c} \tag{8-24}$$

式中，$\boldsymbol{L}_{\rm s}\in\mathbf{R}^{k\times 6}$ 为图像交互矩阵。联立式（8-23）和式（8-24），可以得到相机速度 $\boldsymbol{v}_{\rm c}$ 与特征误差 $\dot{\boldsymbol{e}}$ 关于时间的微分之间的关系为

$$\dot{\boldsymbol{e}}=\boldsymbol{L}_{\rm s}\boldsymbol{v}_{\rm c} \tag{8-25}$$

将 $\boldsymbol{v}_{\rm c}$ 作为机械臂的控制输入量，同时希望特征误差呈指数式解耦收敛，即

$$\dot{\boldsymbol{e}}=-\lambda\boldsymbol{e} \tag{8-26}$$

联立式（8-25）和式（8-26），有

$$\boldsymbol{v}_{\rm c}=-\lambda\boldsymbol{L}_{\rm s}^{+}\boldsymbol{e} \tag{8-27}$$

式中，$\boldsymbol{L}_{\rm s}^{+}\in\mathbf{R}^{6\times k}$ 为交互矩阵的 Moore–Penrose 伪逆。$\boldsymbol{v}_{\rm c}$ 将驱动当前特征点 $\boldsymbol{s}$ 朝着图像平面上的期望值 $\boldsymbol{s}^{*}$ 运动。



## 8.2.2 图像交互矩阵

本小节对上述控制方程 [ 式（8-27）] 中的图像交互矩阵 $\boldsymbol{L}_{\rm s}$ 展开讨论，图像交互矩阵影响着视觉伺服控制性能。考虑世界坐标系下一个相机以刚体速度 $\boldsymbol{v}_{\rm c}=(\boldsymbol{\upsilon}_{\rm c},\boldsymbol{\omega}_{\rm c})$ 移动，并且观察同样在世界坐标系下的一个空间点 $\boldsymbol{X}$，该点在相机坐标系下的坐标为 $\boldsymbol{X}=(X, Y, Z)$，其投影到二维图像平面中的坐标为 $\boldsymbol{x}=(x,y)$，投影关系为

$$\begin{cases} x=\dfrac{X}{Z}=\dfrac{u-u_0}{f}\rho_{\rm u} \\ y=\dfrac{Y}{Z}=\dfrac{v-v_0}{f}\rho_{\rm v} \end{cases} \tag{8-28}$$

式中，$m=(u,v)$ 为图像平面坐标在像素单位下的表示；$f$ 为焦距；$u_0$ 和 $v_0$ 为图像平面主点坐标；$\rho_{\rm u}$ 和 $\rho_{\rm v}$ 为每个像素点各自的宽和高。对式（8-28）求关于时间的微分，得

$$\begin{cases} \dot{x}=\dfrac{\dot{X}}{Z}-\dfrac{X\dot{Z}}{Z^2}=\dfrac{\dot{X}}{Z}-\dfrac{x\dot{Z}}{Z} \\ \dot{y}=\dfrac{\dot{Y}}{Z}-\dfrac{Y\dot{Z}}{Z^2}=\dfrac{\dot{Y}}{Z}-\dfrac{y\dot{Z}}{Z} \end{cases} \tag{8-29}$$

同时，考虑空间点 $\boldsymbol{X}$ 在相机坐标系下的运动速度为

$$\dot{\boldsymbol{X}}=-\boldsymbol{\upsilon}_{\rm c}-\boldsymbol{\omega}_{\rm c}\times\boldsymbol{X} \tag{8-30}$$

将其写为标量形式

$$\begin{cases}\dot{X}=-\upsilon_{x}-\omega_{y}Z+\omega_{z}Y\\ \dot{Y}=-\upsilon_{y}-\omega_{z}X+\omega_{x}Z\\ \dot{Z}=-\upsilon_{z}-\omega_{x}Y+\omega_{y}Z\end{cases} \tag{8-31}$$

联立式（8-29）和式（8-31），得

$$\begin{cases}\dot{x}=-\dfrac{\upsilon_{x}}{Z}+\dfrac{x\upsilon_{z}}{Z}+xy\omega_{x}-(1+x^{2})\omega_{y}+y\omega_{z}\\ \dot{y}=-\dfrac{\upsilon_{y}}{Z}+\dfrac{y\upsilon_{z}}{Z}-xy\omega_{y}+(1+y^{2})\omega_{x}-x\omega_{z}\end{cases} \tag{8-32}$$

写成矩阵的形式为

$$\begin{bmatrix}\dot{x}\\ \dot{y}\end{bmatrix}=\begin{bmatrix}-\dfrac{1}{Z} & 0 & \dfrac{x}{Z} & xy & -(1+x^{2}) & y\\ 0 & -\dfrac{1}{Z} & \dfrac{y}{Z} & 1+y^{2} & -xy & -x\end{bmatrix}\begin{bmatrix}\upsilon_{x}\\ \upsilon_{y}\\ \upsilon_{z}\\ \omega_{x}\\ \omega_{y}\\ \omega_{z}\end{bmatrix} \tag{8-33}$$

将式（8-33）写成更简洁的形式，为

$$\dot{\boldsymbol{x}}=\boldsymbol{L}_{s}\boldsymbol{\upsilon}_{c} \tag{8-34}$$



式中，$\boldsymbol{L}_{s}$ 为需要求的图像交互矩阵。图像交互矩阵具备一些特定的性质，它的前三列与空间点到相机的深度 $Z$ 成反比，对于相机的平移运动，其平移速度与深度成反比。这意味着进行控制时需要对深度 $Z$ 的值进行估计或者近似。因此 $\boldsymbol{L}_{s}$ 不能直接用于控制，需要使用图像交互矩阵的估计值 $\hat{\boldsymbol{L}}_{s}$ 进行控制，下面对此展开讨论。

对于图像交互矩阵的估计有几种处理方案，最直观的是在线估计每个点的深度 $Z$，若已知相机的内在参数，则可以使用计算机视觉技术估计每个点的深度值。此时，$\boldsymbol{L}_{s}$ 的值已知，在控制式中选择 $\hat{\boldsymbol{L}}_{s}^{+}=\boldsymbol{L}_{s}^{+}$。另一种简单的方法是选择期望特征位置的图像交互矩阵，即 $\hat{\boldsymbol{L}}_{s}^{+}=\hat{\boldsymbol{L}}_{s^{*}}^{+}$，在这种情况下，图像交互矩阵为常值矩阵。还有一种方法是选择 $\hat{\boldsymbol{L}}_{s}^{+}=(\boldsymbol{L}_{s}+\boldsymbol{L}_{s^{*}})^{+}/2$，这种方案通常会比上述两种方案呈现出更好的视觉伺服控制性能。除了上述方案，还有一些先进的处理方案，例如使用深度估计器在线估计深度值等。在实际应用中，基于图像的视觉伺服控制鲁棒性很强，对于深度误差和相机内在参数误差非常宽容。

值得注意的是，控制六自由度机械臂至少需要三个特征点，即 $\boldsymbol{x}=(\boldsymbol{x}_{1},\boldsymbol{x}_{2},\boldsymbol{x}_{3})$，堆叠三个特征点的交互矩阵，得到

$$\boldsymbol{L}_{x}=\begin{bmatrix}\boldsymbol{L}_{x_{1}}\\ \boldsymbol{L}_{x_{2}}\\ \boldsymbol{L}_{x_{3}}\end{bmatrix}$$

在这种情况下，$L_x$ 存在一些构型是奇异的。除此之外，对于 $e=0$ 还存在四个不同的相机位姿，即四个局部极小值，无法将它们区分，所以通常基于图像的视觉伺服控制需考虑超过三个特征点。

### 8.2.3 稳定性分析

本小节我们考虑与控制器稳定性相关的基本问题。为了评估闭环视觉伺服系统的稳定性，下面使用李雅普诺夫分析。特别地，考虑候选的李雅普诺夫函数 $L=\frac{1}{2}\|\boldsymbol{e}(t)\|^2$，其导数为

$$\dot{L}=\boldsymbol{e}^{\mathrm{T}}\dot{\boldsymbol{e}}=-\lambda\boldsymbol{e}^{\mathrm{T}}\boldsymbol{L}_s\hat{\boldsymbol{L}}_s^+\boldsymbol{e}$$

若以下充分条件成立，则系统的全局渐近稳定性得以保证：

$$\boldsymbol{L}_s\hat{\boldsymbol{L}}_s^+>0 \tag{8-35}$$

如果图像特征的数量等于相机的自由度数，特征的选择且控制方案的设计应使得 $\boldsymbol{L}_s$ 和 $\boldsymbol{L}_s^+$ 满足全秩，那么条件式（8-35）可以保证。然而，对于大多数基于图像的视觉伺服控制方法，有 $k>6$。因此，条件式（8-35）永远不能保证，因为 $\boldsymbol{L}_s\boldsymbol{L}_s^+\in\mathbf{R}^{k\times k}$ 的秩最高为 6 阶，因此 $\boldsymbol{L}_s\hat{\boldsymbol{L}}_s^+$ 存在零空间。在这种情况下，$\boldsymbol{e}\in\mathrm{Ker}\,\boldsymbol{L}_s^+$ 的配置对应于局部极小值。因此，基于图像的视觉伺服控制只能获得局部渐近稳定性。



## 8.3 基于位置的视觉伺服控制

基于位置的视觉伺服使用目标相对相机坐标系的位姿 ${}^{c}\xi_o$ 定义视觉特征 $\boldsymbol{s}$，通常将 $\boldsymbol{s}$ 定义为用来表示相机姿态的参数。估计目标在相机坐标系下的位姿需要知道相机的内部参数和被观察物体的三维模型，这是计算机视觉中经典的三维定位问题。

考虑如下三个坐标系：当前相机坐标系 $F_c$、期望相机坐标系 $F_c^*$ 和物体坐标系 $F_o$。坐标向量 ${}^{c}\boldsymbol{t}_o$ 和 ${}^{c*}\boldsymbol{t}_o$ 分别给出相对于当前相机坐标系和期望相机坐标系的物体坐标系原点的坐标。此外，令 $\boldsymbol{R}={}^{c*}\boldsymbol{R}_c$ 为当前相机坐标系相对于期望相机坐标系的旋转矩阵。

将 $\boldsymbol{s}$ 定义为 $(\boldsymbol{t},\theta\boldsymbol{u})$，其中 $\boldsymbol{t}$ 是平移向量，$\theta\boldsymbol{u}$ 给出旋转的角度或轴参数。现在讨论 $\boldsymbol{t}$ 的两种选择，并给出相应的控制律。如果 $\boldsymbol{t}$ 相对于物体坐标系 $F_o$ 定义，那么可以得到 $\boldsymbol{s}=({}^{c}\boldsymbol{t}_o,\theta\boldsymbol{u})$、$\boldsymbol{s}^*=({}^{c^*}\boldsymbol{t}_o,0)$ 和 $\boldsymbol{e}=({}^{c}\boldsymbol{t}_o-{}^{c^*}\boldsymbol{t}_o,\theta\boldsymbol{u})$。在这种情况下，与 $\boldsymbol{e}$ 相关的交互矩阵为

$$\boldsymbol{L}_e=\begin{bmatrix}-\boldsymbol{I}_3 & [{}^{c}\boldsymbol{t}_o]_\times\\ 0 & \boldsymbol{L}_{\theta u}\end{bmatrix} \tag{8-36}$$

式中，$\boldsymbol{I}_3$ 为 $3\times3$ 单位矩阵；$\boldsymbol{L}_{\theta u}$ 为

$$\boldsymbol{L}_{\theta u}=\boldsymbol{I}_3-\frac{\theta}{2}[\boldsymbol{u}]_\times+\left(1-\frac{\operatorname{sinc}\theta}{\operatorname{sinc}^2\dfrac{\theta}{2}}\right)[\boldsymbol{u}]_\times^2 \tag{8-37}$$

式中，$\operatorname{sinc} x$ 为辛格函数，定义为 $x \cdot \operatorname{sinc} x = \sin x$，且 $\operatorname{sinc} 0 = 1$。

遵循 8.2 节开头的推导，得到控制方案：

$$\boldsymbol{v}_{\mathrm{c}} = -\lambda \hat{\boldsymbol{L}}_e^{-1} \boldsymbol{e}$$

由于特征 $\boldsymbol{s}$ 的维度为 6，即相机的自由度数，设定

$$\hat{\boldsymbol{L}}_{\mathrm{e}}^{-1} = \begin{bmatrix} -\boldsymbol{I}_3 & [{}^{\mathrm{c}}\boldsymbol{t}_{\mathrm{o}}]_{\times} \boldsymbol{L}_{\theta \mathrm{u}}^{-1} \\ 0 & \boldsymbol{L}_{\theta \mathrm{u}}^{-1} \end{bmatrix} \tag{8-38}$$

经过简单推导，得到

$$\begin{cases} \boldsymbol{v}_{\mathrm{c}} = -\lambda({}^{\mathrm{c}^*}\boldsymbol{t}_{\mathrm{o}} - {}^{\mathrm{c}}\boldsymbol{t}_{\mathrm{o}}) + [{}^{\mathrm{c}}\boldsymbol{t}_{\mathrm{o}}]_{\times} \theta \boldsymbol{u} \\ \boldsymbol{\omega}_{\mathrm{c}} = -\lambda \theta \boldsymbol{u} \end{cases} \tag{8-39}$$

式中，$\boldsymbol{L}_{\theta \mathrm{u}}^{-1} \theta \boldsymbol{u} = \theta \boldsymbol{u}$。

基于位置的视觉伺服控制的稳定性看起来相当有吸引力。由于在 $\theta \neq 2k\pi$ 时，式（8-37）中给出的 $\boldsymbol{L}_{\theta \mathrm{u}}$ 是非奇异的，因此根据式（8-35），在所有姿态参数都是完美的强假设下，可以得到系统的全局渐近稳定性，因为 $\boldsymbol{L}_{\mathrm{e}} \boldsymbol{L}_{\mathrm{e}}^{-1} = \boldsymbol{I}_6$。关于鲁棒性，反馈是使用图像测量和系统校准参数的估计量计算的。式（8-36）中给出的交互矩阵对应于完美估计的姿态参数，而实际的是未知的，因为估计的姿态参数可能由于校准误差的存在而有偏差，或者由于噪声而不准确、不稳定。实际的充分正定条件式（8-35）应表示为

$$\hat{\boldsymbol{L}}_{\mathrm{e}} \hat{\boldsymbol{L}}_{\mathrm{e}}^{-1} > 0 \tag{8-40}$$



式中，$\hat{\boldsymbol{L}}_{\mathrm{e}}^{-1}$ 由式（8–38）给出，但 $\hat{\boldsymbol{L}}_{\mathrm{e}}$ 是未知的，并且不是由式（8-36）给出的。实际上，在图像中计算点位置时即使出现微小的误差也会导致姿态误差，这可能显著影响系统的准确性和稳定性。

## 8.4　机器人混合视觉伺服控制

介绍完经典的基于图像的视觉伺服控制和基于位置的视觉伺服控制基本控制方法之后，接下来介绍先进的视觉伺服控制方法。为了改进基本的基于图像的视觉伺服控制和基于位置的视觉伺服控制的性能，将基于图像的视觉伺服控制和基于位置的视觉伺服控制结合起来，通过选择合适的视觉特征，将旋转运动与平移运动分离，这便是混合视觉伺服控制，其框图如图 8-5 所示。

假设已有控制律，如 8.3 节中的基于位置的视觉伺服控制律：

$$\boldsymbol{\omega}_{\mathrm{c}} = -\lambda \theta \boldsymbol{u} \tag{8-41}$$

式中，$\theta \boldsymbol{u}$ 可以通过姿态估计算法（对象三维模型可用）获得，也可以通过基础几何或者单应性估计的部分姿态获得。那么如何将其与传统的基于图像的视觉伺服控制结合呢？

定义一个控制平移自由度的特征向量 $\boldsymbol{s}_{\mathrm{t}}$ 和误差 $\boldsymbol{e}_{\mathrm{t}}$，将交互矩阵划分为

$$\dot{\boldsymbol{s}}_\mathrm{t}=\boldsymbol{L}_{s_\mathrm{t}}\boldsymbol{v}_\mathrm{c}=[\boldsymbol{L}_\mathrm{v}\quad \boldsymbol{L}_\omega]\begin{bmatrix}\boldsymbol{v}_\mathrm{c}\\ \boldsymbol{\omega}_\mathrm{c}\end{bmatrix}=\boldsymbol{L}_\mathrm{v}\boldsymbol{v}_\mathrm{c}+\boldsymbol{L}_\omega\boldsymbol{\omega}_\mathrm{c} \tag{8-42}$$

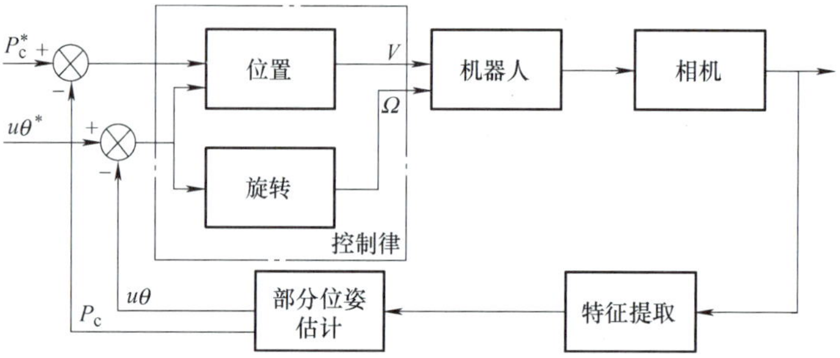


图 8-5　混合视觉伺服控制框图

定义 $\dot{\boldsymbol{e}}_\mathrm{t}=-\lambda\boldsymbol{e}_\mathrm{t}$，将式（8-42）代入，得

$$\begin{aligned}&-\lambda\boldsymbol{e}_\mathrm{t}=\dot{\boldsymbol{e}}_\mathrm{t}=\dot{\boldsymbol{s}}_\mathrm{t}=\boldsymbol{L}_\mathrm{v}\boldsymbol{v}_\mathrm{c}+\boldsymbol{L}_\omega\boldsymbol{\omega}_\mathrm{c}\\&\Rightarrow \boldsymbol{v}_\mathrm{c}=-\boldsymbol{L}_\mathrm{v}^{+}(\lambda\boldsymbol{e}_\mathrm{t}+\boldsymbol{L}_\omega\boldsymbol{\omega}_\mathrm{c})\end{aligned} \tag{8-43}$$

这里可以将式（8-43）中的 $\lambda\boldsymbol{e}_\mathrm{t}+\boldsymbol{L}_\omega\boldsymbol{\omega}_\mathrm{c}$ 视为一个修正误差项，将原始的误差与由旋转运动引起的误差相结合。式（8-43）中的输入控制量将驱使误差趋近于零。

混合视觉伺服又称为二又二分之一维视觉伺服，首次利用分区将基于图像的视觉伺服控制和基于位置的视觉伺服控制相结合。更具体地，$\boldsymbol{s}_\mathrm{t}$ 被选择为图像点的坐标及其深度的对数，使得 $\boldsymbol{L}_\mathrm{v}$ 为一个可逆的三角矩阵，令 $\boldsymbol{s}_\mathrm{t}=(\boldsymbol{x},\lg Z)$，$\boldsymbol{s}_\mathrm{t}^*=(\boldsymbol{x}^*,\lg Z^*)$，定义 $\boldsymbol{e}_\mathrm{t}=(\boldsymbol{x}-\boldsymbol{x}^*,\lg \rho z)$，式中 $\rho z=Z/Z^*$，则有

$$\boldsymbol{L}_\mathrm{v}=\frac{1}{Z^*\rho z}\begin{bmatrix}-1&0&x\\0&-1&y\\0&0&-1\end{bmatrix}$$

$$\boldsymbol{L}_\omega=\begin{bmatrix}xy&-(1+x^2)&y\\1+y^2&-xy&-x\\-y&x&0\end{bmatrix}$$

式中，$\rho z$ 可以直接从姿态算法中获得。

接下来回到全局的误差定义中，即 $\boldsymbol{e}=(\boldsymbol{e}_\mathrm{t},\theta\boldsymbol{u})$，$\boldsymbol{L}_\mathrm{e}$ 的表达式为

$$\boldsymbol{L}_\mathrm{e}=\begin{bmatrix}\boldsymbol{L}_\mathrm{v}&\boldsymbol{L}_\omega\\0&\boldsymbol{L}_{\theta\mathrm{u}}\end{bmatrix}$$

可以应用式（8-25）直接解出控制律式（8-41）和式（8-43）。

关于此方案的稳定性，在理想条件下，该方案是全局渐近稳定的（参考 8.2 节中提供的稳定性分析，考虑 $k$=6 的简单情况）。该方案中涉及的唯一未知常数参数 $Z^*$ 可以使用自适应技术在线估计。

## 8.5　基于图像的无标定视觉伺服控制

无标定视觉伺服系统的优点确实使其在机器人领域日益受到重视。相比传统基于标定的方法，无标定视觉伺服系统具有更大的灵活性和便捷性，不需要系统标定，无须进行复杂的机器人正逆运动学求解，具有计算量小、伺服耗时短等优势，在实际应用中具有更好的适应性。

基于图像的视觉伺服系统如图 8-6 所示，由于基于图像的视觉伺服系统不需要进行机器人正逆运动学求解，不需要进行系统模型重构，具有计算量小、伺服耗时较短等优势，所以无标定视觉伺服一般采用基于图像的视觉伺服方法。其中，无标定视觉伺服系统的核心在于建立图像空间和机器人关节空间之间的映射关系。这一映射关系通常通过图像雅可比矩阵和机械臂雅可比矩阵实现，从而将目标物体的运动信息转换为机器人末端执行器的运动速度。因此，如何根据图像信息和机器人位姿信息设计算法，以优化目标函数并在线估计图像雅可比矩阵，是无标定视觉伺服系统中最重要的问题之一。

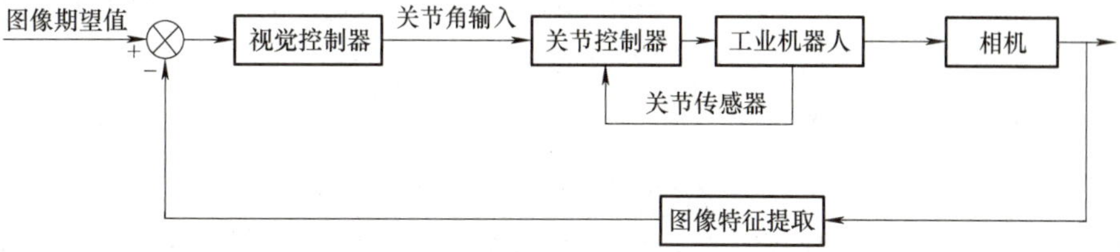


图 8-6　基于图像的视觉伺服系统



由于基于图像的视觉伺服技术在 8.2 节中进行了讲述，因此本节将跳过介绍机器人正逆运动学模型、相机成像模型、伺服系统中的坐标系以及图像特征选择的原理和方法，主要介绍机器人无标定视觉伺服的图像雅可比矩阵的原理和在线估计图像雅可比矩阵的方法。

### 8.5.1　机器人雅可比矩阵

机器人末端执行器与机械臂各关节之间的位置信息关系，可以通过机器人的正逆运动学分析得出。而在视觉伺服中，除了需要机器人的位置信息外，还需要机器人末端执行器的运动速度信息，这可以通过雅可比矩阵表示为

$$\dot{\boldsymbol{r}} = \boldsymbol{J}_{\theta} \cdot \dot{\boldsymbol{\theta}} \tag{8-44}$$

式中，$\dot{\boldsymbol{\theta}} \in \mathbf{R}^{n}$ 为 $n$ 自由度机械臂各关节运动速度；$\dot{\boldsymbol{r}} \in \mathbf{R}^{m}$ 为机械臂在笛卡儿空间中的运动速度；$\boldsymbol{J}_{\theta}$为机器人雅可比矩阵，有

$$\boldsymbol{J}_{\theta} = \left[\frac{\partial \boldsymbol{r}}{\partial \boldsymbol{\theta}}\right] = \begin{bmatrix} \dfrac{\partial \boldsymbol{r}_1}{\partial \boldsymbol{\theta}_1} & \cdots & \dfrac{\partial \boldsymbol{r}_1}{\partial \boldsymbol{\theta}_n} \\ \vdots & & \vdots \\ \dfrac{\partial \boldsymbol{r}_n}{\partial \boldsymbol{\theta}_1} & \cdots & \dfrac{\partial \boldsymbol{r}_n}{\partial \boldsymbol{\theta}_n} \end{bmatrix}_{m \times n} \tag{8-45}$$

### 8.5.2 图像雅可比矩阵

图像雅可比矩阵在无标定视觉伺服系统中扮演着至关重要的角色。它是将图像特征空间和机器人运动空间之间的非线性关系映射为一个矩阵，并用于以图像特征误差构建误差函数的控制系统。通过图像雅可比矩阵，可以将目标在图像空间中的运动转换为机器人末端执行器的运动速度，从而实现对目标的跟踪和控制。这种基于图像雅可比矩阵的视觉伺服方法具有结构简单、鲁棒性强等优点。图像雅可比矩阵表示为

$$\dot{\boldsymbol{f}} = \boldsymbol{J}(\boldsymbol{r})\cdot\dot{\boldsymbol{r}} \tag{8-46}$$

$$\boldsymbol{J}(\boldsymbol{r}) = \left[\frac{\partial \boldsymbol{f}}{\partial \boldsymbol{r}}\right] = \begin{pmatrix} \dfrac{\partial f_1(\boldsymbol{r})}{\partial \boldsymbol{r}_1} & \cdots & \dfrac{\partial f_1(\boldsymbol{r})}{\partial \boldsymbol{r}_n} \\ \vdots & & \vdots \\ \dfrac{\partial f_m(\boldsymbol{r})}{\partial \boldsymbol{r}_1} & \cdots & \dfrac{\partial f_m(\boldsymbol{r})}{\partial \boldsymbol{r}_n} \end{pmatrix} \tag{8-47}$$

式中，$\boldsymbol{f}$为图像特征；$\dot{\boldsymbol{f}} \in \mathbf{R}^m$ 为图像特征运动速度；$\boldsymbol{r}$ 为机器人末端执行器在机器人空间中的位姿；$\dot{\boldsymbol{r}}$ 为机器人末端执行器的位姿运动速度。

结合式（8-45）和式（8-47）可得

$$\dot{\boldsymbol{f}} = \boldsymbol{J}(\boldsymbol{r})\cdot\boldsymbol{J}_\theta\cdot\dot{\boldsymbol{\theta}} = \boldsymbol{J}\cdot\dot{\boldsymbol{\theta}} \tag{8-48}$$



式中，$\boldsymbol{J}$为复合图像雅可比矩阵，将机器人关节角度和图像特征联系在一起，从而进行视觉控制，是机器人视觉伺服的核心。

在一个眼在手上的机器人系统中，可以得到坐标系中单点的转换关系，用$(\dot{u},\dot{v})$表示该点在像素坐标系下的速度，$(V_\mathrm{c},\omega_\mathrm{c})$表示该点在基坐标系的线速度和角速度，$\boldsymbol{J}_1$为雅可比矩阵，则有

$$\begin{bmatrix}\dot{u}\\ \dot{v}\end{bmatrix} = \boldsymbol{J}_1\begin{bmatrix}V_\mathrm{c}\\ \omega_\mathrm{c}\end{bmatrix} \tag{8-49}$$

当在基于图像的视觉伺服系统中选取 $n$ 个特征点时，图像雅可比矩阵表示为

$$\boldsymbol{J}_\mathrm{s} = [\boldsymbol{J}_1 \cdots \boldsymbol{J}_n]^\mathrm{T} \tag{8-50}$$

### 8.5.3 图像雅可比矩阵的估计

在无标定视觉伺服系统中，图像雅可比矩阵的估计扮演着至关重要的角色。由于无标定视觉伺服系统参数难以获取，因此难以通过模型参数的代入来进行精确的雅可比矩阵计算。为了解决这一问题，出现了一些成熟的在线估计方法。这些方法通常通过运动学模型获取解析式，然后直接对雅可比矩阵中的各个元素进行数值估计。具体来说，这些方法可能会利用视觉信息（如目标在图像中的位置和运动）和机器人当前的关节状态估计雅可比矩阵的各个元素。这样就可以在系统运行过程中动态地估计和更新雅可比矩阵，从而实现对目标的跟踪和控制。

将无标定视觉伺服看作最优化问题，并通过设计反馈控制律来最小化目标函数。在

这种方法中，目标函数通常表示为系统的性能指标，例如图像特征误差或者机器人末端执行器的运动误差。通过设计合适的反馈控制律，可以使系统朝着最小化目标函数的方向调整，从而实现对目标的精确控制。在线估计图像雅可比矩阵的过程如下。

在一个眼在手上的机器人系统中，设 $E(\boldsymbol{\theta},t)$ 为当前时刻图像特征 $f(\boldsymbol{\theta},t)$ 和期望图像特征 $f'(\boldsymbol{\theta},t)$ 的误差，则有

$$E(\boldsymbol{\theta},t)=f(\boldsymbol{\theta},t)-f'(\boldsymbol{\theta},t) \tag{8-51}$$

对误差函数进行泰勒展开，并忽略高阶无穷小，有

$$m_k(\boldsymbol{\theta},t)=E(\boldsymbol{\theta}_k,t_k)+\hat{\boldsymbol{J}}_k(\boldsymbol{\theta}-\boldsymbol{\theta}_k)+\frac{\partial f_k}{\partial t}(t-t_k) \tag{8-52}$$

当 $t=t_{k-1}$ 时，有

$$f(\boldsymbol{\theta}_{k-1},t_{k-1})=m_k(\boldsymbol{\theta}_{k-1},t_{k-1})=f(\boldsymbol{\theta}_k,t_k)+\hat{\boldsymbol{J}}_k(\boldsymbol{\theta}_{k-1}-\boldsymbol{\theta}_k)+\frac{\partial f_k}{\partial t}(t_k-t_{k-1}) \tag{8-53}$$

$$f(\boldsymbol{\theta}_k,t_k)-f(\boldsymbol{\theta}_{k-1},t_{k-1})=\hat{\boldsymbol{J}}_k(\boldsymbol{\theta}_k-\boldsymbol{\theta}_{k-1})+\frac{\partial f_k}{\partial t}(t_k-t_{k-1}) \tag{8-54}$$

设

$$\begin{cases}\hat{\boldsymbol{J}}_k=\Delta\hat{\boldsymbol{J}}_k+\hat{\boldsymbol{J}}_{k-1}\\ \Delta\boldsymbol{\theta}=\boldsymbol{\theta}_k-\boldsymbol{\theta}_{k-1}\\ \Delta f_k=f(\boldsymbol{\theta}_k,t_k)-f(\boldsymbol{\theta}_{k-1},t_{k-1})\end{cases} \tag{8-55}$$



将式（8-54）代入到式（8-53）中并进行转置，可得

$$\boldsymbol{\theta}^{\mathrm{T}}\Delta\hat{\boldsymbol{J}}_k^{\mathrm{T}}=(\Delta f_k-\hat{\boldsymbol{J}}_{k-1}\Delta\boldsymbol{\theta}-\frac{\partial f_k}{\partial t}\Delta t)^{\mathrm{T}} \tag{8-56}$$

由式（8-56）可以解得 $\hat{\boldsymbol{J}}_k$ 的估计式为

$$\hat{\boldsymbol{J}}_k=\hat{\boldsymbol{J}}_{k-1}+\frac{(\Delta f_k-\hat{\boldsymbol{J}}_{k-1}\Delta\boldsymbol{\theta}-\frac{\partial f_k}{\partial t}\Delta t)^{\mathrm{T}}}{\Delta\boldsymbol{\theta}^{\mathrm{T}}\Delta\boldsymbol{\theta}} \tag{8-57}$$

利用式（8-57）在线估计图像雅可比矩阵，并且通过递推最小二乘法提高系统的性能和稳定性，特别是当面对发散问题时。通过递推最小二乘法来在线估计图像雅可比矩阵的过程如下：

$$\hat{\boldsymbol{J}}_k=\hat{\boldsymbol{J}}_{k-1}+\frac{\left(\Delta f_k-\hat{\boldsymbol{J}}_{k-1}\Delta\boldsymbol{\theta}-\frac{\partial f_k}{\partial t}\Delta t\right)\Delta\boldsymbol{\theta}^{\mathrm{T}}\boldsymbol{P}_{k-1}}{\lambda+\Delta\boldsymbol{\theta}^{\mathrm{T}}\boldsymbol{P}_{k-1}\Delta\boldsymbol{\theta}} \tag{8-58}$$

$$P_k=\frac{1}{\lambda}\left(\boldsymbol{P}_{k-1}-\frac{\boldsymbol{P}_{k-1}\Delta\boldsymbol{\theta}\Delta\boldsymbol{\theta}^{\mathrm{T}}\boldsymbol{P}_{k-1}}{\lambda+\Delta\boldsymbol{\theta}^{\mathrm{T}}\boldsymbol{P}_{k-1}\Delta\boldsymbol{\theta}}\right) \tag{8-59}$$

式中，$\boldsymbol{P}_k$ 为一个估计的协方差矩阵，这个矩阵在迭代过程中不断更新，并用于雅可比矩

阵估计的计算；$\lambda \in (0,1)$，其取值影响着视觉系统的性能。

综上所述，基于图像的无标定视觉伺服主要依赖于图像平面的特征变化进行控制，不需要对相机的内外参数进行标定。其基本思想是通过图像特征的位置和运动信息推导控制信号，从而实现机器人末端执行器的期望运动。该视觉伺服系统可以通过简化系统结构、提高适应性和灵活性以及降低计算成本等优点，为机器人在各种复杂环境下的自主感知和控制提供有效的解决方案。同时，这些特点使得该系统在机器人领域有着广泛的应用前景。

## 8.6 机器人视觉 – 阻抗控制

在传统的工业产线中，机械臂并不具备视觉引导功能。机械臂的大部分工作是遵循设定的程序，按照指定的路径完成重复工作。当需要改变作业任务或目标对象偏离指令设置时，机械臂不能根据环境的变化及时进行调整，这大大降低了机械臂的实际价值。例如，随着汽车行业竞争日益激烈，生产线不断安装和调试，以适应车型的频繁更新，传统的汽车焊接臂控制系统无法满足生产变化的需要。在汽车生产的焊接任务中，焊接底盘要求每辆新车都停在指定区域，根据预先定义的车辆模型，机械臂视觉系统可以调整焊接枪，以便在正确的位置和正确的表面上工作。视觉的引入为机械臂配备了“眼睛”，使得机械臂能够灵活应对作业目标的变化。因此，视觉焊接解决方案的使用将大大提高焊接生产线的自动化和智能化程度。



但仅仅依靠眼睛，无法感知周围环境的全部信息，当遇到与环境相接触的任务时，刚性机器人由于自身刚度过大，缺少对接触信息的感知，容易对装配零件和机器人自身造成损坏，因此需要精确控制接触力，但传统工业机器人并不具备力感知功能。例如，在轴孔装配中，机器人装配系统存在着不可避免的定位误差，这往往会直接导致各个装配零件之间相互接触时产生较大的相互作用力，而过大的接触力会对零件或设备造成不必要的磨损甚至损坏。柔顺控制可以避免接触过程中产生较大的接触力，提高机器人在精确目标作业下的适应能力。

将视觉感知与柔顺控制相结合，能够使机器人既能“看到”，也能“摸到”，使机器人控制变得更加智能。但如何把视觉感知与柔顺控制相结合呢？视觉传感器因为其硬件上的硬约束，具有一定的局限性，如数据更新频率低、与机械臂控制频率不匹配；同时其采集视觉特征数据的维度与力传感器采集数据的维度不一致。以图像点视觉特征为例，通常采集四个点作为图像特征向量，因此产生八维的特征向量，而六维力传感器所采集的力传感数据为六维，因此视觉特征数据与六维力传感数据难以融合，视觉 – 力融合的控制是一个具有挑战性的难题。

### 8.6.1 动力学模型

这里介绍一个通用的视觉 – 阻抗控制框架，其可以通过视觉引导机器人运动，并且在图像空间中定义任务，沿着视觉任务定义的方向实现顺应性，而不是在笛卡儿空间或者关节空间中实现机器人柔顺控制行为。

首先，考虑机器人在关节空间中的动力学模型，有

$$\boldsymbol{M}(\boldsymbol{q})\ddot{\boldsymbol{q}}+\boldsymbol{C}(\boldsymbol{q},\dot{\boldsymbol{q}})\dot{\boldsymbol{q}}+\boldsymbol{g}(\boldsymbol{q})+\boldsymbol{\tau}_{\mathrm{e}}=\boldsymbol{\tau} \tag{8-60}$$

式中，$\dot{\boldsymbol{q}},\ddot{\boldsymbol{q}}\in\mathbf{R}^{n}$ 分别为广义关节速度和加速度；$\boldsymbol{M}(\boldsymbol{q})\in\mathbf{R}^{n\times n}$ 为对称且正定的惯性矩阵；$\boldsymbol{C}(\boldsymbol{q},\dot{\boldsymbol{q}})\in\mathbf{R}^{n\times n}$ 为离心和科里奥利力矩阵；$\boldsymbol{g}(\boldsymbol{q})\in\mathbf{R}^{n}$ 为依赖于配置的重力向量；$\boldsymbol{\tau}_{\mathrm{e}}={}^{\mathrm{e}}\boldsymbol{J}_{\mathrm{e}}^{\mathrm{T}\,\mathrm{e}}\boldsymbol{h}_{\mathrm{e}}\in\mathbf{R}^{n}$ 为对应作用在末端执行器框架上的外力 ${}^{\mathrm{e}}\boldsymbol{h}_{\mathrm{e}}\in\mathbf{R}^{6}$ 的关节力矩向量，${}^{\mathrm{e}}\boldsymbol{J}_{\mathrm{e}}\in\mathbf{R}^{6\times n}$ 为机器人雅可比矩阵，两者都在末端执行器框架中表示；$\boldsymbol{\tau}\in\mathbf{R}^{n}$ 为关节驱动力矩向量。

下面进行视觉伺服动力学模型的推导，该动力学将视觉特征的运动与机械臂关节运动在加速度层面上关联起来。此处将利用视觉伺服动力学和视觉伺服运动学在特征空间中表达机械臂的动力学模型。

考虑一个图像特征向量 $\boldsymbol{s}\in\mathbf{R}^{k}$，例如图像平面中点的位置。视觉特征的运动和相对速度 ${}^{\mathrm{c}}\boldsymbol{v}\in\mathbf{R}^{6}$ 之间的运动关系由以下微分关系给出：

$$\dot{\boldsymbol{s}}=\boldsymbol{L}_{\mathrm{s}}^{\mathrm{c}}\boldsymbol{v}=\boldsymbol{L}_{\mathrm{s}}({}^{\mathrm{c}}\boldsymbol{v}_{\mathrm{c}}-{}^{\mathrm{c}}\boldsymbol{v}_{\mathrm{o}}) \tag{8-61}$$

式中，${}^{\mathrm{c}}\boldsymbol{v}_{\mathrm{c}}$ 和 ${}^{\mathrm{c}}\boldsymbol{v}_{\mathrm{o}}$ 分别为相机坐标系下的相机和目标的运动空间速度；$\boldsymbol{L}_{\mathrm{s}}\in\mathbf{R}^{k\times 6}$ 为众所周知的交互矩阵（在此推导中，假设交互矩阵满秩，从而约束相机运动的六个自由度）。当相机和目标之间的相对运动仅由于机器人的运动引起（即 ${}^{\mathrm{c}}\boldsymbol{v}_{\mathrm{o}}=0$）时，式（8-61）可以改写为

$$\dot{\boldsymbol{s}}=\boldsymbol{L}_{\mathrm{s}}^{\mathrm{c}}\boldsymbol{T}_{\mathrm{e}}^{\mathrm{e}}\boldsymbol{J}_{\mathrm{e}}\dot{\boldsymbol{q}} \tag{8-62}$$



式中，${}^{\mathrm{c}}\boldsymbol{T}_{\mathrm{e}}\in\mathbf{R}^{6\times 6}$ 为速度转换矩阵，将末端执行器坐标系下的速度转换到相机坐标系下。式（8-62）通过机器人雅可比矩阵将特征速度与关节速度联系起来。

通过对式（8-61）进行关于时间的微分，可以得到特征加速度的表达式为

$$\ddot{\boldsymbol{s}}=\boldsymbol{L}_{\mathrm{s}}^{\mathrm{c}}\dot{\boldsymbol{v}}+\dot{\boldsymbol{L}}_{\mathrm{s}}^{\mathrm{c}}\boldsymbol{v} \tag{8-63}$$

也可以通过对（8-62）进行微分，得到

$$\ddot{\boldsymbol{s}}=\dot{\boldsymbol{L}}_{\mathrm{s}}^{\mathrm{c}}\boldsymbol{T}_{\mathrm{e}}^{\mathrm{e}}\boldsymbol{J}_{\mathrm{e}}\dot{\boldsymbol{q}}+\boldsymbol{L}_{\mathrm{s}}^{\mathrm{c}}\dot{\boldsymbol{T}}_{\mathrm{e}}^{\mathrm{e}}\boldsymbol{J}_{\mathrm{e}}\dot{\boldsymbol{q}}+\boldsymbol{L}_{\mathrm{s}}^{\mathrm{c}}\boldsymbol{T}_{\mathrm{e}}^{\mathrm{e}}\dot{\boldsymbol{J}}_{\mathrm{e}}\dot{\boldsymbol{q}}+\boldsymbol{L}_{\mathrm{s}}^{\mathrm{c}}\boldsymbol{T}_{\mathrm{e}}^{\mathrm{e}}\boldsymbol{J}_{\mathrm{e}}\ddot{\boldsymbol{q}} \tag{8-64}$$

将式（8-64）整理成更简洁的形式，得

$$\ddot{\boldsymbol{s}}=\boldsymbol{J}_{\mathrm{s}}\ddot{\boldsymbol{q}}+\boldsymbol{h}_{\mathrm{q}} \tag{8-65}$$

式中，$\boldsymbol{J}_{\mathrm{s}}=\boldsymbol{L}_{\mathrm{s}}^{\mathrm{c}}\boldsymbol{T}_{\mathrm{e}}^{\mathrm{e}}\boldsymbol{J}_{\mathrm{e}}$ 称为特征雅可比矩阵，且有

$$\boldsymbol{h}_{\mathrm{q}}=(\dot{\boldsymbol{L}}_{\mathrm{s}}^{\mathrm{c}}\boldsymbol{T}_{\mathrm{e}}^{\mathrm{e}}\boldsymbol{J}_{\mathrm{e}}+\boldsymbol{L}_{\mathrm{s}}^{\mathrm{c}}\dot{\boldsymbol{T}}_{\mathrm{e}}^{\mathrm{e}}\boldsymbol{J}_{\mathrm{e}}+\boldsymbol{L}_{\mathrm{s}}^{\mathrm{c}}\boldsymbol{T}_{\mathrm{e}}^{\mathrm{e}}\dot{\boldsymbol{J}}_{\mathrm{e}})\dot{\boldsymbol{q}}$$

### 8.6.2　视觉 – 阻抗控制框架

在得到机器人视觉伺服系统动力学模型之后，本小节继续推导视觉 – 阻抗控制框架。阻抗控制旨在为机器人末端执行器实现一个等效于质量 – 弹簧 – 阻尼系统在外力作用下的动态行为，而视觉 – 阻抗控制旨在图像平面上实现当前和期望视觉特征之间的这种行

为。设 $\Sigma_c$ 为当前相机框架，$\Sigma_d$ 为期望相机框架，$\boldsymbol{e}_s=\boldsymbol{s}_d-\boldsymbol{s}\in\mathbf{R}^k$ 为期望视觉特征和当前视觉特征之间的误差向量。我们希望在图像特征空间中获得如下行为：

$$\boldsymbol{M}_s\ddot{\boldsymbol{e}}_s+\boldsymbol{D}_s\dot{\boldsymbol{e}}_s+\boldsymbol{K}_s\boldsymbol{e}_s=\boldsymbol{f}_s \tag{8-66}$$

式中，$\boldsymbol{M}_s$、$\boldsymbol{D}_s$、$\boldsymbol{K}_s$ 是正定的 $k\times k$ 矩阵，分别为阻抗方程中的虚拟质量、阻尼、刚度；$\boldsymbol{f}_s\in R^k$ 为作用在特征上的虚拟力。

假设机械臂动力学模型完全准确，则可以将式（8-60）重新排列为

$$\ddot{\boldsymbol{q}}=\boldsymbol{B}^{-1}(\boldsymbol{q})(\boldsymbol{\tau}-\boldsymbol{b}-{}^{e}\boldsymbol{J}_e^{Te}\boldsymbol{h}_e) \tag{8-67}$$

式中，$\boldsymbol{b}=\boldsymbol{C}(\boldsymbol{q},\dot{\boldsymbol{q}})\dot{\boldsymbol{q}}+\boldsymbol{g}(\boldsymbol{q})$，将式（8-67）代入式（8-65），得到特征运动的动力学方程为

$$\boldsymbol{J}_s\boldsymbol{B}^{-1}(\boldsymbol{q})\boldsymbol{\tau}=\ddot{\boldsymbol{s}}-\boldsymbol{h}_q+\boldsymbol{J}_s\boldsymbol{B}^{-1}(\boldsymbol{q})\boldsymbol{b}+\boldsymbol{J}_s\boldsymbol{B}^{-1}(\boldsymbol{q})^{e}\boldsymbol{J}_e^{Te}\boldsymbol{h}_e \tag{8-68}$$

考虑到特征雅可比矩阵 $\boldsymbol{J}_s$ 的表达式，以及将作用在相机上的外力投影到末端执行器上的力转换矩阵 ${}^{e}\boldsymbol{F}_c$，即 ${}^{e}\boldsymbol{h}_e={}^{e}\boldsymbol{F}_c{}^{c}\boldsymbol{h}_c$ 令 ${}^{c}\boldsymbol{T}_e^{T}={}^{e}\boldsymbol{F}_c$，可以将式（8-68）的最后一项重新排列为

$$\boldsymbol{L}_s^{c}\boldsymbol{T}_e^{e}\boldsymbol{J}_e\boldsymbol{B}^{-1}(\boldsymbol{q})^{e}\boldsymbol{J}_e^{T\,c}\boldsymbol{T}_e^{Tc}\boldsymbol{h}_c=\boldsymbol{L}_s\boldsymbol{B}_c^{-1}(\boldsymbol{q})^{c}\boldsymbol{h}_c \tag{8-69}$$

式中，$\boldsymbol{B}_c^{-1}(\boldsymbol{q})={}^{c}\boldsymbol{T}_e^{e}\boldsymbol{J}_e\boldsymbol{B}^{-1}(\boldsymbol{q})^{e}\boldsymbol{J}_e^{Tc}\boldsymbol{T}_e^{T}$ 为投影在相机坐标系下的机械臂惯性矩阵的逆。

将式（8-68）中的一些项重命名为

$$\begin{cases}\boldsymbol{f}_s=\boldsymbol{J}_s\boldsymbol{B}^{-1}(\boldsymbol{q})\boldsymbol{\tau}\\ \boldsymbol{b}_s=\boldsymbol{J}_s\boldsymbol{B}^{-1}(\boldsymbol{q})\boldsymbol{b}\\ \boldsymbol{f}_{ext}=\boldsymbol{L}_s\boldsymbol{B}_c^{-1}(\boldsymbol{q})^{c}\boldsymbol{h}_c\end{cases} \tag{8-70}$$



可以得到特征空间的机械臂模型，即

$$\ddot{\boldsymbol{s}}-\boldsymbol{h}_q+\boldsymbol{b}_s+\boldsymbol{f}_{ext}=\boldsymbol{f}_s \tag{8-71}$$

式（8-71）的控制输入是特征空间中的虚拟力向量，令 $\boldsymbol{u}=\boldsymbol{f}_s$，假设系统没有力测量反馈，通过设计特征空间控制输入 $\boldsymbol{u}$ 以补偿式（8-71）中的任何动态项，可以得到

$$\boldsymbol{u}=\boldsymbol{w}-\boldsymbol{h}_q+\boldsymbol{b}_s \tag{8-72}$$

将式（8-72）代入式（8-71）得到

$$\boldsymbol{w}=\ddot{\boldsymbol{s}}+\boldsymbol{f}_{ext} \tag{8-73}$$

式中，$\boldsymbol{w}\in\mathbf{R}^k$ 为特征空间中的解析加速度，构成了需要适当设计的新控制输入。一个自然的选择是带有加速度前馈的 PD 控制器，为

$$\boldsymbol{w}=\ddot{\boldsymbol{s}}^{*}+\boldsymbol{D}_s\dot{\boldsymbol{e}}_s+\boldsymbol{K}_s\boldsymbol{e}_s \tag{8-74}$$

将式（8-74）代入式（8-73）得到系统的闭环动力学方程为

$$\ddot{\boldsymbol{e}}_s+\boldsymbol{D}_s\dot{\boldsymbol{e}}_s+\boldsymbol{K}_s\boldsymbol{e}_s=\boldsymbol{f}_{ext} \tag{8-75}$$

闭环系统的行为如我们所期望，即与式（8-66）类似，但 $\boldsymbol{M}_s$ 为单位矩阵。得到的关节空

间控制器为

$$\boldsymbol{u}_\tau=(\boldsymbol{J}_s\boldsymbol{B}^{-1}(\boldsymbol{q}))^\dagger(\ddot{\boldsymbol{s}}^*+\boldsymbol{D}_s\dot{\boldsymbol{e}}_s+\boldsymbol{K}_s\boldsymbol{e}_s+\boldsymbol{J}_s\boldsymbol{B}^{-1}(\boldsymbol{q})\boldsymbol{b}-\boldsymbol{h}_q) \tag{8-76}$$

式中，$(.)^\dagger$ 为矩阵的伪逆。上述推导过程考虑了与环境的交互，若没有力测量，则可以通过位置控制间接控制力。

考虑到经典相机的内在技术限制（如相较于力传感器或力矩传感器帧率较低），特征阻抗控制无法直接实现，这使得在力矩层面上控制机械臂较为困难。因此，需要在轨迹跟踪精度和机器人柔顺性间进行权衡。这一限制促使了在特征空间中定义导纳控制的必要性。上述推导将外部作用力投影到了特征空间中，作为作用在视觉特征上的虚拟力。利用这种关系，可以通过一个二阶关系将期望参考 $\Sigma_d$ 和柔顺框架 $\Sigma_*$ 联系起来，以此调整视觉控制回路。对于基于图像的视觉伺服，将导纳控制扩展到特征空间，将期望特征 $\boldsymbol{s}_d(t)$ 和柔顺特征 $\boldsymbol{s}^*(t)$ 向量联系起来。定义误差 $\boldsymbol{e}_s=\boldsymbol{s}_d-\boldsymbol{s}^*$，$\bar{\boldsymbol{e}}_s=\boldsymbol{s}^*-\boldsymbol{s}$，有

$$\boldsymbol{M}_s(\ddot{\boldsymbol{s}}_d-\ddot{\boldsymbol{s}}^*)+\boldsymbol{D}_s(\dot{\boldsymbol{s}}_d-\dot{\boldsymbol{s}}^*)+\boldsymbol{K}_s(\boldsymbol{s}_d-\boldsymbol{s}^*)=\bar{\boldsymbol{f}}_{ext} \tag{8-77}$$

式中，$\bar{\boldsymbol{f}}_{ext}$ 是带有恒定惯性的特征空间中外部力矩的投影。当没有外部力作用于末端执行器时，柔顺框架和期望框架重合，即 $\Sigma_*\equiv\Sigma_d$。从式（8-77）中独立出 $\ddot{\boldsymbol{s}}^*$ 并对其进行两次积分，以获得 $\dot{s}^*$ 和 $s^*$。观察式（8-77），可以根据接触反馈力调整视觉参考，最终只需处理轨迹跟踪问题，采用适当的视觉伺服控制律以跟踪移动的视觉参考点。由于同时拥有期望特征和相机速度的信息，因此可以使用这些信息实现以下视觉控制律：

$${}^c\boldsymbol{v}_c=\lambda\boldsymbol{L}_s^+\boldsymbol{e}_s+\boldsymbol{L}_s^+(\dot{\boldsymbol{e}}_s+\boldsymbol{J}_s\dot{\boldsymbol{q}}) \tag{8-78}$$

式中，$\lambda$ 为正常量增益。视觉 – 阻抗控制框架如图 8-7 所示。

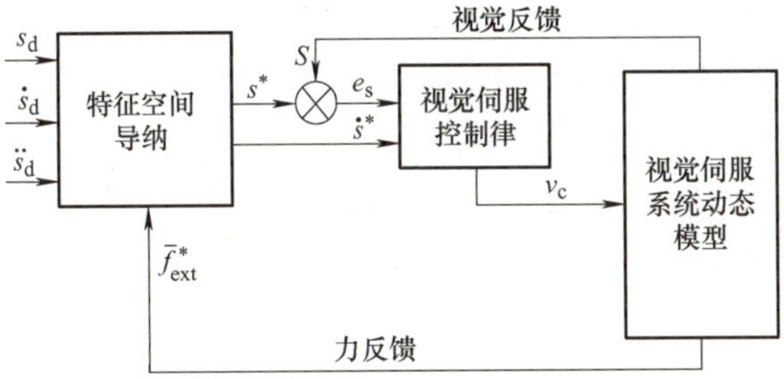


图 8-7　视觉 – 阻抗控制框架

通过上述框架，根据所选择的视觉特征类型以及对每个特征调整不同的导纳参数，可以获得不同的柔顺行为。

## 8.7　机器人视觉伺服仿真实例

本节以经典的基于图像的视觉伺服仿真为例，说明如何实施机器人视觉伺服控制。

**例 8-1**　使用 MATLAB 实现从初始图像坐标位置移动到期望特征位置 $s_d$=[308，621，433，621，433，496，308，496]$^T$，基于图像的视觉伺服 Simulink 仿真程序框图如图 8-8

所示，此处使用机器人工具箱所提供的函数，以 PUMA560 机器人为控制对象。

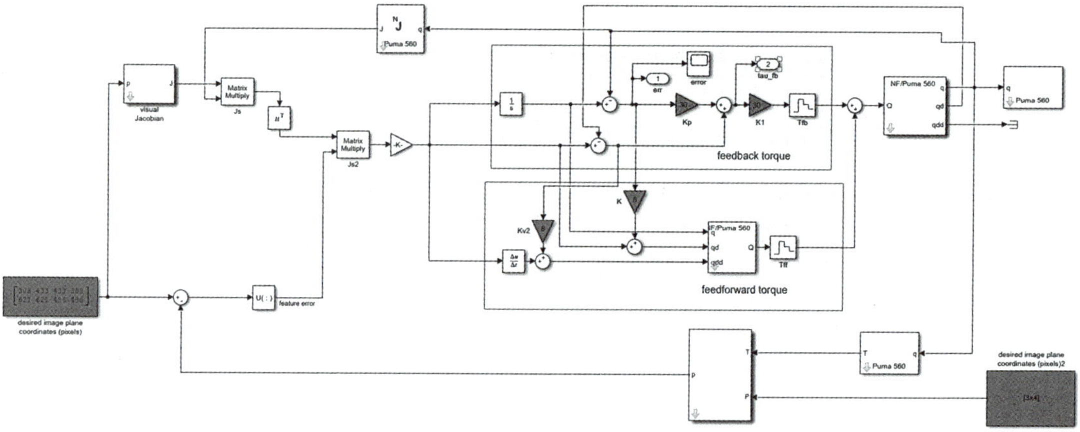


图 8-8　基于图像的视觉伺服 Simulink 仿真程序框图

首先计算图像交互矩阵，即视觉雅可比（Visual Jacobian）模块，利用机器人工具箱中的默认相机定义，即

```
>> cam = Centralcamera ( 'default' );
```

通过调用 visjac_p（*u*，*z*）函数计算图像交互矩阵，其中 *u* 为输入的期望特征向量，*z* 为期望深度，此处设置为 3m。在视觉雅可比模块下利用 Interpreted MATLAB Fcn 模块，设置 cam. visjac_p（*u*，*z*）函数，计算出图像交互矩阵。

通过

```
>>p560. jacobe ( robot, u );
```

计算 PUMA560 机器人的雅可比矩阵，通过与图像交互矩阵相乘得到任务雅可比矩阵 $\boldsymbol{J}_s$。接下来将 $\boldsymbol{J}_s$ 转置，并将其与图像特征误差和系数 $K$ 相乘，即 $\dot{\boldsymbol{q}}=-\boldsymbol{K}\boldsymbol{J}_s^{\mathrm{T}}\boldsymbol{e}_s$，由此得出关节角速度信号，将其输入反馈力矩（Feedback Torque）模块，计算反馈控制力矩；输入前馈力矩（Feedforward Torque）模块，补偿已知干扰信息。将控制信号输入 NF/PUMA560 模块，其结构如图 8-9 所示。

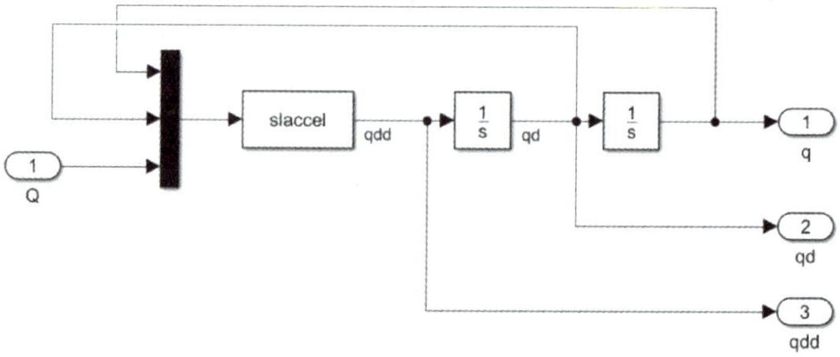


图 8-9　NF/PUMA560 模块的结构

图 8-9 中 slaccel 为 S 函数（S–Function），其详细代码如下。

```
function [sys, x0, str, ts] = slaccel (t, x, u, flag, robot)
  switch flag

  case 0
    % initialize the robot graphics
    [sys, x0, str, ts] = mdlInitializeSizes (robot);    % Init

  case {3}
    % come here to calculate derivitives

    % first check that the torque vector is sensible
      assert (numel (u) == (3*robot.n), 'RTB: slaccel: badarg', 'Input vector is length %d,
should be %d', numel (u), 3*robot.n);
    assert (isreal (u), 'RTB: slaccel: badarg', 'Input vector is complex, should be real');

    sys = robot.accel (u (: )');

  case {1, 2, 4, 9}
    sys = [];
  end
%
%=============================================================================
% mdlInitializeSizes
% Return the sizes, initial conditions, and sample times for the S-function.
%=============================================================================

function [sys, x0, str, ts]=mdlInitializeSizes (robot)
%
% call simsizes for a sizes structure, fill it in and convert it to a
% sizes array.
%
% Note that in this example, the values are hard coded. This is not a
% recommended practice as the characteristics of the block are typically
% defined by the S-function parameters.
%
sizes = simsizes;

sizes.NumContStates  = 0;
sizes.NumDiscStates  = 0;
sizes.NumOutputs     = robot.n;
sizes.NumInputs      = 3*robot.n;
sizes.DirFeedthrough = 1;
sizes.NumSampleTimes = 1;    % at least one sample time is needed
```

```
sys = simsizes ( sizes );

%
% initialize the initial conditions
%
x0  = [];
%
% str is always an empty matrix
%
str = [];
%
% initialize the array of sample times
%
ts  = [0 0];

% end mdlInitializeSizes
```

通过上述代码更新 PUMA560 机器人的运动学模型，最终通过关节角度值 $q$ 更新 PUMA560 构型。

利用 fkine（robot，u）函数计算 PUMA560 机器人的前向运动学，计算末端位姿矩阵，而后更新当前图像特征点信息，最终形成闭环系统。仿真结果如图 8-10 所示。



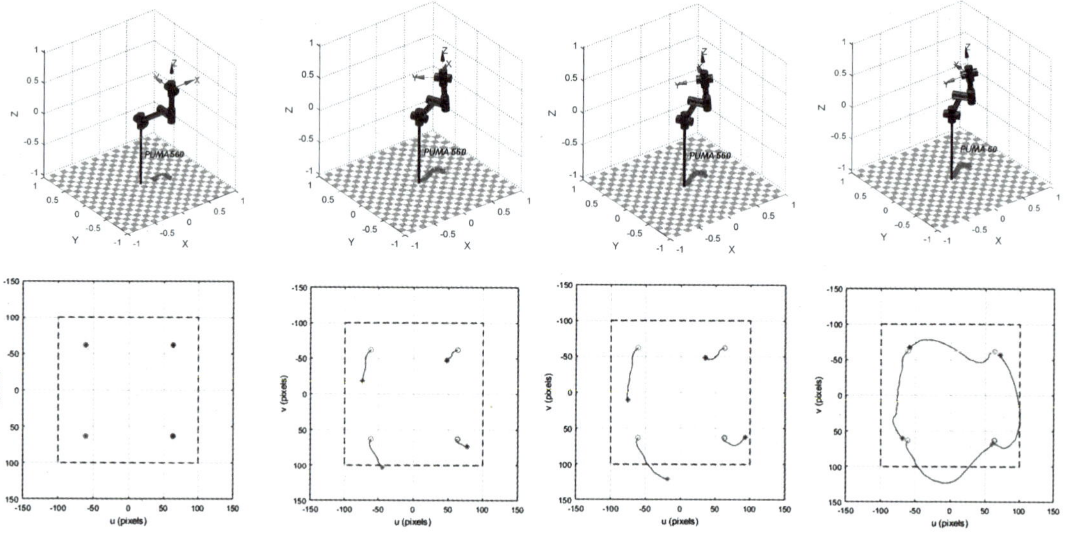

a)　b)　c)　d)

图 8-10　仿真结果

由仿真结果可以观察到，随着特征点朝着期望点收敛，驱动 PUMA560 机器人朝着期望位姿移动。

**例 8-2**　使用视觉伺服库实现简单的 C++ 代码开发视觉伺服仿真演示。

首先介绍一下视觉伺服开源库 ViSP。这是一个模块化跨平台库，允许使用视觉跟踪和视觉伺服技术进行原型设计和开发应用程序，是 IRISA–Inria Rainbow 团队研究的核心。

ViSP 能够计算可应用于机器人系统的控制律。它提供了一组可使用实时图像处理或计算机视觉算法进行跟踪的视觉特征，提供从实践中使用的最经典的视觉特征为视觉伺服系统设计基于视觉的任务。它可以完成一组关于各种可组合视觉特征（如点、线段、直线、圆、球体、圆柱体、图像矩、姿态等）的基本定位任务，或基于三维模型的已知物体跟踪或模板跟踪。除此之外，ViSP 还提供模拟功能。

下面以 ViSP 库中提供的 tutorial-ibvs-4pts-wireframe-camera.cpp 程序为例，详细说明如何利用 ViSP 库中集成的函数实现最基本的基于图像的视觉伺服仿真。本例程以四个特征点作为图像特征，使用最简单的视觉伺服控制律驱动相机到达期望位置。完整代码如下。

```
#include <visp3/gui/vpDisplayGDI.h>  % 包含显示功能的头文件
#include <visp3/gui/vpDisplayOpenCV.h>
#include <visp3/gui/vpDisplayX.h>
#include <visp3/gui/vpProjectionDisplay.h>  % 允许处理从给定相机位置外部视图的类
#include <visp3/robot/vpSimulatorCamera.h>  % 模拟六自由度自由飞行相机的头文件
#include <visp3/robot/vpWireFrameSimulator.h>  % 包含线框模拟器类的头文件
#include <visp3/visual_features/vpFeatureBuilder.h>  % 包含视觉特征的头文件
#include <visp3/vs/vpServo.h>  % 实现控制律的 vpServo 类的头文件
#include <visp3/vs/vpServoDisplay.h>  % 允许在内部相机视野中叠加显示当前和期望特征的位置


-----------------------------------------------------------------------
% 特征点轨迹绘制函数
-----------------------------------------------------------------------
void display_trajectory（const vpImage<unsigned char> &I，std：：vector<vpPoint> &point，
const vpHomogeneousMatrix &cMo，
                    const vpCameraParameters &cam）
{
 static std：：vector<vpImagePoint> traj[4];
 vpImagePoint cog;
 for（unsigned int i = 0;  i < 4;  i++）{
  // Project the point at the given camera position
  point[i].project（cMo）;
  vpMeterPixelConversion：：convertPoint（cam，point[i].get_x（），point[i].get_y（），cog）;
  traj[i].push_back（cog）;
 }
 for（unsigned int i = 0;  i < 4;  i++）{
  for（unsigned int j = 1;  j < traj[i].size（）;  j++）{
   vpDisplay：：displayLine（I，traj[i][j - 1]，traj[i][j]，vpColor：：green）;
  }
 }
}

int main（）
{
```

```
try {
---------------------------------------------------------------------------
% 相机的期望位置和初始位置定义为两个齐次矩阵；cdMo 指^c* M_o，cMo 指^c M_o %。
---------------------------------------------------------------------------
vpHomogeneousMatrix cdMo（0，0，0.75，0，0，0）；
vpHomogeneousMatrix cMo（0.15，0.1，1.，vpMath：：rad（10），vpMath：：rad（10），
vpMath：：rad（50））；

% 定义四个三维点，代表 20cm×20cm 正方形的角点
std：：vector<vpPoint> point（4）；
point[0].setWorldCoordinates（-0.1，-0.1，0）；
point[1].setWorldCoordinates（0.1，-0.1，0）；
point[2].setWorldCoordinates（0.1，0.1，0）；
point[3].setWorldCoordinates（-0.1，0.1，0）；


---------------------------------------------------------------------------
% 视觉伺服任务的实例化由以下代码完成。将任务初始化为眼在手上的视觉伺服。
% 控制器计算出的结果速度 v_c 应用于相机坐标系中。交互矩阵将根据当前视觉特征
% 计算得出，它们需要在控制回路的每次迭代中更新。最后，将恒定增益λ设置为 0.5。
---------------------------------------------------------------------------
vpServo task；
task.setServo（vpServo：：EYEINHAND_CAMERA）；
task.setInteractionMatrixType（vpServo：：CURRENT）；
task.setLambda（0.5）；
---------------------------------------------------------------------------
% 将四个视觉特征定义为图像平面中的点。实例化 vpFeaturePoint 类。
% 当前点特征 s 以 p[i] 执行，期望点特征 s* 以 pd[i] 执行。
---------------------------------------------------------------------------
vpFeaturePoint p[4]，pd[4]；


---------------------------------------------------------------------------
% 每个特征都是通过计算相应相机框架中三维点的位置，然后应用透视投影获得。
% 因此，一旦创建了当前和所需的特征，它们就会被添加到视觉伺服任务中。
---------------------------------------------------------------------------
for（unsigned int i = 0；i < 4；i++）{
  point[i].track（cdMo）；
  vpFeatureBuilder：：create（pd[i]，point[i]）；
  point[i].track（cMo）；
  vpFeatureBuilder：：create（p[i]，point[i]）；
  task.addFeature（p[i]，pd[i]）；
}

---------------------------------------------------------------------------
% 为进行模拟仿真，首先需要创建两个齐次变换矩阵 ^w M_c 和 ^w M_o，分别定义相机和物体在世界坐
```

标系中的位置。

---

```
vpHomogeneousMatrix wMc，wMo；
```

---

% 创建自由飞行相机的实例。将采样时间指定为 0.040s。当对相机施加速度时，将使
% 用此时间确定相机的下一个位置。

---

```
vpSimulatorCamera robot；
robot.setSamplingTime（0.040）；
```

---

% 根据相机的初始位置 ${}^{w}\boldsymbol{M}_{c}$ 和物体在相机坐标系中先前固定的位置 ${}^{c}\boldsymbol{M}_{o}$，计算出物体在世界框架中的位置 ${}^{w}\boldsymbol{M}_{o}$。由于仿真中物体是静态的，因此 ${}^{w}\boldsymbol{M}_{o}$ 将保持不变。

---

```
robot.getPosition（wMc）；
wMo = wMc * cMo；
```

---

% 创建两个将显示在窗口中的图像。第一个图像 Iint 专用于内部相机视图，显示模拟相机看到的图像内容。第二个图像 Iext 对应于观察模拟相机的外部相机看到的图像。

---

```
vpImage<unsigned char> Iint（480，640，0）；
vpImage<unsigned char> Iext（480，640，0）；
#if defined（VISP_HAVE_X11）
vpDisplayX displayInt（Iint，0，0，"Internal view"）；
vpDisplayX displayExt（Iext，670，0，"External view"）；
#elif defined（VISP_HAVE_GDI）
vpDisplayGDI displayInt（Iint，0，0，"Internal view"）；
vpDisplayGDI displayExt（Iext，670，0，"External view"）；
#elif defined（HAVE_OPENCV_HIGHGUI）
vpDisplayOpenCV displayInt（Iint，0，0，"Internal view"）；
vpDisplayOpenCV displayExt（Iext，670，0，"External view"）；
#else
std：：cout << "No image viewer is available..." << std：：endl；
#endif
```

---

% 初始化 display_trajectory（）中使用的固有相机参数，以确定视觉特征在图像中像素的位置。设置外部相机的位置，用于观察伺服过程中模拟相机的变化。

---

```
vpCameraParameters cam（840，840，Iint.getWidth（）/ 2，Iint.getHeight（）/ 2）；
vpHomogeneousMatrix cextMo（0，0，3，0，0，0）；
```

---

% 在场景中初始化对象，定义为“vpWireFrameSimulator：：PLATE”。通过“vpWireFrameSimulator：：D_STANDARD”表明显示在所需位置的对象也是一个 PLATE。其次，使用初始化

265

相对于对象的相机位置 ${}^{c}\boldsymbol{M}_{o}$，以及使用初始化所需相机位置，即相机在伺服末端必须到达的位置 ${}^{cd}\boldsymbol{M}_{o}$。然后，使用初始化将在伺服过程中观察模拟相机的静态外部相机的位置 ${}^{cext}\boldsymbol{M}_{o}$。所有这些姿势都是相对于对象框架定义的。最后，设置用于内部和外部查看器的固有相机参数。

```
------------------------------------------------------------------------
vpWireFrameSimulator sim;
sim.initScene（vpWireFrameSimulator：：PLATE，vpWireFrameSimulator：：D_STANDARD）;
sim.setCameraPositionRelObj（cMo）;
sim.setDesiredCameraPosition（cdMo）;
sim.setExternalCameraPosition（cextMo）;
sim.setInternalCameraParameters（cam）;
sim.setExternalCameraParameters（cam）;

while（1）{
------------------------------------------------------------------------
```

% 当速度施加到自由飞行相机上时，相机坐标系的位置 ${}^{w}\boldsymbol{M}_{c}$ 将相对于世界框架发生变化，从这个位置可以计算出物体在新相机坐标系中的位置。

```
------------------------------------------------------------------------
robot.getPosition（wMc）;
cMo = wMc.inverse（）* wMo;
```

% 将三维点投影到与新相机位置相关的图像平面上，以更新当前的视觉特征 ${}^{c}\boldsymbol{M}_{o}$。

```
for（unsigned int i = 0; i < 4; i++）{
  point[i].track（cMo）;
  vpFeatureBuilder：：create（p[i]，point[i]）;
}
  vpColVector v = task.computeControlLaw（）;  % 计算速度旋量 v_c
robot.setVelocity（vpRobot：：CAMERA_FRAME，v）;  % 这个六维速度矢量应用到相机

% 在伺服循环的每次迭代中，使用新的相机位置更新线框模拟器。
sim.setCameraPositionRelObj（cMo）;

% 在与各自图像相关联的内部和外部查看器中更新图像。
vpDisplay：：display（Iint）;
vpDisplay：：display（Iext）;

sim.getInternalImage（Iint）;
sim.getExternalImage（Iext）;

display_trajectory（Iint，point，cMo，cam）;
vpDisplay：：flush（Iint）;
vpDisplay：：flush（Iext）;

// A click in the internal view to exit
if（vpDisplay：：getClick（Iint，false））
  break;
vpTime：：wait（1000 * robot.getSamplingTime（））;
```

```
    }
  } catch（const vpException &e）{
    std：：cout << "Catch an exception：" << e << std：：endl;
  }
}
```

通过上述仿真实例，可以清晰地观察到系统的动态行为。图像平面特征点轨迹如图 8-11 所示，四个红色点代表预先设置的期望特征点，蓝色点代表模拟的当前特征点，绿色线代表当前特征点的移动轨迹。在速度控制器的驱动下，当前特征点逐渐朝着期望特征点移动，并最终收敛到期望特征点位置。

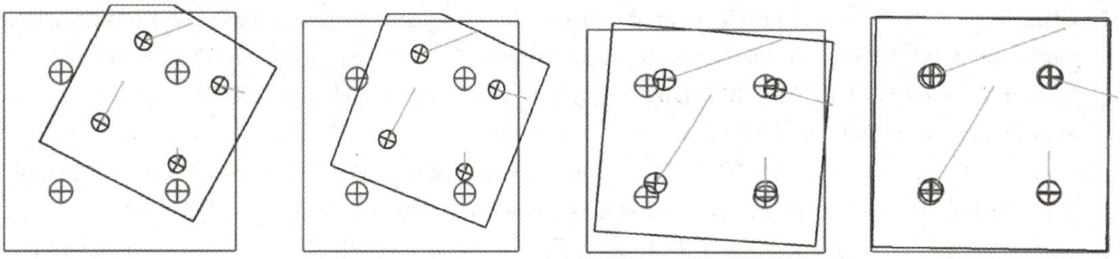

a)　b)　c)　d)

图 8-11　图像平面特征点轨迹



## 本章小结

本章介绍了经典视觉伺服的基本概念，包括基于图像的视觉伺服和基于位置的视觉伺服。基于图像的视觉伺服主要通过直接使用图像平面上的图像特征进行控制，基于位置的视觉伺服则利用相机和物体的相对位置关系进行伺服控制。

在掌握这些基本概念的基础上，本章扩展讨论了更为先进的视觉伺服技术。首先，本章介绍了混合视觉伺服控制，这种方法结合了基于图像的视觉伺服和基于位置的视觉伺服的优点，能够在处理复杂任务时提供更高的鲁棒性和精度。

其次，本章还探讨了基于图像的无标定视觉伺服控制，这种方法无须对相机进行复杂的标定，使得视觉伺服系统在实际应用中更加简便和灵活。

再次，本章讨论了适用于接触任务的视觉 – 阻抗控制框架。这种框架不仅考虑了视觉信息，还引入了力反馈机制，能够更好地处理机器人与环境之间的相互作用，特别是在执行精细操作或需要接触感知的任务中表现尤为出色。

最后，为了更直观地展示这些视觉伺服技术的应用，本章通过仿真实例进行说明。仿真实例不仅展示了理论知识在实际操作中的应用，还帮助读者更好地理解和掌握视觉伺服系统的设计和实现过程。通过这两个仿真实例，读者可以深入了解视觉伺服在各种应用场景中的潜力和优势。

## 参考文献

[1]　FEDDEMA J T，MITCHELL O R. Vision-guided servoing with feature-based trajectory generation

( for robots ) [J]. IEEE Transactions on robotics and automation，1989，5（5）：691–700.

[2] MICHEL H，R IVES P. Singularities in the determination of the situation of a robot effector from the perspective view of three points[J]. Rapport de Recherche，1993.

[3] FISCHLER M A，BOLLES R C. Random sample consensus：a paradigm for model fitting with applications to image analysis and automated cartography[J]. Communications of the ACM，1981，24（6）：381–395.

[4] WISLON W J，HULLS C C W，BELL G S. Relative end–effector control using cartesian position based visual servoing[J]. IEEE Transactions on robotics and automation，1996，12（5）：684–696.

[5] THUILOT B，MARTINET P，CORDESSES L，et al. Position based visual servoing：keeping the object in the field of vision[C]//IEEE International conference on robotics and automation，2002，2：1624–1629.

[6] CHAUMETTE F. Potential problems of stability and convergence in image–based and position–based visual servoing[M]//The confluence of vision and control. London：Springer，2007：66–78.

[7] MALIS E，CHAUMETTE F，BOUDET S. 2 1/2 D visual servoing[J]. IEEE Transactions on robotics and automation，1999，15（2）：238–250.

[8] CHEN J，DAWSON D M，DIXON W E，et al. Adaptive homography–based visual servo tracking[C]//IEEE/RSJ International conference on intelligent robots and systems，2003，1：230–235.

[9] 陶波，龚泽宇，丁汉．机器人无标定视觉伺服控制研究进展 [J]. 力学学报，2016，48（4）：767–783.

[10] 韩顺杰，符金鑫，单新超．无标定图像视觉伺服控制方法研究 [J]. 计算机应用与软件，2023，40（04）：236–240.

[11] 夏康立．基于无标定视觉伺服的移动机器人位置控制研究 [D]. 南京：东南大学，2022.

[12] 张继涵．机器人无标定视觉伺服与路径规划研究 [D]. 合肥：合肥工业大学，2022.

[13] OLIVA A A，GIORDANO P R，CHAUMETTE F. A general visual–impedance framework for effectively combining vision and force sensing in feature space[J]. IEEE Robotics and automation letters，2021，6（3）：4441–4448.

[14] SICILIANO B，SCIAVICCO L，VILLANI L，et al. Robotics：Modeling，Planning and Control[M]. 3rd ed. London：Springer，2008.

[15] CHAUMETTE F，HUTCHINSON S，CORKE P. Visual servoing[M]//Handbook of Robotics. 2nd ed. London：Springer，2016：841–866.

# 第 9 章　多机器人协同控制

## 导读

群体昆虫的协同作业并非依赖于任何集中式的指挥系统，然而它们展现出的系统层级功能却惊人地兼具了鲁棒性、适应性和可扩展能力，这些正是多机器人技术中极力追求的特质，因而它们成为驱动多机器人协同控制发展的重要灵感来源。多机器人系统借鉴此类自然智慧，协同控制与运动协调领域的研究呈现出蓬勃发展的态势，不仅极大地拓展了人类在监测复杂自然现象方面的视野，还显著增强了人类探索危险及未知领域的能力与安全性。本章深入探讨了通信网络拓扑下互连的多机器人动态系统中的协同控制机制，包括但不限于多机械臂系统、多移动机器人系统和多飞行机器人系统。在此框架内，每个机器人均拥有其独特的状态变量和动力学模型。对于此类网络化多机器人系统，一个核心挑战在于设计分布式控制协议，旨在确保各类机器人系统间状态的最终一致或同步。同步的达成，意味着在多机器人系统群体中，对于这些关键量的认同必须达成共识，从而促成统一的协同动作。



群体内部的信息传播机制是理解群体智慧与群体响应能力的核心，它着重探讨了一项根本性挑战，即如何依托一套既普适又简洁的沟通规则，实现从少数知情者到全体成员的信息迅速而准确的传递过程。在这个过程中，每个个体既是信息的接收者也是传播者，通过不断的交互作用，信息如同涟漪般在群体中扩展，直至群体成员达成广泛的认知共享。

9.1 节呈现一个全面且独立的论述，专注于协同控制领域内的关键概念与工具。这些核心概念涵盖了图论的诸多方面，如网络的连通性、节点间的邻接关系，以及在解析系统动态时至关重要的拉普拉斯矩阵等，它们均为理解和设计高效多机器人协作系统奠定了坚实的理论基础。

9.2 和 9.3 节细致阐述了在固定通信图拓扑结构下，多智能体动态系统实现协同控制的理论与方法。这两节中，每个智能体或节点被抽象为数学模型——具体为动态线性时变系统，以此为基础展开深入探讨，从连续时间系统的一阶积分器模型开始，逐步过渡到离散时间系统的相应分析，展现了控制理论在不同时域中的应用广度。进一步地，扩展至更高维度的控制挑战，探究了包含位置与速度双层控制的二阶系统，特别是在地理空间中运动控制的具体实例。这些方法对于设计与分析协同控制器至关重要，不仅深化了对多智能体系统内在协同机制的理解，也为工程实践提供了强有力的理论支撑。

第四次工业革命浪潮的蓬勃兴起，不仅裹挟着前所未有的机遇，也带来了诸多挑战。

在此背景下，复杂网络技术的应用日益广泛，展现出强大的渗透力。特别值得注意的是，多机械臂系统在现代生产场景中的部署日渐频繁，其影响力正逐步重塑制造业的面貌。

9.4 节详尽探讨了广泛采用的多机械臂姿态同步控制策略，首先概述了机械臂控制方法，详述其一致性姿态的计算方法。为了解决在无向通信网络拓扑中，多机械臂系统在无集中领导且各机械臂动力学模型相互独立的条件下实现姿态一致性的挑战，介绍了两种先进的姿态一致性控制协议。这两种协议旨在促进系统内各机械臂之间的一致性协同，确保在无集中指令下达的情况下也能达成姿态的统一与协调。

多移动机器人系统能够合力完成那些对单一机器人而言过于艰巨或低效的任务，近年来，多车编队控制成为控制领域内的研究热点。9.5 节概述了三种主要策略，以指导这类多体系统的控制：领航－跟随、基于行为的控制和虚拟领航者。每种策略均有其独特优势与局限。领航－跟随模式下，若干移动机器人扮演领航者角色，引导其余跟随者移动机器人依据既定规则行动。领航机器人遵循预设路径，而跟随机器人则紧密跟随其最近邻的状态变化。此方法易于理解与实施，且面对领航机器人的小幅干扰时，队形仍能保持稳定。不足之处在于缺乏直接反馈机制：一旦跟随机器人遭遇干扰，队形难以维系，且领航机器人的存在成为系统单点故障的隐患。基于行为的控制侧重于为每一车辆设定具体行为目标，如避障与目标追踪，通过权衡各项行为的相对重要性来实现编队控制。该方法的优势在于，当面临多重目标冲突时，能够直观生成控制策略，并通过邻近个体间的沟通实现明确反馈。然而，其缺点在于群体行为模式难以精确界定，数学分析复杂，且群体稳定性难以严格证明。虚拟领航者作为一个数学抽象概念，不会受到实际物理限制或故障的影响，因此降低了系统中的单点故障风险。这种方法能够保证即使在部分机器人出现故障或环境变化的情况下，整个编队仍然能够维持结构稳定并继续执行任务。这些策略各有优劣，适用于不同场景下的多机器人协同控制需求。



传感器技术的飞速发展极大增强了联网无人机的功能，网络化无人机的编队跟踪技术引起学术界与工业界的广泛兴趣，使之能在军事及民用领域高效执行诸如空中测绘、物资运送、通信中继以及精准农业等危险或重复性任务。在此类应用场景下，协同控制网络化无人机的运动对于实现任务的高效重复执行至关重要。四旋翼无人机凭借其简洁的气动结构与垂直起降能力，已发展成为网络化无人机系统中的首选多智能体平台。然而，四旋翼的欠驱动物理特性对控制系统设计提出了显著挑战。从控制策略的维度出发，当前研究文献中突出展示了四种典型编队控制方法：编队行为控制、虚拟领航者方法、位置－速度一致性协议以及领航－跟随策略。尤其值得注意的是，鉴于其较低的复杂度和良好的扩展潜力，领航－跟随模式在机器人学领域得到了广泛的应用。相关的例子包括为网络化四旋翼无人机量身定制的领航－跟随编队控制策略，以及引入虚拟领航概念以引导无人机群向预设几何排列靠拢的技术创新。这些进展不仅深化了我们对网络化无人机编队控制机制的理解，也为未来无人机技术的实际应用开拓了新的视野。

本章主要介绍了多机器人协同控制的基础原理和典型应用场景。首先，介绍了多机器人协同控制中的数学工具——代数图论的基本原理和概念。其次，细致阐述了在固定通信图拓扑结构下，多智能体动态系统实现协同控制的一致性算法。然后，针对多机械臂姿态同步控制，介绍了两种先进的姿态一致性控制协议。最后，以非完整移动机器人为对象，在交互的情况下，实现了非完整移动机器人的编队控制。通过本章，读者可以掌握多机器人协同控制的理论基础。

**本章知识点**

- 代数图论基础
- 一致性算法原理
- 多机械臂姿态同步控制
- 多机器人分布式编队控制

## 9.1　代数图论基础

代数图论是图论和线性代数的交叉领域，通过代数方法研究图的性质。它在多机器人协同控制中有重要应用，因为图可以用来表示机器人之间的通信和协作关系。本节将介绍图的定义、简单图、图的矩阵表示。

### 9.1.1　图的定义

从了解机器人基本理论的角度看，我们不需要研究极其艰难的图论问题。当然，感兴趣的读者可以自行研读图论教材和著作。从另一方面看，正是因为有了图论中的许多概念和术语，才使得我们可以把许多具体问题形式化处理，得到严格的分析结果。

多机器人协同可抽象为一个由顶点集 $V$ 和边集 $E$ 组成的图 $G=(V,E)$。顶点表示机器人，边表示机器人之间的通信连接。顶点数记为 $N=|V|$，边数记为 $M=|E|$。$E$ 中每条边都有 $V$ 中一对点与之相对应。经过抽象之后，图中的点通常称为节点（Node）或者顶点（Vertex）。本书对“节点”和“顶点”不作区分。

按照图中的边是否有向和是否有权，可以有四种类型的图，它们之间的关系如图 9-1 所示。

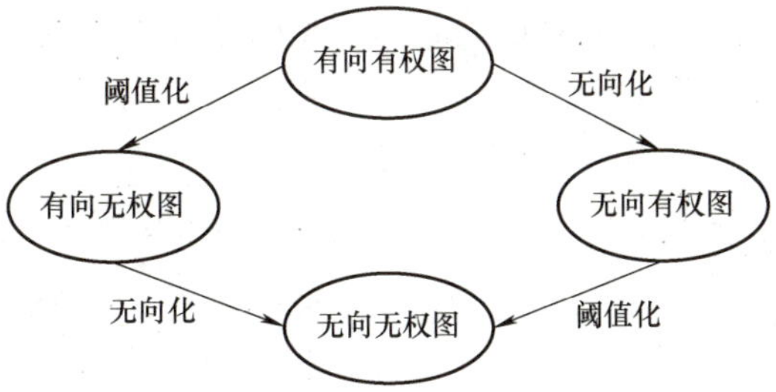


图 9-1　四种类型的图之间的关系

#### 1. 有向有权图

如图 9-2 所示，图中的边是有向（Directed）且有权（Weighted）的。边有向是指存在一条从顶点 $i$ 指向顶点 $j$ 的边 $(i,\ j)$，并不一定意味着存在一条从顶点 $j$ 指向顶点 $i$ 的边 $(j,\ i)$。对于有向边 $(i,\ j)$，顶点 $i$ 称为始点，顶点 $j$ 称为终点。边有权是指图中的每条边都赋有相应的权值，以表示相应两个节点之间联系的强度。

### 2. 无向有权图

如图 9-3 所示，图中的边是无向（Undirected）但有权的。所谓的无向是指任意点对 $(i, j)$ 与 $(j, i)$ 对应同一条边。顶点 $i$ 和 $j$ 也称为无向边 $(i, j)$ 的两个端点（End-point）。通过如下两步得到无向有权图。

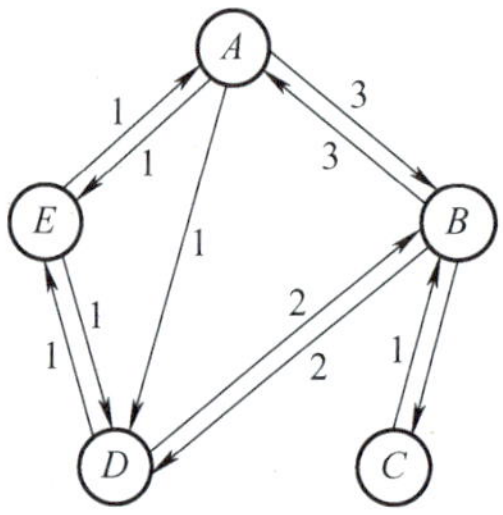


图 9-2　有向有权图

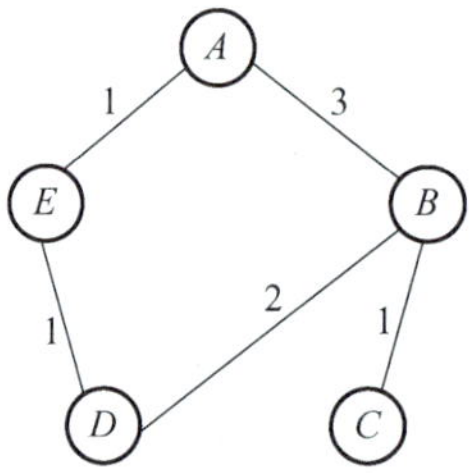


图 9-3　无向有权图

1）首先，把有向图转化为无向图，有如下两种情况。

①无向图中节点 $A$ 和节点 $B$ 之间有一条无向边（$A$，$B$），当且仅当在原始的有向图中既有从节点 $A$ 指向节点 $B$ 的边（$A$，$B$），也有从节点 $B$ 指向节点 $A$ 的边（$B$，$A$）。

②无向图中存在无向边（$A$，$B$），当且仅当在原始的有向图中存在有向边（$A$，$B$）或有向边（$B$，$A$）。

2）其次，确定每一条无向边的权值，有如下两种常见的方式。

①取有向图中两点之间有向边的权值之和。

②取两点之间有向边权值的最小值或最大值（如果存在两条有向边）。



### 3. 有向无权图

如图 9-4 所示，图中的边是有向但无权（Unweighted）的。所谓的无权图实际上也意味着图中边的权值都相等，通常可假设每条边的权值均为 1。

### 4. 无向无权图

如图 9-5 所示，图中的边是无权且无向的。无向无权图可以通过对有向图的无向化处理或对有权图的阈值化处理得到。

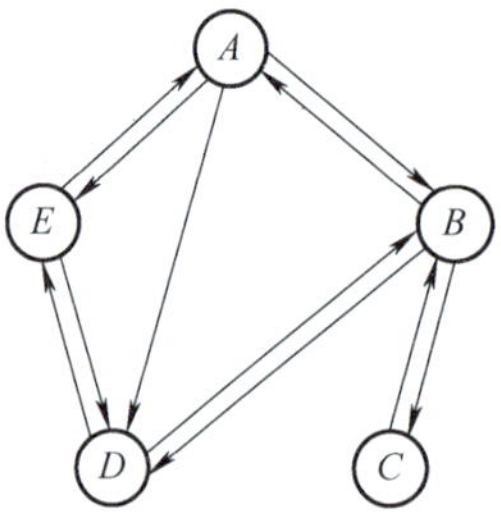


图 9-4　有向无权图

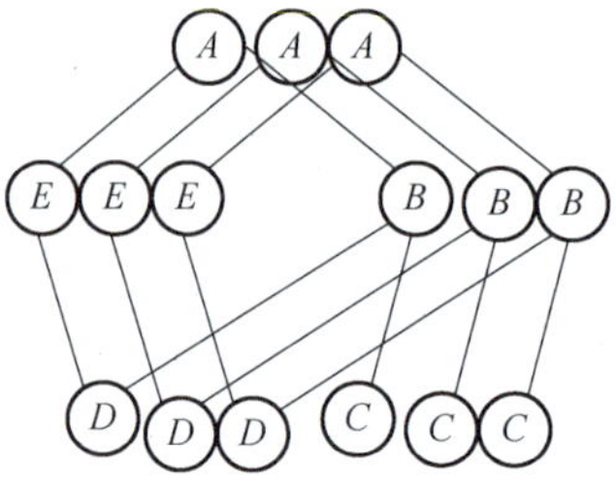


图 9-5　无向无权图

## 9.1.2　简单图

本小节重点介绍无向无权图，并且除非特别说明，否则均假设多机器人系统拓扑图中没有重边（Multi–edge），即任意两个节点之间至多只有一条边；也没有自环（Self–loop），即没有以同一个顶点为起点和终点的边。此外，一个节点可以没有连边，但不允许有一端不与任何节点连接的边存在。在图论中，没有重边和自环的图称为简单图。图 9-6a 中顶点 1 和顶点 3 之间有重边，图 9-6b 中顶点 3 有自环，因此这两个图都不是简单图。

关于有权图和有向图的研究受到越来越多的关注，本书也将对这方面的研究内容进行适当介绍。值得注意的是，无向无权图的许多结果可以较为方便地推广到有向和有权情形，但也有一些结果并不能简单地直接推广。

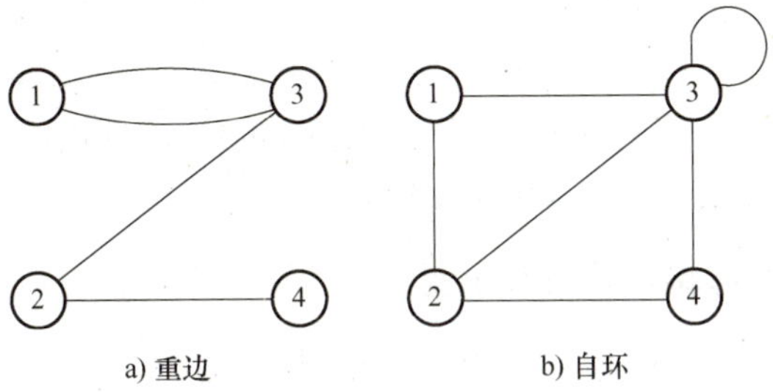


图 9-6　重边和自环

假设图 $G=(V,E)$ 是一个顶点数为 $N$、边数为 $M$ 的简单图。由于任意两个顶点之间至多有一条边，因此有如下关系：

$$0 \leqslant M \leqslant \frac{N(N-1)}{2} \tag{9-1}$$



简单图有如下两种极端情形。

1）空图（Nullgraph）：它有两种定义，一是指没有任何节点和边的图；二是指没有任何边的图，即由一群孤立节点组成的图。

2）完全图（Completegraph）$K_N$：图中任意两个顶点之间都有一条边，总边数为 $N(N-1)/2$。这里的 $K$ 是以波兰图论专家 Kuratowski（1896—1980）命名的。图 9-7 所示为小规模的完全图。

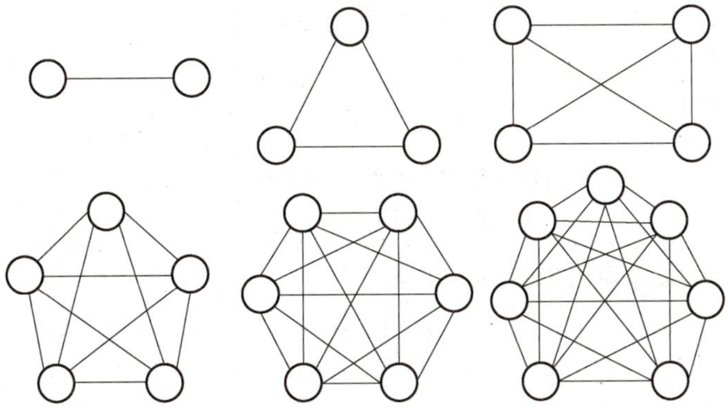

图 9-7　小规模的完全图

如果图 $G$ 是有向图，那么两个不同的节点之间有可能存在两条方向相反的边，这时图中的边数满足如下关系：

$$0 \leqslant M \leqslant N(N-1) \tag{9-2}$$

### 9.1.3 图的矩阵表示

#### 1. 邻接矩阵

在传统的图算法中，两种最常见的表示图的基本结构是邻接矩阵（Adjacency Matrix）和邻接表（Adjacency List）。

图 $G$ 的邻接矩阵 $\boldsymbol{A}=[a_{ij}]_{N\times N}$ 是一个 $N$ 阶方阵，第 $i$ 行第 $j$ 列的元素 $a_{ij}$ 在不同图中定义如下。

（1）有向有权图

$$a_{ij}=\begin{cases} w_{ij}, & \text{有从顶点}\,i\,\text{指向顶点}\,j\,\text{的边，且权值为}\,w_{ij} \\ 0, & \text{没有从顶点}\,i\,\text{指向顶点}\,j\,\text{的边} \end{cases} \tag{9-3}$$

例如，图 9-2 对应的邻接矩阵可表示为

$$\boldsymbol{A}=\begin{bmatrix} 0 & 3 & 0 & 1 & 1 \\ 3 & 0 & 1 & 2 & 0 \\ 0 & 1 & 0 & 0 & 0 \\ 0 & 2 & 0 & 0 & 1 \\ 1 & 0 & 0 & 1 & 0 \end{bmatrix}$$



（2）无向有权图

$$a_{ij}=\begin{cases} w_{ij}, & \text{有从顶点}\,i\,\text{指向顶点}\,j\,\text{的边，且权值为}\,w_{ij} \\ 0, & \text{顶点}\,i\,\text{和顶点}\,j\,\text{之间没有边} \end{cases} \tag{9-4}$$

例如，图 9-3 对应的邻接矩阵可表示为

$$\boldsymbol{A}=\begin{bmatrix} 0 & 3 & 0 & 0 & 1 \\ 3 & 0 & 1 & 2 & 0 \\ 0 & 1 & 0 & 0 & 0 \\ 0 & 2 & 0 & 0 & 1 \\ 1 & 0 & 0 & 1 & 0 \end{bmatrix}$$

（3）有向无权图

$$a_{ij}=\begin{cases} 1, & \text{有从顶点}\,i\,\text{指向顶点}\,j\,\text{的边} \\ 0, & \text{没有从顶点}\,i\,\text{指向顶点}\,j\,\text{的边} \end{cases} \tag{9-5}$$

例如，图 9-4 对应的邻接矩阵可表示为

$$\boldsymbol{A}=\begin{bmatrix} 0 & 1 & 0 & 1 & 1 \\ 1 & 0 & 1 & 1 & 0 \\ 0 & 1 & 0 & 0 & 0 \\ 0 & 1 & 0 & 0 & 1 \\ 1 & 0 & 0 & 1 & 0 \end{bmatrix}$$

（4）无向无权图

$$a_{ij}=\begin{cases}1, & \text{顶点} i \text{和顶点} j \text{之间有边}\\ 0, & \text{顶点} i \text{和顶点} j \text{之间没有边}\end{cases} \tag{9-6}$$

例如，图 9-5 对应的邻接矩阵可表示为

$$\boldsymbol{A}=\begin{bmatrix}0&1&0&0&1\\1&0&1&1&0\\0&1&0&0&0\\0&1&0&0&1\\1&0&0&1&0\end{bmatrix}$$

采用邻接矩阵的方法来表示一个图，可以很容易地判定任意两个顶点之间是否有边。图的矩阵表示的另一个极大的好处是它使得我们可以使用矩阵分析的方法来研究图的许多性质。

读者也许会有疑问：如果图中顶点的标号次序不一样，那么对应的邻接矩阵是否也会不一样？其实，把顶点 $i$ 和顶点 $j$ 的编号次序对换，就相当于把邻接矩阵中的第 $i$ 行和第 $j$ 行对换、第 $i$ 列和第 $j$ 列对换，而这相当于对邻接矩阵作正交相似变换。矩阵论的一个基本结果就是正交相似变换并不改变包括特征值在内的许多矩阵性质。当然，合适的邻接矩阵形式便于分析多机器人系统的一些性质。

无向图的邻接矩阵是对称矩阵，即对任意的 $i$ 和 $j$，均有 $a_{ij}=a_{ji}$。因此对于无向图，只需要存储邻接矩阵的上三角部分就可以了。即使是这样，也需要 $N(N-1)/2$ 的存储空间（不包括对角元，因为对角元总是为零）。



### 2. 度矩阵

度（Degree）是刻画单个节点属性的最简单但最重要的概念之一。有向图中节点的度包括出度（Out–degree）和入度（In–degree）。

1）出度：有向图中某顶点的出度是指从该顶点发出的边的数量。

2）入度：有向图中某顶点的入度是指指向该顶点的边的数量。

度矩阵 $\boldsymbol{D}=[d_{ij}]\in\mathbf{R}^{n\times n}$ 是一个对角矩阵，其中对角线上的元素是对应顶点的度数，它满足 $d_{ij}=0(i\neq j)$，并且 $d_{ii}=\sum_{j=1}^{n}a_{ij}$。对于无向图，度矩阵表示每个顶点的度数；对于有向图，度矩阵可以分为入度矩阵和出度矩阵。例如

$$\boldsymbol{D}=\begin{bmatrix}1&0&0\\0&2&0\\0&0&1\end{bmatrix} \tag{9-7}$$

### 3. 拉普拉斯矩阵

定义拉普拉斯矩阵 $\boldsymbol{L}=[l_{ij}]\in\mathbf{R}^{n\times n}$ 中的元素为

$$\begin{cases} l_{ii} = \sum\limits_{j=1, j \neq i}^{n} a_{ij}, i \neq j \\ l_{ij} = -a_{ij} \end{cases} \tag{9-8}$$

显然，如果 $(j,i) \notin \varepsilon$，那么 $l_{ij} = -a_{ij} = 0$。矩阵 $\boldsymbol{L}$ 满足

$$l_{ij} \leqslant 0 \ (i \neq j) \ \text{且} \ \sum_{j=1}^{n} l_{ij} = 0 \ (i = 1, 2, \cdots, n) \tag{9-9}$$

拉普拉斯矩阵 $\boldsymbol{L}$ 是度矩阵 $\boldsymbol{D}$ 与邻接矩阵 $\boldsymbol{A}$ 的差，即

$$\boldsymbol{L} = \boldsymbol{D} - \boldsymbol{A} \tag{9-10}$$

拉普拉斯矩阵反映了图的连通性，对于无向图，$\boldsymbol{L}$ 是对称的。但是对于有向图，$\boldsymbol{L}$ 不一定是对称的，它有时被称为非对称拉普拉斯矩阵（nonsymmertrical Laplacian matrix）或有向拉普拉斯矩阵（directed Laplacian matrix）。例如

$$\boldsymbol{L} = \begin{bmatrix} 1 & -1 & 0 \\ -1 & 2 & -1 \\ 0 & -1 & 1 \end{bmatrix} \tag{9-11}$$

4. 特征值与特征向量

（1）拉普拉斯矩阵的特征值

276

拉普拉斯矩阵 $\boldsymbol{L}$ 的特征值反映了图的结构性质。对于无向连通图，$\boldsymbol{L}$ 的特征值满足：

$$0 = \lambda_1 \leqslant \lambda_2 \leqslant \cdots \leqslant \lambda_n \tag{9-12}$$

式中，$\lambda_1 = 0$ 为最小特征值，对应的特征向量为 1 向量。

（2）二阶特征值

拉普拉斯矩阵的第二小特征值 $\lambda_2$ 称为代数连通度（Algebraic Connectivity），反映了图的连通性。$\lambda_2$ 越大，图的连通性越强。

## 9.2 一阶一致性算法

聚集是最基本的群体行为之一，在自然界中我们经常能观察到蜂群、蚁群、鱼群的群体行为。模仿生物界的聚集行为，将其应用到多机器人的协同控制上，具有非常重要的现实意义。协同控制的目标是让多个机器人通过局部交互有效地协同工作以实现群体行为。多机器人系统的协同控制包括许多不同但相关的研究课题和问题。典型的协同控制问题有一致性、编队控制、群集、覆盖控制、分布式估计、任务和角色分配等。一致性是一个重要而基本的问题，它与编队控制、群集、分布式估计等问题密切相关。一致性是指一组智能体通过感知或通信网络相互交互，达到某些状态的一致。

### 9.2.1 连续时间系统一致性算法

电感和电容上电压与电流的关系为

$$\dot{i}_{\mathrm{L}}=\frac{1}{L}u_{\mathrm{L}} \tag{9-13}$$

$$\dot{u}_{\mathrm{C}}=\frac{1}{C}i_{\mathrm{C}} \tag{9-14}$$

式（9-13）和式（9-14）的物理意义是：对于给定的电感，电感中电流的变化率主要与电感两端的电压有关；对于给定的电容，电容上电压的变化率主要与流过电容的电流有关。

在现实世界中，有很多系统可以写成相似的形式，为了方便研究它们的共有特性，抽象出如下一阶动态系统：

$$\dot{x}_i=u_i,\ i=1,\cdots,n \tag{9-15}$$

式中，$x_i\in\mathbf{R}^m$ 为第 $i$ 个机器人的状态变量；$u_i$ 为第 $i$ 个机器人的控制输入。初始状态记为 $x_i(0)$。

针对一个由 $n$ 个机器人组成的多机器人系统，控制目标是只利用邻居间的信息（局部信息），在各个机器人初始状态不相同的情况下，设计分布式控制律，实现所有机器人的状态最终一致。

设计如下连续时间一致性控制律：

$$\begin{aligned}u_i&=\sum_{j\in N_i}a_{ij}(x_j-x_i)\\&=-x_i\sum_{j\in N_i}a_{ij}+\sum_{j\in N_i}a_{ij}x_j\end{aligned} \tag{9-16}$$



式中，$a_{ij}$ 为邻接矩阵中的元素，$a_{ij}$ 的具体取值可以查看上一小节的内容。根据加权入度 $d_i$ 的定义，当 $j\notin N_i$ 时，$a_{ij}$=0，有

$$\begin{aligned}\dot{x}_i&=-d_ix_i+\sum_{j\in N_i}a_{ij}x_j\\&=-d_ix_i+[a_{i1}\ \cdots\ a_{iN}]\begin{bmatrix}x_1\\\vdots\\x_N\end{bmatrix}\end{aligned} \tag{9-17}$$

定义全局状态变量 $\boldsymbol{x}=[x_1\ \cdots\ x_N]^{\mathrm{T}}\in\mathbf{R}^N$。因此，全局状态变量可以改写成

$$\begin{aligned}\dot{\boldsymbol{x}}&=\begin{bmatrix}-d_1x_1\\-d_2x_2\\\vdots\\-d_Nx_N\end{bmatrix}+\begin{bmatrix}a_{11}&\cdots&a_{1N}\\a_{21}&\cdots&a_{2N}\\\vdots&&\vdots\\a_{N1}&\cdots&a_{NN}\end{bmatrix}\begin{bmatrix}x_1\\x_2\\\vdots\\x_N\end{bmatrix}\\&=-\begin{bmatrix}d_1&&&\\&d_2&&\\&&\ddots&\\&&&d_N\end{bmatrix}\begin{bmatrix}x_1\\x_2\\\vdots\\x_N\end{bmatrix}+\begin{bmatrix}a_{11}&\cdots&a_{1N}\\a_{21}&\cdots&a_{2N}\\\vdots&&\vdots\\a_{N1}&\cdots&a_{NN}\end{bmatrix}\begin{bmatrix}x_1\\x_2\\\vdots\\x_N\end{bmatrix}\\&=-\boldsymbol{Dx}+\boldsymbol{Ax}=-\left(\boldsymbol{D}-\boldsymbol{A}\right)\boldsymbol{x}=-\boldsymbol{Lx}\end{aligned} \tag{9-18}$$

式中，$\boldsymbol{D}$ 为入度矩阵；$\boldsymbol{A}$ 为邻接矩阵；$\boldsymbol{L}$ 为拉普拉斯矩阵。

全局控制输入向量 $\boldsymbol{u}=[u_1 \ \cdots \ u_N]^{\mathrm{T}} \in \mathbf{R}^N$ 可以表示为

$$\boldsymbol{u}=-\boldsymbol{L}\boldsymbol{x} \tag{9-19}$$

可以看到，采用式（9-16）的局部控制律，闭环动态动力学由图的拉普拉斯矩阵 $\boldsymbol{L}$ 决定。下面分析一阶积分动力系统在图上的演化，探讨其如何通过拉普拉斯矩阵与图的性质相关联。因此，研究 $\boldsymbol{L}$ 矩阵的特征值分布情况非常重要。

根据现代控制理论，对于系统 $\dot{\boldsymbol{x}}=\boldsymbol{A}\boldsymbol{x}$，若系统矩阵 $\boldsymbol{A}$ 的所有特征值都在 $s$ 平面的左半平面，则系统稳定。当系统稳态时，有 $\dot{\boldsymbol{x}}=\boldsymbol{A}\boldsymbol{x}_{\mathrm{ss}}=0$。同理，若 $\boldsymbol{L}$ 矩阵的特征值都在 $s$ 平面的右半平面，则 $-\boldsymbol{L}$ 矩阵的特征值都在 $s$ 平面的左半平面，从而有 $\dot{\boldsymbol{x}}=-\boldsymbol{L}\boldsymbol{x}_{\mathrm{ss}}=0$。

假设 $\boldsymbol{L}$ 矩阵的特征值是有序的，排序为 $|\lambda_1| \leqslant |\lambda_2| \leqslant \cdots \leqslant |\lambda_N|$。对于无向图，有 $\boldsymbol{L}=\boldsymbol{L}^{\mathrm{T}}$，所以它所有的特征值都是实数并且可以排序为 $\lambda_1 \leqslant \lambda_2 \leqslant \cdots \leqslant \lambda_N$。

由于 $\boldsymbol{L}$ 矩阵所有行和为 0，因此有

$$\boldsymbol{L}\underline{\mathbf{1}}b=0 \tag{9-20}$$

式中，$\underline{\mathbf{1}}=[1 \ \cdots \ 1]^{\mathrm{T}} \in \mathbf{R}^N$，$b$ 为任意非零常数。

**定理 1** 若图 $G$ 有生成树，则 $\boldsymbol{L}$ 的秩为 $N-1$，有且仅有一个 $\lambda_1=0$，相应的右特征向量为 $\underline{\mathbf{1}}b$。

即若图有生成树，则 $|\lambda_2|>0$。若图是强联通的，则它有一个生成树，并且 $\boldsymbol{L}$ 的秩为 $N-1$。



**定理 2**（盖尔圆盘定理） 矩阵 $\boldsymbol{L}=[l_{ij}] \in \mathbf{R}^{N \times N}$ 的所有特征值 $\lambda$ 都分布在 $N$ 个圆盘的并集之中，即

$$\bigcup_{i=1}^{N}\left\{\lambda \in C: |\lambda-l_{ii}| \leqslant \sum_{j \neq i} |l_{ij}|\right\}$$

式中，$C$ 为复平面。盖尔圆盘定理中的第 $i$ 个圆盘以对角线元素 $l_{ii}$ 为圆心，半径等于删除对角线元素后的第 $i$ 行元素绝对值之和，即 $\sum_{j \neq i}|l_{ij}|$。因此，图的拉普拉斯矩阵 $\boldsymbol{L}=\boldsymbol{D}-\boldsymbol{A}$ 的盖尔圆盘以入度 $d_i$ 为圆心，半径等于 $d_i$，那么拉普拉斯矩阵 $\boldsymbol{L}$ 的最大盖尔圆盘就是以 $d_{\max}$ 为圆心，以 $d_{\max}$ 为半径的圆。这个圆包含 $d_i$ 的所有特征值。盖尔圆盘定理将 $\boldsymbol{L}$ 的特征值与图的结构属性紧密地联系在一起。

稳态状态下有

$$0=-\boldsymbol{L}\boldsymbol{x}_{\mathrm{ss}} \tag{9-21}$$

也就是 $(0 \cdot \boldsymbol{I}-\boldsymbol{L})\boldsymbol{x}_{\mathrm{ss}}=0$，由此可知，稳态全局状态在 $\boldsymbol{L}$ 的零空间内。根据式（9-20），对于任意常数 $b$，$N(\boldsymbol{L})$ 的一个向量是 $\underline{\mathbf{1}}b$。如果 $\boldsymbol{L}$ 的秩是 $N-1$，有且仅有一个 $\lambda_1=0$，相应的特征向量为 $\underline{\mathbf{1}}b$。因此，对应于特征值 $\lambda_1=0$，有 $\boldsymbol{x}_{\mathrm{ss}}=\underline{\mathbf{1}}b$。

由此可见，对于多机器人一阶系统 $\dot{x}_i=u_i$，设定控制律为 $u_i=\sum_{j \in N_i} a_{ij}(x_j-x_i)$，则系统稳态时，系统所有的状态都趋于一致，即 $x_i=x_j=b$。

**定理 3**（一阶系统的一致性）　对于含有生成树的图 $G$，每个节点初始状态为 $x_i(0)$，节点动态为 $\dot{x}_i = u_i$，则在控制律 $u_i = \sum_{j \in N_i} a_{ij}(x_j - x_i)$ 的作用下，所有节点 $x_i$ 的状态都会收敛至相同的稳态值 $x_i = x_j = c(\forall i, j)$，稳态值的大小为初始状态的加权和，即

$$x_i = b = \sum_{i=1}^{N} p_i x_i(0) \tag{9-22}$$

式中，$p_i = [p_1 \quad \cdots \quad p_N]^{\mathrm{T}}$ 为经过标准化的 $\boldsymbol{L}$ 矩阵关于 $\lambda_1 = 0$ 的左特征向量。收敛的时间常数为

$$\tau = \frac{1}{\lambda_2} \tag{9-23}$$

式中，$\lambda_2$ 为 $\boldsymbol{L}$ 矩阵的第二个特征值，也叫做 Fiedler 特征根，其决定了多机器人系统的动态收敛速度。

**证明：** 已知系统的全局状态为 $\dot{\boldsymbol{x}} = -\boldsymbol{L}\boldsymbol{x}$，初始状态为 $x(0)$，$\boldsymbol{L} = \boldsymbol{M}\boldsymbol{J}\boldsymbol{M}^{-1}$，$\boldsymbol{M} = [v_1 \quad v_2 \quad \cdots \quad v_N], \boldsymbol{M}^{-1} = [\boldsymbol{w}_1^{\mathrm{T}} \quad \boldsymbol{w}_2^{\mathrm{T}} \quad \cdots \quad \boldsymbol{w}_N^{\mathrm{T}}]^{I}$，且

$$\begin{aligned}
x(t) &= \mathrm{e}^{-Lt} x(0) = \boldsymbol{M} \mathrm{e}^{-Jt} \boldsymbol{M}^{-1} x(0) \\
&= [v_1 \quad v_2 \quad \cdots \quad v_N] \begin{bmatrix} \mathrm{e}^{-\lambda_1 t} & & \\ & \ddots & \\ & & \mathrm{e}^{-\lambda_N t} \end{bmatrix} \begin{bmatrix} \boldsymbol{w}_1^{\mathrm{T}} \\ \boldsymbol{w}_2^{\mathrm{T}} \\ \vdots \\ \boldsymbol{w}_N^{\mathrm{T}} \end{bmatrix} x(0) \\
&= [v_1 \mathrm{e}^{-\lambda_1 t} \boldsymbol{w}_1^{\mathrm{T}} + v_2 \mathrm{e}^{-\lambda_2 t} \boldsymbol{w}_2^{\mathrm{T}} + \cdots + v_N \mathrm{e}^{-\lambda_N t} \boldsymbol{w}_N^{\mathrm{T}}] x(0) \\
&= \sum_{i=1}^{N} v_i \mathrm{e}^{-\lambda_i t} \boldsymbol{w}_i^{\mathrm{T}} x(0)
\end{aligned} \tag{9-24}$$

式中，左右特征向量被归一化，所以有 $\boldsymbol{w}_i^{\mathrm{T}} v_i = 1$。根据定理 1 和盖尔圆盘定理可知，若图有生成树，则有 $\lambda_1 = 0$，并且 $\boldsymbol{L}$ 的其他所有特征值都在复平面的右半平面，那么系统是稳定的，有一个极点位于原点，其余极点在复平面的左半平面上。因此，当 $t \to \infty$ 时，$x(t)$ 可写成

$$x(t) \to v_1 \mathrm{e}^{-\lambda_1 t} \boldsymbol{w}_1^{\mathrm{T}} x(0) + v_2 \mathrm{e}^{-\lambda_2 t} \boldsymbol{w}_2^{\mathrm{T}} x(0) \tag{9-25}$$

式中，Fiedler 特征值 $\lambda_2$ 为最小的非 0 特征值，$\lambda_1 = 0$，$v_1 = \underline{1}$。定义左特征向量 $\boldsymbol{w}_1 = [p_1 \ \cdots \ p_N]^{\mathrm{T}}$，进行归一化处理，使 $\boldsymbol{w}_i^{\mathrm{T}} v_i = 1$，也就是 $\sum_i p_i = 1$，因此有

$$x(t) \to v_2 \mathrm{e}^{-\lambda_2 t} \boldsymbol{w}_2^{\mathrm{T}} x(0) + \underline{\boldsymbol{1}} \sum_{i=1}^{N} p_i x_i(0) \tag{9-26}$$

当 $t \to \infty$ 时，$\mathrm{e}^{-\lambda_2 t} \to 0$，因此可以得到最终的稳态为

$$x(t) \to \underline{1} \sum_{i=1}^{N} p_i x_i(0) \tag{9-27}$$

可以得到时间常数为 $\tau = 1/\lambda_2$，状态趋向一致为 $b = \sum_{i=1}^{N} p_i x_i(0)$，定理得证。

如果图是强连接的，那么它有一个生成树，并且达到一致。

**结论：** 若图 $G$（具有 $N$ 个节点）所有节点的入度和出度相等，则所有节点的状态能够收敛到初始状态的平均值，又称为系统一致平均，即系统所有节点收敛到

$$c = \frac{1}{N}\sum_{i=1}^{N} x_i(0) \tag{9-28}$$

**证明：** 由于入度与出度相等，即 $a_{ij}=a_{ji}$，所以邻接矩阵 $\boldsymbol{A}$ 是对称矩阵，有 $\boldsymbol{A} = \boldsymbol{A}^{\mathrm{T}}$。因为 $\boldsymbol{A}$ 的主对角线元素为 0，$\boldsymbol{D} = \mathrm{diag}\{d_i\}$ 为对角矩阵，则对于 $\boldsymbol{L}$ 矩阵而言，$\boldsymbol{L}=\boldsymbol{D}-\boldsymbol{A}$，有

$$\sum_{j=1}^{N} l_{ji} = d_{ii} - \sum_{j=1}^{N} a_{ji} = d_{ii} - \sum_{j=1}^{N} a_{ji} = \sum_{j=1}^{N} l_{ji} \tag{9-29}$$

也就是说 $\boldsymbol{L}$ 矩阵的行和列的和等于 0，即

$$\underline{\mathbf{1}}^{\mathrm{T}} \boldsymbol{L} = 0 \tag{9-30}$$

根据 $\lambda_1 = 0$ 及左特征向量的定义 $\boldsymbol{w}_1^{\mathrm{T}}(\lambda_1 \boldsymbol{I} - \boldsymbol{L}) = 0$，有

$$\boldsymbol{w}_1^{\mathrm{T}} \boldsymbol{L} = 0 = \underline{\mathbf{1}}^{\mathrm{T}} \boldsymbol{L} = p\underline{\mathbf{1}}^{\mathrm{T}} \boldsymbol{L} \tag{9-31}$$

式中，$p$ 为非零常数，因此有 $\boldsymbol{w}_1^{\mathrm{T}} = p\underline{\mathbf{1}}^{\mathrm{T}}$。取 $\lambda_1 = 0$ 的右特征向量为 $v_1 = 1$。由于 $\boldsymbol{w}_1 = [p_1 \quad \cdots \quad p_N]^{\mathrm{T}}$ 是标准化过的，即 $\boldsymbol{w}_1^{\mathrm{T}} v_1 = 1$，因此有

$$\boldsymbol{w}_1^{\mathrm{T}} v_1 = p\underline{\mathbf{1}}^{\mathrm{T}}\underline{\mathbf{1}} = pN = 1 \tag{9-32}$$

由式（9-32）得到如下关系式：

$$\begin{cases} p = \dfrac{1}{N} \\ \boldsymbol{w}_1 = [p_1 \quad \cdots \quad p_N]^{\mathrm{T}} = \left[\dfrac{1}{N} \quad \cdots \quad \dfrac{1}{N}\right]^{\mathrm{T}} \end{cases} \tag{9-33}$$

因此，当图 $G$ 的入度等于出度，即为无向图时，定理 3 中的稳态收敛值为初始状态的平均值。

若图没有生成树，则 $\boldsymbol{L}$ 的零空间维数大于 1，并且在式（9-26）中存在一个随时间增加的斜坡项，那么就没有达成共识。

若图有生成树，在 0 处有一个简单极点，则系统达到稳态值。否则，系统不能达到恒定的稳态值。因此，系统的动态行为取决于图拓扑，即节点通信的方式。

针对动态系统式（9-18）有如下特性需要注意。

1）第二特征根越大，收敛速度越快。

2）无向图的特征根都是实数，收敛过程不存在震荡。

3）完全图的收敛速度最快，因为每个节点的信息都会立刻传递给所有的节点。

4）同等条件下，无向图的收敛速度快于有向图，因为前者的信息交流更多。

5）在有向图中，如果有一个作为生成树的梗节点只将信息发送给其他节点，而不接

受信息，则其入度为零。它可以看作领导者（leader），其他节点作为跟随者（follower），最终的状态都向领导者收敛。

## 9.2.2　离散时间系统一致性算法

假设每个节点或机器人具有标量离散时间动态，表示为

$$x_i(k+1)=x_i(k)+u_i(k) \tag{9-34}$$

考虑如下控制律：

$$u_i(k)=\varepsilon\sum_{j\in N_i}a_{ij}(x_j(k)-x_i(k)) \tag{9-35}$$

式中，$\varepsilon>0$，$a_{ij}$ 为图中边的权值。将式（9-35）代入式（9-34），得到闭环系统为

$$\begin{aligned}x_i(k+1)&=x_i(k)+\varepsilon\sum_{i\in N}a_{ij}(x_j(k)-x_i(k))\\&=x_i(k)-\varepsilon\sum_{j\in N_i}x_i(k)+\varepsilon\sum_{j\in N_i}x_j(k)\\&=(1-\varepsilon d_i)x_i(k)+\varepsilon\sum_{j\in N_i}x_j(k)\end{aligned} \tag{9-36}$$

定义全局状态变量为 $\boldsymbol{x}=[x_1\quad\cdots\quad x_N]^{\mathrm{T}}$，全局输入变量为 $\boldsymbol{u}=[u_1\quad\cdots\quad u_N]^{\mathrm{T}}$。根据一阶连续系统中 $\dot{\boldsymbol{x}}=-\dot{\boldsymbol{L}}\boldsymbol{x}$ 的推导过程，可得到一阶离散系统的全局动态为

$$\begin{aligned}x(k+1)&=(I-\varepsilon L)x(k)\\&\equiv\boldsymbol{P}x(k)\end{aligned} \tag{9-37}$$

式中，$\boldsymbol{P}=\boldsymbol{I}-\varepsilon\boldsymbol{L}$ 为 Perron 矩阵。由上一小节可知，拉普拉斯矩阵 $\boldsymbol{L}$ 在 $s$=0 处有一个特征值，其余特征值在 $s$ 平面的右半部分。

由 $\boldsymbol{L}$ 的性质可知，$\boldsymbol{L}$ 可以对角化为 $\boldsymbol{L}=\boldsymbol{MJM}^{-1}$，式中 $\boldsymbol{J}=\mathrm{diag}\{\lambda_1,\cdots,\lambda_N\}$，则有

$$\begin{aligned}\boldsymbol{P}=\boldsymbol{I}-\varepsilon\boldsymbol{L}&=\boldsymbol{MIM}^{-1}-\boldsymbol{M}\varepsilon\boldsymbol{JM}^{-1}\\&=\boldsymbol{M}(\boldsymbol{I}-\varepsilon\boldsymbol{J})\boldsymbol{M}^{-1}\\&=\boldsymbol{M}\begin{bmatrix}1-\varepsilon\lambda_1&&\\&\ddots&\\&&1-\varepsilon\lambda_N\end{bmatrix}\boldsymbol{M}^{-1}\end{aligned} \tag{9-38}$$

已知 $\boldsymbol{L}$ 矩阵的特征值 $\lambda_1,\cdots,\lambda_N$ 都在右半平面，且在以 $d_{\max}$ 为圆心、$d_{\max}$ 为半径的圆内，则 $\boldsymbol{P}$ 矩阵的特征值在减去 $-\varepsilon\boldsymbol{L}$ 的特征值后的单位圆内。若 $\varepsilon$ 足够小，则 $\boldsymbol{P}$ 矩阵的所有特征值在单位圆内。若图有一个生成树，则它在 $z$=1 处有一个简单的特征值 $\lambda_1$=1，其余部分严格在单位圆内。因此，动态系统会达到一个稳定值。$\boldsymbol{P}$ 在单位圆上具有所有特征值的一个充分条件是

$$\varepsilon<\frac{1}{d_{\max}} \tag{9-39}$$

需要注意的是，对于每个机器人，都有 $\varepsilon < 1/d_i$。

当一阶离散系统的全局动态达到稳态时，有

$$x(k+1)_{\mathrm{ss}} = \boldsymbol{P}x_{\mathrm{ss}}(k) = x_{\mathrm{ss}}(k) \tag{9-40}$$

因为右特征值 $\lambda_1=1$，有

$$(\lambda_{\mathrm{P1}}\boldsymbol{I} - \boldsymbol{P})x_{\mathrm{ss}} = (\boldsymbol{I} - \boldsymbol{P})x_{\mathrm{ss}} = 0 \tag{9-41}$$

又因为 $\boldsymbol{L}$ 矩阵的行和为 0，所以矩阵 $\boldsymbol{P} = \boldsymbol{I} - \varepsilon\boldsymbol{L}$ 的行和为 1，可以得到

$$\boldsymbol{P}\underline{\boldsymbol{1}} = 1 \Rightarrow (\boldsymbol{I} - \boldsymbol{P})\underline{\boldsymbol{1}} = 0 \tag{9-42}$$

结合式（9-36）和式（9-37），当图 $G$ 有生成树时，有以下关系式：

$$x_{\mathrm{ss}} = b\underline{\boldsymbol{1}} \tag{9-43}$$

因此，稳态时，有

$$x_i = x_j = b \tag{9-44}$$

记 $\boldsymbol{w}_1 = [p_1 \quad \cdots \quad p_N]^{\mathrm{T}}$ 为 $\boldsymbol{L}$ 矩阵关于 $\lambda_{\mathrm{L1}} = 0$ 的左特征向量，则有

$$\boldsymbol{w}_1^{\mathrm{T}}\boldsymbol{P} = \boldsymbol{w}_1^{\mathrm{T}}(\boldsymbol{I} - \varepsilon\boldsymbol{L}) = \boldsymbol{w}_1^{\mathrm{T}} \tag{9-45}$$

又因为有 $\lambda_{\mathrm{P1}} = 1$，所以可以得到

$$\boldsymbol{w}_1^{\mathrm{T}}(\lambda_{\mathrm{P1}}\boldsymbol{I} - \boldsymbol{P}) = 0 \tag{9-46}$$

所以，$\boldsymbol{w}_1$ 是 $\boldsymbol{P}$ 矩阵关于 $\lambda_{\mathrm{P1}} = 1$ 的左特征向量。另外，还有

$$\boldsymbol{w}_1^{\mathrm{T}}x(k+1) = \boldsymbol{w}_1^{\mathrm{T}}\boldsymbol{P}x(k) = \boldsymbol{w}_1^{\mathrm{T}}x(k) \tag{9-47}$$

在系统调节过程中，有一个不变量为

$$\bar{\boldsymbol{x}} \equiv \boldsymbol{w}_1^{\mathrm{T}}\boldsymbol{x} = [p_1 \quad \cdots \quad p_N]\begin{bmatrix} x_1 \\ \vdots \\ x_N \end{bmatrix} = \sum_{i=1}^{N} p_i x_i \tag{9-48}$$

与连续时间系统一阶一致性算法一样，系统的稳态收敛值为初始状态的平均值。

## 9.3　二阶一致性算法

在一阶系统的一致性算法中，一致性均衡是一个恒定值。与此不同，在二阶系统中，可以适当推导出一致性算法，使得某些信息状态收敛到一个一致值（如队形中心的位置），而其他信息状态则收敛到另一个一致值（如队形中心的速度）。现实世界中有很多二阶系统，如车辆、无人机系统。机器人的编队控制就是一致性在二阶系统协同控制中的一个应用。因此，我们希望研究满足牛顿定律的耦合系统中的一致性问题，该定律表示为 $\ddot{\boldsymbol{x}}_i = \boldsymbol{u}_i$，因此二阶系统（双积分器）的动力学方程可以表示为

$$\begin{cases}\dot{\boldsymbol{x}}_i=\boldsymbol{v}_i\\ \dot{\boldsymbol{v}}_i=\boldsymbol{u}_i\end{cases} \tag{9-49}$$

式中，$\boldsymbol{x}_i\in\mathbf{R}$ 为位置向量，$\boldsymbol{v}_i\in\mathbf{R}$ 为速度向量，$\boldsymbol{u}_i\in\mathbf{R}$ 为加速度输入。考虑由二阶局部邻域协议给出的每个节点的分布式位置 / 速度反馈为

$$\begin{aligned}\boldsymbol{u}_i&=c\sum_{j\in N_i}a_{ij}(\boldsymbol{x}_j-\boldsymbol{x}_i)+c\gamma\sum_{j\in N_i}a_{ij}(\boldsymbol{v}_j-\boldsymbol{v}_i)\\&=\sum_{j\in N_i}ca_{ij}((\boldsymbol{x}_j-\boldsymbol{x}_i)+\gamma(\boldsymbol{v}_j-\boldsymbol{v}_i))\end{aligned} \tag{9-50}$$

式中，$c$>0 为刚度增益，$c\gamma$>0 为阻尼增益。这是基于节点的位置和速度的局部投票协议，这样每个节点都会试图使自己的位置和速度与相邻节点的位置和速度相匹配。这是一种 PD 控制的变形。

接下来确定该协议何时达成共识，并找到位置和速度的共识值。

## 9.3.1　基于位置 / 速度局部节点状态的二阶一致性分析

首先，将位置 / 速度本地节点状态定义为 $\boldsymbol{z}_i=[\boldsymbol{x}_i\quad \boldsymbol{v}_i]$，并将每个节点的位置 / 速度节点状态写成

$$\dot{\boldsymbol{z}}_i=\begin{bmatrix}0&1\\0&0\end{bmatrix}\boldsymbol{z}_i+\begin{bmatrix}0\\1\end{bmatrix}\boldsymbol{u}_i=\boldsymbol{A}\boldsymbol{z}_i+\boldsymbol{B}\boldsymbol{u}_i \tag{9-51}$$

局部分布式控制协议改写为

$$\boldsymbol{u}_i=c[1\quad\gamma]\sum_{j\in N_i}a_{ij}\begin{bmatrix}\boldsymbol{x}_j-\boldsymbol{x}_i\\ \boldsymbol{v}_j-\boldsymbol{v}_i\end{bmatrix}=c\boldsymbol{K}\sum_{j\in N_i}a_{ij}(\boldsymbol{z}_j-\boldsymbol{z}_i) \tag{9-52}$$

式中，$\boldsymbol{K}=[1\quad\gamma]$ 为反馈增益矩阵。定义 $\boldsymbol{z}=[\boldsymbol{z}_1^{\mathrm{T}}\boldsymbol{z}_2^{\mathrm{T}}\cdots\boldsymbol{z}_N^{\mathrm{T}}]^{\mathrm{T}}\in\mathbf{R}^{2N}$，全局闭环动力学方程为

$$\dot{\boldsymbol{z}}=[(\boldsymbol{I}_N\otimes\boldsymbol{A})-c\boldsymbol{L}\otimes\boldsymbol{B}\boldsymbol{K}]\boldsymbol{z}=\boldsymbol{A}_{\mathrm{c}}\boldsymbol{z} \tag{9-53}$$

假设图有生成树，那么 $\boldsymbol{L}$ 在 $\lambda_1=0$ 处有一个简单的特征值。由于图的秩是 $N-1$，其余特征值严格分布在 $s$ 平面的右半部分。下面在这些条件下研究控制协议的一致性特性。首先，要确定系统的稳定性。然后，要找出位置和速度的一致性值。

为了检验协议的稳定性，先将式（9-53）中的 $\boldsymbol{A}_{\mathrm{c}}$ 等价于

$$\mathrm{diag}\{\boldsymbol{A},(\boldsymbol{A}-c\lambda_2\boldsymbol{B}\boldsymbol{K}),\cdots,(\boldsymbol{A}-c\lambda_N\boldsymbol{B}\boldsymbol{K})\} \tag{9-54}$$

当 $\mathrm{Re}\ \lambda_i>0(i=2,\cdots,N)$ 时，矩阵 $\boldsymbol{A}$ 在 $\mu_1=0$ 处有两个特征值，其几何多重性为 1，并且有一个二阶约当块。其他块的二阶多项式为

$$|s\boldsymbol{I}-(\boldsymbol{A}-c\lambda_i\boldsymbol{B}\boldsymbol{K})|=s^2+c\gamma\lambda_i s+c\lambda_i \tag{9-55}$$

那么 $\boldsymbol{A}_{\mathrm{c}}$ 的特征多项式为

$$|s\boldsymbol{I}-\boldsymbol{A}_{\mathrm{c}}|=\prod_{i=1}^{N}(s^2+c\gamma\lambda_i s+c\lambda_i) \tag{9-56}$$

因此，$\boldsymbol{A}_c$ 的特征值为

$$s=-\frac{1}{2}\left(c\gamma\lambda_i\pm\sqrt{(c\gamma\lambda_i)^2-4c\lambda_i}\right) \tag{9-57}$$

对于矩阵 $\boldsymbol{L}$ 的每个特征值 $\lambda_i$，矩阵 $\boldsymbol{A}_c$ 都有两个特征值。用劳斯检验可以研究 $\boldsymbol{A}_c$ 特征值的稳定性。假设图的特征值 $\lambda_i$ 是实数，劳斯判据表明对于所有 $c\gamma>0$，式（9-55）是渐近稳定的。若 $\lambda_i$ 是复数，则有

$$\begin{aligned}&(s^2+c\gamma\lambda_i s+c\lambda_i)(s^2+c\gamma\lambda_i^* s+c\lambda_i^*)\\&=s^4+2c\gamma\alpha s^3+(2c\alpha+c^2\gamma^2\mu^2)s^2+2c^2\gamma\mu^2 s+c^2\mu^2\end{aligned} \tag{9-58}$$

式中，* 表示共轭复数，$\alpha=\operatorname{Re}\lambda_i,\mu=|\lambda_i|$。当 $c$=1 时，通过劳斯检验可以得到稳定性的显式表达式。当 $c$=1 时，执行劳斯检验可得出结论：式（9-53）是渐近稳定的，当且仅当

$$\gamma^2>\frac{\beta^2-\alpha^2}{\alpha\mu^2} \tag{9-59}$$

式中，$\beta=\operatorname{Im}\lambda_i$。因此，式（9-53）对于 $i=2,\cdots,N$ 的所有系统，都是渐近稳定的，当且仅当

$$c\gamma^2>\max_i\frac{(\operatorname{Im}\lambda_i)^2-(\operatorname{Re}\lambda_i)^2}{\operatorname{Re}\lambda_i|\lambda_i|^2},\quad i=2,\cdots,N \tag{9-60}$$



下面讲述在二阶协议下节点何时达成一致性，并具体说明达成的一致性值。

**定理 4**（二阶动力学的一致性）　考虑每个节点由式（9-49）给出的牛顿定律系统，以及由式（9-50）给出的局部邻域协议（$c$=1）。若图有一个生成树，并且增益 $\gamma$ 被选择以满足条件式（9-60），其中 $\lambda_i$ 是图拉普拉斯矩阵 $\boldsymbol{L}$ 的特征值，则节点将在位置和速度上达成一致。分别给出位置和速度的一致性值为

$$\bar{\boldsymbol{x}}=\frac{1}{N}\sum_{i=1}^{N}p_i\boldsymbol{x}_i(0)+\frac{1}{N}t\sum_{i=1}^{N}p_i\boldsymbol{v}_i(0) \tag{9-61}$$

$$\bar{\boldsymbol{v}}=\frac{1}{N}\sum_{i=1}^{N}p_i\boldsymbol{v}_i(0) \tag{9-62}$$

**证明：** 可以看到，当 $c$=1 时，当且仅当式（9-60）成立时，式（9-53）是渐近稳定的。现在需要检查式（9-53）中矩阵 $\boldsymbol{A}$ 的特征结构。首先需要找到矩阵 $\boldsymbol{A}$ 的左、右特征向量，这在数学上等价于式（9-54），即它们具有相同的特征值。式（9-51）中的矩阵 $\boldsymbol{A}$ 有一个特征值为 $\mu_1=0$，其几何特征值为 1，代数多重性为 2。因为 $\boldsymbol{A}[1\quad 0]^{\mathrm{T}}=0$，所以秩为 1 的右特征向量为 $[1\quad 0]^{\mathrm{T}}$。因为 $\boldsymbol{A}[0\quad 1]^{\mathrm{T}}=0$，所以秩为 2 的右特征向量为 $[0\quad 1]^{\mathrm{T}}$。因为 $[0\quad 1]\boldsymbol{A}=0$，所以秩为 1 的左特征向量为 $[0\quad 1]^{\mathrm{T}}$。因为 $[1\quad 0]\boldsymbol{A}=[0\quad 1]$，所以秩为 2 的左特征向量为 $[1\quad 0]^{\mathrm{T}}$。

对于 $\lambda_1$=0，$\boldsymbol{L}$ 的右特征向量是 $\underline{\mathbf{1}}\in R^N$。令对应的左特征向量为 $\boldsymbol{w}_1=[p_1\cdots p_N]^{\mathrm{T}}$，归一化使得 $\boldsymbol{w}_1^{\mathrm{T}}\underline{\mathbf{1}}=1$。根据式（9-53），当 $\lambda_1$=0 时，求得 $\boldsymbol{A}_c$ 的一个秩为 1 的右特征向量为

$\bar{y}_1^1 = \underline{1} \otimes [1 \quad 0]^{\mathrm{T}}$，只需检查 $\bar{y}_1^2 = \underline{1} \otimes [0 \quad 1]^{\mathrm{T}}$ 就可以轻易验证这一点。同时也很容易验证，$\boldsymbol{A}_{\mathrm{c}}$ 的秩为 2 的右特征向量为 $\bar{y}_1^2 = \underline{1} \otimes [0 \quad 1]^{\mathrm{T}}$，可以通过检查 $\boldsymbol{A}_{\mathrm{c}}\bar{y}_1^2 = \bar{y}_1^1$ 来验证这一点。同样可以发现，对于 $\lambda_1=0$，$\boldsymbol{A}_{\mathrm{c}}$ 的秩为 1 的左特征向量为 $\bar{\boldsymbol{w}}_1^1 = \boldsymbol{w}_1 \otimes [0 \quad 1]^{\mathrm{T}}$；而秩为 2 的左特征向量为 $\bar{\boldsymbol{w}}_1^2 = \boldsymbol{w}_1 \otimes [1 \quad 0]^{\mathrm{T}}$。

下面将研究矩阵 $\boldsymbol{A}_{\mathrm{c}}$ 的约当标准形，并对方程进行模态分解，以找到位置和速度的稳态一致性值。将 $\boldsymbol{A}_{\mathrm{c}}$ 化为约当标准形，为

$$\boldsymbol{A}_{\mathrm{c}} = \boldsymbol{MJM}^{-1} = \begin{bmatrix} \bar{y}_1^1 & \bar{y}_1^2 & \cdots \end{bmatrix} \begin{bmatrix} 0 & 1 & 0 \\ 0 & 0 & 0 \\ 0 & 0 & \text{stable} \end{bmatrix} \begin{bmatrix} (\bar{\boldsymbol{w}}_1^2)^{\mathrm{T}} \\ (\bar{\boldsymbol{w}}_1^1)^{\mathrm{T}} \\ \vdots \end{bmatrix} \tag{9-63}$$

式中，$\boldsymbol{M}$ 的列向量为右特征向量，而 $\boldsymbol{M}^{-1}$ 的行向量为左特征向量，那么有

$$\begin{aligned} z(t) &= \mathrm{e}^{A_{\mathrm{c}}t} z(0) = \boldsymbol{M}\mathrm{e}^{Jt}\boldsymbol{M}^{-1} z(0) \\ &= \begin{bmatrix} \bar{y}_1^1 & \bar{y}_1^2 & \cdots \end{bmatrix} \begin{bmatrix} 1 & t & 0 \\ 0 & 1 & 0 \\ 0 & 0 & \text{stable} \end{bmatrix} \begin{bmatrix} (\bar{\boldsymbol{w}}_1^2)^{\mathrm{T}} \\ (\bar{\boldsymbol{w}}_1^1)^{\mathrm{T}} \\ \vdots \end{bmatrix} z(0) \end{aligned} \tag{9-64}$$

得到模态分解为

$$\begin{aligned} z(t) &= [\bar{y}_1^1 \quad \bar{y}_1^2 \quad \cdots] \begin{bmatrix} (\bar{\boldsymbol{w}}_1^2)^{\mathrm{T}} z(0) + t(\bar{\boldsymbol{w}}_1^1)^{\mathrm{T}} z(0) \\ (\bar{\boldsymbol{w}}_1^1)^{\mathrm{T}} z(0) \\ \vdots \end{bmatrix} \\ &= ((\bar{\boldsymbol{w}}_1^2)^{\mathrm{T}} z(0) + t(\bar{\boldsymbol{w}}_1^1)^{\mathrm{T}} z(0))\bar{y}_1^1 + (\bar{\boldsymbol{w}}_1^1)^{\mathrm{T}} z(0)\bar{y}_1^2 + \text{stableterms} \end{aligned} \tag{9-65}$$

需要注意的是，有

$$z(t) = x(t) \otimes \begin{bmatrix} 1 \\ 0 \end{bmatrix} + v(t) \otimes \begin{bmatrix} 0 \\ 1 \end{bmatrix} \tag{9-66}$$

式中，全局位置向量 $\boldsymbol{x} = [\boldsymbol{x}_1^{\mathrm{T}} \quad \boldsymbol{x}_2^{\mathrm{T}} \quad \cdots \quad \boldsymbol{x}_N^{\mathrm{T}}]^{\mathrm{T}} \in \mathbf{R}^N$，速度为 $\boldsymbol{v} = [\boldsymbol{v}_1^{\mathrm{T}} \quad \boldsymbol{v}_2^{\mathrm{T}} \quad \cdots \quad \boldsymbol{v}_N^{\mathrm{T}}]^{\mathrm{T}} \in \mathbf{R}^N$。

根据 $\lambda_1=0$ 时 $\boldsymbol{A}_{\mathrm{c}}$ 左、右特征向量的定义，可以看出由协议形成的位置和速度共识值分别为式（9-61）和式（9-52）。定理 3 得证。

可以看出，条件式（9-60）通过图的拉普拉斯矩阵 $\boldsymbol{L}$ 的特征值依赖于图的拓扑结构。因此，对于给定的反馈增益矩阵 $\boldsymbol{K}$，可能在一个图上达成一致，但在另一个图上无法达成一致。

如果图不存在生成树，那么式（9-54）中的 $\lambda_2=0$。在这种情况下，式（9-64）中会出现不稳定项，无法达成一致性。如果图是强连通的，那么它有一个生成树，定理 3 适用。此外，如果初始速度都等于零，那么一致性速度等于零，所有节点最终静止在初始位置的加权重心处。

**推论 1**　让图具有一个遍历树，并且拉普拉斯矩阵 $\boldsymbol{L}$ 的所有特征值都是实数，那么对于任意正的式（9-50）中的控制增益 $c$、$\gamma$，都可以得到一致性值和。

**证明：** 如果图是无向的，那么拉普拉斯矩阵的特征值是实数。根据劳斯判据可以证明是渐近稳定的，因此这个推论成立。

### 9.3.2 基于位置 / 速度全局节点状态的二阶一致性分析

以牛顿定律节点动力学公式和二阶控制协议为例，定义全局位置和速度矢量为 $\boldsymbol{x}=[\boldsymbol{x}_1^{\mathrm{T}} \quad \boldsymbol{x}_2^{\mathrm{T}} \quad \cdots \quad \boldsymbol{x}_N^{\mathrm{T}}]^{\mathrm{T}} \in \mathbf{R}^N$ 和 $\boldsymbol{v}=[\boldsymbol{v}_1^{\mathrm{T}} \quad \boldsymbol{v}_2^{\mathrm{T}} \quad \cdots \quad \boldsymbol{v}_N^{\mathrm{T}}]^{\mathrm{T}} \in \mathbf{R}^N$。定义位置 / 速度形式的全局状态向量为 $\bar{\boldsymbol{z}}=[\boldsymbol{x}^{\mathrm{T}} \quad \boldsymbol{v}^{\mathrm{T}}]^{\mathrm{T}} \in \mathbf{R}^{2N}$，那么全局动力学方程可以写成

$$\dot{\bar{\boldsymbol{z}}}=\begin{bmatrix} 0 & \boldsymbol{I} \\ -c\boldsymbol{L} & -c\gamma\boldsymbol{L} \end{bmatrix}\bar{\boldsymbol{z}} \equiv \bar{\boldsymbol{A}}_{\mathrm{c}}\boldsymbol{z} \tag{9-67}$$

这是全局位置 / 速度形式，而且是具有根据局部位置 / 速度状态定义的交织节点位置和速度定义的全局状态。

系统的特征多项式是

$$\left|s\boldsymbol{I}-\bar{\boldsymbol{A}}_{\mathrm{c}}\right|=\begin{vmatrix} s\boldsymbol{I} & -\boldsymbol{I} \\ c\boldsymbol{L} & s\boldsymbol{I}+c\gamma\boldsymbol{L} \end{vmatrix}=\left|s^2\boldsymbol{I}+c\gamma\boldsymbol{L}s+c\boldsymbol{L}\right| \tag{9-68}$$

定义一个转换矩阵 $\boldsymbol{M}$，使 $\boldsymbol{J}=\boldsymbol{M}^{-1}\boldsymbol{L}\boldsymbol{M}$ 为上三角形矩阵，其对角线上的特征值为 $\boldsymbol{L}$ 的 $\lambda_i(i=1,\cdots,N)$，则式（9-68）可以写成

$$\begin{aligned}\left|s^2\boldsymbol{I}+c\gamma\boldsymbol{L}s+c\boldsymbol{L}\right| &= |\boldsymbol{M}|\cdot\left|\boldsymbol{M}^{-1}\right|\cdot\left|s^2\boldsymbol{I}+c\gamma\boldsymbol{L}s+c\boldsymbol{L}\right| \\ &= \left|\boldsymbol{M}^{-1}(s^2\boldsymbol{I}+c\gamma\boldsymbol{L}s+c\boldsymbol{L})\boldsymbol{M}\right|=\left|s^2\boldsymbol{I}+c\gamma\boldsymbol{J}s+c\boldsymbol{J}\right|\end{aligned} \tag{9-69}$$

矩阵 $(s^2\boldsymbol{I}+c\gamma\boldsymbol{J}s+c\boldsymbol{J})$ 以 $\boldsymbol{L}$ 的特征值 $\lambda_i$ 为对角线元素呈现为块三角形式，因此有

$$\left|s^2\boldsymbol{I}+c\gamma\boldsymbol{L}s+c\boldsymbol{L}\right|=\prod_{i=1}^{N}(s^2+c\gamma\lambda_i s+c\lambda_i) \tag{9-70}$$

那么，矩阵 $\bar{\boldsymbol{A}}_{\mathrm{c}}$ 的特征值为

$$s=-\frac{1}{2}\left(c\gamma\lambda_i \pm \sqrt{(c\gamma\lambda_i)^2-4c\lambda_i}\right) \tag{9-71}$$

这个结果与式（9-57）相同。因此，接下来的所有研究都遵循此处所述，也为定理 3 提供了另一种证明路径。

### 9.3.3 编队控制二阶协议

编队控制不仅要求所有机器人达到相同的一致速度，还要求彼此之间保持某种预定的队形，但上述协议会使所有节点移动到相同的最终位置。此外，在编队控制中，位置是二维或三维的。

因此，让编队在 $n$ 维空间中移动，并考虑节点的动力学方程为

$$\begin{cases} \dot{\boldsymbol{x}}_i=\boldsymbol{v}_i \\ \dot{\boldsymbol{v}}_i=\boldsymbol{u}_i \end{cases} \tag{9-72}$$

式中，$\boldsymbol{x}_i \in \mathbf{R}^n$ 为位置向量；$\boldsymbol{v}_i \in \mathbf{R}^n$ 为速度向量；$\boldsymbol{u}_i \in \mathbf{R}^n$ 为加速度输入。对于三维平面的编队，例如取 $\boldsymbol{x}_i = [p_i\ q_i\ r_i]^{\mathrm{T}}$，式中 $p_i$ 和 $q_i$ 为节点在 $x$–$y$ 平面上的位置，$r_i$ 为节点的高度位置。节点状态为 $\boldsymbol{z}_i = [\boldsymbol{x}_i^{\mathrm{T}} \quad \boldsymbol{v}_i^{\mathrm{T}}]^{\mathrm{T}} \in \mathbf{R}^{3n}$，局部节点动力学方程可以写成

$$\dot{\boldsymbol{z}}_i = \begin{bmatrix} 0 & I_n \\ 0 & 0 \end{bmatrix} \boldsymbol{z}_i + \begin{bmatrix} 0 \\ I_n \end{bmatrix} \boldsymbol{u}_i = \boldsymbol{A}\boldsymbol{z}_i + \boldsymbol{B}\boldsymbol{u}_i \tag{9-73}$$

定义节点 $i$ 相对于移动编队中心 $x_0$ 的期望位置为 $\varDelta_i \in \mathbf{R}^n$。假设希望节点跟随一个位置和速度为 $\dot{x}_0 = v_0$ 的领导节点或控制节点，考虑每个节点的分布式二阶领导者 - 跟随者协议为

$$\begin{aligned} \boldsymbol{u}_i &= \dot{\boldsymbol{v}}_0 + \gamma k_{\mathrm{v}}(\boldsymbol{v}_0 - \boldsymbol{v}_i) + k_{\mathrm{p}}(\boldsymbol{x}_0 + \varDelta_i - \boldsymbol{x}_i) + \\ &\quad c\sum_{j\in N_i} a_{ij}((\boldsymbol{x}_j - \varDelta_j) - (\boldsymbol{x}_i - \varDelta_i)) + c\gamma \sum_{j\in N_i} a_{ij}(\boldsymbol{v}_j - \boldsymbol{v}_i) \\ &= \dot{\boldsymbol{v}}_0 + \gamma k_{\mathrm{v}}(\boldsymbol{v}_0 - \boldsymbol{v}_i) + k_{\mathrm{p}}(\boldsymbol{x}_0 + \varDelta_i - \boldsymbol{x}_i) + \\ &\quad \sum_{j\in N_i} ca_{ij}((\boldsymbol{x}_j - \varDelta_j) - (\boldsymbol{x}_i - \varDelta_i) + \gamma(\boldsymbol{v}_j - \boldsymbol{v}_i)) \end{aligned} \tag{9-74}$$

式中，$c > 0$ 为刚度增益；$\gamma > 0$ 为阻尼增益。该协议包括领导者的速度反馈，增益为 $\gamma k_{\mathrm{v}} > 0$，领导者的位置反馈增益为 $k_{\mathrm{p}} > 0$，以及领导者的加速度前馈。协议的目标是确保所有节点在位置和速度上达成一致性，并且当 $t \to \infty$ 时，$x_i(t) - x_0(t) - \varDelta_i \to 0$，$v_i(t) - v_0(t) \to 0$。



定义位置误差为 $\tilde{\boldsymbol{x}} = \boldsymbol{x}_i - \boldsymbol{x}_0 - \varDelta_i$，速度误差为 $\tilde{\boldsymbol{v}} = \boldsymbol{v}_i - \boldsymbol{v}_0$，节点误差为 $\tilde{\boldsymbol{z}}_i = [\tilde{\boldsymbol{x}}_i^{\mathrm{T}} \quad \tilde{\boldsymbol{v}}_i^{\mathrm{T}}]^{\mathrm{T}} \in \mathbf{R}^{3n}$，则闭环节点误差动力学方程为

$$\dot{\tilde{\boldsymbol{z}}}_i = \begin{bmatrix} 0 & I_n \\ -k_{\mathrm{p}} I_n & -\gamma k_{\mathrm{v}} I_n \end{bmatrix} \tilde{\boldsymbol{z}}_i + \begin{bmatrix} 0 \\ I_n \end{bmatrix} \sum_{j\in N_i} ca_{ij}((\boldsymbol{x}_j - \varDelta_j) - (\boldsymbol{x}_i - \varDelta_i) + \gamma(\boldsymbol{v}_j - \boldsymbol{v}_i)) \tag{9-75}$$

全局误差动态方程为

$$\dot{\tilde{\boldsymbol{z}}} = [(\boldsymbol{I}_N \otimes \bar{\boldsymbol{A}}) - c\boldsymbol{L} \otimes \boldsymbol{BK}]\tilde{\boldsymbol{z}} \equiv \bar{\boldsymbol{A}}_{\mathrm{c}} \tilde{\boldsymbol{z}} \tag{9-76}$$

式中，$\tilde{\boldsymbol{z}} = [\tilde{\boldsymbol{z}}_1^{\mathrm{T}} \quad \tilde{\boldsymbol{z}}_2^{\mathrm{T}} \quad \cdots \quad \tilde{\boldsymbol{z}}_N^{\mathrm{T}}]^{\mathrm{T}} \in \mathbf{R}^{3nN}$，$\boldsymbol{K} = \begin{bmatrix} I_n & \gamma I_n \end{bmatrix}$，并且有

$$\bar{\boldsymbol{A}} = \begin{bmatrix} 0 & I_n \\ -k_{\mathrm{p}} I_n & -\gamma k_{\mathrm{v}} I_n \end{bmatrix} \tag{9-77}$$

下面检验协议的稳定性并确定对于任意一个节点何时满足 $x_i(t) \to x_0(t) + \varDelta_i$ 和 $v_i(t) \to v_0(t)$。假设图有一个生成树，为证明其稳定性，式（9-76）中的 $\bar{\boldsymbol{A}}_{\mathrm{c}}$ 等价于

$$\mathrm{diag}\{\bar{\boldsymbol{A}}, (\bar{\boldsymbol{A}} - c\lambda_2 \boldsymbol{BK}), \cdots, (\bar{\boldsymbol{A}} - c\lambda_N \boldsymbol{BK})\} \tag{9-78}$$

式中，$\lambda_i$ 为拉普拉斯矩阵 $\boldsymbol{L}$ 的特征值，并且有 $\mathrm{Re}\,\lambda_i > 0 (i = 2, \cdots, N)$。

为不失一般性，假设机器人运动是一维的，即设 $n$=1。其他坐标方向上的运动将与此处分析的沿直线的运动相同。矩阵 $\bar{\boldsymbol{A}}$ 的特征多项式为 $s^2 + \gamma k_{\mathrm{v}} s + k_{\mathrm{p}}$，它对所有的 $k_{\mathrm{p}} > 0$，

$k_v>0$都是稳定的，其他块的特征多项式为

$$\left|s\boldsymbol{I}-(\bar{\boldsymbol{A}}-c\lambda_i\boldsymbol{BK})\right|=s^2+\gamma(k_v+c\lambda_i)s+(k_p+c\lambda_i) \tag{9-79}$$

那么$\boldsymbol{A}_c$的特征多项式为

$$\left|s\boldsymbol{I}-\boldsymbol{A}_c\right|=\prod_{i=1}^{N}(s^2+\gamma(k_v+c\lambda_i)s+(k_p+c\lambda_i)) \tag{9-80}$$

因此，$\boldsymbol{A}_c$的特征多项式为

$$s=-\frac{1}{2}(\gamma(k_v+c\lambda_i)\pm\sqrt{\gamma^2(k_v+c\lambda_i)^2-4(k_p+c\lambda_i)}),\ i=1,\cdots,N \tag{9-81}$$

对于拉普拉斯矩阵$\boldsymbol{L}$的每个特征值$\lambda_i$，$\boldsymbol{A}_c$（每个运动维度）有两个特征值。因为图有一个生成树，所以有$\lambda_1=0$和$\lambda_i>0(i=2,\cdots,N)$。那么对于$\lambda_1=0$，当$k_p>0$，$k_v>0$时，式（9-79）是渐近稳定的。

若$\lambda_i$是实数，则由劳斯判据表明，对于所有$c\gamma>0$、$\alpha>0$、$k_p>0$、$k_v>0$，式（9-79）都是稳定的。若$\lambda_i$是复数，则很难得到稳定增益的条件，可以类似地得到稳定性的复杂表达式。对于特定的增益选择，可以得到更简单的表达式。

**定理5**（一致性编队协议） 考虑由式（9-72）给出的每个节点的牛顿定律运动动力学方程，如果图有生成树并且选择合适的$c$、$\gamma$、$k_p$、$k_v$使式（9-76）渐近稳定，则领航者–跟随者协议[式（9-74）]能保证对于任意节点$i$都满足$x_i(t)\to x_0(t)+\varDelta_i$、$v_i(t)\to v_0(t)$渐近稳定。



**证明：**在假设下，式（9-80）是渐近稳定的，那么误差动力学方程式（9-76）也是渐近稳定的。因此，$\tilde{\boldsymbol{x}}_i=\boldsymbol{x}_i-\varDelta_i-\boldsymbol{x}_0$和$\tilde{\boldsymbol{v}}_i=\boldsymbol{v}_i-\boldsymbol{v}_0$趋于0，定理4得证。

**推论：**假设图有一棵生成树并且拉普拉斯矩阵$\boldsymbol{L}$的所有特征值都是实数，那么每个节点对于任意的$c$，$\gamma$，$k_p$，$k_v$>0都有$x_i(t)\to x_0(t)+\varDelta_i$、$v_i(t)\to v_0(t)$是渐近稳定的。

**证明：**由劳斯判据表明，在假设下式（9-79）是渐近稳定的，如果图是无向的，那么拉普拉斯矩阵的特征值是实数，这个推论成立。

## 9.4 多机械臂姿态同步控制

一个典型的多机械臂集群系统如图9-8所示。

考虑一个$N$关节的$n+1$个机械臂集群系统，第$i$个机械臂的动态性能可由如下二阶非线性微分方程描述：

$$\boldsymbol{M}_i(\boldsymbol{q}_i)\ddot{\boldsymbol{q}}_i+\boldsymbol{C}_i(\boldsymbol{q}_i,\dot{\boldsymbol{q}}_i)\dot{\boldsymbol{q}}_i+\boldsymbol{G}_i(\boldsymbol{q}_i)+\boldsymbol{F}_i(\dot{\boldsymbol{q}}_i)=\boldsymbol{\tau}_i,\quad i=0,\cdots,n \tag{9-82}$$

式中，$\boldsymbol{q}_i\in\mathbf{R}^n$为第$i$个机械臂的关节角位移量；$\boldsymbol{M}_i(\boldsymbol{q}_i)\in\mathbf{R}^{n\times n}$为第$i$个机械臂的惯性矩阵；$\boldsymbol{C}_i(\boldsymbol{q}_i,\dot{\boldsymbol{q}}_i)\in\mathbf{R}^{n\times n}$为第$i$个机械臂的离心力和利里奥利力；$\boldsymbol{G}_i(\boldsymbol{q}_i,\dot{\boldsymbol{q}}_i)\in\mathbf{R}^n$为第$i$个机械臂的重力项；$\boldsymbol{F}_i(\dot{\boldsymbol{q}}_i)\in\mathbf{R}^n$为第$i$个机械臂的摩擦力矩；$\boldsymbol{\tau}_i(\dot{\boldsymbol{q}}_i)\in\mathbf{R}^n$为第$i$个机械臂的控制力矩。

在$n$个机械臂集群系统中，每个机械臂单元系统的动力学特性如下。

图 9-8　多机械臂集群系统

1）$\boldsymbol{M}_i(\boldsymbol{q}_i)-2\boldsymbol{C}_i(\boldsymbol{q}_i,\dot{\boldsymbol{q}}_i)$ 是斜对称矩阵。

2）惯性矩阵 $\boldsymbol{M}_i(\boldsymbol{q}_i)$ 是对称正定矩阵，存在正数 $m_1$、$m_2$ 满足如下不等式：

$$m_1\|\boldsymbol{q}_i\|^2 \leqslant \boldsymbol{q}_i^{\mathrm{T}}\boldsymbol{M}(\boldsymbol{q}_i)\boldsymbol{q}_i \leqslant m_2\|\boldsymbol{q}_i\|^2 \tag{9-83}$$

3）存在一个依赖于机械臂参数的参数向量，式（9-82）所描述的动力学模型在一组物理参数 $\boldsymbol{\theta}_{i,\mathrm{d}}=[\boldsymbol{\theta}_{i,\mathrm{d}1}\ \cdots\ \boldsymbol{\theta}_{i,\mathrm{d}p}]^{\mathrm{T}}$ 下是线性的

$$\boldsymbol{M}_i(\boldsymbol{q}_i)\ddot{\boldsymbol{q}}_i+\boldsymbol{C}_i(\boldsymbol{q}_i,\dot{\boldsymbol{q}}_i)\dot{\boldsymbol{q}}_i+\boldsymbol{G}_i(\boldsymbol{q}_i)+\boldsymbol{F}_i(\dot{\boldsymbol{q}}_i)=\boldsymbol{Y}_{\mathrm{d}}(\boldsymbol{q}_i,\dot{\boldsymbol{q}}_i,\ddot{\boldsymbol{q}}_i)\boldsymbol{\theta}_i \tag{9-84}$$

式中，$\boldsymbol{Y}_{\mathrm{d}}(\cdot)\in\mathbf{R}^{n\times p}$ 为动态回归矩阵。

在大多数机械臂的应用中，末端执行器的期望路径是在任务空间中指定的，例如视觉空间或笛卡儿空间。设 $\boldsymbol{x}_i\in\mathbf{R}^m$ 为第 $i$ 个机械臂的任务空间向量，定义为

$$\boldsymbol{x}_i=\boldsymbol{h}_i(\boldsymbol{q}_i) \tag{9-85}$$

式中，$\boldsymbol{h}_i(\cdot)\in\mathbf{R}^n\to\mathbf{R}^m$ 为描述关节空间与任务空间关系的非线性变换。任务空间速度 $\dot{\boldsymbol{x}}_i$ 与关节空间速度 $\dot{\boldsymbol{q}}_i$ 的关系为

$$\dot{\boldsymbol{x}}_i=\boldsymbol{J}_i(\boldsymbol{q}_i)\dot{\boldsymbol{q}}_i \tag{9-86}$$

式中，$\boldsymbol{J}_i(\boldsymbol{q}_i)\in\mathbf{R}^{m\times n}$ 为关节空间到任务空间的雅可比矩阵。

在本节中，控制目标是设计一个协同控制框架，实现 $n$ 个跟随者机械臂协同 1 个领航者机械臂任务同步目标。领航者机械臂系统的任务空间位置跟踪误差为

$$\Delta\boldsymbol{x}_0(t)=\boldsymbol{x}_0(t)-\boldsymbol{x}_{\mathrm{d}}(t) \tag{9-87}$$

式中，$\Delta\boldsymbol{x}_0(t)$ 为位置的跟踪误差；$\boldsymbol{x}_0(t)$ 为领航者机械臂的位置；$\boldsymbol{x}_{\mathrm{d}}(t)$ 为期望位置。

式（9-87）对时间求导，可以得到任务空间速度跟踪误差为

$$\Delta\dot{\boldsymbol{x}}_0(t)=\dot{\boldsymbol{x}}_0(t)-\dot{\boldsymbol{x}}_{\mathrm{d}}(t) \tag{9-88}$$

根据滑模控制理论，可定义 $\Delta\boldsymbol{x}_0(t)$ 上的滑模面为

$$\Delta\boldsymbol{x}_{\mathrm{r}}(t)=\dot{\boldsymbol{x}}_0(t)-\boldsymbol{x}_{\mathrm{r}}(t)=\Delta\dot{\boldsymbol{x}}_0(t)+\boldsymbol{\beta}_0\Delta\boldsymbol{x}_0(t) \tag{9-89}$$

式中，$\boldsymbol{\beta}_0$ 为正定对称矩阵。因此领航者机械臂在任务空间中的参考速度 $\boldsymbol{x}_{\mathrm{r}}(t)$ 为 $\boldsymbol{x}_{\mathrm{r}}(t)=\boldsymbol{x}_{\mathrm{d}}(t)-\boldsymbol{\beta}_0\Delta\boldsymbol{x}_0(t)$。

假设领航者机械臂的雅可比矩阵是满行秩矩阵，其伪逆矩阵为

$$\boldsymbol{J}_i^{+}(\boldsymbol{q}_i(t))=\boldsymbol{J}_i^{\mathrm{T}}(\boldsymbol{q}_i(t))\{\boldsymbol{J}_i(\boldsymbol{q}_i(t))\boldsymbol{J}_i^{\mathrm{T}}(\boldsymbol{q}_i(t))\}^{-1} \tag{9-90}$$

式中，雅可比矩阵的行数大于列数。当领航者机械臂接近其作业范围的极限时，运动学奇异性问题便凸显出来。此处设定的前提是在机械臂集群系统的任务空间内部预设了一条期望的协同任务空间路径，旨在使领航者机械臂能在可达的有限任务环境中自如运作，从而有效规避运动学奇异性难题。需明确的是，超出领航者机械臂作业范畴定义期望任务路径是无实际意义的举措。这一策略不仅成功绕开了运动奇异性的困扰，同时也确保了雅可比矩阵维持满秩状态，这是实现精确控制的关键。进一步探讨，拥有冗余自由度的机械臂系统能够巧妙利用其额外自由度来对抗奇异性，进一步验证了关于雅可比矩阵满秩性的合理假设。这种通过优化自由度配置以克服运动学挑战的方法，不仅强化了系统的鲁棒性，也深刻体现了在机械臂设计与控制策略中，预先规划与智能规避的重要性。

利用伪逆 $\boldsymbol{J}_0^{+}(\boldsymbol{q}_0(t))$ 估计的关节空间参考速度可定义为

$$\dot{\boldsymbol{q}}_{\mathrm{r}}(t)=\boldsymbol{J}_0^{+}(\boldsymbol{q}_0(t))\dot{\boldsymbol{x}}_{\mathrm{r}}(t) \tag{9-91}$$



相应地，关节空间参考加速度可计算为

$$\ddot{\boldsymbol{q}}_{\mathrm{r}}(t)=\boldsymbol{J}_0^{+}(\boldsymbol{q}_0(t))\dot{\boldsymbol{x}}_{\mathrm{r}}(t)+\boldsymbol{J}_0^{+}(\boldsymbol{q}_0(t))\ddot{\boldsymbol{x}}_{\mathrm{r}}(t) \tag{9-92}$$

领航者机械臂系统的关节空间角速度跟踪误差为

$$\boldsymbol{s}_0(t)=\dot{\boldsymbol{q}}_0(t)-\dot{\boldsymbol{q}}_{\mathrm{r}}(t) \tag{9-93}$$

不难得到

$$\boldsymbol{J}_0(\dot{\boldsymbol{q}}_0(t))\boldsymbol{s}_0(t)=\Delta\dot{\boldsymbol{x}}_0(t)+\boldsymbol{\beta}_0\Delta\boldsymbol{x}_0(t) \tag{9-94}$$

现在，可以提出领航者机械臂跟踪控制器为

$$\boldsymbol{\tau}_0=\boldsymbol{Y}_{0,\mathrm{d}}(\boldsymbol{q}_0(t),\dot{\boldsymbol{q}}_0(t),\dot{\boldsymbol{q}}_{0,\mathrm{r}}(t),\ddot{\boldsymbol{q}}_{0,\mathrm{r}}(t))\hat{\boldsymbol{\theta}}_{0,\mathrm{d}}(t)-\boldsymbol{K}_{0,\mathrm{s}}\boldsymbol{s}_0(t)-\boldsymbol{J}_0^{\mathrm{T}}(\boldsymbol{q}_0(t))\boldsymbol{K}_{0,\mathrm{x}}\Delta\boldsymbol{x}_0(t) \tag{9-95}$$

式中，$\hat{\boldsymbol{\theta}}_{0,\mathrm{d}}(t)$ 为未知动态参数的估计 $\boldsymbol{\theta}_{0,\mathrm{d}}(t)$；$\boldsymbol{K}_{0,\mathrm{s}}$ 和 $\boldsymbol{K}_{0,\mathrm{x}}$ 为正定对称矩阵。为了更新未知运动参数和动态参数的估计，自适应律 $\hat{\boldsymbol{\theta}}_{0,\mathrm{d}}(t)$ 可以设计为

$$\dot{\hat{\boldsymbol{\theta}}}_{0,\mathrm{d}}(t)=-\boldsymbol{\Gamma}_0^{-1}\boldsymbol{Y}_0^{\mathrm{T}}(\boldsymbol{q}_0(t),\dot{\boldsymbol{q}}_0(t),\dot{\boldsymbol{q}}_{\mathrm{r}}(t),\ddot{\boldsymbol{q}}_{\mathrm{r}}(t))\boldsymbol{s}_0(t) \tag{9-96}$$

式中，$\boldsymbol{\Gamma}_0$ 为正定对称矩阵。

**证明：**根据第 2）个特性，存在 $\boldsymbol{\theta}_{0,\mathrm{d}}(t)$ 满足如下等式：

$$\boldsymbol{M}_0(\boldsymbol{q}_0)\dot{\boldsymbol{q}}_{\mathrm{r}}+\boldsymbol{C}_0(\boldsymbol{q}_0,\dot{\boldsymbol{q}}_0)\dot{\boldsymbol{q}}_{\mathrm{r}}+\boldsymbol{G}_0(\boldsymbol{q}_0)+\boldsymbol{F}_0(\dot{\boldsymbol{q}}_0)=\boldsymbol{Y}_{\mathrm{d}}(\boldsymbol{q}_0,\dot{\boldsymbol{q}}_0,\dot{\boldsymbol{q}}_{\mathrm{r}},\ddot{\boldsymbol{q}}_{\mathrm{r}})\boldsymbol{\theta}_{0,\mathrm{d}} \tag{9-97}$$

对于领航者机械臂，将式（9-95）代入式（9-82）再减去式（9-84）可以得到闭环动

力学为

$$\begin{aligned}\boldsymbol{M}_0(\boldsymbol{q}_0(t))\dot{\boldsymbol{s}}_0(t)=&-\boldsymbol{C}_0(\boldsymbol{q}_0(t),\dot{\boldsymbol{q}}_0(t))\boldsymbol{s}_0(t)-\boldsymbol{K}_{\mathrm{s}}\boldsymbol{s}_0(t)+\boldsymbol{Y}_{\mathrm{d}}(\boldsymbol{q}_0(t),\\&\dot{\boldsymbol{q}}_0(t),\boldsymbol{q}_{\mathrm{r}}(t),\dot{\boldsymbol{q}}_{\mathrm{r}}(t))\Delta\boldsymbol{\theta}_{0,\mathrm{d}}(t)-\boldsymbol{J}_0^{\mathrm{T}}(\boldsymbol{q}_0(t))\boldsymbol{K}_{0,\mathrm{x}}\Delta\boldsymbol{x}_0(t)\end{aligned}\tag{9-98}$$

引入领航者机械臂系统的李雅普诺夫正定函数为

$$\boldsymbol{V}_0(t)=\frac{1}{2}\boldsymbol{s}_0^{\mathrm{T}}(t)\boldsymbol{M}_0(\boldsymbol{q}_0(t))\boldsymbol{s}_0(t)+\frac{1}{2}\Delta\boldsymbol{x}_0^{\mathrm{T}}(t)\boldsymbol{K}_{\mathrm{x},0}\Delta\boldsymbol{x}_0(t)+\frac{1}{2}\Delta\boldsymbol{\theta}_{0,\mathrm{d}}^{\mathrm{T}}(t)\boldsymbol{\Gamma}_0\Delta\boldsymbol{\theta}_{0,\mathrm{d}}(t)\tag{9-99}$$

式中，$\Delta\boldsymbol{\theta}_{0,\mathrm{d}}(t)=\hat{\boldsymbol{\theta}}_{0,\mathrm{d}}(t)-\boldsymbol{\theta}_{0,\mathrm{d}}(t)$。

若 $\boldsymbol{M}_0(\boldsymbol{q}_0(t))$ 为对称正定矩阵，则有

$$\begin{aligned}&(\boldsymbol{s}_0^{\mathrm{T}}(t)\boldsymbol{M}_0(\boldsymbol{q}_0(t))\boldsymbol{s}_0(t))'\\&=\dot{\boldsymbol{s}}_0^{\mathrm{T}}(t)\boldsymbol{M}_0(\boldsymbol{q}_0(t))\boldsymbol{s}_0(t)+\boldsymbol{s}_0^{\mathrm{T}}(t)\boldsymbol{M}_0(\boldsymbol{q}_0(t))\dot{\boldsymbol{s}}_0(t)+\boldsymbol{s}_0^{\mathrm{T}}(t)\dot{\boldsymbol{M}}_0(\boldsymbol{q}_0(t))\boldsymbol{s}_0(t)\\&=2\dot{\boldsymbol{s}}_0^{\mathrm{T}}(t)\boldsymbol{M}_0(\boldsymbol{q}_0(t))\boldsymbol{s}_0(t)+\boldsymbol{s}_0^{\mathrm{T}}(t)\dot{\boldsymbol{M}}_0(\boldsymbol{q}_0(t))\boldsymbol{s}_0(t)\end{aligned}\tag{9-100}$$

同理可得

$$(\Delta\boldsymbol{x}_0^{\mathrm{T}}\boldsymbol{K}_{0,\mathrm{x}}\Delta\boldsymbol{x}_0)'=2\Delta\boldsymbol{x}_0^{\mathrm{T}}\boldsymbol{K}_{0,\mathrm{x}}\Delta\dot{\boldsymbol{x}}_0\tag{9-101}$$

$$(\Delta\boldsymbol{\theta}_{0,\mathrm{d}}^{\mathrm{T}}\boldsymbol{\Gamma}_0\Delta\boldsymbol{\theta}_{0,\mathrm{d}})'=2\Delta\boldsymbol{\theta}_{0,\mathrm{d}}^{\mathrm{T}}\boldsymbol{\Gamma}_0\Delta\dot{\boldsymbol{\theta}}_{0,\mathrm{d}}\tag{9-102}$$

则式（9-99）对时间求导，可以得到

$$\begin{aligned}\dot{\boldsymbol{V}}_0=&\boldsymbol{s}_0^{\mathrm{T}}(t)\boldsymbol{M}_0(\boldsymbol{q}_0(t))\dot{\boldsymbol{s}}_0(t)+\frac{1}{2}\boldsymbol{s}_0^{\mathrm{T}}(t)\dot{\boldsymbol{M}}_0(\boldsymbol{q}_0(t))\boldsymbol{s}_0(t)+\Delta\boldsymbol{x}_0^{\mathrm{T}}\boldsymbol{K}_{0,\mathrm{x}}\Delta\dot{\boldsymbol{x}}_0+\Delta\boldsymbol{\theta}_{0,\mathrm{d}}^{\mathrm{T}}\boldsymbol{\Gamma}_0\Delta\dot{\boldsymbol{\theta}}_{0,\mathrm{d}}\\=&\boldsymbol{s}_0^{\mathrm{T}}(t)(-\boldsymbol{C}_0(\boldsymbol{q}_0(t),\dot{\boldsymbol{q}}_0(t))\boldsymbol{s}_0(t)-\boldsymbol{K}_{0,\mathrm{s}}\boldsymbol{s}_0(t)+\boldsymbol{Y}_{\mathrm{d}}(\boldsymbol{q}_0(t),\dot{\boldsymbol{q}}_0(t),\boldsymbol{q}_{\mathrm{r}}(t),\dot{\boldsymbol{q}}_{\mathrm{r}}(t))\Delta\boldsymbol{\theta}_{0,\mathrm{d}}(t)-\\&\boldsymbol{J}_0^{\mathrm{T}}(\boldsymbol{q}_0(t))\boldsymbol{K}_{0,\mathrm{x}}\Delta\boldsymbol{x}_0(t))+\frac{1}{2}\boldsymbol{s}_0^{\mathrm{T}}(t)\boldsymbol{M}_0(\boldsymbol{q}_0(t))\boldsymbol{s}_0(t)+\Delta\boldsymbol{x}_0^{\mathrm{T}}\boldsymbol{K}_{0,\mathrm{x}}\Delta\dot{\boldsymbol{x}}_0+\Delta\boldsymbol{\theta}_{0,\mathrm{d}}^{\mathrm{T}}\boldsymbol{\Gamma}_0\Delta\dot{\boldsymbol{\theta}}_{0,\mathrm{d}}\\=&\boldsymbol{s}_0^{\mathrm{T}}(t)\left(\frac{1}{2}\dot{\boldsymbol{M}}_0(\boldsymbol{q}_0(t)\right)-\boldsymbol{C}_0(\boldsymbol{q}_0(t),\dot{\boldsymbol{q}}_0(t))\boldsymbol{s}_0(t)-\boldsymbol{s}_0^{\mathrm{T}}(t)\boldsymbol{K}_{0,\mathrm{s}}\boldsymbol{s}_0(t)+\\&\Delta\boldsymbol{\theta}_{0,\mathrm{d}}^{\mathrm{T}}(\boldsymbol{\Gamma}_0\Delta\dot{\boldsymbol{\theta}}_{0,\mathrm{d}}+\boldsymbol{s}_0^{\mathrm{T}}(t)\boldsymbol{Y}_{\mathrm{d}}(\boldsymbol{q}_0(t),\dot{\boldsymbol{q}}_0(t),\boldsymbol{q}_{\mathrm{r}}(t),\dot{\boldsymbol{q}}_{\mathrm{r}}(t)))+\\&\Delta\boldsymbol{x}_0^{\mathrm{T}}\boldsymbol{K}_{0,\mathrm{x}}(\Delta\dot{\boldsymbol{x}}_0+\boldsymbol{J}_0(\boldsymbol{q}_0(t))\boldsymbol{s}_0(t))\end{aligned}\tag{9-103}$$



根据第 1）个性质，式（9-103）可以进一步得到

$$\begin{aligned}\dot{\boldsymbol{V}}_0=&-\boldsymbol{s}_0^{\mathrm{T}}(t)\boldsymbol{K}_{0,\mathrm{s}}\boldsymbol{s}_0(t)+\Delta\boldsymbol{x}_0^{\mathrm{T}}\boldsymbol{K}_{0,\mathrm{x}}(\Delta\dot{\boldsymbol{x}}_0-\boldsymbol{J}_0(\boldsymbol{q}_0(t))\boldsymbol{s}_0(t))+\\&\Delta\boldsymbol{\theta}_{0,\mathrm{d}}^{\mathrm{T}}(\boldsymbol{\Gamma}_0\Delta\dot{\boldsymbol{\theta}}_{0,\mathrm{d}}+\boldsymbol{s}_0^{\mathrm{T}}(t)\boldsymbol{Y}_{\mathrm{d}}(\boldsymbol{q}_0(t),\dot{\boldsymbol{q}}_0(t),\boldsymbol{q}_{\mathrm{r}}(t),\dot{\boldsymbol{q}}_{\mathrm{r}}(t)))\end{aligned}\tag{9-104}$$

由于 $\boldsymbol{\theta}_{0,\mathrm{d}}$ 是一个定参数，因此可以合理给出 $\dot{\boldsymbol{\theta}}_{0,\mathrm{d}}=0$。进一步地，将式（9-94）和式（9-96）代入式（9-104）可以得到

$$\dot{\boldsymbol{V}}_0=-\boldsymbol{s}_0^{\mathrm{T}}(t)\boldsymbol{K}_{0,\mathrm{s}}\boldsymbol{s}_0(t)-\Delta\boldsymbol{x}_0^{\mathrm{T}}\beta\boldsymbol{K}_{0,\mathrm{x}}\Delta\boldsymbol{x}_0-\Delta\boldsymbol{\theta}_{0,\mathrm{d}}^{\mathrm{T}}\Delta\boldsymbol{\theta}_{0,\mathrm{d}}\tag{9-105}$$

根据李雅普诺夫稳定性定理，能量函数 $\boldsymbol{V}_0$ 正定，其一阶导数 $\dot{\boldsymbol{V}}_0$ 负定，可以证明 $\dot{\boldsymbol{q}}_0(t)\to\dot{\boldsymbol{q}}_{\mathrm{r}}(t)$，$\boldsymbol{x}_0(t)\to\boldsymbol{x}_{\mathrm{d}}(t)$，$\hat{\boldsymbol{\theta}}_{0,\mathrm{d}}(t)\to\boldsymbol{\theta}_{0,\mathrm{d}}(t)$。最终达到控制目标，领航者机械臂在任务

空间中按给定的轨迹运动。下一步将根据领航者机械臂发出的姿态信息，为跟随者机械臂设计控制器，使跟随者机械臂随着领航者机械臂达到姿态一致性。

多机械臂姿态一致性控制不仅希望所有机械臂都能达到相同的一致角速度，而且希望彼此相对处于某一规定的稳态姿态。上述给出的轨迹跟踪控制会导致所有关节移动到相同的最终位置。将式（9-82）改写为二阶状态方程，为

$$\begin{cases}\dot{\boldsymbol{q}}_i=\boldsymbol{p}_i\\ \dot{\boldsymbol{p}}_i=\boldsymbol{M}_i(\boldsymbol{q}_i)^{-1}\boldsymbol{\tau}_i-\boldsymbol{M}_i(\boldsymbol{q}_i)^{-1}\boldsymbol{C}_i(\boldsymbol{q}_i,\boldsymbol{p}_i)\boldsymbol{p}_i-\boldsymbol{M}_i(\boldsymbol{q}_i)^{-1}(\boldsymbol{G}_i(\boldsymbol{q}_i)+\boldsymbol{F}_i(\boldsymbol{p}_i))\end{cases} \tag{9-106}$$

值得注意的是，式（9-106）和式（9-82）都表示多机械臂集群系统单元的动力学方程，具有相同的动力学性质。

接下来将为每个跟随者机械臂设计控制器，达到与领航者机械臂的姿态一致性。每个跟随者机械臂的姿态定义为 $\boldsymbol{z}_i^{\mathrm{T}}=[\boldsymbol{q}_i,\boldsymbol{p}_i](i=1,\cdots,n)$，则在拓扑结构下，每个机械臂的局部动力学方程可以表示为

$$\begin{aligned}\dot{\boldsymbol{z}}_i&=\begin{bmatrix}0&\boldsymbol{I}_n\\0&\boldsymbol{M}_i(\boldsymbol{q}_i)^{-1}\boldsymbol{C}(\boldsymbol{q}_i,\dot{\boldsymbol{q}}_i)\end{bmatrix}\boldsymbol{z}_i+\begin{bmatrix}0\\ \boldsymbol{M}_i(\boldsymbol{q}_i)^{-1}\end{bmatrix}\boldsymbol{u}_i+\begin{bmatrix}0\\ \boldsymbol{M}_i(\boldsymbol{q}_i)^{-1}(\boldsymbol{G}_i(\boldsymbol{q}_i)+\boldsymbol{F}_i(\dot{\boldsymbol{q}}_i))\end{bmatrix}\\&=\boldsymbol{A}\boldsymbol{z}_i+\boldsymbol{B}\boldsymbol{u}_i+\boldsymbol{D}_i\end{aligned} \tag{9-107}$$

控制目标是希望节点以 $\dot{\boldsymbol{q}}_0=\boldsymbol{p}_0$ 给出的姿态和角速度跟随领航者机械臂。根据前面提到的图的拓扑结构，为多机械臂集群系统的每个节点给出如下分布式二阶系统一致性协议：



$$\begin{aligned}\boldsymbol{\tau}_i&=\ddot{\boldsymbol{q}}_0+\gamma k_{\mathrm{q}}(\dot{\boldsymbol{q}}_0-\dot{\boldsymbol{q}}_i)+k_{\mathrm{p}}(\boldsymbol{q}_0-\boldsymbol{q}_i)+c\sum_{j\in N_i}a_{ij}((\boldsymbol{q}_j-\boldsymbol{q}_0)-(\boldsymbol{q}_i-\boldsymbol{q}_0))+c\gamma\sum_{j\in N_i}\boldsymbol{a}_{ij}(\dot{\boldsymbol{q}}_0-\dot{\boldsymbol{q}}_i)+\\&\quad\boldsymbol{Y}_{i,\mathrm{d}}(\boldsymbol{q}_i(t),\dot{\boldsymbol{q}}_i(t),\dot{\boldsymbol{q}}_0(t),\ddot{\boldsymbol{q}}_0(t))\hat{\boldsymbol{\theta}}_{i,\mathrm{d}}(t)\\&=\dot{\boldsymbol{p}}_0+\gamma k_{\mathrm{q}}(\dot{\boldsymbol{q}}_0-\dot{\boldsymbol{q}}_i)+k_{\mathrm{p}}(\boldsymbol{q}_0-\boldsymbol{q}_i)+\sum_{j\in N_i}ca_{ij}((\boldsymbol{q}_j-\boldsymbol{q}_i)+\gamma(\dot{\boldsymbol{q}}_0-\dot{\boldsymbol{q}}_i))+\\&\quad\boldsymbol{Y}_{i,\mathrm{d}}(\boldsymbol{q}_i(t),\dot{\boldsymbol{q}}_i(t),\dot{\boldsymbol{q}}_0(t),\ddot{\boldsymbol{q}}_0(t))\hat{\boldsymbol{\theta}}_{i,\mathrm{d}}(t)\end{aligned} \tag{9-108}$$

式中，$c>0$ 为刚度增益；$\gamma>0$ 为阻尼增益。该协议包括 $k_{\mathrm{q}}>0$ 增益的领航者机械臂角速度反馈，$k_{\mathrm{p}}>0$ 增益的领航者机械臂姿态反馈以及领航者机械臂的姿态角加速度前馈。分布式二阶系统一致性协议的目的是确保所有节点在位置和速度上达到一致，并且 $\boldsymbol{q}_i(t)\to\boldsymbol{q}_0(t)$，$\boldsymbol{p}_i(t)\to\boldsymbol{p}_0(t),\forall i$ 渐近。

定义姿态一致性误差为 $\tilde{\boldsymbol{q}}_i=\boldsymbol{q}_i-\boldsymbol{q}_0$、$\tilde{\boldsymbol{p}}_i=\boldsymbol{p}_i-\boldsymbol{p}_0$，节点误差为 $\tilde{\boldsymbol{z}}_i=[\tilde{\boldsymbol{q}}_i^{\mathrm{T}}\quad\tilde{\boldsymbol{p}}_i^{\mathrm{T}}]^{\mathrm{T}}\in\mathbf{R}^{2n}$，则闭环节点的误差动力学方程为

$$\begin{aligned}\dot{\tilde{\boldsymbol{z}}}_i&=\begin{bmatrix}0&\boldsymbol{I}_n\\-k_{\mathrm{p}}\boldsymbol{I}_n&-\gamma k_{\mathrm{q}}\boldsymbol{I}_n\end{bmatrix}\tilde{\boldsymbol{z}}_i+\begin{bmatrix}0\\ \boldsymbol{I}_n\end{bmatrix}\sum_{j\in N_i}ca_{ij}((\boldsymbol{q}_j-\boldsymbol{q}_i)+\gamma(\dot{\boldsymbol{q}}_0-\dot{\boldsymbol{q}}_i))+\\&\quad\boldsymbol{Y}_{i,\mathrm{d}}(\boldsymbol{q}_i(t),\dot{\boldsymbol{q}}_i(t),\dot{\boldsymbol{q}}_0(t),\ddot{\boldsymbol{q}}_0(t))\tilde{\boldsymbol{\theta}}_{i,\mathrm{d}}(t)\end{aligned} \tag{9-109}$$

为了更新未知运动参数和动态参数的估计，自适应律 $\hat{\boldsymbol{\theta}}_{i,\mathrm{d}}(t)$ 可以设计为

$$\dot{\hat{\boldsymbol{\theta}}}_{i,\mathrm{d}}(t)=-\boldsymbol{\Gamma}_i^{-1}\boldsymbol{Y}_i^{\mathrm{T}}(\boldsymbol{q}_i(t),\dot{\boldsymbol{q}}_i(t),\dot{\boldsymbol{q}}_0(t),\ddot{\boldsymbol{q}}_0(t))\tilde{\boldsymbol{p}}_i(t) \tag{9-110}$$

式中，$\boldsymbol{\Gamma}_i$ 为正定对称矩阵。

分析式（9-109）一致性误差动力学方程，可以得到该误差动力学方程由一致性误差和模型估计误差两部分组成。其中，模型估计误差的稳定性证明类似于上述证明。下面主要分析一致性误差的稳定性，推导出一致性控制律的稳定性条件。因此，从一致性误差动力学方程 [ 式（9-109）] 得跟随者机械臂与领航者机械臂协同误差方程为

$$\dot{\tilde{\boldsymbol{z}}}=[(\boldsymbol{I}_N\otimes\bar{\boldsymbol{A}})-c\boldsymbol{L}\otimes\boldsymbol{BK}]\tilde{\boldsymbol{z}}\equiv\bar{\boldsymbol{A}}_{\mathrm{c}}\tilde{\boldsymbol{z}} \tag{9-111}$$

式中，$\boldsymbol{L}$ 为多机械臂集群系统的拉普拉斯矩阵；$\tilde{\boldsymbol{z}}=[\tilde{z}_1^{\mathrm{T}}\quad\tilde{z}_2^{\mathrm{T}}\quad\cdots\quad\tilde{z}_N^{\mathrm{T}}]^{\mathrm{T}}\in\mathbf{R}^{2nN}$；$\boldsymbol{K}=[\boldsymbol{I}_n\quad\gamma\boldsymbol{I}_n]$ $\boldsymbol{L}$；$\bar{\boldsymbol{A}}=\begin{bmatrix}0 & \boldsymbol{I}_n\\ -k_{\mathrm{p}}\boldsymbol{I}_n & -\gamma k_{\mathrm{v}}\boldsymbol{I}_n\end{bmatrix}$。

我们想检查式（9-108）分布式二阶系统一致性协议的稳定性，并确定多机械臂集群系统在什么条件下可以达到控制目标 $\boldsymbol{q}_i(t)\to\boldsymbol{q}_0(t)$，$\boldsymbol{p}_i(t)\to\boldsymbol{p}_0(t),\forall i$。假设该图存在一个生成树，为了检验稳定性，在式（9-111）中的 $\bar{\boldsymbol{A}}_{\mathrm{c}}$ 等价于

$$\mathrm{diag}\{\bar{\boldsymbol{A}},(\bar{\boldsymbol{A}}-c\lambda_2\boldsymbol{BK}),\cdots,(\bar{\boldsymbol{A}}-c\lambda_N\boldsymbol{BK})\}$$

式中，$\lambda_i$ 为拉普拉斯矩阵 $\boldsymbol{L}$ 的特征值，$\mathrm{Re}\,\lambda_i>0(i=2,3,\cdots,N)$。

在不失一般性的情况下，假设多机械臂集群系统为一个领航者机械臂和一个跟随者机械臂，即跟随者机械臂只需要保持和领航者机械臂的姿态一致而无须考虑其他跟随者，则矩阵 $\bar{\boldsymbol{A}}_{\mathrm{c}}$ 降阶为 $\bar{\boldsymbol{A}}$，矩阵 $\bar{\boldsymbol{A}}$ 具有特征多项式 $s^2+\gamma k_{\mathrm{v}}s+k_{\mathrm{p}}$，它对于所有的 $k_{\mathrm{p}}$，$k_{\mathrm{v}}>0$ 都是稳定的。推广到 $N$ 个跟随者多机械臂集群系统，其他块的特征多项式为



$$\left|s\boldsymbol{I}-(\bar{\boldsymbol{A}}-c\lambda_i\boldsymbol{BK})\right|=s^2+\gamma(k_{\mathrm{v}}+c\lambda_i)s+(k_{\mathrm{p}}+c\lambda_i),i=2,\cdots,N \tag{9-112}$$

则 $\bar{\boldsymbol{A}}_{\mathrm{c}}$ 的特征多项式为

$$\left|s\boldsymbol{I}-\boldsymbol{A}_{\mathrm{c}}\right|=\prod_{i=1}^{N}(s^2+\gamma(k_{\mathrm{v}}+c\lambda_i)s+(k_{\mathrm{p}}+c\lambda_i)) \tag{9-113}$$

因此，$\bar{\boldsymbol{A}}_{\mathrm{c}}$ 的特征值有

$$s=-\frac{1}{2}\left(\gamma(k_{\mathrm{v}}+c\lambda_i)\pm\sqrt{\gamma^2(k_{\mathrm{v}}+c\lambda_i)^2-4(k_{\mathrm{p}}+c\lambda_i)}\right),i=1,\cdots,N \tag{9-114}$$

$\boldsymbol{L}$ 的每个特征值 $\lambda_i$ 都有两个 $\bar{\boldsymbol{A}}_{\mathrm{c}}$ 的特征值（在每个机械臂关节）。由于图有一个生成树，因此有 $\lambda_1=0$ 和 $\lambda_i>0$。需要注意的是，当 $\lambda_1=0$ 且 $k_{\mathrm{p}}>0$，$k_{\mathrm{v}}>0$ 时，式（9-111）渐近稳定。对于特征值 $\lambda_i$ 的实部，劳斯检验表明当且仅当 $c\gamma>0$、$\alpha>0$、$k_{\mathrm{p}}>0$、$k_{\mathrm{v}}>0$ 时，保证领导者 - 跟随者姿态一致，等价于若图有一个生成树并且增益 $c$、$\gamma$、$k_{\mathrm{p}}$、$k_{\mathrm{v}}$ 被选择使式（9-111）成为渐近稳定，则 $\boldsymbol{q}_i(t)\to\boldsymbol{q}_0(t)$，$\boldsymbol{p}_i(t)\to\boldsymbol{p}_0(t)$，$\forall i$ 收敛到一个参考值。

如果图是无向的，那么拉普拉斯特征值是实的，这个推论依然成立。分布式二阶系统

一致性协议的一个缺点是所有节点都必须知道领导节点的姿态 $\boldsymbol{q}_0(t)$ 和角速度 $\boldsymbol{p}_0(t)$。在现实的结构中，每个节点只知道几个邻居的姿态和角速度信息。只有领航者的少数直接连接跟随者，即僚机，能感知到它的动作，而其他节点也会跟随这些僚机，以此类推。下面将纠正这一缺陷。为了使控制器为完全分布式，每个节点的控制律必须尊重图的拓扑结构，只能使用该节点的局部邻域信息。定义节点 $i$ 的邻域跟踪误差为

$$\boldsymbol{\varepsilon}_i=\sum_{j=1}^{N}a_{ij}(\boldsymbol{q}_j-\boldsymbol{q}_i)+d_i(\boldsymbol{q}_0-\boldsymbol{q}_i) \tag{9-115}$$

基于滑模控制，可以将 $\boldsymbol{\varepsilon}_i$ 的滑模面定义为

$$\boldsymbol{\delta}_i=\dot{\boldsymbol{\varepsilon}}_i+\boldsymbol{\beta}_2\boldsymbol{\varepsilon}_i \tag{9-116}$$

式中，$\boldsymbol{\beta}_2$ 为正定对称矩阵。第 $i$ 个跟随者机械臂的参考速度 $\boldsymbol{p}_{\mathrm{r}}(t)$ 为 $\boldsymbol{p}_{\mathrm{r}}(t)=\left(\sum_{j=1}^{N}a_{ij}\boldsymbol{p}_j+d_i\boldsymbol{p}_0+\boldsymbol{\beta}_2\boldsymbol{\varepsilon}_i\right)\Big/\left(\sum_{j=1}^{N}a_{ij}+d_i\right)$。

根据前面提到的图的拓扑结构，为多机械臂集群系统的每个节点给出如下分布式控制器：

$$\boldsymbol{\tau}_i=c_1\boldsymbol{K}_2\boldsymbol{\varepsilon}_i+\boldsymbol{Y}_{i,\mathrm{d}}(\boldsymbol{q}_i(t),\dot{\boldsymbol{q}}_i(t),\dot{\boldsymbol{q}}_0(t),\ddot{\boldsymbol{q}}_0(t))\hat{\boldsymbol{\theta}}_{i,\mathrm{d}}(t) \tag{9-117}$$

式中，耦合增益 $c_1>0$ 和反馈增益矩阵 $\boldsymbol{K}_2$ 为正定对称矩阵。这些控制器在分布式意义上实现，即仅使用每个节点的邻域跟踪误差信息 $\boldsymbol{\varepsilon}_i$ 在每个节点上实现。下一步是找到合适的 $c_1$ 和 $\boldsymbol{K}_2$，使得所有代理同步到给定的图拓扑结构中的领航节点上。



为了更新未知运动参数和动态参数的估计，自适应律 $\hat{\boldsymbol{\theta}}_{i,\mathrm{d}}(t)$ 可以设计为

$$\hat{\boldsymbol{\theta}}_{i,\mathrm{d}}(t)=-\boldsymbol{\Gamma}_i^{-1}\boldsymbol{Y}_i^{\mathrm{T}}(\boldsymbol{q}_i(t),\dot{\boldsymbol{q}}_i(t),\dot{\boldsymbol{q}}_0(t),\ddot{\boldsymbol{q}}_0(t))\boldsymbol{\varepsilon}_i(t) \tag{9-118}$$

式中，$\boldsymbol{\Gamma}_i$ 为正定对称矩阵。

**证明：**引入领航者机械臂系统的李雅普诺夫正定函数为

$$V_0(t)=\frac{1}{2}\boldsymbol{\varepsilon}_i^{\mathrm{T}}(t)\boldsymbol{M}_i(\boldsymbol{q}_i(t))\boldsymbol{\varepsilon}_i(t)+\frac{1}{2}\Delta\boldsymbol{\theta}_{i,\mathrm{d}}^{\mathrm{T}}(t)\boldsymbol{\Gamma}_i\Delta\boldsymbol{\theta}_{i,\mathrm{d}}(t) \tag{9-119}$$

式中，$\Delta\boldsymbol{\theta}_{i,\mathrm{d}}(t)=\hat{\boldsymbol{\theta}}_{i,\mathrm{d}}(t)-\boldsymbol{\theta}_{i,\mathrm{d}}(t)$。

若 $\boldsymbol{M}_i(\boldsymbol{q}_i(t))$ 为对称正定矩阵，则有

$$\begin{aligned}(\boldsymbol{\varepsilon}_i^{\mathrm{T}}(t)\boldsymbol{M}_i(\boldsymbol{q}_i(t))\boldsymbol{\varepsilon}_i(t))'&=\dot{\boldsymbol{\varepsilon}}_i^{\mathrm{T}}(t)\boldsymbol{M}_i(\boldsymbol{q}_i(t))\boldsymbol{\varepsilon}_i(t)+\boldsymbol{\varepsilon}_i^{\mathrm{T}}(t)\boldsymbol{M}_i(\boldsymbol{q}_i(t))\dot{\boldsymbol{\varepsilon}}_i(t)+\boldsymbol{\varepsilon}_i^{\mathrm{T}}(t)\dot{\boldsymbol{M}}_i(\boldsymbol{q}_i(t))\boldsymbol{\varepsilon}_i(t)\\&=2\dot{\boldsymbol{\varepsilon}}_i^{\mathrm{T}}(t)\boldsymbol{M}_i(\boldsymbol{q}_i(t))\boldsymbol{\varepsilon}_i(t)+\boldsymbol{\varepsilon}_i^{\mathrm{T}}(t)\dot{\boldsymbol{M}}_i(\boldsymbol{q}_i(t))\boldsymbol{\varepsilon}_i(t)\end{aligned} \tag{9-120}$$

同理，可得

$$(\Delta\boldsymbol{\theta}_{i,\mathrm{d}}^{\mathrm{T}}\boldsymbol{\Gamma}_i\Delta\boldsymbol{\theta}_{i,\mathrm{d}})'=2\Delta\boldsymbol{\theta}_{i,\mathrm{d}}^{\mathrm{T}}\boldsymbol{\Gamma}_i\Delta\dot{\boldsymbol{\theta}}_{i,\mathrm{d}} \tag{9-121}$$

式（9-119）对时间求导，可得

$$
\begin{aligned}
\dot{V}_i &= \dot{\boldsymbol{\varepsilon}}_i^{\mathrm{T}}(t)\boldsymbol{M}_i(\boldsymbol{q}_i(t))\boldsymbol{\varepsilon}_i(t)+\frac{1}{2}\boldsymbol{\varepsilon}_i^{\mathrm{T}}(t)\dot{\boldsymbol{M}}_i(\boldsymbol{q}_i(t))\boldsymbol{\varepsilon}_i(t)+\Delta\boldsymbol{\theta}_{i,\mathrm{d}}^{\mathrm{T}}\boldsymbol{\Gamma}_i\Delta\dot{\boldsymbol{\theta}}_{i,\mathrm{d}} \\
&= \boldsymbol{\varepsilon}_i^{\mathrm{T}}(t)-\boldsymbol{C}_i(\boldsymbol{q}_i(t),\dot{\boldsymbol{q}}_i(t))\boldsymbol{\varepsilon}_i(t)-\boldsymbol{K}_2\boldsymbol{\varepsilon}_i(t)+\boldsymbol{Y}_{\mathrm{d}}(\boldsymbol{q}_i(t),\dot{\boldsymbol{q}}_i(t),\boldsymbol{q}_{\mathrm{r}}(t),\dot{\boldsymbol{q}}_{\mathrm{r}}(t))\Delta\boldsymbol{\theta}_{i,\mathrm{d}}(t)- \\
&\quad \frac{1}{2}\boldsymbol{s}_0^{\mathrm{T}}(t)\dot{\boldsymbol{M}}_0(\boldsymbol{q}_0(t))\boldsymbol{s}_0(t) \\
&= \frac{1}{2}\boldsymbol{\varepsilon}_i^{\mathrm{T}}(t)\dot{\boldsymbol{M}}_i(\boldsymbol{q}_i(t))-\boldsymbol{C}_i(\boldsymbol{q}_i(t),\dot{\boldsymbol{q}}_i(t))\boldsymbol{\varepsilon}_i(t)-\boldsymbol{\varepsilon}_i^{\mathrm{T}}(t)\boldsymbol{K}_2\boldsymbol{\varepsilon}_i(t)+ \\
&\quad \Delta\boldsymbol{\theta}_{0,\mathrm{d}}^{\mathrm{T}}(\boldsymbol{\Gamma}_0\Delta\dot{\boldsymbol{\theta}}_{0,\mathrm{d}}+\boldsymbol{s}_0^{\mathrm{T}}(t)\boldsymbol{Y}_{\mathrm{d}}(\boldsymbol{q}_0(t),\dot{\boldsymbol{q}}_0(t),\boldsymbol{q}_{\mathrm{r}}(t),\dot{\boldsymbol{q}}_{\mathrm{r}}(t)))
\end{aligned}
\tag{9-122}
$$

根据第 1）个性质，式（9-112）可以进一步得到

$$
\dot{V}_0=-\boldsymbol{\varepsilon}_i^{\mathrm{T}}(t)\boldsymbol{K}_{\mathrm{s}}\boldsymbol{\varepsilon}_i(t)+\Delta\boldsymbol{\theta}_{i,\mathrm{d}}^{\mathrm{T}}\boldsymbol{\Gamma}_i\Delta\dot{\boldsymbol{\theta}}_{i,\mathrm{d}}+\boldsymbol{\varepsilon}_i^{\mathrm{T}}(t)\boldsymbol{Y}_{\mathrm{d}}(\boldsymbol{q}_i(t),\dot{\boldsymbol{q}}_i(t),\boldsymbol{q}_{\mathrm{r}}(t),\dot{\boldsymbol{q}}_{\mathrm{r}}(t)) \tag{9-123}
$$

由于 $\boldsymbol{\theta}_{i,\mathrm{d}}$ 是一个定参数，因此可以合理给出 $\dot{\boldsymbol{\theta}}_{i,\mathrm{d}}=0$。进一步地，将式（9-118）和式（9-122）代入式（9-123）可以得到

$$
\dot{V}_i=-\boldsymbol{\varepsilon}_i^{\mathrm{T}}(t)\boldsymbol{K}_{\mathrm{s}}\boldsymbol{\varepsilon}_i(t) \tag{9-124}
$$

根据李雅普诺夫稳定性定理，能量函数 $V_i$ 正定，其一阶导数 $\dot{V}_i$ 负定，可以证明 $\boldsymbol{p}_i(t)\to\boldsymbol{p}_{\mathrm{r}}(t)$。基于滑模面的特性，$\boldsymbol{\varepsilon}_i(t)$ 会在 $\boldsymbol{\delta}_i=\dot{\boldsymbol{\varepsilon}}_i+\boldsymbol{\beta}_2\boldsymbol{\varepsilon}_i$ 指数收敛到零附近的邻域，最终达到控制目标，从而避免必须知道领导节点的姿态 $\boldsymbol{q}_0(t)$ 和角速度 $\boldsymbol{p}_0(t)$。

## 9.5　非完整移动机器人领航 - 跟随编队分布式控制



多移动机器人协调问题越来越受到人们的关注。与单机器人相比，多移动机器人系统拥有时间、空间、功能、信息和资源上的分布特性，从而在任务适用性、鲁棒性和可扩展性等方面表现出极大的优越性。多机器人编队控制是一个典型的多机器人协调问题，已经成为机器人学的研究热点。编队控制的目标在于通过调整个体的行为，使一组机器人保持位置，实现特定几何形状。多机器人编队具有广泛的应用前景，如合作运输、侦察、搜索等。

从具体技术实现上来划分，目前多机器人编队方法主要包括基于行为的方法、虚拟领航者和领航 - 跟随法。每种编队方法都有各自的优缺点，根据工作环境的差异以及不同的任务需求，对每种方法都进行了大量的研究。本节介绍的是多移动机器人基于领航 - 跟随法的编队控制。

文献 [1] 基于控制李雅普诺夫法设计了一种新颖的用于多机器人编队控制与协作避碰的控制器函数，并将控制器应用到多个微小型移动机器人的编队控制中。文献 [2,3] 提出了多移动机器人领航 - 跟随编队的混合控制结构。文献 [4] 针对车式移动机器人的运动学模型特点，提出一种基于轨迹跟踪多机器人的编队控制方法。文献 [5] 提出一种基于光滑非线性饱和函数的自适应模糊滑模轨迹跟踪控制算法。文献 [6] 研究了在机器人的控制输入受约束情况下的非完整移动机器人领航 - 跟随编队控制问题。在领航 - 跟随编队控制策略设计中，通常假设所有的跟随机器人都知道领航机器人的全部状态。然而，领航机器人与跟随机器人之间的交互是局部的，只有跟随机器人的子集能够访问领航机器人的信

息。文献 [24] 考虑了交互是局部的情况，研究了受速度约束的非完整移动机器人领航－跟随编队控制问题。

与文献 [24] 类似，本节以非完整移动机器人为对象，在交互是局部的情况下，解决非完整移动机器人的编队控制问题。本节的主要内容如下。

1）在领航－跟随机器人之间的通信拓扑结构和领航机器人的速度满足一定假设的条件下，提出分布式估计算法，为每个跟随机器人估计领航机器人的位置、方向和线速度等状态信息。

2）基于跟随机器人的跟踪误差设计控制算法，利用李雅普诺夫工具分析系统的稳定性和收敛性。

## 9.5.1 预备知识

### 1. 符号定义

$\mathbf{R}$ 和 $\mathbf{R}^+$ 分别为实数集合和非负实数集合，$\mathbf{R}^n$ 为 $n$ 维实数空间，$\boldsymbol{I}_n \in \mathbf{R}^{n\times n}$ 为 $n$ 维单位矩阵，$\otimes$ 表示克罗内克积。对于可积函数 $f(t)$，若有 $\int_0^\infty |f(s)|\,\mathrm{d}s < \infty$，则 $f(t)$ 属于 $L_1$ 空间。

### 2. 代数图论

对于领航－跟随的情形，跟随机器人之间的通信拓扑结构可以用一个有向图 $G=(V,E,A)$ 表示，有向图 $G$ 由节点集合 $V=\{1,2,\cdots,n\}$ 、边集合 $\mathcal{E}\subseteq V\times V$ 和邻接矩阵 $\boldsymbol{A}\in\mathbf{R}^{n\times n}$ 组成。有向边 $(j,\ i)$ 表示节点 $i$ 可以访问节点 $j$ 的状态。邻接矩阵 $\boldsymbol{A}=[a_{ij}]_{n\times n}$ 中的元素定义为：若 $(j,i)\in\mathcal{E}$，则 $a_{ij}>0$；否则 $a_{ij}=0$ 。假设对所有 $i$ 有 $a_{ii}=0$ 。若邻接矩阵 $\boldsymbol{A}$ 对称（对所有 $i,j\in\mathcal{V}$ 有 $a_{ij}=a_{ji}$），则图 $G$ 是无向的。与邻接矩阵 $\boldsymbol{A}$ 相关联的拉普拉斯矩阵 $\boldsymbol{L}$ 的元素定义为

$$l_{ij}=\begin{cases}-a_{ij}, & i\neq j\\ \sum\limits_{j=1,j\neq i}^{n} a_{ij}, & i=j\end{cases} \tag{9-125}$$

除了跟随机器人 1 ～机器人 $n$，多机器人系统中还包含一个（虚拟）领航机器人，记为机器人 0。领航机器人与跟随机器人之间的交互关系通过权值 $a_{i0}$ 表示：$a_{i0}>0$ 表示领航机器人与跟随机器人 $i$ 相邻，否则 $a_{i0}=0$ 。令 $\boldsymbol{a}=[a_{10},a_{20},\cdots,a_{n0}]^{\mathrm{T}}$，定义矩阵 $\boldsymbol{H}\in\mathbf{R}^{n\times n}$ 为

$$\boldsymbol{H}=\boldsymbol{L}+\mathrm{diag}\{\boldsymbol{a}\} \tag{9-126}$$

对于矩阵 $\boldsymbol{H}$，有如下结论。

**引理 1** 当且仅当无向图 $G$ 连通，且领航机器人至少与一个跟随机器人相邻，即（至少存在一个 $a_{i0}>0$ 时，矩阵 $\boldsymbol{H}$ 对称正定。

### 3. 问题描述

考虑一个由 $n$ 个非完整移动机器人组成的多机器人系统，机器人在笛卡儿空间中的运动学模型为

$$\begin{cases}\dot{x}_i = v_i\cos\theta_i\\ \dot{y}_i = v_i\sin\theta_i\\ \dot{\theta}_i = \omega_i\end{cases} \tag{9-127}$$

式中，$x_i$、$y_i$、$\theta_i$ 为机器人 $i$ 的位置和方向；$v_i$、$\omega_i$ 分别为机器人 $i$ 的线速度和角速度。由于轮式移动机器人无法发生侧向移动，因此其在横轴上没有运动分量，机器人受到如下约束，是一种非完整约束：

$$\dot{x}_i\sin\theta_i = \dot{y}_i\cos\theta_i \tag{9-128}$$

在多机器人系统中，假设存在一个虚拟领航机器人为跟随机器人的运动提供参考信号，领航机器人参考信号的表达式为

$$\begin{cases}\dot{x}_{\mathrm{r}} = v_{\mathrm{r}}\cos\theta_{\mathrm{r}}\\ \dot{y}_{\mathrm{r}} = v_{\mathrm{r}}\sin\theta_{\mathrm{r}}\\ \dot{\theta}_{\mathrm{r}} = \omega_{\mathrm{r}}\end{cases} \tag{9-129}$$

式中，$x_{\mathrm{r}}$、$y_{\mathrm{r}}$、$\theta_{\mathrm{r}}$ 为领航机器人的位置和方向；$v_{\mathrm{r}}$、$\omega_{\mathrm{r}}$ 分别为领航机器人的线速度和角速度。

在非完整移动机器人的轨迹跟踪控制中，常常假设领航机器人（参考信号）的线速度持续激励。本节同样基于此假设来实现编队跟踪误差的渐近收敛，即 $v_{\mathrm{r}}$、$\omega_{\mathrm{r}}$ 满足以下条件。

**假设 1**　信号 $v_{\mathrm{r}}$、$\omega_{\mathrm{r}}$、$\dot{v}_{\mathrm{r}}$ 存在且有界，信号 $v_{\mathrm{r}}(t)$ 持续激励，即存在 $T$，$\mu>0$，使得对 $\forall t\geqslant 0$ 有

$$\int_t^{t+T}|v_{\mathrm{r}}(s)|\,\mathrm{d}s\geqslant\mu \tag{9-130}$$

为表明方法的分布式性质，每个机器人只能访问自身的状态信息和与之相邻的机器人的状态信息。本节使用无向图 $G=(V,E,A)$ 描述 $n$ 个跟随机器人之间的通信拓扑结构。对应于图 $G$，用 $\boldsymbol{a}=[a_{10},a_{20},\cdots,a_{n0}]^{\mathrm{T}}$ 表示领航机器人与跟随机器人之间的交互关系权值。

**假设 2**　无向图 $G$ 连通，并且至少存在一个 $a_{i0}>0$。

编队控制的目标在于调整各个体的行为使系统实现特定几何图形，即驱动移动机器人，使它们的相对位置和方向满足期望的拓扑和物理约束。本节中，多机器人系统的期望队形由机器人 $i$ 与领航机器人之间的相对位置 $\boldsymbol{\Delta}_i=[\Delta_{ix}\ \ \Delta_{iy}]^{\mathrm{T}}\in\mathbf{R}^2$ 描述。另外，跟随机器人与领航机器人的方向需要保持一致。因此，本节的任务是为每个机器人设计分布式控制律 $v_i$，$\omega_i$，使下列表达式成立：

$$\lim_{t\to\infty}(x_i(t)-x_{\mathrm{r}}(t))(t)=\Delta_{ix} \tag{9-131}$$

$$\lim_{t\to\infty}(y_i(t)-y_{\mathrm{r}}(t))(t)=\Delta_{iy} \tag{9-132}$$

$$\lim_{t\to\infty}(\theta_i(t)-\theta_{\mathrm{r}}(t))(t)=0 \tag{9-133}$$

### 9.5.2 领航机器人状态分布式估计

在领航－跟随编队控制策略设计中，通常假设所有的跟随机器人都知道领航机器人的信息。然而，当领航机器人与跟随机器人之间的通信是局部的，即只有跟随机器人的一个子集能够访问领航机器人的信息时，该假设条件不能满足。本小节提出分布式估计策略，仅使用局部信息估计领航机器人的位置、方向和线速度等状态。

将需要对领航机器人估计的状态变量表示为

$$\boldsymbol{\xi}_{\mathrm{r}}=[x_{\mathrm{r}}\ \ y_{\mathrm{r}}\ \ \theta_{\mathrm{r}}\ \ v_{\mathrm{r}}]^{\mathrm{T}} \tag{9-134}$$

用 $\boldsymbol{\xi}_{i\mathrm{r}}=[x_{i\mathrm{r}}\ \ y_{i\mathrm{r}}\ \ \theta_{i\mathrm{r}}\ \ v_{i\mathrm{r}}]^{\mathrm{T}}$ 表示跟随机器人 $i$ 对 $\boldsymbol{\xi}_{\mathrm{r}}$ 的估计值。为体现估计算法的分布式，估计律须遵循通信拓扑，只使用与之相邻的机器人的信息。

定义机器人 $i$ 与其相邻的所有机器人的位置、方向和线速度的估计误差为

$$\boldsymbol{e}_i=\sum_{j=1}^{n}a_{ij}(\boldsymbol{\xi}_{i\mathrm{r}}-\boldsymbol{\xi}_{j\mathrm{r}})+a_{i0}(\boldsymbol{\xi}_{i\mathrm{r}}-\boldsymbol{\xi}_{\mathrm{r}}) \tag{9-135}$$

利用误差 $\boldsymbol{e}_i$，在假设 1 下，考虑如下估计律：

$$\dot{\boldsymbol{\xi}}_{i\mathrm{r}}=\frac{1}{\lambda_i}\left(-\boldsymbol{\Gamma}_i\boldsymbol{e}_i+\sum_{j=1}^{n}a_{ij}\dot{\boldsymbol{\xi}}_{j\mathrm{r}}+a_{i0}\dot{\boldsymbol{\xi}}_{\mathrm{r}}\right) \tag{9-136}$$

式中，$\lambda_i=\sum_{j=1}^{n}a_{ij}+a_{i0}$，$\boldsymbol{\Gamma}_i\in\mathbf{R}^{4\times4}$ 为对称正定矩阵。



对 $\boldsymbol{\xi}_{i\mathrm{r}}$ 考虑分布式估计律，有如下结果。

**定理 6** 考虑估计律，若假设 2 成立，则 $\boldsymbol{\xi}_{i\mathrm{r}}$ 指数收敛于 $\boldsymbol{\xi}_{\mathrm{r}}$。

对 $\boldsymbol{e}_i$ 关于时间变量求导，可得

$$\begin{aligned}\dot{\boldsymbol{e}}_i&=\sum_{j=1}^{n}a_{ij}(\dot{\boldsymbol{\xi}}_{i\mathrm{r}}-\dot{\boldsymbol{\xi}}_{j\mathrm{r}})+a_{i0}(\dot{\boldsymbol{\xi}}_{i\mathrm{r}}-\dot{\boldsymbol{\xi}}_{\mathrm{r}})\\&=\lambda_i\dot{\boldsymbol{\xi}}_{i\mathrm{r}}-\sum_{j=1}^{n}a_{ij}\dot{\boldsymbol{\xi}}_{j\mathrm{r}}-a_{i0}\dot{\boldsymbol{\xi}}_{\mathrm{r}}\\&=-\boldsymbol{\Gamma}_i\boldsymbol{e}_i\end{aligned} \tag{9-137}$$

由 $\boldsymbol{\Gamma}_i$ 对称正定，可得误差 $\boldsymbol{e}$ 指数收敛为零。令 $\tilde{\boldsymbol{\xi}}_i=\boldsymbol{\xi}_{i\mathrm{r}}-\boldsymbol{\xi}_{\mathrm{r}}$，$\boldsymbol{e}=[\boldsymbol{e}_1^{\mathrm{T}},\boldsymbol{e}_2^{\mathrm{T}},\cdots,\boldsymbol{e}_n^{\mathrm{T}}]$，$\tilde{\boldsymbol{\xi}}=[\tilde{\boldsymbol{\xi}}_1^{\mathrm{T}},\tilde{\boldsymbol{\xi}}_2^{\mathrm{T}},\cdots,\tilde{\boldsymbol{\xi}}_n^{\mathrm{T}}]$，则式（9-135）可以改写为

$$\boldsymbol{e}=(\boldsymbol{H}\otimes\boldsymbol{I}_4)\tilde{\boldsymbol{\xi}} \tag{9-138}$$

式中，矩阵 $\boldsymbol{H}\in\mathbf{R}^{n\times n}$ 定义为 $\boldsymbol{H}=\boldsymbol{L}+\mathrm{diag}\{\boldsymbol{a}\}$。在假设 2 条件下，应用引理 1，可知矩阵 $\boldsymbol{H}$ 对称正定，因此 $\boldsymbol{e}$ 指数收敛于零，可以推出 $\tilde{\boldsymbol{\xi}}$ 指数收敛于零，定理 6 得证。

### 9.5.3 基于估计器的编队控制

本小节介绍使用领航机器人估计状态的编队控制律，以实现编队控制目标

式（9–131）～式（9-133）。

利用跟随机器人对领航机器人的估计状态，按移动机器人跟踪控制研究中的通常做法，定义每个跟随机器人的跟踪误差为

$$\begin{bmatrix}\tilde{x}_i\\ \tilde{y}_i\\ \tilde{\theta}_i\end{bmatrix}=\begin{bmatrix}\cos\theta_i & \sin\theta_i & 0\\ -\sin\theta_i & \cos\theta_i & 0\\ 0 & 0 & 1\end{bmatrix}\begin{bmatrix}x_i-x_{ir}-\varDelta_{ix}\\ y_i-y_{ir}-\varDelta_{iy}\\ \theta_i-\theta_{ir}\end{bmatrix} \tag{9-139}$$

对式（9-139）求导，得跟踪误差的动力学方程为

$$\begin{cases}\dot{\tilde{x}}_i=\omega_i\tilde{y}_i+v_i-v_{ir}\cos\tilde{\theta}_i+\eta_{ix}\\ \dot{\tilde{y}}_i=-\omega_i\tilde{x}_i+v_{ir}\sin\tilde{\theta}_i+\eta_{iy}\\ \dot{\tilde{\theta}}_i=\omega_i-\dot{\theta}_{ir}\end{cases} \tag{9-140}$$

式中，$\eta_{ix}$ 和 $\eta_{iy}$ 的定义为

$$\begin{cases}\eta_{ix}=(v_{ir}\cos\theta_{ir}-\dot{x}_{ir})\cos\theta_i+(v_{ir}\sin\theta_{ir}-\dot{y}_{ir})\sin\theta_i\\ \eta_{iy}=-(v_{ir}\cos\theta_{ir}-\dot{x}_{ir})\sin\theta_i+(v_{ir}\sin\theta_{ir}-\dot{y}_{ir})\cos\theta_i\end{cases} \tag{9-141}$$

对每个机器人考虑如下控制律：

$$\begin{cases}v_i=v_{ir}\cos\tilde{\theta}_i-k_1\tilde{x}_i\\ \omega_i=-k_2\tilde{\theta}_i+\dot{\theta}_{ir}-k_3\dfrac{\sin\tilde{\theta}_i}{\tilde{\theta}_i}v_{ir}\tilde{y}_i\end{cases} \tag{9-142}$$



式中，控制增益 $k_1$、$k_2$、$k_3$ 为正，将式（9-142）代入式（9-140），可得闭环系统为

$$\begin{cases}\dot{\tilde{x}}_i=-k_1\tilde{x}_i+\omega_i\tilde{y}_i+\eta_{ix}\\ \dot{\tilde{y}}_i=-\omega_i\tilde{x}_i+v_{ir}\sin\tilde{\theta}_i+\eta_{iy}\\ \dot{\tilde{\theta}}_i=-k_2\tilde{\theta}_i-k_3\dfrac{\sin\tilde{\theta}_i}{\tilde{\theta}_i}v_{ir}\tilde{y}_i\end{cases} \tag{9-143}$$

由于 $\boldsymbol{\xi}_{ir}$ 指数收敛于 $\boldsymbol{\xi}_r$，因此容易验证 $\eta_{ix}$ 和 $\eta_{iy}$ 指数收敛于零。

在对闭环系统进行稳定性分析之前，首先给出一个引理。

**引理 2**　设 $V:\mathrm{R}^+\to\mathrm{R}^+$ 连续可微，$W:\mathrm{R}^+\to\mathrm{R}^+$ 满足一致连续，对任意 $t\geqslant 0$ 有

$$\dot{V}(t)\leqslant -W(t)+f(t)\sqrt{V(t)} \tag{9-144}$$

式中，$f(t)$ 在 $L_1$ 空间取非负值，则可以推出 $V(t)$ 有界，并且当 $t\to\infty$ 时，$W(t)\to 0$。

首先证明 $V(t)$ 有界。根据式（9-144），有

$$\dot{V}(t)\leqslant f(t)\sqrt{V(t)} \tag{9-145}$$

这表明以下不等式成立：

$$\frac{\mathrm{d}\sqrt{V(t)}}{\mathrm{d}t} \leqslant \frac{f(t)}{2} \tag{9-146}$$

对式（9-146）两端从 0 到 $t$ 取积分，可得

$$\sqrt{V(t)} \leqslant \left(\sqrt{V(0)} + \int_0^t \frac{f(s)}{2}\mathrm{d}s\right) \tag{9-147}$$

因为 $f(t)$ 属于 $L_1$ 空间，所以 $V(t)$ 是有界的。因此对任意 $\sigma>0$，存在一个正的 $\gamma$，使得

$$\sqrt{V(t)} \leqslant \gamma, \forall \sqrt{V(0)} \leqslant \sigma \tag{9-148}$$

根据式（9-145）以及 $\forall \sqrt{V(0)} \leqslant \sigma$，可得

$$\dot{V}(t) \leqslant -W(t) + \gamma f(t) \tag{9-149}$$

对式（9-149）两端从 0 到 $t$ 取积分，可得

$$V(t) + \int_0^t W(s)\mathrm{d}s \leqslant V(0) + \gamma \int_0^t f(s)\mathrm{d}s < \infty \tag{9-150}$$

式（9-150）表明 $W(t)$ 属于 $L_1$ 空间。利用 Barbalat 引理，可推出 $W(t)$ 渐近收敛于零，由此引理 2 得证。

下面使用引理 2 研究闭环系统的稳定性。

**定理 7** 对系统考虑控制律，闭环系统是全局渐近稳定的，因此若假设 1 和 2 成立，则编队控制目标实现。



考虑如下李雅普诺夫函数：

$$V_2 = \frac{1}{2}\sum_{i=1}^{n}\left(\tilde{x}_i^2 + \tilde{y}_i^2 + \frac{1}{k_3}\tilde{\theta}_i^2\right) \tag{9-151}$$

对李雅普诺夫函数 $V_2$ 关于时间变量求导，并将式（9-143）代入，可得

$$\begin{aligned} \dot{V}_2 &= \sum_{i=1}^{n}\left(\tilde{x}_i\dot{\tilde{x}}_i + \tilde{y}_i\dot{\tilde{y}}_i + \frac{1}{k_3}\tilde{\theta}_i\dot{\tilde{\theta}}_i\right) \\ &= \sum_{i=1}^{n}\left(-k_1\tilde{x}_i^2 - \frac{k_2}{k_3}\tilde{\theta}_i^2 + \tilde{x}_i\eta_{ix} + \tilde{y}_i\eta_{iy}\right) \\ &= W_1 + W_2 \end{aligned} \tag{9-152}$$

式中，$W_1$、$W_2$ 的定义为

$$W_1 = \sum_{i=1}^{n}\left(-k_1\tilde{x}_i^2 - \frac{k_2}{k_3}\tilde{\theta}_i^2\right)$$

$$W_2 = \sum_{i=1}^{n}(\tilde{x}_i\eta_{ix} + \tilde{y}_i\eta_{iy})$$

根据李雅普诺夫函数 $V_2$ 的定义，可以看出 $V_2$ 满足

$$\begin{cases} V_2 \geqslant \dfrac{1}{2}\sum_{i=1}^{n}\tilde{x}_i^2 \\ V_2 \geqslant \dfrac{1}{2}\sum_{i=1}^{n}\tilde{y}_i^2 \end{cases} \tag{9-153}$$

可以得到如下不等式：

$$\begin{cases} \sum_{i=1}^{n}|\tilde{x}_i| \leqslant \sqrt{2nV_2} \\ \sum_{i=1}^{n}|\tilde{y}_i| \leqslant \sqrt{2nV_2} \end{cases} \tag{9-154}$$

因此可得

$$W_2 \leqslant \left(\max_{1\leqslant i\leqslant n}|\eta_{ix}| + \max_{1\leqslant i\leqslant n}|\eta_{iy}|\right)\sqrt{2nV_2} \tag{9-155}$$

因为 $\eta_{ix}$、$\eta_{iy}$ 均指数收敛于零，所以函数 $V_2$ 满足引理 2 中的条件。由此可以推出 $W_1$ 趋于零。由 $W_1$ 趋于零可得

$$\lim_{t\to\infty}\tilde{x}_i(t) = 0 \tag{9-156}$$

$$\lim_{t\to\infty}\tilde{\theta}_i(t) = 0 \tag{9-157}$$

由于 $\tilde{\theta}_i$ 趋于零，根据式（9-143）中 $\dot{\tilde{\theta}}_i$ 的方程，在假设 1 条件下有 $\lim\limits_{t\to\infty}(\sin\tilde{\theta}_i(t)/\tilde{\theta}_i(t)) = 1$，$\lim\limits_{t\to\infty}|v_r(t)| > 0$，应用 Barbalat 引理，可得

$$\lim_{t\to\infty}\tilde{y}_i(t) = 0 \tag{9-158}$$

因为 $x_{ir}$、$y_{ir}$、$\theta_{ir}$ 分别指数收敛于 $x_r$、$y_r$、$\theta_r$，并且 $\tilde{x}_i$、$\tilde{y}_i$、$\tilde{\theta}_i$ 收敛于 0，说明控制目标得以实现，定理 7 得证。

### 9.5.4　仿真和实验验证

本小节将进行仿真和实验研究，验证所提出控制策略的有效性，下列各物理量均使用国际单位制（SI）中单位。

#### 1. 仿真

首先采用三个跟随机器人和一个虚拟领航机器人组成的多机器人系统在 MATLAB 中进行数值仿真。机器人 1、2、3 与虚拟领航机器人 0 之间的通信拓扑结构如图 9-9 所示。令 $\boldsymbol{p}_i = [x_i \ \ y_i \ \ \theta_i]^{\mathrm{T}}$ 为机器人的位姿，其中 $\boldsymbol{p}_1(0) = [5 \ \ 2 \ \ 0]^{\mathrm{T}}$ $\boldsymbol{p}_2(0) = [-3 \ \ 3 \ \ -0.5]^{\mathrm{T}}$，$\boldsymbol{p}_3(0) = [0 \ \ 0 \ \ -1]^{\mathrm{T}}$，$\boldsymbol{p}_{\mathrm{r}}(0) = [3 \ \ 3 \ \ 0]^{\mathrm{T}}$。虚拟领航机器人的线速度为 $v_{\mathrm{r}}(t) = 3\sin(\pi t/30)$，角速

度设定为如下分段函数：

$$\omega_r(t)=\begin{cases}0, & 0\leqslant t<10\\ -\dfrac{\pi^2}{20}\sin\dfrac{\pi t}{10}, & 10\leqslant t<20\\ 0, & 20\leqslant t\end{cases} \tag{9-159}$$

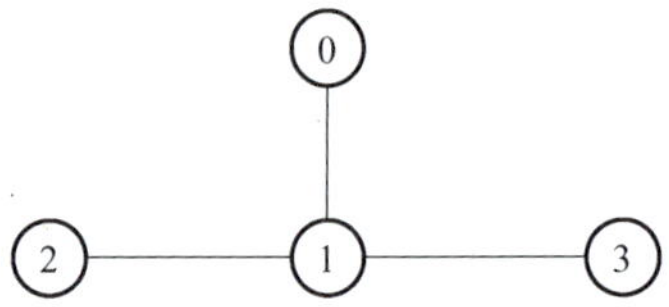


图 9-9　机器人之间的通信拓扑结构

跟随机器人与虚拟领航机器人期望的相对位置为 $\boldsymbol{\Delta}_1=[-2\ \ 0]^{\mathrm{T}}$、$\boldsymbol{\Delta}_2=[-4\ \ 2]^{\mathrm{T}}$、$\boldsymbol{\Delta}_3=[-4\ \ -2]^{\mathrm{T}}$。估计律的参数设置为 $\boldsymbol{\Gamma}_{\mathrm{i}}=\boldsymbol{I}_4$，控制律的参数设置为 $k_1$=1、$k_2$=1、$k_3$=1。各估计变量的初始值在 [−1,1] 之间取随机值。仿真结果中，估计误差 $\|\xi_{ir}-\xi_r\|$ 收敛于零，如图 9-10 所示。编队跟踪的仿真结果如图 9-11 所示。图 9-11a 表明跟随机器人在虚拟领航

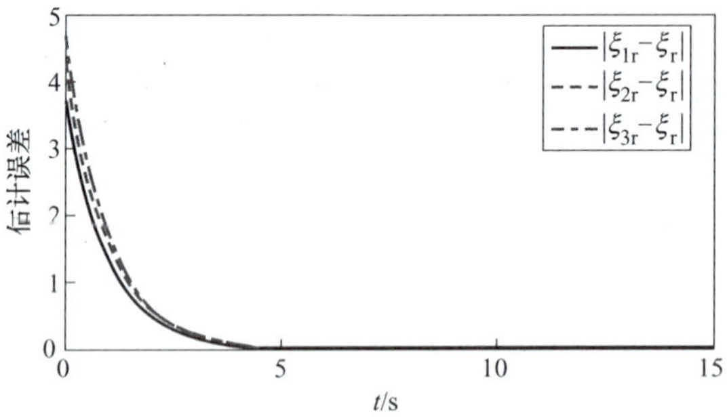


图 9-10　估计误差

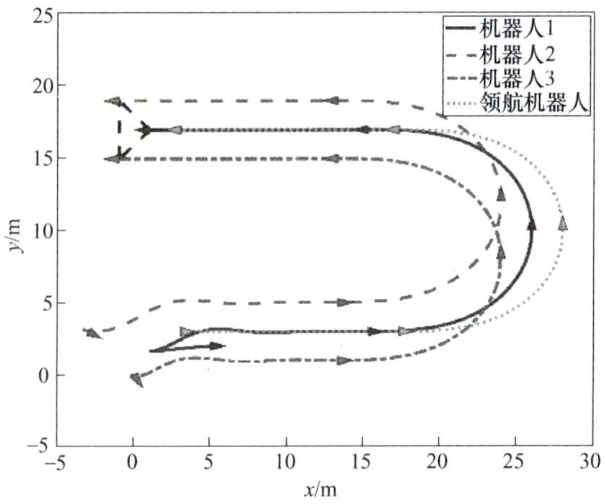


a) 机器人在平面的轨迹

图 9-11　仿真结果

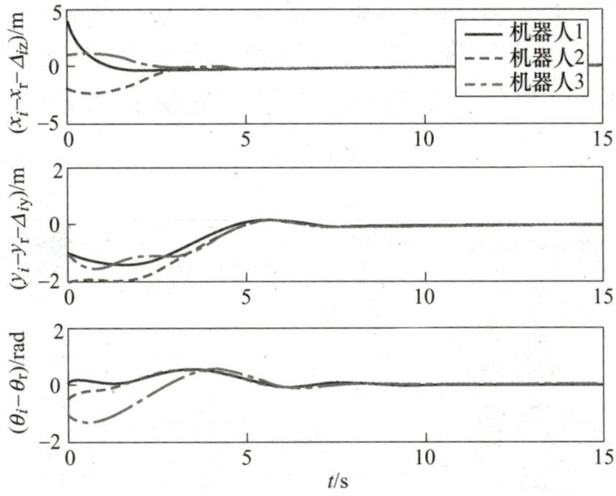


b) 编队跟踪误差

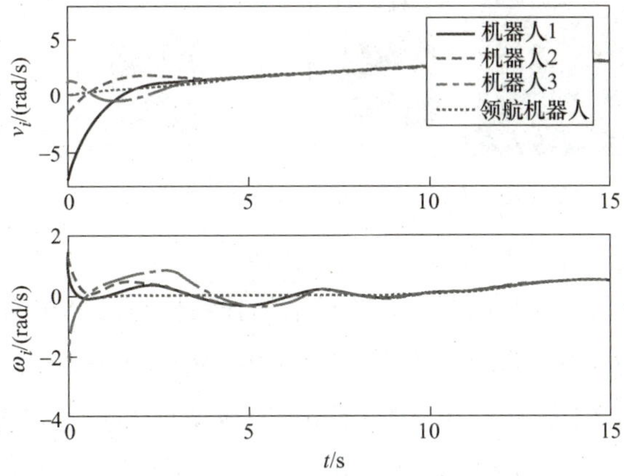


c) 机器人的线速度和角速度

图 9-11　仿真结果（续）

机器人的带领下形成一个三角形队形；编队跟踪误差如图 9-11b 所示，收敛于零；机器人的线速度和角速度如图 9-11c 所示，三个跟随机器人的线速度和角速度渐近与虚拟领航机器人保持一致。仿真结果表明控制目标式（9-131）～式（9-133）得以实现。

### 2. 实验验证

（1）视觉定位与实验平台

基于视觉导引定位移动机器人具有导引精度高、性价比高等特点。实验部分以三个双轮差分驱动式移动机器人为实验对象，利用视觉传感器对机器人的位姿信息进行测量。多个非完整移动机器人视觉定位系统与实验平台如图 9-12 所示，安装在场景顶部的以太网摄像机用于捕获场景图像，使用粘贴在移动机器人顶部的小的等腰三角形的图像特征，计算移动机器人的位置和方向信息。摄像机为针孔模型，利用直接线性变换（Direct Linear Transformation，DLT）方法计算图像平面与地平面的二维对应关系。利用视觉伺服平台 ViSP 库中的 Dots Tracking 方法跟踪获取每一个移动机器人三角形图案的边缘点。利用 OpenCV 中的三角形拟合方法拟合边缘点，获得三角形顶点在图像中的坐标。根据二维对应关系计算出机器人的位姿信息，作为控制算法的输入。通过调整左右驱动轮直流电动机的速度来实现机器人的运动。直流电动机自带精度为 390 线每圈的 AB 相增量式霍尔编码器，机器人的速度控制通过底层驱动实现。移动机器人与计算机通过 WiFi 进行通信。

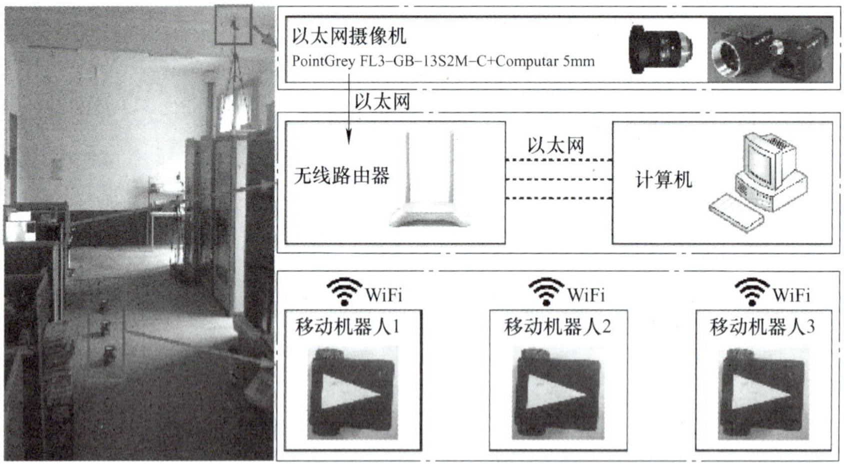


图 9-12　多个非完整移动机器人视觉定位系统与实验平台

（2）多移动机器人实验



机器人 1、2、3 和虚拟领航机器人 0 的通信拓扑结构与仿真相同，如图 9-9 所示。跟随机器人的初始位姿为 $\boldsymbol{p}_1(0)=[0.5\ \ 1.1\ \ 0.3]^{\mathrm{T}}$ 、$\boldsymbol{p}_2(0)=[0.3\ \ 1.8\ \ -0.3]^{\mathrm{T}}$ 、$\boldsymbol{p}_3(0)=[0.3\ \ 0.7\ \ 0]^{\mathrm{T}}$ 。虚拟领航机器人的初始位姿为 $\boldsymbol{p}_{\mathrm{r}}(0)-[1\ \ 1.5\ \ 0]^{\mathrm{T}}$，线速度和角速度分别为 $v_{\mathrm{r}}(t)=0.1\tanh t$ 、$\omega_{\mathrm{r}}(t)=0.1\cos 0.2t$。期望相对位置为 $\varDelta_1=[0\ \ -0.2]^{\mathrm{T}}$ 、$\varDelta_2=[-0.5\ \ 0.3]^{\mathrm{T}}$ 、$\varDelta_3=[-0.5\ \ -0.7]^{\mathrm{T}}$。参数设置中 $k_1=2$ 、$k_3=10$，其余参数与仿真相同。机器人在视觉定位系统中的轨迹如图 9-13 所示。实验结果如图 9-14 所示，图 9-14a 和图 9-14b 说明三个机器人实现了期望的队形，编队跟踪误差收敛于零，具有良好的性能。图 9-14c 也说明三个跟随机器人的线速度和角速度分别收敛于虚拟领航机器人的线速度和角速度。

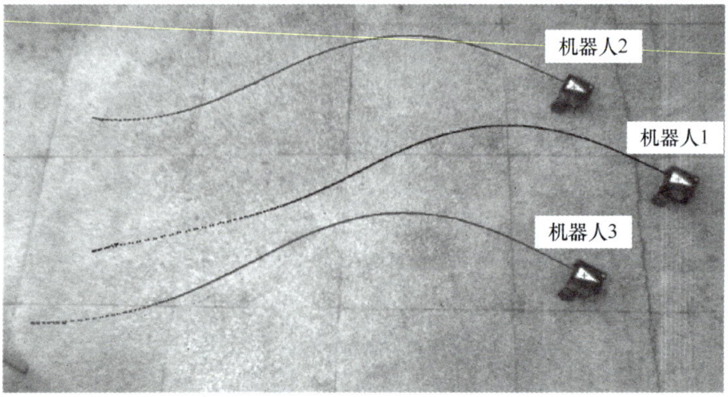


图 9-13　机器人在视觉定位系统中的轨迹

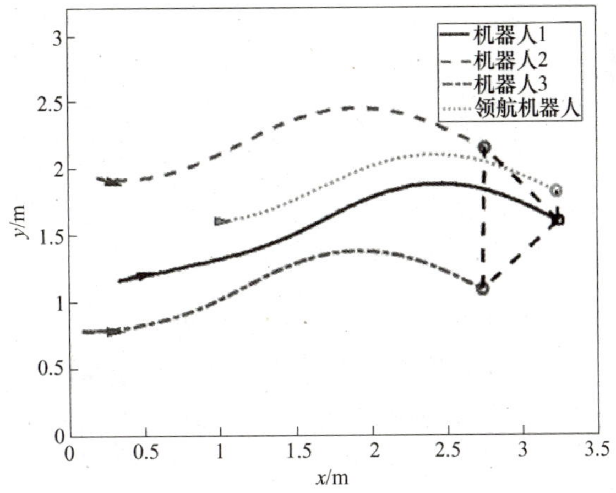


a) 机器人在平面的轨迹

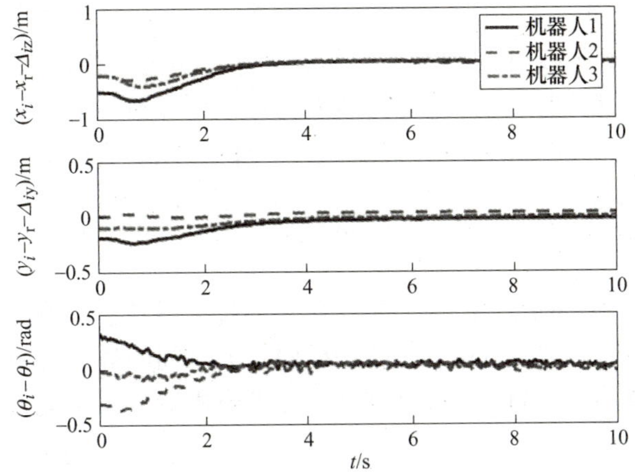


b) 编队跟踪误差

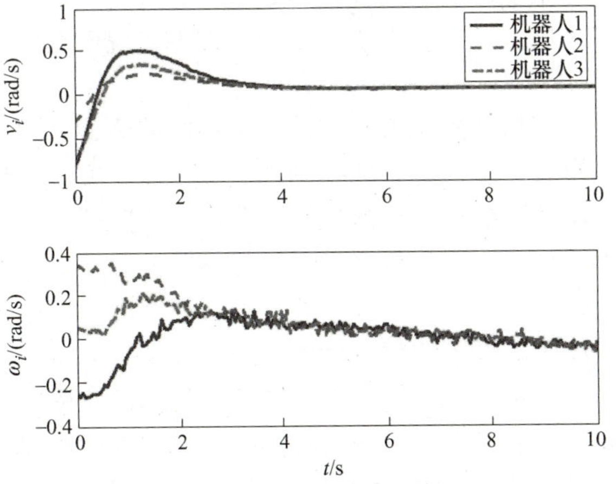


c) 机器人的线速度和角速度

图 9-14　实验结果

## 例子与练习

1. 例子

考虑一个有向图，求解其邻接矩阵、度矩阵和拉普拉斯矩阵，并计算其特征值。

2. 练习

1）给定一个无向图，求其邻接矩阵和拉普拉斯矩阵。

2）分析一个多机器人系统的拉普拉斯矩阵，讨论其连通性。

3）解释领航－跟随控制策略的基本原理，并描述在该策略下如何处理领航机器人失效的情况。

4）给定一组机器人初始位置 $\boldsymbol{p}_i(0)$ 和邻居关系图，使用一致性控制算法推导其位置更新公式，并计算第 $i$ 个机器人在时间步 $t$+1 的位置。

5）使用 MATLAB 或 Python 编写一个仿真程序，实现多机器人领航－跟随控制策略。仿真结果应展示多个跟随机器人在领航机器人的带领下保持编队飞行的过程。设计并实现一致性控制策略的仿真，验证其在不同初始条件下的一致性收敛效果。

## 本章小结



本章介绍了多机器人协同控制的基本概念，主要包括基于图论的分布式控制和同步控制。基于图论的分布式控制通过定义因拓扑结构和节点间的邻接关系，实现各机器人系统的状态一致性；同步控制通过设计控制协议，使多个机器人系统能够协同工作，达到预期的集体行为。

在掌握这些基本概念的基础上，本章进一步讨论了具体的多机器人系统控制策略。首先，本章介绍了多机械臂系统的姿态同步控制方法。通过定义机械臂的动力学模型，应用一致性控制协议，使多个机械臂在无中心控制的条件下实现姿态的一致性，提高了系统的鲁棒性和协调性。

其次，本章还探讨了多移动机器人系统的编队控制策略，介绍了如下三种主要的编队控制方法：领航－跟随模式、基于行为的控制和虚拟领航者方法。这些方法各有优劣，适用于不同的应用场景，能够有效地实现多机器人系统的编队任务。

再次，本章讨论了适用于网络化机器人系统的编队控制技术，介绍了三种典型的机器人编队控制方法，特别是领航－跟随模式。这种方法在实际应用中表现出良好的扩展性和鲁棒性，能够有效应对动态环境下的编队任务。

最后，为了更直观地展示这些多机器人协同控制技术的应用，本章通过仿真和实验进行了说明。仿真和实验不仅展示了理论知识在实际操作中的应用，还能帮助读者更好地理解和掌握多机器人系统的设计和实现过程。通过这些仿真和实验，读者可以深入了解多机器人协同控制在各种应用场景中的潜力和优势。

## 参考文献

[1] BEARD R W，MCLAIN T W. Small unmanned aircraft：theory and practice[M]. Princeton：Princeton University Press，2012.
[2] OH K K，PARK M C，AHN H S. A survey of multi-agent formation control[J]. Automatica，2015，53（C）：424-440.
[3] REN W，BEARD R W. Distributed consensus in multi-vehicle cooperative control[M]. London：Springer，2008.
[4] 郑玉坤 . 移动液压机械臂控制系统设计与运动控制研究 [D]. 济南：山东大学，2023.
[5] 刘飞 . 面向大负载护理搬运任务的绳驱机械臂设计与控制研究 [D]. 哈尔滨：哈尔滨工业大学，2021.
[6] 王婷婷 . 面向机械臂关节电机的优化控制方法研究 [D]. 长春：长春工业大学，2023.
[7] CHEN Y Q，WANG Z. Formation control：a review and a new consideration[C]//IEEE/RSJ International conference on intelligent robots and systems，2005：3181-3186.
[8] 刘银萍，杨宜民 . 多机器人编队控制的研究综述 [J]. 控制工程，2010，17（S3）：182-186.
[9] 王祥科，李迅，郑志强 . 多智能体系统编队控制相关问题研究综述 [J]. 控制与决策，2013，28（11）：1601-1613.
[10] MONDAL A，BEHERA L，SAHOO S R，et al. A novel multi-agent formation control law with collision avoidance[J]. IEEE/CAA Journal of automatica sinica，2017，4（3）：558-568.
[11] BALCH T，ARKIN R C. Behavior-based formation control for multirobot teams[J]. IEEE Transactions on robotics and automation，1998，14（6）：926-939.
[12] LAWTON J R，BEARD R W，YOUNG B J. A decentralized approach to formation maneuvers[J]. IEEE Transactions on robotics and automation，2003，19（6）：933-941.
[13] DESAI J P. A graph theoretic approach for modeling mobile robot team formations[J]. Journal of field robotics，2002，19（11）：511-525.
[14] REN W，SORENSEN N. Distributed coordination architecture for multi-robot formation control[J]. Robotics and autonomous systems，2008，56（4）：324-333.
[15] LEWIS M A，TAN K H. High precision formation control of mobile robots using virtual structures[J]. Autonomous robots，1997，4（4）：387-403.
[16] DO K，PAN J. Nonlinear formation control of unicycle-type mobile robots[J]. Robotics and autonomous systems，2007，55（3）：191-204.
[17] SADOWSKA A，BROEK TD，HUIJBERTS H，et al. A virtual structure approach to formation control of unicycle mobile robots using mutual coupling[J]. International journal of control，2011，84（11）：1886-1902.
[18] 张大伟，孟森森，邓计才 . 多移动微小型机器人编队控制与协作避碰研究 [J]. 仪器仪表学报，2017，38（3）：578-585.
[19] FIERRO R，DAS A K，KUMAR V，et al. Hybrid control of formations of robots[C]//IEEE International conference on robotics and automation[S.L.]：ICRA，2001：157-162.
[20] SHAO J，XIE G，WANG L. Leader-following formation control of multiple mobile vehicles[J]. IET Control theory and applications，2007，1（2）：545-552.
[21] 王保防，张瑞雷，李胜，等 . 基于轨迹跟踪车式移动机器人编队控制 [J]. 控制与决策，2015，30（1）：176-180.
[22] 葛媛媛，张宏基 . 基于自适应模糊滑模控制的机器人轨迹跟踪算法 [J]. 电子测量与仪器学报，2017，31（5）：746-755.

[23] CONSOLINI L，MORBIDI F，PRATTICHIZZO D，et al. Leader–follower formation control of nonholonomic mobile robots with input constraints[J]. Automatica，2008，44（8）：1343–1349.

[24] YU X，LIU L. Distributed formation control of nonholonomic vehicles subject to velocity constraints[J]. IEEE Transactions on industrial electronics，2016，63（2）：1289–1298.

[25] HONG Y，HU J，GAO L. Tracking control for multi–agent consensus with an active leader and variable topology[J]. Automatica，2006，42（7）：1177–1182.

[26] WANG Y，MIAO Z，ZHONG H，et al. Simultaneous stabilization and tracking of nonholonomic mobile robots：lyapunov–based approach[J]. IEEE Transactions on control systems technology，2015，23（4）：1440–1450.

[27] 张建鹏，楼佩煌，钱晓明，等．多窗口实时测距的视觉导引 AGV 精确定位技术研究 [J]. 仪器仪表学报，2016，37（06）：1356–1363.

[28] ABDEL–AZIZ Y，KARARA H，HAUCK M. Direct linear transformation from comparator coordinates into object space coordinates in close–range photogrammetry[J]. Photogrammetric engineering & remote sensing，2015，81（2）：103–107.

[29] MARCHAND E，SPINDLER F，CHAUMETTE F. ViSP for visual servoing：a generic software platform with a wide class of robot control skills[J]. IEEE Robotics & automation magazine，2005，12（4）：40–52.

[30] PÂRVU O，GILBERT D. Implementation of linear minimum area enclosing triangle algorithm[J]. Computational and applied mathematics，2016，35（2）：423–438.